普通高等教育土建学科专业"十二五"规划教材
清华大学985名优教材立项资助
高校土木工程专业指导委员会规划推荐教材

混凝土结构

(下册)

叶列平　编著

中国建筑工业出版社

图书在版编目（CIP）数据

混凝土结构（下册）/叶列平编著．—北京：中国建筑工业出版社，2012.12

（普通高等教育土建学科专业“十二五”规划教材．清华大学985名优教材立项资助．高校土木工程专业指导委员会规划推荐教材）

ISBN 978-7-112-14978-0

Ⅰ．①混… Ⅱ．①叶… Ⅲ．①混凝土结构-高等学校-教材 Ⅳ．①TU37

中国版本图书馆CIP数据核字（2012）第308036号

普通高等教育土建学科专业“十二五”规划教材
清华大学985名优教材立项资助
高校土木工程专业指导委员会规划推荐教材
混凝土结构（下册）

叶列平 编著

*

中国建筑工业出版社出版、发行（北京西郊百万庄）
各地新华书店、建筑书店经销
北京红光制版公司制版
北京富生印刷厂印刷

*

开本：787×960毫米 1/16 印张：25 字数：624千字
2013年3月第一版 2015年1月第二次印刷
定价：**48.00**元

ISBN 978-7-112-14978-0
（23080）

本书系作者根据清华大学土木工程系《混凝土结构》的教学大纲编写。

本书下册以混凝土结构设计方法和钢-混凝土组合结构为主，内容包括：工程结构设计概论，荷载与作用，梁板结构，框架结构，基础，钢—混凝土组合梁板，钢骨混凝土结构和钢管混凝土柱。

本书注重概念叙述，讲解深入，并介绍了本学科的有关最新进展。本书每章都列举了适量的例题，每章后都有一定数量的思考题和习题，帮助读者掌握有关概念和设计计算方法。

本书可作为大专院校土木工程专业的教学参考书，也可作为广大从事土建工程设计和施工的技术人员学习混凝土结构的参考资料。

* * *

责任编辑：王 跃 吉万旺
责任设计：李志立
责任校对：张 颖 陈晶晶

前　言

《混凝土结构》下册的主要内容以混凝土结构设计方法和钢-混凝土组合结构为主，介绍了混凝土结构的设计概念和原则、结构类型和结构体系；各种荷载和作用、地震作用的计算，以及针对偶然作用和其他作用的设计与考虑方法；详细介绍了连续梁和梁板结构考虑塑性内力重分布的设计计算方法，双向板的条带法，井式楼盖、密肋楼盖、无梁楼盖及楼梯的设计方法，框架结构体系、分析方法、内力组合、抗震设计方法、抗连续倒塌设计方法以及基础的设计计算方法。为适应现代混凝土结构的发展，本书还介绍了钢-混凝土组合梁板结构、钢骨混凝土结构和钢管混凝土柱的设计计算理论和方法。

本书的有关设计计算方法主要依据《混凝土结构设计规范》GB 50010— 2010、《建筑结构荷载规范》GB 50009—2012、《建筑抗震设计规范》GB 50011—2010、《钢骨混凝土结构设计规程》YB 9082—2006 编写。

本书编写中，在注重工程结构概念和理论分析方法讲解的基础上，力求语言通俗易懂、深入浅出、图文并茂。同时，本书的有关内容反映了本学科的最新进展，如结构的鲁棒性与抗连续倒塌、钢-混凝土组合结构等。本书每章均有适量的例题，每章末有一定数量的习题和思考题。

赵作周副教授和樊健生教授协助了第 18 章框架结构的例题和有关内容的编写；陆新征教授和博士生李易协助了框架结构抗连续倒塌设计编写；林旭川协助 18.10 节的编写；胥晓光协助了本书部分插图的绘制，在此表示衷心的感谢。由于编者的经验和水平的限制，本书一定还存在不少缺点甚至错误，敬请读者指正，以便及时改进。

叶列平

2012 年 10 月于清华园

目　　录

第15章　工程结构设计概论

15.1　概　　述

工程建设是人们为满足自身的生产和生活需求有目的地改造、适应并顺应自然和环境的活动。每一个工程建设项目，应努力做到“以人为本、天人合一”。所谓“以人为本”是指工程建设应满足人们生产和生活的各种需求，如方便残疾人的无障碍通行。所谓“天人合一”是指应尽可能减少对自然环境造成的不利影响，减少乃至不对环境造成危害。工程设计是基于人们对自然规律的认识，并合理运用自然规律，对整个工程建设和使用全过程进行合理规划的最重要的工作。

工程建设往往涉及多个领域，如对建筑工程来说，就涉及建筑、交通、材料、防灾、结构、水暖电供应和施工建造等；对工业建筑，还涉及生产工艺流程、生产设备和运输等。因此，工程设计是一项综合性极强的工作，需要各方面专业技术设计人员的密切配合。另一方面，不同于批量生产的工业产品，每个工程建设项目都具有各自独特的情况。因此，任何一个工程建设项目都应进行细致认真的规划与设计，其中工程结构承载着工程项目整个生命周期内各种荷载和环境作用的影响，是整个工程项目安全可靠运行之本，保证工程结构的安全性和适用性是工程结构设计的最主要任务。

工程设计是一个在多种约束条件下寻找合理“解”的过程。所谓约束条件，是指工程项目的用途、规模、投资、业主要求、材料供应、安全、环境、地理、施工技术水平，以及维护、维修和未来因各种灾害可能造成的损失及其对环境的影响等，这些条件均应尽量满足，并应体现可持续发展要求。由于工程建设涉及的领域和专业等因素太多，很难在多种约束条件下使各方都完全满意。因此，工程设计的结果往往是在保证主要功能得到最大满意的前提下，其他要求尽可能达到基本满意。以建筑工程为例，其设计概念如图 15-1 所示。

根据不同工程建设项目，工程结构包括建筑结构、桥梁结构、地下结构、水工结构、特种结构等。结构的主要功能是形成工程项目生产、生活和建筑造型所需要的空间承力骨架，并能够长期安全可靠地承受工程使用期间所可能遭受的各种荷载和变形作用、环境介质长期作用影响，包括各种自然灾害和意外事故（如火灾、地震和爆炸等)。《工程结构可靠性设计统一标准》GB 50153—2008 关于“结构”的定义是：“能承受作用并具有适当刚度的由各连接部件有机组合而成的

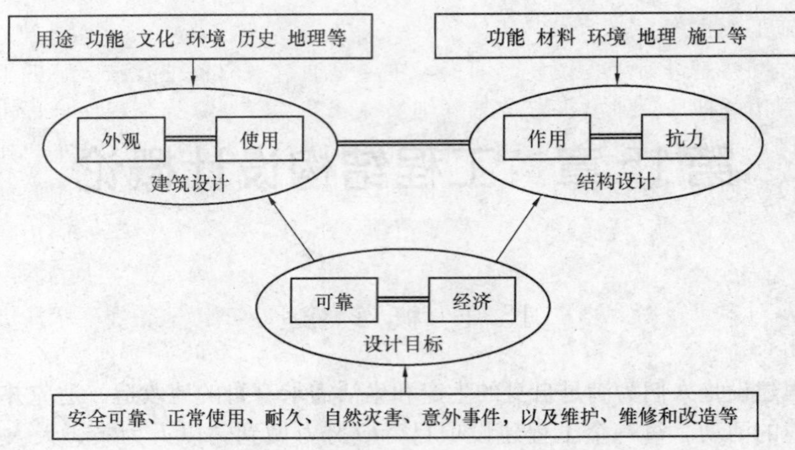

图 15-1　建筑结构的设计概念

系统”。其中，“各连接部件”即通常所说的“结构构件”，主要包括梁、柱、杆、索等线状构件，墙、板、壳等二维面状构件，以及三维实体构件。针对不同类型的结构，结构中的各种构件可能具有不同的功能，且具有不同的重要性。结构设计问题属于系统设计，其中结构方案是结构设计的最重要的环节，对工程结构的整体安全性和经济性影响最大。

结构设计不仅要考虑结构本身，同时要考虑工程所处的环境条件、可选用的材料和施工方法以及正常使用阶段的维护维修，并需要考虑可能遭遇各种灾害所带来的直接和间接经济损失。许多历史遗留至今的著名工程结构物，无一不是在设计时综合考虑了当时的经济条件和未来各种因素的可能影响，使其经历了数百年、甚至上千年而至今依然屹立。

工程结构设计是一项全面、具体、细致的综合性工作，也是与建筑师或其他专业人员共同合作的一项创造性工作。作为保证工程结构安全的技术人员，结构工程师除应认真负责自己的工作外，还应与其他相关专业技术人员加强沟通协调，尤其在结构方案设计阶段，应充分与建筑师和相关专业的工程师沟通协调，保证结构方案的合理性，实现工程项目各方面设计目标的最优化。

15.2　结构设计的内容和要求

15.2.1　工程设计的过程

工程建设包括勘察、设计和施工三个环节，同时也应考虑到工程完成后在正常使用期间的维护、维修，乃至改造再设计，直至工程最后报废所可能产生的各种问题。为保证整个工程项目建设进展的合理性，应严格遵守先勘察后设计、先设计后施工的程序。

工程勘察是进行工程设计的前提，主要是通过采取各种方法，掌握工程建设场地及周边的地质、水文、气象等详细情况和有关数据，为工程设计提供可靠依据，如场地土的性质、成因、构造和承载力情况；是否是地震区及工程建设场地的抗震设防烈度、地震危险性及地震地面运动参数；有无滑坡、溶洞等地质情况及其对建设场地稳定性的影响；建设场地的地下工程和管网情况，周边建设工程情况及其是否会对拟建工程和周边既有工程产生不利影响；地下水的深度及变化情况以及对建筑材料有无侵蚀性影响；最高和常年洪水位和场地冻结深度；常年气温变化、雨量、积雪深度、风向和风力等。

工程设计分为方案设计、初步设计和施工图设计三个阶段。重要工程的方案设计以实现工程的总体使用功能为目标，根据建设场地情况、工程用途、各使用功能空间的分区与组织以及施工可行性和工程总体经济指标进行规划。在工程方案设计过程中，各个专业之间应相互配合，通力合作。此阶段结构方案设计应以满足工程建设使用功能要求为前提，根据工程方案设计的空间需求分布情况，初步确定几种可行的结构方案和总体经济指标参与到整个工程方案设计中。对于一般工程，可将方案设计与初步设计结合。结构方案设计是结构设计中带有全局性的问题，应认真对待。对于建筑工程，确定结构方案时应尽量满足建筑设计要求，并与建筑师沟通，使结构方案在整体受力上合理可行，努力实现建筑与结构的统一。结构方案合理与否直接关系到整个工程的合理性、经济性和可靠性（安全、适用和耐久）。结构方案的确定需要有足够的知识、经验积累、设计人员的直觉和灵感，这需要一个长期的过程，尤其是直觉和灵感，很难在本书中叙述，在本章 15.3 节中将简要介绍有关要求，读者也可阅读本书参考文献所列的有关专著和教材。从结构角度来说，理想的结构方案具有受力明确、传力路径简捷，结构整体刚度大、整体性好，有足够的冗余度，延性大，轻质、高强、耐久等特点。

工程施工是根据设计技术要求和设计施工图，采取各种技术手段和方法将设计成果付诸实施，是整个工程最终实现的环节。应尽可能采取先进的施工技术、在最短的时间内完成，并在各施工阶段进行必要的质量验收，确保工程施工质量达到设计规定的要求。施工过程中，工程施工的技术负责人员应及时与设计人员保持联系，如图纸会审、技术交底、工程验收，必要时可根据施工过程中遇到的具体情况，对工程设计提出修改建议，供设计人员对原设计作必要的修改。

15.2.2 结构设计的内容

结构设计分为概念设计、初步设计和施工图设计，基本内容有：结构方案、结构布置、荷载及作用计算、结构分析与计算、构件内力或效应组合、构件及其连接的设计、基础设计、绘制施工图，必要时可考虑极端灾害和偶然作用下结构的抗倒塌计算。具体来说主要工作如下：

（1）**概念设计**是根据工程结构的所处的环境条件、使用要求和空间需求（这种空间需求有时也可能纯粹是一种建筑观瞻需求），确定合适的结构方案，包括选择合适的结构材料。对于一般工程，可根据工程所处的环境、地质条件、材料供应及施工技术水平，参照以往既有同类结构设计经验确定结构方案。结构方案对后续结构设计有决定性影响，也对整体结构的安全性和经济性有重要影响，应给予充分的重视。

（2）**初步设计**是根据概念设计提出的几种结构方案和主要荷载情况，进行较为深入的结构分析，并对分析结果进行综合比较，比如可分别采用不同结构材料、不同结构体系、不同结构布置进行初步计算分析比较，并对有关问题进行专门分析和研究，在此基础上初步确定结构整体和各部分构件尺寸以及结构建造所采用的主要施工技术。

（3）分析和确定在结构**设计使用年限**内（包括建造和使用阶段）结构上可能承受的各种荷载与作用的形式和量值（包括可能遭遇的极端灾害和意外事故影响），并应估计其长期影响，必要时还应估计环境介质的长期影响。

（4）确定结构分析**计算简图**，对各种荷载和作用进行结构分析计算，并考虑各种荷载和作用可能同时造成影响的情况（即荷载组合），由此确定结构各个构件的控制截面和关键部位的受力和变形大小。

（5）根据所选用的结构材料，进行结构构件设计和构件连接的设计，如混凝土构件的配筋计算，并进行适用性验算。对于有耐久性要求的工程，尚应进行耐久性验算或采取相应的措施保证其设计使用年限。

（6）最终设计结果以施工图形式提交，并将整个设计过程中的各项技术工作整理成设计计算书存档。

本书主要以建筑结构为对象，结合混凝土结构的几种主要形式，详细介绍它们的受力特点、结构分析模型、分析方法和具体设计计算的方法。

15.2.3 结构设计的要求

结构设计的总体要求是保证其安全性、适用性和耐久性。

工程建设在国民经济中占有十分重要的地位，尤其是重大工程项目。因此，为保证工程建设项目的安全性、可靠性和耐久性，国家对工程建设颁布了各种政策、法规和设计标准及规程，以规范工程建设的设计和施工的各个环节。一般情况下，工程结构的设计工作均应遵照这些规范、标准和规程进行。本教材主要依据《建筑结构荷载规范》GB 50009—2012、《混凝土结构设计规范》GB 50010—2010、《建筑抗震设计规范》GB 50011—2010 和《高层建筑混凝土结构技术规程》JGJ 3—2010 等介绍建筑结构的设计计算方法。为保证结构设计的可靠性和安全性，避免人为错误，结构设计还应进行校核和审核，以检查是否存在不合理的情况和不符合相关设计规范规定的情况。

需要指出的是，结构工程是不断发展的学科，随着工程建设发展的需要，新材料、新技术和新方法不断出现。而已颁布的技术标准、规范和规程是对以往成熟技术的总结，不能成为限制新技术推广应用的障碍。但对于新理论、新方法和新技术的初期应用阶段，应经过必要的试验研究和论证，确保其可靠性。经过一段时间的实践试点、改进和完善，新理论、新方法和新技术的内容可纳入有关技术标准、规范和规程，或编制专门的技术规程，以推广使用。

15.3　结构类型和结构体系

优秀的结构方案是建立在结构工程师对各种结构类型和结构体系整体受力特征的理解和把握的基础上的。结构设计人员应培养自己对结构体系整体传力路径的直觉和敏感性，并能充分体现建筑师对建筑整体的设计意图。

15.3.1　结构类型

根据不同分类方法，结构类型有如下几种。

按结构用途分有：建筑结构、桥梁结构、地下结构、水工结构、特种结构等。不同用途的结构，因其使用功能和荷载作用特性的不同，结构形式和体系有很大差别。

按结构材料分有：木结构、砌体结构、混凝土结构、钢结构、组合结构和混合结构。不同结构材料的受力特性有很大差异，因此结构形式和体系也取决于所采用的结构材料。

对于混凝土结构，还可分现浇混凝土结构和预制装配混凝土结构。预制装配混凝土结构通常会采用预应力混凝土构件。

结构构件可以由单一材料构成，也可以由不同结构材料构成，此时一般称为组合构件，如钢骨混凝土构件、钢管混凝土构件、钢-混凝土组合梁以及钢-混凝土组合墙等（钢筋混凝土构件和预应力混凝土构件因使用十分广泛，不再称为组合构件）。混合结构是指结构中的构件采用两种或两种以上类型结构构件构成的结构，这样可以根据结构不同部位的受力特征，发挥不同材料结构构件的特长，使结构材料使用效率得到更充分的发挥，结构整体性能更为优越。早期，混合结构主要是指砌体与钢筋混凝土的混合结构，近年来各种混合结构类型越来越多，如钢-混凝土混合结构、钢管混凝土-混凝土混合结构，以及各种组合构件与混凝土结构或与钢结构等形成不同形式的混合结构等，这里无法一一列举，读者可根据本书有关章节的介绍或查阅有关资料，及时了解工程结构的进展。

按结构形式分有：拱结构、墙体结构、排架结构、刚架结构、框架结构、筒体结构、折板结构、网架结构、壳体结构、索结构、膜结构、充气结构等。

此外，一个结构通常将自然地面或±0.000 以上的部分称为上部结构，以下的部分称为下部结构。下部结构主要包括基础和地下室。基础可以分为柱下独立基础、墙下和柱下条形基础、条形基础、筏形基础、箱形基础和桩基础等。本书主要以建筑工程应用最多的框架结构为主，介绍结构的设计方法，以初步掌握结构的设计方法。

15.3.2　结构体系

所谓结构体系是基本构件（梁、板、柱、杆、墙、基础等）按一定传力路径构成的受力骨架定式，一种结构体系通常对应一种结构分析计算简图，并形成相应的计算方法以及相关配套的结构构造措施。

对于建筑结构，常见的结构体系一般可分解为**水平结构体系**和**竖向结构体系**，也有空间结构体系，如壳体结构、折板壳结构、网壳结构、索穹顶结构、充气结构和索膜结构等。

水平子结构体系主要有三种结构作用：

(1) 跨越水平空间，承受其上的竖向荷载作用，并将竖向荷载传递给竖向结构体系或支座；

(2) 把作用在整个结构上的侧向水平荷载传递或分配给竖向子结构体系；

(3) 作为竖向结构体系的组成部分（此时水平子结构中的构件也是竖向子结构中的构件），与竖向结构体系中的构件共同形成整体结构，提高整个结构的侧向刚度和抗侧承载力。

水平结构体系有拱结构、梁板结构、桁架结构、网架结构、折板结构、筒壳结构、斜拉或悬索结构、张拉索结构、弦支结构、索穹顶结构等（见图15-2）。

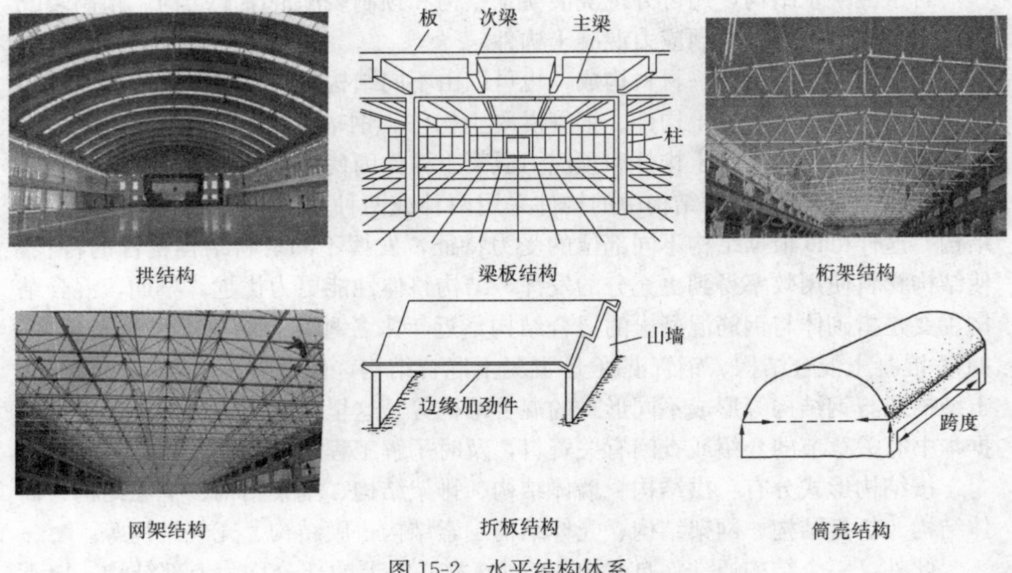

图15-2　水平结构体系

竖向结构体系的主要作用是，承受水平结构体系传来的竖向荷载，并直接承受水平荷载作用（如侧向水平风荷载、侧向水平地震作用），将上部结构的所有荷载传递给基础。

竖向结构体系是整个结构的关键，通常整体结构体系的名称是以竖向结构体系来标志，如排架结构、框架结构、剪力墙结构、框架-剪力墙结构、框架-筒体结构、巨型框架结构等，见图 15-3。

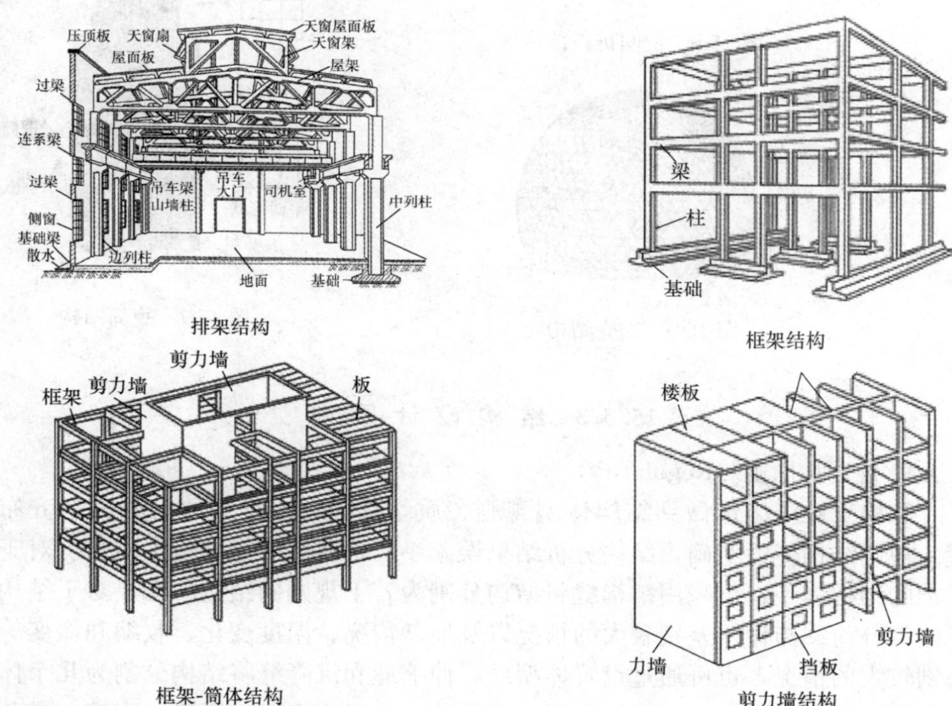

图 15-3 竖向结构体系

有些结构是作为一个整体同时承受竖向和水平荷载作用，无法简单区分出水平结构体系和竖向结构体系，此时称为空间结构体系，如图 15-4 的壳体结构以及图 15-5 的空间折板结构和图 15-6 所示的网壳结构等。此外，近年来还有一些新型结构体系出现，如索膜结构、索支结构、索穹顶结构、充气结构、悬挂结构、束筒结构（图 15-7）等。

图 15-4 壳体结构

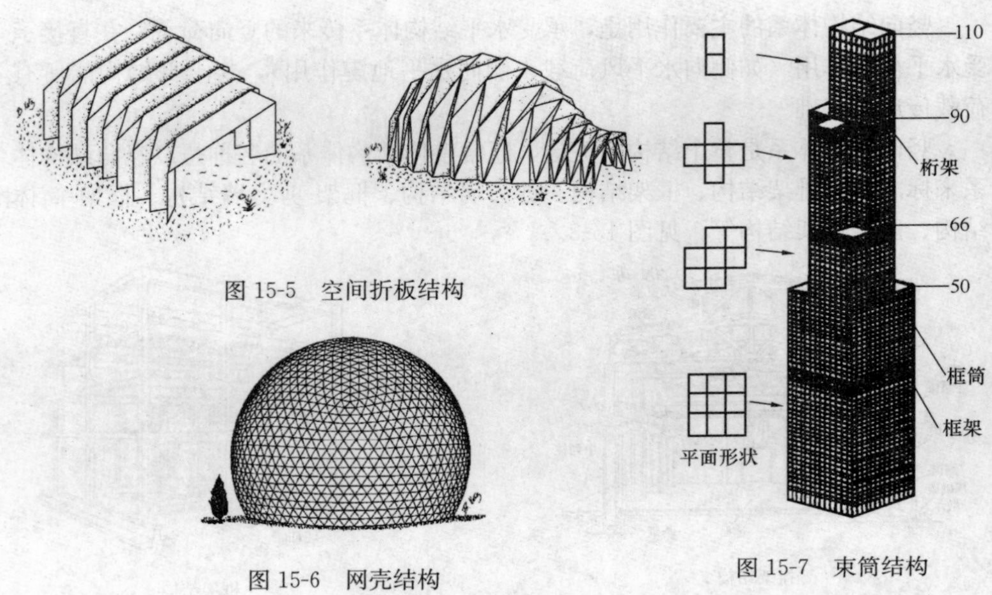

图 15-5 空间折板结构

图 15-6 网壳结构

图 15-7 束筒结构

15.3.3 结构设计原则

1. 规则性原则（Regularity）

结构设计应尽量做到结构体型规则、质量均匀、刚度匀称、竖向对齐布置。规则结构传力明确，结构分析结果误差小，也有利于保证施工质量。对于复杂的结构体型，可采用结构缝将结构分割为若干规则的结构单元。对于结构不同部分荷载与作用差别较大的情况以及地基情况、温度变化、收缩和徐变等差别较大的情况，也可通过设置体型缝、伸缩缝和沉降缝将结构分割为几个体型规则的结构单元。此外，结构中的荷载传力途径应合理、明确、直接，避免间接传力。

2. 整体性原则（Integrity）

结构作为一个系统，其整体性可表述为“整体不等于部分之和”。任何构件一旦离开整体结构，整体结构丧失的功能不等于该构件在结构系统中所发挥的功能，可能更大，也可能更小。结构系统的整体性取决于构件的组成方式和构件之间的相互作用。采用同样结构构件、但按不同方式组成的结构系统，其整体性可能表现为截然不同的结果。如果因为局部构件的破坏与所导致的整体结构破坏程度很不相称，则结构的整体性就差。图 15-8 为汶川地震中遭遇 9 度地震区的某小学两栋教学楼的震害对比。两栋教学楼均为砖混结构，图 15-8（*a*）因外走廊采用了 RC 柱，楼梯间也为 RC 框架，且砌体墙中设置了 RC 构造柱和圈梁，增加了该教学楼结构的整体性，地震中虽然破坏严重，但未倒塌；而图 15-8（*b*）是该学校的另一个砌体结构教学楼发生了彻底坍塌。砌体结构中圈梁和构造柱不仅仅是增强砌体墙体的承载能力，更重要的是维持了墙体的整体性，显著增加了墙体的变形能力，减小了砌体墙发生粉碎性破坏的可能性。一般来说，现浇钢筋混凝土结构通常整体性较好，预制装配式结构的整体性较差，此时可采用部分预制、部分现浇的方式增加结构整体性。

(*a*)

(*b*)

图 15-8 汶川地震中某小学两栋教学楼的震害对比

(*a*) 未倒塌的教学楼；(*b*) 彻底倒塌的教学楼

3. 多冗余度原则（Redundancy）

冗余度反映了结构的超静定次数。结构的超静定次数、冗余约束越多、荷载传递路径也越多，这有利于结构中不同构件之间的内力重分布，尤其当遭遇极端灾害作用导致个别构件失效时，高冗余度结构可避免整体结构发生连续性破坏。

4. 多层次性原则（Multi levels）

工程结构作为一个系统，其中一个重要特征是结构中的构件具有不同的层次性，通常可分为重要性层次和功能性层次。

所谓重要性层次是指结构中的不同构件对整体结构的安全性影响程度大小的差别。通常，结构中构件的重要性可分为关键构件、重要构件、一般构件和次要构件。所谓关键构件是指该构件一旦发生破坏将导致整个结构系统破坏。一般来说，结构中的柱、墙和转换梁等承受竖向荷载作用较大的构件为关键构件或重要构件，水平构件为一般构件和次要构件。本书 18.10 节将针对框架结构介绍结构构件的重要性评价方法。

对于重要构件，其安全储备应增加，本书上册第 4 章结构设计表达式（4-19*c*）中的系数 γ_{Rd} 含有这个概念，但针对不同重要性构件未定量给出其取值方法。正确认识结构系统的层次性，并使各层次构件的安全储备与其重要性相匹配。根据结构构件重要性层次的概念，通过合理的结构体系设计，可使结构在灾害作用下具备的多道防线，使得在不同灾害等级下结构损坏情况不超过相应的等级。

结构系统层次性的另一个方面是功能性层次。传统的结构主要为结构构件组成受力系统，即所谓受力骨架，其主要功能是提供承载力和结构刚度。随着技术的进步和发展，近年来越来越多的新型功能构件被引入工程结构，丰富了结构系统的功能性层次，如减小结构动力响应的消能阻尼器、隔离地震或振动的隔震（隔振）构件、避免灾害作用下关键构件损伤的分灾构件、获知结构构件受力或工作状态的传感元件和监测系统以及可改变结构性能的控制系统等。图15-9为各种抗震与减震结构体系，图中有阴影部位为结构在地震下的分灾耗能构件和隔震减震构件。

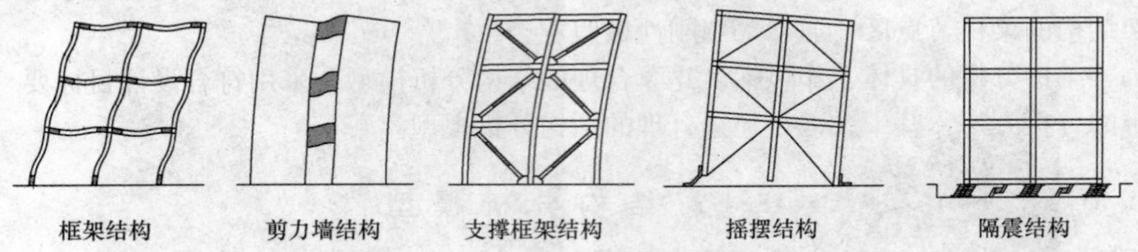

图15-9　抗震与减震结构体系

5. “强连接、弱构件”原则

结构系统的**整体性**（integrity）依赖于结构构件之间连接的可靠性，应保证构件连接不先于构件破坏。

上述结构设计的原则可统称为结构的**“鲁棒性”**（robustness）。

15.4　结　构　分　析

结构分析是指采用力学方法对结构在各种荷载与非荷载作用下的内力和变形等作用效应进行计算，以确定结构构件控制截面的受力状态、受力大小和变形程度，是结构设计计算的最主要工作。结构分析前，首先需要确定结构上所有可能的荷载与非荷载作用及其量值（作用设计值），分别确定各项作用在结构中引起内力和变形等作用效应值，并考虑各种荷载与作用同时出现的可能性，进行作用（荷载）效应组合，由此得到结构构件各控制部位的效应（内力）设计值（作用效应设计值）。有关荷载与作用的计算及其组合详见本书第16章。

15.4.1　结构分析的要求

结构分析应符合下列要求：

（1）满足力学平衡条件；

（2）在不同程度上符合变形协调条件，包括节点和边界的约束条件；

（3）采用合理的材料本构关系或构件单元的受力－变形关系。

上述三个要求对应结构分析的三项基本条件，即：平衡条件、变形协调条件以及材料和构件的本构关系，其中第（1）条最为重要。根据**“下限定理”**，如在给定荷载与作用下按满足力学平衡条件要求得到的结构内力或应力小于各自的

“极限承载力”或“允许应力”，则结构在给定荷载或作用下的真实承载力将不低于给定的荷载。

第（2）条的变形协调条件是在结构受力变形后构件与构件连接或构件内部变形保持连续性的条件，严格的结构分析理论要求满足变形协调条件。但有时对于实际结构的复杂受力部位，如按严格的变形协调条件进行结构分析会过于复杂，根据工程经验和试验研究，可以采用简化的近似变形协调条件，比如对于框架结构的梁柱节点区，通常采用刚性域假定。

结构分析的具体工作包括：建立合理的结构分析模型和采用符合设计目标要求的分析方法，其中关键是建立合理的结构分析模型。

15.4.2 结构分析模型

工程结构系统的组成及其结构构件的受力状态往往十分复杂，除采用三维有限元分析模型，一般都难以完全按其实际受力状况和边界条件确定相应的计算模型，尤其是复杂受力情况下的边界条件往往难以通过理论方法得到确认。目前的方法是依据结构理论或试验分析结果进行必要的简化来确定结构分析模型。对于一般常见工程结构的分析模型应符合以下原则：

（1）结构分析采用的计算简图、几何尺寸、计算参数、边界条件以及结构材料性能指标等应符合实际情况，并应有相应的连接构造措施保证；

（2）结构上各种作用的取值与组合、初始应力和变形状况等，应符合结构的实际状况；

（3）结构分析中所采用的各种近似假定和简化，应有理论、试验依据或经工程实践验证；计算结果的精度应符合工程设计的要求。

对于常用的杆系结构，线性杆件一般用位于轴线的一根直线杆模型代替，杆的抗弯刚度、轴向刚度和剪切刚度按杆的截面几何形状、尺寸和材料力学性能确定，而支座和构件间的连接，则根据支承情况和连接构造措施，可理想化为铰接或刚接。对于墙、板等二维平面构件（如剪力墙、板、壳等）可采用二维板壳模型。对于大体积三维实体构件则需采用三维有限元单元模型。

在结构分析模型中，确定合理结构的边界条件和构件间连接的模型十分重要。支座和构件连接的约束条件对构件的受力影响很大。如混凝土梁端支承在砌体墙上时，则可假设为铰接，但如梁的支承长度较大且上部墙体压力较大，则梁端又具有一定的约束，其所产生的约束弯矩会导致梁端产生负弯矩，并会引起砌体墙内的弯矩，如计算简图未考虑结构的实际受力情况则可能导致不安全的分析结果、并可能造成严重的事故。又如，柱支承在较小的基础上，基础又支承在可压缩的土上，因土对地基和基础的转动约束很小，则通常可假设柱端为铰接。相反，如果基础支承在基岩上或桩基承台上，柱端的转动几乎完全被约束，则柱端应假定固端。

有时对于构件来说，支座可以近似按铰接处理，但对连接本身来说，则连接部位的部分嵌固刚度引起的弯矩或支承压力的分布影响不能忽略，因为结构设计通常希望连接部位具有比构件更可靠的安全要求。典型的例子是图 15-10 所示的钢梁与混凝土墙的连接，钢梁用螺栓固定在埋置于混凝土墙内预埋件连接板上。螺栓群连接虽然有一定的转动刚度，但与钢梁的抗弯刚度相比则很小，因此对于钢梁内力计算来说可按铰接考虑。然而，螺栓群连接转动刚度所形成嵌固弯矩对栓钉预埋件设计来说，就显得尤为重要，如忽略螺栓群的嵌固弯矩影响，则可能会导致栓钉预埋件先于钢梁破坏的问题，这种破坏不符合“强连接、弱构件”的结构设计原则。

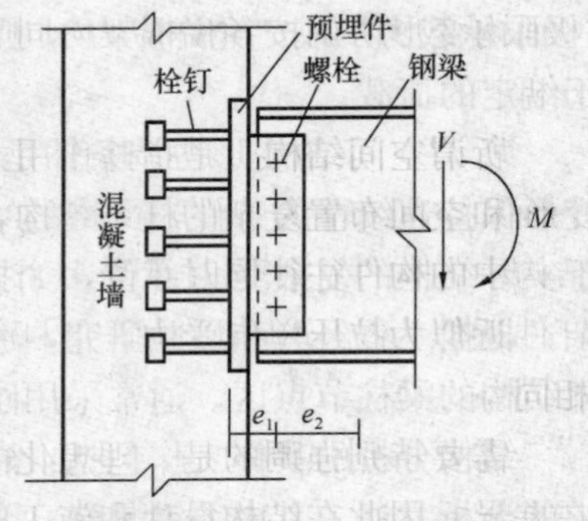

图 15-10　钢梁与混凝土墙的连接

从严格意义上来说，结构整体分析模型一般都可以看做是三维空间结构。但通常情况下可以根据结构布置和受力特征，将其简化为平面结构进行分析。所谓平面结构，是指结构一个方向平面内的作用力对结构另一个方向平面内的作用力没有显著影响，所以结构内力和位移分析时，可以直接对各个独立的平面进行，各个平面结构形成一个三维空间结构。如图 15-11 所示的空间框架结构，由横向和纵向平面框架构成，如果仅考虑楼面竖向均布荷载和横向均匀分布的水平荷载（如风荷载）作用时，各横向平面框架的侧向变形基本一致，因而可从中取出一榀平面框架进行分析。注意，水平荷载作用下各横向平面框架的侧向变形基本一致的条件是由楼板平面内足够的刚度保证的，一般称为楼板平面内的刚度无穷大假定。一般情况下这一条件是满足的。但如果楼板上开洞较大，尤其是如在楼板边缘处开洞时，该条件就不满足，此时不能按平面框架结构计算，而需考虑楼板

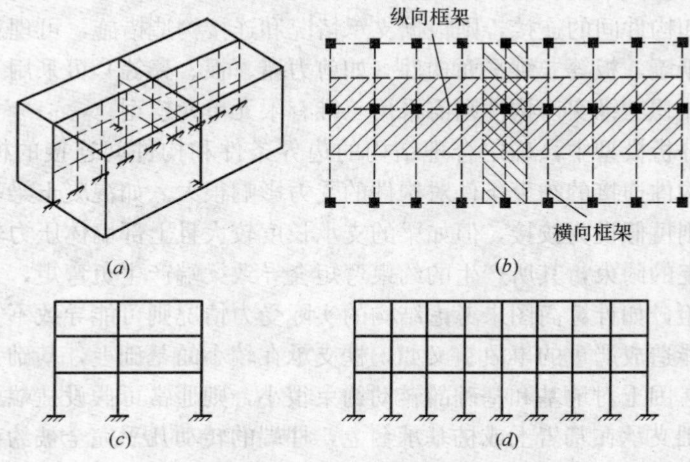

图 15-11　平面框架结构分析模型

平面内变形协调按各榀框架协同工作进行计算，这实际上是一种近似的三维空间分析。

所谓空间结构，是指其作用力一般沿两个以上的方向传递，如壳体结构等。平面和空间布置复杂的杆系结构，如网架结构和网壳结构也属于空间结构。空间结构中的构件往往同时承受多个方向内力。而对网架结构和网壳结构，虽然每个杆件近似为拉压单向受力，但杆件方向具有空间性，且各个杆件的受力方向也不相同。

需要特别强调的是，理想化的结构分析模型或多或少地与实际结构情况会存在差异，因此在结构设计和施工中应尽可能通过可靠的构造措施使结构的实际受力状态与结构的分析模型相一致，另一方面也需要考虑实际受力状态与结构的分析模型差异的趋势和影响程度，以便采取必要的措施进行处理。这在处理支座和节点连接构造时尤为重要，此即“理论源于实践；理论又反过来指导实践”。因此，对于计算所要求的构件或节点、连接的承载能力和变形能力，应有相应的构造措施予以保证。一个典型的例子是支承于砌体墙中的混凝土梁，其支座可按铰接考虑，理论计算结果支座弯矩为零，但实际支座有一定的嵌固作用，因此梁端实际存在一定的嵌固弯矩，由于这种嵌固程度不易确定，为避免梁端上部出现裂缝等问题，一般均需配置一定的构造钢筋。当梁的刚度很大时，墙体设计中也应考虑梁端嵌固弯矩的影响。又如，图 15-12 为按铰接计算处理的钢筋混凝土柱基础的配筋构造。

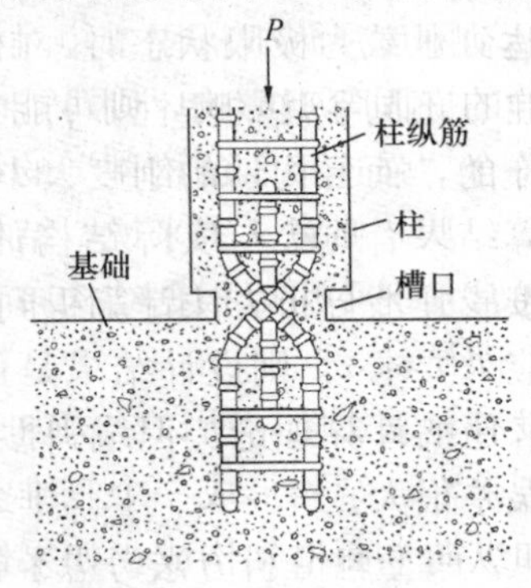

图 15-12 钢筋混凝土柱铰接支座基础

15.4.3 结构分析方法

结构分析时，应根据结构的类型、材料性能和受力特点以及所需确定的结构性能状态目标选择下列分析方法：

(1) 线弹性分析方法；

(2) 塑性内力重分布分析方法；

(3) 弹塑性分析方法；

(4) 塑性极限分析方法；

(5) 试验分析方法。

其中，线弹性分析方法和弹塑性分析方法是满足前述三项结构分析要求的理论方法，其差别是材料本构关系或构件单元受力一变形关系采用弹性本构和弹塑性本构。塑性内力重分布分析方法是针对典型结构的弹塑性受力特点简化的弹塑性分析方法；塑性极限分析方法是依据结构分析的上限定理确定结构的极限承载力。对于受力复杂的结构或新型结构体系或结构构件，由于缺乏工程应用经验，通常需进行必要的试验研究，以检验相应设计计算方法的可靠性。此外，根据结构作用特点，有结构静力分析和结构动力分析。不同分析方法与作用特点结合如图15-13所示。

静力分析
- 线弹性静力分析
- 塑性静力分析
- 弹塑性静力分析

动力分析
- 线弹性动力分析
- 弹塑性动力分析

图15-13 结构分析理论

线弹性分析方法是假定结构的材料本构关系和构件力-变形关系均是线弹性的，当忽略结构和构件二阶效应影响时，荷载效应（内力和变形）与荷载大小成正比，结构分析计算理论最为成熟。一般来说，结构在正常使用状态下，采用线弹性分析理论得到的结构内力和变形与实际情况的误差很小。但当结构达到承载力极限状态时，由于结构中不同构件的屈服存在先后次序，结构材料也有不同程度的塑性，特别是钢筋混凝土结构，在正常使用状态下是带裂缝工作的，而且构件的刚度大小与其受力大小相关，因此采用线弹性分析理论的计算结果有时会与实际结构的内力存在差别，但根据结构分析的“下限定理”，按线弹性分析方法计算得到的内力（或应力）满足构件承载能力要求（或允许应力要求），则设计结果是偏于安全的。因此，线弹性分析理论是目前应用最普遍的计算理论。但线弹性分析方法用于承载能力极限状态的变形计算，结果误差很大。

弹塑性分析方法考虑了材料和构件的塑性性能，其分析结果更符合结构在极限状态时的受力状况，通常用于确定结构的极限承载力或相应弹塑性性能状态目标结构承载能力和变形需求。目前实用塑性分析方法主要有考虑塑性内力重分布分析方法和塑性极限分析方法。塑性内力重分布分析方法，是用线弹性分析方法获得结构内力后，按照塑性内力重分布的规律，确定结构控制截面的内力。塑性极限分析方法是基于材料或构件截面的刚-塑性或弹-塑性假设，应用上限解、下限解和解答唯一性等塑性理论的基本定理，计算结构承载能力极限状态时的内力或极限荷载。需注意的是，塑性理论分析得到的结果对应结构的承载能力极限状态，结构材料的承载潜力得到完全利用，因此实际运用时应注意其适用条件，而且对于正常使用极限状态需要另行计算。

结构的非线性包括材料非线性和几何非线性。材料非线性是指材料、截面或构件的非线性本构关系，如应力-应变关系、弯矩-曲率关系、荷载-位移关系等。几何非线性是指考虑结构的受力与结构变形有关，称为二阶效应。一般情况，考虑材料非线性的情况较多，几何非线性仅在结构变形对结构受力的影响不可忽略时考虑，如高层、高耸结构分析和长柱分析时，就必须考虑竖向荷载作用下结构侧移引起的附加内力。对于一般结构可按本教材上册8.3节的方法考虑结构及受压构件的二阶效应，特殊情况需做专门分析。结构非线性分析与结构实际受力过程更为接近，但比线弹性和塑性分析方法要复杂得多。

此外，根据荷载和作用特点，还可分为“结构静力分析”和“结构动力分析”，而非线性动力分析最为复杂，一般用于重要的大型工程结构或受力复杂结构的分析。目前，相关结构非线性分析软件已十分成熟。

结构分析方法依据所采用的数学方法可以分为解析解和数值解两种。解析解又称为理论解，适用于比较简单的计算模型。由于实标工程结构并非像结构力学所介绍的计算模型那样理想化，除少数简单情况外，解析解几乎很难得到实际应用。

数值解的方法很多，常用的有：有限单元法、有限差分法、离散单元法等，一般需要借助计算机程序进行计算，故也称为程序分析方法，其中有限单元法的适用范围最广，可以计算各种复杂的结构形式和边界条件。目前已有许多成熟的结构设计和分析软件，如国内的 SATWE、TAT、PK-PM，国外的有主要用于弹性分析的 SAP2000、ETABS、MIDAS 等软件和主要用于非线性分析的 ANSYS、MARC、ABAQUS、LS-DYNA 等软件。

由于使用者一般对结构分析程序的编制所采用的结构计算模型并不了解，而且其计算过程也不可见，因此应对程序分析结果进行必要的概念判别和校核。对于不熟悉的结构形式和重要工程结构，应采用两个以上的程序进行计算，并比较计算结果，以保证分析结果的可靠。

对于形状和受力状态复杂，又无恰当的实用简化分析方法或计算分析模型，或无实用经验的新型结构体系时，也可采用试验分析方法。实际上，结构试验分析方法是工程结构分析最可靠的方法，目前所采用的简化分析方法一般都是经过试验验证的。结构试验方法是用能反映实际结构受力性能的材料，或其他材料、包括弹性材料制作成结构的整体或其部分模型，测定模型在荷载作用下的内力（或应力）分布、变形或裂缝等效应。结构试验应经过专门的设计，对试件的形状、尺寸和数量，材料的品种和性能指标，边界条件，加载方式、数值和加载制度，量测项目和测点布置等作出仔细的规划，以确保试验的有效性和准确性。

思　考　题

15-1　请查阅有关文献资料，列举一个建筑与结构配合成功的工程案例。

15-2　试讨论影响工程结构的造价因素。工程结构设计中如何处理好经济与安全的要求?

15-3　简要论述工程结构的设计过程和要求。

15-4　常用的结构体系有哪些？分析不同结构体系的荷载传递路径。试针对主要结构体系列举典型工程案例。

15-5　水平结构体系有哪些作用？竖向结构体系有哪些作用?

15-6 结构设计的原则有哪些？请列出具体内容。

15-7 如何确定结构计算简图？说明计算简图与实际结构的边界条件和构造的关系。试通过一实例说明结构计算简图的确定方法。

15-8 结构分析有哪些方法？如何正确运用各种结构分析方法？

15-9 请说明结构分析的上限解和下限解在结构分析中的作用。

第16章 荷载与作用

16.1 定义与分类

工程结构设计的主要目的，就是保证其在规定的使用条件和规定的使用期内具备所规定的安全性和适用性，并具有足够的耐久性。因此必须考虑工程结构所处环境以及使用期间可能引起或导致结构或构件失效的各种**作用**（action）。

结构上的**作用**（action）是指能使结构或构件产生内力、变形、应力、应变及裂缝等效应的各种原因的总称，包括**直接作用**和**间接作用**。**直接作用**，即通常所说的**荷载**（load），以直接施加在结构上的集中力和分布力的形式出现；**间接作用**是以外加变形和约束变形使结构产生效应，如温度变化、地基沉降和地基变形、混凝土收缩和徐变、焊接变形、温度变化以及地震作用等。

由于大多数荷载和作用的量值都随时间而变化，为保证工程结构的安全性和可靠性，应根据规定的使用期内荷载和作用变化的随机性和结构或构件的设计性能目标取相应的**代表值**（representative value）。规定的使用期通常称为**设计基准期**（design reference period）。一般建筑结构的设计基准期取50年，作为确定可变荷载最大值的时间参数。

通常，荷载（直接作用）是结构设计中必须考虑的，对于建筑结构中经常遇到的各种荷载以及温度作用和偶然荷载，我国《建筑结构荷载规范》GB 50009—2012（以下简称《荷载规范》）基本都给出了有关规定。而**间接作用**因情况复杂，除地震作用在《建筑抗震设计规范》GB 50011—2010（以下简称《抗震规范》）中有规定外，其他间接作用目前尚难以统一规定，在设计中应根据具体工程情况和可能出现的间接作用的影响，给予专门分析和考虑。

除荷载、外加变形和间接变形作用外，在长期环境介质侵蚀下结构材料会产生老化、锈蚀、碳化、冻融、剥蚀等劣化，导致结构的承载能力和刚度降低，从而影响结构的安全性和可靠性，因此也应该算作对结构的一种作用，可称为**劣化作用**。近年来，这一问题已越显突出，但人们对它的认识，尤其是各种结构材料在环境介质下的劣化机理还没有充分掌握。但是，在工程设计中考虑这些劣化作用的影响，仍是十分重要的。目前，我国已编制《混凝土结构耐久性设计与施工指南》，可作为考虑这些劣化作用影响的设计依据。

本章主要以建筑结构为对象，根据《荷载规范》和《抗震规范》介绍各种荷载和地震作用的确定方法。

结构上的荷载与作用可按下列三种方法分类：

1. 按随时间的变异性分类

(1) **永久荷载（作用）**：指在结构使用期间，其值不随时间变化或其变化与平均值相比可以忽略，例如结构自重、土压力、预应力等。此外，对水位不变的水压力可按永久荷载考虑。

(2) **可变荷载（作用）**：指在结构使用期间，其值随时间变化，且其变化与平均值相比不可以忽略，例如楼面活荷载、屋面活荷载和积灰荷载、吊车荷载、风荷载、雪荷载、温度作用等。

(3) **偶然荷载（作用）**：指在结构使用期间不一定出现，一旦出现，其值很大且持续时间很短的荷载，例如爆炸力、撞击力、罕遇地震作用等。

荷载按随时间变异的分类，是最基本的分类，它关系到荷载代表值及其效应的组合形式。

2. 按随空间位置的变异分类

(1) **固定荷载（作用）**：指在结构空间位置上具有固定分布的荷载，可变荷载也可以是固定荷载，只是其数值随时间变化，如固定设备、水箱等。

(2) **移动荷载（作用）**：指在结构空间位置上的一定范围内有规律或随机移动的荷载，如楼面上的人群荷载、吊车荷载、车辆荷载等。

3. 按结构的反应性质分类

(1) **静力荷载（作用）**：指对结构或结构构件不产生动力效应，或其动力效应可以忽略不计的荷载，如结构自重、楼面活荷载、雪荷载等。

(2) **动力荷载（作用）**：指对结构或结构构件产生不可忽略动力效应的荷载，如设备振动、工业厂房的吊车荷载、高耸结构上的风荷载、车辆刹车、撞击力和爆炸力等。

对于动力荷载，一般需按结构动力学方法来分析结构的动力效应，当动力荷载对结构产生的动力效应较小时，如吊车荷载、高度不大结构的风荷载，可采用增大其量值（即动力系数）的方法按静力荷载考虑。如果动力荷载仅作用于结构的局部部位构件上，且对整体结构的动力效应不大时，可仅对承受动力作用的构件考虑动力效应。

16.2 荷载与作用的代表值

16.2.1 标准值

如前所述，荷载随时间具有变异性，尤其是可变荷载，很难在设计中直接考虑荷载的变异性。为此，《荷载规范》根据设计中所验算的极限状态采用相应的代表值，其中**荷载标准值**（characteristic value）是基本代表值。

荷载标准值是指其在结构的使用期间可能出现的最大荷载值。对于有足够统计资料的可变荷载，可根据其最大荷载的统计分布按一定保证率取其上限分位值。但实际上并非能对所有荷载都能取得充分的统计资料，为此从实际出发，根据已有的工程实践经验，通过分析判断后，协议一个公称值（Nominal value）作为标准值，此标准值可能是均值、众值、中值或某个分位值。对于风荷载、雪荷载等自然荷载，习惯上以平均重现期的代表值作为标准值。《荷载规范》规定，风、雪荷载标准值的平均重现期为50年，与设计基准期一致。

根据对各种可变荷载的统计和长期工程应用经验，《荷载规范》规定了各类荷载的标准值，详见本章16.3、16.4节，地震作用的计算见详见本章16.5节。

对于**永久荷载**（permanent load），其标准值 G_k 确定方法是：对结构自重，可按结构构件的设计尺寸与材料单位体积自重的平均值计算确定。对于自重变异性较大的材料和构件，如现场制作的保温材料、混凝土薄壁构件等，自重标准值应根据对结构的不利状态，取上限值或下限值。《荷载规范》对常用材料和构件，给出了单位体积的自重，见附表1-1。

16.2.2 组合值、频遇值和准永久值

根据工程结构不同的设计工况要求，针对相应的极限状态和荷载效应组合，还规定了不同的荷载代表值。

由于可变荷载标准值是在设计基准期内具有统计意义上的最大荷载，相对整个设计基准期，荷载标准值的持续时间很短，因此当结构需要进行变形、裂缝、振动等正常使用极限状态计算时，如果仍取可变荷载标准值显然过于保守。根据荷载随时间变化的特性，在正常使用极限状态设计中，可取可变荷载超过某一水平的累积总持续时间的荷载值来进行计算（见图16-1）。因此，《荷载规范》还根据所验算的极限状态，给出了其他三种荷载代表值，即：**组合值**、**频遇值**和**准永久值**。这些代表值可根据所验算的极限状态在标准值基础上乘以相应的系数后得出。

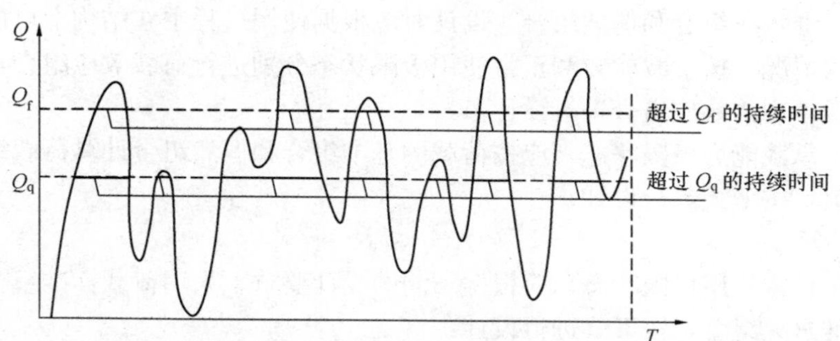

图16-1 频遇荷载值和准永久荷载值

可变荷载的**组合值** Q_c（combination value），是对于有两种及两种以上可变荷载同时作用时，使组合后的荷载效应在设计基准期内的超越概率能与荷载单独作用时相应概率趋于一致的荷载值。可变荷载的组合值可表示为 $Q_c=\psi_c Q_k$，其中 ψ_c 为可变荷载组合值系数。

可变荷载的**频遇值** Q_f（frequent value），是指在设计基准期内，其超越的总时间为规定的较小比率，或超越频率为规定频率的荷载值，可表示为 $Q_f=\psi_f Q_k$，其中 ψ_f 为可变荷载频遇值系数。频遇值总持续时间较短，一般与永久荷载组合用于结构振动变形计算。

可变荷载的**准永久值** Q_q（quasi－permanent value），是指在设计基准期内，其超越的总时间约为设计基准期一半的荷载值。可变荷载的准永久值可表示为 $Q_q=\psi_q Q_k$，其中 ψ_q 为可变荷载准永久值系数。可变荷载准永久值总持续时间约为设计基准期的一半，一般与永久荷载组合用于结构长期变形和裂缝宽度计算。

对于常见的可变荷载，《荷载规范》均规定了其标准值、组合值系数 ψ_c、频遇值系数 ψ_f 和准永久值系数 ψ_q。对于风、雪荷载，还给出了全国主要台站的 10 年、50 年和 100 年一遇的雪压和风压值。

对于偶然荷载，如撞击、爆炸荷载的荷载设计值可按《荷载规范》第 10 章规定的方法确定的偶然荷载标准值取用。

16.3　荷载与作用的效应组合

结构或结构构件在使用期间，除承受恒荷载外，还可能同时承受两种或两种以上的活荷载，需要给出这些荷载同时作用时产生的效应，这就是荷载效应组合的概念。荷载效应组合既需要考虑各种可能同时出现的荷载组合的最不利情况，但也不能所有参与组合的活荷载都取标准值（结构使用期内的最大值），因为几种活荷载都同时达到各自标准值的可能性不大，因此应根据所设计考虑的极限状态，采用相应的活荷载代表值。

对于建筑结构，《荷载规范》将荷载效应组合分为基本组合、标准组合、频遇组合、准永久组合和偶然组合。设计时应根据使用过程中在结构上可能同时出现的荷载情况，按承载能力和正常使用极限状态分别进行荷载效应组合，并应取各自的最不利的效应组合进行设计。

对于承载能力极限状态，应按荷载的基本组合和偶然组合计算荷载组合的效应设计值，按下式进行设计：

$$\gamma_0 S_d \leqslant R \tag{16-1}$$

对于正常使用极限状态，应根据不同的设计要求，采用荷载标准组合、频遇组合和准永久组合，按下式进行设计：

$$S_d \leqslant C \tag{16-2}$$

式中 γ_0——结构重要性系数；

S_d——荷载效应组合设计值；

R——结构构件抗力设计值；

C——结构或结构构件达到正常使用要求的规定限值，例如变形、裂缝、振幅、加速度、应力等的限值。

各种荷载与作用效应组合的具体表达式如下：

16.3.1 基本组合（fundamental combination）

基本组合是针对结构构件承载能力极限状态计算时，永久荷载和可变荷载的组合，在以下两种组合中取最不利的：

（1）由可变荷载效应控制的组合

$$S = \gamma_G S_{Gk} + \gamma_{Q1} S_{Q1k} + \sum_{i=2}^{n} \gamma_{Qi} \psi_{ci} S_{Qik} \tag{16-3}$$

对于一般排架、框架结构，上式可简化为以下两种组合的最不利情况：

$$S = \gamma_G S_{Gk} + \gamma_{Q1} S_{Q1k} \tag{16-4a}$$

$$S = \gamma_G S_{Gk} + 0.9 \sum_{i=1}^{n} \gamma_{Qi} S_{Qik} \tag{16-4b}$$

（2）由永久荷载效应控制的组合

$$S = \gamma_G S_{Gk} + \sum_{i=1}^{n} \gamma_{Qi} \psi_{ci} S_{Qik} \tag{16-5}$$

式中 γ_G——永久荷载的分项系数，按表16-1取值；

γ_{Qi}——第 i 个可变荷载的分项系数，其中 γ_{Q1} 为可变荷载 Q_1 的分项系数。一般情况 γ_Q 取1.4，对于标准值大于 $4kN/m^2$ 的工业房屋楼面结构的活荷载 γ_Q 取1.3；

S_{Gk}——按永久荷载标准值 G_k 计算的荷载效应值；

S_{Qik}——按可变荷载标准值 Q_{ik} 计算的荷载效应值，其中 Q_1 为诸可变荷载效应中起控制作用者；

ψ_{ci}——可变荷载 Q_i 的组合值系数；

n——参与组合的可变荷载数。

永久荷载分项系数 **表16-1**

对结构不利时	由可变荷载效应控制的组合，取 $\gamma_G=1.2$
	由永久荷载效应控制的组合，取 $\gamma_G=1.35$
对结构有利时	一般情况，取 $\gamma_G=1.0$
	结构倾覆、滑移或漂浮验算，取 $\gamma_G=0.9$

16.3.2 标准组合（nominal combinatio）

标准组合是针对结构构件正常使用极限状态计算时的组合，采用永久荷载和可变荷载标准值或组合值作为荷载代表值的组合，其表达式如下：

$$S = S_{\mathrm{Gk}} + S_{\mathrm{Q1k}} + \sum_{i=2}^{n} \psi_{\mathrm{c}i} S_{\mathrm{Q}i\mathrm{k}} \tag{16-6}$$

16.3.3 频遇组合（frequent combination）

频遇组合是针对结构构件正常使用极限状态计算时，对可变荷载采用频遇值或准永久值为荷载代表值的组合，其表达式如下：

$$S = S_{\mathrm{Gk}} + \psi_{\mathrm{f1}} S_{\mathrm{Q1k}} + \sum_{i=2}^{n} \psi_{\mathrm{q}i} S_{\mathrm{Q}i\mathrm{k}} \tag{16-7}$$

16.3.4 准永久组合（quasi－permanent combination）

准永久组合是针对正常使用极限状态计算时，对可变荷载采用准永久值为荷载代表值的组合，其表达式如下：

$$S = S_{\mathrm{Gk}} + \sum_{i=1}^{n} \psi_{\mathrm{q}i} S_{\mathrm{Q}i\mathrm{k}} \tag{16-8}$$

式中 ψ_{f1}——可变荷载 Q_1 的频遇值系数；

$\psi_{\mathrm{q}i}$——可变荷载 Q_i 的准永久值系数。

16.3.5 偶然组合（accidental combination）

当结构在偶然作用下要求满足承载能力极限状态时，需考虑永久荷载、可变荷载和一个偶然荷载或偶然作用的组合用于结构承载能力计算的效应设计值，其表达式如下：

$$S_{\mathrm{d}} = \sum_{j=1}^{m} S_{\mathrm{G}j\mathrm{k}} + S_{\mathrm{Ad}} + \psi_{\mathrm{f1}} S_{\mathrm{Q1k}} + \sum_{i=2}^{n} \psi_{\mathrm{q}i} S_{\mathrm{Q}i\mathrm{k}} \tag{16-9}$$

式中 S_{Ad}——按偶然荷载（作用）设计值 A_{d} 计算的荷载（作用）效应值；

ψ_{f1}——第 1 个可变荷载的频遇值系数；

$\psi_{\mathrm{q}i}$——第 i 个可变荷载的准永久值系数。

此外，偶然事件发生后，当需对受损结构在永久荷载与可变荷载组合下进行整体稳定性验算时，可按下式计算结构的效应设计值：

$$S_{\mathrm{d}} = \sum_{j=1}^{m} S_{\mathrm{G}j\mathrm{k}} + \psi_{\mathrm{f1}} S_{\mathrm{Q1k}} + \sum_{i=2}^{n} \psi_{\mathrm{q}i} S_{\mathrm{Q}i\mathrm{k}} \tag{16-10}$$

16.3.6 荷载效应组合时需注意的问题

(1) 无论何种组合，都应包括永久荷载效应。

(2) 对于可变荷载效应，是否参与在一个组合中，要根据其对结构或结构构件的作用情况而定。对于建筑结构，无地震作用参与组合时，一般考虑以下三种组合情况（不包括偶然组合）：

① 恒荷载＋风荷载＋其他活荷载

② 恒荷载＋除风荷载以外的其他活荷载

③ 恒荷载＋风荷载

有地震作用参与组合时，一般考虑以下两种组合情况：

① 重力荷载＋水平地震

② 重力荷载＋水平地震＋风荷载

对于 9 度抗震设防，尚需考虑竖向地震作用参与组合。

(3) 当风荷载和地震作用参与组合时，应考虑不同的方向，但在一个组合中只取一个方向的风荷载和地震作用。

以上介绍了荷载的定义、分类和各种荷载代表值的确定方法，以及设计中需考虑的各种荷载与作用效应的组合方法，以下将具体介绍各类常见荷载和作用的确定方法和取值规定。

16.4 永 久 荷 载

永久荷载又称为恒荷载（dead load），包括结构构件、围护构件、面层及装饰、固定设备、长期储物的自重，以及其他需要按永久荷载考虑的荷载。一旦结构物建成，永久荷载在结构上的分布和量值将不再发生变化，应按照其实际分布情况计算结构的荷载效应。

对于各类结构构件和永久性非结构构件自重，由于其变异性不大，且多为正态分布，一般以其分布的均值作为荷载标准值，由此即可按结构设计规定的尺寸和材料或结构构件单位体积的自重（或单位面积的自重）的平均值确定。对于自重变异性较大的材料，尤其是制作屋面的轻质材料，考虑到结构的可靠性，在设计中应根据该荷载对结构有利或不利，分别取其自重的下限值或上限值。附表 1-1 列出了部分常用材料和构件的自重，其他材料和构件的自重可查《荷载规范》。

对于民用建筑，考虑到二次装修增加的荷载较大，在计算面层及装饰自重时必须考虑二次装修的自重。

固定设备主要包括：电梯及自动扶梯，采暖、空调及给水排水设备，电器设备，管道、电缆及其支架等，可根据产品参数确定其荷载值和分布。

16.5　楼面和屋面活荷载

楼面活荷载是指人群、家具、物品（民用建筑）和机器、车辆、设备、堆料（工业建筑）等产生的分布重力荷载；屋面活荷载是指检修人员与维修工具等，以及屋面作为花园、运动场所或作为直升机停机坪等产生的分布重力荷载。

实际结构中楼面及屋面活荷载分布是不均匀或不连续的，为简化计算起见，在结构设计时，一般采用等效均布荷载代替。等效均布荷载是指其在结构上所产生的荷载效应与实际荷载产生的荷载效应保持一致的均布荷载。

16.5.1　民用建筑的楼面和屋面均布活荷载

《荷载规范》根据大量的调查和统计分析，并考虑可能出现的短期聚会人群、室内打扫除时家具的集聚及维修时的临时堆料等，按等效均布荷载方法给出了一般各类民用建筑的楼面均布活荷载标准值，见表16-2，表中同时给出了相应的组合值、频遇值和准永久值系数。楼面均布活荷载标准值，是楼面局部区域按等效均布荷载方法得到的，实际使用中楼面活荷载的量值和作用位置都在经常变动，不可能以标准值的大小同时布满所有楼面，因此在设计梁、墙、柱和基础时，还要考虑这些构件实际所承担的楼面范围内荷载的分布变异情况予以折减，《荷载规范》规定：

（1）设计楼面梁时的折减系数

① 当表16-2中第1（1）项楼面梁从属面积超过25m² 时，应取0.9；

② 当表16-2中第1（2）～7项楼面梁从属面积超过50m² 时，应取0.9；

③ 当表16-2中第8项对单向板楼盖的次梁和槽形板的纵肋应取0.8；对单向板楼盖的主梁应取0.6；对双向板楼盖的梁应取0.8；

④ 当表16-2中第9～13项应采用与所属房屋类别相同的折减系数。

（2）设计墙、柱和基础时的折减系数

① 对表16-2中1（1）项，根据计算截面以上的层数按表16-3取值；

② 对表16-2中第1（2）～7项应采用与其楼面梁相同的折减系数；

③ 对表16-2中第8项单向板楼盖应取0.5；双向板楼盖和无梁楼盖应取0.8；对基础的消防车荷载应取0.2；

④ 当表16-2中第9～13项应采用与所属房屋类别相同的折减系数。

如设计中有特殊需要，楼面均布活荷载的标准值及其组合值、频遇值和准永久值系数的取值可以适当提高。

民用建筑楼面均布活荷载标准值及其组合值、频遇值和准永久值系数　　表 16-2

项次	类别			标准值（kN/m²）	组合值系数 ψ_c	频遇值系数 ψ_f	准永久值系数 ψ_q
1	（1）住宅、宿舍、旅馆、办公楼、医院病房、托儿所、幼儿园			2.0	0.7	0.5	0.4
	（2）试验室、阅览室、会议室、医院门诊室			2.0	0.7	0.6	0.5
2	教室、食堂、餐厅、一般资料档案室			2.5	0.7	0.6	0.5
3	（1）礼堂、剧场、影院、有固定座位的看台			3.0	0.7	0.5	0.3
	（2）公共洗衣房			3.0	0.7	0.6	0.5
4	（1）商店、展览厅、车站、港口、机场大厅及其旅客等候室			3.5	0.7	0.6	0.5
	（2）无固定座位的看台			3.5	0.7	0.5	0.3
5	（1）健身房、演出舞台			4.0	0.7	0.6	0.5
	（2）运动场、舞厅			4.0	0.7	0.6	0.3
6	（1）书库、档案库、贮藏室			5.0	0.9	0.9	0.8
	（2）密集柜书库			12.0	0.9	0.9	0.8
7	通风机房、电梯机房			7.0	0.9	0.9	0.8
8	汽车通道及客车停车库	（1）单向板楼盖（板跨不小于 2m）和双向板楼盖（板跨不小于 3m×3m）	客车	4.0	0.7	0.7	0.6
			消防车	35.0	0.7	0.5	0.0
		（2）双向板楼盖（板跨不小于 6m×6m）和无梁楼盖（柱网不小于 6m×6m）	客车	2.5	0.7	0.7	0.6
			消防车	20.0	0.7	0.5	0.0
9	厨房	（1）餐厅		4.0	0.7	0.7	0.7
		（2）其他		2.0	0.7	0.6	0.5
10	浴室、卫生间、盥洗室			2.5	0.7	0.6	0.5
11	走廊、门厅	（1）宿舍、旅馆、医院病房、托儿所、幼儿园、住宅		2.0	0.7	0.5	0.4
		（2）办公楼、餐厅、医院门诊部		2.5	0.7	0.6	0.5
		（3）教学楼及其他可能出现人员密集的情况		3.5	0.7	0.5	0.3

续表

项次	类别		标准值 (kN/m²)	组合值系数 ψ_c	频遇值系数 ψ_f	准永久值系数 ψ_q
12	楼梯	(1) 多层住宅	2.0	0.7	0.5	0.4
		(2) 其他	3.5	0.7	0.5	0.3
13	阳台	(1) 可能出现人员密集的情况	3.5	0.7	0.6	0.5
		(2) 其他	2.5	0.7	0.6	0.5

注：1. 本表所给各项活荷载适用于一般使用条件，当使用荷载较大、情况特殊或有专门要求时，应按实际情况采用；

2. 第6项书库活荷载当书架高度大于2m时，书库活荷载尚应按每米书架高度不小于2.5kN/m²确定；

3. 第8项中的客车活荷载仅适用于停放载人少于9人的客车；消防车活荷载适用于满载总重为300kN的大型车辆；当不符合本表的要求时，应将车轮的局部荷载按结构效应的等效原则，换算为等效均布荷载；

4. 第8项消防车活荷载，当双向板楼盖板跨介于3m×3m～6m×6m之间时，应按跨度线性插值确定；

5. 第12项楼梯活荷载，对预制楼梯踏步平板，尚应按1.5kN集中荷载验算；

6. 本表各项荷载不包括隔墙自重和二次装修荷载；对固定隔墙的自重应按永久荷载考虑，当隔墙位置可灵活自由布置时，非固定隔墙的自重应取不小于1/3的每延米长墙重（kN/m）作为楼面活荷载的附加值（kN/m²）计入，且附加值不应小于1.0kN/m²。

活荷载按楼层的折减系数 **表 16-3**

墙、柱、基础计算截面以上的层数	1	2～3	4～5	6～8	9～20	>20
计算截面以上各楼层活荷载总和的折减系数	1.00 (0.9)	0.85	0.70	0.65	0.60	0.55

注：当楼面梁的从属面积超过25m²时，应采用括号内的系数。

16.5.2 工业建筑楼面活荷载

工业建筑楼面在生产使用或安装检修时，由设备、管道、运输工具及可能拆移的隔墙产生的局部荷载，均应按实际情况考虑，可采用等效均布活荷载代替。对设备位置固定的情况，可直接按固定位置对结构进行计算，但应考虑因设备安装和维修过程中的位置变化可能出现的最不利效应。

工业建筑楼面堆放原料或成品较多、较重的区域（例如库房），应按实际情况考虑，一般按均布活荷载考虑，也可采用等效均布活荷载计算。

工业建筑楼面（包括工作平台）上无设备区域的操作荷载，包括操作人员、一般工具、零星原料和成品的自重，可按均布活荷载考虑，采用2.0kN/m²。在设备所占区域内可不考虑操作荷载和堆料荷载。

生产车间的楼梯活荷载，可按实际情况采用，但不宜小于 3.5kN/m²。生产车间的参观走廊活荷载可取 3.5kN/m²。

工业建筑楼面活荷载的组合值系数、频遇值系数和准永久值系数应按实际情况采用；但在任何情况下，组合值和频遇值系数不应小于 0.7，准永久值系数不应小于 0.6。

16.5.3 屋面活荷载

房屋建筑的屋面，其水平投影面上的均布活荷载按表 16-4 采用。不上人的屋面均布活荷载不应与雪荷载同时组合。

屋面均布活荷载标准值及其组合值、频遇值和准永久系数　　表 16-4

项次	类别	标准值 (kN/m²)	组合值系数 ψ_c	频遇值系数 ψ_f	准永久值系数 ψ_q
1	不上人的屋面	0.5	0.7	0.5	0.0
2	上人的屋面	2.0	0.7	0.5	0.4
3	屋顶花园	3.0	0.7	0.6	0.5
4	屋顶运动场	4.0	0.7	0.6	0.4

注：1. 不上人的屋面，当施工或维修荷载较大时，应按实际情况采用；对不同结构应按有关设计规范的规定，将标准值作 0.2kN/m² 的增减；
2. 上人的屋面，当兼作其他用途时，应按相应楼面活荷载采用；
3. 对于因屋面排水不畅、堵塞等引起的积水荷载，应采取构造措施加以防止；必要时，应按积水的可能深度确定屋面活荷载；
4. 屋顶花园活荷载不包括花圃土石等材料自重。

屋面直升机停机坪荷载应根据直升机实际最大起飞重量按局部荷载考虑，同时其等效均布荷载不低于 5.0kN/m²，其组合值系数、频遇值系数和准永久值系数分别为 0.7、0.6 和 0。

16.5.4 屋面积灰荷载

设计生产中有大量排灰的厂房及其邻近建筑时，对具有一定除尘设施和保证清灰制度的机械、冶金、水泥等的厂房屋面，其水平投影面上的屋面积灰荷载，应分别按《荷载规范》表 5.4.1-1 和表 5.4.1-2 采用。

对于屋面上易形成灰堆处，当设计屋面板、檩条时，积灰荷载标准值可乘以下列规定的增大系数：

(1) 在高低跨处两倍于屋面高差但不大于 6.0m 的分布宽度内取 2.0；

(2) 在天沟处不大于 3.0m 的分布宽度内取 1.4。

积灰荷载应与雪荷载或不上人的屋面均布活荷载两者中的较大值同时考虑。

16.5.5 施工和检修荷载及栏杆水平荷载

对于施工荷载较大的楼层，在进行楼盖结构设计时，宜考虑施工阶段荷载的影响。当施工荷载超过设计荷载时，应按实际情况验算，并采取设置临时支撑等措施。

设计屋面板、檩条、钢筋混凝土挑檐、悬挑雨篷和预制小梁时，施工或检修集中荷载（人和小工具的自重）取值不应小于1.0kN，并应在最不利位置处进行验算。组合值系数应取0.7，频遇值系数应取0.5，准永久值系数应取0。

楼梯、看台、阳台和上人屋面等的栏杆活荷载标准值的取值，不应小于下列规定：

（1）住宅、宿舍、办公楼、旅馆、医院、托儿所、幼儿园，栏杆顶部的水平荷载应取1.0kN/m；

（2）学校、食堂、剧场、电影院、车站、礼堂、展览馆或体育场，栏杆顶部的水平荷载应取1.0kN/m，竖向荷载应取1.2kN/m，水平荷载与竖向荷载应分别考虑；

（3）当采用荷载准永久组合时，可不考虑施工和检修荷载及栏杆水平荷载。

16.5.6 动力系数

建筑结构设计的动力荷载作用计算时，可将重物或设备的自重乘以动力系数后按静力计算。搬运和装卸重物以及车辆启动和刹车的动力系数可采用1.1～1.3，其动力荷载只传至楼板和梁。

直升机在屋面上的荷载，也应乘以动力系数，对具有液压轮胎起落架的直升机可取1.4，其动力荷载只传至楼板和梁。

16.6 雪荷载

16.6.1 雪荷载标准值

屋面水平投影面上的雪荷载标准值 S_k 按下式计算：

$$S_k = \mu_r S_0 \tag{16-11}$$

式中 S_0——基本雪压（kN/m^2）；

μ_r——屋面积雪分布系数。

16.6.2 基本雪压

基本雪压 S_0 是以空旷平坦地面积雪分布均匀、经统计得到的重现期50年的最大雪压或雪深资料给出的单位面积上（m^2）的积雪重量。对雪荷载敏感的结构（如轻型屋盖结构），应采用100年重现期的雪压。

根据全国各地区气象台站的长期气象观测资料，《荷载规范》给出了全国各地区50年重现期的基本雪压和全国各城市雪压表，具体参见《荷载规范》附录D5。例如，北京的基本雪压为0.40kN/m²，上海为0.20kN/m²，而新疆塔城的最大雪压则达到1.55kN/m²。

16.6.3 雪荷载的组合值、频遇值和准永久值系数

雪荷载的组合值系数可取0.7；频遇值系数可取0.6；准永久值系数应按雪荷载分区Ⅰ、Ⅱ和Ⅲ的不同，分别取0.5、0.2和0。

16.6.4 屋面积雪分布系数

屋面积雪分布系数是指屋面水平投影面积上的雪荷载与基本雪压的比值，它与屋面形式、朝向及风力等均有关。通常情况下，屋面积雪分布系数应根据不同类别的屋面形式确定，具体见《荷载规范》表7.2.1，常用情况见表16-5。

屋面积雪分布系数 **表16-5**

<table>
<tr><th>类别</th><th>屋面形式及积雪分布系数 μ_r</th></tr>
<tr><td>单跨单坡屋面</td><td> 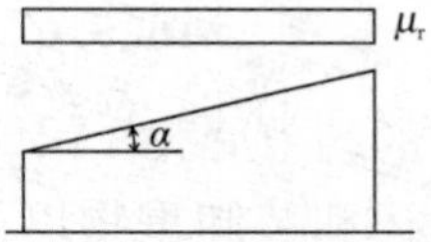μ_r
α
<table><tr><td>α</td><td>≤25°</td><td>30°</td><td>35°</td><td>40°</td><td>45°</td><td>50°</td><td>55°</td><td>≥60°</td></tr><tr><td>μ_r</td><td>1.0</td><td>0.85</td><td>0.7</td><td>0.55</td><td>0.4</td><td>0.25</td><td>0.1</td><td>0</td></tr></table></td></tr>
<tr><td>单跨双坡屋面</td><td> 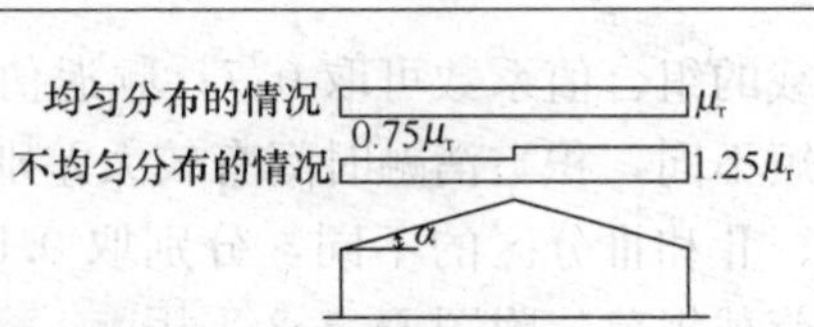均匀分布的情况 μ_r
不均匀分布的情况 $0.75\mu_r$ $1.25\mu_r$
α
μ_r 按单跨单坡屋面采用</td></tr>
<tr><td>带天窗的坡屋面</td><td>均匀分布的情况 1.0
不均匀分布的情况 1.1 0.8 1.1
α
μ_r 按单跨单坡屋面采用</td></tr>
</table>

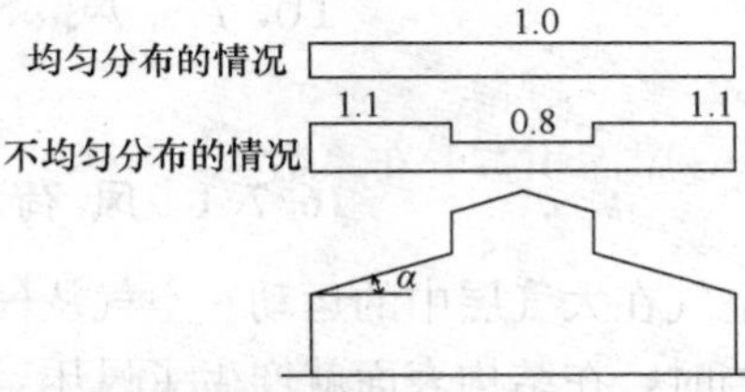

续表

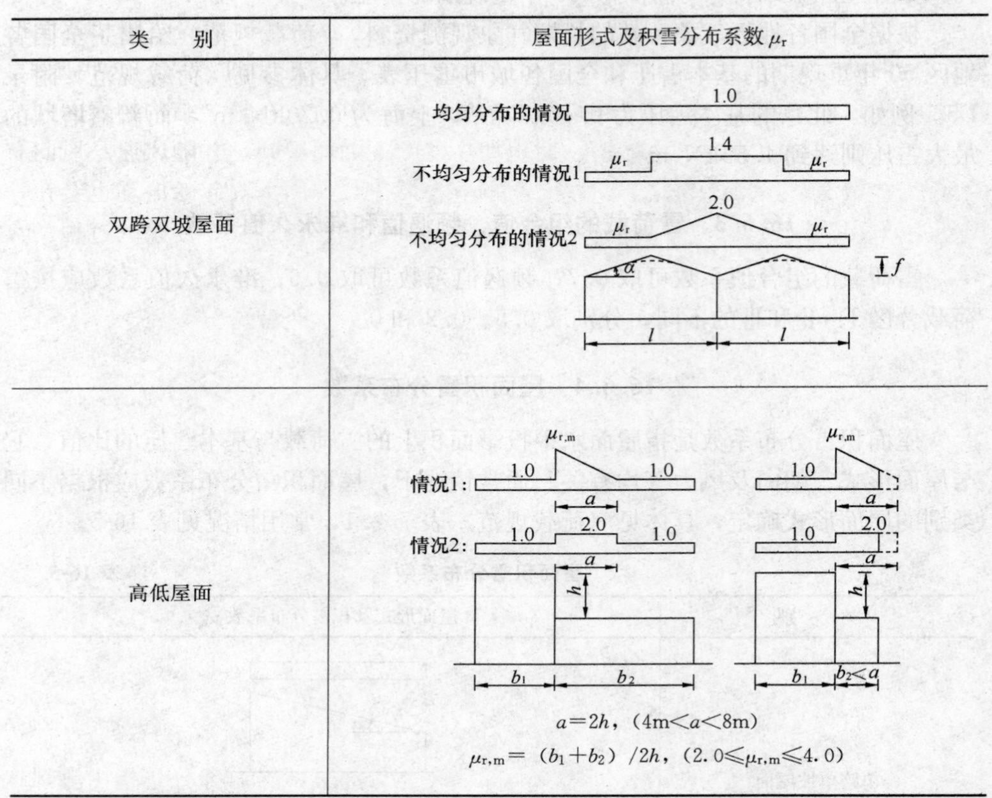

注：单跨双坡屋面仅当 20°≤ α≤30°时，可采用不均匀分布情况。

16.6.5　雪荷载的组合值系数、频遇值系数和准永久值系数

雪荷载的组合值系数可取 0.7；频遇值系数可取 0.6。考虑到我国各地区寒冷时间长短不同，积雪消融时间有较大差别，有些地区甚至长期积雪，准永久值系数按Ⅰ、Ⅱ和Ⅲ分区的不同，分别取 0.5、0.2 和 0，雪荷载准永久值系数分区图按《荷载规范》附图 D.5.2 采用。

16.7　风　荷　载

16.7.1　风荷载特点

风是空气在大气层中的运动。空气从气压大的地方向气压小的地方流动，遇到结构阻挡时，在结构表面就产生了风压，使结构产生变形和振动。与建筑物相关的风只是靠近地面流动的近地风，具有明显的紊乱性和随机性。

处于风场中的建筑物，一方面在迎风面会受到一定的压力（其中包括平均风压和脉动风压），另一方面因建筑物的非流线型，还会在建筑物的两侧和背面形成一定的漩涡，产生背风向的吸力和横风向的干扰力，见图 16-2。这些压力、吸力和横风向的干扰力构成了建筑物上的风荷载。风荷载在整个结构物表面并不是均匀分布的，随着建筑物体型、面积和高度的不同而不同，并随风速、风向和紊流结构的变化不停的变化，而建筑物本身在风荷载作用下引起的振动也会在一定程度上引起风荷载分布的变化，因此风对建筑物的作用是一个复杂的过程。

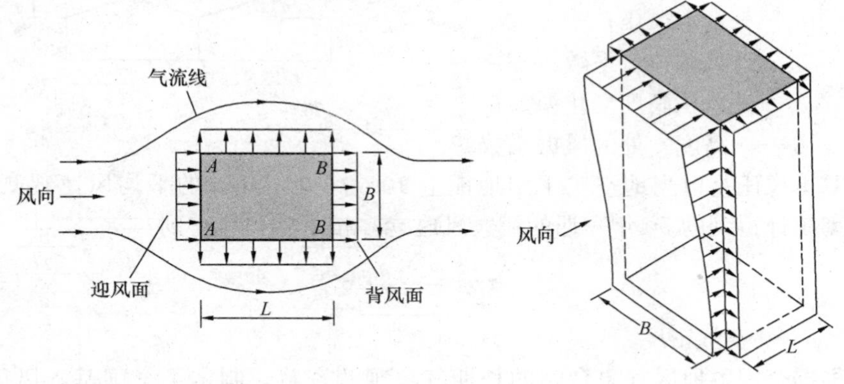

图 16-2 建筑物表面的风压分布示意图

一般来说，风对建筑物的作用具有如下特点：

(1) 风对建筑物的作用力包括静力部分和动力部分。静力部分是指由顺风向的平均风引起的静力风荷载，动力部分是指顺风向脉动风荷载（与平均风方向一致）和横风向的脉动风荷载（与平均风方向垂直）。所以在顺风向上风对结构的作用由平均风荷载和顺风向脉动风荷载两部分组成，在横风向上风对结构的作用仅有横风向的脉动风荷载。

(2) 风对建筑物的作用与建筑物的几何外观有直接关系，主要指建筑物的体型和平面形状。

(3) 风对建筑物的作用受建筑物的周围环境影响较大，周围环境的不同会对风场的分布影响很大。

(4) 风一般持续时间较长，长至几个小时甚至几天，同时作用也比较频繁。

由于风在横风向上的紊流比较小，对结构的影响较小，而且建筑物横风向的风振机理较为复杂，到目前为止关于横风向脉动风荷载还没有较为成熟的理论模型，对横风向脉动风荷载的考虑大都是以大量风洞试验结果为基础，再通过综合分析得到。因此在工程实际应用中一般只考虑结构在顺风向风荷载作用下的响应。

16.7.2　风荷载标准值及基本风压

结构在风荷载作用下的瞬时响应最大值与风荷载时程有关。对于一般工程设计来说，风荷载可近似按静力风荷载并用动力放大系数考虑脉动风的动力效应来计算。当计算主要承重结构时，垂直于建筑物表面的风荷载标准值 w_k 按下式计算：

$$w_k = \beta_z \mu_s \mu_z w_0 \tag{16-12}$$

式中　w_0——基本风压；

μ_s——风载体型系数；

μ_z——风压高度变化系数；

β_z——高度 z 处的风振系数。

基本风压是以当地空旷平坦地面上 10m 高处 10min 的平均风速观测数据，经概率统计得到的 50 年一遇的最大风速 v_0，按下式计算得到：

$$w_0 = \frac{1}{2}\rho \cdot v_0^2 \tag{16-13}$$

式中　ρ——空气密度。

根据全国各地区气象台站的长期气象观测资料，制定了全国基本风压分布图，具体参见《荷载规范》附录 D。例如，我国北京市的基本风压 $w_0=0.45\text{kN/m}^2$，上海市基本风压为 $w_0=0.55\text{kN/m}^2$，风压最大的台湾宜兰基本风压则达到了 $w_0=1.85\text{kN/m}^2$。《荷载规范》还规定基本风压不得小于 0.3kN/m^2。对于高层建筑、高耸结构以及对风荷载比较敏感的其他结构，可适当提高基本风压。

16.7.3　风压高度变化系数

在大气边界层内，风速随离地面高度的增大而增大，风速增大规律主要取决于地面粗糙度。根据地面地貌情况，地面粗糙度分为四类：

A 类——指近海海面和海岛、海岸、湖岸及沙漠地区；

B 类——指田野、乡村、丛林、丘陵以及房屋比较稀疏的乡镇和城市郊区；

C 类——指有密集建筑群的城市市区；

D 类——指有密集建筑群且房屋高度较高的城市市区。

当离地面高度超过 300～500m，风速不再受地面粗糙度的影响，该高度范围的风称为“梯度风”。根据实测数据分析，在梯度风高度范围内，高度 z 处的风速 v_z 与高度 10m 处的风速 v_0 的关系为：

$$v_z = v_0 \left(\frac{z}{10}\right)^{\alpha} \tag{16-14}$$

式中　α——地面粗糙度指数，对于 A、B、C、D 类地面，α 分别为 0.12、

0.16、0.22 和 0.30。

式（16-14）的关系见图 16-3。由式（16-14）不难得到风压高度变化系数 μ_z，可表示为：

$$\mu_z = \kappa\left(\frac{z}{10}\right)^{2\alpha} \tag{16-15}$$

其中，κ 为反映不同地面粗糙度的系数，对于 A、B、C、D 类地面，κ 分别为 1.379、1.000、0.616 和 0.318。由此得到各类地面的风压高度变化系数 μ_z 见表 16-6。

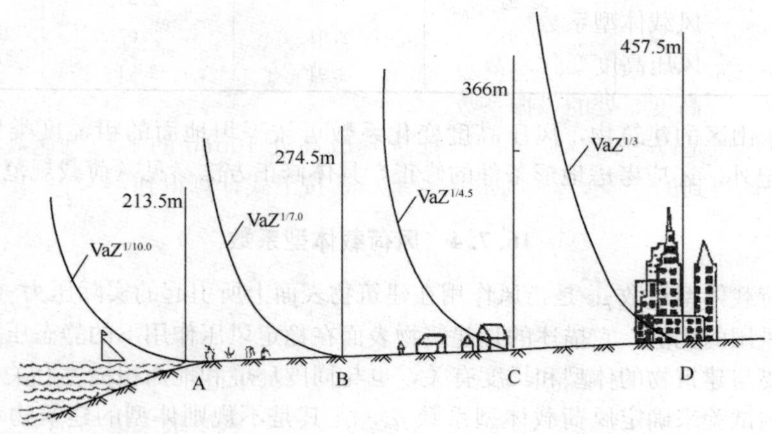

图 16-3 风压高度变化

风压高度变化系数 μ_z 表 16-6

离地面或海平面高度 (m)	地面粗糙度类别			
	A	B	C	D
5	1.09	1.00	0.65	0.51
10	1.28	1.00	0.65	0.51
15	1.42	1.13	0.65	0.51
20	1.52	1.23	0.74	0.51
30	1.67	1.39	0.88	0.51
40	1.79	1.52	1.00	0.60
50	1.89	1.62	1.10	0.69
60	1.97	1.71	1.20	0.77
70	2.05	1.79	1.28	0.84
80	2.12	1.87	1.36	0.91
90	2.18	1.93	1.43	0.98
100	2.23	2.00	1.50	1.04
150	2.46	2.25	1.79	1.33

续表

离地面或海平面高度（m）	地面粗糙度类别			
	A	B	C	D
200	2.64	2.46	2.03	1.58
250	2.78	2.63	2.24	1.81
300	2.91	2.77	2.43	2.02
350	2.91	2.91	2.60	2.22
400	2.91	2.91	2.76	2.40
450	2.91	2.91	2.91	2.58
500	2.91	2.91	2.91	2.74
≥550	2.91	2.91	2.91	2.91

对于山区的建筑物，风压高度变化系数可按平坦地面的粗糙度类别，由表16-5确定外，还应考虑地形条件的修正，具体修正方法参见《荷载规范》。

16.7.4　风荷载体型系数

风荷载体型系数 μ_s 是指风作用在建筑物表面上所引起的实际压力（或吸力）与基本风压的比值，它描述的是建筑物表面在稳定风压作用下的静态压力分布规律，主要与建筑物的体型和尺度有关，也与周围环境和地面粗糙度有关。一般应根据风洞试验来确定风荷载体型系数 μ_s，尤其是不规则体型的建筑物和周边环境复杂时。对于常见建筑物，《荷载规范》列出了风荷载体型系数 μ_s 的建议取值，部分列于表16-7，其他情况可查《荷载规范》表8.3.1。对于《荷载规范》中未列出的房屋和构筑物体型且无参考资料可以借鉴时，宜通过风洞试验确定风荷载体型系数；对于重要且体型复杂的房屋和构筑物，应由风洞试验确定风荷载体型系数。

风荷载体型系数　　**表16-7**

类　别	体型及体型系数 μ_s
封闭式落地双坡屋面	μ_s　α　−0.5 α：0°，μ_s：0 α：30°，μ_s：+0.2 α：≥60°，μ_s：+0.8
封闭式双坡屋面	μ_s　α　−0.5　+0.8　−0.5　−0.7　+0.8　−0.5　−0.7 α：≤15°，μ_s：−0.6 α：30°，μ_s：0 α：≥60°，μ_s：+0.8

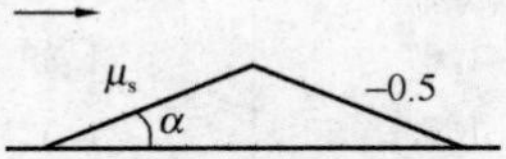

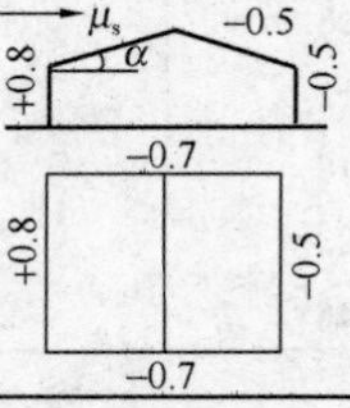

续表

类　别	体型及体型系数 μ_s
封闭式单坡屋面	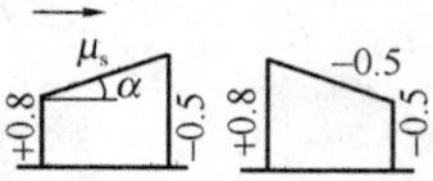
封闭式房屋和构筑物	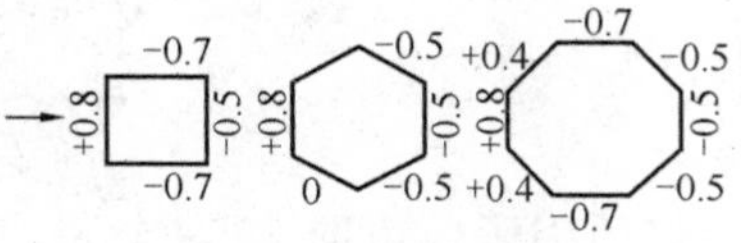 正多边形平面
	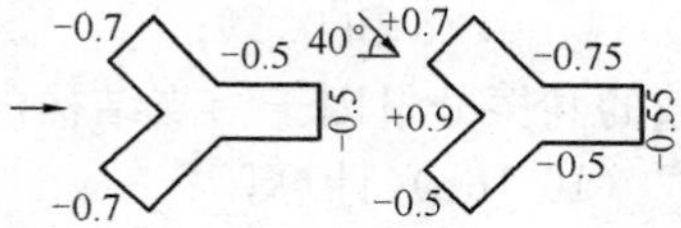 Y 形平面 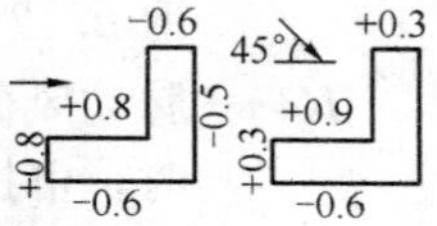　L 形平面
	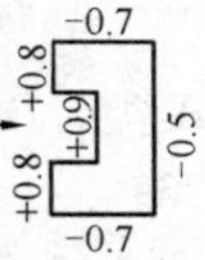 Π形平面 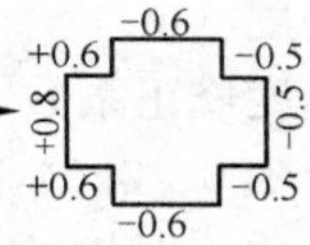　十字形平面 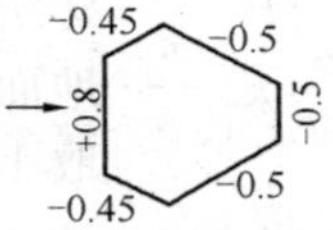　截角三边形平面

16.7.5 顺风向风振和风振系数 β_z

风振系数是考虑脉动风对结构产生动力效应的放大系数，其值与结构自身动力特性有关。钢筋混凝土多、高层建筑的刚度通常较大，由风荷载引起的振动很小，通常可以忽略不计。但对较柔的高层建筑和大跨桥梁结构，当基本自振周期较长时，在风荷载作用下发生的动力效应不能忽略。根据大量研究分析，《荷载规范》规定，对于高度大于 30m 且高宽比大于 1.5 的房屋以及基本自振周期 T_1 大于 0.25s 的各种高耸结构，应考虑风压脉动对结构产生顺风向风振的影响。对于风敏感的或跨度大于 36m 的屋盖结构，也应考虑风压脉动对结构产生风振的影响。

结构风振动力效应与房屋的自振周期、结构的阻尼特性以及风的脉动性能等因素有关，加之风作用又是随机过程，因此理论上风振效应可按随机振动理论计算确定。但为简化计算，对于一般竖向悬臂型结构，如高层建筑和构架、塔架、烟囱等高耸结构，可仅考虑结构第一振型的影响，z 高度处的风振系数 β_z 可按以下公式计算：

$$\beta_z = 1 + 2gI_{10}B_z\sqrt{1+R^2} \tag{16-16a}$$

其中

$$R = \sqrt{\frac{\pi}{6\zeta_1}} \cdot \frac{x_1^2}{(1+x_1^2)^{4/3}} \tag{16-16b}$$

$$x_1 = \frac{30f_1}{\sqrt{k_w w_0}}, x_1 > 5 \tag{16-16c}$$

$$B_z = kH^{\alpha_1}\rho_x\rho_z\frac{\phi_1(z)}{\mu_z(z)} \tag{16-16d}$$

式中　g——峰值因子，可取2.5；

I_{10}——10m高名义湍流强度，对应A、B、C和D类地面粗糙度，可分别取0.12、0.14、0.23和0.39；

R——脉动风荷载的共振分量因子，当结构的体型和质量沿高度均匀分布时，可按式（16-16b）计算；

B_z——脉动风荷载的背景分量因子；

f_1——结构第一阶自振频率（Hz）；

$\phi_1(z)$——结构第一阶振型系数；

H——建筑总高度（m）；

k_w——地面粗糙度修正系数，对A类、B类、C类和D类地面粗糙度分别取1.28、1.0、0.54和0.26；

ζ——结构阻尼比，对钢结构可取0.01，对有填充墙的钢结构房屋可取0.02，对钢筋混凝土及砌体结构可取0.05；

ρ_z——脉动风荷载竖直方向相关系数；

ρ_x——脉动风荷载水平方向相关系数；

k，α_1——系数，按表16-8取值。

风荷载的组合值、频遇值和准永久值系数可分别取0.6、0.4和0。

系数 k 和 α_1　　**表16-8**

粗糙度类别		A	B	C	D
高层建筑	k	0.944	0.67	0.295	0.112
	α_1	0.155	0.187	0.261	0.346
高耸结构	k	1.276	0.91	0.404	0.155
	α_1	0.186	0.218	0.292	0.376

此外，对于横风向风振作用效应明显的高层建筑以及细长圆形截面构筑物，宜考虑横风向风振的影响，具体方法参见《荷载规范》。

当计算围护构件（包括门窗）风荷载时，应考虑阵风系数，可按表16-9确定。

阵风系数 β_{gz} 表 16-9

离地面高度（m）	地面粗糙度类别			
	A	B	C	D
5	1.65	1.78	2.05	2.40
10	1.60	1.70	2.05	2.40
15	1.57	1.66	2.05	2.40
20	1.55	1.63	1.99	2.40
30	1.53	1.59	1.90	2.40
40	1.51	1.57	1.85	2.29
50	1.49	1.55	1.81	2.20
60	1.48	1.54	1.78	2.14
70	1.48	1.52	1.75	2.09
80	1.47	1.51	1.73	2.04
90	1.46	1.50	1.71	2.01
100	1.46	1.50	1.69	1.98
150	1.43	1.47	1.63	1.87
200	1.42	1.45	1.59	1.79
250	1.41	1.43	1.57	1.74
300	1.40	1.42	1.54	1.70
350	1.40	1.41	1.53	1.67
400	1.40	1.41	1.51	1.64
450	1.40	1.41	1.50	1.62
500	1.40	1.41	1.50	1.60
550	1.40	1.41	1.50	1.59

16.7.6 总 体 风 荷 载

在进行结构设计时，应分别计算建筑物的总体风荷载和局部风荷载。总体风荷载是指作用在建筑物上的各个方向上的全部风荷载在结构上产生的合力。通常情况下，只需要分别计算在结构两个主轴方向的总体风荷载。某一高度处的风荷载合力可按下式计算：

$$w=\beta_z\mu_z w_0(\mu_{s1}B_1\cos\alpha_1+\mu_{s2}B_2\cos\alpha_2+\cdots+\mu_{sn}B_n\cos\alpha_n) \qquad (16\text{-}17)$$

式中 n——建筑物外围表面积数（每一个平面作为一个表面）；

B_1、B_2、…、B_n——分别为 n 个表面的宽度；

μ_{s1}、μ_{s2}、…、μ_{sn}——分别为 n 个表面的风载体型系数；

α_1、α_2、…、α_n——分别为 n 个表面法线与风作用方向的夹角。

按式（16-17）计算时，要根据各个表面上风荷载的作用方向按投影值进行矢量叠加，并注意区分是风压力还是吸力。各表面风荷载的合力作用点，即为总风荷载的作用中心。

16.7.7　局部风荷载标准值

局部风荷载是指风荷载在建筑物某个局部所产生的外力。总体风荷载是按照建筑物某个表面的平均风压计算的，但实际上风压并不是一个恒定值。这种不均匀除了由风振系数反映的随时间而产生的变化，同时在建筑物表面的空间分布也很不均匀。风洞试验结果表明，建筑表面在风载作用下可形成三个压力区（图16-4a），其中逆流面的角部会形成最高的负压区。通常情况下，在角隅、檐口、边楞处和在附属结构（如阳台、雨篷等外挑构件）等部位的局部风压可能会大大超过平均风压，并可能对某些构件产生不利作用，见图16-4（*b*）。此外，负压产生的漂浮力也可能使某些构件中出现反向弯矩。

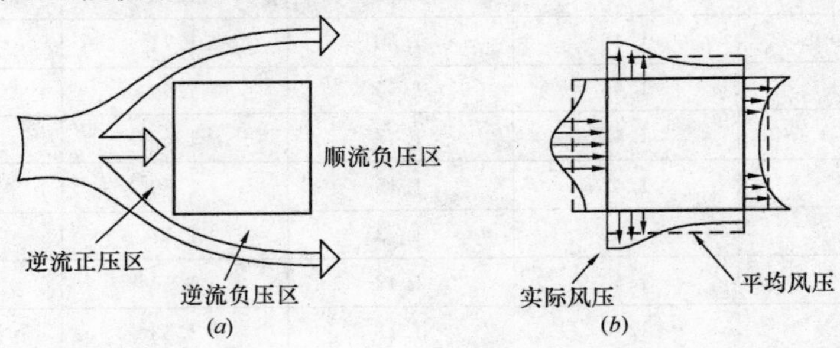

图16-4　风压分布

当计算围护结构及其连接的强度时，应按局部风荷载考虑，此时风荷载标准值按下式确定：

$$w_k = \beta_{gz}\mu_s\mu_z w_0 \tag{16-18}$$

式中　β_{gz}——高度 z 处的阵风系数，按表16-10取值。同时，式中 μ_s 应根据维护结构构件形式，采用局部风压体型系数，具体取值规定参见《荷载规范》7.3.3条。

阵风系数 β_{gz}　　　　**表16-10**

离地面高度（m）	地面粗糙度类别			
	A	B	C	D
5	1.65	1.78	2.05	2.40
10	1.60	1.70	2.05	2.40
15	1.57	1.66	2.05	2.40
20	1.55	1.63	1.99	2.40

续表

离地面高度（m）	地面粗糙度类别			
	A	B	C	D
30	1.53	1.59	1.90	2.40
40	1.51	1.57	1.85	2.29
50	1.49	1.55	1.81	2.20
60	1.48	1.54	1.78	2.14
70	1.48	1.52	1.75	2.09
80	1.47	1.51	1.73	2.04
90	1.46	1.50	1.71	2.01
100	1.46	1.50	1.69	1.98
150	1.43	1.47	1.63	1.87
200	1.42	1.45	1.59	1.79
250	1.41	1.43	1.57	1.74
300	1.40	1.42	1.54	1.70
350	1.40	1.41	1.53	1.67
400	1.40	1.41	1.51	1.64
450	1.40	1.41	1.50	1.62
500	1.40	1.41	1.50	1.60
550	1.40	1.41	1.50	1.59

【例题 16-1】 某 20 层钢筋混凝土结构，总高 64m。平面为正六边形，边长 10m，如图 16-5（*a*）所示。基本风压为 0.45kN/m^2，地面粗糙度为 C 类。求该结构在 *x*、*y* 两个方向上的总体风荷载。

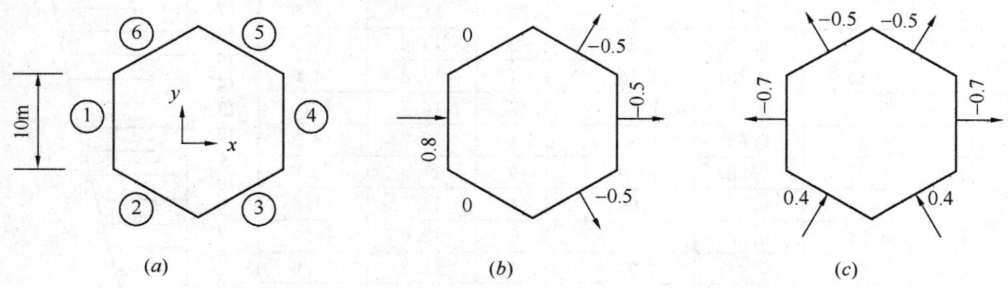

图 16-5 例题 16-1

【解】 在两个方向的风荷载作用下，该建筑各个表面的风载体型系数及风荷载的作用方向见图 16-5（*b*）、（*c*）所示。各个外立面在计算方向上的分力及合力列于表 16-11 中。由于结构的平面形状对称，因此两个方向风荷载的作用线均通过结构的形心。

计算方向上的分力及合力　　**表 16-11**

立面编号	x 方向			y 方向		
	$B_i\mu_{si}\omega_0$	$\cos\alpha_i$	ω_i (kN/m)	$B_i\mu_{si}\omega_0$	$\cos\alpha_i$	ω_i (kN/m)
1	10×0.8×0.45(压)	1.0	3.60	10×0.7×0.45(吸)	0	0
2	10×0×0.45	0.5	0	10×0.5×0.45(压)	0.866	1.95
3	10×0.5×0.45(吸)	0.5	1.13	10×0.5×0.45(压)	0.866	1.95
4	10×0.5×0.45(吸)	1.0	2.25	10×0.7×0.45(吸)	0	0
5	10×0.5×0.45(吸)	0.5	1.13	10×0.4×0.45(吸)	0.866	1.56
6	10×0×0.45	0.5	0	10×0.4×0.45(吸)	0.866	1.56
			$\Sigma\omega_i=8.1$			$\Sigma\omega_i=7.0$

估算该结构的基本自振周期为 $T_1=0.08N=1.6\text{s}$。对于 C 类地区，$0.62\omega_0T_1^2=0.714\text{kNs}^2/\text{m}^2$，查表 16-7 得脉动增大系数 $\xi=1.40$ 。查表 16-8 得脉动影响系数 $\nu=0.87$。

风压高度变化系数 μ_z 根据计算高度 z 由表 16-6 确定，振型系数 φ_z 近似按 z/H 计算。

按照式(16-7)，结构总体风荷载的计算结果和分布情况见表 16-12 所示。

结构总体风荷载的计算结果和分布情况　　**表 16-12**

楼层	z	$\varphi_z=z/H$	μ_z	β_z	x 向 ω_z	y 向 ω_z	总体风荷载分布图（括号中为 y 方向）
20	64	1.00	1.39	1.88	21.1	18.3	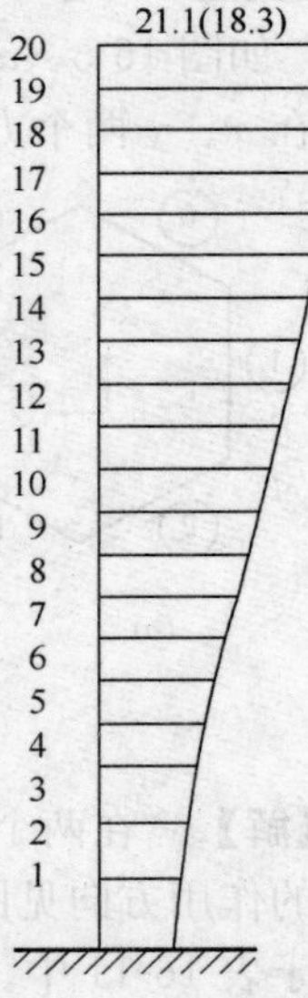 21.1(18.3)
19	61	0.95	1.36	1.81	20.4	17.7	
18	58	0.91	1.33	1.80	19.7	17.1	
17	55	0.86	1.30	1.78	19.0	16.5	
16	52	0.81	1.27	1.77	18.3	15.9	
15	49	0.77	1.24	1.72	17.6	15.3	
14	46	0.72	1.20	1.64	16.8	14.6	
13	43	0.67	1.17	1.57	16.1	14.0	
12	40	0.63	1.13	1.54	15.3	13.3	
11	37	0.58	1.09	1.49	14.5	12.6	
10	34	0.53	1.05	1.44	13.7	11.9	
9	31	0.48	1.01	1.39	13.0	11.2	
8	28	0.44	0.97	1.34	12.2	10.6	
7	25	0.39	0.92	1.29	11.3	9.8	
6	22	0.34	0.87	1.25	10.4	9.0	
5	19	0.30	0.82	1.21	9.6	8.3	
4	16	0.25	0.76	1.16	8.6	7.5	
3	13	0.20	0.74	1.10	8.0	6.9	
2	9	0.14	0.74	1.07	7.4	6.4	
1	5	0.08	0.74	1.02	6.8	5.9	

16.8 地 震 作 用

16.8.1 地震作用的特点和结构整体抗震概念

地震是地壳在内、外应力作用下，集聚的构造应力突然释放产生震动弹性波引起的地面颤动，是一种自然现象。地震作用是地震引起的结构物的动力效应，其对结构物的影响与一般荷载作用的不同之处在于：

(1) 由于地震发生机制的复杂性和不确定性，不同地区、不同地点地震引起的地面运动特征十分复杂，尤其是那些罕遇地震会对工程结构造成极大的破坏作用，见图 16-6。因此，结构工程的抗震设计应采取与结构抵抗一般荷载作用的不同理念，更应重视整体结构抗震体系设计。

(2) 某一地区不同强度地震的发生概率不同。不同强度地震的发生概率用重现期反映，分为频遇地震、偶遇地震和罕遇地震，重现期分别为 50 年、475 年和 2475 年，相应 50 年超越概率分别为 63%、10%和 2%～3%。频遇地震、偶遇地震和罕遇地震也简称“小震、中震、大震”。对于一般工程结构，设计基准期取 50 年，而在设计基准期内可能遭遇不同强度的地震，兼顾到工程建设的经济性和安全性，不同重现期地震下结构允许有不同损伤程度目标。由于罕遇地震是设计基准期内可能遭遇的最大地震，对于一般工程结构，当遭遇罕遇地震时结构不应倒塌；当遭受偶遇地震时结构允许发生一定程度的损伤，但损伤程度在震后可修复；当遭遇频遇地震时，结构正常使用基本不受影响，此即通常所说的“大震不倒、中震可修、小震不坏”三水准抗震设防目标(图 16-7)。结构抗震设计最重要的目标是保证大震不倒，满足“大震不倒”目标，“中震可修、小震不坏”的目标基本也能满足。

(3) 一般荷载作用效应与结构自身特性基本无关，而地震对结构物的作用效应与结构物自身动力特性显著相关。这不仅表现在地震作用效应的量值方面，也表现在地震作用的分布方面。在强震作用下，结构物的损伤状况随地震强度、持续时间和结构自身弹塑性的发展，结构的动力特性不断发生变化，导致地震作用效应的量值和分布也不断变化。而考虑这种不断变化着的地震作用效应，目前还难以用一种简便的方法确定。

(4) 结构规则性可显著减小结构地震响应的复杂性。建筑震害表明，简单、规则、对称的建筑在地震时较不容易破坏，且能更准确地估计结构的地震作用。结构的规则性包含建筑的平、立面外形尺寸、抗侧力构件布置、质量分布，以及结构构件的承载力分布等诸多因素。

迄今为止，人们虽然已经对地震作用及其结构抗震设计方法进行了很多研究，也基本掌握了结构抗震原理，建立了工程结构抗震设计方法。然而，近年来的多次地震(1995 日本阪神地震、2008 中国汶川地震、1999 中国台湾集集地震、

1976年7月28日中国唐山7.8级地震后的市区废墟

高速公路混凝土桥柱破坏

神户市政厅办公楼中间层破坏

1995年1月17日日本阪神7.4级地震

某16层钢筋混凝土框架结构破坏

底部薄弱层倒塌

1999年9月21日中国台湾集集7.3级地震

映秀中学5层框架教学楼倒塌

北川8层青少年活动中心倒塌

2008年5月12日中国汶川8.0级地震

图16-6　近年来大地震中的建筑震害

2010海地地震、2011年新西兰克赖斯特彻奇地震等)，很多工程结构在地震中的表现往往并非像所预期的那样，这很大程度上取决于地震自身的复杂性。

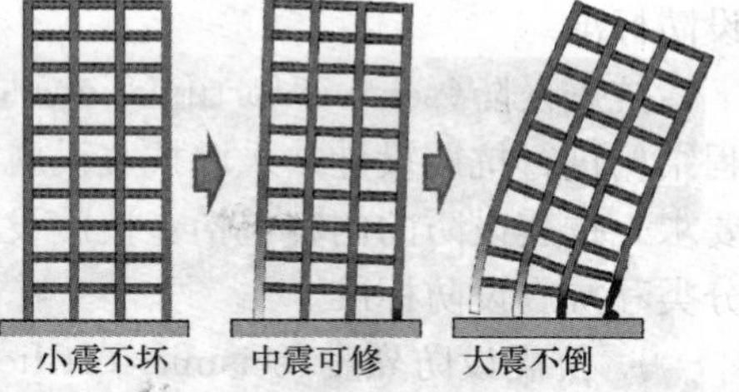

图 16-7 不同水准地震下结构震害预期目标

兼顾到工程的经济性与未来地震可能造成的损失，容许结构在罕遇地震作用下结构中的某些部位和构件产生破坏，但这些部位和构件的破坏不能影响结构的整体性，且应具有足够的延性。延性是指在承载能力基本没有显著降低情况下结构的变形能力，对避免结构在强震作用下的倒塌具有重要意义。必要时可在结构中设置冗余构件。冗余构件是指在结构正常工作状态下不发挥作用、但在遭遇偶然作用和罕遇地震时发挥作用的构件，其屈服或失效不会影响整个结构受力体系的竖向承载能力。在抗震结构中通常采用各种消能减震阻尼器作为冗余构件，见图16-8。虽然采用冗余构件可能违背工程经济性，但通常会显著提高结构抵御不可预测的偶然作用和罕遇地震的能力，因此冗余构件可以看做是结构在罕遇地震作用时的保险丝。

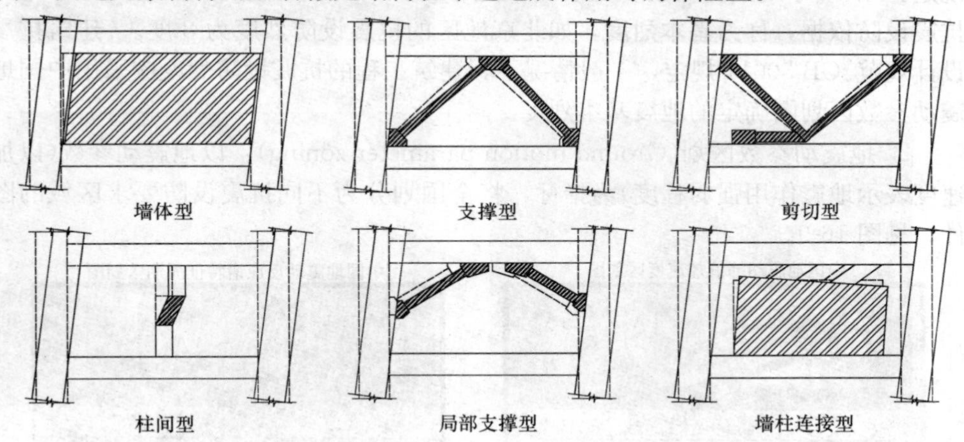

图 16-8 各类消能减震阻尼器

地震有识别结构薄弱部位的特性，即总是在结构薄弱部位先产生破坏。合理利用地震作用的这种特性，人为设定结构的薄弱部位(通常称为或预期损伤部位)，并使得这些薄弱部位的破坏不导致整体结构成为几何可变体系，同时保证这些薄弱部位具有足够的延性，不使结构丧失整体性，可提高结构抵御罕遇地下的抗倒塌能力，这与上述冗余度的概念是一致的，也是结构抗震设计的一个重要原则，但更为明确、且需进行定量化计算。

16.8.2 建筑抗震设防的基本概念

工程结构抗震设防包括：抗震设防、抗震设防烈度、地震动参数区划、抗震设防标准。

抗震设防(seismic fortification)是为使工程结构达到预期的抗震效果，对工程结构进行抗震设计并采取抗震设施，以达到所预期的地震破坏准则和技术指标要求。抗震设防的内容包括：抗震设防烈度、地震动参数区划以及工程抗震设防分类和抗震设防标准。

1. 抗震设防烈度(seismic fortification intensity)：是按国家规定的权限批准作为一个地区抗震设防依据的地震烈度(earthquake intensity)。地震烈度是指地震时一定地点地震动的强烈程度。早期主要根据地震时人的感觉、地表面状况的变化及建筑物的破坏程度作为地震强烈程度的一种宏观判据，这种烈度评价并不是用地面运动的物理量作为依据。目前的地震烈度均与地震地面运动的物理量相联系，如地面运动峰值加速度(PGA)、峰值速度(PGV)和峰值位移(PGD)。我国目前采用国际上通行的12级地震烈度表。

目前，我国根据国家抗震设防需要和当前的科学技术水平，按照长时期内可能遭受的地震危险程度给出了各地抗震设防烈度的区划图。我国地震烈度区划图规定：以50年期限内一般场地条件下超越概率为10%的地震烈度作为一个地区抗震设防依据，称为**基本烈度**，如北京地区的抗震设防烈度为8度。《建筑抗震设计规范》GB 50011规定，一般情况下，建筑工程的抗震设防烈度应采用中国地震动参数区划图确定的地震基本烈度。

2. 地震动参数区划(Ground motion parameter zoning)：以地震动参数(以加速度表示地震作用强弱程度)为指标，将全国划分为不同抗震设防要求区域的图件，见图16-9。

中国地震动峰值加速度区划图

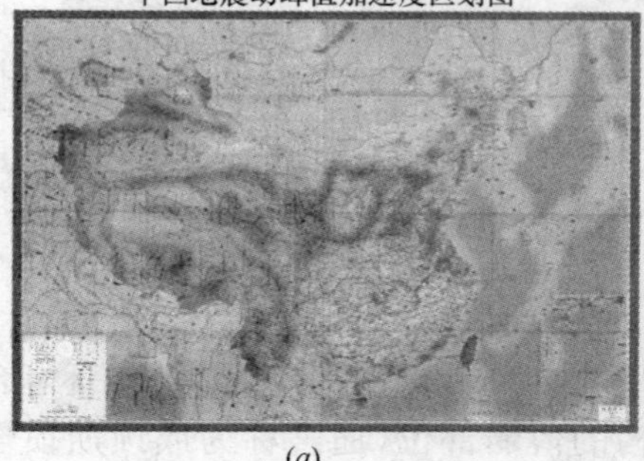

(a)

中国地震动反应谱特征周期区划图

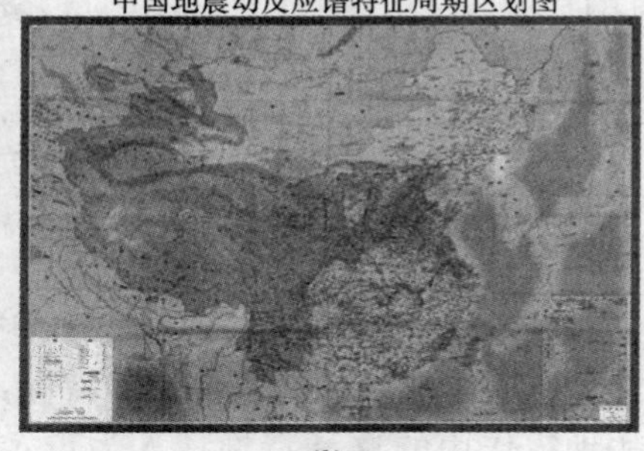

(b)

图16-9　中国地震动参数区划图

(a)地震动峰值加速度区划图；(b)地震动反应谱特征周期区划图

3. 抗震设防标准(seismic precautionary criterion)：衡量抗震设防要求高低的尺度，由抗震设防烈度或设计地震动参数及抗震设防类别确定。根据建筑破坏造成的人员伤亡、直接和间接经济损失、社会影响的大小、建筑使用功能失效后，对全局的影响范围大小和对抗震救灾影响及恢复的难易程度，《建筑工程抗震设防分类标准》GB 50223—2008 规定，建筑工程的抗震设防类别分为：特殊设防类、重点设防类、标准设防类和适度设防类，具体分类情况如下：

(1) 特殊设防类：指使用上有特殊设施，涉及国家公共安全的重大建筑工程和地震时可能发生严重次生灾害等特别重大灾害后果，需要进行特殊设防的建筑，简称甲类。如承担特别重要医疗任务的三级医院、承担科学研究和存放剧毒的高危险传染病病毒的疾病预防与控制中心建筑；国家和区域电力调度中心；交通量大的大跨度桥梁；国家无线电台、卫星通信站，国际海缆登陆站；高度大于250m 的国家级和省级的电视发射塔等。

(2) 重点设防类：指地震时使用功能不能中断或需尽快恢复的生命线相关建筑，以及地震时可能导致大量人员伤亡等重大灾害后果，需要提高设防标准的建筑，简称乙类。如二、三级医院或乡镇卫生院急诊科；急救中心的指挥、通信、运输系统的重要建筑；县级及以上的独立采供血机构的建筑；消防车库及其值班用房、防灾应急指挥中心的主要建筑；县级市及以上的疾病预防与控制中心的主要建筑；应急避难场所的建筑；幼儿园、小学、中学的教学用房以及学生宿舍和食堂；县级市的主要取水设施和输水管线、水质净化处理厂的主要水处理建(构)筑物及相关建筑等；主要污水处理厂的水处理建(构)筑物以及城市排涝泵站；50 万人口以上城镇的主要热力厂主厂房及主要设施用房；省、自治区、直辖市的电力调度中心；不应中断通信设施的通信调度建筑；铁路枢纽的行车调度、通信、信号、供电、供水建筑以及特大型站和聚集人数很多的大型客运候车楼；一级长途汽车站客运候车楼；国家重要水运客运站，海难救助打捞等部门的重要建筑；国际或国内主要干线机场航站楼；通信、供电、供热、供水、供气、供油的建筑；国家级、省级的广播广播发射塔建筑；特大型的体育场馆；大型影剧院和人员密集的建筑；存放国家一级文物的博物馆，特级、甲级档案馆；电子信息中心的建筑中，省部级编制和贮存重要信息的建筑；经常使用人数超过 8000 人的高层建筑。

(3) 标准设防类：指大量的除(1)、(2)、(4)款以外按标准要求进行设防的建筑，简称丙类。如居住建筑、普通办公建筑、一般工业建筑。

(4) 适度设防类：指使用上人员稀少且震损不致产生次生灾害，允许在一定条件下适度降低要求的建筑，简称丁类，如一般的储存物品的价值低、人员活动少、无次生灾害的单层仓库。

当建筑各区段的重要性有显著不同时，可按区段划分抗震设防类别。对不同行业的相同建筑，当所处地位及地震破坏所产生的后果和影响不同时，其抗震设防类别可不相同。

各抗震设防类别建筑的抗震设防标准，应符合下列要求：

(1) 标准设防类，应按本地区抗震设防烈度确定其抗震措施和地震作用，达到在遭遇高于当地抗震设防烈度的预估罕遇地震影响时不致倒塌或发生危及生命安全的严重破坏的抗震设防目标。

(2) 重点设防类，应按高于本地区抗震设防烈度一度的要求加强其抗震措施；但抗震设防烈度为9度时应按比9度更高的要求采取抗震措施；地基基础的抗震措施，应符合有关规定。同时，应按本地区抗震设防烈度确定其地震作用。

(3) 特殊设防类，应按高于本地区抗震设防烈度提高一度的要求加强其抗震措施；但抗震设防烈度为9度时应按比9度更高的要求采取抗震措施。同时，应按批准的地震安全性评价的结果且高于本地区抗震设防烈度的要求确定其地震作用。

(4) 适度设防类，允许比本地区抗震设防烈度的要求适当降低其抗震措施，但抗震设防烈度为6度时不应降低。一般情况下，仍应按本地区抗震设防烈度确定其地震作用。

本教材主要针对标准设防类建筑结构介绍抗震设计方法。

16.8.3　建筑抗震设计方法

为实现“大震不倒、中震可修、小震不坏”的三水准抗震设防目标，我国现行《建筑抗震设计规范》GB 50010—2010 采用两阶段设计方法，即所谓“三水准设防、两阶段设计”的方法。

第一阶段设计是承载力验算，取第一水准“小震”的地震动参数计算结构的弹性地震作用标准值和相应的地震作用效应，并采用《建筑结构可靠度设计统一标准》GB 50068 规定的分项系数设计表达式进行结构构件的截面承载力抗震验算。分析研究表明，第一阶段设计可使结构在第一水准地震作用下具有必要的承载力可靠度，且又满足第二水准“中震”损坏可修的目标。对大多数的结构，可只进行第一阶段设计，而通过结构抗震概念设计和抗震构造措施来满足第三水准“大震不倒”的设计要求。

第二阶段设计是针对有明显薄弱层的不规则结构和有专门要求的结构进行第三水准“大震”作用下的弹塑性变形验算，并采取相应的抗震构造措施，以通过定量计算实现第三水准“大震不倒”的设防要求。

16.8.4　地 震 作 用 计 算

1. 基本规定

本教材以下仅针对可只进行第一阶段设计，并通过结构抗震概念设计和抗震构造措施来满足第三水准“大震不倒”设计要求的一般建筑结构介绍地震作用计算方法。

目前地震作用计算主要有三种方法，即底部剪力法、基于反应谱理论的振型分解反应谱法和时程分析法。多层和高层建筑结构的抗震设计，应根据不同的情况分别采用不同的分析计算方法：

(1) 高度不超过 40m、以剪切变形为主且质量和刚度沿高度分布比较均匀的结构，以及近似于单质点体系的结构，可采用底部剪力法。

(2) 不符合上述情况的多层和高层房屋，宜采用振型分解反应谱法。

(3) 不规则的建筑、甲类建筑和表 16-13 所列高度范围的高层建筑，应采用时程分析法进行多遇地震下的补充计算。

采用时程分析的房屋高度范围 **表 16-13**

烈度、场地类别	房屋高度范围（m）
8 度Ⅰ、Ⅱ类场地和 7 度	>100
8 度Ⅲ、Ⅳ类场地	>80
9 度	>60

建筑结构的地震作用计算应符合下列原则：

(1) 一般情况下，应允许在建筑结构的两个主轴方向分别计算水平地震作用并进行抗震验算，各方向的水平地震作用应由该方向抗侧力构件承担。

(2) 有斜交抗侧力构件的结构，当相交角度大于 15°时，应分别计算各抗侧力构件方向的水平地震作用。

(3) 质量和刚度分布明显不对称的结构，应计入双向水平地震作用下的扭转影响；其他情况，应允许采用调整地震作用效应的方法计入扭转影响。

(4) 8、9 度时的大跨度和长悬臂结构及 9 度时的高层建筑，应计算竖向地震作用。

计算地震作用时，建筑物的重力荷载代表值应取结构和构配件自重标准值和可变荷载的组合值之和。各可变荷载的组合值系数，应按表 16-14 采用。

重力荷载代表值组合值系数 **表 16-14**

<table>
<tr><th colspan="2">可变荷载种类</th><th>组合值系数</th></tr>
<tr><td colspan="2">雪荷载</td><td>0.5</td></tr>
<tr><td colspan="2">屋面积灰荷载</td><td>0.5</td></tr>
<tr><td colspan="2">屋面活荷载</td><td>不计入</td></tr>
<tr><td colspan="2">按实际情况计算的楼面活荷载</td><td>1.0</td></tr>
<tr><td rowspan="2">按等效均布荷载计算的楼面活荷载</td><td>藏书库、档案库</td><td>0.8</td></tr>
<tr><td>其他民用建筑</td><td>0.5</td></tr>
<tr><td rowspan="2">起重机悬吊物重力</td><td>硬钩吊车</td><td>0.3</td></tr>
<tr><td>软钩吊车</td><td>不计入</td></tr>
</table>

注：硬钩吊车的吊重较大时，组合值系数应按实际情况采用。

2. 反应谱

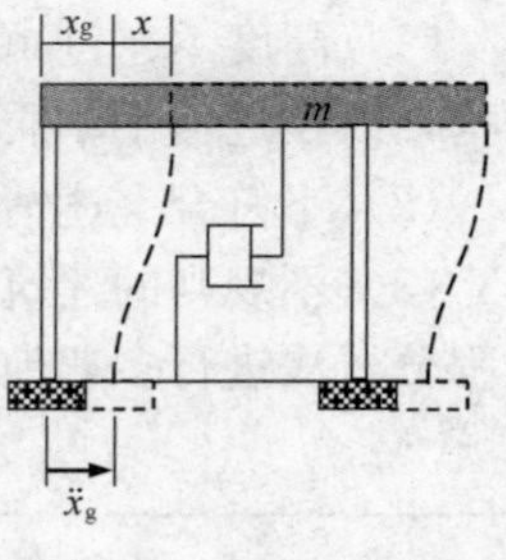

图 16-10　单自由度弹性体系

地震引起的结构上的作用属于动力作用，对于图16-10所示的单自由度弹性体系，其在地面加速度运动下动力平衡方程为：

$$m(\ddot{x}+\ddot{x}_g)+c\dot{x}+kx=0 \tag{16-19}$$

式中　$\ddot{x}_g$——地震地面运动加速度；

$\ddot{x}$——结构质量 m 相对于地面运动的加速度；

m——结构质量（kg）；

c——结构阻尼系数；

k——结构侧移刚度。

上式中第一项（$\ddot{x}+\ddot{x}_g$）是地震地面运动引起的结构质量 m 的绝对加速度，由此引起的结构惯性力为 $m(\ddot{x}+\ddot{x}_g)$；第二项（$c\dot{x}$）为结构自身阻尼力；第三项（kx）为结构弹性恢复力。地震引起的结构惯性力 $m(\ddot{x}+\ddot{x}_g)$ 即“地震作用 F”。对于单自由度弹性体系，在动力作用下的加速度响应与自振周期有关，根据记录得到的地震地面运动加速度，由式（16-19）的动力分析可得不同周期单自由度弹性体系质点的最大地震加速度响应 $(\ddot{x}+\ddot{x}_g)_{max}$，并用符号 S_a 表示，则地震作用 F 可表示为：

$$F=mS_a=mg\left(\frac{|\ddot{x}_g|_{max}}{g}\right)\left(\frac{S_a}{|\ddot{x}_g|_{max}}\right)=Gk\beta=\alpha G \tag{16-20}$$

式中，$G=mg$ 为体系质点重量（单位为 N 或 kN）；g 为重力加速度，$g=9.8\text{m/s}^2$；$|\ddot{x}_g|_{max}$ 为地震动峰值加速度；$k=|\ddot{x}_g|_{max}/g$ 为地震动峰值加速度 $|\ddot{x}_g|_{max}$ 与重力加速度 g 的比值；β 为体系质点绝对加速度 S_a 与地震动峰值加速度 $|\ddot{x}_g|_{max}$ 的比值，表示质点最大绝对加速度响应 S_a 相对于地震动峰值加速度 $|\ddot{x}_g|_{max}$ 的放大倍数，根据我国的大量地震反应谱统计分析，取 β 的最大值 $\beta_{max}=2.25$，而美国取 $\beta_{max}=2.5$。

由式（16-20）可知：

$$\alpha=\frac{F}{G}=\frac{mS_a}{G}=\frac{S_a}{g} \tag{16-21}$$

式中，α 称为地震影响系数，表示绝对加速度谱值 S_a 与重力加速度 g 的比值，也可理解为单自由度弹性体系的水平地震作用力 F 与体系质点重量 G 的比值。由式（16-21）可知，若已知加速度谱 S_a，则地震影响系数 α 即可确定。为实用方便起见，我国《抗震规范》直接给出了地震影响系数 α 谱曲线，该曲线与加速度谱曲线形状相同，如图16-11所示。图中竖轴为地震影响系数 α，横轴为结构自振周期 $T(s)$。根据加速度反应谱曲线特征，《抗震规范》给出的地震影响系数 α

谱曲线分为四段，即：

（1）直线上升段，周期小于 0.1s 的区段。

（2）水平段，自 0.1s 至特征周期区段，应取最大值（α_{max}），见表 16-15。

（3）曲线下降段，自特征周期至 5 倍特征周期区段，衰减指数应取 0.9。

（4）直线下降段，自 5 倍特征周期至 6s 区段，下降斜率调整系数应取 0.02。

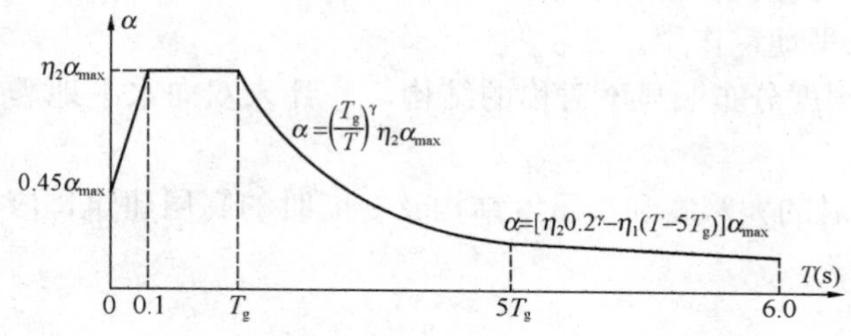

图 16-11 地震影响系数曲线

α—地震影响系数；α_{max}—地震影响系数最大值；η_1—直线下降段的下降斜率调整系数；γ—衰减指数；T_g—特征周期；η_2—阻尼调整系数；T—结构自振周期

在上述地震影响系数曲线中，特征周期 T_g 是加速度反应谱值从最大值开始明显下降的点所对应的周期值（见图 16-11），该值与场地类别和场地土性质有关，也与设计地震分区有关。各种场地类别和分区所对应的特征周期见表 16-16。

水平地震影响系数最大值 α_{max} **表 16-15**

地震影响	6 度	7 度	8 度	9 度
多遇地震	0.04	0.08(0.12)	0.16(0.24)	0.32
罕遇地震	0.28	0.50(0.72)	0.90(1.20)	1.40

注：括号中数值分别用于设计基本地震加速度为 0.15g 和 0.30g 的地区。

特征周期值 T_g(s) **表 16-16**

设计地震分组	场地类别				
	Ⅰ$_0$	Ⅰ$_1$	Ⅱ	Ⅲ	Ⅳ
第一组	0.20	0.25	0.35	0.45	0.65
第二组	0.25	0.30	0.40	0.55	0.75
第三组	0.30	0.35	0.45	0.65	0.90

16.8.5 地震作用计算

1. 计算规定

各类建筑结构的地震作用计算应符合下列规定：

(1)一般情况下，应至少在建筑结构的两个主轴方向分别计算水平地震作用，各方向的水平地震作用应由该方向抗侧力构件承担。

(2)有斜交抗侧力构件的结构，当相交角度大于15°时，应分别计算各抗侧力构件方向的水平地震作用。

(3)质量和刚度分布明显不对称的结构，应计入双向水平地震作用下的扭转影响。

(4)8、9度时的大跨度和长悬臂结构及9度时的高层建筑，应计算竖向地震作用。

2. 计算方法

各类建筑结构的地震作用计算应采用下列方法：

(1)高度不超过40m、以剪切变形为主且质量和刚度沿高度分布比较均匀的结构，以及近似于单质点体系的结构，可采用底部剪力法等简化方法。

(2)除(1)外的建筑结构，宜采用振型分解反应谱法。

(3)特别不规则的建筑、甲类建筑和超限高层建筑，应采用时程分析法进行多遇地震下的补充计算。

计算地震作用时，建筑的重力荷载代表值应取结构和构配件自重标准值和各可变荷载组合值之和。各可变荷载的组合值系数，应按表16-17采用。

计算地震作用时可变荷载的组合值系数　　表16-17

可变荷载种类		组合值系数
雪荷载		0.5
屋面积灰荷载		0.5
屋面活荷载		不计入
按实际情况计算的楼面活荷载		1.0
按等效均布荷载计算的楼面活荷载	藏书库、档案库	0.8
	其他民用建筑	0.5
起重机悬吊物重力	硬钩吊车	0.3
	软钩吊车	不计入

注：硬钩吊车的吊重较大时，组合值系数应按实际情况采用

以下主要介绍“底部剪力法”和“振型分解反应谱法”。

3. 水平地震作用计算——底部剪力法

当采用底部剪力法计算水平地震作用时，可以将结构各楼层的质量集中于楼盖高度并仅取一个水平自由度，如图16-12所示。结构的水平地震作用标准值按下式确定：

$$F_{\mathrm{Ek}}=\alpha_1 G_{\mathrm{eq}} \tag{16-22}$$

$$F_i=\frac{G_i H_i}{\sum_{j=1}^{n} G_j H_j} F_{\mathrm{Ek}}(1-\delta_{\mathrm{n}}) \quad (i=1,2\cdots,n) \tag{16-23}$$

$$\Delta F_{\mathrm{n}}=\delta_{\mathrm{n}} F_{\mathrm{Ek}} \tag{16-24}$$

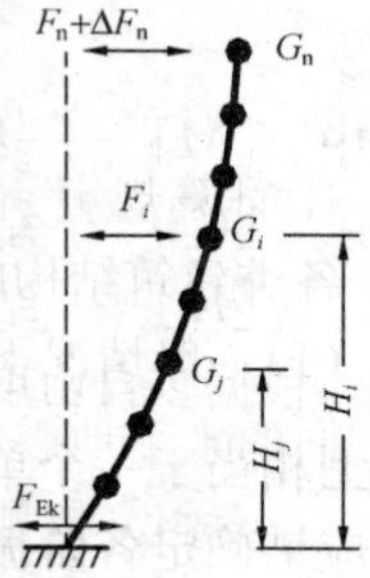

图 16-12　水平地震作用计算简图

式中　F_{Ek}——结构总水平地震作用标准值；

α_1——相应于结构基本自振周期的水平地震影响系数值，按图 16-10 确定；

G_{eq}——结构等效总重力荷载，单质点结构取总重力荷载代表值，多质点可取总重力荷载代表值的85%；

F_i——质点 i 的水平地震作用标准值；

G_i，G_j——分别为集中于质点 i、j 的重力荷载代表值；

H_i，H_j——分别为质点 i、j 的计算高度；

δ_{n}——顶部附加地震作用系数，多层钢筋混凝土房屋可按表 16-18 采用；

ΔF_{n}——顶部附加水平地震作用。

对于各层高度和质量相同的多层结构，按底部剪力法计算的各楼层处水平地震作用沿结构高度近似成倒三角分布，顶部附加水平地震作用 ΔF_{n} 是为考虑结构高振型的影响而引入的。

顶部附加地震作用系数 δ_{n}　　**表 16-18**

T_{g} (s)	$T_1>1.4T_{\mathrm{g}}$	$T_1\leqslant 1.4T_{\mathrm{g}}$
≤0.35	$0.08T_1+0.07$	
<0.35～0.55	$0.08T_1+0.01$	0.0
>0.55	$0.08T_1-0.02$	

采用底部剪力法时，突出屋面的屋顶间、女儿墙、烟囱等的地震作用效应，宜乘以增大系数 3，此增大部分不应往下传递，但与该突出部分相连的构件应予以计入。

4. 水平地震作用计算——振型分解反应谱法

参照式（16-19）单质点动力平衡方程，图 16-12 所示 n 个多自由度结构在地震作用下的动力方程可表示为以下矩阵形式：

$$[M](\ddot{x}+\ddot{x}_{g})+[C]\dot{x}+[K]x=0 \tag{16-25}$$

式中　$[M]$——结构质量矩阵；

$[C]$——结构阻尼矩阵；

$[K]$——结构刚度矩阵。

根据多自由度结构的振动分析理论，式（16-25）可分解为 n 个振型，每个振型相当于一个单自由度振动体系，根据其自振周期和振型质量，可按前述地震反应谱确定各阶振型的地震作用，再将各阶振型各质点的地震作用进行组合，即可得到各质点的总地震作用，这即是振型分解反应谱法。结构 j 振型 i 质点的水平地震作用标准值按下列公式确定：

$$F_{ji}=\alpha_j\gamma_j X_{ji}G_i \quad (i=1,2,\cdots n,j=1,2,\cdots m) \tag{16-26}$$

$$\gamma_j=\sum_{i=1}^{n}X_{ji}G_i/\sum_{i=1}^{n}X_{ji}^2G_i \tag{16-27}$$

式中　F_{ji}——j 振型 i 质点的水平地震作用标准值；

α_j——相应于 j 振型自振周期的地震影响系数，按图 16-11 确定，计算时自振周期 T 取第 j 振型自振周期；

X_{ji}——j 振型 i 质点的水平相对位移；

γ_j——j 振型的参与系数。

对于复杂结构，结构的振型除包括 X 方向和 Y 方向的平动振动外，还包括扭转振动，且还存在扭转振动与平动振动的偶联。但对于沿高度质量和刚度分布均匀、且结构平面规则的多自由度结构，可不考虑扭转耦联振动的影响。

得到相应于第 j 振型的 i 质点水平地震作用后，就可以计算各振型的水平地震效应，包括内力及变形等。由于各阶振型的地震作用并不可能同时达到最大值，通常采用平方和开平方的方法（SRSS 方法）来计算水平地震作用效应：

$$S_{Ek}=\sqrt{\sum S_j^2} \tag{16-28}$$

式中　S_{Ek}——水平地震作用标准值的效应；

S_j——j 振型水平地震作用标准值的效应，可只取前 2～3 个振型，当基本自振周期大于 1.5s 或房屋高宽比大于 5 时，振型个数应适当增加。

采用振型分解法时，突出屋面部分的屋顶间、女儿墙、烟囱等的地震作用效应可作为一个质点来加以考虑。

5. 最小地震剪力系数

对于长周期结构，地震地面运动中的速度和位移可能对结构的破坏具有更大影响，但上述规范所采用的振型分解反应谱法尚无法考虑估计。出于结构安全的考虑，《抗震规范》对结构总水平地震剪力及各楼层水平地震剪力最小值做出规定，即要求结构任一楼层的水平地震剪力应符合下式要求：

$$V_{\mathrm{Ek}i} > \lambda \sum_{j=i}^{n} G_j \tag{16-29}$$

式中 $V_{\mathrm{Ek}i}$——第 i 层对应于水平地震作用标准值的楼层剪力；

λ——剪力系数，不应小于表 16-19 规定的楼层最小地震剪力系数值，对竖向不规则结构的薄弱层，尚应乘以 1.15 的增大系数；

G_j——第 j 层的重力荷载代表值。

楼层最小地震剪力系数值 **表 16-19**

类 别	6 度	7 度	8 度	9 度
扭转效应明显或基本周期小于 3.5s 的结构	0.010	0.016 (0.024)	0.032 (0.048)	0.064
基本周期大于 5.0s 的结构	0.008	0.012 (0.018)	0.024 (0.032)	0.040

注：1. 基本周期介于 3.5s 和 5s 之间的结构，按插入法取值；
2. 括号内数值分别用于设计基本地震加速度为 0.15g 和 0.30g 的地区。

6. 结构自振周期及振型计算

按底部剪力法计算水平地震作用时，需要确定结构的基本自振周期 T_1。结构的基本周期 T_1可以采用“顶点位移法”或“能量法”等半经验法计算，也可采用经验法计算。对于振型分解反应谱法，需确定结构的前几阶振型及对应的周期，可采用刚度法和柔度法，但需要借助计算机求解。

(1) 顶点位移法

对于质量和刚度沿高度分布比较均匀的多层和高层钢筋混凝土框架、框架一剪力墙及剪力墙结构，可以简化为图 16-13 所示等截面的悬臂杆，以各层重力荷载代表值 G_i 作为水平荷载按弹性方法计算结构的顶点位移 u_{T} (m)，则结构基本周期 T_1可按下式半经验公式计算：

$$T_1 = 1.7\psi_{\mathrm{T}}\sqrt{u_{\mathrm{T}}} \tag{16-30}$$

式中 ψ_{T}——考虑非承重墙刚度对结构自振周期影响的折减系数。对于框架结构可取 ψ_{T} = 0.6～0.7，对于框架一剪力墙结构可取 ψ_{T} = 0.7～0.8，对于剪力墙结构可取 ψ_{T} = 0.9～1.0。

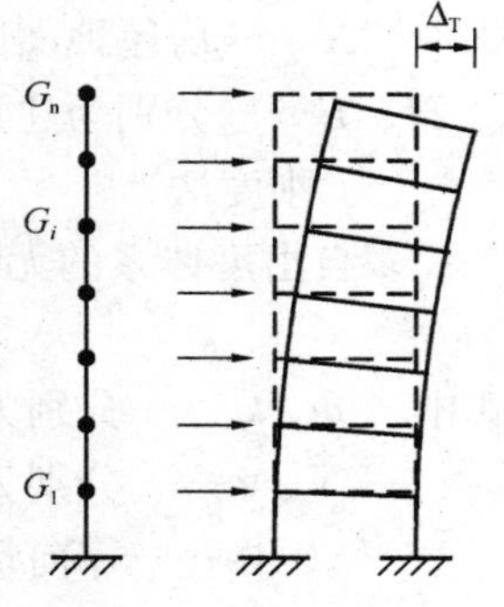

图 16-13 顶点位移计算模型

(2) 能量法

对于以剪切变形为主的多、高层钢筋混凝土框架结构，可利用最大动能等于最大位能的原理计算基本周期，称为能量法。计算公式为：

$$T_1 = 2\pi\psi_T \sqrt{\frac{\sum_{i=1}^{n} G_i u_i^2}{g \sum_{i=1}^{n} G_i u_i}} \tag{16-31}$$

式中　G_i——第 i 层的重力荷载代表值；

u_i——将各层重力荷载代表值 G_i 作为相应楼层的水平荷载，按弹性方法计算得到的 i 层的侧移；

ψ_T——考虑填充墙影响后的基本周期缩短系数，取值同式（16-30）；

g——重力加速度值。

(3) 经验方法

对某一特定类型的结构，通过试验测得其自振周期，然后归纳总结出这类结构基本周期的经验公式。经验公式能综合反映各种因素的影响，有一定的准确程度，应用简便，但要注意其适用范围。常见结构基本自振周期的经验公式如下：

无填充墙的框架结构：$T_1 = 0.1N$　(16-32)

有填充墙的框架结构：$T_1 = (0.07 \sim 0.08)N$　(16-33)

高层钢筋混凝土剪力墙结构：$T_1 = 0.03 + 0.03\dfrac{H}{\sqrt[3]{B}}$　(16-34)

对框架-剪力墙结构：$T_1 = (0.06 \sim 0.08)N$　(16-35)

对高层钢筋混凝土框架或框架－剪力墙结构也可按下式计算基本自振周期：

$$T_1 = 0.25 + 0.53 \times 10^{-3}\frac{H^2}{\sqrt[3]{B}} \tag{16-36}$$

式中　N——房屋地面以上部分的层数；

H、B——分别为建筑物的总高度和宽度，以 m 为单位。

(4) 刚度法

多自由度体系的无阻尼后自由振动运动方程为：

$$\boldsymbol{m}\ddot{\boldsymbol{v}} + \boldsymbol{k}\boldsymbol{v} = \boldsymbol{0} \tag{16-37}$$

式中　$\boldsymbol{m}$、$\boldsymbol{k}$——分别为质量矩阵与刚度矩阵；

$\ddot{\boldsymbol{v}}$、$\boldsymbol{v}$——分别为加速度向量与位移向量；

$\boldsymbol{0}$——零向量。

式（16-37）用矩阵形式可表示为：

$$\begin{bmatrix} m_1 & & & \\ & m_2 & & \\ & & \ddots & \\ & & & m_n \end{bmatrix} \begin{Bmatrix} \ddot{v}_1 \\ \ddot{v}_2 \\ \vdots \\ \ddot{v}_n \end{Bmatrix} + \begin{bmatrix} k_{11} & k_{11} & \cdots & k_{11} \\ k_{11} & k_{11} & \cdots & k_{11} \\ \cdots & \cdots & \cdots & \cdots \\ k_{11} & k_{11} & \cdots & k_{11} \end{bmatrix} \begin{Bmatrix} v_1 \\ v_2 \\ \vdots \\ v_n \end{Bmatrix} = \begin{Bmatrix} 0 \\ 0 \\ \vdots \\ 0 \end{Bmatrix} \tag{16-38}$$

其中，刚度矩阵为对称方阵；对于集中质量的体系，质量阵为对角阵。假定式（16-37）解的形式为：

$$\boldsymbol{v}(t)=\hat{\boldsymbol{v}}\sin(\omega t+\theta) \tag{16-39}$$

式中　$\hat{\boldsymbol{v}}$——振动体系的形状，不随时间变化，只表示振幅的变化；

θ——相位角。

对式（16-39）取二次导数，得自由振动的加速度：

$$\ddot{v}=-\omega^2\hat{\boldsymbol{v}}\sin(\omega t+\theta)=-\omega^2\boldsymbol{v} \tag{16-40}$$

将以上两式带入式（16-37)，并消去正弦项后得到：

$$[\boldsymbol{k}-\omega^2\boldsymbol{m}]\hat{\boldsymbol{v}}=\boldsymbol{0} \tag{16-41}$$

根据克莱姆（Cramer）法则，上式有平凡解时要求系数行列式为零：

$$\|\boldsymbol{k}-\omega^2\boldsymbol{m}\|=0 \tag{16-42}$$

方程（16-42）称为多自由度体系的频率方程或特征方程。将行列式展开，可以得到一个关于频率参数 ω^2 的 n 次代数方程。这个方程的 n 个根（ω_1^2，ω_2^2，…，ω_n^2）为结构可能存在的 n 个振型的频率，相应的周期是（$T_1=2\pi/\omega_1$，$T_2=2\pi/\omega_2$，…，$T_n=2\pi/\omega_n$）。其中，具有最低频率的振型称为第一振型或基本振型，第二低频率的振型称为第二振型等，共有 n 个频率 ω_i，依次带入式（16-42）可得到 n 个向量方程，故可求得 n 个振型向量 $\phi_i=[\phi_{1i},\phi_{2i},\cdots,\phi_{ni}]^{\mathrm{T}}$。

采用刚度法求解结构的自振周期和振型属于精确解法。当结构自由度较多时，可用计算机方法求解。但由于结构计算模型的刚度取值通常均小于结构的实际刚度，因此用刚度法求得的结构周期须修正后才能够使用。修正方法可以参考式（16-30）参数 ψ_{T} 的说明。

7．竖向地震作用计算

对于设防烈度为 9 度的高层建筑，除按上述进行水平地震作用计算外，还应考虑竖向地震的影响。竖向地震作用标准值应按下列公式确定（图 16-14)：

$$F_{\mathrm{Evk}}=\alpha_{\mathrm{vmax}}G_{\mathrm{eq}} \tag{16-43}$$

$$F_{\mathrm{v}i}=\frac{G_iH_i}{\sum G_jH_j}F_{\mathrm{Evk}} \tag{16-44}$$

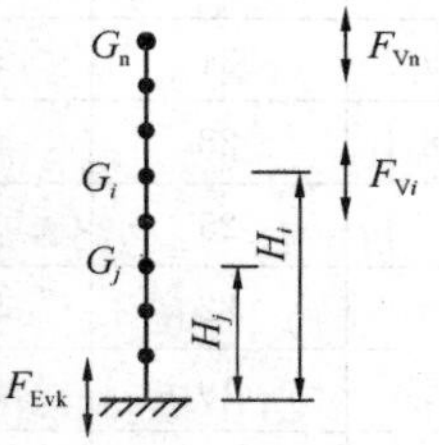

图 16-14　结构竖向地震作用计算简图

式中　F_{Evk}——结构总竖向地震作用标准值；

$F_{\mathrm{v}i}$——质点 i 的竖向地震作用标准值；

α_{vmax}——竖向地震影响系数的最大值，可取水平地震影响系数最大值的 65％；

G_{eq}——结构等效总重力荷载，可取其重力荷载代表值的 75％。

楼层的竖向地震作用效应可按各构件承受的重力荷载代表值的比例分配，并宜乘以增大系数 1.5。

【例题 16-2】　一钢筋混凝土框架－剪力墙结构，共 12 层，总高 40m。建筑物的设防烈度为 8 度，基本地震加速度为 0.2g，场地类别为Ⅲ类，设计地震分组为第一组。计算该结构的水平地震作用。（各层的重力荷载代表值及层高见表

16-20）

【解】

该结构符合底部剪力法的应用条件，采用底部剪力法进行计算。

估算该结构的基本自振周期：$T_1 = 0.08N = 0.96\text{s}$

Ⅲ类场地，设计地震分组为第一组，特征周期：$T_g = 0.45\text{s}$

8 度设防，基本地震加速度 $0.2g$，水平地震响应系数最大值：$\alpha_{max} = 0.16$

地震响应系数：$\alpha_1 = \left(\frac{T_g}{T_1}\right)^{\gamma} \eta_2 \alpha_{max} = \left(\frac{0.45}{0.96}\right)^{0.9} 1.0 \times 0.16 = 0.081$

结构等效总重力荷载：$G_{eq} = 0.85G_E = 0.85 \times 61600 = 52360\text{kN}$

结构总水平地震作用：$F_{Ek} = \alpha_1 G_{eq} = 0.081 \times 52360 = 4241\text{kN}$

顶部附加地震作用系数：$\delta_n = 0.08T_1 + 0.01 = 0.0868$

顶部附加水平地震作用：$\Delta F_n = \delta_n F_{Ek} = 368\text{kN}$

各层的水平地震作用标准值计算结果见表 16-20。

各层的水平地震作用标准值　　**表 16-20**

层数	H_i (m)	G_i (kN)	G_iH_i (×10³kN·m)	$\frac{G_iH_i}{\Sigma G_jH_j}$	F_i (kN)	F_i分布
12	40	4200	168	0.122	470.7	470.7　368
11	37	5000	185	0.134	518.4	
10	34	5000	170	0.123	476.3	
9	31	5000	155	0.112	434.3	
8	28	5000	140	0.101	392.3	
7	25	5000	125	0.090	350.2	
6	22	5000	110	0.080	308.2	
5	19	5000	95.0	0.069	266.2	
4	16	5000	80.0	0.058	224.2	
3	13	5600	72.8	0.053	204.0	
2	9	5600	50.4	0.036	141.2	
1	5	6200	31.0	0.022	86.9	
Σ		61600	1382.2		3872.9	

16.8.6 考虑地震作用时的荷载组合

结构构件的地震作用效应和其他荷载效应的基本组合，应按下式计算：

$$S = \gamma_G S_{GE} + \gamma_{Eh} S_{Ehk} + \gamma_{Ev} S_{Evk} + \psi_w \gamma_w S_{wk} \tag{16-45}$$

式中　γ_G——重力荷载分项系数，一般采用 1.2，当重力荷载效应对构件承载能力有利时，不应大于 1.0；

γ_{Eh}、γ_{Ev} ——分别为水平地震和竖向地震作用的分项系数，按表16-21采用；

γ_w ——风荷载分项系数，应采用1.4；

S_{GE} ——重力荷载代表值的效应，有吊车时，尚应包括悬吊物重力标准值的效应；

S_{Ehk} ——水平地震作用标准值的效应；

S_{Evk} ——竖向地震作用标准值的效应；

S_{wk} ——风荷载标准值的效应；

ψ_w ——风荷载组合值系数，一般结构取0.0，风荷载起控制作用的高层建筑应采用0.2。

地震作用分项系数 **表16-21**

地震作用	γ_{Eh}	γ_{Ev}
仅计算水平地震作用	1.3	0.0
仅计算竖向地震作用	0.0	1.3
同时计算水平与竖向地震作用	1.3	0.5

16.9 偶然荷载与偶然作用

结构设计中需要考虑的偶然作用主要有火灾、撞击、爆炸、特大地震。这些偶然作用对结构的影响十分复杂，可参见有关专著。本教材将在18.9节介绍钢筋混凝土框架结构抵抗偶然作用的设计原则和设计方法。

16.10 其 他 作 用

影响混凝土结构的非荷载作用主要有温度、沉降、收缩和徐变。这些作用在结构中所产生的效应有时也会导致严重后果，因此在设计中也必须给予考虑。但由于影响因素十分复杂，非荷载作用的计算分析一般需专门进行，以下简要介绍这些非荷载作用及其对结构可能产生的不利影响和在结构设计中如何考虑。

16.10.1 温 度 作 用

材料具有热胀冷缩的物理现象。当结构因环境温度变化产生热胀或冷缩的变形受阻，结构不能自由伸缩时，将在结构中引起温度应力或温度内力、温度变形、开裂等效应。温度作用有以下几种情况：

（1）季节温差：指一年四季温度变化产生的温度差，通常考虑夏季和冬季的最大温差对结构产生的影响。

（2）室内外温差：北方地区冬季室内用暖气温度较高、而室外温度很低，使得维护结构和屋面结构因室内外温差产生内力。

(3) 日照温差：指结构物受太阳照射一侧与背光一侧之间的温差，会使结构产生变形和内力。

(4) 上部结构与地下结构之间的温差：上部结构一般处于温度较高的自然环境，而地下结构一般温度较低，尤其在高温季节，这种温差的影响较大。

(5) 施工阶段混凝土水化热引起的温差：指大体积混凝土构件施工时，混凝土水化热使构件内部温度升高，构件外部与自然环境相同，由此引起的温差，在大体积混凝土构件内部产生温度应力，容易导致构件表面开裂。

对于温度作用，除可进行专门计算分析确定外，通常的处理方法是采取构造措施减小其对结构的不利影响，如对于长度较大的房屋，可设置伸缩缝，其设置要求见表16-22，也可利用滑动支座避免梁的温度变形对下部结构的影响（图16-15）。对于一些局部温差不大的情况，可采取一些构造措施，如混凝土梁、板中的构造配筋和最小配筋率一般都考虑了温度应力的影响。

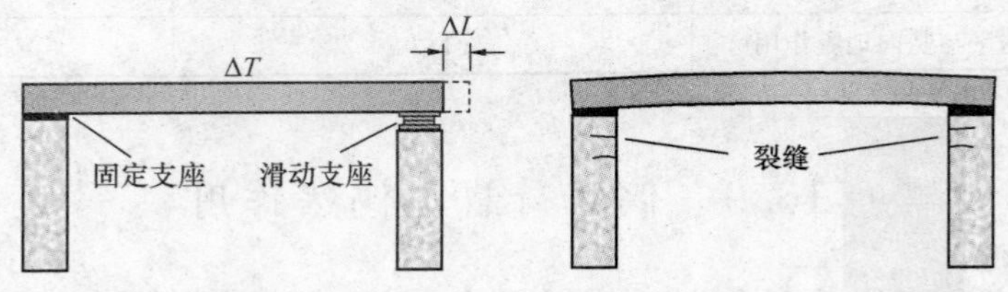

图16-15 滑动支座

钢筋混凝土结构伸缩缝最大间距（m） **表16-22**

结构类别		室内或土中	露天
排架结构	装配式	100	70
框架结构	装配式	75	50
	现浇式	55	35
剪力墙结构	装配式	65	40
	现浇式	45	30
挡土墙、地下室墙壁等类结构	装配式	40	30
	现浇式	30	20

注：1. 装配整体式结构的伸缩缝间距，可根据结构的具体情况取表中装配式结构与现浇式结构之间的数值；

2. 框架-剪力墙结构或框架-核心筒结构房屋的伸缩缝间距，可根据结构的具体情况取表中框架结构与剪力墙结构之间的数值；

3. 当屋面无保温或隔热措施时，框架结构、剪力墙结构的伸缩缝间距宜按表中露天栏的数值取用；

4. 现浇挑檐、雨罩等外露结构的局部伸缩缝间距不宜大于12m。

如图16-16所示，地基不均匀沉降差可通过计算确定，但由于其具有很大的

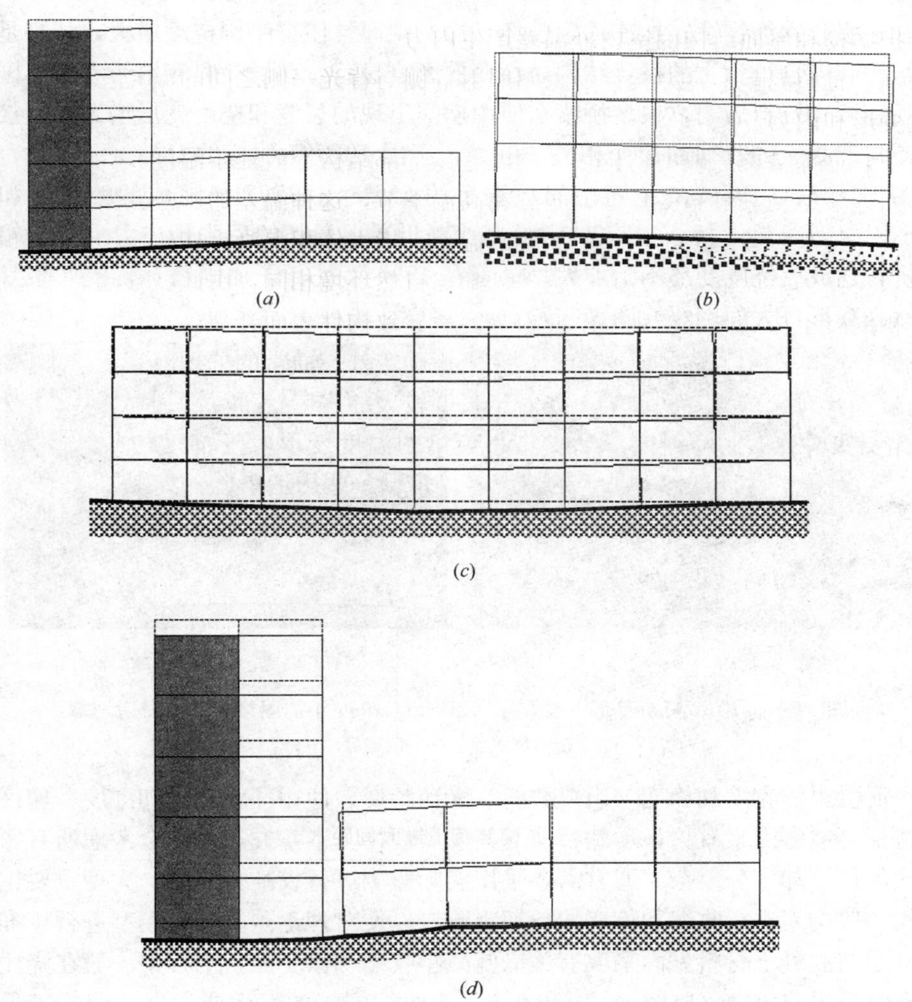

图 16-16 地基不均匀沉降

(a) 高度和重量差异引起的不均匀沉降；(b) 地基情况差异引起的不均匀沉降；(c) 结构长度太大引起的不均匀沉降；(d) 相邻结构物的重量差异引起的不均匀

不确定性，通常采取控制沉降差的方法避免引起上部结构产生过大的不利内力。工程中最常用的方法是根据结构形式、荷载和地基的差异情况设置沉降缝，将结构分为几个独立的部分，使得各部分的不均匀沉降差很小。沉降缝可以与收缩缝同时考虑，但沉降缝必须基础分开。

16.10.2 混凝土收缩和徐变

本书上册已介绍了混凝土收缩和徐变的有关概念，这两种作用对结构的影响是长期的。混凝土的收缩因受到约束而很容易引起裂缝，导致渗漏和侵蚀性介质渗入，引起钢筋锈蚀，加速冻融破坏。徐变则通常使得结构挠度增大，特别是大跨结构和以自重为主的桥梁结构，徐变的影响显著，在设计时应给予考虑。国内外观察调查资料表明，很多桥梁在使用期间出现的裂缝和挠度变形增大都直接或间接与混凝土的收缩和徐变相关。例如，美国1978年建成的Parrotts渡桥，在使用12年后，195m的主跨中间下垂了约635mm；1977年建成的帕劳共和国Koror—Babeldaob桥，主跨241m，是当时世界上最长的后张预应力混凝土箱形梁桥，建成后挠度变形不断加大，尽管在1996年进行了加固修补，但3个月后仍然因变形过大而倒塌（图16-17）。

(*a*)

(*b*)

图16-17　Koror-Babeldaob桥，主跨241m，1996年加固修补3个月后坍塌
(*a*) 倒塌前；(*b*) 倒塌后

混凝土的收缩和徐变与组成材料、受荷龄期、使用环境温度和湿度、构件几何特征等诸多因素有关，虽然目前对其发展规律基本掌握，但综合考虑所有影响因素的计算却十分复杂，通常需要采用实际监测进行校准。因此，大型重要工程结构一般均需进行收缩和徐变的长期观测，以便对理论预测计算模型进行校准。

除在混凝土材料方面采取有关措施减小收缩和徐变外，工程中一般在浇注混凝土时设置施工缝（临时缝），避免或减小收缩裂缝的发生或发展。建筑工程设置伸缩缝间距的规定就考虑了混凝土收缩影响。桥梁结构中通常在两梁端之间，梁端与桥台之间或桥梁的铰接位置上设置伸缩缝。此外，最小配筋率以及构造配筋是防止收缩裂缝发生和开展的重要保证措施。增加受压钢筋配筋率也可显著减小徐变变形。另一方面，超静定结构因存在内力重分布，这有利于减小收缩和徐变对结构的不利影响。实际工程中，为降低各种非荷载因素对结构的不利影响，可根据具体情况设置各类永久或临时施工缝，包括：伸（膨胀）缝、缩（收缩）缝、构造缝、分割缝、控制（引导）缝、防震缝等。

除上述非荷载作用外，侵蚀性环境介质的长期作用，将导致结构材料劣化，如钢材锈蚀、混凝土碳化、冻融剥蚀等，从而影响结构的耐久性，因此也可以算作是一种非荷载作用，近年来对这一问题已引起广泛关注和重视，在设计中也应给予必要的考虑。

16.10.3 火 灾

相对其他偶然作用，火灾是建筑工程遭遇频率较多的灾害。建筑工程防火设计涉及很多内容，以下仅介绍结构耐火设计的有关概念。

虽然混凝土和钢材为不燃烧材料，但混凝土在超过 600℃后抗压强度将开始显著降低，而钢材则在超过 600℃后强度将急剧降低。而火灾情况下，燃烧温度可达 1000℃以上。但结构材料温度上升滞后于燃烧温度上升。当火灾持续时间较长时，将使得混凝土结构的承载力降低，从而导致结构丧失整体稳定性而产生倒塌。2002 年 11 月 3 日衡阳市某 8 层钢筋混凝土结构综合楼大火 4 个多小时后突然坍塌（图 16-18），造成 20 名消防队员死亡。

结构构件的耐火性能有两个指标：燃烧性能和耐火极限。因混凝土和钢材为不燃烧材料，因此混凝土结构的耐火设计主要考虑其耐火极限。结构构件的耐火极限是指在标准耐火试验中，从构件受到火灾作用起，到失去稳定性或完整性或绝热性为止所需要的时间，以小时计。表 16-23 为常用混凝土构件的耐火极限。影响耐火极限的主要因素有：

图 16-18 2002 年 11 月 3 日衡阳市 8 层综合楼在火灾中坍塌

（1）构件承受的有效荷载值。荷载值越大，构件越容易失去稳定性，耐火性越差。

（2）钢材品种。钢材在高温下强度的降低是混凝土构件达到耐火极限的主要原因。不同钢材品种，在温度作用下的强度降低幅度不同，高强钢丝最差、普通碳素钢次之、普通低合金钢较好。近年来已开发出耐火钢，可在 600℃下保持其常温强度的 2/3。

（3）截面形状和尺寸。表面积大的形状，受火面多，耐火性差。

（4）配筋方式。当大直径钢筋放置于内部，小直径钢筋放置于外部，则在高温作用时内部温度较低，承载力降低率小。

（5）配筋率。高温作用下钢筋的强度降低率大于混凝土，因此配筋率高的构件耐火性差。

（6）表面保护。抹灰、防火涂料等可以提高构件的耐火性。

（7）受力状态。轴心受压柱的耐火性优于小偏心受压柱，小偏心受压柱优于大偏心受压柱。

（8）结构形式。连续梁等超静定因具有塑性内力重分布能力，耐火性优于静定结构。

常用结构构件的燃烧性能及耐火极限　　表16-23

构件名称			截面最小尺寸(mm)	耐火极限(h)	燃烧性能
承重普通黏土砖墙、混凝土墙			120	2.5	不燃烧体
			240	5.5	
			370	10.5	
混凝土柱			300×300	1.4	不燃烧体
			300×500	3.5	
			370×370	5.0	
			直径300圆柱	3.0	
			直径450圆柱	4.0	
钢柱(mm)	无防护层		—	0.25	不燃烧体
	有120厚普通黏土砖耐火层		—	2.85	
	有100厚C20混凝土耐火层		—	2.85	
	有50厚C20混凝土耐火层		—	2.0	
	有25厚M5水泥砂浆钢丝网耐火层		—	0.8	
	有50厚M5水泥砂浆钢丝网耐火层		—	1.3	
	有7厚薄涂型防火涂料保护层		—	1.5	
	有30厚厚涂型防火涂料保护层		—	2.0	
	有50厚厚涂型防火涂料保护层		—	3.0	
混凝土梁(mm)	非预应力，保护层厚度25		—	2.0	不燃烧体
	非预应力，保护层厚度50		—	3.5	
	预应力，保护层厚度25		—	1.0	
	预应力，保护层厚度50		—	2.0	
钢梁(mm)	无防护层		—	0.25	不燃烧体
	有7.5厚薄涂型防火涂料保护层		—	1.5	
	有50厚厚涂型防火涂料保护层		—	3.0	
混凝土板(mm)	连续板	保护层厚度10	80	1.4	不燃烧体
			100	2.0	
		保护层厚度15	80	1.45	
			100	2.0	
		保护层厚度20	80	1.50	
			100	2.1	
	四边简支板	保护层厚度10	70	1.4	
		保护层厚度15	80	1.45	
		保护层厚度20	80	1.5	
	预应力空心板	保护层厚度10	—	0.4	
		保护层厚度20	—	0.7	
		保护层厚度30	—	0.85	

思　考　题

16-1　简述荷载的分类方法。

16-2　试说明有哪些荷载代表值及其意义？在设计中如何采用不同荷载代表值？

16-3　地震作用大小与哪些因素有关？

16-4　在混凝土结构设计中需要考虑哪些非荷载作用？

16-5　试说明结构抵御偶然作用的设计概念。

第17章 梁板结构

梁板结构是工程结构中最常用的水平结构体系，广泛应用于建筑中的楼板结构、屋盖结构、基础底板结构、桥梁中桥面结构等（见图 17-1）。带扶壁挡土墙也属于梁板结构（图 17-1*d*），只是荷载为作用于板面的侧向土压力。本章主要以建筑工程中的楼盖结构为例，介绍梁板结构的设计计算方法。

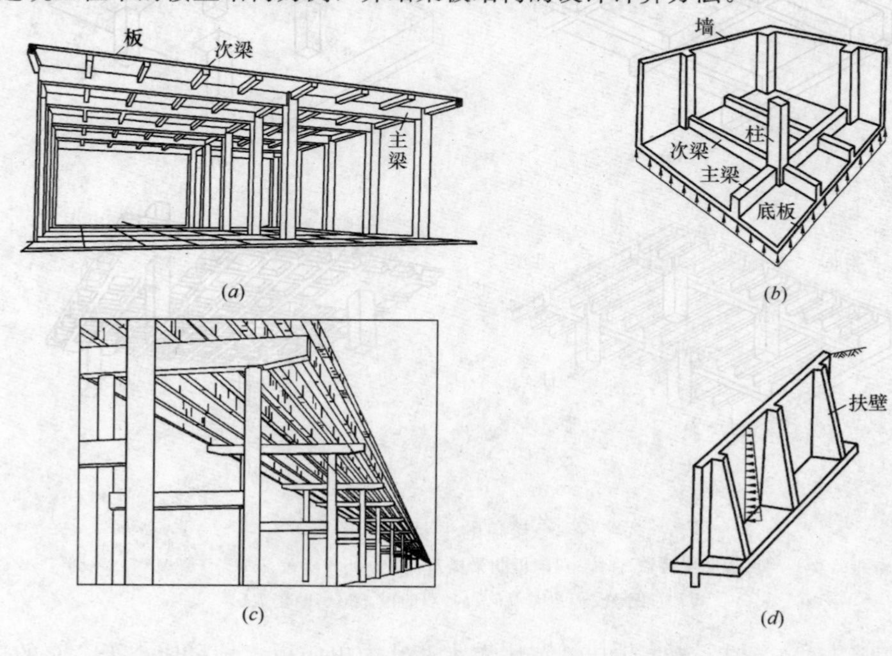

图 17-1 梁板结构

(*a*) 肋梁楼盖；(*b*) 基础底板；(*c*) 桥面结构；(*d*) 挡土墙

17.1 梁板结构形式

根据结构布置形式，楼、屋盖中的梁板结构可分为肋形楼盖、井式楼盖、无梁楼盖、密肋楼盖，见图 17-2。

肋形楼盖由梁和板组成，梁的网格将楼板划分为一个一个矩形板块，每个板块由周边的梁支承，即楼面荷载由板块传递到梁，形成整体结构中的水平结构体系。按照矩形板块边长的长宽比，肋形楼盖又分为单向板肋形楼盖和双向板肋形

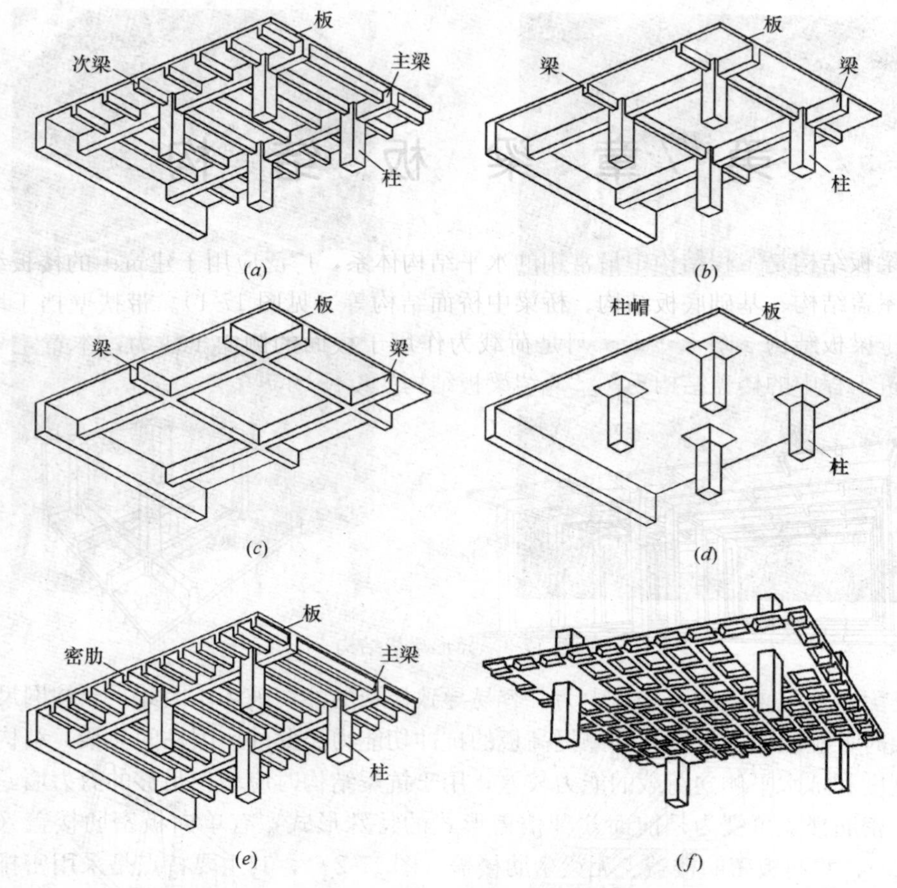

图 17-2 楼盖的主要结构形式

(a) 单向板肋梁楼盖；(b) 双向板肋梁楼盖；(c) 井式楼盖；(d) 无梁楼盖；(e) 单向板密肋楼盖；(f) 双向板无梁密肋楼盖

楼盖（图 17-2*a*、*b*）。矩形板块长宽比大于 2.0 为单向板，长宽比小于 2.0 的板块为双向板，其概念将在 17.2 节介绍。实际工程中，根据建筑平面布置或建筑设计，还有许多异形肋梁楼盖结构（图 17-3），也是由梁将楼板分割为不同形状的板块。肋形楼盖是应用最多的楼盖结构形式，受力明确，设计计算简单，经济指标好，但支模比较复杂。

井式楼盖中两个方向梁的截面相同，且梁的网格基本接近正方形，即板块均为双向板（图 17-2*c*）。两个方向的梁将板面荷载直接传递给结构周边的墙或柱，中部一般不设柱支承，跨越空间较大。当跨越空间很大时也可设柱。

无梁楼盖是将楼板直接支承于柱上，荷载由板直接传给柱或墙（图 17-2*d*），柱网尺寸一般接近方形。无梁楼盖的结构高度小，楼板底面平整，支模简单，但楼板厚度大、用钢量较多。因为楼板直接支承于柱上，板柱节点处受力复杂，柱

图 17-3　异形梁板结构

的反力对楼板来说相当于集中力，容易导致楼板的冲切破坏。因此，当柱网尺寸较大时，柱顶一般设置柱帽以提高板的抗冲切能力。此外，因柱间无梁，结构抗侧刚度和抗水平侧向荷载的能力较差，用于抗震结构时应增设足够的剪力墙。

密肋楼盖可视为是前面几种楼盖形式的特殊形式，有单向板密肋楼盖（图 17-2e）、双向板密肋楼盖、无梁密肋楼盖（图 17-2f），其主要特点是采用密排布置称为肋的小梁，由于肋的间距很小，楼板厚度可以做得很薄，一般仅 30～50mm 厚，因此楼板重量较轻，有较好的经济性。双向板密肋楼盖的一个单元板块中，正交密布的肋相当于一个小的井式楼盖。双向板密肋楼盖和无梁密肋楼盖采用预制塑料模壳，克服了支模施工复杂的缺点，且建筑效果也很好。

按施工方式，梁板结构可分为现浇式、装配式和装配整体式。

现浇式楼盖的整体性好、刚度大，结构布置灵活，对不规则平面适应性强。但缺点是需要先设置模板，施工速度慢。前述几种楼盖基本为现浇。随着商品混凝土、泵送混凝土和工具式模板的广泛采用，以及对结构的整体性要求，目前建筑工程中大多采用现浇式楼盖。

装配式楼盖施工速度快，但整体性差，不利于抗震。一般简支公路桥大多采用连续排列的预制 T 梁（图 17-1c）。

装配整体式楼盖是在预制梁板上现浇混凝土叠合层将整个楼盖连成整体，兼有现浇和装配式的优点。

近年来，还发展了现浇空心楼板，即将楼板中部受力较小的区域等间距放置轻质填充材料（图 17-4a），整体浇筑混凝土后，在楼板内部形成梁肋，而外观为平板（图 17-4b）。现浇空心楼板相当于内置密肋的肋梁楼盖，其自重一般为相同厚度实心板的 50％左右，而二者的抗弯刚度接近，跨度较大时可通过施加预应力控制裂缝与挠度，且施工方便、建筑效果好。

(*a*)

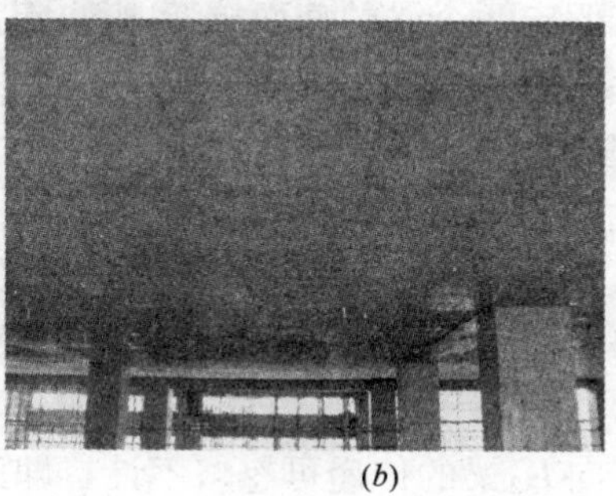

(*b*)

图 17-4　现浇空心楼板

（*a*）混凝土浇筑前；（*b*）混凝土施工完成后

17.2　肋形楼盖的荷载传递与计算简图

17.2.1　荷载传递原则

分析图 17-5 所示跨中集中荷载 P 作用下十字交叉梁的受力，四个支座均为简支。设两个方向梁的跨度分别为 L_1 和 L_2（$L_2 \geqslant L_1$），两个方向梁的抗弯刚度分别为 EI_1 和 EI_2。集中荷载 P 由两个方向的梁共同承担，分别承担 P_1 和 P_2。根据两个梁跨中交叉点竖向挠度变形的协调条件有：

$$f_1 = \frac{1}{48}\frac{P_1 L_1^3}{EI_1} = f_2 = \frac{1}{48}\frac{P_2 L_2^3}{EI_2} \tag{17-1}$$

(*a*)　(*b*)　(*c*)

图 17-5　交叉梁的荷载传递

（*a*）集中荷载下的交叉梁；（*b*）短向 L_1 梁的受力；（*c*）长向 L_2 梁的受力

由此可得：

$$\frac{P_1}{P_2} = \frac{L_2^3}{L_1^3} \cdot \frac{EI_1}{EI_2} \tag{17-2}$$

代入跨中位置的受力平衡方程 $P_1 + P_2 = P$，可得：

$$\frac{P_1}{P}=\frac{L_2^3\cdot EI_1}{L_1^3\cdot EI_2+L_2^3\cdot EI_1} \tag{17-3}$$

$$\frac{P_2}{P}=\frac{L_1^3\cdot EI_2}{L_1^3\cdot EI_2+L_2^3\cdot EI_1} \tag{17-4}$$

若假定两个梁的截面抗弯刚度 $EI_1=EI_2$，则 P_1/P 和 P_2/P 随两个方向梁跨度比 L_2/L_1 的变化见图 17-6（*a*）。若假定两个方向梁的跨度 $L_1=L_2$，则 P_1/P 和 P_2/P 随两个方向梁的截面抗弯刚度比 EI_1/EI_2 的变化结果见图 17-6（*b*）。由图 17-6 的结果可得到以下两个有关荷载传递原则的结论：

（1）当两个方向梁的截面抗弯刚度相同时，荷载沿短跨方向梁的传递远大于沿长跨方向梁的传递，即荷载最短路径传递原则。当 $L_2/L_1=3$ 时，$P_1/P=0.964$，$P_2/P=0.036$，即长跨方向 L_2 梁承受的荷载 P_2 已很小，此时荷载 P 沿长跨方向 L_2 梁的传递可忽略不计，即此时图 17-5 交叉梁可近似仅按短跨方向的 L_1 梁进行受力分析；

（2）荷载沿线刚度大的梁跨方向传递大于沿线刚度小的梁跨方向传递，传递比例与两个方向梁的线刚度基本成正比，即荷载 P 按线刚度分配原则。

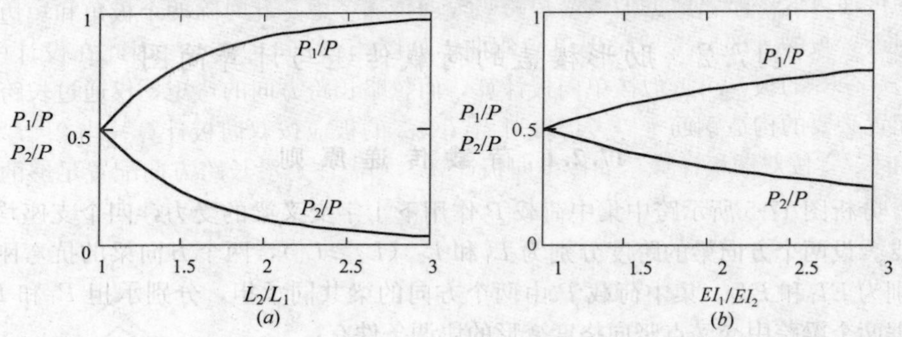

图 17-6 集中荷载下十字交叉梁的荷载分配

（*a*）$EI_1=EI_2$ 时，P_1/P 和 P_2/P 随跨度比 L_2/L_1 的变化；

（*b*）$L_1=L_2$ 时，P_1/P 和 P_2/P 随抗弯刚度比 EI_1/EI_2 的变化

17.2.2 单向板与双向板

首先考虑图 17-7（*a*）所示仅两对边简支的矩形板，在板面均布荷载作用下，板的弯曲形状如图 17-7（*b*）所示，即若在两边支座间任取一单位宽度的板带，其弯曲形状相同，且各板带的弯矩也相等，而平行于支座方向的板带则没有弯曲，也没有弯矩。这种仅单向受弯的板称为**单向板**（one way slab）。单向板的计算可取两边支座间的单位宽度（通常取 1000mm）的板带，按梁计算即可。

如前所述，肋形楼盖中每个区格板的四边通常均有梁或墙支承，形成四边支承板。由于板块周边梁的刚度比板大很多，所以在分析板的受力时，可近似将周

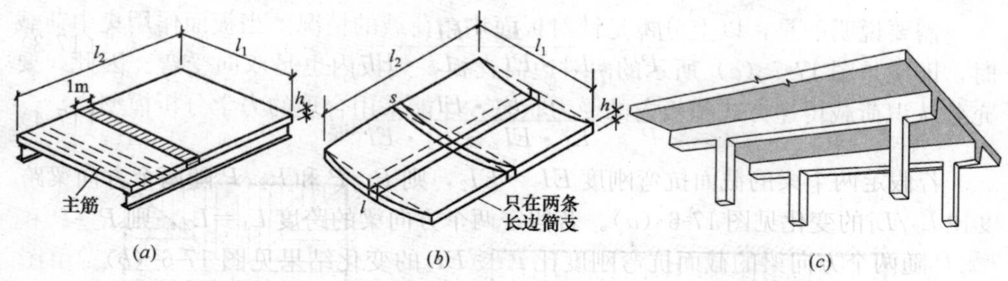

图 17-7 承受均布荷载的两对边简支矩形板

（a）两对边简支矩形板；（b）两对边简支矩形板的弯曲形；（c）单向板楼面结构

边梁作为板的不动支座。

四边支承板在板面均布荷载作用下，当两个方向的跨度相近时，通常是双向弯曲的，见图 17-8（a），也即荷载沿两个方向传递到周边的支座，故称为双向板。根据上述荷载传递原则，板面荷载沿板短跨方向 l_1 的传递程度要大于沿长跨方向 l_2 的传递程度，当板的长跨 l_2 与短跨 l_1 之比大于 3 时，板面荷载沿长跨 l_2 方向的传递可以忽略，可近似按沿短跨 l_1 方向传递考虑。此时除四个板角和短边支座附近，板的大部分区域呈现单向弯曲，如图 17-8（b）所示。因此在设计中，对 $l_2/l_1 \geqslant 3$ 的板，可近似按单向板计算，而忽略长跨方向的弯矩，仅通过长跨方向配置必要的构造钢筋予以考虑；对 $l_2/l_1 \leqslant 2$ 的板应按双向板计算；当 $2 < l_2/l_1 < 3$ 时，宜按双向板计算，如按单向板计算，则需注意沿长跨方向配置足够的构造钢筋。

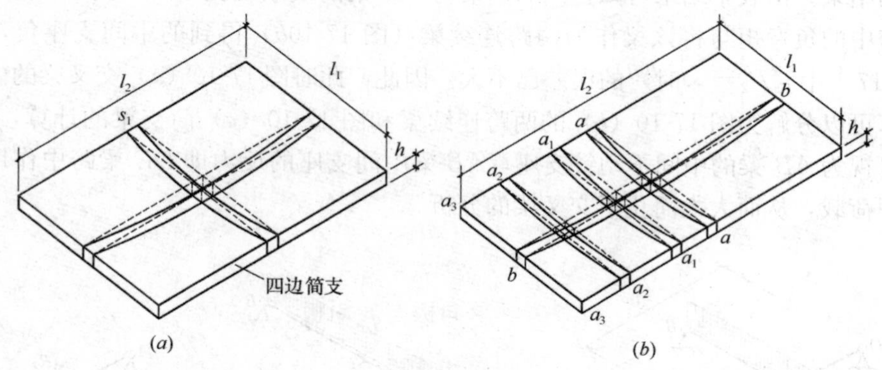

图 17-8 单向板与双向板

（a）双向板；（b）单向板

根据上述荷载传递原则，在肋形楼盖设计中，对于单向板通常沿板跨中将板面均布荷载传给板两长边的支承梁或墙，而忽略传给板两短边的支承梁或墙（图 17-9a）；对于双向板一般近似按图 17-9（b）所示的 45°线划分，将板面均布荷载传给邻近的周边支承梁。

需要说明的是，以上分析是针对板面均布荷载的情况。当板面作用集中荷载时，即使是图 17-7（*a*）所示的两对边简支板，其板内也是双向受弯。因此，要充分认识荷载传递方式和板内的受力状态，才能采用合理的力学分析模型。

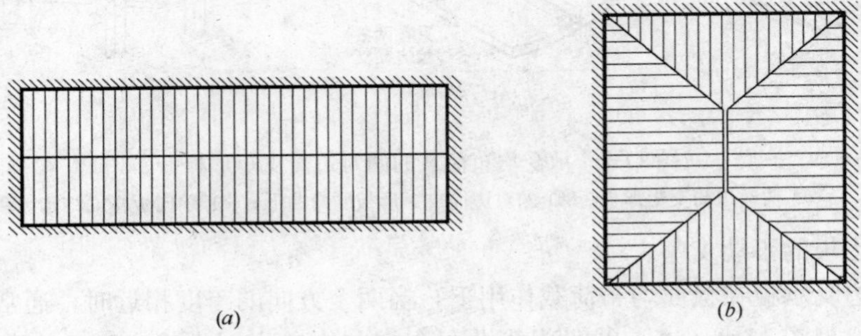

图 17-9　均布荷载下单向板与双向板板面荷载的传递

（*a*）单向板；（*b*）双向板

17.2.3　主梁与次梁

分析图 17-10（*a*）所示交叉梁中 AB 梁的受力。表 17-1 列出了 AB 梁跨中（交叉点 C 处）弯矩随 DE 梁与 AB 梁线刚度比 $i_1/i_2=\left(\frac{EI_1}{L_1}\right)/\left(\frac{EI_2}{L_2}\right)$ 增加而变化的结果。由表中结果可知，当 AB 梁与 DE 梁的线刚度比 i_1/i_2 大于 8 时，AB 梁跨中的负弯矩与将该梁作为两跨连续梁（图 17-10*b*）得到的中间支座负弯矩（表 17-1 中 $i_1/i_2=\infty$ 时）的误差已不大。因此，此时图 17-10（*a*）交叉梁的内力计算可以分解为图 17-10（*b*）的两跨连续梁和图 17-10（*c*）简支梁的计算，DE 梁可视为 AB 梁的中间不动铰支座，AB 梁中间支座的反力即 DE 梁跨中作用的集中荷载，从而大大简化了交叉梁的分析。

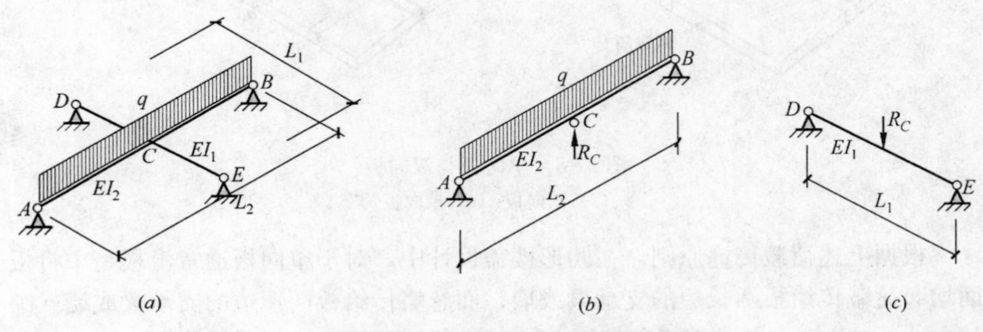

图 17-10　交叉梁的荷载传递

（*a*）交叉梁；（*b*）两跨连续梁 L_2'；（*c*）简支梁 L_1'

AB 梁跨中 C 点处的弯矩＝表中系数× qL_2^2 **表 17-1**

$\left(\frac{EI_1}{L_1}\right)/\left(\frac{EI_2}{L_2}\right)$	1	2	4	8	16	32	∞
$L_2/L_1=1$ 时	−0.156	−0.208	−0.250	−0.278	−0.294	−0.303	−0.3125
$L_2/L_1=2$ 时	−0.250	−0.278	−0.294	−0.303	−0.308	−0.310	−0.3125

因为 DE 梁作为 AB 梁的中间支座，承担着由 AB 梁传来的荷载，工程一般将 DE 梁称为主梁，AB 梁称为次梁。从以上分析可知，当主梁与次梁线刚度之比 $i_{主梁}/i_{次梁}$ 大于 8 时（注意：计算线刚度比时，梁的跨度应采用竖向支承点之间的距离），可以将图 17-10（a）所示的交叉梁简化为主梁和次梁分别进行计算。

上述交叉梁结构的简化分析概念对于把握结构的关键受力特征和进行结构不同部分的设计十分有用。同时，在应用中和设计上应充分满足相应的简化条件，否则有可能产生偏于不安全的结果，并且也需要对于可能存在的偏于不安全的结果有所认识。如上面的例子中，主梁 DE 毕竟会产生一定挠度变形，由此会使得次梁 AB 的跨中弯矩大于按两跨连续梁计算得到的跨中弯矩，尽管这一误差不是很大，但作为设计者应该知道此处存在偏于不安全的误差，并在配筋设计中可以给予一定的弥补。当然，如果考虑塑性内力重分布影响，通常这一不大的误差影响是可以在内力重分布过程中得到调整。这里仅是想借此说明设计者需要掌握结构简化计算结果与结构实际受力状况之间存在的误差趋势，尤其是要关注存在偏于不安全误差的情况。

17.2.4 肋形楼盖的结构布置

肋形楼盖的结构布置包括柱网布置、主梁布置、次梁布置。柱网间距决定了主梁的跨度，主梁间距决定了次梁的跨度，次梁间距决定了板的跨度（因为板面荷载主要沿短跨传递，通常将短跨称为板的跨度，即次梁的间距）。

柱网布置一般由建筑平面决定。柱网间距大，主梁跨度大，承受的楼面荷载范围也大，因而梁的截面尺寸相应需要增大，这会影响到使用净空。通常钢筋混凝土主梁的经济跨度为 5～8m。当柱网两个方向的尺寸不同时，根据荷载最短路径传递原则，主梁应尽可能沿柱网短跨方向布置。当然，如果考虑设备管道布置等要求时，也可以沿柱网长跨方向布置。通常主梁与柱形成框架作为结构的抗侧力体系（也称竖向结构子体系），此时根据整体结构的抗侧力体系布置要求设置主梁方向更为合理。

次梁间距影响到板的跨度，板的跨度又决定了板的厚度。通常肋形楼盖中，板的混凝土用量占整个楼盖的 50％～60％，对整个楼盖的经济性和自重有重要影响，因此次梁间距一般不宜太大。通常，单向板的跨度取 1.5～3m，双向板的跨度取 4～6m 较为合适。此外，双向板的受力比单向板的受力更为有效，宜优先考虑双向板布置方案。

表 17-2 为钢筋混凝土梁、板截面尺寸的要求。

钢筋混凝土梁、板截面尺寸的要求　　表 17-2

单向板	连续：h/l 不小于 1/40 简支：h/l 不小于 1/35 最小板厚：一般屋面≥60mm 　　　　　一般楼面≥70mm
双向板	四边简支：h/l_1 不小于 1/45 四边连续：h/l_1 不小于 1/50
连续次梁	h/l 不小于 1/18～1/12
连续主梁或框架梁	h/l 不小于 1/14～1/10

17.2.5 计 算 简 图

根据前述荷载传递原则，对于单向板肋形楼盖，其楼面荷载的传递路径为：单向板→次梁→主梁或框架梁→柱或墙（见图 17-11）；对于双向板肋形楼盖，其楼面荷载的传递路径为：双向板→周边支承梁或墙→柱或墙。

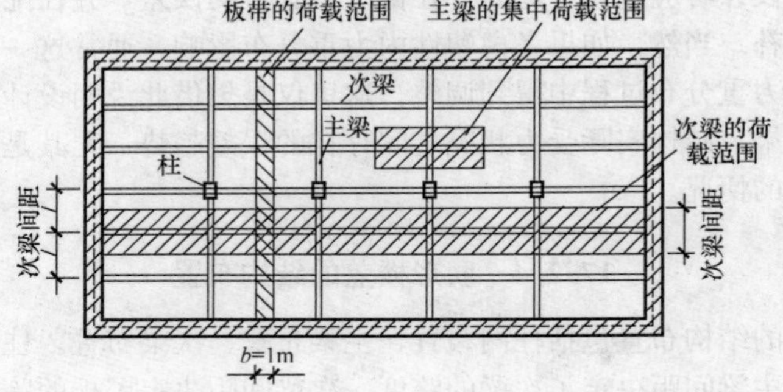

图 17-11　单向板肋形楼盖的荷载传递

对于单向板，可取单位板宽（b＝1000mm）作为计算单元进行设计计算（见图 17-12）。通常板的刚度远小于次梁的刚度，次梁可作为单位板宽板带的不动支座，故可将单位板宽板带简化为连续梁计算。

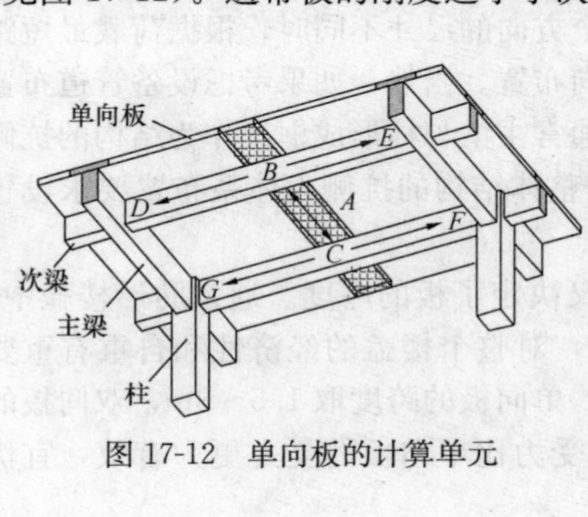

图 17-12　单向板的计算单元

对于次梁和主梁组成交叉梁系，由前述可知，当主、次梁线刚度比大于 8 时，主梁可作为次梁的不动支座，次梁可简化为支承于主梁和墙上的连续梁。

当主梁与柱形成框架结构时，则按框架计算。当主梁线刚度与柱线刚度之比大于 5 时，主梁的转动受柱端的约束可忽略，而柱的受压变形通常很小，则此时柱可作为主梁的不动铰支座，此时主梁也可简化为连续梁。

由以上分析可知，肋形楼盖结构设计计算可简化为连续梁。由于钢筋混凝土楼盖结构通常为现浇整体，因此上述各连续梁的计算简图应考虑支座实际尺寸和受力情况，确定计算跨度 l_0。理论上，计算跨度 l_0 是两端支座处转动点之间的距离。当按弹性理论计算连续梁内力时，图 17-13 给出了几种支座情况下计算跨度 l_0 的确定方法。当按塑性理论计算时，考虑到塑性铰位于支座边，计算跨度取净跨 l_n，见图 17-14。

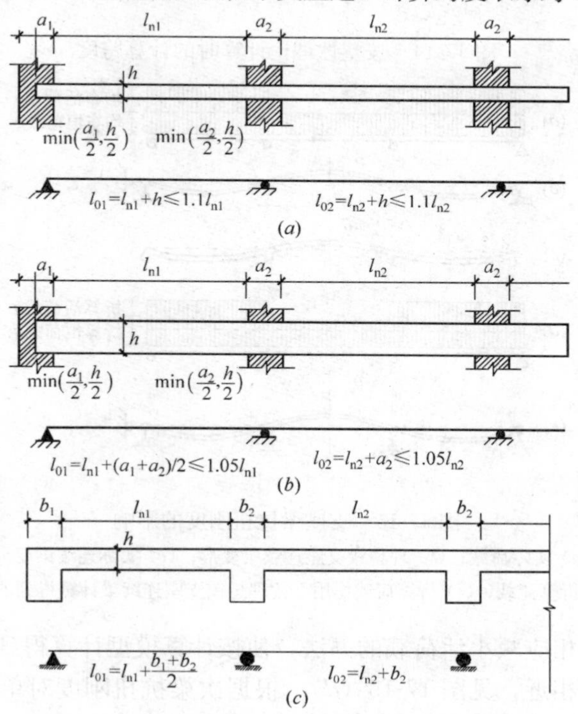

图 17-13 按弹性理论计算时的计算跨度

(*a*) 支承于墙上的单向板；(*b*) 支承于墙上的梁；

(*c*) 与次梁整浇的单向板和与主梁整浇的次梁

在上述将单向板和次梁简化为连续梁的计算模型中，支座均简化为理想铰接，梁在支座上可自由转动。而实际整浇楼盖中，单向板与次梁整浇，次梁与主梁整浇，单向板在支座处的转动势必使次梁产生扭转，同样次梁在支座处的转动势必使主梁产生扭转，这与支座为理想铰接情况是不同的。如图 17-15（*a*）为理想铰支座的连续梁计算模型，因忽略了实际支座次梁或主梁扭转刚度的影响，由该计算模型计算得到的支座转角大于实际支座转角，且边跨跨中正弯矩计算值大于实际值，而支座负弯矩计算值小于实际值。为考虑计算模型与实际情况的这种差别所带来的影响，实用中采用折算荷载方法近似处理。折算荷载方法是通过

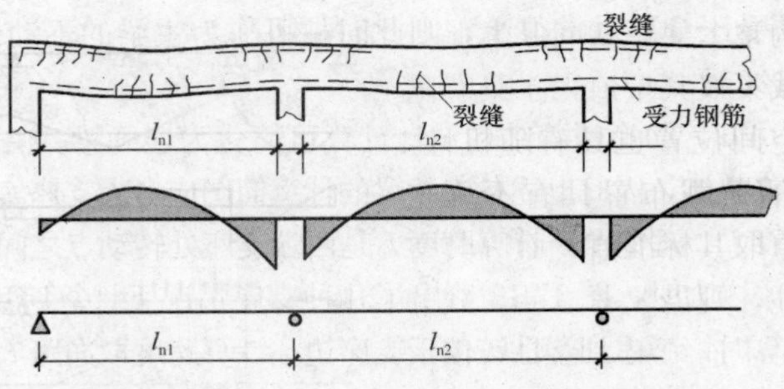

图 17-14 按塑性理论计算时的计算跨度

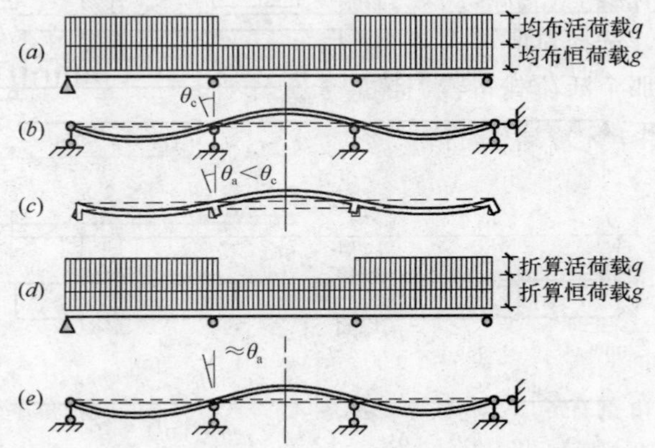

图 17-15 支座梁抗扭刚度的影响

(*a*) 实际荷载；(*b*) 理想铰支座连续梁变形；(*c*) 实际连续梁变形；

(*d*) 折算荷载；(*e*) 折算荷载作用下按理想铰支座连续梁计算得到的变形

适当增加恒载和相应减小活荷载的办法，使按计算模型计算得到的支座转角和内力值与实际情况相近，见图 17-15 (*d*)。根据次梁抗扭刚度对单向板的影响程度以及主梁抗扭刚度对次梁的影响程度分析，折算荷载如下：

板：折算恒载 $g' = g + \frac{1}{2}q$，折算活载 $q' = \frac{1}{2}q$ (17-5)

次梁：折算恒载 $g' = g + \frac{1}{4}q$，折算活载 $q' = \frac{3}{4}q$ (17-6)

17.3 钢筋混凝土连续梁的内力计算

17.3.1 按弹性理论计算

1. 活荷载不利布置

连续梁上的荷载包括恒荷载和活荷载。一旦结构建成使用，恒荷载的量值和作用形式在结构整个使用期间基本保持不变；而活荷载不仅其量值大小具有随机性，同时其空间位置也具有随机性，因此在各跨的活荷载布置具有不确定性。活荷载量值取其标准值，而因其空间位置的随机性，则需要考虑活荷载的最不利布置。对于连续梁来说，所谓活荷载的最不利布置，是针对某一指定截面的内力，从所有可能在各跨出现的活荷载布置组合中，选择对所考虑截面产生最不利内力的那个活荷载布置。将最不利活荷载布置下的内力与恒荷载作用下的内力进行组合，即得到所考虑截面的内力设计值。

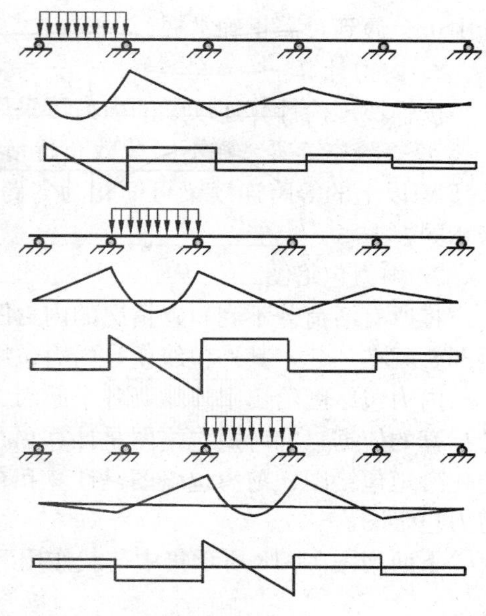

图 17-16　活载作用下的内力图

下面具体讨论连续梁的各种活荷载不利布置。图 17-16 为 5 跨连续梁各个单跨布置活荷载时的弯矩图和剪力图。由图可知，当求 1、3、5 跨跨中最大正弯矩时，活荷载应布置在 1、3、5 跨（见图 17-17*a*）；当求 2、4 跨跨中最大正弯矩或 1、3、5 跨跨中最小弯矩（或负弯矩绝对值最大）时，活荷载应布置在 2、4 跨（见图 17-17 *b*）；当求 *B* 支座最大负弯矩及 *B* 支座最大剪力时，活荷载应布置在 1、2、4 跨（见图 17-17 *c*）。

从上述分析可以得出连续梁最不利活荷载布置的规律如下：

(1) 求某跨跨中最大正弯矩时，除将活荷载布置在该跨以外，然后每隔一跨布置活荷载。

(2) 求某支座截面最大负弯矩时，除该支座两侧应布置活荷载外，然后每隔一跨布置活荷载。

(3) 求梁支座截面（左侧或右侧）最大剪力时，活荷载布置与求该截面最大负弯矩时的布置相同。

(4) 求每跨跨中最小弯矩（或负弯矩绝对值最大）时，该跨应不布置活荷载，而在两相邻跨布置活荷载，然后再每隔一跨布置活荷载。

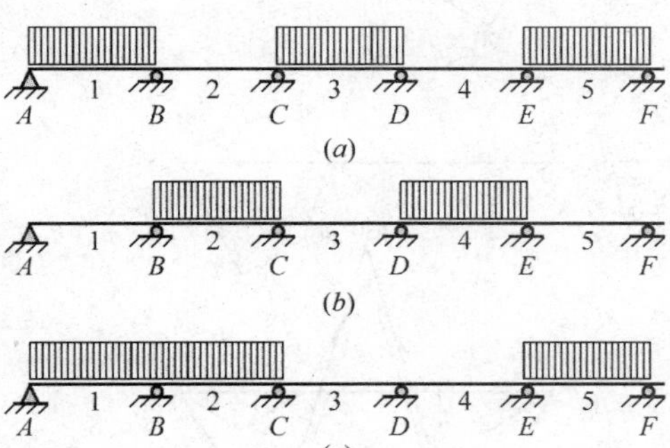

图 17-17　活荷载不利布置

(*a*) 1、3、5 跨跨中最大正弯矩的活荷载布置；
(*b*) 2、4 跨跨中最大正弯矩的活荷载布置；
(*c*) B 支座最大负弯矩和最大剪力的活荷载布置

活荷载不利布置问题是结构设计的一个重要概念，在其他结构设计中也会遇到，需正确掌握。

2. 内力计算

按弹性理论计算连续梁的内力可采用结构力学方法。对于工程中经常遇到的2～5跨等跨连续梁，在不同荷载布置情况下的内力已编制表格供查用，见附录3。5跨以上的等跨连续梁可简化为5跨计算，即所有中间跨的内力均取与第3跨相同。

3. 内力包络图

将所有活荷载不利布置情况的内力图与恒载的内力图叠加，并将这些内力图全部叠画在一起，其外包线就是内力包络图。

内力包络图给出了连续梁各个截面内力的上、下限，是连续梁截面承载力设计计算的依据，如弯矩包络图是计算和布置梁内纵筋的依据，也即抵抗弯矩图应包住弯矩包络图；剪力包络图是计算和布置腹筋的依据，也即抵抗剪力图应包住剪力包络图。

下面用图 17-18 所示集中荷载作用下的两跨连续梁来说明弯矩包络图的确定

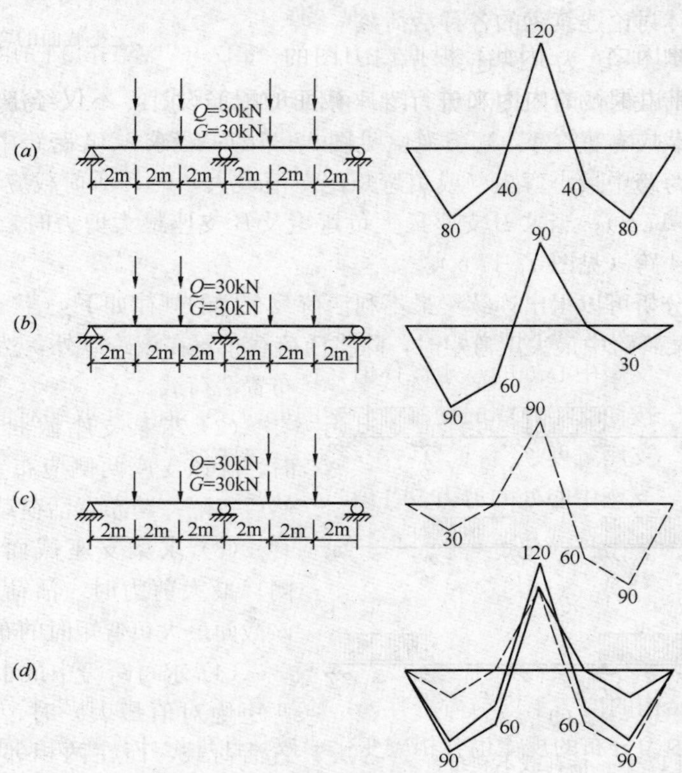

图 17-18　弯矩包络图的确定

(*a*) 中间支座最大负弯矩；(*b*) 第一跨跨中最大正弯矩；

(*c*) 第一跨跨中最大正弯矩；(*d*) 弯矩包络图

方法。图 17-18（*a*）为中间支座最大负弯矩的不利荷载布置及弯矩图；图 17-18（*b*）为第一跨跨中最大正弯矩的不利荷载布置及弯矩图；图 17-18（*c*）为第二跨跨中最大正弯矩的不利荷载布置及弯矩图，该弯矩图实际上与图 17-18（*b*）的弯矩图反对称。将这三个弯矩图画在一起，其外包线即为弯矩包络图，见图 17-18（*d*）。

4. 支座边截面的弯矩和剪力

按弹性理论计算连续梁、板的内力时，由于实际支座有一定的宽度，因此按计算跨度得到支座计算截面的弯矩值 M 和剪力值 V 比支座边缘截面处的弯矩值 M_b 和剪力值 V_b 值要大（见图 17-19）。尽管按偏大的内力计算值进行支座截面的配筋设计是偏于安全的，但有时会导致支座配筋过于密集，而对于抗震结构来说，按这种偏大的内力进行配筋设计并不一定合理，可能是导致无法实现“强柱弱梁”的原因之一。因此，根据内力图的变化确定支座边缘处的内力来进行支座截面的配筋设计，不仅经济，也更为合理。支座边缘截面处的弯矩和剪力设计值可近似按以下公式确定：

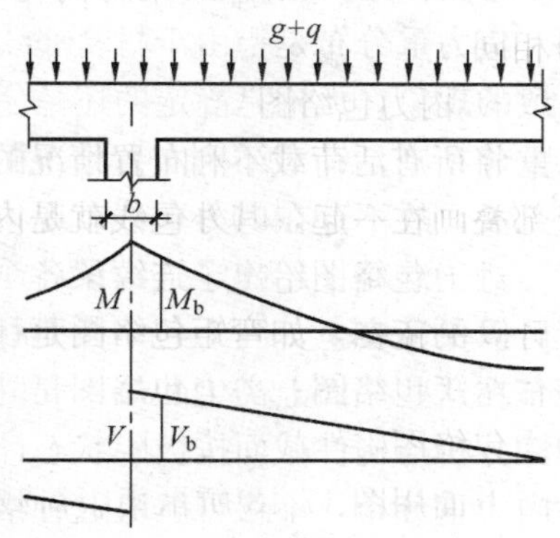

图 17-19 支座截面的弯矩和剪力

$$M_b = M - V_0 \frac{b}{2} \tag{17-7}$$

$$V_b = V - (g + q) \frac{b}{2} \tag{17-8}$$

式中 M_b——支座边缘截面的弯矩设计值；

M——支座中心处的弯矩设计值；

V_0——按简支梁计算的支座中心处的剪力设计值，并取绝对值；

b——支座宽度；

V——支座中心处的剪力设计值；

g、q——均布恒载和活载设计值。

17.3.2 连续梁的塑性内力重分布

1. 基本概念

超静定结构的内力不仅与荷载有关，还与结构各部分的刚度比有关。如果刚度比改变，内力分布的规律也会相应变化。按弹性理论计算连续梁内力时，假定整个连续梁是等刚度的，并在受力过程中梁的抗弯刚度保持不变。由于钢筋混凝土截面配筋计算是按承载力极限状态进行的，此时梁中控制截面已明显进入塑性阶段，其截面抗弯刚度比初始刚度显著降低，而其他部位的刚度也随所承受弯矩有相应地降低。因此，钢筋混凝土连续梁在整个受力过程中，各个截面的抗弯刚度比是随荷载增加在不断变化着的，其内力分布与弹性理论按等刚度连续梁计算得到的内力是不一致的。这种不一致现象主要是由于钢筋混凝土的受弯塑性变形引起的，称为**塑性内力重分布**。

需要注意，内力重分布与应力重分布，两者在概念上既有相同之处，也有区别。应力重分布是指由于材料非线性导致截面上应力分布与截面弹性应力分布不一致的现象，无论是静定的还是超静的混凝土结构都存在的应力重分布现象。内力重分布则是针对结构内力分布而言的。对静定结构来说，其内力分布与结构刚度无关，故不存在内力重分布现象，只有超静定结构才会有内力重分布现象。

对于混凝土超静定结构设计，按弹性理论方法计算的内力来进行截面配筋设计可以保证安全，因为各个截面配筋设计所用的设计弯矩或设计剪力是不同荷载分布在这些截面上产生的最不利内力值（内力包络图）。尽管如此，结构内力的弹性分析与构件截面按极限状态计算，两者的计算基本假定是不协调的。考虑塑性内力重分布，不仅可解决这种结构分析与截面设计之间不协调的问题，而且还有以下优点：

(1) 能更正确地估计超静定结构的承载力和使用阶段的变形和裂缝；

(2) 可以使结构在破坏时有较多的截面达到极限承载力，充分发挥结构的承载潜力；

(3) 利用结构内力重分布的特性，在不降低结构极限承载力的情况下，允许在一定范围内由设计者人为调整结构的弯矩设计值，减少某些弯矩大的区域的钢筋配筋密度，简化配筋构造，方便混凝土浇捣，提高施工效率和质量。

2. 钢筋混凝土塑性铰

如 3.3 节所述，对于配筋合适的钢筋混凝土梁，其截面受弯分为三个工作阶段：弹性阶段、开裂后的带裂缝阶段和钢筋屈服后的破坏阶段。对于图 17-20 所示跨中集中荷载作用下的简支梁，当跨中截面达到屈服弯矩后，在荷载增加不多的情况下，在跨中“屈服”截面附近形成了一个集中的可持续转动变形的区域，相当于一个铰，称为“塑性铰”。塑性铰与结构力学中理想铰的区别是：

(1) 能承受一定的弯矩，近似等于极限弯矩；

(2) 仅能单向转动；

(3) 有一定长度区域；

(4) 转动能力有一定限度。

需要特别注意的是，塑性铰的转动能力有一定的限度，这将影响到塑性内力重分布的程度。塑性铰的转动能力取决于截面屈服后的曲率增量（$\phi_u-\phi_y$）和塑性铰转动区域的长度 L_p。由 3.3 节可知，截面屈服曲率 ϕ_y 随配筋率增加略有增加，而截面极限曲率 ϕ_u 则随配筋率增加很快减小。当达到最大配筋率时（即界限配筋率），受拉钢筋屈服的同时压区混凝土压坏，即 $\phi_u=\phi_y$，这时塑性铰的转

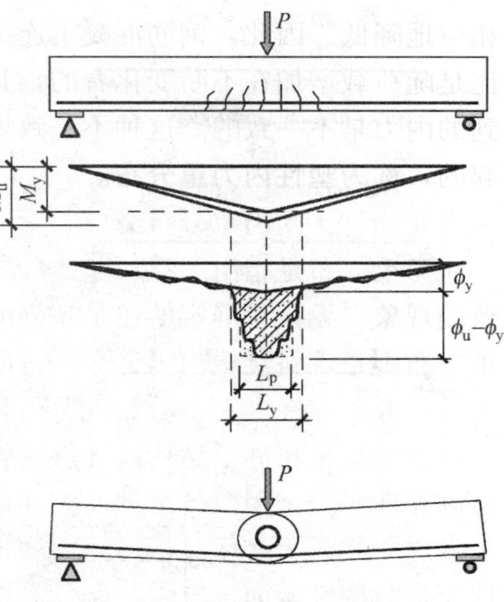

图 17-20　钢筋混凝土塑性铰

动能力很小。塑性铰转动区域的长度L_p与荷载作用形式和截面有效高度有关。对于图 17-20 所示跨中集中荷载作用下的简支梁，塑性铰的转动能力可根据跨中截面达到极限曲率时，跨中附近超过屈服弯矩区域内的曲率（$\phi-\phi_y$）积分，即图 17-20 中的斜线部分的阴影面积得到：

$$\theta_u=\int_0^{L_y}(\phi-\phi_y)\mathrm{d}x \qquad (17\text{-}9)$$

式中　L_y——跨中附近超过屈服弯矩区域的长度。

为简化计算，可近似取一名义塑性铰转动区域长度L_p，在该长度范围内认为均达到极限曲率ϕ_u，因此，式(17-9)可表示为：

$$\theta_u=(\phi_u-\phi_y)L_p \qquad (17\text{-}10)$$

式（17-10）为图 17-20 中的虚线所围梯形部分的面积。根据试验研究，塑性铰名义长度L_p在 1.0～1.5 倍截面高度范围，即$L_p=$（1.0～1.5）h。由式（17-10）可知，塑性铰的极限转动能力θ_u主要取决于ϕ_u，也即取决于配筋率和受拉钢筋的延伸率。为保证塑性铰有足够的转动能力，工程对按塑性内力重分布设计的连续梁，应控制配筋率，并采用延伸率大的钢筋。

3. 连续梁的塑性内力重分布

设图 17-21 所示的两跨连续梁按图 17-21（d）的弯矩包络图进行配筋设计，并假设跨中极限（正）弯矩$M_{1u}=90\mathrm{kN\cdot m}$，中间支座极限负弯矩$M_{Bu}=120\mathrm{kN\cdot m}$，近似取截面的屈服弯矩等于极限弯矩，即$M_{1y}=M_{1u}=90\mathrm{kN\cdot m}$，$M_{By}=M_{Bu}=120\mathrm{kN\cdot m}$。同时，假定该连续梁为等截面，故跨中和支座截面的开裂弯矩相同，记为M_{cr}。下面通过对该梁的加载受力过程分析（四个荷载点同时加载），来说明钢筋混凝土连续梁塑性内力重分布的概念。

因该连续梁为等截面，故开始加载时，内力分布可按等刚度梁用弹性理论计算。当荷载增加至P_{Bcr}时，中间支座首先达到开裂弯矩M_{cr}。中间支座开裂后，其截面抗弯刚度降低，而此时跨中尚未开裂，因此此时已不是等刚度梁。继续增加荷载，中间支座弯矩的增加速率将有所减小，而跨中弯矩的增加速率则有所增大，当跨中弯矩也达到开裂弯矩M_{cr}，其抗弯刚度降低，连续梁的刚度又一次发生变化。随后，荷载继续增加，跨中和支座的弯矩增加速率又有所变化。因此，开裂后，连续梁的弯矩分布已不再符合弹性弯矩分布，也即开始出现内力重分布。不过在这个阶段，沿整个连续梁的抗弯刚度变化不是很大，实际内力分布与

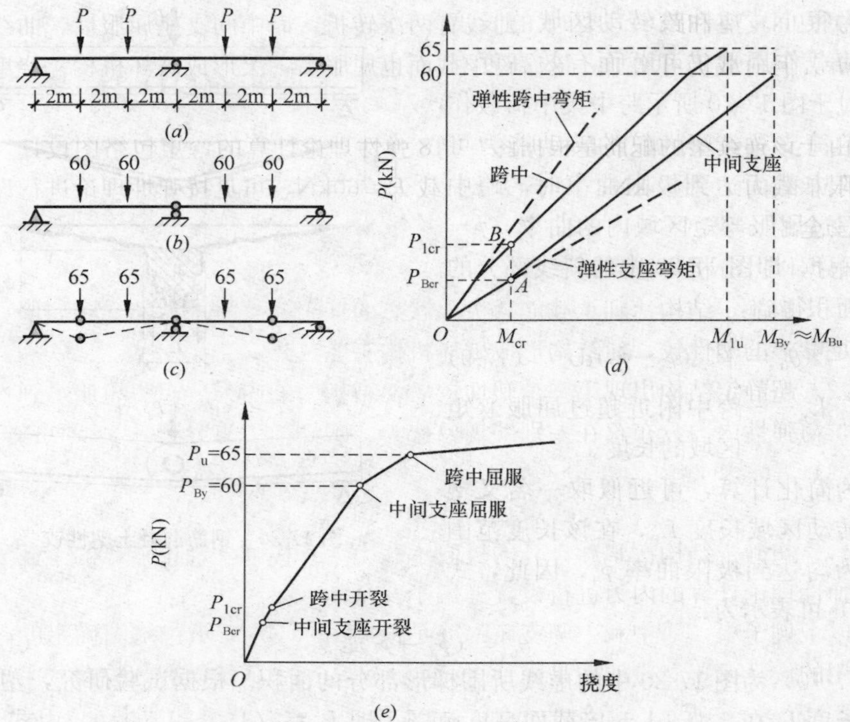

图 17-21　钢筋混凝土连续梁的塑性内力重分布

(*a*) 近似弹性受力阶段；(*b*) 中间支座屈服；(*c*) 跨中截面屈服；
(*d*) 荷载—截面弯矩关系；(*e*) 荷载—挠度曲线

弹性弯矩分布差别也不是很大。

根据图 17-22（*a*）知，当荷载增加到 60kN 时，中间支座的弯矩为 120kN·m，达到其屈服弯矩 M_{By}，而此时跨中的最大弯矩为 80kN·m。由于中间支座截面屈服后，在继续保持屈服弯矩的情况下具有一定的转动变形能力，即形成塑性铰（见图 17-22*b*），而且跨中截面的弯矩尚小于其屈服弯矩 $M_{1y}=90$kN·m，因此，此时整个梁并未达到其最大承载力，荷载仍可继续增加。但在继续加载的过程中，中间支座的弯矩将保持其屈服弯矩 $M_{By}=120$kN·m 不变，仅跨中弯矩 M_1 随荷载的增加而增加。此阶段的弯矩分布已明显与弹性弯矩分布不同，其加载过程引起的弯矩增量如同两个独立的简支梁。当荷载增量 $\Delta P=(M_{1y}-80)/2=5$kN 时，跨中的总弯矩也达到其屈服弯矩 M_{1y} 形成塑性铰（见图 17-22*c*），此时整个梁因形成破坏机构而无法继续增加荷载，故该连续梁的极限荷载为 $P_u=60+5=65$kN。图 17-21（*d*）是荷载与中间支座和跨中截面弯矩的关系，可见从中间支座截面开裂后梁中弯矩就开始偏离弹性弯矩分布，而塑性铰出现后偏离更大。图 17-21（*e*）为荷载—挠度曲线，可见不同于简支梁的三阶段荷载—挠度曲线，在中间支座和跨中开裂时，曲线有两次转折，而中间支座屈服后，曲线有明显转折，但荷载仍可增加，最后跨中截面也屈服后，梁形成破坏机构，挠度急剧增大。

由于该连续梁的配筋是根据图 17-18 弹性理论计算的弯矩包络图设计，其实际极限承载力 P_u=65kN，大于设计荷载 P=60kN，可见按弹性理论进行设计是偏于安全的。

根据以上分析可得到以下结论：

(1) 超静定结构达到承载能力极限状态的标志不是一个截面达到屈服，而是出现足够多的塑性铰，使结构形成破坏机构；

(2) 超静定结构出现第一个塑性铰后，结构中的内力分布不再服从弹性分析结果，与弹性内力分布存在差别的现象称为“塑性内力重分布”；

(3) 考虑塑性内力重分布，可使内力分析结果更符合结构实际内力分布规律；

(4) 超静定结构按塑性计算的极限承载力大于按弹性理论计算的承载力，因此按弹性理论计算的内力进行设计是偏于安全的。

以上例子中，跨中和中间支座配筋是根据图 17-18 弯矩包络图确定的，各自所采用的设计弯矩对应的不是同一个荷载工况。如果该梁仅有一种荷载工况，例如图 17-22 (*a*) 所示，则显然按弹性计算内力配筋（设经配筋计算后，跨中极限（正）弯矩 M_{1u}=80kN·m，支座极限（负）弯矩 M_{Bu}=120kN·m)，理论上跨中和中间支座将几乎同时达到极限弯矩而形成塑性铰，故不会产生塑性内力重分布。

但从图 17-22 (*a*) 的弯矩图可知，中间支座弯矩比跨中弯矩大很多，也即按弹性方法计算的弯矩进行配筋，中间支座处的上部钢筋配置会较密集，可能会使得混凝土浇筑困难。利用连续梁塑性内力重分布的规律，可以人为将中间支座设计弯矩调低。设将支座弯矩由弹性理论计算的 120kN·m 调低为 90kN·m（即取 M_{Bu}=90kN·m)，同时将跨中设计弯矩相应增加，也设为 90kN·m（即取 M_{1u}=90kN·m)，见图 17-22 (*b*)。则由以下所述连续梁塑性极限承载力的计算方法可知，该梁的极限承载力仍可保持所需要的设计荷载 60kN。如果按上述图 17-20 的逐步加载分析方法可知，当荷载 P 达到 45kN 时，中间支座弯矩即达到极限弯矩 M_{Bu}=90kN·m，形成塑性铰（图 17-21*c*)，继续加载至 60kN 时，跨中弯矩也达到极限弯矩 M_{1u}=90kN·m 形成塑性铰（图 17-21*d*)，整个连续梁形成可变机构而达到承载力极限状态。

以上算例说明，在保持连续梁极限承载力不变的前提下，可以利用塑性内力重分布的规律，人为调整设计弯矩，减少支座配筋的密集程度，不仅可节约钢材，还有利于施工。但人为调整设计弯矩不是任意进行的，因为调整幅度越大，支座塑性铰出现得就越早，达到极限承载力时中间支座处所需要的塑性铰转动也

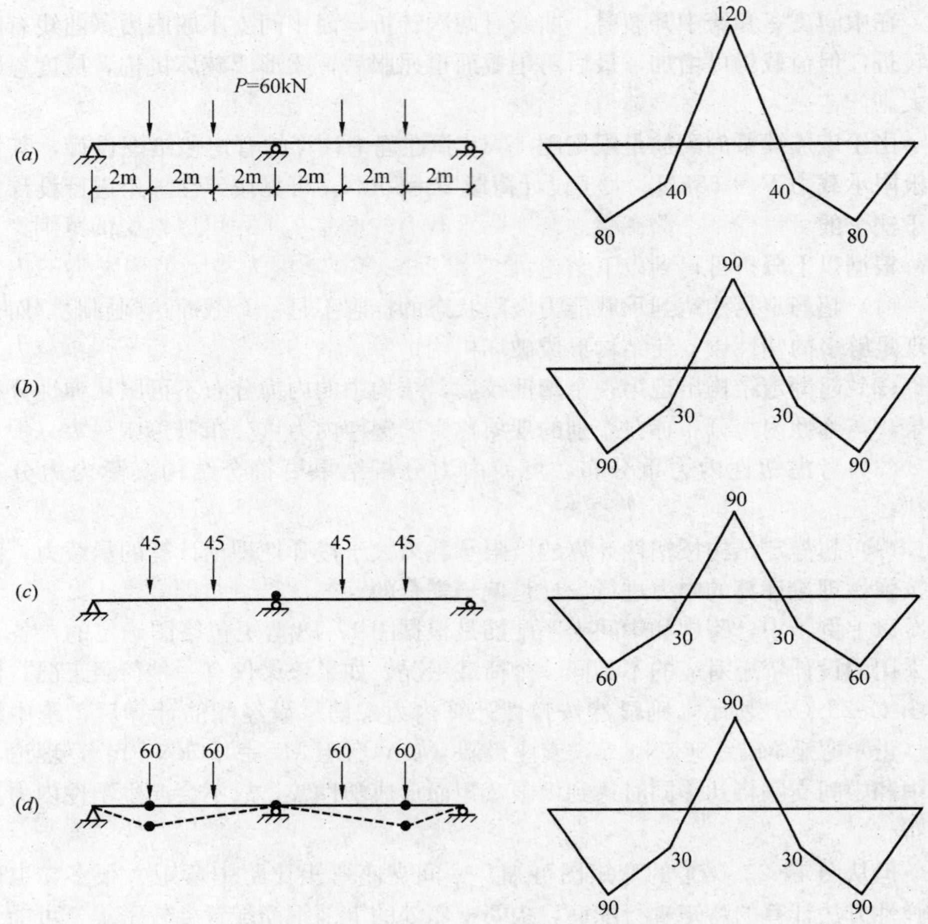

图 17-22　调整弯矩后支座配筋减少引起的塑性内力重分布

（*a*）按弹性计算内力配筋设计；（*b*）调整后弯矩图；

（*c*）中间支座出现塑性铰；（*d*）支座出现塑性铰

越大，如果这个转动需求超过塑性铰的转动能力，则塑性内力重分布就无法实现。

17.3.3　塑性极限承载力计算方法

1. 上、下限定理

超静定结构的塑性内力分析可基于塑性理论的上、下限定理进行。

上限定理：结构出现足够多的塑性铰形成破坏机构，各塑性铰处的弯矩等于屈服弯矩，且满足边界条件，若塑性铰对于位移的微小增量所做的内功等于给定外荷载对此位移的微小增量所做的外功，则此荷载为实际承载能力的上限。

下限定理：在给定外荷载下，若可找到一种满足平衡要求的内力（弯矩）分布，且任何位置的内力（弯矩）不超过屈服承载力（屈服弯矩），又满足边界条件，则此荷载为实际承载能力的下限。

当给定的荷载大于按上限定理计算得到的荷载时，必然会引起结构破坏，因为上限承载力不会小于实际承载力，因此上限承载力偏于不安全。不过塑性理论的方法一般可以保证上限承载力与实际承载力的偏差在工程可以接受的范围。

若满足下限条件，结构必然能承受给定的荷载，因为实际结构发生的内力（弯矩）重分布可使结构具有更高承载力，因此实际承载力不会小于下限承载力。

实际极限承载力介于上、下限之间，当上限承载力的最小值与下限承载力最大值一致时，为正确解。但在结构的塑性实用分析中，通常并不同时采用上、下限定理，而只采用其中的一个，只要所预计的极限承载力与正确值很接近。但这需要对各种可能情况有较全面估计，尤其是运用上限定理时。尽管如此，只要对结构可能的破坏机构有足够的估计，并尽可能符合实际破坏状况，正确运用塑性理论的分析方法，所得结果可以用于工程实际。

以下连续梁塑性极限承载力计算方法是基于上限定理进行的。

2. 连续梁的极限承载力计算

仍然以前述图 17-22 为例，说明连续梁基于上限定理计算极限承载力方法。设中间支座和跨中截面的屈服弯矩（近似等于极限弯矩）为 $M_{1u}=M_{Bu}=90\text{kN}\cdot\text{m}$，破坏机构如图 17-23（*a*）所示，跨中第一集中荷载位置和中间支座位置出现塑性铰。因两跨对称，可仅对一侧跨度进行分析。设跨中塑性铰处（第一集中荷载下）产生 δ 的竖向虚位移，则由破坏机构的几何变形可知，支座塑性铰产生的虚转角为 $\theta=\delta/(2a)(a=2.0\text{m})$，跨中塑性铰产生的虚转角为 3θ。因此，塑性铰在虚位移下所做的内功为：

$$U=M_{Bu}\cdot\theta+M_{1u}\cdot(3\theta) \tag{17-11}$$

外荷载 P 在虚位移下所做的外功为：

$$W=P\cdot\delta+P\cdot\frac{\delta}{2} \tag{17-12}$$

令外功等于内功，并整理后可得极限荷载 P_u 为：

$$P_{ua}=\frac{1}{3a}(M_{Bu}+3M_{1u}) \tag{17-13}$$

将 $M_{1u}=M_{Bu}=90\text{kN}\cdot\text{m}$ 代入上式得到 $P_{ua}=60\text{kN}$，与前述图 17-22 分阶段分析得到的极限承载力结果一致。

如果假定跨中塑性铰在第二集中荷载下，如图 17-23（*b*）所示，则按上述同样方法可得塑性铰所做的内功为：

$$U=M_{Bu}\cdot\theta+M_{1u}\cdot\frac{3\theta}{2} \tag{17-14}$$

注意此时上式中的 $\theta=\delta/a$。外荷载 P 所做的外功与前述式（17-12）相同，则此

时求得的极限荷载 P_u 为：

$$P_{ub}=\frac{2}{3a}\left(M_{Bu}+\frac{3}{2}M_{1u}\right)=75\text{kN} \tag{17-15}$$

可见，按图 17-23（*b*）的塑性铰破坏机构求得的极限荷载 P_{ub} 大于前面按图 17-23（*a*）求得的极限荷载 P_{ua}，两种可能的破坏机构极限荷载的较小值更接近实际极限荷载。可以假定更多的可能破坏机构情况，按上述同样方法进行计算，根据上限定理，所求得的极限荷载均是实际极限荷载上限，其中的最小值最接近实际极限荷载。可以验证，图 17-23（*a*）符合实际破坏情况，故所求得的极限荷载 P_{ua} 即为最小值。

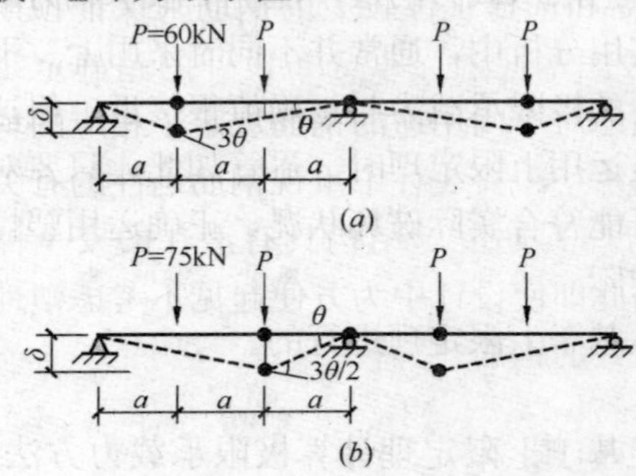

图 17-23 破坏机构与塑性极限承载力

如果用前述图 17-18 按弹性理论计算得到的弯矩包络图的中间支座弯矩 $M_B=120\text{kN}\cdot\text{m}$ 和跨中弯矩 $M_1=90\text{kN}\cdot\text{m}$，分别作为屈服弯矩代入式（17-13），则可得极限荷载为 65kN，与图 17-21 分阶段分析结果相同。如果将支座屈服弯矩由 120kN·m 减小到 90kN·m，降低 25%，而连续梁的极限荷载由 65kN 减小到 60kN，仅减小 8.3%。可见，适当降低支座弯矩对连续梁的极限荷载影响并不大，而对支座配筋密集程度则会有显著改善。

3. 充分内力重分布的条件

以上介绍的是在已知连续梁的配筋和屈服弯矩（近似等于极限弯矩）情况下计算连续梁的极限荷载方法，相当于承载力校核计算。而工程设计问题刚好相反，即已知设计荷载，要求连续梁中的设计内力，并进行配筋设计。仍以上述问题为例，如果已知设计荷载 $P=60\text{kN}$，则应如何考虑塑性内力重分布确定该连续梁的设计弯矩呢？按上述同样方法，取破坏机构如图 17-23（*a*）所示，可得到：

$$P=60\text{kN}=\frac{1}{3a}(M_{Bu}+3M_{1u}) \tag{17-16}$$

上式与式（17-13）相同，只是此时中间支座和跨中截面的屈服弯矩（极限弯矩）为待定值。这表明，只要满足上式的中间支座和跨中截面的屈服弯矩，均可使该连续梁具有 $P=60\text{kN}$ 的极限荷载，也即有无穷多解。两个极端情况是：

（1）中间支座的屈服弯矩 $M_{Bu}=0$，这时连续梁已退化为两跨独立的简支梁；

（2）中间支座的屈服弯矩 $M_{Bu}=120\text{kN}\cdot\text{m}$，跨中的屈服弯矩 $M_{1u}=80\text{kN}\cdot\text{m}$，此时为弹性弯矩分布，支座和跨中极限弯矩同时达到，无塑性内力重分布过程。

尽管在以上两个极端情况之间，理论上对任意满足式（17-13）的弯矩分布均可作为塑性弯矩的计算结果，但如果塑性弯矩分布与弹性弯矩分布相差越大，则在达到极限荷载时，中间支座塑性铰所需要转动也越大。如果这一转动需求不超过塑性铰的转动能力 θ_{Bu}（见式 17-11），则塑性内力重分布过程可以实现，称为**充分塑性内力重分布**，否则为**不充分塑性内力重分布**，即在达到要求的设计荷载前，会由于超过塑性铰的转动能力而导致连续梁的承载力降低。

由前述对塑性铰转动能力的讨论可知，配筋率越小，钢筋的延性越好，塑性铰转动能力越大。因此，工程中对按塑性内力重分布进行设计的连续梁（或超静定结构），一般是通过控制相对受压区高度 ξ 和选择延性较大的钢筋来保证预期塑性铰具有足够的转动能力。通常，对于考虑塑性内力重分布设计的超静定结构，应采用延性较大的钢筋品种。欧洲规范已对不同用途的钢筋规定了相应的均匀延伸率要求，我国虽然目前还没有具体规定，但在设计中重视钢筋延性的有关概念依然十分重要。实际上，塑性内力重分布对超静定结构具有潜在的安全储备，对防止结构突然倒塌具有重要意义，因此即使设计中为方便起见不考虑塑性内力重分布方法来计算，也需要采用延性较好的钢筋。

17.3.4 弯矩调幅法

1. 概念和定义

弯矩调幅法是考虑塑性内力重分布确定连续梁设计弯矩的一种实用计算方法，其基本概念是将按弹性理论计算得到的弯矩分布进行适当调整作为考虑塑性内力重分布后的设计弯矩。通常是对支座弯矩进行调整，定义支座弯矩调幅系数 λ 如下：

$$\lambda=\frac{M_{Be}-M_{Bu}}{M_{Be}} \tag{17-17}$$

式中 M_{Be}——按弹性理论计算得到的支座弯矩；

M_{Bu}——调整后支座的设计弯矩，等于屈服（极限）弯矩。

支座弯矩调整后，应根据各跨受力平衡条件，确定跨中设计弯矩，以保证各跨的受力平衡和安全。以前述两跨连续梁为例（见图 17-24），设调整后的支座弯矩为 M_{Bu}，则跨中两集中荷载下的弯矩值，应按简支梁弯矩图扣除图 17-24 中 AB 连线的负弯矩图确定，具体为：

第一集中荷载下的跨中弯矩：$M_1=Pa-\frac{1}{3}M_{Bu}$

第二集中荷载下的跨中弯矩：$M_2=Pa-\frac{2}{3}M_{Bu}$

由前述充分塑性内力重分布的概念可知，支座弯矩调幅系数越大，塑性弯矩比弹性弯矩计算值降低越多，塑性铰所需要的转动能力越大。为使得塑性内力重

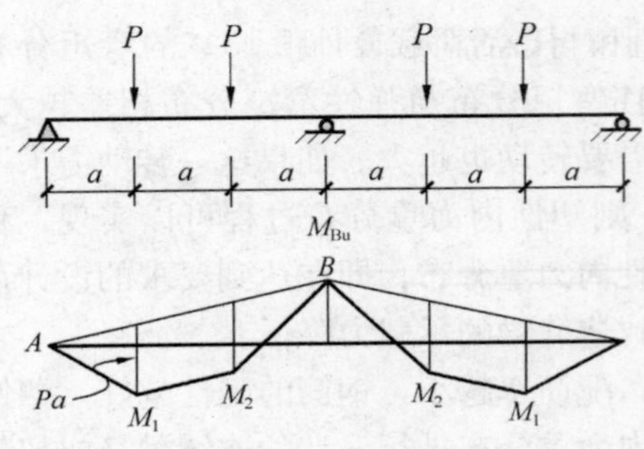

图 17-24　各跨的平衡与跨中弯矩的确定

分布得以充分进行，同时考虑正常使用阶段裂缝和挠度变形的控制要求，弯矩调幅系数不宜过大。根据试验研究和分析，一般控制支座弯矩调幅系数不超过25%，可以满足要求。

尽管理论上也可以对跨中截面弯矩进行调整，但通常弹性计算得到的支座弯矩较大，调整降低支座弯矩，可减少支座上部配筋。而且如果调整跨中弯矩，则跨中会先出现塑性铰，对梁的裂缝和挠度控制均有较大难度，同时结构在塑性内力重分布阶段的稳定性也不如支座先出现塑性铰的情况。

2. 计算方法和步骤

考虑塑性内力重分布的弯矩调幅方法的具体步骤如下：

(1) 按弹性方法确定连续梁的内力，得到内力包罗图；

(2) 将支座弯矩按调幅系数下调，调幅系数不大于25%；

(3) 验算每跨平衡条件 $\dfrac{M_{Au}+M_{Bu}}{2}+M_{Cu}\geqslant 1.02M_0$，如不满足应增大跨中弯矩；其中 M_{Au} 和 M_{Bu} 为两支座调幅后的设计弯矩；M_{Cu} 为跨中设计弯矩；M_0 为按简支梁计算的跨中设计弯矩；

(4) 按调幅后的设计弯矩进行截面配筋计算。

由以上计算步骤可见，弯矩调幅法的计算十分简单。其中控制调幅系数不大于25%是为了避免塑性铰的塑性转角需求过大，并使得正常使用阶段的裂缝宽度不致过大。另外，为保证塑性铰具有足够的转动能力，弯矩调幅截面的配筋不宜过大，通常通过控制截面相对受压区高度 $\xi\leqslant 0.35$ 予以保证，并应采用延性较大的HPB300和HRB335级钢筋，混凝土宜采用C20～C45级。此外，为避免因受剪破坏影响塑性内力充分重分布，受剪箍筋应比计算值增大20%后配置。

3. 等跨连续梁的计算

对于均布荷载下等跨连续梁、板，按照弯矩调幅法计算得到设计弯矩和设计剪力可表示为：

$$M=\alpha(g+q)l_0^2$$

$$V=\beta(g+q)l_n \tag{17-18}$$

式中　M、V——弯矩设计值和剪力设计值；

α、β——分别为考虑塑性内力重分布的弯矩系数和剪力系数，见图17-25；

g、q——分别为均布恒荷载设计值和均布活荷载设计值；

l_0——计算跨度，按图 17-13 确定；

l_n——净跨。

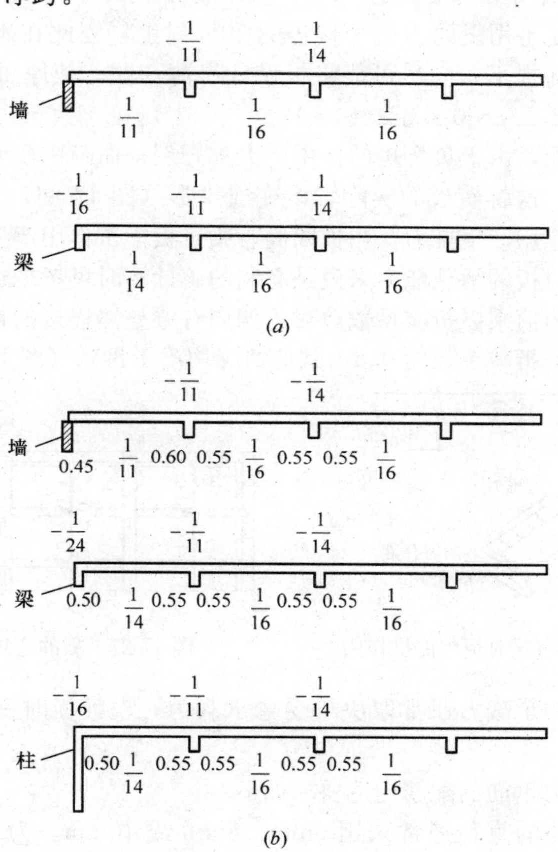

图 17-25 等跨连续梁、板的弯矩系数和剪力系数

(a) 板的弯矩系数 α；(b) 次梁的弯矩系数 α 和剪力系数 β

4. 塑性内力重分布分析方法的适用范围

连续梁考虑塑性内力重分布设计方法利用了塑性铰出现后的承载力储备，虽然比按弹性理论计算更为合理且节省材料，但会导致连续梁在使用阶段的变形较大，应力水平较高，裂缝宽度较大。因此，在下列情况不能适用，而应按弹性理论进行设计：

(1) 直接承受动力荷载作用的构件；

(2) 裂缝控制等级为一级和二级的构件；

(3) 重要结构构件，如主梁。

17.3.5 单向板肋形楼盖的计算及配筋构造

1. 单向板的计算和配筋构造

由于板的混凝土用量约占整个楼盖的50%以上，因此在满足刚度要求、经济和施工条件的前提下，应尽可能将板设计得薄一些。板厚可参见表17-2，板的经济配筋率为0.4%～0.8%。

板的支座截面，由于负弯矩的作用，上皮开裂；而跨中截面则由于正弯矩的作用，下皮开裂。这就使板的实际轴线变成拱形（图17-26），因此在荷载作用下板将有如拱的作用产生推力。当板四周有梁，板中拱作用产生的推力有可靠支承，此时拱作用对板的承载能力来说是有利的。计算时可考虑这一有利影响，适当将板的计算弯矩值乘以折减系数。对于四周有梁整体连接的板，中间跨的跨中截面及中间支座，折减系数为0.8，其他情况均不予折减（图17-27）。

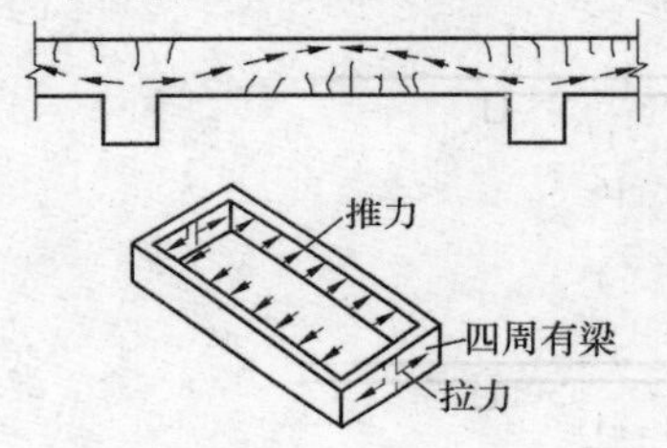

图17-26 四边有梁时板中的拱作用

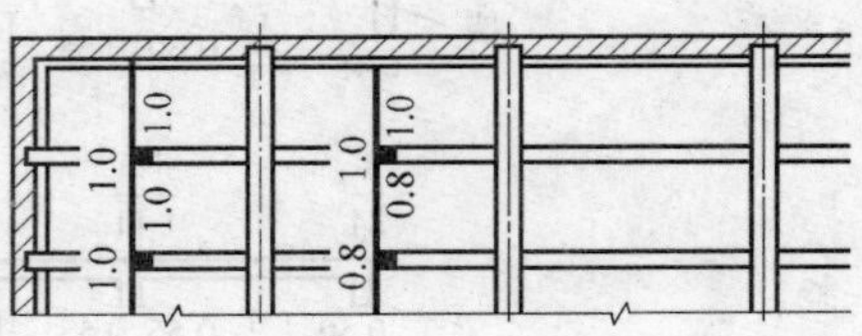

图17-27 板的弯矩折减系数

另外，因板的承载力通常取决于受弯承载力，设计板时一般不需进行受剪计算。

单向板中受力钢筋的配筋构造要求如下：

(1) 受力钢筋的直径通常采用6mm、8mm或10mm。为了便于施工架立，支座负弯矩的上部受力钢筋直径不宜小于8mm。

(2) 受力钢筋的间距不应小于70mm；当板厚小于150mm时，不应大于200mm；当板厚h大于150mm时，不应大于$1.5h$，且不应大于250mm。

(3) 当采用弯起式配筋时，跨中正弯矩钢筋可在距支座边$l_0/6$处部分弯起（图17-28a、b），但至少要有1/2跨中正弯矩钢筋伸入支座，且间距不应大于400mm。弯起角度一般为30°，当板厚大于120mm时，可为45°。

(4) 当采用分离式配筋时（图17-28c），跨中正弯矩钢筋通常全部伸入支座。

(5) 支座负弯矩钢筋可在距支座边不小于a的距离处切断（图17-28c），a的取值见以下公式（17-19）。负弯矩钢筋通常做成直钩撑在模板上，以保证施工时不改变其有效高度，当负弯矩钢筋长度较大时，有时中间还设置钢筋支撑来防止其下垂而影响有效高度。

$$
\begin{cases} 当\dfrac{q}{g}\leqslant 3时，a=\dfrac{1}{4}l_{\mathrm{n}} \\ 当\dfrac{q}{g}>3时，a=\dfrac{1}{3}l_{\mathrm{n}} \end{cases} \tag{17-19}
$$

式中 g、q——板上作用的恒载及活载；

l_{n}——板的净跨。

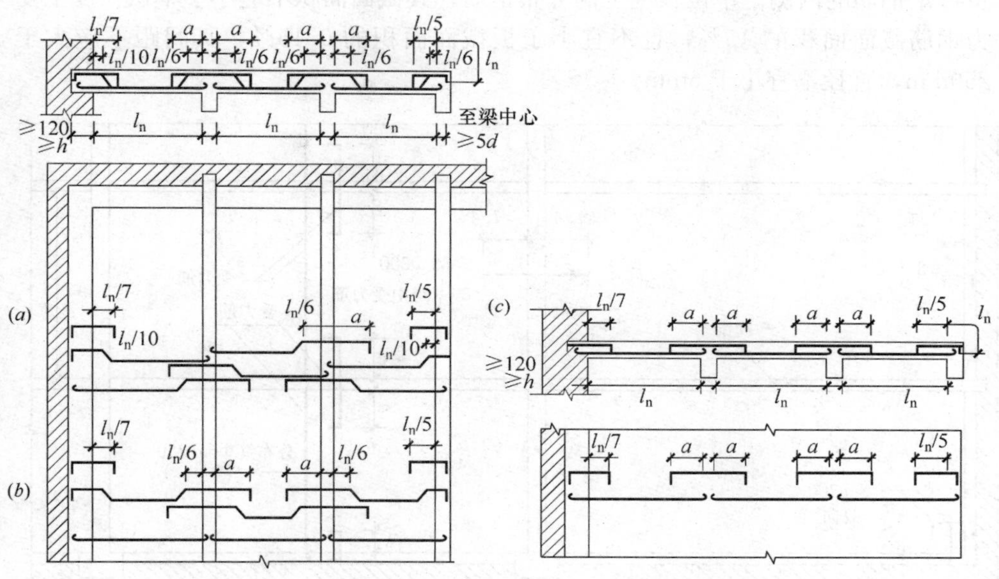

图 17-28 等跨连续板的典型钢筋布置图

(a) 一端弯起；(b) 两端弯起；(c) 分离式

注：板中钢筋在平面图上用折倒投影表示，折倒的方向为向上、向左。

除受力钢筋外，单向板中还应配置以下构造钢筋（见图 17-29）：

(1) 长向支座处负弯矩钢筋。在单向板长向支座处，为了承担实际存在的负弯矩，需配置一定数量承担负弯矩的构造钢筋。按每米宽度计，其数量不得少于短向正弯矩钢筋的 1/3，且不少于每米 5ϕ8。这些钢筋可在距支座边 $l_{\mathrm{n}}/4$ 处切断（弯直钩，l_{n}为板的短向净跨）。

(2) 嵌固在承重墙内板边的负弯矩钢筋。嵌固在承重墙内的板，虽然按简支计算此处弯矩为零，但由于墙体的实际约束作用，板在墙边也会存在一定的负弯矩，因此每米板宽内也应配置不少于 5ϕ8 的承担负弯矩的构造钢筋，且伸出墙边的长度不少于 $l_{\mathrm{n}}/7$。对两边嵌固在墙内的板角处，应在 $l_{\mathrm{n}}/4$ 范围内双向布置负弯矩构造钢筋，以承担墙体对板角区域的实际双向约束作用所产生的双向负弯矩。当单向板外周边与梁整浇时，此时板边的负弯矩更大，应按图 17-29 的要求确定，伸出梁边的长度不少于 $l_n/4$。

(3) 分布钢筋。单向板除在受力方向布置受力钢筋外，还要在垂直于受力钢筋的方向布置分布钢筋，其作用是：承担由于温度变化或收缩引起的内力；对四边支承的单向板，可以承担长边方向实际存在的弯矩；有助于将板上作用的集中荷载分散在较大的面积上，以使更多的受力钢筋参与工作；与受力钢筋组成钢筋网，便于在施工中固定受力钢筋的位置。分布钢筋应放在受力钢筋及长向支座处负弯矩钢筋的内侧。单位长度上的分布钢筋，其截面面积不应小于单位长度上受力钢筋截面面积的 15%，且不宜小于板截面面积的 0.15%，其间距不应大于 250mm，直径不宜小于 6mm。

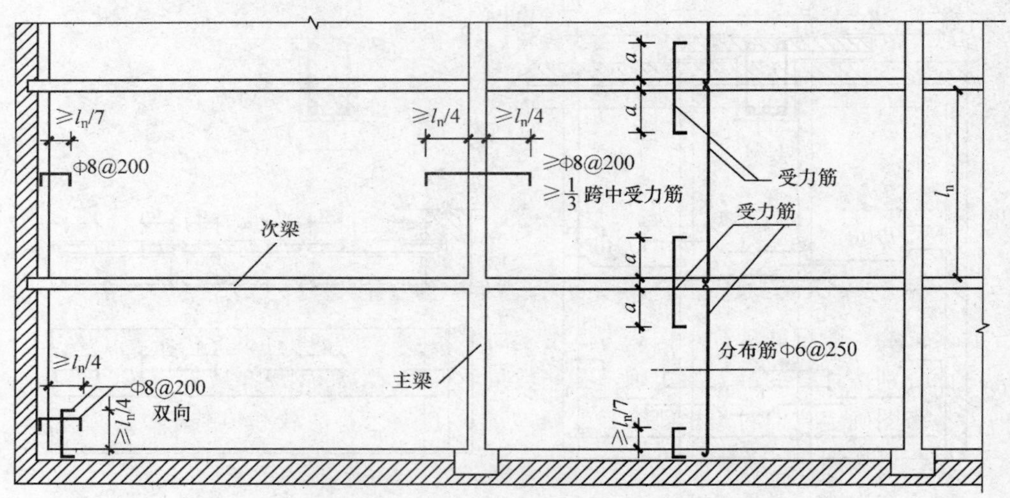

图 17-29　单向板中的构造钢筋

2. 次梁的设计要点和配筋构造

计算由板传来的次梁荷载时，可忽略板的连续性，即次梁两侧板跨上的荷载各有一半传给次梁（图 17-30）。次梁通常按塑性内力重分布方法计算内力，等跨连续次梁内力系数按图 17-25 采用。

当次梁与板整体连接时，板可作为次梁的翼缘。因此跨中截面在正弯矩作用

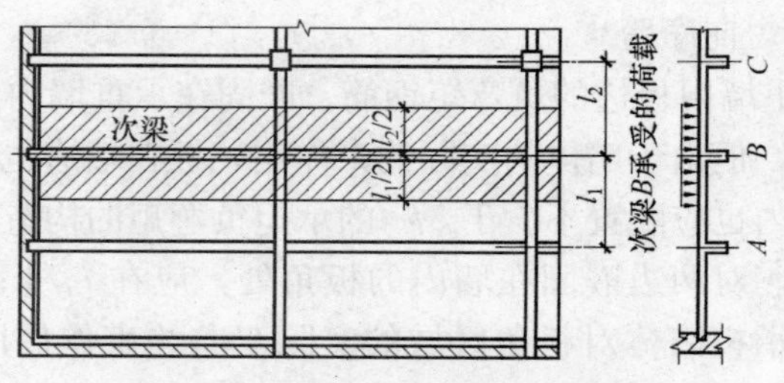

图 17-30　单向板传给次梁的荷载

下，按T形截面计算配筋，而次梁支座附近的负弯矩区段，按矩形截面计算配筋，见图17-31。

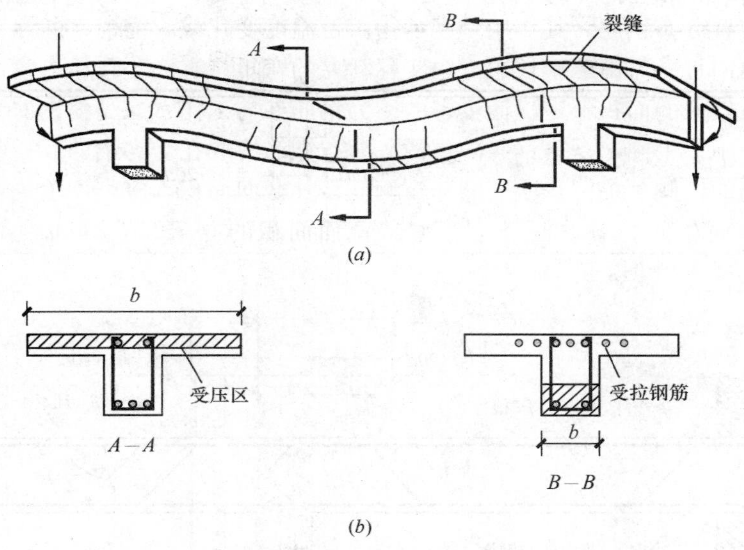

图17-31　次梁和主梁跨中与支座截面受弯

次梁的一般配筋计算和构造见本书上册第5、6、7章的要求。次梁跨中及支座截面分别按计算的最大弯矩确定配筋数量后，沿梁长的钢筋布置，应按弯矩及剪力包络图确定。但对于相邻跨跨度相差不大于20%，活载和恒载的比 $q/g\leqslant3$ 的次梁，可按图17-32所示的配筋要求布置。

对于边次梁，尚应考虑板对边次梁产生的扭转影响（图17-33），次梁箍筋和纵筋宜增加20%。

3. 主梁的设计要点和配筋构造

主梁除承受自重和直接作用在主梁上的荷载外，主要是承受由次梁传来的集中荷载。对多跨次梁，计算时可不考虑次梁的连续性，即按简支梁的反力作用在主梁上。当次梁仅两跨时应考虑次梁的连续性，即按连续梁的反力作用在主梁上。为了简化计算，可将主梁自重折算为集中荷载。

当梁支承在墙上时，通常将主梁与墙的连接视为简支。当柱的线刚度小于主梁线刚度的1/5时，在计算竖向荷载作用下的内力时可将主梁简化为铰接支承在柱顶的连续梁。

主梁的内力计算通常按弹性方法进行，不考虑塑性内力重分布。这是因为主梁是比较重要的构件，需要有较大的安全储备，且在使用荷载下的挠度及裂缝控制较严。因此，主梁在计算内力时一般不宜考虑塑性内力重分布。

如主梁与柱整体浇筑形成框架时，其内力计算应按框架进行计算，即主梁作为框架中的一个杆件，不仅承受楼盖传来的竖向荷载，还应承受风荷载、地震作

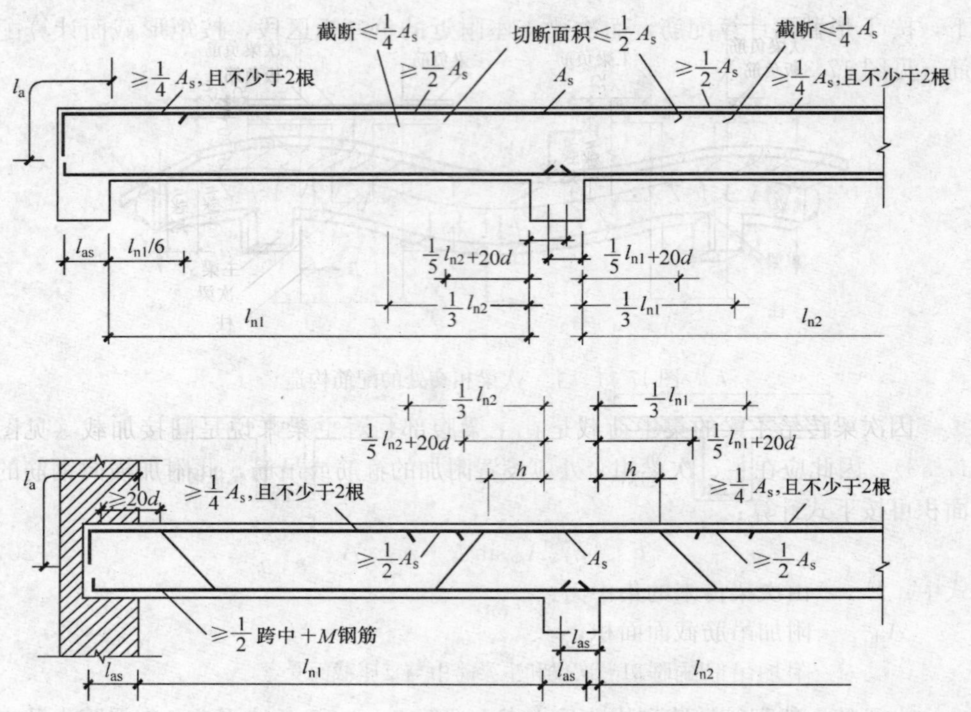

图 17-32　等跨次梁的典型钢筋布置要求

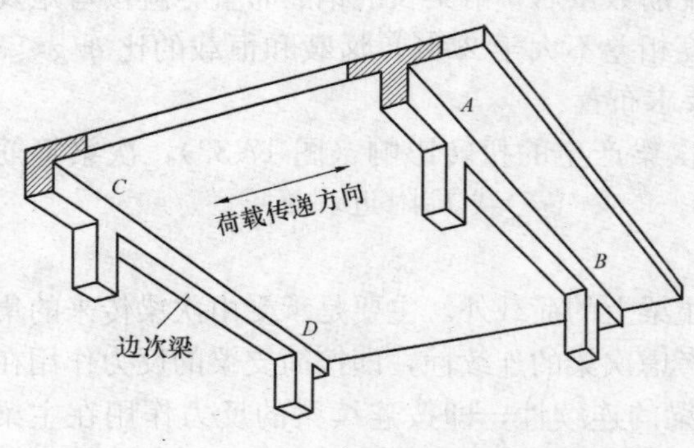

图 17-33　边次梁受扭

用等水平荷载引起的内力，具体计算方法参见本书 18.5 节。

由于主梁按弹性理论方法计算内力，计算跨度取至支承面的中心，支座简化为点支座时忽略了支座的宽度，这样求得的支座截面负弯矩值大于实际的负弯矩值，故应按式（17-7）取支座边缘的弯矩值计算配筋。

计算主梁支座截面负弯矩钢筋时，要注意由于次梁和主梁承受负弯矩的钢筋相互交叉，因次梁截面高度小，为保证次梁支座截面的有效高度和主筋的位置，主梁的纵筋须放在次梁的纵筋下面，故计算时，主梁支座截面的有效高度 h_0 的取值应有所降低（见图 17-34）。当主梁支座负弯矩钢筋为单排时，$h_0=h-(55\sim60)$mm；当为两排时，$h_0=h-(80\sim90)$mm。

主梁的配筋计算和构造要求见本书上册第 5、6、7 章所述。主梁的配筋布置一般应根据内力包络图，通过作抵抗弯矩图来布置。

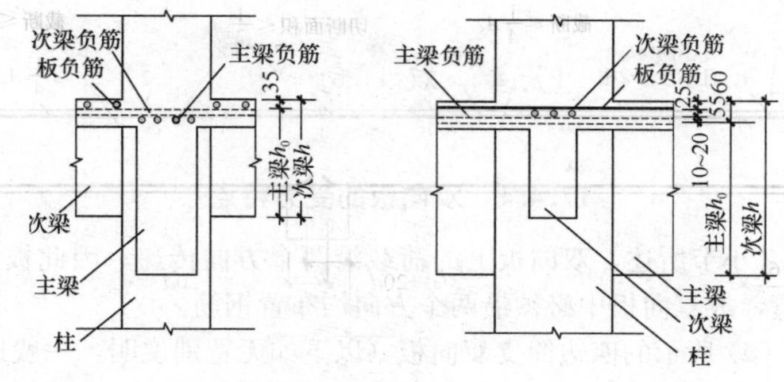

图 17-34 主、次梁相交处的配筋构造

因次梁传给主梁的集中荷载是在主梁腹部，对主梁来说是间接加载（见图 17-35），因此应在主、次梁相交处应设置附加的箍筋或吊筋，此附加横向钢筋的面积可按下式计算：

$$F \leqslant 2 f_{y} A_{sb} \sin \alpha + m f_{yv} A_{sv} \tag{17-20}$$

式中 F——由次梁传来的集中力；

A_{sb}——附加吊筋截面面积；

f_{y}——附加吊筋的强度设计值；

α——吊筋与梁轴线的夹角；

m——附加箍筋的个数；

A_{sv}——附加箍筋截面面积，$A_{sv} = nA_{sv1}$，n 为箍筋肢数，A_{sv1} 为单肢箍筋的截面面积；

f_{yv}——附加箍筋的强度设计值。

附加横向钢筋应布置在次梁传来的集中荷载 F 附近，长度为 s 的范围内，$s=3b+2h_1$（见图 17-35）

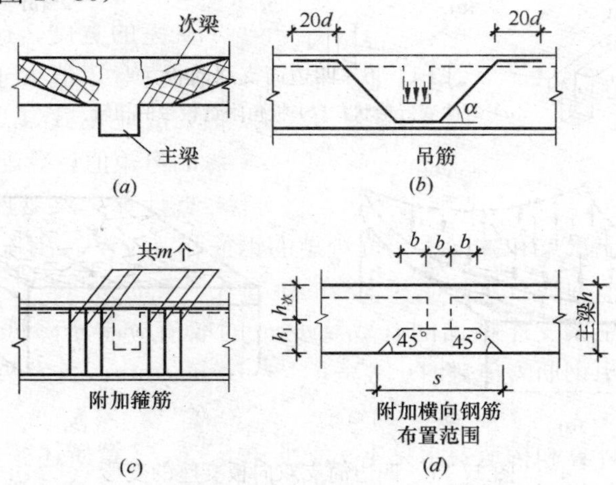

图 17-35 主、次梁相交处的传力与横向配筋构造

17.4　双　向　板

17.4.1　双向板的受力特点

如 17.2.2 小节所述，双向板上的荷载沿两个方向传递，因此板上单元在两个方向均受弯，故双向板中必须沿两个方向均布置钢筋。

图 17-36 (*a*) 所示的四边简支双向板（以下如无特别说明，一般以 l_x 表示短跨方向跨度，以 l_y 表示长跨方向跨度），在均布荷载作用下的弯曲变形形状呈盘形。假想板在两个方向分别由两组相互平行的交叉板带组成，显然各板带的竖向变形和弯曲程度是有差别的，中间板带（S_{x1} 板带和 S_{y1} 板带）的竖向变形和弯曲程度大，靠近支座的板带（S_{x2} 板带和 S_{y2} 板带）竖向变形和弯曲程度小。由于整块板的变形是连续的，因此板带间在两个方向的弯曲变形差将导致板单元除受弯矩外，还承受扭矩，靠近角部的板单元扭矩较大（图 17-36*b*）。角部在扭矩作用下将产生向上的翘曲变形（见图 17-37*a*），当这种上翘变形受到支座限制时，会导致角部产生斜向负弯矩而引起角部板面开裂和破坏（见图 17-37*b*）。因此，必须在角部上板面配置足够的构造钢筋。

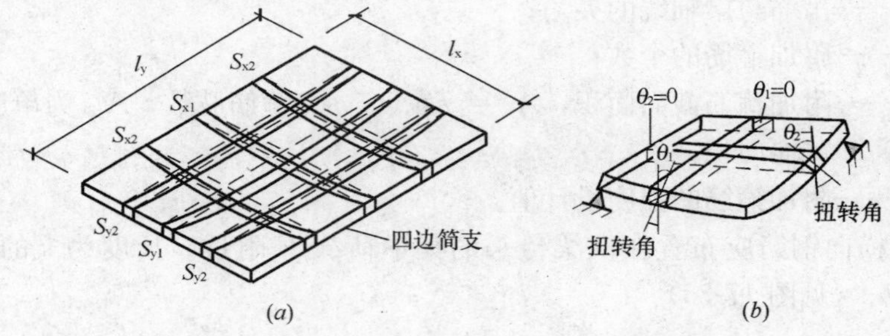

图 17-36　四边简支双向板

(*a*) 弯曲变形形状；(*b*) 板角附近板带的扭转

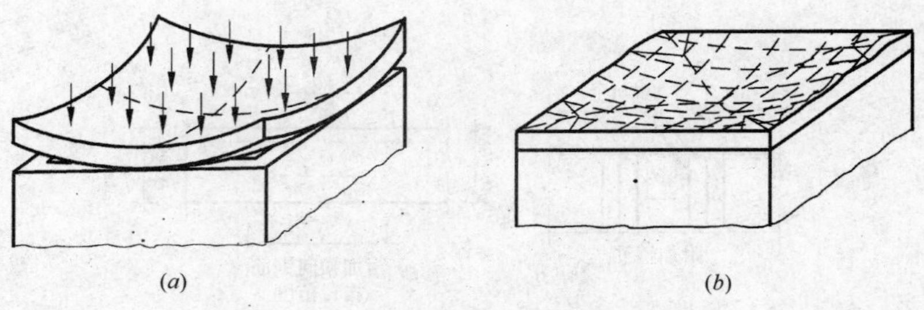

图 17-37　四边简支双向板支座的变形

(*a*) 支座对板无限制时；(*b*) 支座对板有限制时

四边简支双向板中最大弯矩是在图 17-36 (a) 短向跨中板带 S_{x1} 的跨中，而靠近支座附近的短向板带，因弯曲程度逐渐减小，跨中最大弯矩 $M_{x,max}$ 也逐渐减小，见图 17-38(a)中沿 1-1 断面 $M_{x,max}$ 的变化。同理，长向板带的弯矩 M_y 的变化见图 17-38(b)，但最大弯矩值要小于短向板带。因此，在实际设计中，考虑双向板最大弯矩的这种变化，在每个方向靠近支座附近的 $l_x/4$ 范围内的配筋可用减小的弯矩计算。

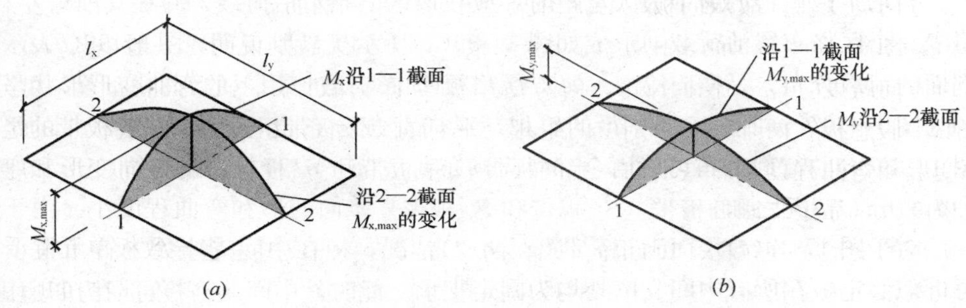

图 17-38 均布荷载下四边简支双向板的弯矩图

(a) 短向弯矩图；(b) 长向弯矩图

17.4.2 按弹性理论计算

1. 单跨双向板的计算

双向板按弹性理论计算属于弹性力学中的薄板弯曲问题。对于常用的荷载分布及支承情况的双向板，可利用已有的图表手册中的弯矩系数计算其内力。附表 4-1 中列出了均布荷载作用下单跨双向板的弯矩系数表，板的四边支承情况包括：

(1) 四边简支；
(2) 三边简支，一边固定；
(3) 两对边简支，两对边固定；
(4) 两边邻简支，两邻边固定；
(5) 三边固定，一边简支；
(6) 四边固定。

附表 4-1 的弯矩系数是按混凝土泊松系数取 1/6 求得的，双向板的弯矩按下列公式计算：

$$M=\text{附表 4-1 中弯矩系数}\times(g+q)l_x^2 \tag{17-21}$$

式中 M——跨中或支座单位板宽内的弯矩设计值（kN·m/m）；

g、q——板上均布恒载及活载的设计值（kN/m²）；

l_x——板的短边跨度（m）。

2. 多跨连续双向板的计算

多跨连续双向板按弹性方法的计算十分复杂。在设计中，当双向板沿同一方向相邻跨度相差小于25%时，可采用以下近似方法，将其转化为单跨双向板来进行计算。

(1) 跨中弯矩

与单向板肋形楼盖相似，多跨连续双向板的计算也需要考虑活荷载不利布置。当求某区格板的跨中最大弯矩时，应在该区格布置活荷载，并在其前后左右每隔一个区格布置活荷载，形成如图17-39(*a*)所示棋盘形布置。图17-39(*b*)*A*-*A*剖面的荷载分布，是横向第1、3、5区格板跨中弯矩的最不利活荷载布置，可分解为图17-39(*c*)和图17-39(*d*)的叠加。纵向荷载分布也可以同样分解。因此，图17-39(*a*)的荷载分布可以由全部楼面满布荷载($g+q/2$)与间隔布置($\pm q/2$)两种荷载分布情况之和。

对于图17-39(*c*)楼面满布荷载($g+q/2$)情况，板在中间支座处的转角很小，可近似假定板在所有中间支座处均为固定支承。此时，中间区格板可视为四边固定支承的双向板。对于边区格板和角区格板，边支座按实际情况考虑，如边支座为简支，则边区格板为三边固定、一边简支的双向板；角区格为两邻边固定、两邻边简支的双向板。

对于图17-39(*d*)楼面荷载为反对称布置($\pm q/2$)情况，可近似认为板在中间

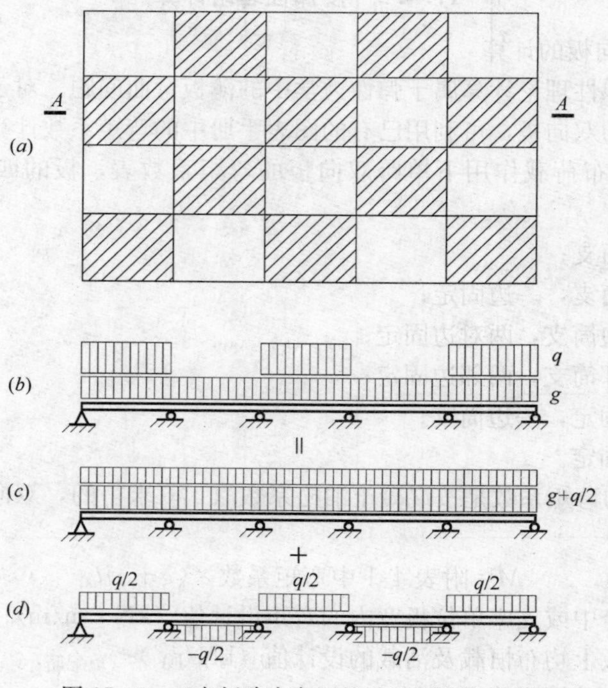

图17-39　双向板跨中弯矩的最不利活荷载布置

支座两侧的转角方向一致、大小相等，接近于简支支承边的转角，无弯矩，故此时每个区格均可按四边简支板情况计算。

经上述处理后，即可利用前述各种边支座支承情况单跨双向板的弯矩系数表来计算各区格板的弯矩，并将上述两种荷载作用下求得的弯矩叠加，即可求得各板块的跨中最大弯矩。

(2) 支座弯矩

支座最大负弯矩可近似按所有区格均满布活荷载，即（$g+q$）的情况计算。此时，所有中间支座处均为固定支承，边支座按实际情况考虑。当相邻两区格板的公共支座的计算弯矩不等时，可偏于安全地取较大值。

3. 钢筋布置

利用弯矩系数表仅可得到双向板跨中正弯矩和支座负弯矩最大值。根据前述双向板的受力特点可知（见图 17-40），靠近支座附近板带（图 17-36 中 S_{x2} 和 S_{y2} 板带）的跨中正弯矩比跨中板带（图 17-36 中 S_{x1} 和 S_{y1} 板带）的跨中最大正弯矩小很多；当支承边为固定支座时，板块跨中区域的负弯矩也比固定支座附近的最大负弯矩小很多。因此为节约钢材，可将两个方向的跨中正弯矩配筋在距支座 $l_x/4$ 宽度内减少一半（见图 17-40）；固定边支座负弯矩钢筋可以在距支座不小于 $l_x/4$ 处截断一半，其余的一半宜拉通配置以控制混凝土收缩及温度影响产生的应力。

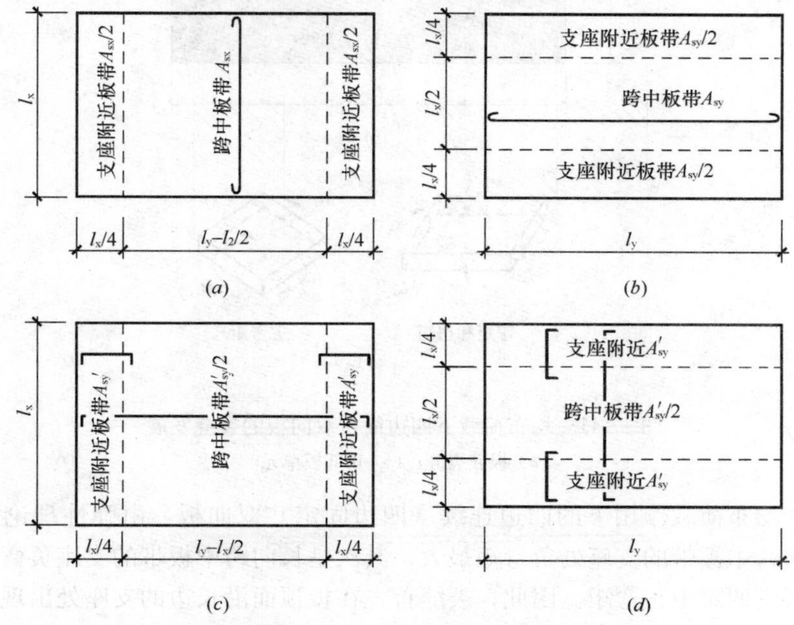

图 17-40 双向板钢筋配置

(*a*) 板底 x 方向的正弯矩配筋；(*b*) 板底 y 方向的正弯矩配筋；
(*c*) 板顶 y 方向的负弯矩配筋；(*d*) 板顶 x 方向的负弯矩配筋

17.4.3　塑性绞线分析方法

1. 双向板的破坏机构

由前述可知，均布荷载作用下的四边简支双向板，沿短向跨中板带的跨中弯矩最大，该处板底将首先出现裂缝（图 17-41 中裂缝①），随荷载的增大，裂缝沿长跨方向延伸发展。在角部区域，由于还存在扭矩，弯矩与扭矩组合成为斜向的正弯矩（见图 17-41*b*），这类似于正应力和剪应力合成主应力的关系，故裂缝①沿长跨方向延伸到距短边支座 $l_x/2$ 附近时，将向四个板角方向延伸发展（图 17-41 中裂缝②）。荷载继续增大，短跨跨中的受拉钢筋将首先达到屈服弯矩，但此时板并不会立即破坏，荷载还可继续增加，与裂缝相交的钢筋也逐渐依次屈服，最终形成与裂缝图形类似塑性绞线，将板分成四个板块，成为破坏机构，板达到其极限承载力。

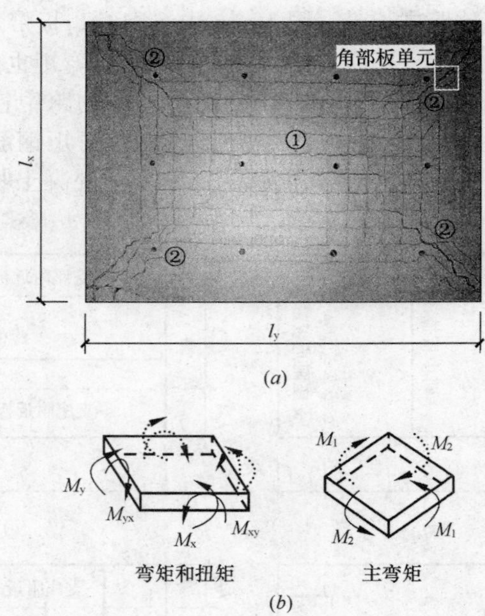

图 17-41　均布荷载下四边简支双向板的裂缝发展

（*a*）板底裂缝；（*b*）角部板单元

对于均布荷载作用下的四边连续（四边固定）双向板，由弹性理论分析可知，短向跨中板带的支座处负弯矩最大，其次是长向跨中板带的支座负弯矩或短向跨中板带的跨中正弯矩。因此，裂缝首先在板顶面沿长边的支座处出现，并随荷载增大沿长边支座发展延伸（图 17-42 中裂缝①）；其次是板顶面沿短边的支座处（图 17-42 中裂缝②）及板底短跨跨中（图 17-42 中裂缝③）出现裂缝；继续加载，板底短跨跨中裂缝沿平行于长边方向延伸，接近短边时分叉向四个板角延伸

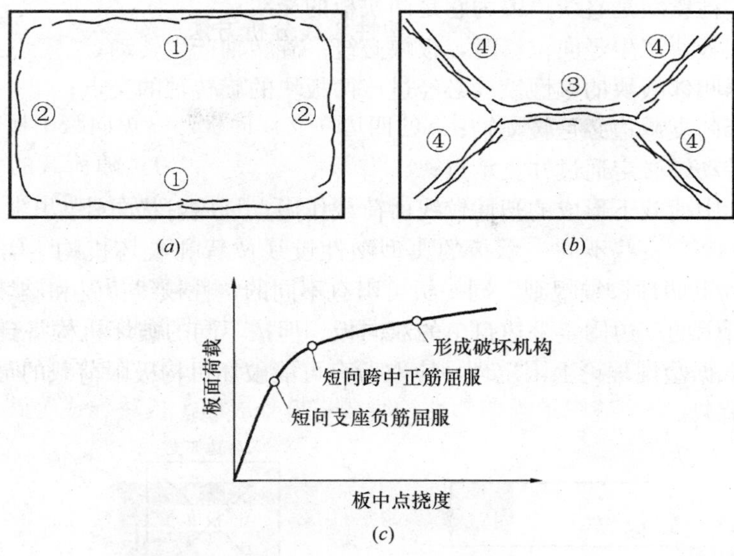

图 17-42 均布荷载下四边简支双向板的裂缝发展
(a) 板面裂缝；(b) 板底裂缝；(c) 荷载-挠度曲线

(图 17-42 中裂缝④)；荷载继续增加，板中钢筋按裂缝出现的顺序依次逐渐屈服，形成图 17-43 所示的塑性铰线，将板分成四个板块，成为破坏机构，达到极限承载力。注意，板面沿支座发展形成的塑性铰线是负弯矩引起的，称为"负塑性铰线"，图 17-43 中用波形虚线表示；相应跨中正弯矩引起的塑性铰线称为"正塑性铰线"，图 17-43 中用波形实线表示。图 17-42 (c) 为荷载-跨中挠度曲线，随着各塑性铰线先后达到屈服弯矩，板的挠度变形发展速度也逐渐加快，当短向跨中达到屈服弯矩后，挠度变形的发展显著加快，而当四条斜向塑性铰线也达到屈服弯矩形成破坏机构时，挠度变形将急剧增加，而承载力则基本不再增加。

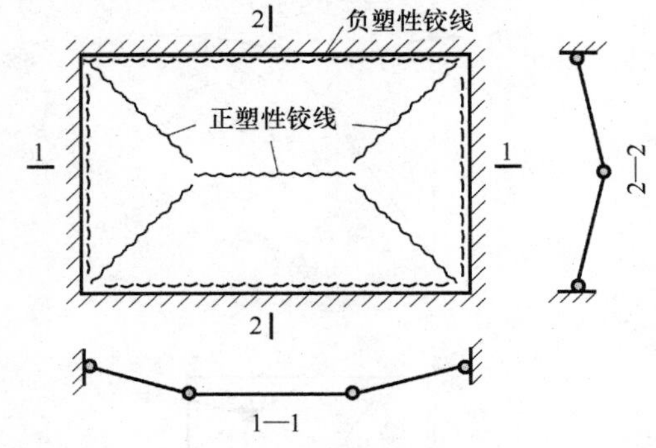

图 17-43 均布荷载下四边连续双向板的塑性铰线和破坏机构

2. 塑性铰线规则

确定双向板的破坏机构，首先需要确定塑性铰线。虽然对于上述四边支承的矩形板，塑性铰线的位置和方向容易确定，但对于支承条件或板的形状较为复杂的情况，以下给出的塑性铰线规则有利于确定塑性铰线的位置和方向：

(1) 塑性铰线是直线，因为它是两块板的交线；

(2) 当板块产生竖向位移时，板块必绕一旋转轴产生转动；

(3) 两相邻板块的塑性铰线必经过该两板块的旋转轴的交点；

(4) 板的支承边必是转动轴；

(5) 转动轴必定通过柱支承点；

(6) 集中荷载下形成的塑性铰线由荷载作用点呈放射状向外。

图 17-44 是一些不同支承板的典型塑性铰线位置和破坏机构。需要指出的是，根据以上塑性铰线规则，同一板可以有不同的塑性铰线位置和破坏机构，如图 17-45 所示的三边固定一边自由的双向板。但按不同的破坏机构得到的极限荷载不同，根据塑性理论上限定理，应取所有可能破坏机构极限荷载的最小值作为计算极限荷载。

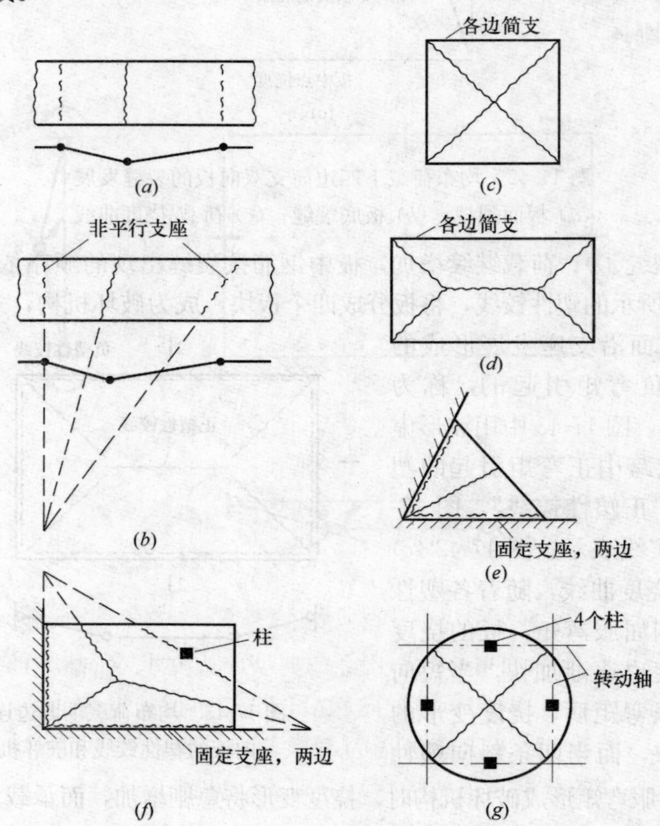

图 17-44　典型塑性铰线图形

3. 塑性极限承载力分析

与前述连续梁塑性极限承载力分析相同，双向板极限承载力也可以基于塑性理论上限定理进行计算，其计算基本假定如下：

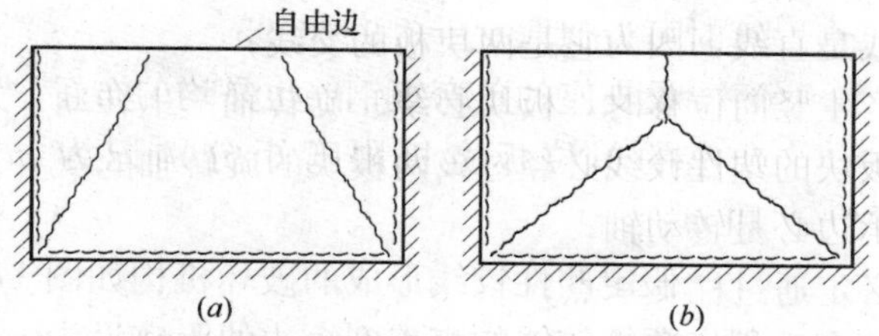

图 17-45 三边固定一边自由双向板的两种不同破坏机构

（1）板被塑性铰线分成若干板块，形成可变体系；

（2）配筋合理时，通过塑性铰线的钢筋均达到屈服，且塑性铰线可在保持屈服弯矩的条件下产生很大的转角变形；

（3）塑性铰线之间的板块处于弹性阶段，与塑性铰线的塑性变形相比很小，故板块可视为刚体。

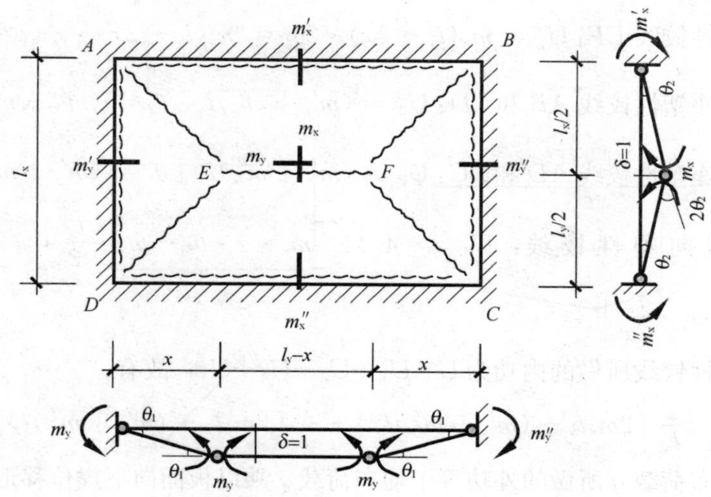

图 17-46 四边支承双向板的塑性铰线和虚位移

下面以图 17-46 所示均布荷载作用下的典型四边支承双向板为例，讨论其塑性极限承载力的计算。设双向板沿短向和沿长向的单位板宽内的板底纵向配筋分别为 A_{sx} 和 A_{sy}，并全部伸入支座且锚固可靠，则塑性铰线上的屈服（极限）弯矩 m 在 x 和 y 方向的分量（单位板宽）分别为（见图 17-47）：

$$\left.\begin{aligned}\text{短向配筋的屈服弯矩 } m_x &= A_{sx} f_y \gamma_s h_{0x} \\ \text{长向配筋的屈服弯矩 } m_y &= A_{xy} f_y \gamma_s h_{0y}\end{aligned}\right\} \tag{17-22}$$

式中，$\gamma_s h_{0x}$ 和 $\gamma_s h_{0y}$ 分别为板在 x 和 y 方向板底受拉钢筋的内力臂。两个方向的钢筋交叉，由于短跨受力大，应将短跨方向的受力钢筋放在长跨方向受力钢筋的下面，一般 h_{0x} 比 h_{0y} 稍大一些。对于板，受力钢筋的配筋率一般不是很大，故计

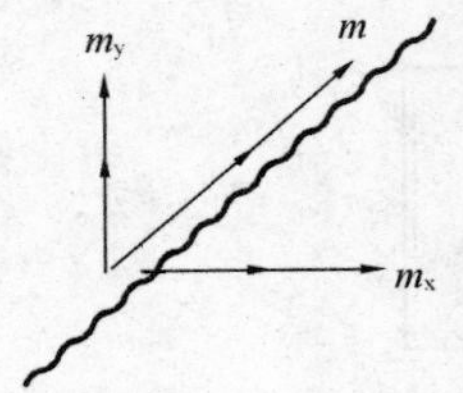

图 17-47 塑性铰线上的屈服弯矩及其分解

算时可近似取 $\gamma_s=0.9\sim0.95$。

设支座的负弯矩钢筋也是均匀布置，短跨及长跨方向支座的单位板宽极限弯矩分别记为 m'_x 和 m''_x 及 m'_y 和 m''_y。

假定塑性铰线形成的破坏机构如图 17-46 所示，其中斜向塑性铰线的交点到短边的距离设为 x（注：理论上跨中塑性铰线 EF 到两个长边支座的距离是不等的，这里为方便分析，假定跨中塑性铰线 EF 在短跨跨中）。根据上限定理，设跨中塑性铰线 EF 位置产生竖向虚位移 $\delta=1$，图中所示的塑性铰线相应的虚转角为：

$$\theta_1=\frac{1}{x},\theta_2=\frac{2}{l_x} \tag{17-23}$$

各塑性铰线上的极限弯矩在相对转角上所作的内功分别为：

跨中塑性铰线 EF：$U_1=m_x(l_y-2x)\cdot 2\theta_2=m_x(l_y-2x)\cdot\frac{4}{l_x}$

长向支座塑性铰线 AB 和 CD：$U_2=(m'_x+m''_x)l_y\cdot\theta_2=(m'_x+m''_x)l_y\cdot\frac{2}{l_x}$

短向支座塑性铰线 AD 和 BC：$U_3=(m'_y+m''_y)l_x\cdot\theta_1=(m'_y+m''_y)l_x\cdot\frac{1}{x}$

四个斜向塑性铰线：$U_4=4\times\left[m_x\cdot x\cdot\theta_2+m_y\cdot\frac{l_x}{2}\cdot\theta_1\right]=4\times\left[m_x\cdot\frac{2x}{l_x}+m_y\cdot\frac{l_x}{2x}\right]$

所有塑性铰线所做的内功为 $U=U_1+U_2+U_3+U_4$，故有：

$$U=\frac{2}{l_x}\left[2m_xl_y+(m'_x+m''_x)l_y\right]+\frac{1}{x}\left[2m_yl_x+(m'_y+m''_y)l_x\right] \tag{17-24}$$

板面均布荷载 q 所做的外功等于均布荷载 q 乘以板面向下虚位移形成的锥体体积，即：

$$W=q\cdot\left[2\times x\times\frac{l_x}{2}\times\frac{1}{3}+\frac{l_x}{2}\cdot(l_y-2x)\right]=q\cdot\frac{l_x}{6}(3l_y-2x) \tag{17-25}$$

根据虚功原理，由式（17-24）和式（17-25）相等，并令 $\frac{\mathrm{d}q}{\mathrm{d}x}=0$，可解得板面均布荷载最小值时的斜向塑性铰线交点到短边的距离 x。计算分析表明，虽然 x 值与板边长比 l_y/l_x、跨中两个方向屈服弯矩比 m_y/m_x、跨中与支座屈服弯矩比 m'_x/m_x 和 m''_x/m_x 及 m'_y/m_y 和 m''_y/m_y 有关，但极限荷载与取 $x=0.5l_x$ 时的计算结果相差很小。因此，工程设计中一般近似取 $x=0.5l_x$ 来计算双向板的极限荷载，代入式（17-24）和式（17-25），并令两式相等可得：

$$\frac{ql_x^2}{12}(3l_y-l_x)=2m_xl_y+2m_yl_x+m'_xl_y+m''_xl_y+m'_yl_x+m''_yl_x \tag{17-26}$$

令两个方向板宽的总极限弯矩如下：

$$M_x = m_x l_y,\ M'_x = m'_x l_y,\ M''_x = m''_x l_y$$
$$M_y = m_y l_x,\ M'_y = m'_y l_x,\ M''_y = m''_y l_x \tag{17-27}$$

因此，式（17-26）可表示为：

$$\frac{ql_x^2}{12}(3l_y - l_x) = 2M_x + 2M_y + M'_x + M''_x + M'_y + M''_y \tag{17-28}$$

上式为四边支承双向板按塑性铰线方法计算的基本公式，它反映了双向板内的塑性铰线上的总极限弯矩与板面极限均布荷载的关系。为便于设计计算，设：

$$l_y = nl_x,\ m_y = \alpha m_x,\ m'_x = m''_x = \beta m_x,\ m'_y = m''_y = \beta m_y \tag{17-29}$$

则由式（17-28），极限荷载可写成：

$$q = \frac{2n + 2n\beta + 2\alpha + 2\alpha\beta}{3n - 1} \cdot \frac{12m_x}{l_x^2} \tag{17-30}$$

对于四边简支板，有 $m'_x = m''_x = 0$ 和 $m'_y = m''_y = 0$，即令式（17-30）中$\beta=0$，可得：

$$q = \frac{2n + 2\alpha}{3n - 1} \cdot \frac{12m_x}{l_x^2} \tag{17-31}$$

四边简支板受荷后角部有翘起趋势（见图 17-37），角部板底会产生 Y 形正塑性铰线，若支座与板连接可靠阻止板角的翘起，则角部板面还会产生斜向负塑性铰线（见图 17-48）。分析表明，图 17-48 所示破坏机构的极限承载力与式（17-31）的计算结果基本相当，但需在板角顶面配置足够的构造钢筋。

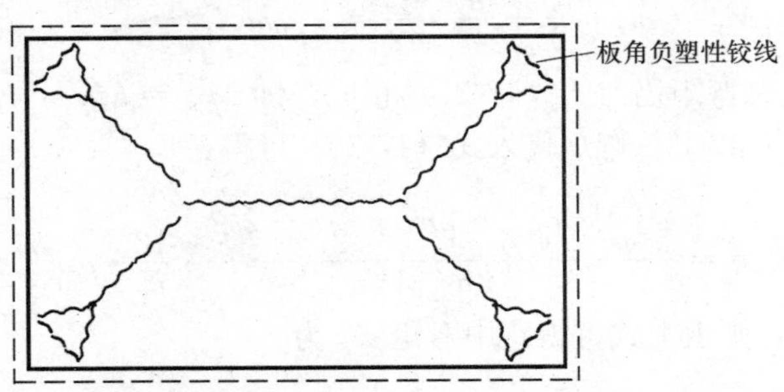

图 17-48 板角部塑性铰线分叉破坏机构

对于其他支承条件四边支承双向板，如一边简支三边固定、两边简支两边固定等，可根据支承边提供的极限弯矩情况，利用式（17-30）计算极限荷载。

4. 按塑性铰线方法的双向板设计

设计双向板时，通常是已知板面均布荷载设计值 q 和跨度 l_x 及 l_y，要求确定板中的设计弯矩和配筋，此时未知数有四个，m_x、m_y、$m'_x = m''_x$ 和 $m'_y = m''_y$，而方程只有一个。根据弹性分析结果和控制弯矩调幅不宜过大的原则，可先按以下公式选定这些设计弯矩之间的比值：

$$\frac{m_y}{m_x}=\alpha=\frac{1}{n^2}$$
$$\frac{m'_x}{m_x}=\frac{m''_x}{m_x}=\frac{m'_y}{m_y}=\frac{m''_y}{m_y}=\beta=1.5\sim2.5 \tag{17-32}$$

如果将跨中钢筋全部伸入支座，则由式（17-30）可得：

$$m_x=\frac{3n-1}{2n+2n\beta+2\alpha+2\alpha\beta}\cdot\frac{l_x^2}{12}\cdot q \tag{17-33}$$

然后由式（17-32）选定的α、β值，可依次求出m_y、$m'_x=m''_x$和$m'_y=m''_y$，再根据这些设计弯矩计算跨中和支座配筋。

以上计算是在跨中和支座配筋均匀配置于板底和板面的前提下进行的，这显然过于浪费。实际配筋时，可根据图17-38弯矩图的变化，板底钢筋可按以下（1）或（2）的方式配置，支座板面钢筋可按以下（3）在距支座边$l_x/4$处截断一半。这样，由于靠近支座板带的配筋减少，部分塑性铰线上的极限弯矩会相应降低，而且还需要考虑可能会出现其他形式的破坏机构导致极限荷载降低的问题。

（1）板底钢筋按图17-40(a)、(b)所示，在靠近支座的$l_x/4$板带内减少一半，则该板带内的跨中塑性铰线上的单位宽度极限弯矩分别为$m_x/2$和$m_y/2$，因此跨中两个方向塑性铰线上的总弯矩分别为：

$$\begin{cases}M_x=m_x\left(l_y-\frac{l_x}{2}\right)+\frac{m_x}{2}\cdot\frac{l_x}{2}=\left(n-\frac{1}{4}\right)m_xl_x\\ M_y=m_y\cdot\frac{l_x}{2}+\frac{m_y}{2}\cdot\frac{l_x}{2}=\frac{3}{4}\alpha m_xl_x\end{cases} \tag{17-34}$$

支座负塑性铰线总弯矩仍与式（17-27）相同，即$M'_x=M''_x=n\beta m_xl_x$和$M'_y=M''_y=\alpha\beta m_xl_x$。将以上总弯矩代入式（17-28）可得：

$$q=\frac{2\left(n-\frac{1}{4}\right)+2n\beta+\frac{3}{2}\alpha+2\alpha\beta}{3n-1}\cdot\frac{12}{l_x^2}\cdot m_x \tag{17-35}$$

已知板面荷载q，则由上式可得跨中弯矩m_x为

$$m_x=\frac{3n-1}{2\left(n-\frac{1}{4}\right)+2n\beta+\frac{3}{2}\alpha+2\alpha\beta}\cdot\frac{l_x^2}{12}\cdot q \tag{17-36}$$

由此，根据式（17-32）的弯矩比值α和β可求出m_y、$m'_x=m''_x$和$m'_y=m''_y$，并进行相应的配筋计算。

（2）板底钢筋在距支座$l_x/4$处弯起或截断一半，此时可能出现图17-49所示的两种破坏机构形式。按上限定理，应取两种破坏机构计算所得的极限荷载较小者作为极限荷载。按图17-49(a)破坏机构的计算得到的极限荷载同式(17-35)。根据虚功原理，按图17-49(b)破坏机构的计算得到的极限荷载如下（读者自行推导）：

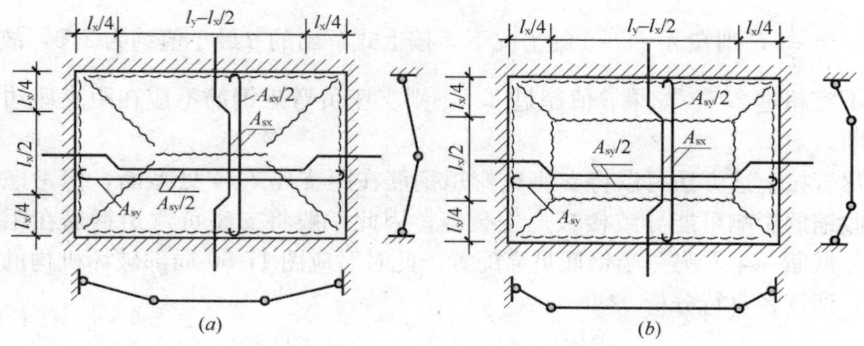

图 17-49 板底钢筋弯起时的破坏机构

$$q' = \frac{4(1+2\beta)(n+\alpha)}{9n-2} \cdot \frac{12}{l_x^2} \cdot m_x \tag{17-37}$$

计算表明，当 $\alpha = \frac{1}{n^2}$ 和 $\beta = 1.5 \sim 2.5$ 时，在不同的 n 值情况下，式（17-37）计算所得的 q' 值均大于按式（17-35）计算所得的 q 值，也即在四边连续板的情况下，将板底钢筋在距支座 $l_x/4$ 处弯起或截断一半，不会出现图 17-49（b）所示的破坏机构。

对于四边简支板，$\beta = 0$，按式（17-37）计算所得的 q' 值均小于式（17-37）计算所得的 q 值，因此简支板的跨中板底钢筋不应弯起或截断，而应全部伸入支座锚固。同理，为安全和简便起见，对于部分固定边、部分简支边的情况，板底跨中钢筋一般均应全部伸入简支边支座锚固，而伸入固定边支座时可在距支座 $l_x/4$ 处弯起或截断一半，有关计算公式读者可自行根据上述方法推导。

（3）支座负弯矩钢筋伸入板内一定长度后，由于受力上已不再需要，可考虑截断。根据弯矩图，一般在距支座 $l_x/4$ 处截断（见图 17-50）。截断后板面无钢筋，因此沿截断周边的极限弯矩 $M=0$，故内部板块相当于一个四边简支板，破坏机构如图 17-50 所示，取 $l_x/2$ 替换式（17-31）中的 l_x，可得极限荷载 q' 为：

$$q' = \frac{2n'+2\alpha}{3n'-1} \cdot \frac{48m_x}{l_x^2} \tag{17-38}$$

式中，$n' = (l_y - l_x/2)/(l_x/2) = 2n-1$。为避免图 17-50 局部破坏机构使极限荷载降低，上式的 q' 值不应小于由式（17-30）求得的 q 值，即：

$$q' = \frac{2n'+2\alpha}{3n'-1} \cdot \frac{48m_x}{l_x^2} \geqslant q = \frac{2n+2n\beta+2\alpha+2\alpha\beta}{3n-1} \cdot \frac{12m_x}{l_x^2}$$

由此可得：

$$\beta \leqslant \frac{2(2n-1+\alpha)(3n-1)}{(3n-2)(n+\alpha)} - 1 \tag{17-39}$$

如取 $\alpha=\frac{1}{n^2}$，则在 $n=1\sim3$ 的情况下，按上式解出的 β 最小值约为 2.5，故 β 值最大不宜超过 2.5。如果 β 值超过 2.5，则支座负弯矩钢筋不应在距支座边 $l_x/4$ 处截断。

尽管按上述方法可以将支座负弯矩钢筋在距支座 $l_x/4$ 处截断，但考虑到温度和收缩的影响可能导致楼板产生裂缝，因此一般将支座负弯矩钢筋在距支座 $l_x/4$ 处截断一半，另一半钢筋贯穿配置。此时对应图 17-50 局部破坏机构的极限荷载，请读者自行分析。

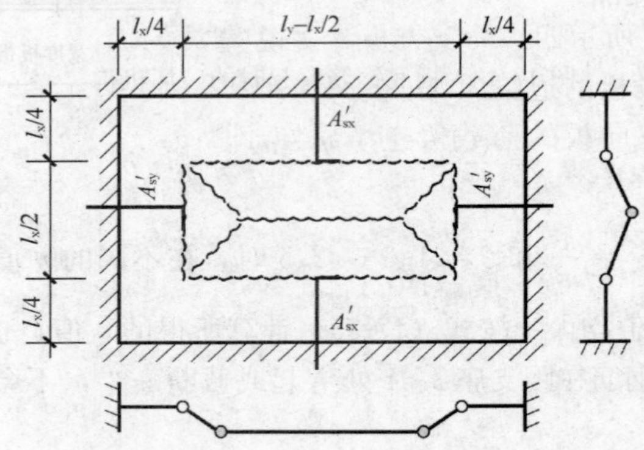

图 17-50　支座负钢筋截断时的可能破坏机构

5. 多跨双向板的设计

对于图 17-51 所示的多跨双向板，按塑性铰线方法的设计步骤可先从中间区格板 B_1 开始计算，然后计算边区格板 B_2 和 B_3，最后计算角区格板 B_4。

中间区格板 B_1 的计算可直接使用式（17-33）或式（17-36）。边区格板 B_2 和 B_3 计算时，应注意到它们与 B_1 板的公共边的极限弯矩可直接利用 B_1 板的计算结果，此时可利用式（17-28）计算，而未知的板中弯矩比值仍可按式（17-32）确定。对于角区格板 B_4，其与 B_2 和 B_3 的公共边的极限弯矩也已知，也同样可采用式（17-28）计算。由此可见，掌握双向板塑性铰线方法的基本公式（17-28），即可在实际工程中灵活计算各种边界情况的双向板。

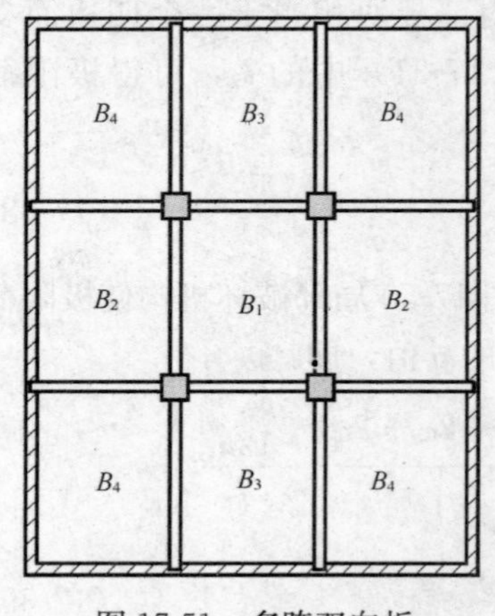

图 17-51　多跨双向板

17.4.4　条　带　法

由上限定理知，按前述塑性铰线方法计算得到的极限承载力总是大于实际承载力，即塑性铰线法的计算结果若有误差，是偏于不安全的。本小节介绍的条带法是一种基于塑性理论下限定理的方法，不仅所得到的结果是偏于安全的，而且可直接获得板内的设计弯矩。同时，利用条带法的荷载分配概念，可以使有经验的工程师能合理地将钢筋布置到最优位置，必要时还可以在需要的位置设置钢筋加强带。这一概念特别适用于复杂形状的板块、开洞板及荷载复杂的情况，并可以灵活运用，而不必担心计算结果的安全性。

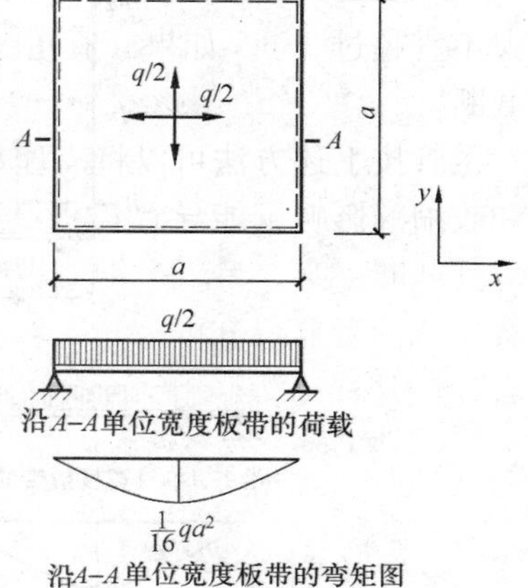

图 17-52 两个方向荷载均分的简支方板

1. 简支方板

首先以图 17-52 所示四边简支方板为例说明条带法的概念。设板的边长为 a，板面均布荷载为 q。由前述双向板的荷载传递概念知，板面荷载向两个方向的传递程度相同，因此可设 $q/2$ 由 x 方向的板带传递，另外 $q/2$ 由 y 方向板带的传递，见图 17-52。假定两个方向的板带的变形互不影响，因此可以按简支梁计算两个方向的单位板宽板带内的设计弯矩（见图 17-52 中 A-A 剖面），最大弯矩为：

$$m_{\mathrm{x}} = m_{\mathrm{y}} = \frac{1}{8}\cdot(q/2)a^2 = \frac{1}{16}qa^2 \tag{17-40}$$

显然上述两个方向板带承受的荷载之和等于板面总均布荷载 q，即满足平衡条件（板单元也满足平衡方程）。根据下限定理，按该设计弯矩配筋所得板的实际承载力必大于板面荷载 q，因为将 $m_{\mathrm{x}} = m_{\mathrm{y}} = \frac{1}{16}qa^2 = 0.0625qa^2$ 代入式（17-30），可得该板的极限承载力为 $\frac{3}{2}q$，是板面设计荷载的 1.5 倍，可见按板带法的设计结果是偏于安全的（按弹性理论计算得到的跨中弯矩为 $0.0429qa^2$）。但这个解是不经济的，因为根据荷载最短传递路径原则，靠近支座边附近板面上的荷载直接传递到支座，而图 17-52 中任意板单元上的荷载都按两个方向均匀分配，这不符合支座边附近板面荷载传递的实际情况（这种不符合也可以从两个方向板带在边区域的变形不协调程度得到进一步证实）。

为使计算更为合理，可根据荷载传递原则，按图 17-53 所示分配板面荷载，即中部区域的板面荷载仍按两个方向均匀传递，靠近支座边 $a/4$ 范围内的板面荷载直接向邻近的支座传递，而角部区域的板面荷载仍为双向传递。此时，中间板带承担的荷载及弯矩见图 17-53 中的 A-A 剖面，其跨中最大弯矩为 $\frac{5}{64}qa^2$；边上板带承担的荷载及弯矩见图 17-53 中的 B-B 剖面，其跨中最大弯矩为 $\frac{1}{64}qa^2$。根

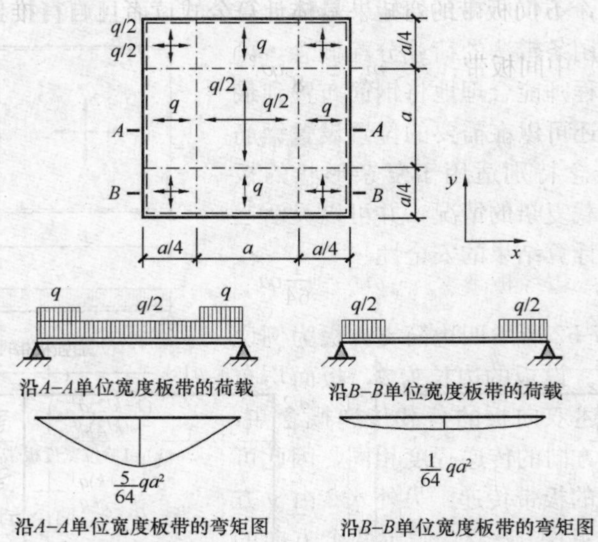

图 17-53　按荷载传递原则分配板面荷载的简支方板

据这一计算结果，在中间板带 $a/2$ 宽度内按设计弯矩 $\frac{5}{64}qa^2$ 配筋，在边上板带 $a/4$宽度内按设计弯矩 $\frac{1}{64}qa^2$ 配筋，这样得到的钢筋配置更为合理。利用式（17-28），不难得到此时板的极限承载力为 $\frac{9}{8}q$ ，可见略大于设计荷载，表明计算结果合理且偏于安全。

以上分析表明，利用荷载传递路径概念，合理地将板面荷载分配给双向板的两个方向板带，每个板带按梁来计算，不仅计算简单，概念清楚，而且计算结果总是偏于安全的。因此，这种具有清楚的荷载传递和受力概念的计算方法，对于把握工程结构的设计是十分有用的。

2. 四边支承矩形板

对于均布荷载作用下的四边简支矩形板，大部分区域的荷载由短跨方向（y 向）板带承担，因此可按图 17-54 所示进行荷载分配，两个方向板带的跨中弯矩如式（17-41）所示。

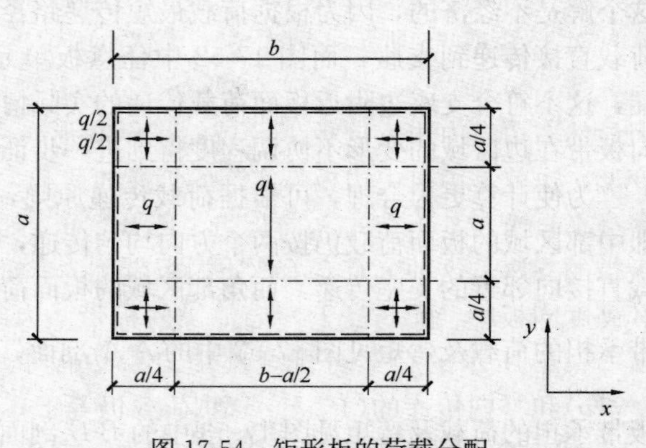

图 17-54　矩形板的荷载分配

对于其他情况的四边支承板，也可以按图 17-54 进行荷载分配后计算各个方向板带的弯矩。具体计算公式读者可自行推导。

$$\left.\begin{aligned}&\text{短向（}y\text{向）中间板带：}\quad m_{y}=\frac{1}{8}qa^{2}\\&\text{短向（}y\text{向）边缘板带：}\quad m_{y}=\frac{1}{64}qa^{2}\\&\text{长向（}x\text{向）中间板带：}\quad m_{x}=\frac{1}{32}qa^{2}\\&\text{长向（}x\text{向）边缘板带：}\quad m_{x}=\frac{1}{64}qa^{2}\end{aligned}\right\}\tag{17-41}$$

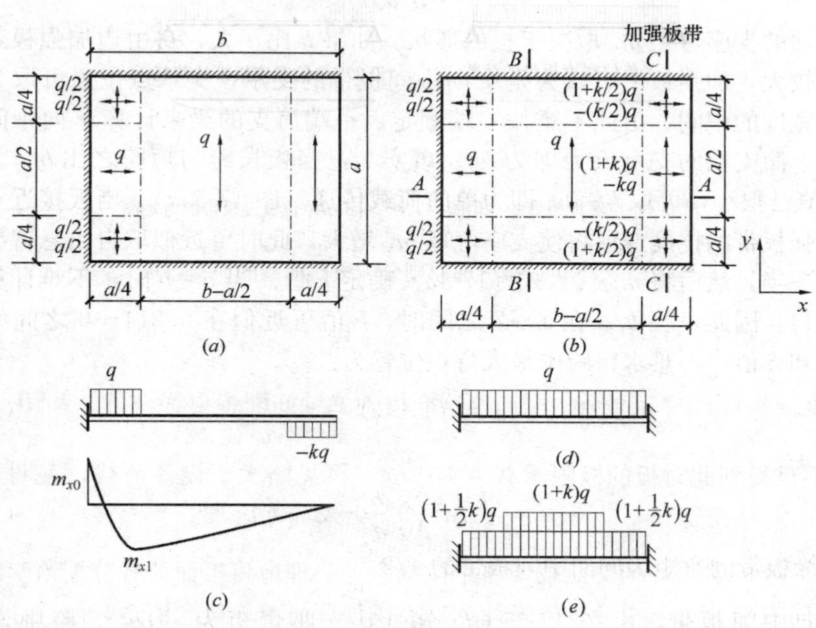

图 17-55　自由边在短边的三边固定矩形板

3. 有自由边的矩形板

对于图 17-55 所示一短边自由、三边固定支承的矩形板，虽然除左边固定边 y 向板带区域外，其他部分可认为是荷载沿短向（y 向）传递（见图 17-55a），但显然右边自由边 y 向板带区域的挠度变形要大于板中部区域 y 向板带的挠度变形，也就是说自由边板带实际所传递的荷载大于板面均布荷载 q，其增大的荷载是来自于与其正交的 x 向板带。因此，可将自由边板带作为与其正交的 x 向板带的支座，这种具有支承性质的板带称为“加强板带”，其效果与梁相同，但其高度同板厚，配筋高于 y 向的中间板带。为此，用条带法分析时，可以按图 17-55 (b) 所示的荷载分配，其中自由边板带中部的荷载分配为 x 向传递的 $(-kq)$ 和 y 向传递的 $(1+k)q$，总荷载仍等于 q，但其 y 向多承受了 x 向传来的 kq 荷载；自由边板带角部的荷载分配为 x 向传递的 $(-kq/2)$ 和 y 向传递的（1＋

$k/2)q$。

根据以上荷载分配，x 向中间板带 A-A 的荷载图如图 17-55 (c)所示，靠左端固定边的区域向下的荷载为 q，靠右端自由边的区域有向上的反向荷载 $-kq$，左端支座弯矩为：

$$m_{x0}=-\frac{1}{32}qa^2+\frac{kqa}{4}\left(b-\frac{a}{8}\right) \tag{17-42}$$

若已知支座弯矩 m_{x0}，则有：

$$k=\frac{1+32m_{x0}/(qa^2)}{8(b/a)-1} \tag{17-43}$$

合适的支座弯矩 m_{x0} 取决于板的形状。如果 b 比 a 大，自由边加强板带的相对刚度较大，加强板带可认为是 x 向中间板带的支承，支承点位置可取为自由边板带宽度的中间，由此不难按一端固定、一端简支的梁来计算 x 向中间板带的弯矩，简支端的支座反力即为 kq。事实上，当板长跨与短跨之比 b/a 大于 2 时，k 值已很小，可取 $k=0$，即为单向荷载传递（图 17-55a）。当板接近正方形时，加强板带的挠度变形将使支座弯矩 m_{x0} 增大，此时可近似取自由悬臂梁固端弯矩的一半，然后将 m_{x0} 代入式（17-43）确定 k 值。当 $a=b$ 时，不难计算得到 $k=0.214$。因此，当 b/a 在 1～2 之间时，k 值可近似在 0.214～0 之间线性插值。已知 k 值，不难求得跨中最大弯矩位置为：

$$x=(1-k)\frac{a}{4} \tag{17-44}$$

弯矩值为：

$$m_{x1}=\frac{k}{32}qa^2\left(8\frac{b}{a}-3+k\right) \tag{17-45}$$

x 向边缘板带的弯矩为同向中间板带的 1/2。

y 向中间板带，由图 17-55 (d) 知，其支座弯矩为 $\frac{1}{12}qa^2$，跨中弯矩为 $\frac{1}{24}qa^2$。y 向右端自由边板带的荷载见图 17-55 (e)，其支座和跨中弯矩可近似偏于安全地取 y 向中间板带弯矩的（$1+k$）倍。y 向左端固定边板带的弯矩可取 y 向中间板带弯矩的 1/8。

如果自由边在板的长跨方向，如图 17-56 所示，则板面荷载将主要沿短跨（y 向）板带传递。根据“加强板带”的概念，采取图 17-56 (a) 所示的荷载分配较为合理。沿自由边的“加强板带”将起到边梁的作用，其宽度为 βa，考虑到加强板带中受拉钢筋配筋率的限制，一般尽可能取较小的 βa 值，通常可取 $0.2a$ 左右或板厚的 2～4 倍。加强板带 y 方向传递荷载为 $-k_1q$，x 向（长向）传递荷载为 $(1-k_1)q$。除加强板带外，尽管板的其他区域的荷载可按短向（y 向）传递考虑，但由于长向（x 向）至少需要按构造进行配筋，为使设计更为经济，且利用加强板带后，长向（x 向）也具有一定的荷载传递，因此可考虑短向仅传递板面荷载的 k_2q，

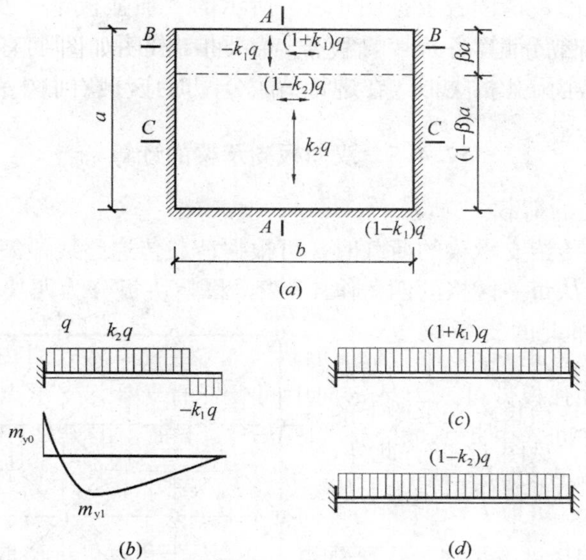

图 17-56 自由边在长边的三边固定矩形板

长向传递 $(1-k_2)q$。k_2 值可根据长向所需最小配筋率的要求选定。

按上述荷载分配后，y 向（短向）板带的荷载见图 17-55 (b)，固端支座弯矩为：

$$m_{y0}=\frac{1}{2}k_2q(1-\beta)^2a^2-k_1q\beta(1-\frac{\beta}{2})a^2 \tag{17-46}$$

由此可得：

$$k_1=\frac{k_2(1-\beta)^2+2m_{y0}/(qa^2)}{\beta(2-\beta)} \tag{17-47}$$

按前面所述，固端支座弯矩 m_{y0} 的确定仍可取自由悬臂梁固端弯矩的一半，近似取固定边到加强板带中线的距离为悬臂梁长度，则有：

$$m_{y0}=\frac{1}{4}k_2q(1-0.5\beta a)^2 \tag{17-48}$$

将式（17-48）代入式（17-47）即可求得 k_1 值。

4. 带孔板

“加强板带”的概念是条带法应用的特点，对于处理带孔板则更显示其优越性。例如，对于图 17-57 所示的带孔板，在孔洞边缘可利用“加强板带”形成类似支承梁，将荷载传给支座。“加强板带”的宽度可由最大配筋率的限制条件决定。因为条带法的计算

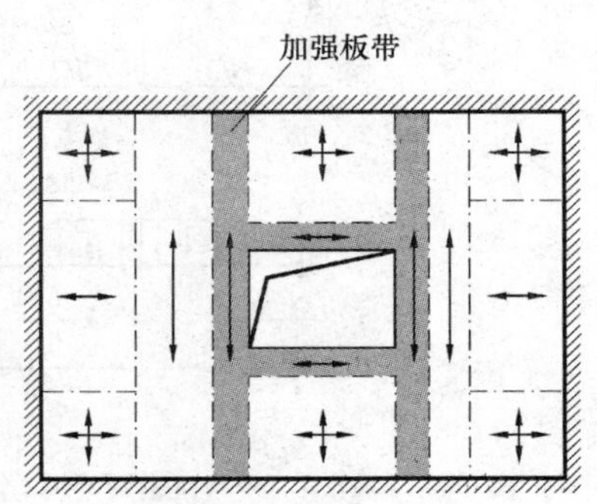

图 17-57 带孔矩形板

结果是偏于安全的，请读者根据图17-57所示的“加强板带”及荷载分配示意，由荷载传递原理自行计算各条带的弯矩。需要指出的是，即使有孔洞，板的整体受力和荷载传递与无孔板类似，在进行荷载分配时应注意到这一点。

17.4.5　双向板支承梁的计算

1. 支承梁上的荷载

确定双向板传给支承梁的荷载时，可根据荷载传递路线最短原则，按如下方法近似确定，即从每一区格的四角作45°线，将整块板分为四块，每块小板上的荷载就近传至邻近的支承梁上。因此，双向板传给短跨支承梁上的荷载为三角形分布，传给长跨支承梁上的荷载为梯形分布，见图17-58。此外，尚需考虑梁自重和直接作用在梁上的荷载。

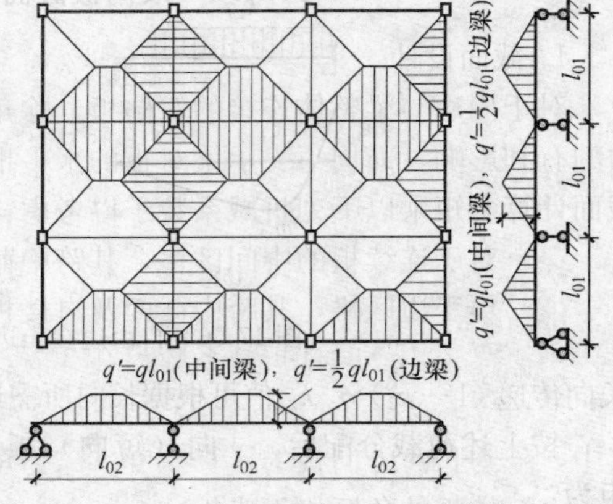

图17-58　双向板传给支承梁的荷载

2. 按弹性理论计算

支承梁的内力可按弹性理论或考虑塑性内力重分布的调幅法计算。

对于等跨或近似等跨（跨度相差不超过10%）的连续支承梁，可先将支承梁的三角形或梯形分布荷载化为等效均布荷载，再利用均布荷载下等跨连续梁的计算表格来计算梁的内力（弯矩和剪力）。

图17-59 (*a*)、(*b*) 分别示出了三角形分布荷载和梯形分布荷载化为等效均布荷载的计算公式，它是根据支座处弯矩相等的条件求出的。

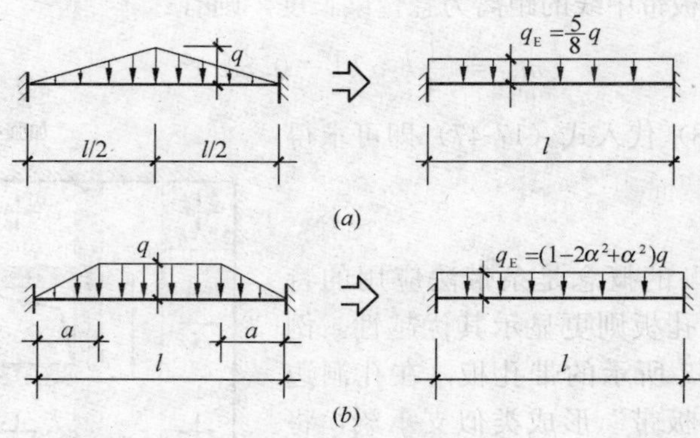

图17-59　分布荷载化为等效均布荷载

(*a*) 三角形分布荷载；(*b*) 梯形分布荷载 ($\alpha=a/l$)

在按等效均布荷载求出支座弯矩后（此时仍需考虑各跨活荷载的最不利布置），再根据所求得的支座弯矩和每跨的实际荷载分布（三角形或梯形分布荷载），由各跨平衡条件计算出跨中弯矩和支座剪力。

3. 按调幅法计算

考虑塑性内力重分布计算支承梁的内力时，可在弹性理论求得的支座弯矩基础上，按调幅法确定支座弯矩（调幅不超过 25%），再按实际荷载分布计算跨中弯矩。

17.4.6 双向板截面设计和构造要求

1. 截面设计

对于周边与梁整体连接的双向板，除角区格外，应考虑周边支承梁对板的推力的有利影响，即周边支承梁对板的水平推力将使板的跨中弯矩减小，可通过将截面计算弯矩乘以下列折减系数予以考虑：

（1）对于连续板的中间区格，其跨中截面及中间支座截面折减系数为 0.8；

（2）对于边区格，其跨中截面及自楼板边缘算起的第二支座截面：

当 $l_2/l_1<1.5$ 时，折减系数为 0.8；

当 $1.5\leqslant l_2/l_1<2$ 时，折减系数为 0.9。

其中，l_2 为长跨方向板的计算跨度；l_1 为短跨方向板的计算跨度。

（3）楼板的角区格不应折减。

由于板内上、下钢筋纵横叠置，同一截面处通常有四层钢筋，故计算时在两个方向应分别采用各自的截面有效高度 h_{01} 和 h_{02}。考虑到短跨方向的弯矩比长跨方向大，故应将短跨方向的钢筋放在长跨方向的钢筋的外侧。h_{01} 和 h_{02} 的取值如下：

短跨方向：$h_{01}=h-20\text{mm}$

长跨方向：$h_{02}=h-30\text{mm}$

式中 h——板厚（mm）。

双向板各部位的受拉钢筋可由相应位置处的单位板宽的截面弯矩设计值，按钢筋混凝土受弯进行计算确定。通常，楼板的配筋量并不是很大，故可近似按下式计算受拉钢筋截面积：

$$A_s=\frac{m}{\gamma_s h_0 f_y} \tag{17-49}$$

式中 m——单位板宽的弯矩设计值；

γ_s——内力臂系数，近似取 0.9～0.95。

2. 双向板的构造

（1）板厚：双向板的厚度通常为 80～160mm，跨度较大且荷载较大时，板厚也有取 200mm 以上。由于双向板的挠度一般不另作验算，故为使其有足够的刚度，板厚 h 应符合下述要求：

简支板：
$$\frac{h}{l_{01}} \geqslant \frac{1}{45} \tag{17-50a}$$

连续板：
$$\frac{h}{l_{01}} \geqslant \frac{1}{50} \tag{17-50b}$$

式中　l_{01}——双向板的短跨计算跨度。

（2）钢筋配置：双向板的配筋方式有分离式和连续式两种。

如按弹性理论计算，板底配筋可按图17-40在两个方向各分为三个板带。中间板带的板底钢筋按最大正弯矩求得，单位板宽的配筋均匀配置，边板带则减少一半，但每米宽度内的配筋不得少于三根。对于支座边板顶负钢筋，为了承受四角扭矩，钢筋沿全支座宽度均匀分布，即按最大支座负弯矩求得，并不得在边带内减少。

按塑性铰线法计算时，其配筋应符合内力计算的假定，跨中钢筋的配置可采用两种方式，一种是全板均匀配置；另一种是将板划分成中间及边缘板带，分别按计算值的100%和50%均匀配置，跨中钢筋的全部或一半伸入支座下部。对于简支边，考虑到支座的实际约束情况，每个方向的正钢筋均应弯起1/3。支座上的负弯矩钢筋按计算值沿支座均匀配置。

在固定支座的双向板及连续双向板中，板底钢筋可弯起1/3～1/2作为支座负钢筋，不足时则需另外配置板顶负直筋。因为在边板带内钢筋数量减少，故角上尚应放置两个方向的附加钢筋。

受力筋的直径、间距和弯起点、切断点的位置，以及沿墙边、墙角处的构造钢筋，均与单向板楼盖的有关规定相同。

17.5　井式楼盖和密肋楼盖

17.5.1　概　　述

1. 井式楼盖

井式楼盖是由双向板与交叉梁系共同组成的楼盖。交叉梁的布置方式主要有正交正放和正交斜放两种。交叉梁不分主次，互为支承，其高度往往相同。交叉梁形成的网格边长，即双向板的边长一般为2～4m，且边长宜尽量相等。每个交叉梁系区格的长短边之比一般不宜大于1.5，梁高 h 通常可取 $(1/18 \sim 1/16)L$，L 为井式梁的跨度。当空间平面为矩形，且长短边之比不大于1.5时，梁可直接搁置在周边承重墙或周边支承主梁上，如图17-60（a）所示。交叉梁也有采用沿45°线方向布置的，即正交斜放，如图17-60（b）所示。当长短边之比大于1.5时，为使交叉梁系较好地沿两个方向传力，可用支柱将平面划分为同样形状的区格，使交叉梁支承在柱间主梁上（见图 17-60（c）），或者采用沿 45°线的正交斜放布置（图 17-60（d）），以减小梁的跨度。

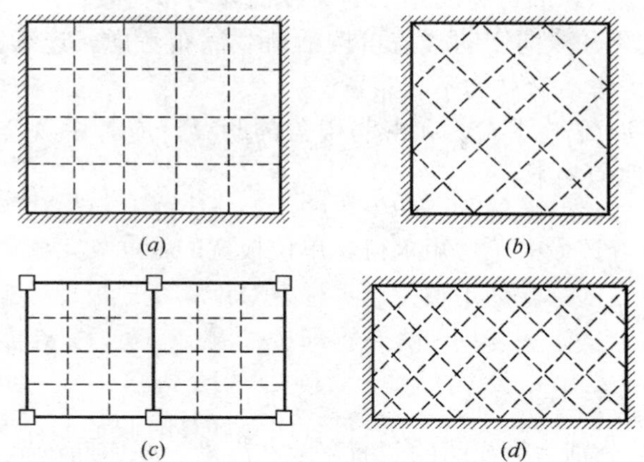

图 17-60　井式楼盖的平面布置

2. 密肋楼盖

密肋楼盖与肋梁楼盖的传力相仿，它是因肋梁排得很密而得名，通常肋间距不大于 1.5m，因此肋间的楼板可以做得很薄，一般在 30～50mm。肋可以是单向布置，也可以双向布置的。双向密肋楼盖两个方向的肋类似于一小型井式楼盖，其受力较单向密肋楼盖合理，且双向密肋较单向密肋的视觉效果要好，可不吊顶。与一般楼板体系对比，密肋楼盖由于省去了肋间的混凝土，不仅节约混凝土 30％～50％，而且可降低楼盖结构重量，楼板造价降低 1/3 左右，加之采用塑料模壳和玻璃钢模壳，极大地方便了施工，故近年来得到广泛应用。

密肋楼盖中肋的高度，当不验算挠度，简支时可取为 1/20；弹性约束支座时可取为 $l/25$，l 为肋的跨度。肋中纵向受力钢筋一般用 1 根或 2 根（当肋宽大于 100mm 而弯矩较大时，可用 3 根）。纵筋的直径为 $\phi10$～$\phi18$，保护层可用 15～20mm。钢箍常按构造放置，直径 $\phi4$～$\phi6$，间距 250～400mm。

17.5.2　设　计　要　点

1. 井式楼盖中的板设计可按双向板进行；而密肋楼盖中的板，因其跨度很小，故一般不必计算，其厚度及配筋都只需满足构造要求。

2. 井式梁和双向密肋楼盖的肋梁都是双向受力的高次超静定结构，其内力和变形计算十分复杂，特别是连续跨井字梁和双向密肋楼盖。通常井字梁的内力和变形需进行专门的计算，对于一些常用的情况，也有计算表格供查用，见附录 5。

3. 当板边长相同时，井式楼盖梁上的荷载都是三角形分布荷载。当板边长不同时，则一个方向承受三角形分布荷载，另一个方向承受梯形分布荷载。双向密肋楼盖，因肋很密，故可将肋梁上的荷载视为均布荷载。

4. 单跨井式梁和双向密肋楼盖可按活荷载满布考虑，连续跨井式梁和双向密肋楼盖通常要考虑活荷载的不利布置。

5. 对于钢筋混凝土井式梁和密肋楼盖的肋梁，应考虑现浇板的整体作用，其截面惯性矩的取值如下：

(1) 矩形梁：$I=\frac{1}{12}bh^3$

(2) T形梁：$I\approx 2.0\times\frac{1}{12}bh^3$

(3) Γ形梁：$I\approx 1.5\times\frac{1}{12}bh^3$

这里，b 和 h 分别为梁或肋的截面宽度和高度。当密肋梁截面为肋宽下小上大的梯形时，可近似地取梁宽 $b=\frac{b_1+b_2}{2}$ 后按矩形梁计算，b_1、b_2 分别为密肋梁截面的上、下肋宽。当翼缘板厚 h_f 小于梁高 h 较多，如 $h_f\leqslant 0.1h$ 时，按矩形梁计算。

17.6　无梁楼盖

17.6.1　概述

无梁楼盖是因楼盖中不设梁而得名，它是一种双向受力楼盖，楼板直接支承在柱上（其周边也可支承在承重墙上），与柱构成板柱结构体系。因为楼盖无梁，故与相同柱网尺寸的双向板肋梁楼盖相比，其板厚要大些。但建筑构造高度比肋梁楼盖小，使得楼层的有效空间加大，同时平整的板底可以大大改善采光、通风和卫生条件，故无梁楼盖常用于商场、停车场等公共建筑（见图17-61），也有用于书库、冷藏库、仓库等。

为了增强板与柱的整体连接，防止板柱连接部位受力集中，避免楼板冲切破坏，通常在柱顶上设置柱帽。设置柱帽还可有效地减小板的计算跨度，从而减小楼板中的内力，使板的配筋经济合理。当柱网尺寸较小且楼面活荷载较小时，也可不设柱帽。柱和柱帽的截面形状可根据建筑的要求设计成矩形或圆形。为减轻楼板的重量，有时整个楼板也可用双向密肋的无梁楼盖（见图17-61 *c*），但在柱顶附近为实心楼板，以保证楼板抗冲切承载力（见17.6.5节）。

无梁楼盖的周边也可做成悬臂板，以减小中间区格楼板的跨中弯矩。当悬臂板挑出的长度接近 $l/4$ 时（l 为中间区格跨度），则边支座负弯矩约等于中间支座

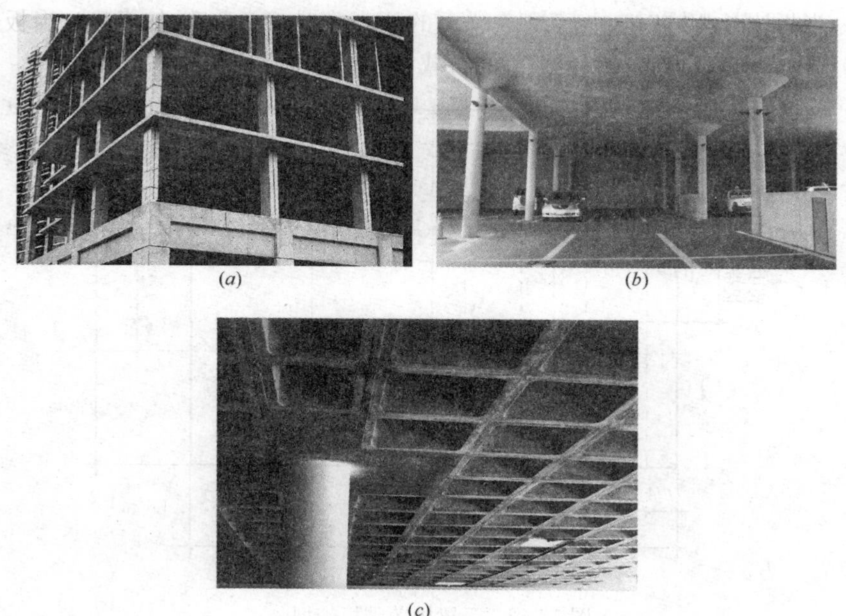

图 17-61 无梁楼盖

(*a*) 无柱帽无梁楼盖；(*b*) 有柱帽无梁楼盖；(*c*) 双向密肋无梁楼盖

的弯矩值，弯矩分布较为合理。

无梁楼盖每一方向的跨数常不少于三跨，可为等跨或不等跨。通常，柱网为正方形时最为经济。根据经验，当楼面活荷载标准值在 $5kN/m^2$ 以上，柱距在 6m 以内时，无梁楼盖比肋梁楼盖经济。但要注意，无梁楼盖与柱构成的板柱结构，因没有梁，故其抗侧刚度较小，整个结构抵抗水平荷载作用的能力比较差，这是无梁楼盖的致命缺点，所以当楼层数较多或有抗震要求时，宜设剪力墙来抵抗水平荷载。

17.6.2 受力特点和试验结果

无梁楼盖由柱网划分成若干区格，可把它们视为由支承在柱上的“柱上板带”和弹性支承于“柱上板带”上的“跨中板带”共同组成，如图 17-62 所示。柱轴线两侧各 $l_x/4$(或 $l_y/4$) 宽范围内的板带称为“柱上板带”，柱距中间范围宽度为 $l_x/2$(或 $l_y/2$) 的板带称为“跨中板带”。“柱上板带”相当于以柱为支承点的连续梁（当柱的线刚度相对较小时）或与柱直接形成框架。根据条带法的概念，“柱上板带”是另一方向“跨中板带”的弹性支承，故“跨中板带”可视为支承于“柱上板带”的连续梁，只是需注意此时的支座是有弹性变形的，而不是固定不动的。图 17-63 为均布荷载作用下无梁楼盖中一个区格的变形示意图，可见板在柱顶为凸曲面，即板顶面为双向受拉，在区格中部为凹曲面，即板底双向受

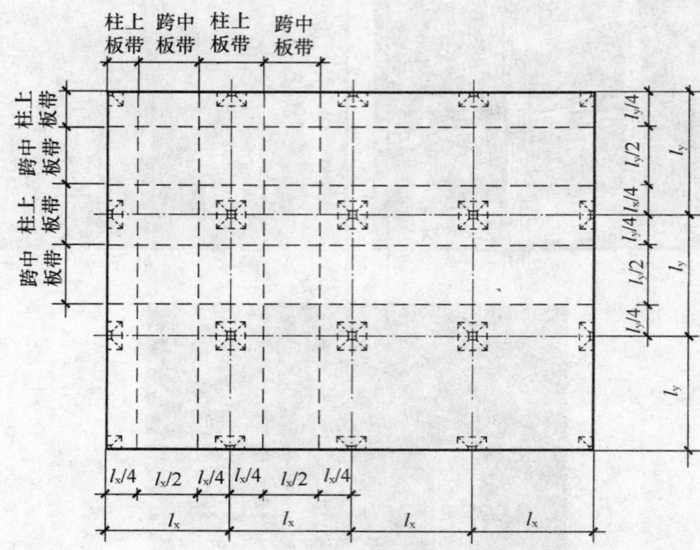

图 17-62　无梁楼盖的板带划分

拉。“柱上板带”的跨中因作为另一方向“跨中板带”的支座，故沿“柱上板带”方向的板底受拉，而垂直于“柱上板带”方向（即“跨中板带”的支座）的板顶受拉。设“柱上板带”跨中的挠度为 f_1，“跨中板带”相对于“柱上板带”的跨中挠度为 f_2，因此区格中部的实际挠度为 $f=f_1+f_2$，它比相同柱网尺寸的肋梁楼盖挠度要大，故无梁楼盖的板厚要大些。

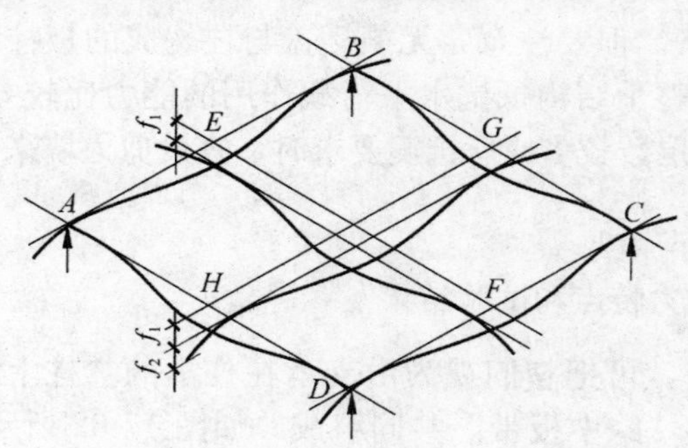

图 17-63　无梁楼盖一个区格的变形示意

试验表明，在均布荷载作用下，无梁楼盖在开裂前基本处于弹性工作阶段，随着荷载的增加，首先在沿柱（帽）边缘板顶面出现裂缝；继续加载，沿柱列轴线的板顶面上出现裂缝；随着荷载的不断增加，板顶裂缝不断发展，在跨中则相继出现成批的板底裂缝，这些裂缝相互正交，且平行于柱列轴线。即将破坏时，在柱（帽）顶上和柱列轴线上的板顶裂缝以及跨中的板底裂缝出现一些特别大的主裂缝，垂直于这些裂缝处受拉钢筋屈服，形成塑性铰线，并使楼板形成破坏机构而最终导致楼板破坏。破坏时无梁楼板的板顶和板底裂缝分布情况如图 17-64 所示。

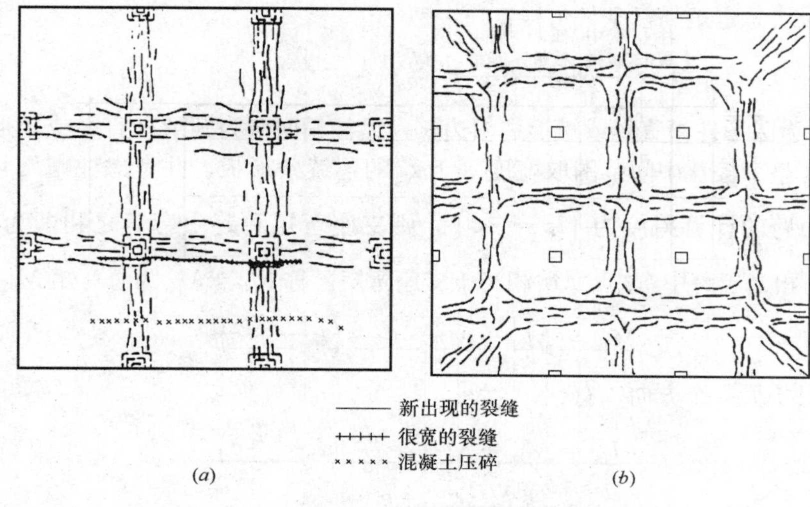

图 17-64 无梁楼盖的裂缝分布

17.6.3 按弹性理论计算

无梁楼盖按弹性理论的计算方法，有精确计算法、经验系数法和等代框架法等。精确计算法一般采用有限元分析进行。以下仅介绍常用于手算的经验系数法和等代框架法，这两种分析方法的力学概念，对解决类似的工程力学分析问题有一定的参考价值。

1. 经验系数法

经验系数法是根据力学分析和试验研究，直接给出两个方向的截面总弯矩(故又称总弯矩法或直接设计法)，然后再将截面总弯矩分配给同一方向的柱上板带和跨中板带，其计算过程简捷方便，因而被广泛采用。

为了使各截面的弯矩设计值能适用于各种活荷载的不利布置，在应用经验系数法时，要求无梁楼盖的布置必须满足下列条件：

(1) 每个方向至少应有三个连续跨；

(2) 同一方向各跨跨度相近，最大与最小跨度比不应大于 1.2，且端跨的跨度不大于其相邻的内跨；

(3) 区格必须为矩形，任一区格长、短跨的比值不应大于 1.5；

(4) 活荷载不大于恒荷载的三倍；

(5) 仅适用于竖向均布荷载下的内力分析，且不考虑活荷载的不利组合。

现分析图 17-65 (*a*) 所示的承受均布荷载 q 的无梁楼盖中的一矩形内区格板。由于对称，在区格板周边边界上没有剪力和扭矩，因而全部剪力和扭矩由柱帽与板相接处的角部曲线截面来承担。取半个区格板块的隔离体（图 17-65*b*)，设作用在跨中截面 ab 上的弯矩为 M_{1y}，作用在边界截面 $cdef$ 上的负弯矩为 M_{2y}。根据半个板块总弯矩平衡条件可得：

$$M_{1y}+M_{2y}=\frac{ql_y}{8}\left(l_x-\frac{2}{3}c\right)^2 \tag{17-51}$$

式中，c 为圆形柱帽直径或矩形柱帽边长，无柱帽时 c 为圆形柱直径或矩形柱边长。若在整个楼盖中间范围取宽度等于 l_y 的连续条形板，并考虑柱帽尺寸的影响，取每跨的计算跨度为 $\left(l_x-\frac{2}{3}c\right)$，则支座弯矩和跨中弯矩之和即为上式，也即 M_{1y} 相当于跨中弯矩，M_{2y} 相当于支座弯矩。称 $M_{1y}+M_{2y}$ 为总弯矩 M_{0y}，即：

$$M_{0y}=M_{1y}+M_{2y}=\frac{ql_y}{8}\left(l_x-\frac{2}{3}c\right)^2 \tag{17-52a}$$

同理，对于另一个方向，有：

$$M_{0x}=M_{1x}+M_{2x}=\frac{ql_x}{8}\left(l_y-\frac{2}{3}c\right)^2 \tag{17-52b}$$

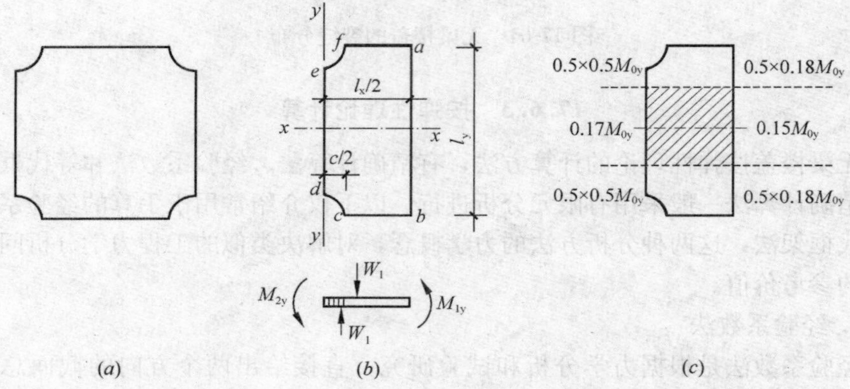

图 17-65 无梁楼盖矩形内区格板的分析

值得注意的是，无梁楼板区格板的四角是直接支承在柱上的，即四点支承。在这种支承条件下，板在两个方向的总弯矩（全板宽内，即包括跨中板带和柱上板带）彼此互相垂直，互不影响，所以不存在板的荷载在两个方向进行分配的概念，这是不同于双向板的。如果照双向板那样考虑，也同样会得出这个结论。因为柱上板带相当于双向板的支承梁，承受跨中板带传来的荷载，再传到柱上。因而跨中板带和柱上板带的正弯矩加两板带端部负弯矩绝对值之和也等于 M_{0x} 或 M_{0y}。另外，如果将双向板的支承梁包括在内，计算包括支承梁在内的一个区格的总弯矩，将与式（17-51）和式（17-52）无梁楼板算得的结果一样，读者可以自行验证。

确定两个方向的总弯矩 M_{0x} 或 M_{0y} 后，下面需进一步确定它们分别在柱上板带和跨中板带之间的分配。因两个方向的分配规律是相同的，因此以下用 M_0 来代表总弯矩 M_{0x} 或 M_{0y}，给出柱上板带和跨中板带的弯矩分配的有关公式。

首先，考虑到等跨连续梁跨中正弯矩与支座弯矩的比值为1∶2，于是有：

跨中总弯矩：$M_1 = \frac{1}{3}M_0$

支座总弯矩：$M_2 = \frac{2}{3}M_0$

以上跨中总弯矩和支座总弯矩还需要在整个区格宽度范围内分配到柱上板带与跨中板带。因柱上板带的支座截面刚度大得多，故对支座总弯矩 M_2（负弯矩），柱上板带与跨中板带按3∶1分配；对跨中总弯矩 M_1（正弯矩）按0.55和0.45分配。因此对内区格板有（见图17-65c）：

柱上板带：

跨中正弯矩　　$M_{1柱上板带} = 0.55 \times \frac{1}{3}M_0 \approx 0.18M_0$

支座负弯矩　　$M_{2柱上板带} = -0.75 \times \frac{2}{3}M_0 \approx -0.5M_0$

跨中板带：

跨中正弯矩　　$M_{1跨中板带} = 0.45 \times \frac{1}{3}M_0 \approx 0.15M_0$

支座负弯矩　　$M_{2跨中板带} = -0.25 \times \frac{2}{3}M_0 \approx -0.17M_0$

对于边区格，考虑到边支座虽有边柱（柱帽）和边梁，但与内支座相比，其抗弯刚度仍较弱，故边支座总负弯矩取$-0.53M_0$，跨中总正弯矩取$0.4M_0$，第一内支座总负弯矩取$-0.67M_0$，总弯矩仍等于$\left(\frac{0.53+0.67}{2}+0.4\right)M_0 = 1.0M_0$。第一内支座总负弯矩和跨中总正弯矩在柱上板带和跨中板带的分配系数同内区格。对边支座负弯矩的分配系数，因柱上板带有边柱（柱帽）约束，刚度很大，承受支座总负弯矩的90%；而跨中板带只有边梁约束，刚度很小，承受支座总负弯矩的10%。故对边区格板：

柱上板带：

边支座负弯矩　　$M_{2柱上板带} = -0.9 \times 0.53M_0 \approx -0.48M_0$

跨中正弯矩　　$M_{1柱上板带} = 0.55 \times 0.4M_0 \approx 0.22M_0$

第一内支座负弯矩　　$M_{2柱上板带} = -0.75 \times 0.67M_0 \approx -0.50M_0$

跨中板带：

边支座负弯矩　　$M_{2跨中板带} = -0.1 \times 0.53M_0 \approx -0.05M_0$

跨中正弯矩　　$M_{1跨中板带} = 0.45 \times 0.4M_0 \approx 0.18M_0$

第一内支座负弯矩　　$M_{2跨中板带} = -0.25 \times 0.67M_0 \approx -0.17M_0$

上述各分配系数与试验结果大体一致，汇总于表17-3中。

经验系数法总弯矩分配表　表 17-3

截面		柱上板带	跨中板带
内跨	支座截面负弯矩	$0.50M_0$	$0.17M_0$
	跨中正弯矩	$0.18M_0$	$0.15M_0$
边跨	第一内支座截面负弯矩	$0.50M_0$	$0.17M_0$
	跨中正弯矩	$0.22M_0$	$0.18M_0$
	边支座截面负弯矩	$0.48M_0$	$0.05M_0$

注　1. 在总弯矩值不变的情况下，必要时允许将柱主板带负弯矩的10%分给跨中板带负弯矩；

2. 此表为无悬臂板的经验系数，有较小悬臂板时仍可采用；当悬臂板较大且其负弯矩大于边支座截面负弯矩时，须考虑悬臂弯矩对边支座与内跨的影响。

至于沿外边缘（靠、墙）平行于边梁的跨中板带和半柱上板带的截面弯矩，则由于沿外边缘设置有边梁，而边梁又承担了部分板面荷载，故可以比中区格和边区格的相应值有所降低。一般可采用下列方法确定：跨中板带截面每米宽的正、负弯矩为中区格和边区格跨中板带截面每米宽相应弯矩的80%；柱上板带截面每米宽的正、负弯矩为中区格和边区格柱上板带截面每米宽相应弯矩的50%。

必须指出，在计算钢筋截面面积的时候，考虑穹窿作用等有利影响，应将上述方法确定的弯矩再乘以折减系数0.7后作为截面的弯矩设计值。

2. 等代框架方法

等代框架法是把整个结构分别沿纵向柱列和横向柱列划分为具有“等代框架柱”和“等代框架梁”的纵向等代框架和横向等代框架。等代框架的划分见图17-66。

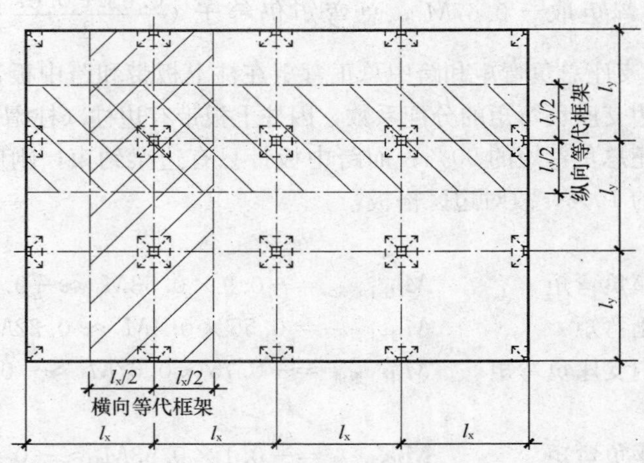

图 17-66　等代框架的划分

无梁楼盖的等代框架单元如图17-66所示。等代框架与普通框架有所不同。在普通框架中，梁与柱可直接传递内力（弯矩、剪力和轴力），而在等代框架中，在竖向荷载作用下，等代框架梁的宽度为与梁跨方向相垂直的板跨中心线间的距离，其值大大超过柱宽，因此仅在（大体）相应于柱或柱帽宽度范围的那部分（图 17-67 中 CD）板面荷载可以直接传递给柱，其余范围内的板面竖向荷载要通过扭矩传递给柱，其传力示意图见图 17-68（a）。假设与等代框架梁宽度垂直方向、

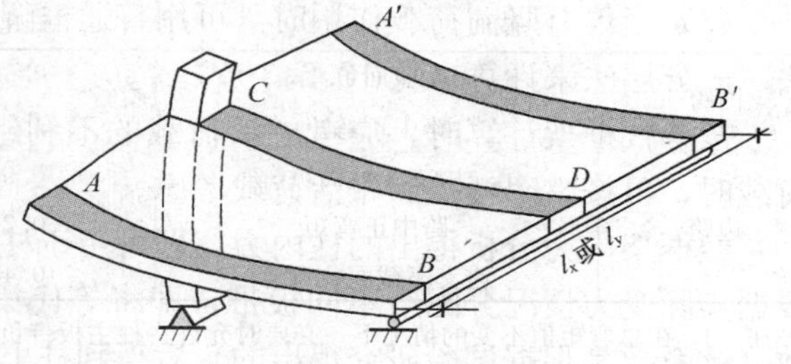

图 17-67 等代框架单元

并与柱（或柱帽）等宽的板为扭臂（见图 17-68a），因此在等代框架梁方向柱（或柱帽）宽以外的那部分荷载是通过扭臂受扭将荷载传递给柱的。所以，等代框架中的柱是包括柱（柱帽）和两侧扭臂在内的等代柱（见图 17-68b），它的刚度应为考虑柱的受弯刚度和扭臂的受扭刚度后的等代刚度。当设置柱帽时，柱帽既加强了等代柱，也加强了等代梁，因而等代梁端和等代柱端有一个刚度为无穷大的区段，它对等代框架梁、柱的跨度、柱高、刚度以及用力矩分配法计算时的弯矩传递系数等都会产生影响。

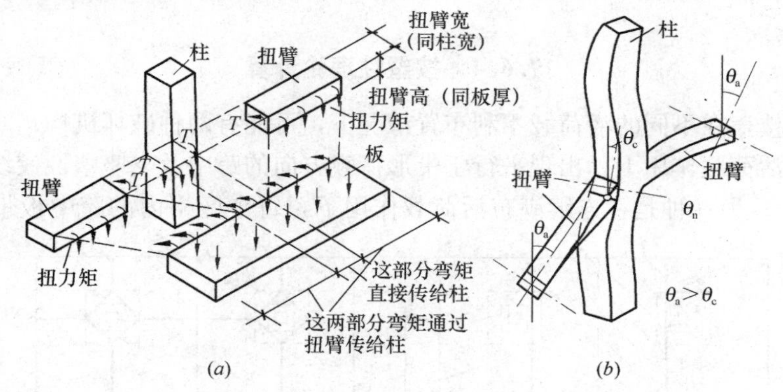

图 17-68 等代框架的受力分析

采用等代框架计算时，可采用如下假定：

（1）等代框架梁的高度取板厚；在竖向荷载作用下，等代框架梁的宽度取与梁跨方向相垂直的板跨中心线间的距离；水平荷载作用时，则取为板跨中心线间距离的一半。这是因为竖向荷载作用时，主要靠板带的弯曲，把荷载传给柱；而水平荷载作用时，主要是由柱的弯曲，把水平荷载传给板带，柱的受弯刚度比板带的小，所以能与柱一起工作的板带宽度就小些。等代框架梁的跨度分别取 $l_x-\frac{2}{3}c$ 与 $l_y-\frac{2}{3}c$，其中 c 为柱（帽）顶宽或直径。

（2）等代框架柱的截面取柱本身的截面；柱的计算高度，对于楼层，取层高

减去柱帽的高度；对于底层，取基础顶面至底层楼板底面的高度减去柱帽高度。

(3) 当仅有竖向荷载作用时，可用普通框架在竖向荷载作用下的近似计算方法——分层法来计算（见18.5.3节）。

按等代框架计算时，应考虑活荷载的不利组合。但当活荷载不超过75%恒荷载时，可按整个楼盖满布活荷载考虑。

经框架内力分析得出的柱内力，即可用于柱的截面设计；而梁的内力则还需根据实际受力情况分配给不同板带，即将等代梁的弯矩乘以表17-4中的相应系数（此系数是根据试验研究得出的）后得到柱上板带和跨中板带的弯矩，用以进行板带的截面设计。经验表明，等代框架法适用于任一区格的长跨与短跨之比不大于2的情况。

等代框架弯矩分配系数表　　**表17-4**

截　面		柱上板带	跨中板带
内跨	支座截面负弯矩	0.75	0.20
	跨中正弯矩	0.55	0.45
边跨	第一内支座截面负弯矩	0.75	0.25
	跨中正弯矩	0.55	0.45
	边支座截面负弯矩	0.90	0.10

17.6.4　按塑性理论计算

无梁楼盖在不同的活荷载不利布置情况下，可能有两种破坏机构：一种是内跨在带形活荷载作用下，出现平行于带形荷载方向的跨中及支座塑性铰线，见图17-69（*a*）；另一种是在连续满布活荷载作用下，每个区格内的跨中板带出现正

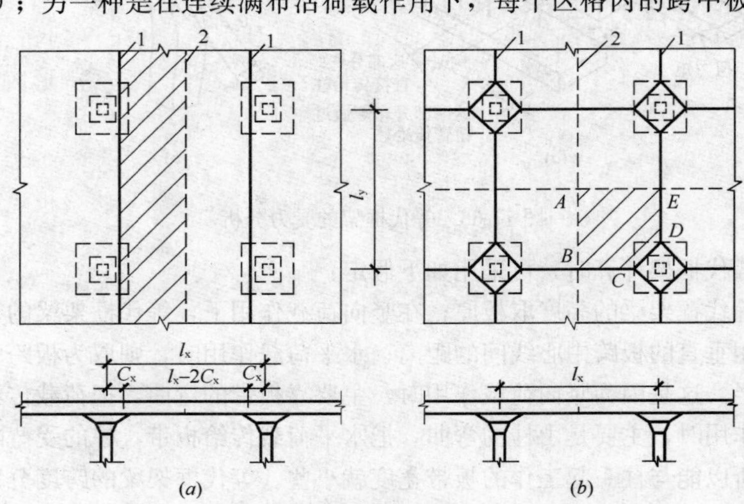

图17-69　无梁楼盖的塑性铰线分布

（*a*）内跨在带形活荷载作用下；（*b*）在连续满布活荷载作用下

1—负塑性铰线；2—正塑性铰线

弯矩塑性铰线，柱顶及柱上板带出现负弯矩塑性铰线，见图 17-69 (b)。按塑性理论上限定理，需要按这两种情况计算的较小值来确定其极限承载力。当楼盖平面的长边与短边之比小于 1.5，以及每个区格的长跨与短跨之比小于 1.35 时，可按下列板块极限平衡法进行计算。

1. 带形活荷载作用下的计算

如图 17-69 (a) 所示，在板跨为 l_x 的纵向连续区格上作用带形荷载情况下，达到破坏机构时形成三条平行的塑性铰线 1、2、1。跨中正弯矩塑性铰线 2 位于板跨（带形荷载的）中心线上，而支座负弯矩塑性铰线 1 位于该跨两端离柱轴线为 C_x 处，C_x 的取值与柱帽尺寸大小和形式有关。跨中与支座塑性铰线将该跨分成两条刚性板块，这样可取一个中间区格板内的一条板块进行计算。荷载作用在半个跨度为 $0.5l_x-C_x$、宽度为 l_y 的刚性板块上，在极限平衡状态下，取这一板块上的所有外荷载对支座塑性铰线取力矩，与该板块的两条塑性铰线上的力矩相平衡，即得：

$$\frac{ql_y(0.5l_x-C_x)^2}{2}=m_xl_y+m'_xl_y \tag{17-53}$$

简化得：

$$\frac{q(l_x-2C_x)^2}{8}=m_x+m'_x \tag{17-54}$$

式中　m_x、m'_x——沿 l_y 方向的跨中及支座塑性铰线单位长度上的极限弯矩（绝对值）。

用上式计算时，建议取支座与跨中极限弯矩之比 $m'_x/m_x=1\sim2$。

2. 连续满布活荷载作用下的计算

连续满布活荷载作用下，达到破坏机构时，中间区格板的跨中形成平行于纵、横两柱列轴线且互相垂直的正弯矩塑性铰线；在每个柱帽周围形成四条与柱列轴线呈 45°的支座负弯矩塑性铰线；在四个周边柱列轴线上形成支座负弯矩塑性铰线，这些塑性铰线把整个区格分成四个刚性板块，如图 17-69 (b) 所示。这样，可取 1/4 中间区格的板块 $ABCDE$ 对支座塑性铰线 CD 列出该板块的极限平衡方程式：

$$\begin{aligned}&\frac{ql_xl_y}{4}\left(\frac{l_x}{4}+\frac{l_y}{4}-\frac{C_x}{2}-\frac{C_y}{2}\right)\frac{1}{\sqrt{2}}+\frac{q(C_x\cdot C_y)}{2}\cdot\frac{(C_x+C_y)}{6\sqrt{2}}\\&=(m_xl_y+m_yl_x+m'_xl_y+m'_yl_x)\frac{1}{2\sqrt{2}}\end{aligned} \tag{17-55}$$

简化得：

$$\begin{aligned}&\frac{ql_xl_y}{4}\left(\frac{l_x+l_y}{2}-(C_x+C_y)+\frac{2}{3}(C_x+C_y)\frac{C_xC_y}{l_xl_y}\right)\\&=(m_x+m'_x)l_y+(m_y+m'_y)l_x\end{aligned} \tag{17-56}$$

式中　m_x、m'_x——沿 l_y 方向的跨中与支座塑性铰线单位长度上的极限弯矩，取绝对值；

m_y、m'_y——沿 l_x 方向的跨中与支座塑性铰线单位长度上的极限弯矩，取绝对值。

当为正方形时，即 $l_x = l_y = l$，$C_x = C_y = C$，纵、横两个方向的钢筋等量均匀布置，略去板截面有效高度的差异，则上式可简化为：

$$\frac{ql^2}{8}\left[1-2\frac{C}{l}+\frac{4}{3}\left(\frac{C}{l}\right)^3\right]=m+m' \tag{17-57}$$

建议取支座和跨中极限弯矩之比 $m'/m=1\sim2$，即可由上式确定设计弯矩。

由于楼板受力存在一定程度的穹顶作用，因此按塑性理论的计算结果，可考虑折减。当所计算的区格板离楼盖边缘之间有两列及两列以上柱时，该区格板的钢筋计算截面面积可减少10%；当计算区格板离楼盖边缘之间只有一列柱时，该区格板的钢筋计算截面面积可减少5%。

17.6.5　柱帽设计

柱帽的作用是避免板面荷载直接传递给柱，造成应力集中，使得板的抗冲切承载力不足。常用的矩形柱帽形式见图17-70，第一种无顶板形式用于楼面荷载较轻的情况，第二种折线顶板形式用于楼面荷载较重的情况，可使荷载自板到柱

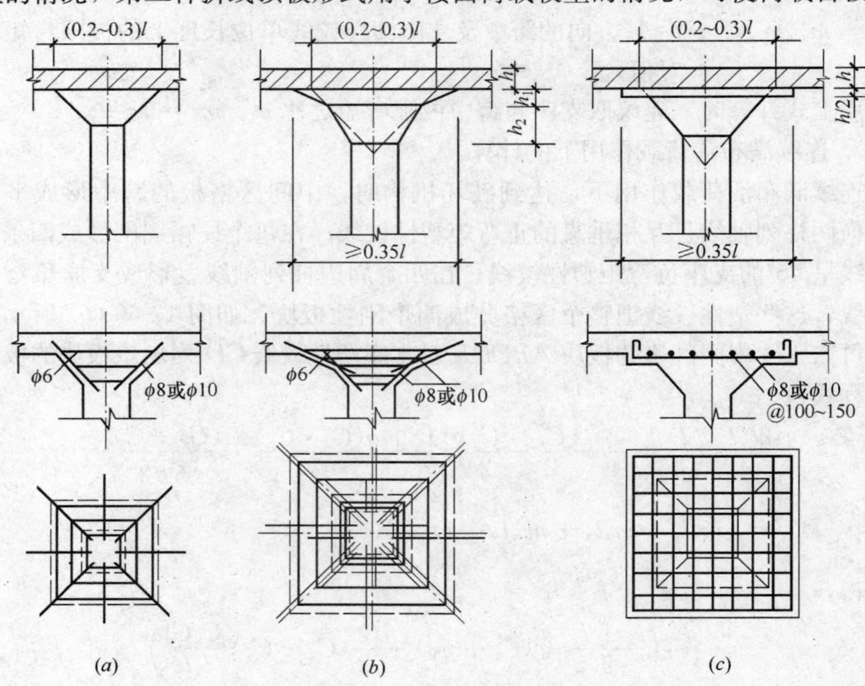

图17-70　柱帽类型及钢筋配置

(a) 无顶板；(b) 折线顶板；(c) 矩形顶板

的传力过程比较平缓，但施工较复杂，其中 h_1/h_2 最好为 2/3；第三种矩形顶板形式的传力条件稍次于第二种，但施工方便。这些柱帽中的拉、压应力均很小，所以钢筋都可按构造放置。边柱柱帽的钢筋配置与中间柱帽相仿。

柱帽尺寸及配筋，应满足柱帽边缘处楼板的抗冲切承载力的要求。当满布荷载时，无梁楼盖中的内柱柱帽边缘处楼板，可认为承受中心冲切作用。

楼板在局部集中竖向荷载作用下的冲切破坏是一种空间受剪破坏。冲切试验表明：冲切破坏时，形成破坏锥体的锥面与板面大致呈 45°的倾角（见图 17-71），受冲切承载力与混凝土抗拉强度基本成正比，并与冲切锥体的周界长度大体呈线性关系。冲切锥体的周界长度取决于局部荷载作用区域周长（即柱或柱帽周长）和板厚，设置柱帽的作用就是为了增加冲切锥体的周界长度，提高楼板的抗冲切承载力。在板中纵横两个方向的配筋，可提高受冲切承载力。必要时，可在板内设置抗冲切暗梁，配置弯起钢筋和箍筋（见图 17-72），可大大提高抗冲切承载力。对于无柱帽楼板，可采用图 17-73 所示的一些加强措施来提高楼板的抗冲切承载力。

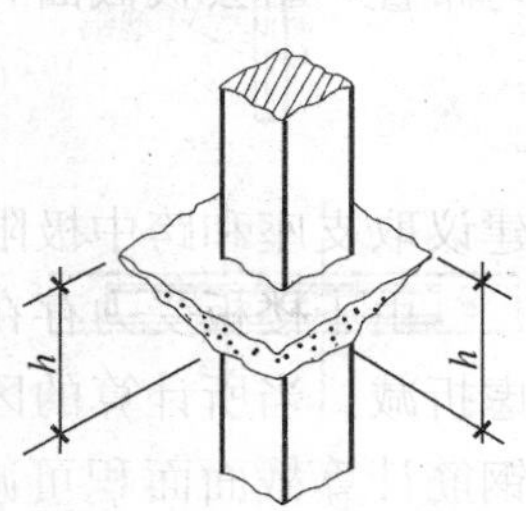

图 17-71 楼板受冲切破坏面

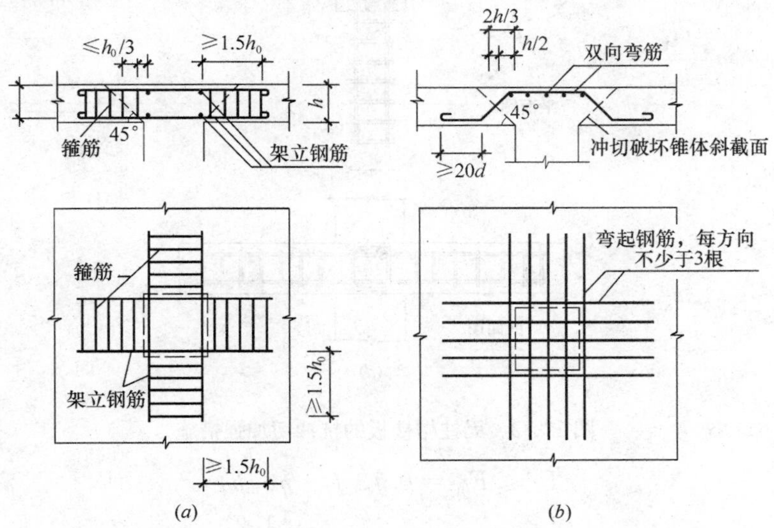

图 17-72 楼板抗冲切箍筋和弯起钢筋的配置

(*a*) 箍筋；(*b*) 弯起钢筋

根据冲切承载力试验结果并参照国外有关资料，规范规定如下：

(1) 对于不配置箍筋或弯起钢筋的混凝土楼板，其抗冲切承载力可按下式计算：

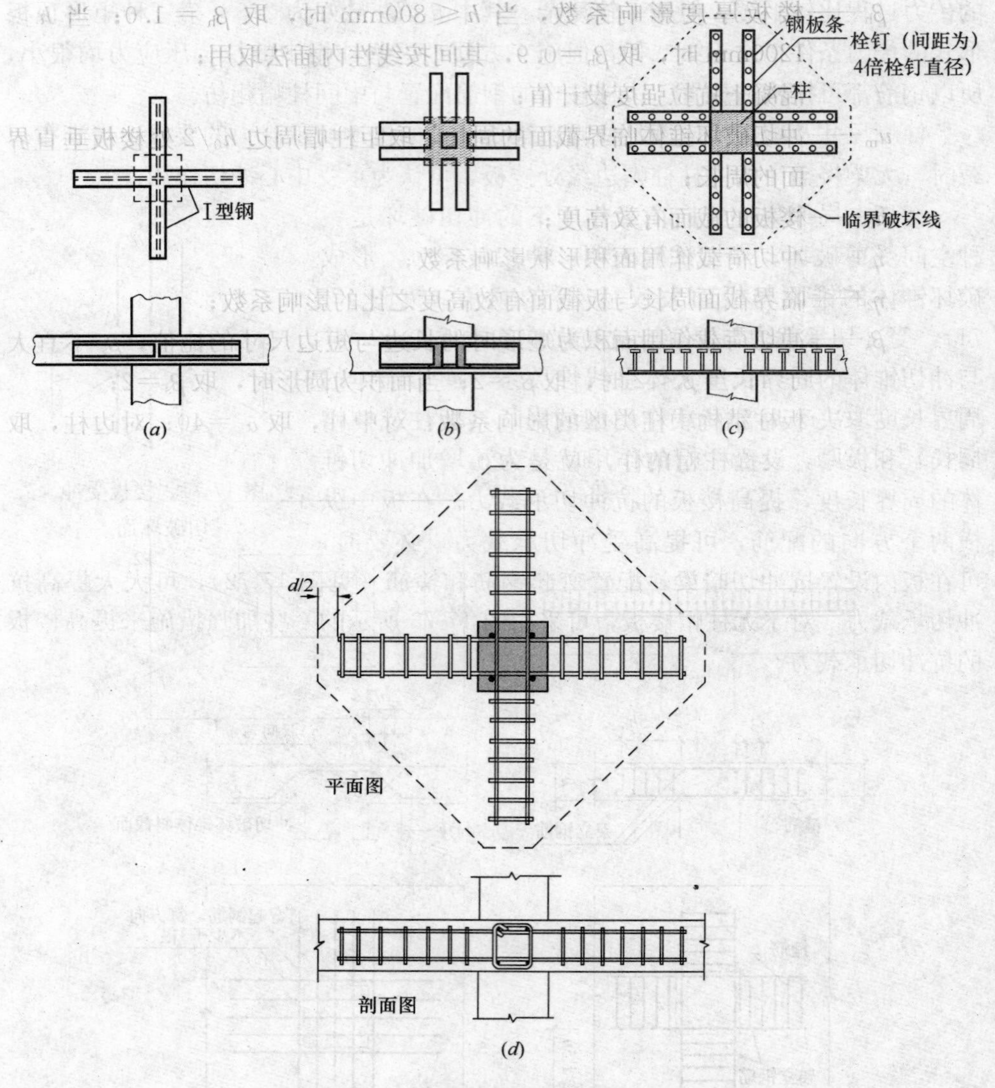

图 17-73　无柱帽楼板的抗冲切加强措施

$$F_l \leqslant F_{lu} = 0.7\beta_h f_t \cdot \eta u_m h_0 \tag{17-58}$$

$$\eta = \min\begin{cases} \eta_1 = 0.4 + \dfrac{1.2}{\beta_s} \\ \eta_2 = 0.5 + \dfrac{\alpha_s h_0}{4u_m} \end{cases} \tag{17-59}$$

式中　F_l——冲切荷载设计值，即柱所承受轴向力设计值的层间差值减去冲切破坏锥体范围内楼板所承受的荷载设计值，参见图 17-74；

F_{lu}——楼板受冲切承载力设计值；

β_h——楼板厚度影响系数，当 $h \leqslant 800$mm 时，取 $\beta_h = 1.0$；当 $h \geqslant 1200$mm 时，取 $\beta_h = 0.9$，其间按线性内插法取用；

f_t——混凝土抗拉强度设计值；

u_m——冲切破坏锥体临界截面的周长，取距柱帽周边 $h_0/2$ 处楼板垂直界面的周长；

h_0——楼板的截面有效高度；

η_1——冲切荷载作用面积形状影响系数；

η_2——临界截面周长与板截面有效高度之比的影响系数；

β_s——冲切荷载作用面积为矩形时的长边与短边尺寸的比值，β_s 不宜大于 4；当 $\beta_s < 2$ 时，取 $\beta_s = 2$；当面积为圆形时，取 $\beta_s = 2$；

α_s——板柱结构中柱类型的影响系数：对中柱，取 $\alpha_s = 40$；对边柱，取 $\alpha_s = 30$；对角柱，取 $\alpha_s = 20$。

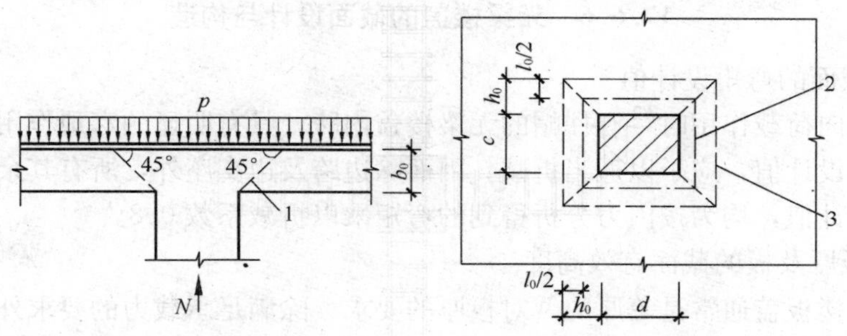

图 17-74 楼盖受冲切承载力计算

1—冲切破坏锥体的斜面；2—距荷载面积周边 $h_0/2$ 处的周长；3—冲切破坏锥体的底面线

(2) 当冲切承载力不满足式 (17-58) 的要求，且板厚不小于 150mm 时，可配置箍筋或弯起钢筋。此时，受冲切截面应符合下列条件：

$$F_l \leqslant 1.05 f_t \cdot \eta u_m h_0 \tag{17-60}$$

当配置箍筋时，受冲切承载力按下式计算：

$$F_l \leqslant F_{lu} = 0.35 f_t \cdot \eta u_m h_0 + 0.8 f_{yv} A_{svu} \tag{17-61}$$

当配置弯起钢筋时，受冲切承载力按下式计算：

$$F_l \leqslant F_{lu} = 0.35 f_t \cdot \eta u_m h_0 + 0.8 f_{yv} A_{sbu} \sin\alpha \tag{17-62}$$

式中 A_{svu}——与呈 45°冲切破坏锥体斜截面相交的全部箍筋截面积，见图 17-72；

A_{sbu}——与呈 45°冲切破坏锥体斜截面相交的全部弯起钢筋截面积，见图 17-72；

α——弯起钢筋与板底面的夹角；

f_y、f_{yv}——分别为弯起钢筋和箍筋的抗拉强度设计值。

对于配置受冲切的箍筋或弯起钢筋的冲切破坏锥体以外的截面，仍应按式(17-58) 进行受冲切承载力计算，此时，u_m 取冲切破坏锥体以外 0.5h_0 处的最不利周长计算。

根据计算所需的箍筋，应配置在冲切破坏锥体范围内。此外，尚应按相同的箍筋直径和间距向外延伸配置在不小于 0.8h_0 范围内，箍筋宜为封闭式，并应箍住架立钢筋，箍筋直径不应小于 6mm，其间距不应大于 $h_0/3$，如图 17-72 (*a*) 所示。

计算所需的弯起钢筋，可由一排或两排组成，其弯起角可根据板的厚度取为 30°～45°之间，弯起钢筋的倾斜段应与冲切破坏斜截面相交，其交点应在离集中反为作用面积周边以外 $h/2$～$2h/3$ 的范围内，如图 17-72 (*b*)所示。弯起钢筋直径不应小于 12mm，且每一方向不应少于三根。

17.6.6 无梁楼盖的截面设计与构造

1. 截面的弯矩设计值

当竖向荷载作用时，有柱帽的无梁楼盖内跨，具有明显的穹顶作用，这时截面的弯矩设计值，应予以适当折减。因而除边跨及边支座外，所有其余部位截面的弯矩设计值，均为按内力分析得到的弯矩乘以折减系数 0.8。

2. 板厚及板的截面有效高度

无梁楼板盖通常是等厚的。对板厚的要求，除满足承载力的要求外，还须满足刚度的要求，以控制板的挠度变形。由于目前对无梁楼盖的挠度尚无完善的计算方法，所以根据经验用板厚 h 与长跨 l_{02} 的比值来控制其挠度，对无帽顶板情况，取 $h/l_{02} \geqslant 1/32$；且柱上板带可适当加厚，加厚部分的宽度可取相应跨度的 30%；对有帽顶板情况，$h/l_{02} \geqslant 1/35$。

板的有效截面高度取值与双向板类似。同一部位的两个方向弯矩同号时，由于纵横钢筋叠置，应分别取各自的截面有效高度。当为正方形时，为了计算方便，可取两个方向截面有效高度的平均值。

3. 板的配筋

板的配筋通常采用绑扎钢筋的双向配筋方式。为减少钢筋类型，又便于施工，一般采用一端弯起，另一端直线段的弯起式配筋。钢筋弯起点和切断点的位置，必须满足图 17-75 的构造要求。对于支座上承受负弯矩的钢筋，为使其在施工阶段具有一定的刚性，其直径不宜小于 12mm。

4. 圈梁

无梁楼盖的周边应设置圈梁，其截面高度不小于板厚的 2.5 倍。圈梁除与半个柱上板带一起承受弯矩外，还须承受未计及的扭矩，所以应另设置必要的抗扭构造钢筋。

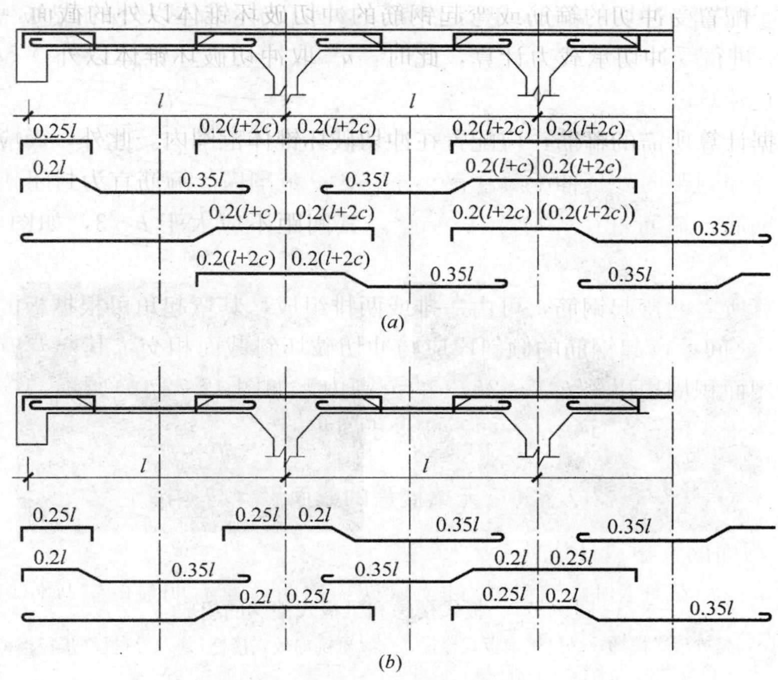

图 17-75 无梁楼盖的配筋构造

(a) 柱上板带配筋；(b) 跨中板带配筋

17.7 楼 梯

楼梯是多高层建筑中竖向交通的重要组成部分。梁式楼梯和板式楼梯是最常见的楼梯形式。梁式楼梯由斜梁、平台板和平台梁组成，见图 17-76(*b*)；板式楼梯由梯段板、平台板和平台梁组成，见图 17-76(*a*)。实际楼梯的形式多种多样，

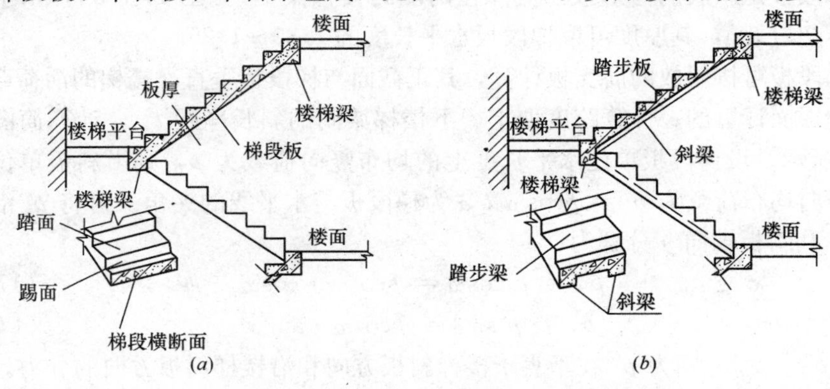

图 17-76 板式楼梯和梁板式的组成

(*a*)板式楼梯；(*b*)梁式楼梯

常常成为建筑形式的一部分，见图 17-77。本章仅介绍梁式楼梯和梁板式楼梯。

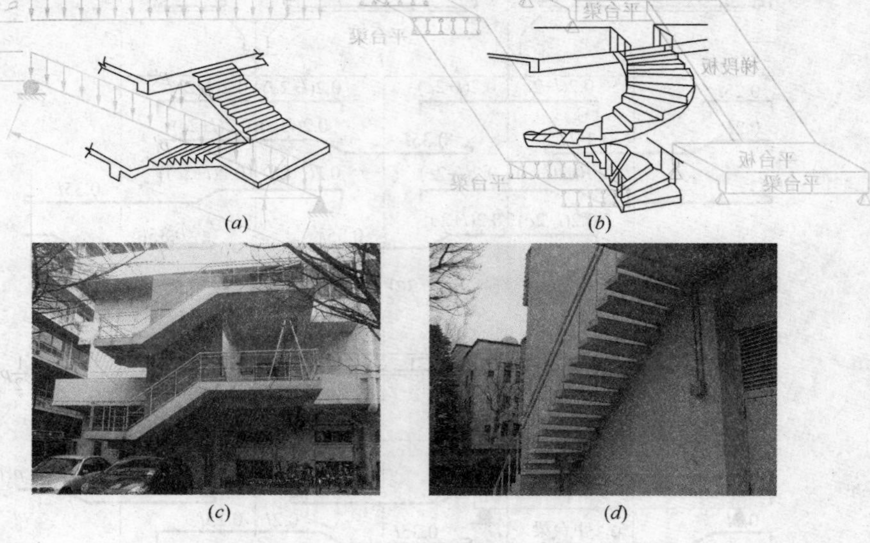

图 17-77　板式楼梯和梁板式楼梯的组成

（*a*）悬挑板式楼梯；（*b*）螺旋板式楼梯；（*c*）悬挑梯板式楼梯；（*d*）悬挑踏步板楼梯

根据《荷载规范》，对于使用人数较少的多层住宅楼梯，其活荷载标准值取 2.0kN/m^2，其他楼梯活荷载标准值取 3.5kN/m^2。

17.7.1　板式楼梯的设计

如图 17-76(*a*)所示，梯段板是斜放的齿形板，支撑在梯段板上、下两端的楼梯梁上。板式楼梯的设计包括梯段板、平台板和楼梯梁的设计。

1. 梯段板

梯段板是斜放的齿形板，支撑在两端的楼梯梁上（见图 17-78*a*），水平长度一般不超过 3m，其厚度可取梯段板水平长度的 1/30～1/25。

梯段板可按斜放的简支板计算，其正截面与梯段板垂直。楼梯的活荷载是按水平投影面计算的，计算跨度取上、下楼梯梁间的斜长净距 l'_n，计算简图如图 17-78 所示。设梯段板单位水平长度上的均布竖向荷载为 p，则沿斜板单位长度上的竖向均布荷载为 $p' = p\cos\alpha$，α 为梯段板与水平线的夹角。再将 p' 沿斜板横向 x 和斜板轴向 y 分解为：

$$p'_{x} = p'\cos\alpha = p\cos\alpha \cdot \cos\alpha \tag{17-63a}$$

$$p'_{y} = p'\sin\alpha = p\cos\alpha \cdot \sin\alpha \tag{17-63b}$$

式中，p'_x、p'_y 分别为 p' 在垂直于楼梯斜板方向和沿楼梯斜板方向的分力。其中 p'_y 对楼梯斜板的弯矩和剪力没有影响。

设 l_n 为梯段板的水平净跨长，则 $l_n = l'_n\cos\alpha$，故斜板的跨中最大弯矩和支

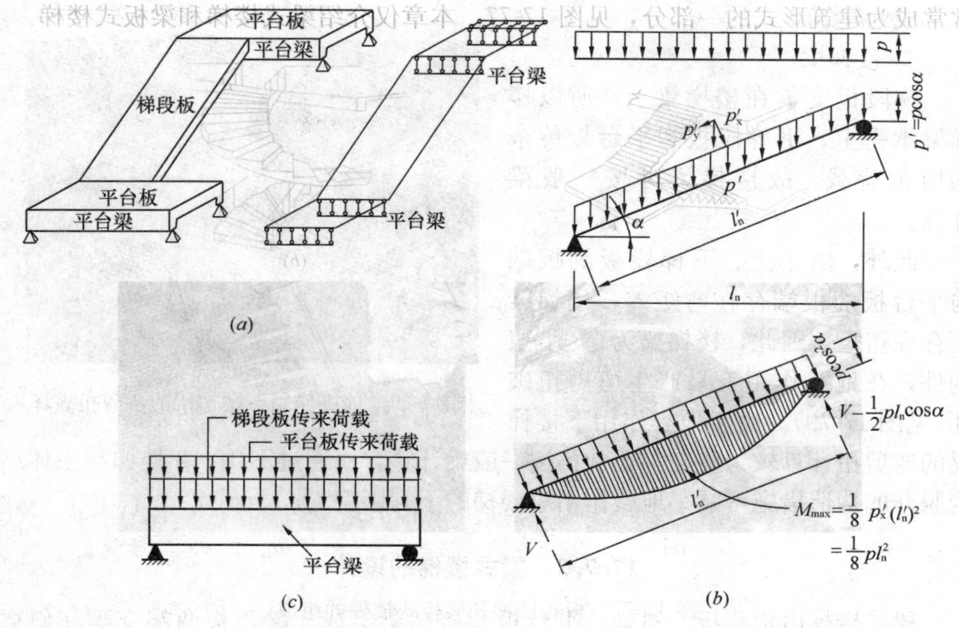

图 17-78 板式楼梯的荷载传递与梯段板的计算简图

(a)板式楼梯的荷载传递；(b)梯段板的计算简图；(c)楼梯梁的计算简图

座最大剪力可表示为：

$$M_{\max}=\frac{1}{8}p'_{\mathrm{x}}(l'_{\mathrm{n}})^2=\frac{1}{8}pl_n^2 \tag{17-64a}$$

$$V_{\max}=\frac{1}{2}p'_{\mathrm{n}}(l'_{\mathrm{n}})^2=\frac{1}{2}pl_n\cos\alpha \tag{17-64b}$$

可见，简支斜梁在竖向均布荷载 p 作用下的最大弯矩 $M_{\max}$，等于其水平投影长度的简支梁在 p 作用下的最大弯矩；最大剪力 $V_{\max}$ 等于水平投影长度的简支梁在 p 作用下的最大剪力乘以 $\cos\alpha$。考虑到梯段板与楼梯梁整浇，楼梯梁及平台板对楼梯斜板的转动变形有一定的约束作用，故楼梯斜板跨中弯矩可近似取 $M_{\max}=\frac{1}{10}pl_{\mathrm{n}}^2$。截面承载力计算时，梯段斜板的截面高度应垂直于梯段板斜面，并应取齿形的最薄处厚度。

为避免楼梯斜板在支座处弯矩产生过大裂缝，应在楼梯斜板板面配置一定数量的钢筋，一般取 ϕ8@200，长度为 $l_n/4$。斜板内的分布筋可采用 ϕ6 或 ϕ8，每级踏步不少于 1 根，放置在受力钢筋的内侧。

2. 平台板

平台板一般设计成单向板，可取 1m 宽板带计算。平台板一端与楼梯梁整浇连接，另一端与外框架梁整浇连接（或与过梁整浇连接），跨中弯矩可近似取

$pl^2/8$ 或 $pl^2/10$。

3. 楼梯梁

梯段板支承在楼梯梁上，所以楼梯梁承受上、下梯段板和平台板传来的均布荷载，故楼梯梁可按一般梁计算。

图 17-79 地震作用下楼梯梁的弯剪扭破坏

此外，由于上、下梯段板的板端与平台板的板端存在弯矩差，楼梯梁还存在扭矩。因此，楼梯梁为弯-剪-扭构件，在地震作用下易产生弯剪扭破坏(见图 17-79)。由于地震作用下楼梯梁的弯剪扭计算较为复杂，通常仍按一般梁计算，而通过图 18-18 楼梯与主体结构脱开的构造措施可减小地震作用对楼梯的不利影响。

17.7.2 梁式楼梯的设计

梁式楼梯由踏步板、斜梁、平台板和楼梯梁组成。踏步板两端支承在斜梁上，一般按两端简支的单向板计算，一般一个踏步作为一个计算单元。踏步板为梯形截面，板的截面高度可近似取平均高度 $h=(h_1+h_2)/2$ (图 17-80)，板厚一般不小于 30～40mm。每个踏步一般配置不少于 2ϕ6 的受力钢筋，沿斜向布置的分布筋不少于 ϕ6，间距不大于 300mm。斜梁的内力计算与板式楼梯的斜板相同，只是斜梁为矩形截面，其截面配筋见图 17-81。

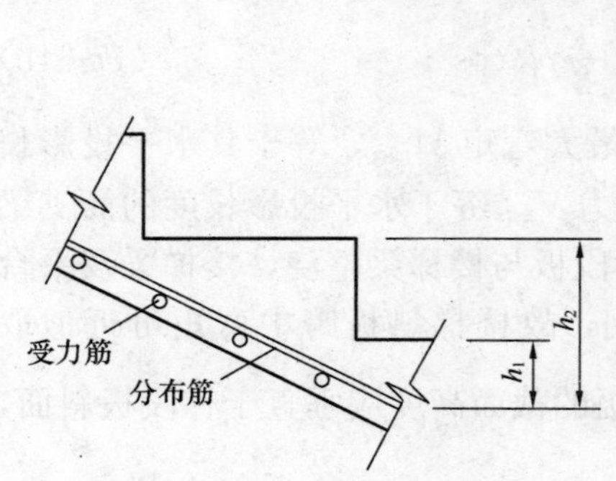

图 17-80 梁式楼梯的踏步板

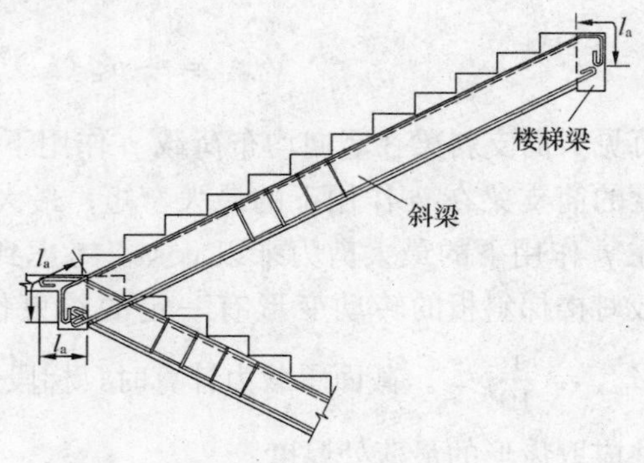

图 17-81 斜梁的配筋

思 考 题

17-1 不同的楼盖结构形式，在受力上各有什么特点，楼面荷载是如何传递的？用一些实例说明，在实际应用中如何选择和确定楼盖的结构形式？

17-2 荷载传递原则是什么？理解荷载传递原则与建立结构计算简图有什么关系？

17-3 肋形楼盖中，次梁简化为连续梁计算简图的条件是什么？

17-4 钢筋混凝土连续梁按弹性理论和按塑性理论计算时，计算跨度的取法有何差别？

17-5 试说明在均布荷载作用下，图 17-82 中哪些是单向板，哪些是双向板？

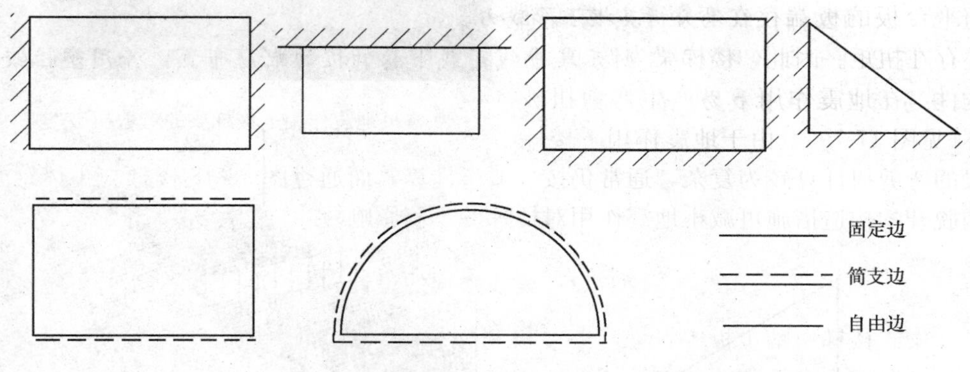

图 17-82 思考题 17.5

17-6 试说明在连续梁计算中折算荷载的概念，并说明次梁和板的折算荷载计算差异的原因。

17-7 何谓活荷载不利布置？在结构设计中如何考虑活荷载不利布置？如何确定内力包络图？

17-8 何谓内力重分布？何谓应力重分布？试分别列举两个例子。

17-9 如何理解钢筋混凝土连续梁按弹性理论计算内力与截面按极限状态配筋设计之间的不协调性？为什么说用弹性理论计算的内力来进行配筋设计是安全的？

17-10 试说明钢筋混凝土塑性铰有哪些特点？塑性铰的转动能力主要与哪些影响因素有关？塑性铰的转动能力对超静定结构有何意义？如何保证塑性铰的转动能力？

17-11 连续梁考虑塑性内力重分布进行设计有何优点？钢筋混凝土连续梁实现完全塑性内力重分布的条件是什么？如不满足这些条件，对连续梁的使用会产生什么影响？

17-12 简述弯矩调幅法的基本步骤。控制调幅系数的意义是什么？

17-13 单向板有哪些构造配筋？这些构造配筋的作用是什么？

17-14 次梁和主梁交接处的配筋构造有什么要求？对于交叉梁，两个方向梁的交接位置的配筋构造如何处理？

17-15　请说明四边支承双向板的受力特点，以及裂缝出现和形成塑性铰线的过程。

17-16　形成塑性铰线应符合哪些规则？

17-17　试画出图17-82所示各板在均布荷载作用下的塑性铰线（正塑性铰线用﹏﹏﹏，负塑性铰线用～～～～～）。

17-18　试讨论如何用板带法分析集中荷载作用下双向矩形板的弯矩。

17-19　试讨论图17-83所示均布荷载下两边固定一边自由三角形板的配筋布置，并用塑性铰线法分析其极限承载力。

17-20　试讨论图17-84所示集中线荷载下悬臂板的配筋布置，并用塑性铰线法分析其极限承载力。

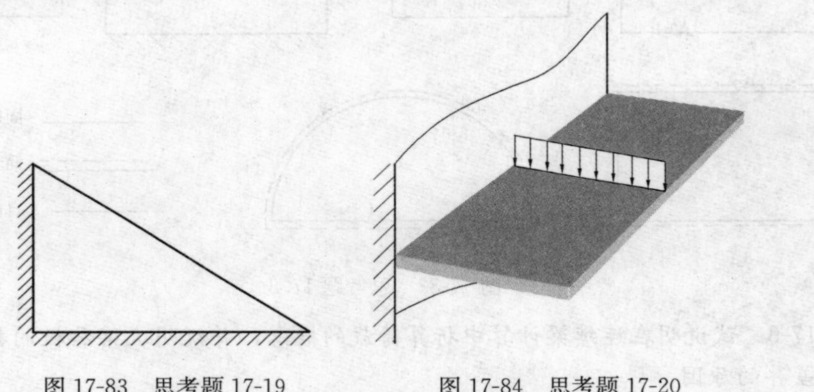

图17-83　思考题17-19　　　图17-84　思考题17-20

17-21　井式梁与双向板支承梁的计算有何区别？

17-22　试说明无梁楼盖的受力特点，讨论如何采用塑性铰线法和板带法计算无梁楼盖的弯矩，并与经验系数法和等代框架法进行比较。

17-23　无梁楼盖设置柱帽的作用是什么？楼板的抗冲切破坏与梁的受剪破坏有何异同？

17-24　板式楼梯与梁式楼梯的荷载传递有何差别，计算简图有何不同之处？

17-25　楼梯梁的受力有何特点？如何计算楼梯梁内力？

习　题

17-1　如图17-85所示双跨连续梁，各跨中作用集中荷载 P，若跨中及支座的极限弯矩均为 M_u，

(1)按弹性方法计算连续梁的承载力 P_e＝？

(2)按塑性方法计算连续梁的承载力 P_u＝？并计算支座弯矩的调幅系数。

17-2　均布荷载作用的两跨等跨连续梁，若跨中极限弯矩为 M_u，支座极限

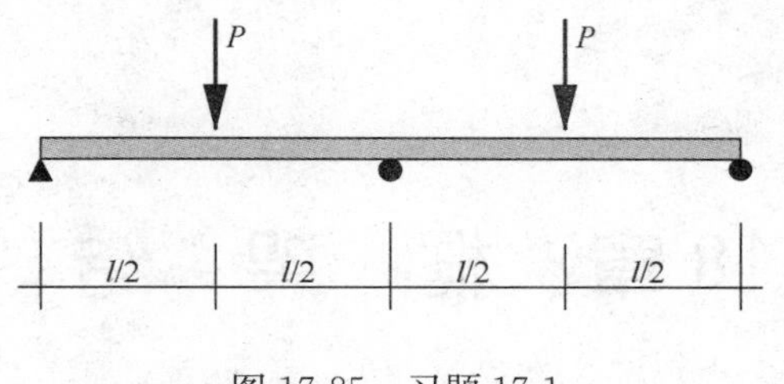

图 17-85　习题 17-1

弯矩为 αM_u，试计算其极限荷载。

17-3　试用塑性铰线方法分析均布荷载作用下三边固定一边简支双向板的极限荷载，并将计算结果与公式(17-58)进行比较。

17-4　试用塑性铰线方法分析均布荷载作用下三边固定一边自由双向板的极限荷载。

17-5　试用塑性铰线方法分析均布荷载作用下三边支承等边三角形板的极限荷载，并说明配筋形式。

17-6　如图 17-86 所示，四边固定方板，边长为 a，跨中单位宽度屈服弯矩 $m_x=m_y=m$，支承边屈服弯矩均为 1.5m，若板中心受一集中荷载 P，试用塑性铰线法求其极限承载力 P_u。

17-7　用板带法计算图 17-87 所示均布荷载作用下两边固定、两边简支矩形板的弯矩。

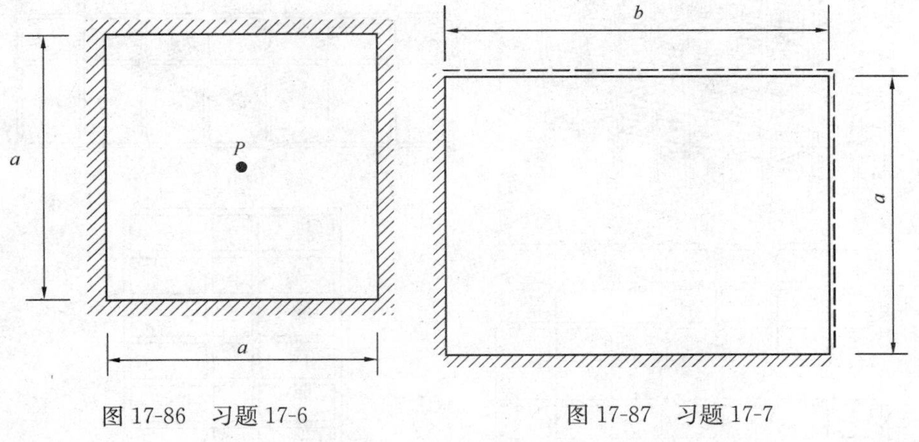

图 17-86　习题 17-6　　　图 17-87　习题 17-7

17-8　均布荷载作用下两端固定钢筋混凝土梁，支座负弯矩和跨中正弯矩的极限弯矩的绝对值相等(记为 M)，若该梁按塑性内力重分布计算，试确定弯矩调幅系数。

第18章 框 架 结 构

本章介绍工程中应用最广泛的框架结构的设计计算方法，包括：框架结构的震害与抗震概念设计、结构布置、内力分析简图、竖向荷载和水平荷载作用下的内力分析、荷载效应组合、框架梁和框架柱的设计，延性耗能框架的抗震设计，梁、柱构件和节点的抗震措施，以及抗连续倒塌设计。

18.1 概 述

框架结构是由梁和柱组成的空间结构单元，梁柱节点连接一般为刚接，形成空间整体结构，同时抵抗结构上的竖向荷载及水平荷载，如图 18-1 所示。

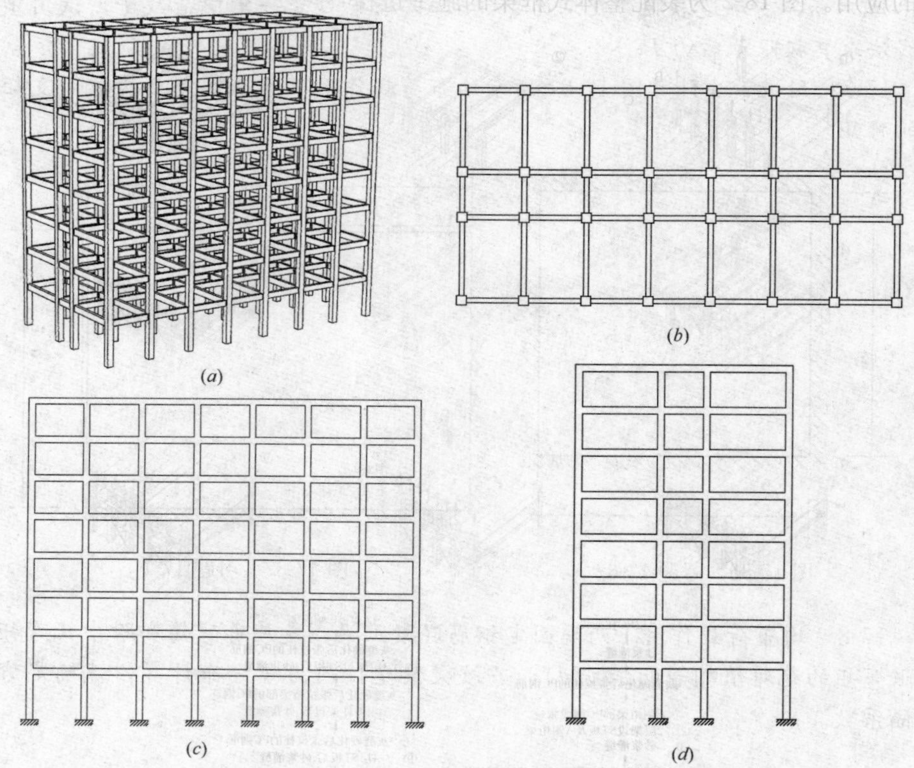

图 18-1 框架结构

(*a*) 三维透视图；(*b*) 平面图；(*c*) 纵向框架；(*d*) 横向框架

框架结构的建筑平面布置灵活、使用空间大，能够适应不同的建筑平面；可以用隔断墙分隔空间，以适应不同使用功能的需求。框架结构主要适用于办公楼、教室、商场等房屋建筑。框架结构构件类型少，设计、计算、施工都比较简单。

按照施工方法的不同，钢筋混凝土框架可以分为现浇式、装配式和装配整体式三种类型。现浇式框架的梁与柱节点近似理想刚接，可以承受弯矩、剪力与轴力，结构整体性好、抗震性能强、布置形式灵活，是目前的主要应用形式。

装配式框架的梁、柱乃至梁柱节点、甚至是框架单元等均为预制，施工时进行现场吊装和拼接连接。装配式框架的构件定型、施工机械化程度高，建造速度快，但因结构整体性差、造价较高，目前我国已很少应用。

装配整体式框架，则是指将预制的梁、柱构件或框架单元在现场吊装就位后再通过部分现浇连成整体的框架结构。预制构件通常为梁、柱，也有带梁柱的预制节点。为增强框架结构的整体性，楼板通常为现浇，即框架梁均为叠合梁，这样可保证预制梁、柱间的可靠连接，同时可使结构构造简单、方便施工、加快建造速度。装配整体式框架兼有现浇式和装配式框架的优点，近年来也得到较为广泛的应用。图 18-2 为装配整体式框架的施工过程。

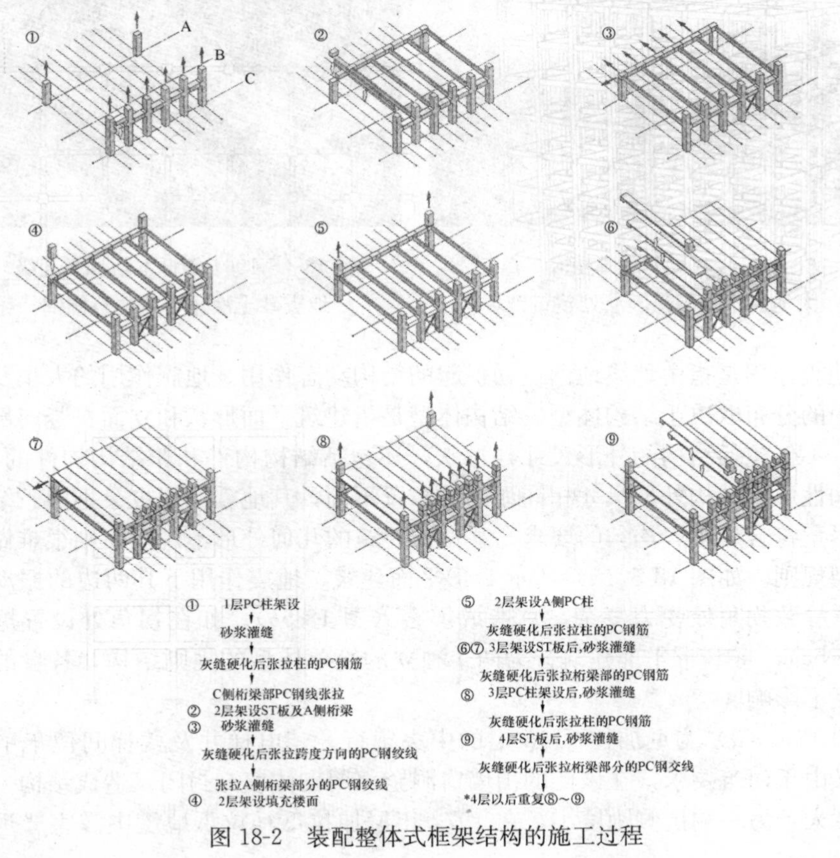

图 18-2　装配整体式框架结构的施工过程

18.2 框架结构震害与抗震概念设计

18.2.1 框架结构震害

目前地震及建筑结构所受地震作用还有许多规律未被认识，人们在总结历次大地震时工程结构的震害经验中认识到：一个合理的结构抗震设计很大程度上取决于良好的“抗震概念设计”。“抗震概念设计”是根据地震灾害和工程经验等所形成的基本设计原则和设计思想，进行建筑和结构总体布置并确定细部构造的过程。

图 18-3 为 2008 年汶川地震中断层经过小鱼洞镇的房屋建筑完全破坏，而距断层约 50m 内的建筑损坏严重，100m 以外的建筑破坏则明显减轻。图 18-4 为 1964 年日本新潟 7.4 级地震砂土液化导致建筑倾倒。因此，选择对建筑抗震有利的场地，避开对建筑抗震不利的地段，是建筑抗震设计的首要任务。

图 18-3　2008 年中国汶川 8.0 级大地震小鱼洞镇断层处建筑破坏

图 18-4　1964 年日本新潟 7.4 级地震砂土液化导致建筑倾倒

地震作用是指由地震地面运动引起的结构动态作用。地震作用的大小及其在结构中的分布取决于结构体型。结构体型是指建筑平面形状和立面、竖向剖面的变化，不仅包括结构的外形尺寸与形状，还包括结构构件和非结构构件的布置、尺寸和性质。结构外形尺寸相同而结构布置不同，其地震作用也会不同。结构体型应尽量符合规则、均匀的要求。显然，建筑的几何外形不规则，则很难做到结构体型规则。如图 18-5（*a*）所示 L 形平面建筑，地震作用下其两边的振动方向不同，导致拐角处受力复杂，宜造成震害（图 18-5*b*）。如在拐角处设置抗震缝（图 18-5*c*），将 L 形平面建筑分为两个独立的简单体型的规则结构，各自的地震作用互不影响。

图 18-6（*a*）为尼加拉瓜 15 层的中央银行，其电梯井及楼梯间位于平面一端，又由于建筑要求，在该侧的山墙窗洞全部用砌体填充封闭，造成结构一端抗侧刚度大，另一端抗侧刚度小，在 1972 年尼加拉瓜马拉瓜地震中震害严重。而

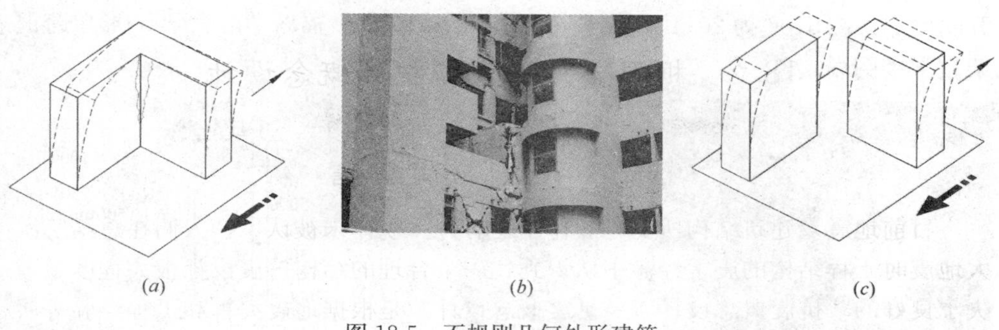

图 18-5 不规则几何外形建筑

(*a*) L 形平面；(*b*) L 形平面拐角处震害；(*c*) 分为两个矩形平面

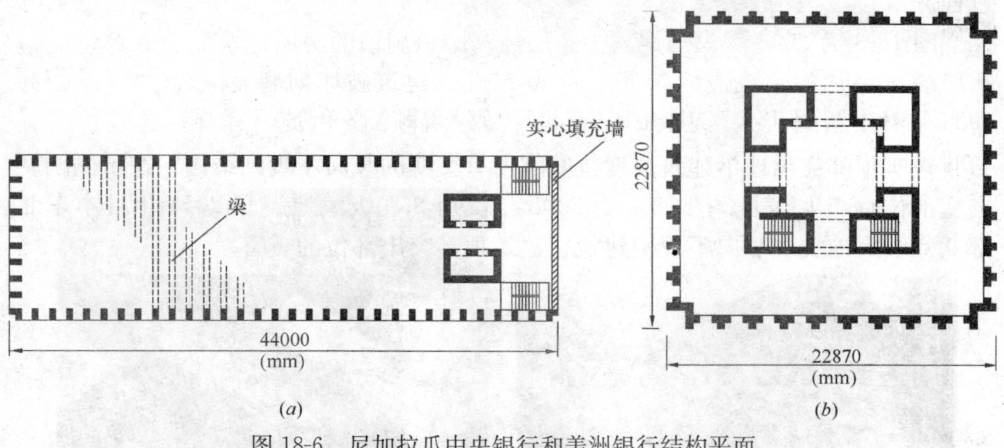

图 18-6 尼加拉瓜中央银行和美洲银行结构平面

(*a*) 中央银行；(*b*) 美洲银行

邻近的 18 层的美洲银行，有两层地下室，结构平面见图 18-6（*b*），采用了对称布置的四个 L 形剪力墙井筒，结构体型规则对称，在地震中仅井筒之间的连梁破坏。设计时已考虑连梁破坏后 4 个 L 形井筒独立抵抗地震作用的情况，井筒设计具有足够的承载力，除局部饰面脱落外，未发现裂缝。地震后更换连梁，继续正常使用。

图 18-7 中国银行都江堰支行办公楼单跨框架的部分倒塌

单跨框架结构的冗余度小，抗震能力差，地震中破坏和倒塌的情况比较多。图 18-7 为中国银行都江堰支行办公楼，是 6 层装配整体式钢筋混凝土框架结构，该建筑横向仅 1 跨，在 2008 年汶川 8.0 级大地震中，该结构一侧三层以上的 4 个开间倒塌。图 18-8 为 2011 年日本东北 9.0 级大地震中福岛学院大学 Y 形单跨框架教学楼倒塌。

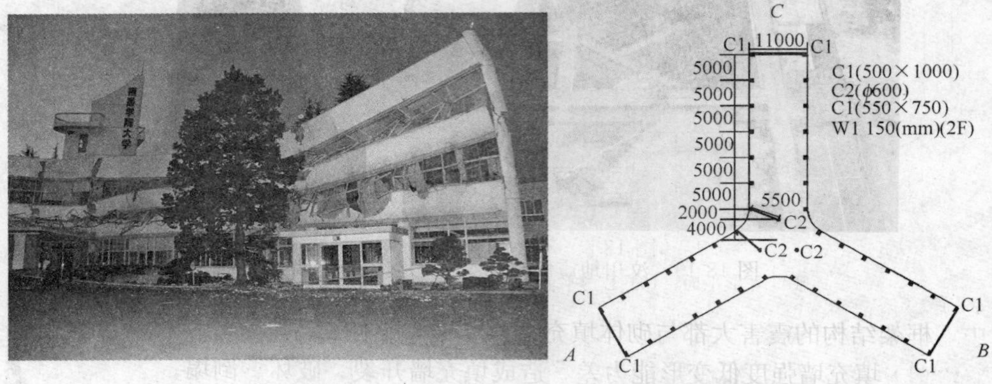

图 18-8 2011 年日本东北 9.0 级大地震 Y 形单跨框架震害

建筑顶部突出或沿建筑高度抗侧刚度有突变的竖向不规则结构，在抗侧刚度突变部位宜产生震害。图 18-9 为 2008 年汶川 8.0 级大地震和 2011 年日本东北部 9.0 级大地震中竖向不规则建筑在建筑顶部突出部位的震害。

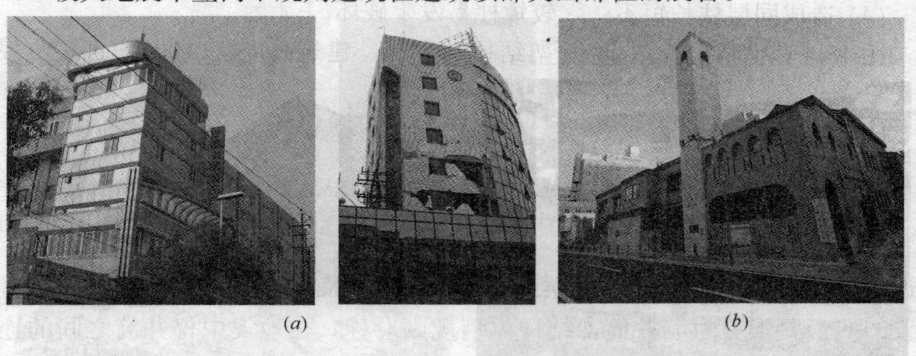

(*a*) (*b*)

图 18-9 竖向不规则建筑顶部突出部位的震害

(*a*) 2008 中国汶川 8.0 级地震江油市；(*b*) 2011 年日本东北 9.0 级大地震

地震地面运动在结构中产生的地震作用与结构的质量和刚度分布密切相关。结构的刚度分布不仅与结构构件的布置有关，还与具有刚度的非结构构件的布置有关。但在一般结构分析中，往往忽略非结构构件的刚度，这会导致结构的实际地震作用分布与计算地震作用分布差异很大。在我国，框架结构的空间分割主要采用砌体填充墙，包括混凝土小型空心砌块砌体墙、空心砖砌体墙及加气混凝土块砌体墙等。填充墙自重大、刚度大，不仅增大了结构的重量，也增大了填充墙所在框架的抗侧刚度，使结构实际地震作用的分布变得复杂。另一方面，由于砌体填充墙的承载力较低，地震中容易破坏、倒塌，故砌体填充墙对框架结构的抗震能力会产生诸多不利影响。如图 18-10 所示，2008 年中国汶川 8.0 级大地震

图 18-10 汶川地震中框架结构的砌体填充墙破坏

中，框架结构的震害大都与砌体填充墙有关，主要震害情况有：

（1）填充墙强度低变形能力差，造成填充墙开裂、破坏、倒塌；

（2）填充墙沿高度不连续造成结构实际层刚度突变，导致薄弱层破坏、倒塌，或导致结构实际楼层刚度中心与质量中心偏心距过大，使结构产生扭转而引起震害；

（3）填充墙约束框架柱形成短柱剪切破坏；

（4）造成同层柱长短不一，较短柱易发生破坏。

图 18-11 为都江堰某 6 层框架结构公寓楼，建筑高度 21.22m，首层为停车

(*a*)

(*b*)

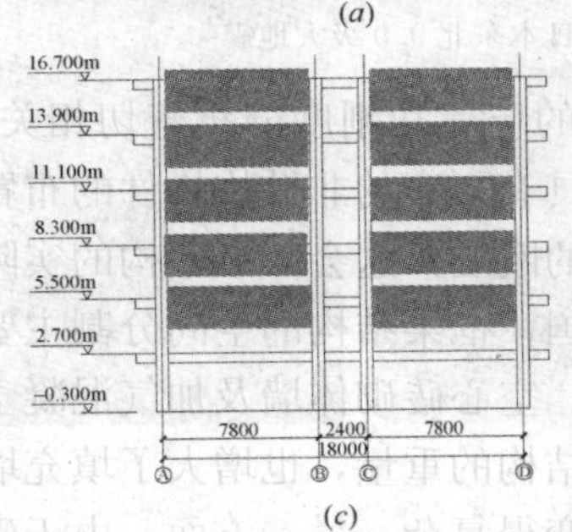

(*c*)

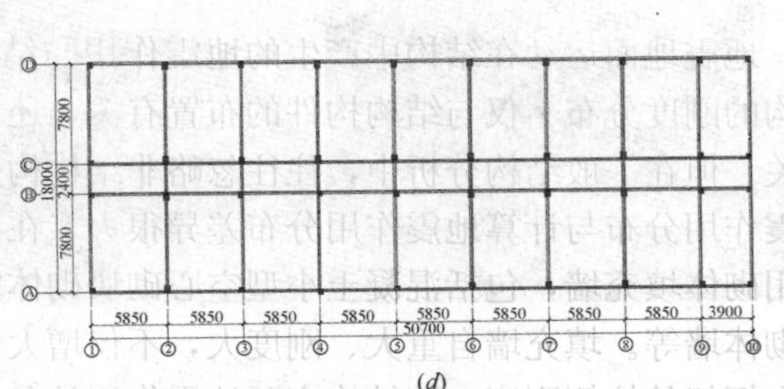

(*d*)

图 18-11 上部砌体填充墙导致底层刚度突变

(*a*) 东立面；(*b*) 底层框架柱严重破坏；(*c*) 结构立面；(*d*) 二层以上标准层平面

场，无填充墙；上部为小开间公寓，横向和纵向均有砌体填充墙。汶川地震中首层框架柱上下端均出现塑性铰，破坏严重，但上部楼层基本完好。

图 18-12 为汶川地震中绵阳市安县某 4 层单跨外走廊钢筋混凝土框架结构办公楼。该结构沿纵向有 10 个开间，首层西侧用空心砖填充墙分割为两个三开间大房间和一个楼梯间，东侧用空心砖填充墙分割为水房、楼梯间和卫生间(图 18-12*a*)。

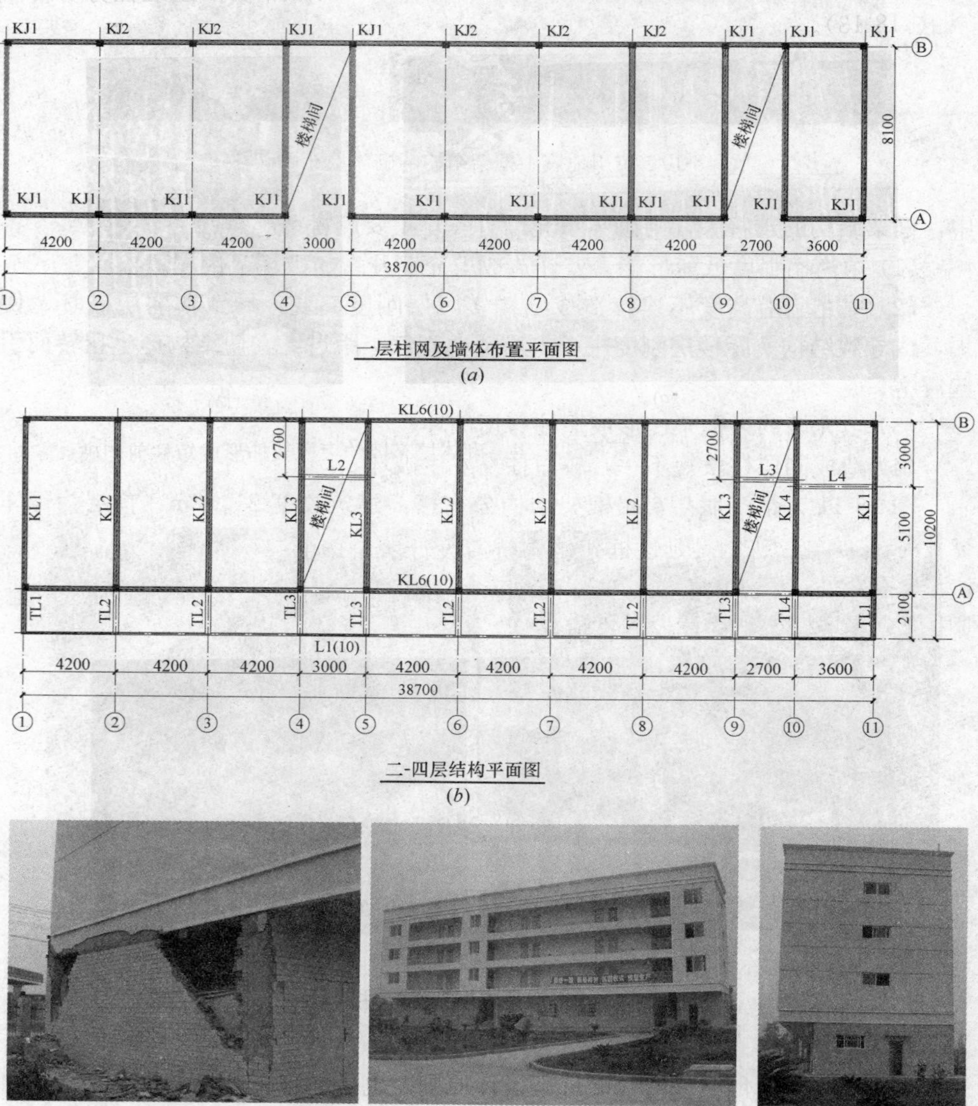

图 18-12　安县某办公楼建筑平面与震害

(*a*) 一层填充墙布置；(*b*) 二～四层填充墙布置；(*c*) 西立面底层填充墙破坏；(*d*) 南立面；(*e*) 东立面基本无震害

该建筑 2～4 层均是小开间，每开间均设横向填充墙(图 18-12*b*)。由于该建筑首层填充墙的不对称布置，导致首层刚度中心偏向东侧，使得西侧的横向位移大于东侧，导致西侧震害严重(图 18-12*c*)，而东侧墙体几乎无震害(图 18-12*c*)。

对于需设置门窗洞口的外侧填充墙，窗下填充墙对框架柱有侧向约束，使得框架柱的实际剪跨比减小，成为短柱，在地震水平力作用下易产生短柱剪切破坏(见图 18-13)。

(*a*)

(*b*)

图 18-13　汶川地震中都江堰某框架结构因砌体填充墙约束框架柱形成短柱剪切破坏
(*a*) 左框架柱两侧填充墙破坏未形成短柱；(*b*) 填充墙造成右框架柱短柱剪切破坏

"强柱弱梁"机制是延性框架结构抗震设计所希望的。然而，汶川地震中框架结构很少见到框架梁端塑性铰，而是大量出现柱端塑性铰。图 18-14 为汶川地震中部分多层框架结构柱铰震害情况。

(*a*)

(*b*)

图 18-14　汶川地震中框架结构柱铰震害
(*a*) 映秀镇某 2 层框架，一层框架柱出铰；(*b*) 都江堰某 4 层商场，一层框架柱出铰

"强剪弱弯"是框架梁、柱的抗震设计原则，也是实现延性框架的重要措施，对于框架柱尤为重要。图 18-15 为汶川地震中因框架柱配箍不足产生的剪切破坏震害。强节点弱构件是框架结构设计的重要原则，但因节点是梁、柱端受力最大部位，配筋交错密集，施工困难，也是地震中经常发生破坏的部位，见图 18-16。

地震时结构中的楼梯是逃生通道。然而由于楼梯梁本身受力复杂，以及框架

图 18-15　框架柱箍筋配置不足引起的剪切破坏

(a)

(b)

图 18-16　框架梁柱节点配箍和锚固不足引起的破坏

(a) 梁柱节点配箍不足；(b) 梁柱节点纵筋锚固不足

结构中现浇楼梯的斜撑作用会增大楼梯间的抗侧刚度，楼梯间的地震剪力通常较大，会导致楼梯破坏（见图 18-17）。此外，因楼梯间抗侧刚度一般较大，当楼梯间位于建筑平面一侧或在建筑平面中不对称布置时，可能造成结构平面刚度中心偏心，导致结构在地震作用下产生较大扭转变形，并由此引起震害。因此，框架结构设计时，应考虑楼梯构件对地震作用及其效应的影响，并对楼梯构件进行抗震承载力验算，避免地震发生时楼梯首先破坏。此外，楼梯在建筑平面的布置应尽可能减少对结构平面产生的偏心影响。

为避免楼梯板的斜撑作用对整体结构地震作用分布的不利影响，可采取图

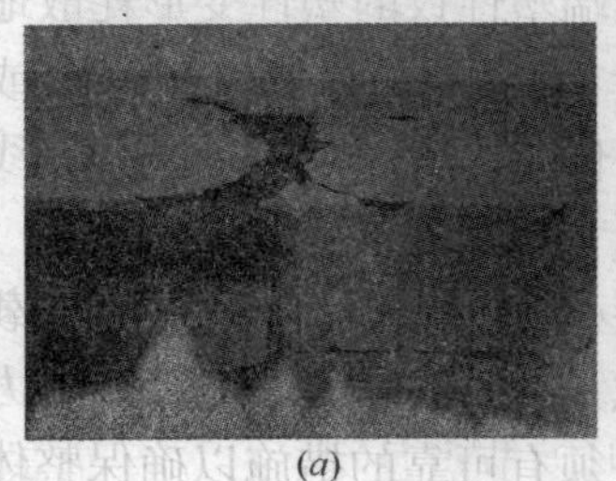
(a)
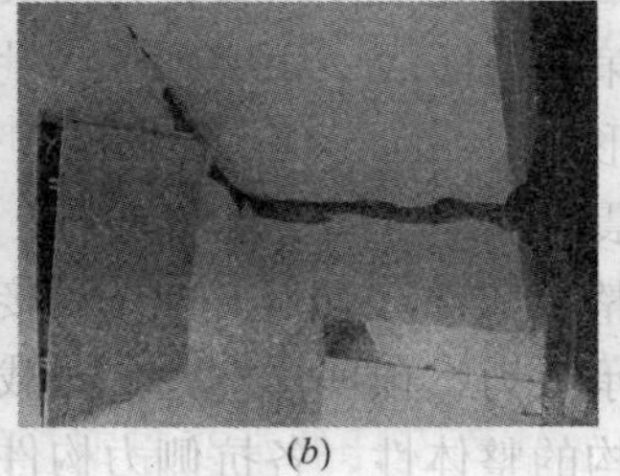
(b)

(c)

图 18-17　楼梯破坏

(a) 楼梯梁弯剪扭破坏；(b) 楼梯板受拉破坏；(c) 楼梯板拉断破坏

18-18所示楼梯一端滑动，使楼梯不参与整体结构受力。这种措施还可减小因楼梯在结构平面布置不规则导致复杂地震作用的情况。

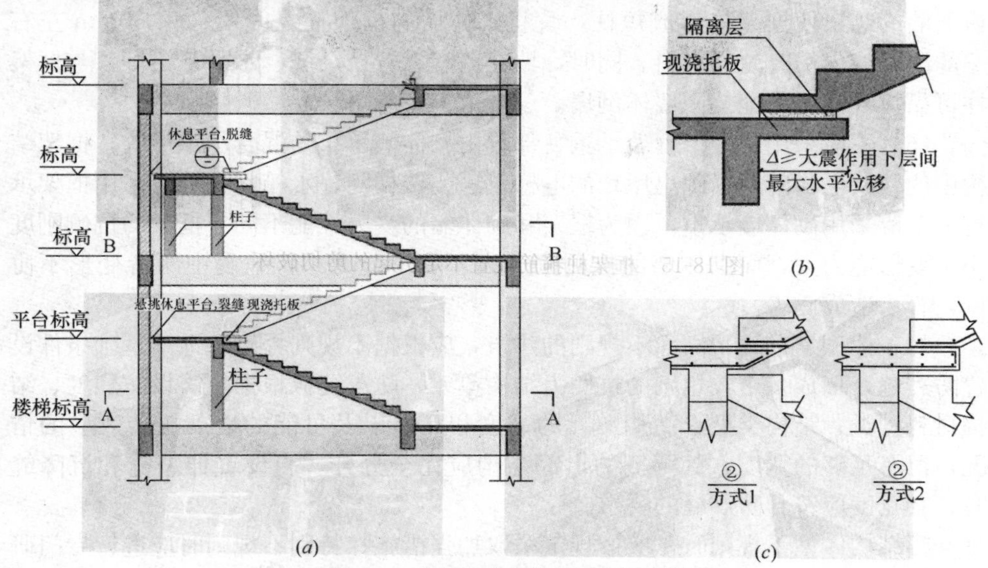

图18-18 楼梯与主体结构脱开的构造

(*a*) 楼梯剖面图；(*b*) 隔离层滑动要求；(*c*) 隔离层配筋构造

18.2.2 框架结构抗震概念设计

根据历次地震震害的经验总结，我国《抗震规范》为保证结构具有足够的抗震可靠性，对建筑工程结构的概念设计从以下六个方面给出规定：

(1) 选择对建筑抗震有利的场地，不应在危险地段建造甲、乙、丙类建筑。

(2) 建筑设计应采用形体规则的平面、立面和竖向剖面，抗侧力构件的平面布置宜规则对称，侧向刚度沿高度宜均匀变化，竖向抗侧力构件的截面尺寸和材料强度宜自下而上逐渐减小，避免侧向刚度和承载力突变。

(3) 尽可能设置多道抗震防线。对于框架结构，采用"强柱弱梁"型延性框架，在水平地震作用下，梁先于柱屈服，利用梁端塑性铰的塑性变形耗散地震能量，而使框架柱作为第二道防线。如果设置少量支撑或剪力墙，通过支撑或剪力墙控制结构的侧向变形并作为第一道抗震防线，使框架结构作为第二道防线，可以提高框架结构的抗震能力。

(4) 确保结构的整体性。各构件之间的连接必须可靠，构件节点的承载力不应低于其连接构件的承载力；预埋件的锚固承载力不应低于连接件的承载力；装配式的连接应保证结构的整体性，各抗侧力构件须有可靠的措施以确保整体结构的空间协同工作。

(5) 框架结构采用砌体墙作为填充墙时，应特别注意墙体的布置，避免和减少填充墙对建筑平面刚度不规则和竖向刚度不规则的影响，减小填充墙平面不对称布置造成的扭转和填充墙竖向不连续布置造成的薄弱层。还应避免与柱相邻的窗间墙的约束使框架柱形成短柱，宜将砌体墙与框架柱之间留一条 30mm 左右宽的缝，缝内填充软的材料。同时，填充墙宜设置拉结筋、水平系梁等，与框架柱可靠拉结，避免地震中墙体倒塌。

（6）不应采用部分由框架承重、部分由砌体墙承重的混合承重形式；框架结构中的楼、电梯间及局部出屋顶的电梯机房、楼梯间、水箱间等，应采用框架承重，不应采用砌体墙承重。因为框架和砌体墙的受力性能不同，框架的抗侧刚度小、变形能力大，而砌体墙的抗侧刚度大、变形能力小，地震中两者变形不协调，容易造成震害。

对于体型复杂、平立面不规则的建筑，应根据不规则程度、地基基础条件设置防震缝，形成多个较规则的抗侧力结构单元。防震缝应根据抗震设防烈度、结构材料种类、结构类型、结构单元的高度和高差以及可能的地震扭转效应的情况，留有足够的宽度，其两侧的上部结构应完全分开。当设置伸缩缝和沉降缝时，其宽度应符合防震缝的要求。

当结构体型不规则时，应按规定采取加强措施；特别不规则时应进行专门研究和论证，采取特别的加强措施；不应采用严重不规则的建筑。

18.2.3 框架结构的抗震等级

抗震等级是抗震设计的重要参数。《建筑抗震设计规范》GB 50011—2010 规定，钢筋混凝土房屋应根据建筑抗震设防类别、抗震设防烈度、结构类型和房屋高度采用不同的抗震等级。抗震等级的划分及其相应的抗震措施，体现了对不同抗震设防类别、不同结构类型、不同烈度、同一烈度但不同高度钢筋混凝土房屋结构延性要求的不同，以及同一种构件在不同结构类型中延性要求的不同。与抗震等级相应的抗震措施包括抗震设计时构件截面内力调整措施和抗震构造措施。丙类建筑现浇钢筋混凝土框架结构的抗震等级分为四级，按表 18-1 确定。乙类建筑框架结构应按提高一度查表 18-1 确定其抗震等级。

现浇钢筋混凝土框架房屋的抗震等级　　表 18-1

结构类型		设防烈度						
		6		7		8		9
框架结构	高度（m）	≤24	＞24	≤24	＞24	≤24	＞24	≤24
	框架	四	三	三	二	二	一	一
	大跨度框架	三		二		一		一

注：1. 建筑场地为Ⅰ类时，除 6 度外应允许按表内降低一度所对应的抗震等级采取抗震构造措施，但相应的计算要求不应降低；

2. 接近或等于高度分界时，应允许结合房屋不规则程度及场地、地基条件确定抗震等级；

3. 部分框支抗震墙结构中，抗震墙加强部位以上的一般部位，应允许按抗震墙结构确定其抗震等级。

18.3 框架结构的布置

结构布置是指结构构件的平面布置和竖向布置，称为结构体型。建筑体型和结构体型对结构的抗震性能有决定性影响。建筑体型由建筑师根据建筑的使用功能、建设场地、美学等确定；结构体型是指结构构件的布置，由结构工程师根据结构抵抗竖向荷载、抗风、抗震等的要求确定。具有结构作用的非结构构件（如具有刚度和承载力的填充墙）也属于结构体型的组成部分。结构布置是结构体型设计的主要工作，应在尽量满足建筑设计的基础上，充分考虑结构抵抗竖向荷载、抗风、抗震等的要求，尤其应考虑结构抗震概念设计要求。

18.3.1 总体布置要求

《抗震规范》规定，现浇钢筋混凝土框架结构的最大高度应符合表 18-2 的要求。平面和竖向均不规则的结构，适用的最大高度宜适当降低。与框架－剪力墙结构和剪力墙结构相比，框架结构的抗震能力相对较差，《高规》不建议 9 度抗震设防时采用框架结构。

现浇钢筋混凝土框架结构房屋适用的最大高度（m）　　表 18-2

结构类型	烈度				
	6	7	8（0.2g）	8（0.3g）	9
框 架	60	50	40	35	24

框架结构的高宽比是对框架结构的整体刚度、稳定性、承载能力和经济合理性的宏观控制指标。《高规》规定，钢筋混凝土框架结构的高宽比不宜超过表 18-3 的规定。建筑平面的长宽比应符合表 18-4 的规定，表中的参数 L、l、B、b、B_{max}见图 18-19。

钢筋混凝土框架结构适用的最大高宽比　　表 18-3

非抗震设计	抗震设计		
	6 度、7 度	8 度	9 度
5	4	3	2

建筑平面的长宽比限值　　表 18-4

设防烈度	L/B	l/B_{max}	l/b
6、7 度	≤6.0	≤0.35	≤2.0
8、9 度	≤5.0	≤0.30	≤1.5

（1）建筑平面

建筑体型往往对结构的风荷载和地震作用影响很大，也会影响结构的平面布

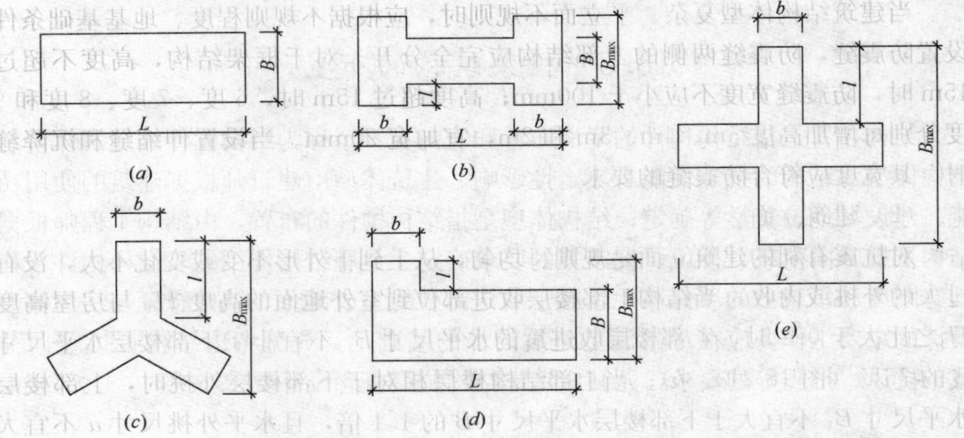

图 18-19　表 18-4 建筑平面布置参数

置，进而影响结构的抗震性能。有较多凹凸的复杂平面形状，如 V 形、Y 形、H 形平面等，对结构的抗风和抗震均不利。简单、规则、对称结构的抗风、抗震计算结果能较好地反映结构在水平力作用下的实际受力状态，能比较准确地计算确定其内力和侧移，且比较容易采取抗震构造措施和进行细部处理。因此，宜选用风荷载作用效应较小的平面形状，即简单规则的凸平面，如正多边形、圆形、椭圆形等简单几何平面。当结构单元的平面长度过大时，易在结构中产生较大的温度应力。同时，地震作用下建筑物两端可能发生不同步振动，产生扭转等复杂振动形态而导致结构受损。因此，对于如图 18-19 所示的结构单元平面，各部分的尺寸宜满足表 18-4 的要求。不应采用图 18-20 所示易引起应力集中的角部重叠和细腰形的平面。

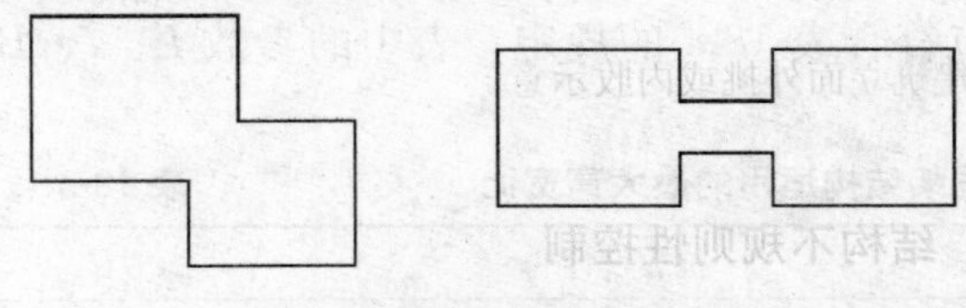

图 18-20　建筑平面布置要求

由于水平地震作用的分布取决于结构的抗侧刚度和质量的分布。对于复杂的建筑平面，楼盖在平面内的刚度在多处发生变化，且水平地震作用合力中心与刚度中心偏离，在水平地震作用下易使结构产生扭转。同时，在平面变化转折处往往产生应力集中，增大了这些部位构件的内力。对于规则形状的平面布置，如果刚度分布不对称，结构也会产生扭转效应。所以在布置抗侧力结构时，应当使地震水平合力作用线通过结构的刚度中心，尤其是布置刚度较大的电梯间和楼梯间时，要注意保证其关于整个建筑的对称性。此外，具有一定刚度的非结构填充墙，其抗侧刚度也应在结构设计中予以考虑。建筑平面形状不对称时，可通过设置钢筋混凝土填充墙或翼墙改善结构平面的对称性。

当建筑结构体型复杂、平立面不规则时，应根据不规则程度、地基基础条件设置防震缝，防震缝两侧的上部结构应完全分开。对于框架结构，高度不超过15m时，防震缝宽度不应小于100mm；高度超过15m时，6度、7度、8度和9度分别每增加高度5m、4m、3m和2m，宜加宽20mm。当设置伸缩缝和沉降缝时，其宽度应符合防震缝的要求。

（2）建筑立面

对抗震有利的建筑立面是规则、均匀，从上到下外形不变或变化不大，没有过大的外挑或内收。当结构上部楼层收进部位到室外地面的高度 H_1 与房屋高度 H 之比大于0.2时，上部楼层收进后的水平尺寸 B_1 不宜小于下部楼层水平尺寸 B 的75%（图18-21*a*、*b*）；当上部结构楼层相对于下部楼层外挑时，上部楼层水平尺寸 B_1 不宜大于下部楼层水平尺寸 B 的1.1倍，且水平外挑尺寸 a 不宜大于4m（图18-21*c*、*d*）。

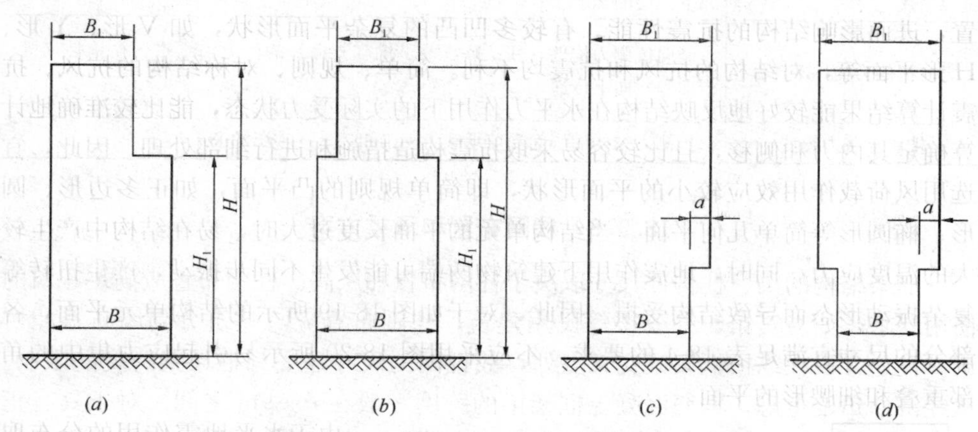

图18-21 建筑立面外挑或内收示意

18.3.2 结构不规则性控制

规则的建筑体型是规则结构体型的前提。但由于建筑内部空间的布置需要，有时规则的建筑体型也会存在不规则的结构体型。表18-5列出了《抗震规范》规定的三种平面不规则的结构类型，即：扭转不规则、凹凸不规则和楼板局部不连续。表18-6列出了《抗震规范》规定的三种竖向不规则的结构类型，即侧向刚度不规则、竖向抗侧力构件不连续和楼层承载力突变。

建筑形体及其构件布置不规则时，应采用空间结构计算模型，并应对薄弱部位采取有效的抗震构造措施。当存在多项不规则或某项不规则超过规定的参考指标较多时，属于特别不规则的建筑，此时应进行专门研究和论证，采取特别的加强措施。

平面不规则的主要类型 表 18-5

不规则类型	定义和参考指标
扭转不规则	在规定的水平力作用下，楼层的最大弹性水平位移或（层间位移），大于该楼层两端弹性水平位移（或层间位移）平均值的1.2倍
凹凸不规则	平面凹进的尺寸，大于相应投影方向总尺寸的30%
楼板局部不连续	楼板的尺寸和平面刚度急剧变化，例如，有效楼板宽度小于该层楼板典型宽度的50%，或开洞面积大于该层楼面面积的30%，或较大的楼层错层

竖向不规则的主要类型 表 18-6

不规则类型	定义和参考指标
侧向刚度不规则	该层的侧向刚度小于相邻上一层的70%，或小于其上相邻三个楼层侧向刚度平均值的80%；除顶层或出屋面小建筑外，局部收进的水平向尺寸大于相邻下一层的25%
竖向抗侧力构件不连续	竖向抗侧力构件（柱、抗震墙、抗震支撑）的内力由水平转换构件（梁、桁架等）向下传递
楼层承载力突变	抗侧力结构的层间受剪承载力小于相邻上一楼层的80%

18.3.3 柱网布置和承重方案

框架结构的梁、柱构件尺寸取决于柱网布置和层高。柱网布置应满足建筑的使用要求，如对宾馆、办公楼等民用建筑，柱网布置应与建筑分隔墙布置相协调。柱通常设在纵横框架梁交叉点处，故柱网的尺寸还受到框架梁跨度的限制。从经济性角度考虑，钢筋混凝土框架梁的跨度一般在6～9m之间。对于具有正交轴线柱网的框架结构，通常可以分为纵、横向两个框架，沿结构平面长向的称为纵向框架，沿结构平面短向的称为横向框架。由于地震作用及风荷载方向的不确定性，框架结构应设计成双向刚接的结构体系，使纵、横两个方向都具有相应的抗侧承载力和抗侧刚度。图18-22是一些典型的柱网布置。

根据楼面结构布置和竖向荷载的传力途径，框架结构可分为横向承重、纵向承重和纵横双向承重三种布置方案（见图18-23）。

(1) 横向承重方案。在横向承重方案中，由横向主梁和柱组成的主框架沿结构的横向布置，承担了绝大部分的竖向荷载和横向的水平风荷载及地震作用，结构布置见图18-23 (a)。当楼板为预制时应沿纵向布置；楼板为现浇时，通常还需要设置次梁将荷载传至横向框架。沿结构纵向，则通过连系梁将各榀横向框架连接在一起。这些连系梁与柱则形成了纵向框架以承受房屋纵向的水平风荷载和地震作用。由于房屋纵向的迎风面积较小，且纵向框架高宽比较小，风荷载所产生的框架内力通常很小，但纵向地震作用所引起的框架内力仍需要进行验算。

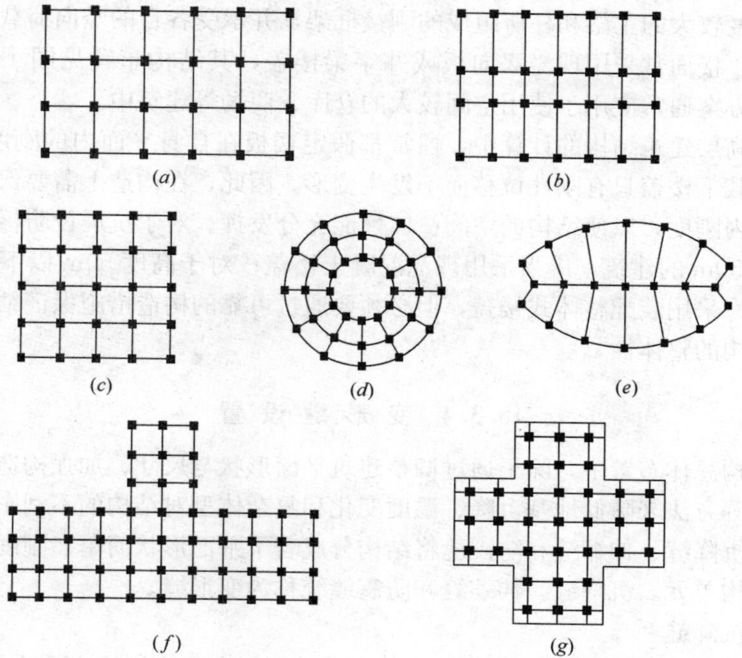

图 18-22 框架结构柱网布置

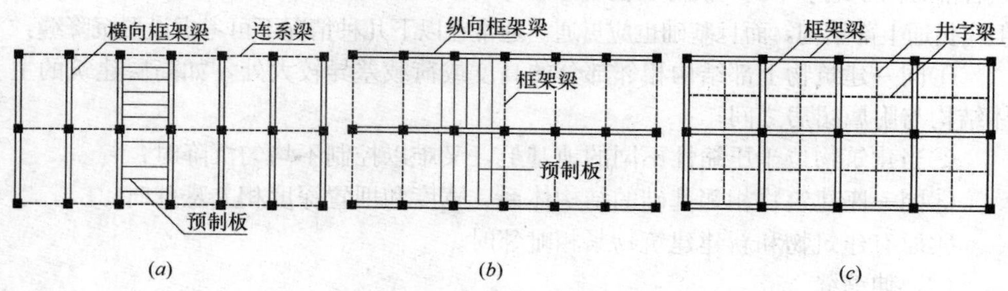

图 18-23 框架结构的布置方式

(a) 横向承重框架；(b) 纵向承重框架；(c) 纵横向承重框架

(2) 纵向承重方案。由纵向主梁和柱组成的主框架沿房屋的纵向布置，承担了绝大部分的竖向荷载和纵向水平风荷载与地震作用，结构布置见图 18-23 (*b*)。在纵向承重方案中，楼板的布置方式和次梁设置方向与横向承重方案相反。沿房屋横向设置的框架梁与柱形成横向框架，用以承担横向的水平风荷载和地震作用。当主梁沿纵向布置时，跨度相对较小，因此可以降低主梁高度，有利于增大房屋的使用净空。

(3) 双向承重方案。当柱网为正方形或接近正方形，或楼面荷载较大的情况下，可采用纵横双向承重方案。在双向承重方案中，房屋的纵、横向都需要布置由抗弯刚度较大的主梁和柱所组成的刚接框架，并承受各自的竖向荷载和水平荷载。此时，楼面常采用现浇双向板或井字梁楼盖，其结构布置见图18-23（c）。双向承重方案通常应用于使用空间较大的仓库、商场等建筑中。

多、高层建筑结构的计算中，通常都假定楼板在自身平面内的刚度无限大，在水平荷载下楼盖只有刚性位移而不发生变形。因此，在构造上需要保证楼盖较大的平面内刚度，以使结构的空间整体性能充分发挥。对于抗震设防标准较高或高度超过50m的建筑，应当采用现浇混凝土楼盖；对于高度50m以下的框架结构，也允许采用装配整体式楼盖，但必须要通过可靠的构造措施保证结构在强震下楼盖结构的整体性。

18.3.4　变形缝设置

在结构总体布置中，除了通过调整建筑平面形状与尺寸、加强构造措施、设置后浇带等方法来降低地基沉降、温度变化和复杂体型对结构的不利影响外，还可以采用沉降缝、伸缩缝和防震缝将结构分成若干平面形状简单、刚度均匀分布的独立结构单元。沉降缝、伸缩缝和防震缝统称为变形缝。

（1）沉降缝

当建筑相邻部分的高度、荷载、结构形式差别很大而地基又较弱时，为防止建筑各部分由于地基不均匀沉降引起房屋破坏而设置的变形缝，称为沉降缝。沉降缝不但应贯通上部结构，而且基础也应贯通。通常在以下几种情况下可考虑设置沉降缝：

①同一建筑物上部结构相邻部分的高度或荷载差异较大处，如高层建筑的主体结构与附属裙房之间；

②当建筑物位于压缩性不同的地基上，又难以控制不均匀沉降时；

③同一座建筑物相邻基础的结构体系、宽度和埋置深度相差悬殊时；

④原有建筑物和新建建筑物紧相毗邻时。

（2）伸缩缝

伸缩缝是为防止建筑物构件因温度变化和收缩效应使结构产生裂缝或破坏而沿建筑长度方向适当部位设置的竖向构造缝。根据温度变化和收缩效应的影响情况，一般沿建筑物长度方向每隔一定距离或在结构体型变化较大处设置伸缩缝。伸缩缝要求将建筑物的墙体、楼盖、屋盖等基础顶面以上的部分全部断开，基础部分因受温度变化影响较小，一般不需要断开。对于钢筋混凝土结构，在未采取其他有效措施的情况下，伸缩缝的最大间距不宜超出表18-7。

钢筋混凝土结构伸缩缝最大间距（m）　表18-7

结构类别	室内或土中	露天
装配式	75	50
现浇式	55	35

近年来，随着建筑规模越来越大和混凝土技术的发展，施工阶段混凝土温度应力的控制技术有很大进展。在有充分依据或有可靠的构造措施和施工措施减少温度和混凝土收缩对结构的影响时，可适当放宽伸缩缝的间距。下列措施对减少结构的温度应力和收缩应力均能起到一定作用：

①顶层、底层、山墙和纵墙端开间等温度变化影响较大的部位提高配筋率；

②顶层加强保温隔热措施，外墙设置外保温层，避免结构表面温度变化过大；

③每 30～40m 间距留出施工后浇带，带宽 800～1000mm，钢筋采用搭接接头，后浇带宜在两个月后浇灌，此时混凝土的收缩大约可以完成 70%；设置后浇带方法对减少混凝土收缩应力比较有效，且对结构整体性能的影响很小；

④顶部楼层改用刚度较小的结构形式（如将剪力墙结构的顶层局部改为框架结构）或顶部设局部温度缝，将结构划分为长度较短的区段；

⑤采用收缩小的水泥、减少水泥用量、在混凝土中加入适宜的微膨胀剂；

⑥提高每层楼板的构造配筋率或采用部分预应力结构。

（3）防震缝

对于抗震结构，应力求体形简单、重量和刚度对称且均匀分布，建筑物的形心和重心尽可能接近，避免在平面和立面上的突变。如果房屋平立面不规则，质量、刚度差异较大时，地震作用下会产生扭转振动等不利反应，或在薄弱部位产生应力集中导致结构破坏。为避免这些不利现象发生，可通过设置防震缝（图 18-24），把不规则的结构分为多个较规则的抗侧力结构单元。但设置防震缝后，各独立结构单元的抗侧刚度会大大降低、且结构的冗余度也会降低，地震作用下的变形会加大，遭遇罕遇地震时倒塌的可能性会增大。因此，应尽量通过合理的建筑和结构方案避免设置防震缝，以保证结构的整体性。此外，防震缝应尽可能同伸缩缝、沉降缝合并设置，相邻的上部结构应完全断开，并留有足够的缝宽，以免地震作用下相邻结构发生碰撞。防震缝的宽度应大于相邻结构单元在地震作用下顶点位移值之和，并应考虑地基不均匀沉降对结构顶点水平位移的影响。《抗震规范》规定：框架结构房屋的防震缝宽度，当高度不超过 15m 时不应小于 100mm；高度超过 15m 时，6 度、7 度、8 度和 9 度分别每增加高度 5m、4m、3m 和 2m，宜加宽 20mm。对于抗震结构沉降缝和伸缩缝的宽度均需满足防震缝宽度的要求。

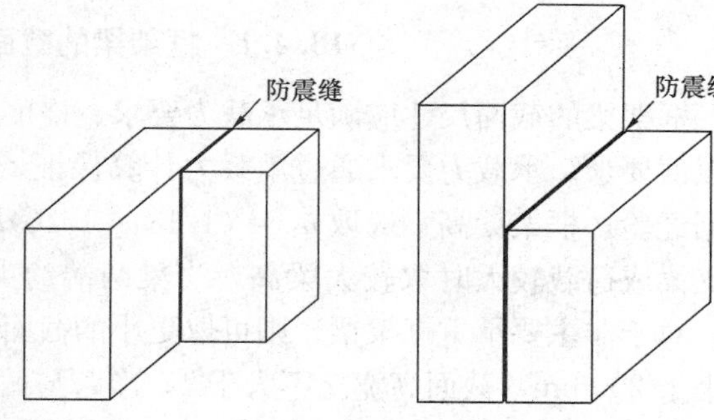

图 18-24 防震缝的设置

18.4 框架梁、柱的设计参数

框架梁的截面形状通常都设计成T形、矩形或工字形，如图18-25（a）、（b）、（c）所示，在装配式框架中还可以做成花篮形等形状（图18-25d）。框架柱的截面则一般为矩形或正方形，根据建筑需要有时也可做成圆形或其他形状（图18-25e、f）。

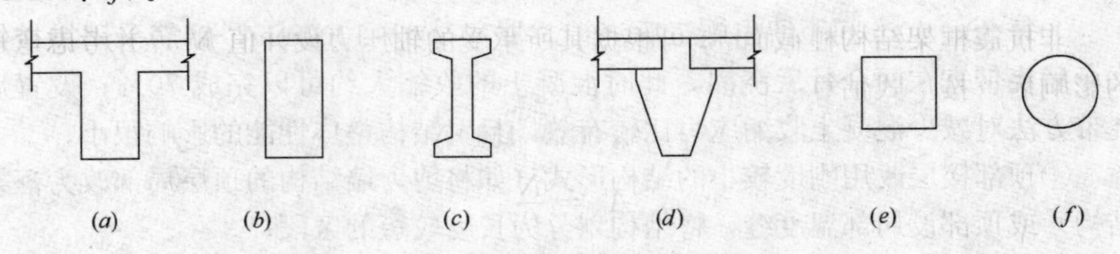

图18-25 框架梁、柱截面形状

框架梁、柱的截面尺寸取决于建筑的使用功能、构件的承载力、刚度、延性以及经济性等多方面因素。但在初步设计阶段，往往先根据以往的设计经验估算，然后根据结构分析结果和有关设计控制要求进行必要的调整后确定。

18.4.1 框架梁的截面尺寸

框架梁的截面尺寸应满足承载力要求、挠度变形要求、最小尺寸要求和剪压比限值要求。承载力要求通过承载力计算保证。挠度变形要求通过跨高比控制，根据经验，框架梁高一般取$h_b=(1/18\sim1/10)l_b$，l_b为框架梁的计算跨长。当为简支梁或荷载较大时取较大梁高，当梁两端约束较强或荷载较小时可取较小梁高。对于非主要承重框架梁，则可取更小的截面。框架梁最小尺寸要求为：宽度不小于200mm，截面高宽比不大于4，净跨与截面高度之比不小于4。此外，对矩形截面梁，其宽度不宜小于200mm，一般取$b=(1/3\sim1/2)h$，且至少比框架柱宽小50mm；对于T形截面梁，一般取腹板肋宽$b=(1/4\sim1/2.5)h$。当梁截面满足以上要求时，一般可不做挠度验算。

剪压比限值要求如下：

持久、短暂设计状况 $V\leqslant 0.25\beta_c f_c bh_0$ (18-1a)

地震设计状况

跨高比大于2.5的梁 $V\leqslant(0.2\beta_c f_c bh_0)/\gamma_{RE}$ (18-1b)

跨高比不大于2.5的梁 $V\leqslant(0.15\beta_c f_c bh_0)/\gamma_{RE}$ (18-1c)

式中 β_c——混凝土强度影响系数，混凝土强度等级不大于C50时取1.0，C80时取0.8，C50～C80时按线性内插取值。

当截面剪力设计值不符合式（18-1）时，可加大截面尺寸或提高混凝土强度等级。

此外，为统一模板尺寸以便于施工，框架梁的宽度 b 或高度 h 在 200mm 以上时取 50mm 为模数。在高层建筑中，有时为满足使用净空要求，也可将框架主梁设计成宽度较大的扁梁，此时在设计计算中需注意验算梁的挠度变形和裂缝宽度。

18.4.2 框架柱的截面尺寸

非抗震框架结构柱截面 A_c 可根据其所承受的轴压力设计值 N_v，并考虑弯矩的影响后，按下式估算：

$$\left.\begin{aligned} N &= (1.05 \sim 1.1)N_v \\ A_c &= \frac{N}{f_c} \end{aligned}\right\} \tag{18-2}$$

式中 N_v——框架柱的轴向力设计值，可根据其支承面积上的恒载及活载估算。

对于抗震结构框架柱，为保证其必要的延性，需控制柱的轴压比限值 n，此时柱截面面积 A_c 可按下式估算：

$$\left.\begin{aligned} N &= (1.1 \sim 1.2)N_v \\ A_c &= \frac{N}{nf_c} \end{aligned}\right\} \tag{18-3}$$

式中 n——框架柱的轴压比限值，按表 18-8 取值。

框架柱的轴压比限值 表 18-8

抗震等级	一	二	三	四
轴压比限值	0.65	0.75	0.85	0.90

此外，沿建筑高度，框架柱截面的变化次数不宜超过三次。框架柱的截面尺寸宜符合下列各项要求：截面的宽度和高度，非抗震设计、四级或不超过 2 层时不宜小于 300mm，一、二、三级抗震结构且超过 2 层时不宜小于 400mm；圆柱的直径，非抗震设计、四级或不超过 2 层时不宜小于 350mm，一、二、三级抗震结构且超过 2 层时不宜小于 450mm。为避免短柱剪切破坏，柱净高与截面长边之比不宜小于 4、或剪跨比宜大于 2；截面长边与短边的边长比不宜大于 3。

【例题 18-1】 某六层钢筋混凝土现浇框架结构教学楼，结构平面布置如图 18-26 所示，标准层层高 3.6m。估算该结构的梁、柱截面尺寸。（梁混凝土为 C30、柱为 C40，抗震等级为二级）

【解】

(1) 框架梁截面尺寸：

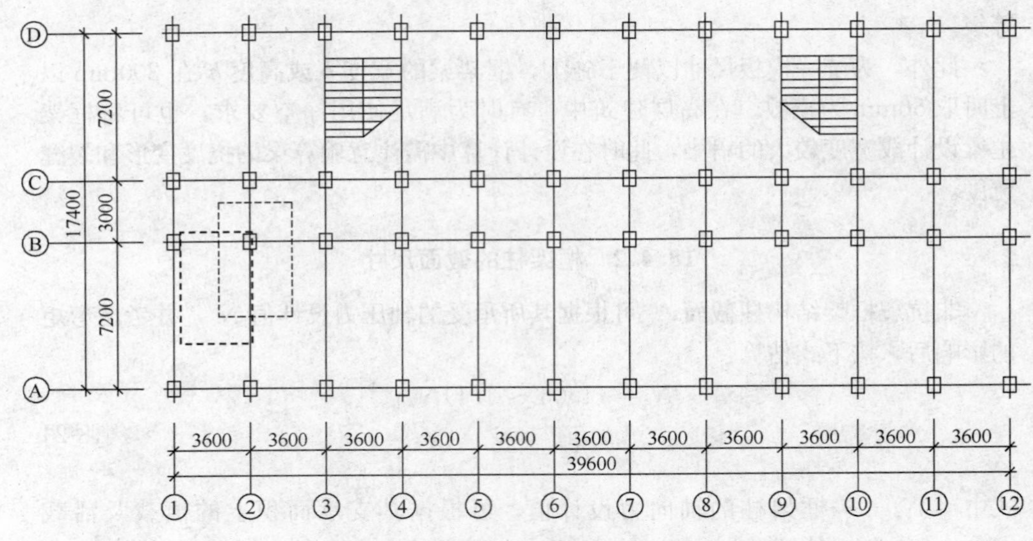

图 18-26　例题 18-1 结构平面布置图

边跨 $h=\left(\frac{1}{18}\sim\frac{1}{10}\right)l=400\sim720\text{mm}$，取 h=550mm，梁宽 b=250mm；中跨 h=400mm，梁宽 b=250mm。

（2）框架柱截面尺寸

全部柱采用相同的截面，按中柱进行估算。整个建筑的恒载标准值估算为 12kN/m²，活载标准值取 2.0kN/m²。

按中柱的负荷面积估算底层柱的轴力：

恒载：$12\times0.5\times(7.2+3.0)\times3.6\times6=1322\text{kN}$

活载：$2\times0.5\times(7.2+3.0)\times3.6\times6=220\text{kN}$

估算柱轴力设计值：$N_{\text{v}}=1.2\times1322+1.4\times220=1894\text{kN}$

对于二级框架，柱截面按下式估算：

$$A_{\text{c}}\geqslant\frac{1.2N_{\text{v}}}{0.75f_{\text{c}}}=\frac{1.2\times1894\times10^{3}}{0.75\times19.1}=1.59\times10^{5}\ \text{mm}^{2}$$

柱截面估算为 $h\times b=500\text{mm}\times400\text{mm}$。

18.4.3　梁柱计算参数

在进行框架内力和位移计算时，需要确定框架梁、柱的抗弯刚度和轴向刚度。混凝土的弹性模量根据设计强度等级按《混凝土结构设计规范》的规定取用。柱的截面惯性矩 I_{c} 按混凝土全截面计算。现浇楼盖的框架梁截面 GB 50010 惯性矩 I_{b} 应考虑楼板作为受压翼缘按下式计算：

$$\left.\begin{array}{l}\text{一侧有楼板} I_{\mathrm{B}} = 1.5\, I_{\mathrm{r}} \\ \text{两侧有楼板} I_{\mathrm{b}} = 2.0\, I_{\mathrm{r}}\end{array}\right\}$$

式中 I_r——按矩形截面梁计算的截面惯性矩。

对于梁端加腋的框架梁，需考虑沿梁轴线刚度变化的影响。

18.5 框架结构的分析

18.5.1 框架结构的受力特点

框架只能在自身平面内抵抗水平力，因此实际框架结构必须在两个正交的主轴方向设置框架，以抵抗各自方向的水平力。框架结构在水平力作用下的侧移变形如图 18-27 所示，主要由两部分组成：梁和柱的弯曲变形产生的剪切型侧移（图 18-27*b*），以及柱的轴向变形产生的整体弯曲型侧移（图 18-27*c*）。前者是主要的，即当结构高度不太大时，刚接框架的总侧移变形主要为剪切型侧移。

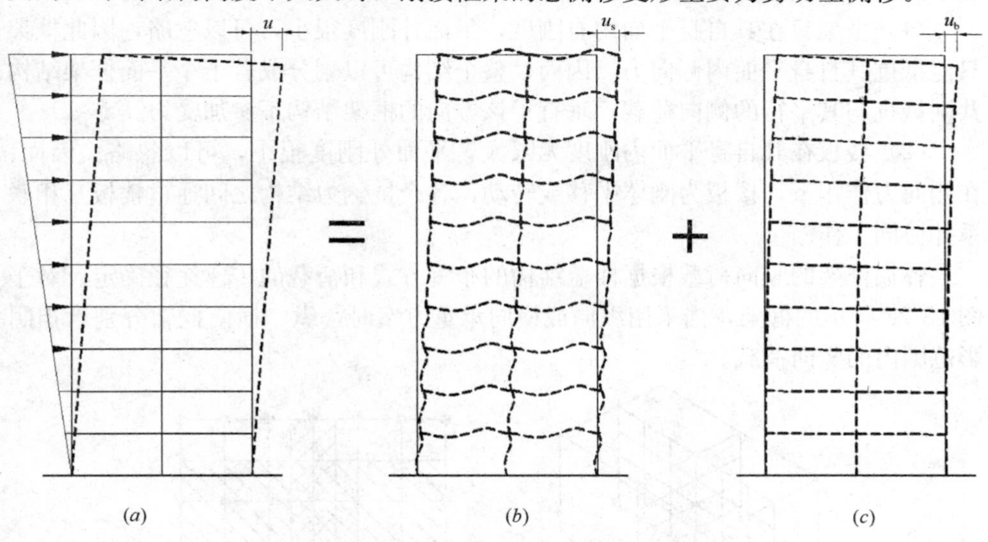

图 18-27 框架结构的侧移变形

框架结构的抗侧刚度较小，属于柔性结构。当房屋高度超过一定的范围时，在水平荷载作用下将产生过大的侧向位移，同时框架底部梁柱构件的内力显著增加，导致构件截面尺寸和配筋的也相应增大，不利于建筑平面布置和空间利用。因此，从受力合理和控制成本的角度出发，需要对框架结构的应用范围加以限制。表 18-2 和表 18-3 分别为《抗震规范》规定的现浇钢筋混凝土框架结构适用的最大高度和最大高宽比。

在框架结构中，梁柱节点区的内力集中，往往是导致结构破坏的薄弱环节，需要在设计和施工时慎重处理。对于有抗震要求的结构，由于强震下梁柱构件的弹塑性变形可能引起结构较大的侧移变形，因此需要通过合理的设计保证地震作用下框架结构在维持其承载能力的条件下具有足够的变形能力。但由于框架结构的抗侧刚度较小，在强震作用下结构整体侧移和层间侧移都较大，从而使填充墙、建筑装修和设备管道等易产生损坏，造成的损失往往也十分严重。因此有抗震要求的框架结构应选用轻质且变形性能好的填充墙材料，并合理处理填充墙与框架间的连接，以减少强震时的损失。

18.5.2 计算模型

框架结构属于空间杆系结构，按空间结构进行整体分析可以准确地计算结构各杆件的内力。在计算分析技术已成熟的条件下，这种空间结构的分析已不存在困难。但是，对于有比较明确的两个正交方向柱列轴线布置的规则框架结构，一般设计中将空间框架结构分解为不同方向的平面框架结构分别进行计算，即基于以下两个计算假定：

(1) 框架只在其自身平面内有刚度，平面外刚度很小，可以忽略，因此框架只能抵抗其自身平面内侧向力。因而，整个结构可以划分成若干个平面框架结构共同抵抗与其平行的侧向荷载，垂直于该方向的框架结构不参加受力。

(2) 楼板在其自身平面内刚度无限大，平面外刚度很小，可以忽略。因而，在侧向力作用下，楼板为刚体平移或转动，各个抗侧力结构之间通过楼板互相联系并协同工作。

各榀框架的竖向荷载根据楼盖结构的布置方式和荷载的传递途径确定。对于图18-28所示的框架，当采用纵向或横向承重方案时，纵、横向框架分别承担阴影范围内的竖向荷载。

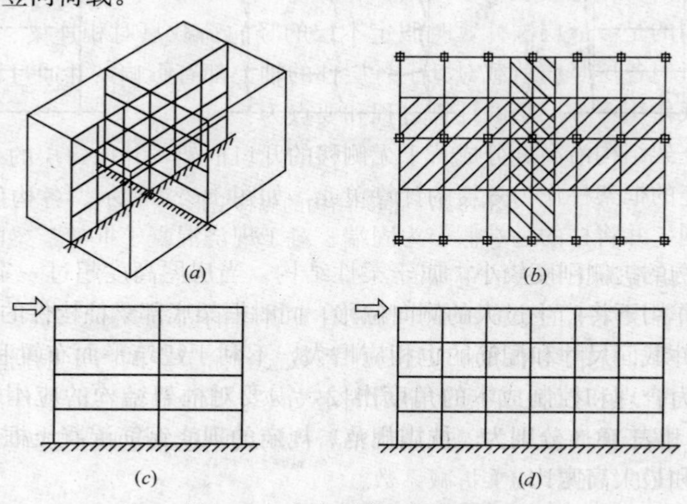

图18-28　框架结构的计算模型

钢筋混凝土现浇楼盖通常假定在其平面内的刚度无限大。因此对于图 18-28 所示规则框架，在横向荷载作用下不发生扭转，同一方向各榀框架的侧移相同，其承担的水平力根据各榀框架的抗侧移刚度按比例分配。当结构发生扭转时，各榀框架的侧移则呈线性分布。

梁、柱的轴线宜取截面几何中心的连线；框架梁的计算跨度可取框架柱轴线间的距离；除底层外，框架柱的计算高度可取各层层高，底层柱则一般取至基础顶面。现浇混凝土框架梁、柱内的纵向受力钢筋穿过或锚固于节点区，因此通常简化为刚接节点。

当屋面采用斜梁或折线形横梁的坡度小于 1/8 时，可近似简化为水平横梁。对于各跨跨度相差不大于 10%的不等跨框架，可简化为等跨框架计算。这些简化导致的内力分析误差不大，而计算工作量可大大减少。当使用计算机进行分析时，则一般不需对计算模型进行上述简化。

18.5.3 竖向荷载下的内力计算

1. 分层法

竖向荷载作用下，多层框架结构的侧移通常较小，同时当竖向荷载仅作用于一个楼层时，只在该层的框架梁及相邻的柱中产生较大的内力。而弯矩等内力经过柱和节点的分配和传递，向其他楼层传递时衰减很快。因此，框架结构在竖向荷载作用下的内力计算可以采用分层法，其简化计算假定如下：

(1) 假定在竖向荷载作用下，框架不发生侧移，即不考虑框架侧移对结构内力的影响；

(2) 假定作用在某一层框架梁上的竖向荷载只在本层梁以及与其相连的框架柱中产生内力，对其他楼层的框架梁、柱都不产生影响。

需要说明的是，分层法计算时假定本层的竖向荷载只对相连梁、柱的弯矩、剪力起作用，但各层竖向荷载对其下各层柱的轴力都有影响，并通过柱传递到基础。竖向荷载作用下分层法的计算过程和要点为：

(1) 将框架结构沿高度分成若干无侧移的开口框架，并以每层的全部框架梁以及与其相连的框架柱作为该层的计算单元，如图 18-29 所示。各构件的尺寸与原结构均相同，并将柱的远端假定为固端。对于现浇混凝土框架，梁的截面惯性矩计算时应考虑混凝土楼板的贡献。

(2) 根据各层梁上的竖向荷载，分别计算各梁的固端弯矩。

(3) 计算梁、柱的线刚度和弯矩分配系数。各个节点的弯矩根据相邻杆件的线刚度进行分配。底层的柱底可假定为固定支座。其余柱端在荷载作用下会产生一定的转角，属于弹性约束，因此用调整后柱的线刚度来反映支座转动影响，对除底层外其他柱的线刚度均乘折减系数 0.9。

(4) 梁和底层柱的传递系数均按远端固定支座取为 1/2，其余柱由于将弹性

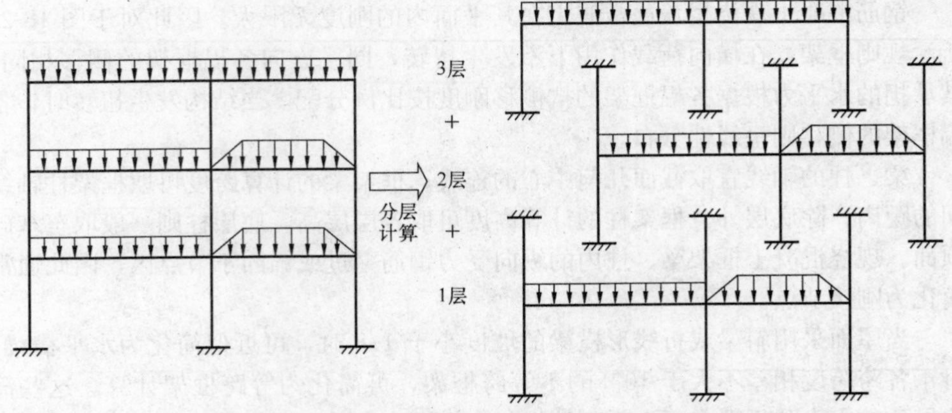

图 18-29　竖向荷载作用下的分层计算模型

支承简化为了固定端，因此传递系数改用 1/3。

（5）求得各楼层梁、柱杆件内力后，将同属于上、下两层柱的弯矩值叠加作为原框架的柱内力。而梁只属于一个楼层，分层计算的内力即为原框架结构中相应梁的内力。求出梁、柱的杆端弯矩后，根据各节点的静力平衡条件确定梁跨中弯矩和剪力以及柱的剪力和轴力。

由于分层计算的模型与实际结构有所不符，因此各层内力叠加后框架节点处可能存在弯矩不平衡。通常这种误差不大，可以满足工程需要。对节点不平衡弯矩比较大的节点，可以将不平衡弯矩根据相邻梁、柱的刚度值再进行一次分配。

【例题 18-2】　用分层法计算例题 18-1 钢筋混凝土框架结构教学楼在恒载作用下的内力。构件尺寸等均按照例题 18-1 的结果取用。

【解】

（1）竖向荷载计算

屋盖及楼盖面荷载计算结果见表 18-9。

屋盖及楼盖面荷载计算结果　　**表 18-9**

楼层	荷载类别	项目	标准值（kN/m²）
屋面（6 层）	恒载	二毡三油铺小石子	0.35
		30mm 找平层	0.03×20＝0.6
		150mm 加气混凝土保温层	0.15×6.0＝0.9
		120mm 现浇混凝土	0.12×25＝3.0
		20mm 板底粉刷	0.02×20＝0.4
		合计	5.25
	活载	雪载	0.4
		不上人屋顶	0.5

续表

楼层	荷载类别	项目	标准值（kN/m²）
楼面（1～5层）	恒载	10mm 水泥砂浆面层	0.01×20=0.2
		30mm 水泥砂浆找平层	0.03×20=0.6
		120mm 现浇混凝土	0.12×25=3.0
		20mm 水泥砂浆板底粉刷	0.02×20=0.4
		合计	4.2
	活载	走廊	2.5
		教室	2.0

梁的自重及隔墙荷载如下，其中梁侧面抹灰及粉刷层按照 20mm 厚、重度 $17kN/m^3$ 计算，侧面高度为 0.55－0.12＝0.43m；隔墙厚 240mm，材料容重 $10kN/m^3$，表面抹灰 18mm 厚。

边跨梁的自重 0.25×0.55×25＋2×0.02×0.43×17＝3.73kN/m

中跨梁的自重 0.25×0.40×25＋2×0.02×0.28×17＝2.69kN/m

第 5 层边跨梁上横隔墙自重（3.9－0.55）×0.24×10＋0.018×2×20＝10.45kN/m

1～4 层边跨梁上横隔墙自重（3.6－0.55）×0.24×10＋0.018×2×20＝9.52kN/m。

偏于安全计算，楼面及屋面荷载均按单向分配到横向框架进行计算。各层梁上荷载的标准值汇总结果见表 18-10。

梁上荷载的标准值汇总结果 **表 18-10**

楼层	位置	恒载（kN/m）	活载（kN/m）	雪载（kN/m）
屋顶	边跨	3.73＋5.25×3.6＝22.6	0.5×3.6＝1.8	0.4×3.6＝1.44
	中跨	2.69＋5.25×3.6＝21.6	0.5×3.6＝1.8	0.4×3.6＝1.44
5层	边跨	3.73＋4.2×3.6＋10.45＝29.3	2.0×3.6＝7.2	—
	中跨	2.69＋4.2×3.6＝17.8	2.5×3.6＝9.0	—
1～4层	边跨	3.73＋4.2×3.6＋9.52＝28.4	2.0×3.6＝7.2	—
	中跨	2.69＋4.2×3.6＝17.8	2.5×3.6＝9.0	—

考虑恒载(包括柱、内外墙等)、活载(不包括屋面活荷载)后的 1～6 层重力荷载代表值分别为 9868kN、9067kN、9067kN、9067kN、9239kN、7319kN。

（2）计算模型

由结构及荷载的对称性，取如图 18-30 所示的 1/2 个结构进行计算。梁、柱的线刚度计算结果见表 18-11。其中，梁的刚度考虑了混凝土板的有效宽度，即取 $2.0I_b$，柱的线刚度已经包含了折减系数。

梁、柱的线刚度计算结果　　表 18-11

构件	位置	截面 $h \times b$ (mm)	跨度(高度) l (h)	I_r (mm^4)	$I_b(I_c)$ (mm^4)	$i_c = E_c I_b / l$ (N·mm)
梁	边跨	550×250	7200	3.47×10^9	$2 \times 3.47 \times 10^9$	2.89×10^{10}
	中跨	400×250	3000	1.33×10^9	$2 \times 1.33 \times 10^9$	2.66×10^{10}
柱	顶层	500×400	3900	4.17×10^9	$0.9 \times 4.17 \times 10^9$	3.13×10^{10}
	2～6 层	500×400	3600	4.17×10^9	$0.9 \times 4.17 \times 10^9$	3.38×10^{10}
	底层	500×400	5000	4.17×10^9	4.17×10^9	2.71×10^{10}

注：计算中梁截面惯性矩为矩形梁截面惯性矩的 2 倍；2～6 层柱的计算截面惯性矩为矩形柱截面惯性矩的 0.9 倍，首层不修正。

对于均布荷载，梁的固端弯矩为 $M_f = \frac{1}{12} q l^2$。恒载及梁的固端弯矩分别示于图 18-30(b)。

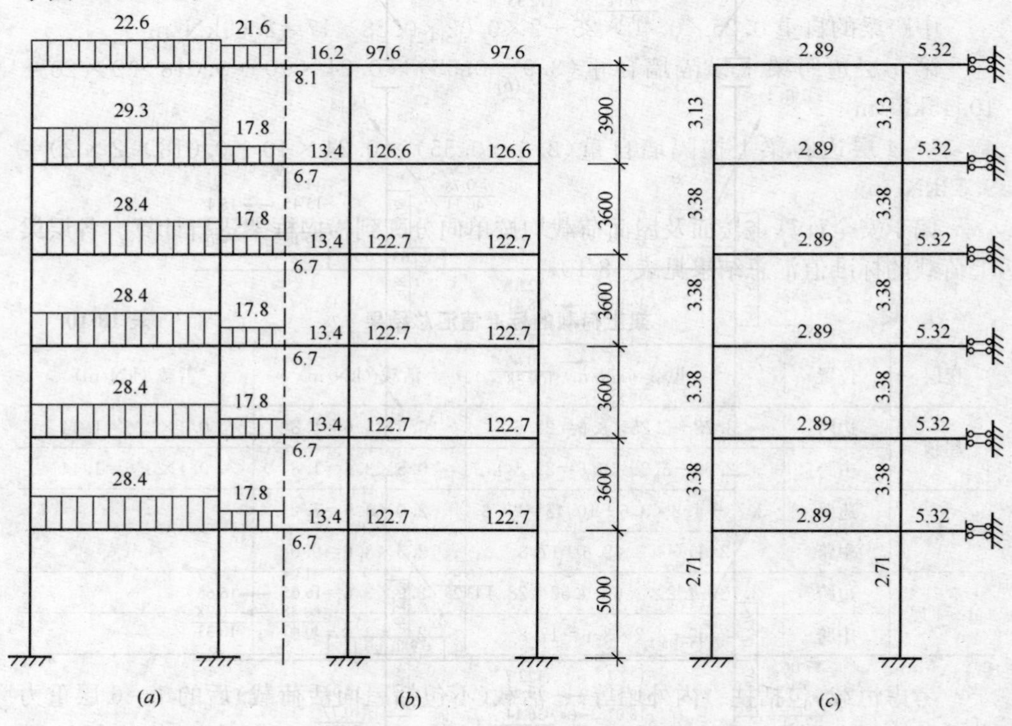

图 18-30　框架计算简图

(a) 恒载；(b) 固端弯矩(kN·m)；(c) 计算简图

(3)分层计算弯矩

分层法的计算过程及结果见图 18-31。

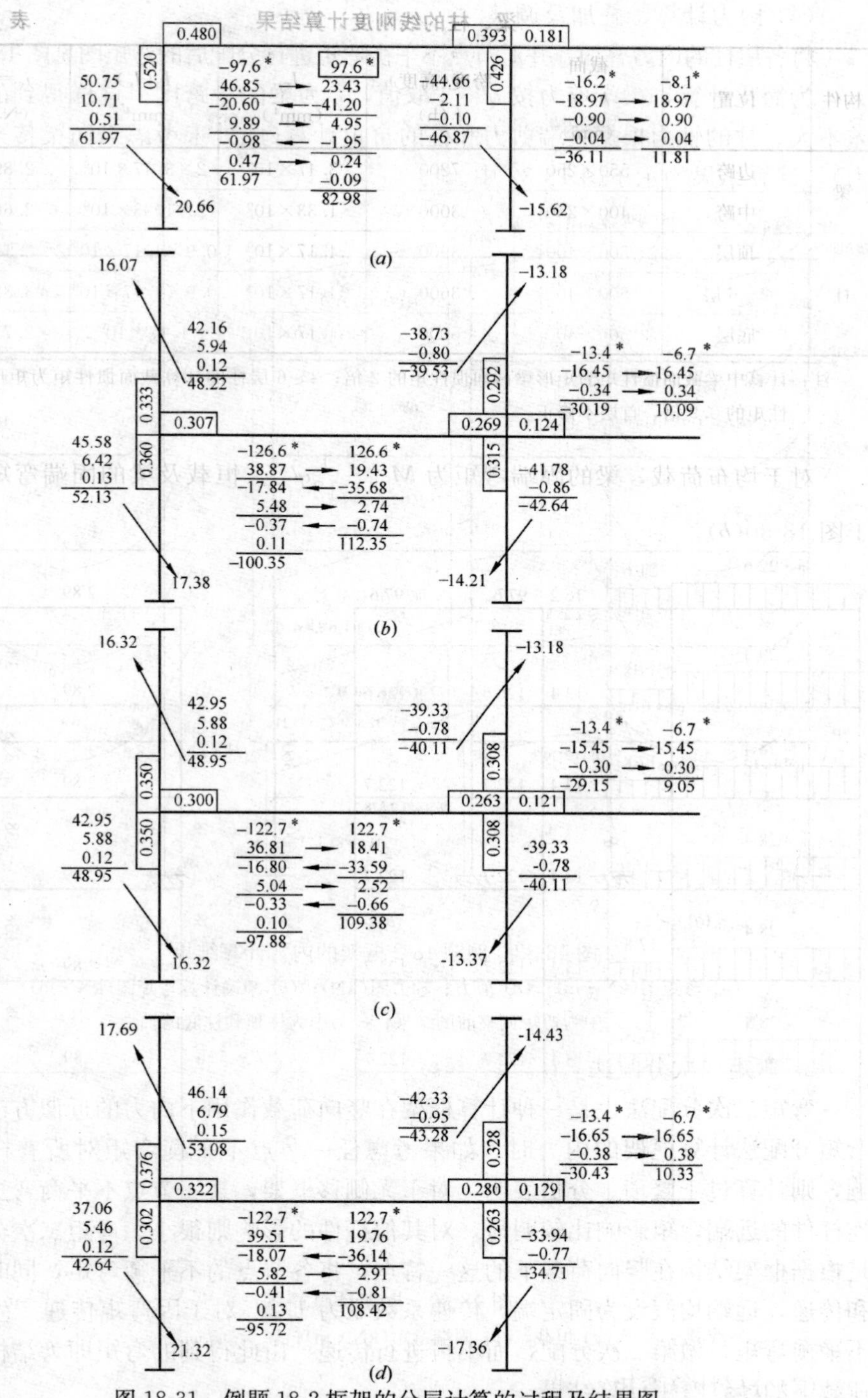

图 18-31 例题 18-2 框架的分层计算的过程及结果图

(*a*)第 6 层；(*b*) 第 5 层；(*c*) 第 2～4 层；(*d*)第 1 层

（4）内力计算、叠加及调整

将各层柱的内力叠加，并对节点不平衡弯矩进行分配后的弯矩图见图 18-32(a)。

为简化计算，梁端剪力按 $ql_0/2$ 取值，l_0 为梁的净跨度。这样得到的剪力误差不大。柱的轴力根据梁端剪力和柱的自重计算（此处未考虑纵向梁传来的集中力）。计算结果均示于图 18-32 中。

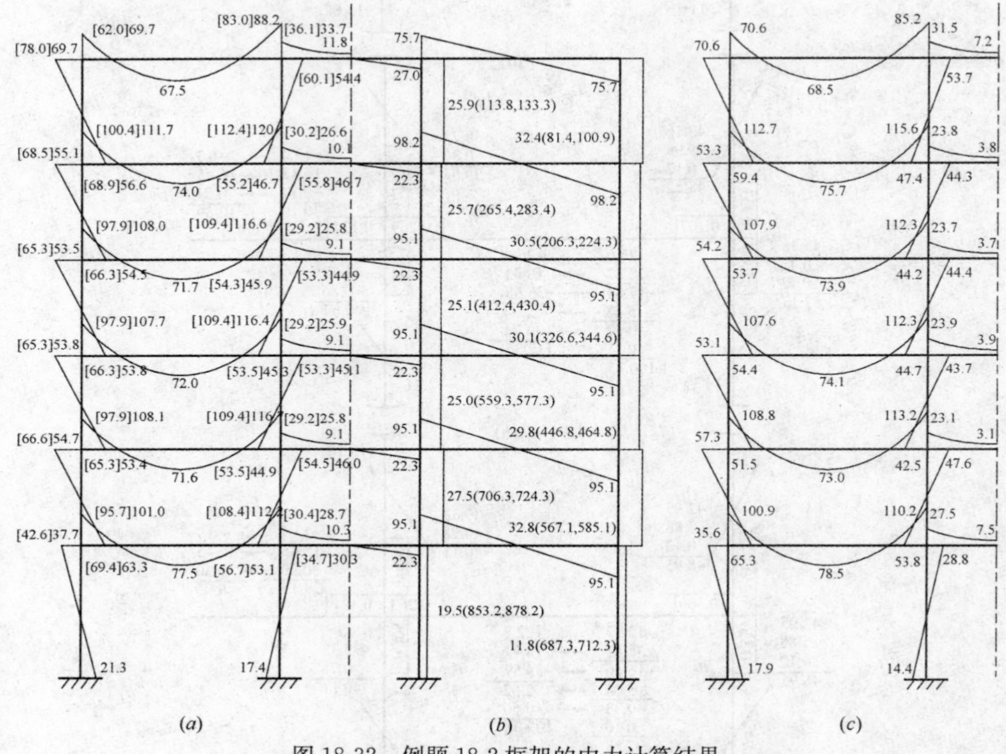

图 18-32　例题 18-2 框架的内力计算结果

(a) 弯矩图(kN·m)；(b) 剪力、轴力图(kN)；(c) 精确计算弯矩图(kN·m)

[　]中为弯矩调整前的结果；(　)中为柱顶和柱底的轴力

2. 弯矩二次分配法

弯矩二次分配法也是一种计算框架在竖向荷载作用下内力的近似方法。采用弯矩分配法计算框架的内力时，如果考虑任一节点不平衡弯矩对所有杆件的影响，则计算过于繁琐。分析表明，对于无侧移框架，某一节点不平衡弯矩只对相连杆件的远端弯矩影响比较明显，对其他杆件的影响则很小。弯矩二次分配法就是根据框架结构在竖向荷载下的这一特点，将各节点的不平衡弯矩，同时做分配和传递，远端均假设为固定端，传递系数取为 1/2。对于因弯矩传递产生的新的不平衡弯矩，做第二次分配，而不再进行传递。由此得到的弯矩即为结构在竖向荷载下的最终弯矩计算结果。

【例题 18-3】　用弯矩二次分配法计算例题 18-2 中钢筋混凝土框架结构教学

楼在恒载作用下的内力。

【解】 取荷载及计算模型与例题 18-1 相同。其中，柱的线刚度不乘以折减系数进行修正。1 层柱的线刚度取为 2.71×10^{10} N·m，2～5 层柱的线刚度取为 3.76×10^{10} N·m，6 层柱的线刚度取为 3.48×10^{10} N·m。

计算框架梁在竖向荷载下的固端弯矩；将节点不平衡弯矩根据杆件的线刚度比进行分配；将分配的杆端弯矩向远端传递，传递系数均取 1/2；将传递后产生的不平衡弯矩再次进行分配；将各杆端的固端弯矩、分配弯矩和传递弯矩叠加作为最终的杆端弯矩。具体的计算过程见图 18-33，弯矩计算结果见图 18-34。

上柱	下柱	右梁	左梁	上柱	下柱	右梁
	0.546	0.454	0.375		0.452	0.173
		-97.6*	97.6*			-16.2*
	53.3	44.3	-30.5		-36.8	-14.1
	21.8	15.3	22.2		-17.2	0.000
	-3.5	-3.0	-1.9		-2.3	-0.9
	71.6	-71.6	87.4		-56.3	-31.2
0.344	0.371	0.285	0.252	0.304	0.328	0.116
		-126.6*	126.6*			-13.4*
43.6	47.0	36.1	-28.5	-34.4	-37.1	-13.1
26.7	22.2	-14.3	18.1	-18.4	-17.5	
-11.9	-12.8	-9.9	-4.5	-5.4	-5.8	-2.1
58.4	56.4	-114.7	111.7	-58.2	-60.4	-28.6
0.361	0.361	0.278	0.246	0.320	0.320	0.113
		-122.7*	122.7*			-13.4*
44.3	44.3	34.1	-26.9	-35.0	-35.0	-12.4
23.5	22.2	-13.5	17.1	-18.6	-17.5	
-11.6	-11.6	-9.0	4.7	6.1	6.1	2.1
56.2	54.9	-111.1	117.6	-47.5	-46.4	-23.7
0.361	0.361	0.278	0.246	0.320	0.320	0.113
		-122.7*	122.7*			-13.4*
44.3	44.3	34.1	-26.9	-35.0	-35.0	-12.4
22.2	22.2	-13.5	17.1	-17.5	-17.5	
-11.2	-11.2	-8.6	4.4	5.7	5.7	2.0
55.3	55.3	-110.7	117.3	-46.8	-46.8	-23.8
0.361	0.361	0.278	0.246	0.320	0.320	0.113
		-122.7*	122.7*			-13.4*
44.3	44.3	34.1	-26.9	-35.0	-35.0	-12.4
22.2	23.5	-13.5	17.1	-17.5	-19.3	
-11.6	-11.6	-9.0	4.8	6.3	6.3	2.2
54.9	56.2	-111.1	117.7	-46.2	-48.0	-23.6
0.383	0.298	0.318	0.270	0.352	0.254	0.124
		-122.7*	122.7*			-13.4*
47.0	36.6	39.0	-29.5	-38.5	-27.8	-13.6
22.2		-14.8	19.5	-17.5		
-2.8	-2.2	-2.4	0.5	0.7	0.5	0.2
66.4	34.4	-100.9	113.2	-55.3	-27.3	-26.8
17.2				-13.7		

图 18-33 例题 18-2 框架按弯矩二次分配法计算过程

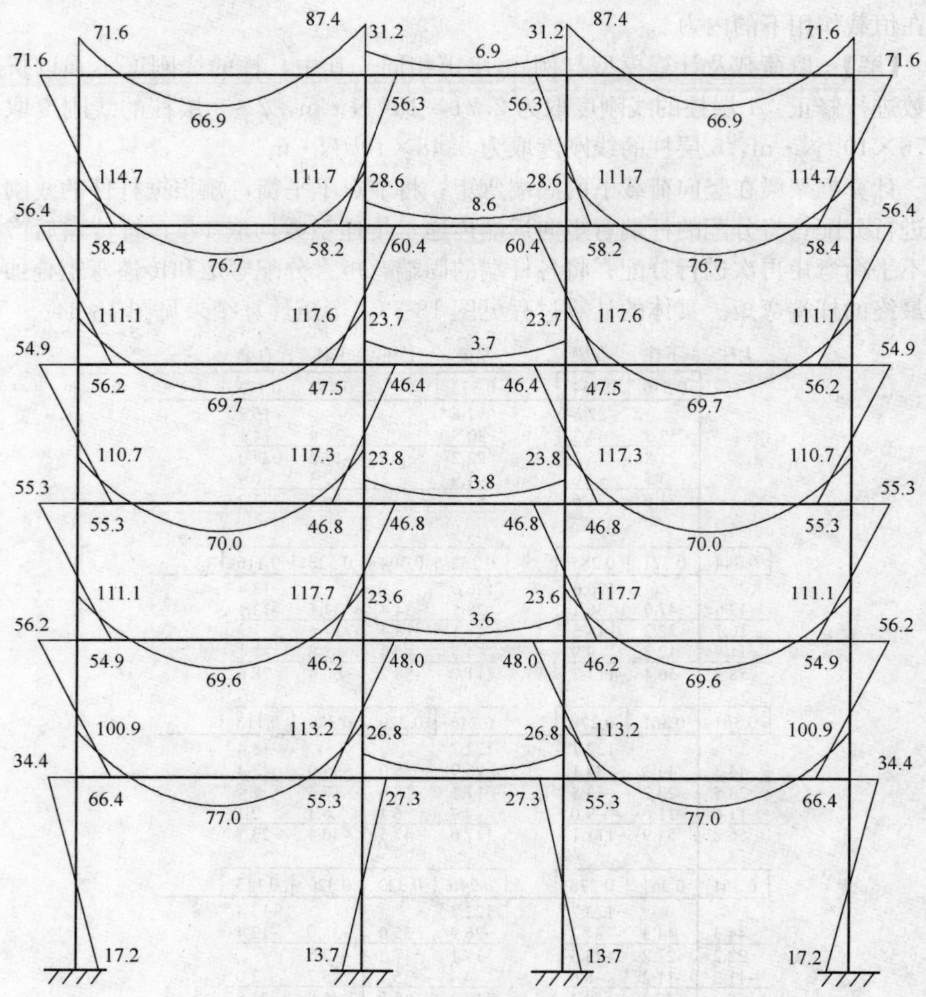

图 18-34　例题 18-2 按弯矩二次分配法计算的弯矩图

对于钢筋混凝土多层建筑结构，活荷载通常仅占全部竖向荷载的 10％～15％。由于活荷载布置位置所产生的影响较小，同时为避免考虑各种活荷载不利布置情况下产生的繁琐的计算工作量，在实际工程设计中一般将恒荷载与活荷载合并，按满载布置考虑。这样求得的框架内力在支座处与按活荷载最不利布置所得结构非常接近，但跨中弯矩会偏小。如果活荷载较大，为安全起见，可将满布荷载所得的框架梁跨中弯矩乘以 1.1～1.2 的系数加以放大，以考虑活荷载不利分布的影响。

18.5.4　水平荷载下的内力近似计算

1. 反弯点法

对于多层框架结构，风荷载或水平地震作用通常可简化为作用于节点处的水平集中力。根据位移法等精确方法的计算结果，忽略梁轴向变形后框架在水平力作用下的变形图和弯矩图，如图 18-35 所示。同一楼层内的各节点具有相同的侧向位移，即同一层的柱具有相同的相对层间位移。框架中所有梁、柱的弯矩图都是直线，且通常都有一个反弯点。反弯点处的弯矩为零，剪力不为零。如果能够确定各柱所承受的剪力和反弯点位置，则可方便地求得各柱的柱端弯矩，进而根据节点的静力平衡条件求得梁端弯矩以及框架结构的所有内力。

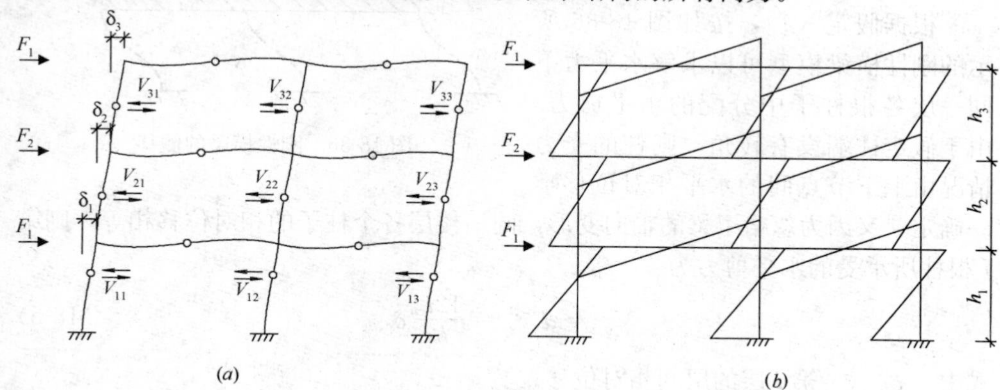

图 18-35 框架的变形及弯矩分布

(a) 变形图；(b) 弯矩分布

采用反弯点法计算水平荷载作用下框架结构内力的关键是确定各柱的剪力分配和柱的反弯点高度。为此，根据框架结构的受力特征，对反弯点法做以下假定：

(1) 对各柱进行剪力分配时，假定梁的线刚度与柱的线刚度之比为无限大，各柱的上下端均不产生转角。

(2) 在确定各柱的反弯点位置时，假定除底层柱外的其余各层柱的上下节点转角均相同，即除底层柱外，假定各层框架柱的反弯点均位于层高中点。对于底层柱，由于下端与基础固接，转角为零，而柱上端实际为弹性约束，转角不为零，反弯点位置向上偏移。因此可假定底层柱的反弯点位于 2/3 层高处。

(3) 忽略梁的轴向变形，同一楼层各节点的水平位移相等。

对于层数较少的多层建筑，由于柱承担的竖向总荷载较小，因而柱截面也较小，而框架梁受楼面荷载的控制，刚度相对较大，符合以上假定 (1)。当梁的线刚度 i_b 比柱的线刚度 i_c 大得多时 ($i_b/i_c \geqslant 3$)，上述假设与实际情况符合较好，采用反弯点法计算框架结构内力能满足工程设计的精度要求。

假设结构有 n 层，每层有 m 根柱子，沿第 i 楼层中全部 m 个柱子的反弯点将结构切开。根据水平力的平衡条件，则反弯点处的全部水平剪力之和等于该楼

层以上结构所受到的水平力，即

$$V_{Hi}=\sum_{j=1}^{m}V_{ij} \qquad (18\text{-}4)$$

式中　V_{Hi}——第 i 层以上结构所承担的所有水平力；

V_{ij}——第 i 层中第 j 根柱子所承受的水平剪力。

根据假定（1），按如图 18-36 所示的刚性横梁模型可以求解水平力下同一层各根柱子中分配的水平剪力。由于假定柱端没有转角，则柱的受力情况由上下节点间的水平相对位移唯一确定。又因为忽略了梁的轴向变形，同一楼层各个柱子的相对位移相等，则第 j 根柱所承受的水平剪力为：

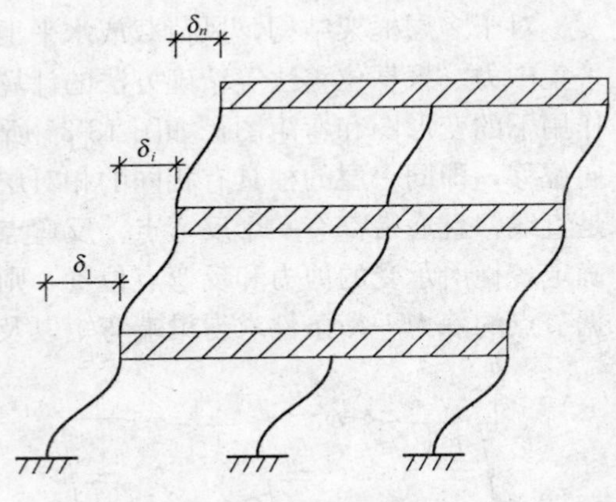

图 18-36　刚性横梁的侧移

$$V_{ij}=d_{ij}\delta_i=\frac{12i_{cij}}{h_i^2}\delta_i \qquad (18\text{-}5)$$

式中　δ_i——第 i 层的层间相对位移；

i_{cij}——第 i 层第 j 根框架柱的线刚度；

h_i——第 i 层的层高；

d_{ij}——第 i 层第 j 根框架柱的抗侧移刚度，表示柱上下端产生单位相对水平位移时柱内所承受的水平剪力。

将上式带入式（18-4），有：

$$V_{Hi}=\delta_i\sum_{j=1}^{m}d_{ij} \qquad (18\text{-}6a)$$

即

$$\delta_i=\frac{V_{Hi}}{\sum_{j=1}^{m}d_{ij}} \qquad (18\text{-}6b)$$

将上式再带入（18-5），得到各根柱子所受到的水平剪力为：

$$V_{ij}=\frac{d_{ij}}{\sum_{j=1}^{m}d_{ij}}V_{Hi} \qquad (18\text{-}7)$$

上式表明，某一楼层的总剪力按各柱侧移刚度在总侧移刚度中所占的比例进行分配。

当求得各框架柱所承担的水平剪力后，根据假设（2）所确定的反弯点位置即可方便地计算各框架柱的弯矩。设反弯点到柱底的距离与柱高度 h 的比值为 y，即反弯点到柱底的距离为 yh。对于底层柱 $y=2/3$，其余的柱 $y=1/2$。柱端弯矩为：

$$M_{ij}^{t}=V_{ij}(1-y)h_i$$
$$M_{ij}^{b}=V_{ij}yh_i \tag{18-8}$$

式中 M_{ij}^{t} ——第 i 层第 j 根柱子的顶端弯矩；

M_{ij}^{b} ——第 i 层第 j 根柱子的底端弯矩。

当求得了所有的柱端弯矩后，根据节点的平衡条件，按照梁的线刚度将弯矩向梁进行分配：

$$M_{b}^{l}=\frac{i_{b}^{l}}{i_{b}^{l}+i_{b}^{r}}(M_{c}^{u}+M_{c}^{d})$$
$$M_{b}^{r}=\frac{i_{b}^{r}}{i_{b}^{l}+i_{b}^{r}}(M_{c}^{u}+M_{c}^{d}) \tag{18-9}$$

式中 M_{b}^{l}、M_{b}^{r} ——分别为节点左、右两根梁的梁端弯矩；

M_{c}^{u}、M_{c}^{d} ——分别为节点上、下两根柱的柱端弯矩；

i_{b}^{l}、i_{b}^{r} ——分别表示节点左、右两根梁的线刚度。

根据求得的柱端及梁端弯矩，可以得到各构件的剪力。再根据节点处竖向力的平衡条件，由梁端剪力可以自上而下求得各根柱的轴向力。

【例题 18-4】 用反弯点法求五层的现浇钢筋混凝土框架结构在水平荷载下的内力。梁柱混凝土均为 C30，荷载及结构尺寸见图 18-37。

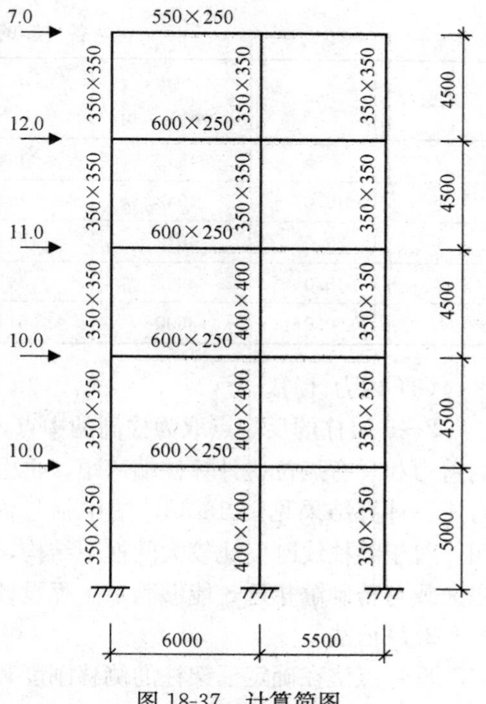

图 18-37 计算简图

【解】

(1) 梁柱线刚度计算：见表 18-12。

梁柱线刚度计算 **表 18-12**

	截面 (mm)	截面惯性矩 I ($\times10^{9}$mm^4)	长度 l、h (mm)	i_b、i_c ($\times10^{10}$N·mm)
5 层梁（左）	550×250	6.93	6000	3.47
5 层梁（右）	550×250	6.93	5500	3.78
1～4 层梁（左）	600×250	9.00	6000	4.50

续表

	截面 (mm)	截面惯性矩 I ($\times10^9$mm^4)	长度 l、h (mm)	i_b、i_c ($\times10^{10}$N·mm)
1～4层梁（右）	600×250	9.00	5500	4.91
4、5层柱，2、3层边柱	350×350	1.25	4500	0.83
2、3层中柱	400×400	2.13	4500	1.42
1层边柱	350×350	1.25	5000	0.75
1层中柱	400×400	2.13	5000	1.28

（2）求各柱的剪力：见表18-13。

各柱的剪力　　　表18-13

层数	V_i (kN)	$d_{边柱}$ ($\times10^3$N/mm)	$d_{中柱}$ ($\times10^3$N/mm)	Σd ($\times10^3$N/mm)	$V_{边柱}$ (kN)	$V_{中柱}$ (kN)
5	7.0	4942	4942	14827	2.33	2.33
4	19.0	4942	4942	14827	6.33	6.33
3	30.0	4942	8415	18299	8.10	13.80
2	40.0	4942	8415	18299	10.80	18.40
1	50.0	3600	6144	13344	13.50	23.00

（3）内力计算。

2～5层柱的反弯点取为柱高的中点，1层柱取为柱高度的2/3处。根据各柱的剪力和反弯点位置计算柱端弯矩，再由节点平衡条件和梁的线刚度比求出梁端弯矩。计算结果见图18-38，图中括号内为位移法得到的精确解。计算结果表明，对于梁柱线刚度比较大的框架结构，除个别杆件外，反弯点法得到的计算结果大致与精确解相近，能够满足工程设计的需要。

2. D值法

反弯点法在确定框架柱的侧移刚度和进行剪力分配时，假定梁柱的线刚度之比为无限大；在确定柱的反弯点高度时，又假定柱的上下端约束条件完全相同。对于层数不多的框架，这些假定与实际情况符合较好。但对于层数较多的框架，由于柱所受的轴力、剪力和弯矩会显著增大，柱的线刚度通常与梁的线刚度比较接近，与反弯点法的适用条件不一致。同时，由于各层的层高、梁柱线刚度比等也会发生变化，导致框架柱两端的转角也发生变化，从而使反弯点的位置向柱端转角较大的一端偏移。因此，如果此时仍按反弯点法来计算结构内力，就可能带来过大的误差。

1963年日本的武腾清在分析了多层框架结构受力特征及其影响因素的基础上，对反弯点法中框架柱的侧移刚度 d 和反弯点高度 yh 的计算方法进行了修

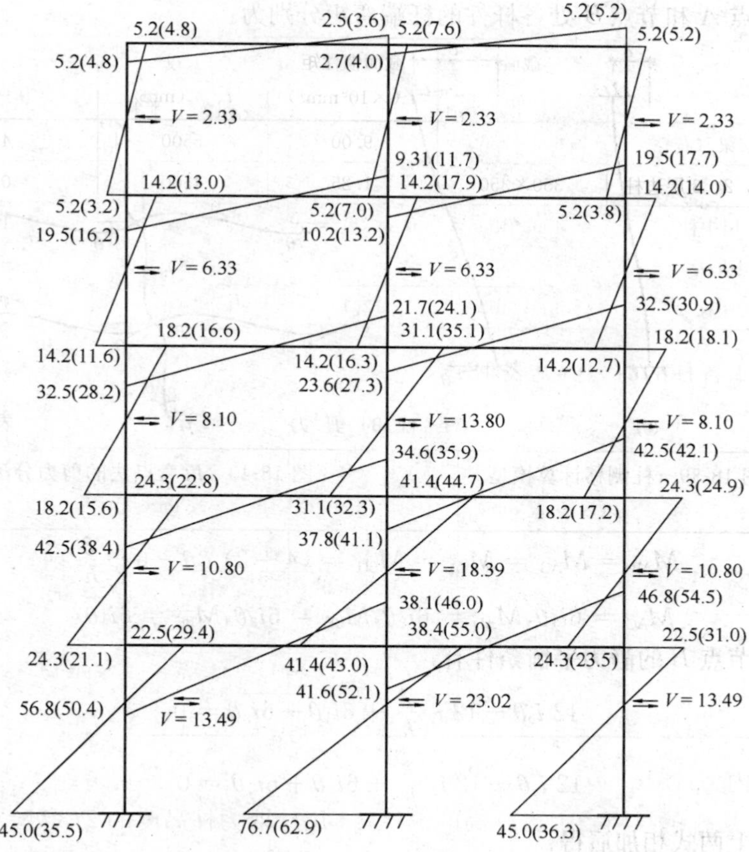

图 18-38 弯矩分布图

正。修正后的柱侧移刚度不仅与柱本身的线刚度和层高有关，同时也受上下框架梁线刚度的影响。柱的反弯点高度也不取为固定值，而随框架柱的位置、上下层高比值以及上下框架梁线刚度比值等条件的不同而发生变化。修正后框架柱的侧移刚度用 D 表示，因此又称为"D 值法"。

（1）框架柱的抗侧移刚度 D

反弯点法是以杆端无转角的模型计算柱的抗侧移刚度（图 18-39*a*）。当柱端有转角时（图 18-39*b*），根据转角位移方程，图 18-40 中 AB 柱的剪力 V 可表示为：

$$V=\frac{12\,i_c}{h^2}\delta-\frac{6\,i_c}{h}(\theta_A+\theta_B) \tag{18-10}$$

对于图 18-40 框架结构，假设：

①各层层高均等于 h，上下柱的线刚度均为 i_c；

②柱的上下端转角相等，即 $\theta_A=\theta_B=\theta_G=\theta$；

③各层的层间位移相等，即 $\delta_A=\delta_B=\delta_G=\delta$。

则节点 A 和节点 B 处各杆件的杆端弯矩分别为：

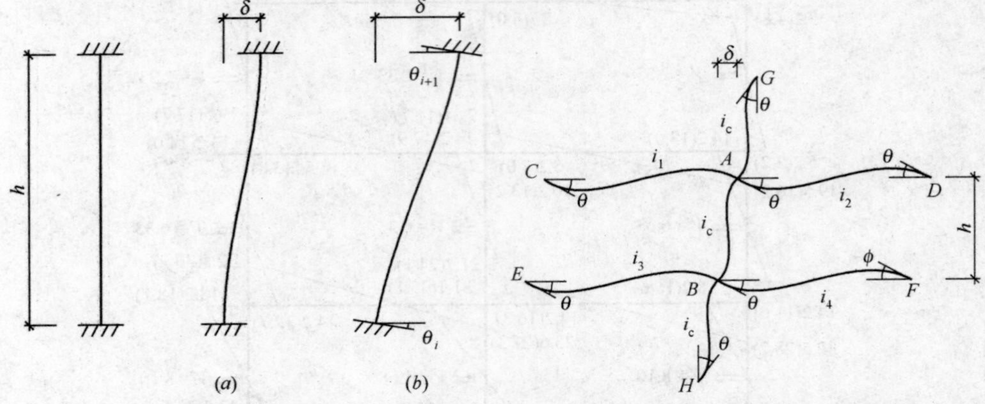

图 18-39　柱侧移计算模型　　　　图 18-40　反弯点法的剪力分配模型

$$M_{\mathrm{AB}}=M_{\mathrm{AG}}=M_{\mathrm{BA}}=M_{\mathrm{BH}}=(4+2)\,i_{\mathrm{c}}\theta-6\,i_{\mathrm{c}}\,\frac{\delta}{h}$$

$$M_{\mathrm{AC}}=6i_1\theta, M_{\mathrm{AD}}=6i_2\theta, M_{\mathrm{BE}}=6i_3\theta, M_{\mathrm{BF}}=6i_4\theta$$

根据节点 B 的静力平衡条件有：

$$12\,i_{\mathrm{c}}\theta-12\,i_{\mathrm{c}}\,\frac{\delta}{h}+6i_1\theta+6i_2\theta=0$$

$$12\,i_{\mathrm{c}}\theta-12\,i_{\mathrm{c}}\,\frac{\delta}{h}+6i_3\theta+6i_4\theta=0$$

将以上两式相加后得：

$$\theta=\frac{2}{2+\dfrac{i_1+i_2+i_3+i_4}{2\,i_{\mathrm{c}}}}\,\frac{\delta}{h}=\frac{2}{2+k}\,\frac{\delta}{h}$$

式中　$k=\dfrac{i_1+i_2+i_3+i_4}{2\,i_c}$，表示梁柱的线刚度比值。

将上式带入（18-10）有：

$$V=\frac{12\,i_{\mathrm{c}}}{h^2}\,\frac{k}{2+k}\delta \tag{18-11a}$$

令

$$\alpha=\frac{k}{2+k} \tag{18-11b}$$

则柱的抗侧移刚度为：

$$D=\alpha\,\frac{12\,i_{\mathrm{c}}}{h^2} \tag{18-12}$$

式中，α 表示梁柱的线刚度比对柱侧移刚度的影响，称为柱刚度修正系数。当梁的刚度越大，即对节点转动的约束能力越强时，节点的转角越小，α 越接近 1。当 $\alpha=1$ 时，D 值与反弯点法中的抗侧移刚度相等。

对于框架结构的底层柱，由于底端与基础固接无转角，因此 α 值与其他层有所不同，其推导与上述过程相似。柱刚度修正系数 α 和梁柱的线刚度比值 k 的计算公式列于表 18-14。

柱刚度修正系数 α **表 18-14**

楼层	简 图	k	α
一般柱	i_2, i_c, i_4；i_1, i_2, i_c, i_3, i_4	$k=\dfrac{i_1+i_2+i_3+i_4}{2i_c}$	$\alpha=\dfrac{k}{2+k}$
底层柱	i_2, i_c；i_1, i_2, i_c	$k=\dfrac{i_1+i_2}{i_c}$	$\alpha=\dfrac{0.5+k}{2+k}$

与反弯点法相似，求得各柱的抗侧移刚度 D_{ij} 后，由同一楼层中各柱的柱端相对位移相等的条件，楼层的总剪力即可以根据各柱侧移刚度在总侧移刚度中所占的比例进行分配。

(2) 反弯点高度 y

在 D 值法中，各层框架柱反弯点的位置与该柱上下端的转角，即柱的上下端约束条件有关。由图 18-20 可见，当柱上下端的转角相等（$\theta_i=\theta_{i+1}$）时，反弯点位于柱的中点；当 $\theta_i\neq\theta_{i+1}$ 时，反弯点移向转角较大的一端，即移向约束刚度较小的一端。影响柱端约束刚度的因素有很多，主要包括：梁柱的线刚度比、结构的总层数及该柱所处的位置、上下梁的线刚度比、上下层层高的变化等。

考虑以上各因素的影响，D 值法中各层框架柱反弯点的高度 yh 按下式计算：

$$y=y_n+y_1+y_2+y_3 \tag{18-13}$$

式中 y_n ——框架柱的标准反弯点高度比；

y_1 ——上、下梁线刚度变化时对反弯点高度比的修正值；

y_2、y_3 ——上、下层层高变化时对反弯点高度比的修正值。

① 标准反弯点高度比 y_n

标准反弯点高度比 y_n 是指假定各层框架梁的线刚度、各层柱的线刚度和各层层高都相等时柱的反弯点高度。为了便于应用，y_n 已制成表格。在均布水平荷载下的 y_n 列于表 18-15，在倒三角形分布荷载下的 y_n 列于表 18-16。根据框架的总层数 n，该楼层所在的楼层 j 以及梁柱的线刚度比值 k，可从表中查得标准反弯点高度比 y_n 。

② 上、下梁线刚度变化时对反弯点高度比的修正值 y_1

当框架柱上下横梁的线刚度不同时，柱的反弯点位置就不同于标准反弯点位置，修正值为 y_1 。

当 $i_1+i_2<i_3+i_4$ 时，令 $\alpha_1=(i_1+i_2)/(i_3+i_4)$ ，可从表 18-17 中查出 y_1。此时柱上端的约束弱于下端的约束，反弯点向上移动，y_1 取为正值。

当 $i_1+i_2>i_3+i_4$ 时，令 $\alpha_1=(i_3+i_4)/(i_1+i_2)$ ，可从表 18-17 中查出 y_1。此时柱上端的约束强于下端的约束，反弯点向下移动，y_1 取为负值。

对于底层柱，不考虑 y_1 的修正。

③ 上、下层层高变化时对反弯点高度比的修正值 y_2 、y_3

当某柱所在楼层的层高与相邻层的层高不同时，反弯点位置也不同于标准反弯点位置，修正值为 y_2 和 y_3 。

当上层的层高与本层层高的比值为 $\alpha_2=h_u/h$ ，由表 18-18 可查得层高修正系数 y_2 。当 $\alpha_2>1$ 时，上层柱对本层的约束效应减小，y_2 为正值，反弯点向上移动。反之，当 $\alpha_2<1$ 时，y_2 为负值，反弯点向下移动。

同理，令下层的层高与本层层高的比值为 $\alpha_3=h_l/h$ ，由表 18-18 可查得层高修正系数 y_3 。

对于顶层柱，不考虑修正值 y_2 ，即取 $y_2=0$ ；对于底层柱，不考虑修正值 y_3 ，即取 $y_3=0$ 。

均布水平荷载下各层标准反弯点高度比 y_n 　　**表 18-15**

m	j \ k	0.1	0.2	0.3	0.4	0.5	0.6	0.7	0.8	0.9	1.0	2.0	3.0	4.0	5.0
1	1	0.80	0.75	0.70	0.65	0.60	0.60	0.60	0.60	0.60	0.55	0.55	0.55	0.55	0.55
2	2	0.45	0.40	0.35	0.35	0.35	0.35	0.40	0.40	0.40	0.40	0.45	0.45	0.45	0.45
	1	0.95	0.80	0.75	0.70	0.65	0.65	0.65	0.60	0.60	0.60	0.55	0.55	0.55	0.50
3	3	0.15	0.20	0.20	0.25	0.30	0.30	0.30	0.35	0.35	0.40	0.40	0.45	0.45	0.45
	2	0.55	0.50	0.45	0.45	0.45	0.45	0.45	0.45	0.45	0.45	0.45	0.50	0.50	0.50
	1	1.00	0.85	0.80	0.75	0.70	0.70	0.65	0.65	0.60	0.60	0.55	0.55	0.55	0.55
4	4	−0.05	0.05	0.15	0.20	0.25	0.30	0.30	0.35	0.35	0.35	0.40	0.45	0.45	0.45
	3	0.25	0.30	0.30	0.35	0.35	0.40	0.40	0.40	0.40	0.45	0.45	0.50	0.50	0.50
	2	0.65	0.55	0.50	0.50	0.45	0.45	0.45	0.45	0.45	0.45	0.50	0.50	0.50	0.50
	1	1.10	0.90	0.80	0.75	0.70	0.70	0.65	0.65	0.65	0.60	0.55	0.55	0.55	0.55
5	5	−0.20	0.00	0.15	0.20	0.25	0.30	0.30	0.30	0.35	0.35	0.40	0.45	0.45	0.45
	4	0.10	0.20	0.25	0.30	0.35	0.35	0.35	0.40	0.40	0.40	0.45	0.45	0.50	0.50
	3	0.40	0.40	0.40	0.40	0.40	0.45	0.45	0.45	0.45	0.45	0.50	0.50	0.50	0.50
	2	0.65	0.55	0.50	0.50	0.45	0.50	0.50	0.50	0.50	0.50	0.50	0.50	0.50	0.50
	1	1.20	0.95	0.80	0.75	0.75	0.70	0.70	0.65	0.65	0.65	0.55	0.55	0.55	0.50

续表

m	j \ k	0.1	0.2	0.3	0.4	0.5	0.6	0.7	0.8	0.9	1.0	2.0	3.0	4.0	5.0
6	6	−0.30	0.00	0.10	0.20	0.25	0.25	0.30	0.30	0.35	0.35	0.40	0.45	0.45	0.45
	5	0.00	0.20	0.25	0.30	0.35	0.35	0.40	0.40	0.40	0.40	0.45	0.45	0.50	0.50
	4	0.20	0.30	0.35	0.35	0.40	0.40	0.40	0.45	0.45	0.45	0.45	0.50	0.50	0.50
	3	0.40	0.40	0.40	0.45	0.45	0.45	0.45	0.45	0.45	0.45	0.50	0.50	0.50	0.50
	2	0.70	0.60	0.55	0.50	0.50	0.50	0.50	0.50	0.50	0.50	0.50	0.50	0.50	0.50
	1	1.20	0.95	0.85	0.80	0.75	0.70	0.70	0.65	0.65	0.65	0.55	0.55	0.55	0.55
7	7	−0.35	−0.05	0.10	0.20	0.20	0.25	0.30	0.30	0.35	0.35	0.40	0.45	0.45	0.45
	6	−0.10	0.15	0.25	0.30	0.35	0.35	0.35	0.40	0.40	0.40	0.45	0.45	0.50	0.50
	5	0.10	0.25	0.30	0.35	0.40	0.40	0.40	0.45	0.45	0.45	0.45	0.50	0.50	0.50
	4	0.30	0.35	0.40	0.40	0.40	0.45	0.45	0.45	0.45	0.45	0.50	0.50	0.50	0.50
	3	0.50	0.45	0.45	0.45	0.45	0.45	0.45	0.45	0.45	0.45	0.50	0.50	0.50	0.50
	2	0.75	0.60	0.55	0.50	0.50	0.50	0.50	0.50	0.50	0.50	0.50	0.50	0.50	0.50
	1	1.20	0.95	0.85	0.80	0.75	0.70	0.70	0.65	0.65	0.65	0.55	0.55	0.55	0.55
8	8	−0.35	−0.15	0.10	0.15	0.25	0.25	0.30	0.30	0.35	0.35	0.40	0.45	0.45	0.45
	7	−0.10	0.15	0.25	0.30	0.35	0.35	0.40	0.40	0.40	0.40	0.45	0.50	0.50	0.50
	6	0.05	0.25	0.30	0.35	0.40	0.40	0.40	0.45	0.45	0.45	0.45	0.50	0.50	0.50
	5	0.20	0.30	0.35	0.40	0.40	0.45	0.45	0.45	0.45	0.45	0.50	0.50	0.50	0.50
	4	0.35	0.40	0.40	0.45	0.45	0.45	0.45	0.45	0.45	0.45	0.50	0.50	0.50	0.50
	3	0.50	0.45	0.45	0.45	0.45	0.45	0.45	0.50	0.50	0.50	0.50	0.50	0.50	0.50
	2	0.75	0.60	0.55	0.55	0.50	0.50	0.50	0.50	0.50	0.50	0.50	0.50	0.50	0.50
	1	1.20	1.00	0.85	0.80	0.75	0.70	0.70	0.65	0.65	0.65	0.55	0.55	0.55	0.55
9	9	−0.40	−0.05	0.10	0.20	0.25	0.25	0.30	0.30	0.35	0.35	0.45	0.45	0.45	0.45
	8	−0.15	0.15	0.25	0.30	0.35	0.35	0.35	0.40	0.40	0.40	0.45	0.45	0.50	0.50
	7	0.05	0.25	0.30	0.35	0.40	0.40	0.40	0.45	0.45	0.45	0.45	0.50	0.50	0.50
	6	0.15	0.30	0.35	0.40	0.40	0.45	0.45	0.45	0.45	0.45	0.50	0.50	0.50	0.50
	5	0.25	0.35	0.40	0.40	0.45	0.45	0.45	0.45	0.45	0.45	0.50	0.50	0.50	0.50
	4	0.40	0.40	0.40	0.45	0.45	0.45	0.45	0.45	0.45	0.45	0.50	0.50	0.50	0.50
	3	0.55	0.45	0.45	0.45	0.45	0.45	0.45	0.45	0.50	0.50	0.50	0.50	0.50	0.50
	2	0.80	0.65	0.55	0.55	0.50	0.50	0.50	0.50	0.50	0.50	0.50	0.50	0.50	0.50
	1	1.20	1.00	0.85	0.80	0.75	0.70	0.70	0.65	0.65	0.65	0.55	0.55	0.55	0.55

续表

m	j \ k	0.1	0.2	0.3	0.4	0.5	0.6	0.7	0.8	0.9	1.0	2.0	3.0	4.0	5.0
	10	−0.40	−0.05	0.10	0.20	0.25	0.30	0.30	0.30	0.35	0.35	0.40	0.45	0.45	0.45
	9	−0.15	0.15	0.25	0.30	0.35	0.35	0.40	0.40	0.40	0.40	0.45	0.45	0.50	0.50
	8	0.00	0.25	0.30	0.35	0.40	0.40	0.40	0.45	0.45	0.45	0.45	0.50	0.50	0.50
	7	0.10	0.30	0.35	0.40	0.40	0.45	0.45	0.45	0.45	0.45	0.50	0.50	0.50	0.50
10	6	0.20	0.35	0.40	0.40	0.45	0.45	0.45	0.45	0.45	0.45	0.50	0.50	0.50	0.50
	5	0.30	0.40	0.40	0.45	0.45	0.45	0.45	0.45	0.45	0.50	0.50	0.50	0.50	0.50
	4	0.40	0.40	0.45	0.45	0.45	0.45	0.45	0.45	0.45	0.50	0.50	0.50	0.50	0.50
	3	0.55	0.50	0.45	0.45	0.45	0.50	0.50	0.50	0.50	0.50	0.50	0.50	0.50	0.50
	2	0.80	0.65	0.55	0.55	0.55	0.50	0.50	0.50	0.50	0.50	0.50	0.50	0.50	0.50
	1	1.30	1.00	0.85	0.80	0.75	0.70	0.70	0.65	0.65	0.65	0.60	0.55	0.55	0.55
	11	−0.40	0.05	0.10	0.20	0.25	0.30	0.30	0.30	0.35	0.35	0.40	0.45	0.45	0.45
	10	−0.15	0.15	0.25	0.30	0.35	0.35	0.40	0.40	0.40	0.40	0.45	0.45	0.50	0.50
	9	0.00	0.25	0.30	0.35	0.40	0.40	0.40	0.45	0.45	0.45	0.45	0.50	0.50	0.50
	8	0.10	0.30	0.35	0.40	0.40	0.45	0.45	0.45	0.45	0.45	0.50	0.50	0.50	0.50
	7	0.20	0.35	0.40	0.45	0.45	0.45	0.45	0.45	0.45	0.45	0.50	0.50	0.50	0.50
11	6	0.25	0.35	0.40	0.45	0.45	0.45	0.45	0.45	0.45	0.45	0.50	0.50	0.50	0.50
	5	0.35	0.40	0.40	0.45	0.45	0.45	0.45	0.45	0.45	0.50	0.50	0.50	0.50	0.50
	4	0.40	0.45	0.45	0.45	0.45	0.45	0.45	0.50	0.50	0.50	0.50	0.50	0.50	0.50
	3	0.55	0.50	0.50	0.50	0.50	0.50	0.50	0.50	0.50	0.50	0.50	0.50	0.50	0.50
	2	0.80	0.65	0.60	0.55	0.55	0.50	0.50	0.50	0.50	0.50	0.50	0.50	0.50	0.50
	1	1.30	1.00	0.85	0.80	0.75	0.70	0.70	0.65	0.65	0.65	0.60	0.55	0.55	0.55
	自上1	−0.40	−0.05	0.10	0.20	0.25	0.30	0.30	0.30	0.35	0.35	0.40	0.45	0.45	0.45
	2	−0.15	0.15	0.25	0.30	0.35	0.35	0.40	0.40	0.40	0.40	0.45	0.45	0.50	0.50
	3	0.00	0.25	0.30	0.35	0.40	0.40	0.40	0.45	0.45	0.45	0.50	0.50	0.50	0.50
	4	0.10	0.30	0.35	0.40	0.40	0.45	0.45	0.45	0.45	0.45	0.50	0.50	0.50	0.50
12以上	5	0.20	0.35	0.40	0.40	0.45	0.45	0.45	0.45	0.45	0.45	0.50	0.50	0.50	0.50
	6	0.25	0.35	0.40	0.45	0.45	0.45	0.45	0.45	0.45	0.45	0.50	0.50	0.50	0.50
	7	0.30	0.40	0.40	0.45	0.45	0.45	0.45	0.45	0.50	0.50	0.50	0.50	0.50	0.50
	8	0.35	0.40	0.45	0.45	0.45	0.45	0.45	0.50	0.50	0.50	0.50	0.50	0.50	0.50
	中间	0.40	0.40	0.45	0.45	0.45	0.45	0.50	0.50	0.50	0.50	0.50	0.50	0.50	0.50
	4	0.45	0.45	0.45	0.45	0.50	0.50	0.50	0.50	0.50	0.50	0.50	0.55	0.50	0.55
	3	0.60	0.50	0.50	0.50	0.50	0.50	0.50	0.50	0.50	0.50	0.50	0.50	0.50	0.50
	2	0.50	0.65	0.60	0.55	0.55	0.50	0.50	0.50	0.50	0.50	0.50	0.50	0.50	0.50
	自下1	1.30	1.00	0.85	0.80	0.75	0.70	0.70	0.65	0.65	0.65	0.55	0.55	0.55	0.50

倒三角形分布水平荷载下各层标准反弯点高度比 y_n 表 18-16

m	j \ k	0.1	0.2	0.3	0.4	0.5	0.6	0.7	0.8	0.9	1.0	2.0	3.0	4.0	5.0
1	1	0.80	0.75	0.70	0.65	0.65	0.60	0.60	0.60	0.60	0.55	0.55	0.55	0.55	0.55
2	2	0.50	0.45	0.40	0.40	0.40	0.40	0.40	0.40	0.40	0.40	0.45	0.45	0.45	0.50
	1	1.00	0.85	0.75	0.70	0.70	0.65	0.65	0.65	0.60	0.60	0.55	0.55	0.55	0.55
3	3	0.25	0.25	0.25	0.30	0.30	0.35	0.35	0.35	0.40	0.40	0.45	0.45	0.45	0.50
	2	0.60	0.50	0.50	0.50	0.50	0.45	0.45	0.45	0.45	0.45	0.50	0.50	0.50	0.50
	1	1.15	0.90	0.80	0.75	0.75	0.70	0.70	0.65	0.65	0.65	0.60	0.55	0.55	0.55
4	4	0.10	0.15	0.20	0.25	0.30	0.30	0.35	0.35	0.35	0.40	0.45	0.45	0.45	0.45
	3	0.35	0.35	0.35	0.40	0.40	0.40	0.40	0.45	0.45	0.45	0.45	0.50	0.50	0.50
	2	0.70	0.60	0.55	0.50	0.50	0.50	0.50	0.50	0.50	0.50	0.50	0.50	0.50	0.50
	1	1.20	0.95	0.85	0.80	0.75	0.70	0.70	0.70	0.65	0.55	0.55	0.55	0.55	0.55
5	5	−0.05	0.10	0.20	0.25	0.30	0.30	0.35	0.35	0.35	0.35	0.40	0.45	0.45	0.45
	4	0.20	0.25	0.35	0.35	0.40	0.40	0.40	0.40	0.40	0.45	0.45	0.50	0.50	0.50
	3	0.45	0.40	0.45	0.45	0.45	0.45	0.45	0.45	0.45	0.45	0.50	0.50	0.50	0.50
	2	0.75	0.60	0.55	0.55	0.50	0.50	0.50	0.50	0.50	0.50	0.50	0.50	0.50	0.50
	1	1.30	1.00	0.85	0.80	0.75	0.70	0.70	0.65	0.65	0.65	0.65	0.55	0.55	0.55
6	6	−0.15	0.05	0.15	0.20	0.25	0.30	0.30	0.35	0.35	0.35	0.40	0.45	0.45	0.45
	5	0.10	0.25	0.30	0.35	0.35	0.40	0.40	0.40	0.45	0.45	0.45	0.50	0.50	0.50
	4	0.30	0.35	0.40	0.40	0.45	0.45	0.45	0.45	0.45	0.45	0.50	0.50	0.50	0.50
	3	0.50	0.45	0.45	0.45	0.45	0.45	0.45	0.45	0.45	0.50	0.50	0.50	0.50	0.50
	2	0.80	0.65	0.55	0.55	0.55	0.55	0.50	0.50	0.50	0.50	0.50	0.50	0.50	0.50
	1	1.30	1.00	0.85	0.80	0.75	0.70	0.70	0.65	0.65	0.65	0.60	0.55	0.55	0.55
7	7	−0.20	0.05	0.15	0.20	0.25	0.30	0.30	0.35	0.35	0.35	0.45	0.45	0.45	0.45
	6	0.05	0.20	0.30	0.35	0.35	0.40	0.40	0.40	0.40	0.45	0.45	0.50	0.50	0.50
	5	0.20	0.30	0.35	0.40	0.40	0.45	0.45	0.45	0.45	0.45	0.45	0.50	0.50	0.50
	4	0.35	0.40	0.40	0.45	0.45	0.45	0.45	0.45	0.45	0.45	0.50	0.50	0.50	0.50
	3	0.55	0.50	0.50	0.50	0.50	0.50	0.50	0.50	0.50	0.50	0.50	0.50	0.50	0.50
	2	0.80	0.65	0.60	0.55	0.55	0.55	0.50	0.50	0.50	0.50	0.50	0.50	0.50	0.50
	1	1.30	1.00	0.90	0.80	0.70	0.70	0.70	0.70	0.65	0.65	0.60	0.55	0.55	0.55
8	8	−0.20	0.05	0.15	0.20	0.25	0.30	0.30	0.30	0.35	0.35	0.45	0.45	0.45	0.45
	7	0.00	0.20	0.30	0.35	0.35	0.40	0.40	0.40	0.40	0.45	0.45	0.50	0.50	0.50
	6	0.15	0.30	0.35	0.40	0.40	0.45	0.45	0.45	0.45	0.45	0.50	0.50	0.50	0.50
	5	0.30	0.35	0.40	0.45	0.45	0.45	0.45	0.45	0.45	0.45	0.50	0.50	0.50	0.50
	4	0.40	0.45	0.45	0.45	0.45	0.45	0.45	0.50	0.50	0.50	0.50	0.50	0.50	0.50
	3	0.60	0.50	0.50	0.50	0.50	0.50	0.50	0.50	0.50	0.50	0.50	0.50	0.50	0.50
	2	0.85	0.65	0.60	0.55	0.55	0.50	0.50	0.50	0.50	0.50	0.50	0.50	0.50	0.50
	1	1.30	1.00	0.90	0.80	0.75	0.70	0.70	0.70	0.65	0.65	0.60	0.55	0.55	0.55

续表

m	j＼k	0.1	0.2	0.3	0.4	0.5	0.6	0.7	0.8	0.9	1.0	2.0	3.0	4.0	5.0
	9	−0.25	0.00	0.15	0.20	0.25	0.30	0.30	0.35	0.35	0.40	0.45	0.45	0.45	0.45
	8	0.00	0.20	0.30	0.35	0.35	0.40	0.40	0.40	0.40	0.45	0.45	0.50	0.50	0.50
	7	0.15	0.30	0.35	0.40	0.40	0.45	0.45	0.45	0.45	0.45	0.50	0.50	0.50	0.50
	6	0.25	0.35	0.40	0.40	0.45	0.45	0.45	0.45	0.45	0.50	0.50	0.50	0.50	0.50
9	5	0.35	0.40	0.45	0.45	0.45	0.45	0.45	0.45	0.50	0.50	0.50	0.50	0.50	0.50
	4	0.45	0.45	0.45	0.45	0.45	0.50	0.50	0.50	0.50	0.50	0.50	0.50	0.50	0.50
	3	0.60	0.50	0.50	0.50	0.50	0.50	0.50	0.50	0.50	0.50	0.50	0.50	0.50	0.50
	2	0.85	0.65	0.60	0.55	0.55	0.55	0.55	0.50	0.50	0.50	0.50	0.50	0.50	0.50
	1	1.35	1.00	0.90	0.80	0.75	0.70	0.70	0.70	0.65	0.65	0.60	0.55	0.55	0.55
	10	−0.25	0.00	0.15	0.20	0.25	0.30	0.30	0.35	0.35	0.40	0.45	0.45	0.45	0.45
	9	−0.05	0.20	0.30	0.35	0.35	0.40	0.40	0.40	0.40	0.45	0.45	0.50	0.50	0.50
	8	0.10	0.30	0.35	0.40	0.40	0.40	0.45	0.45	0.45	0.45	0.50	0.50	0.50	0.50
	7	0.20	0.35	0.40	0.40	0.45	0.45	0.45	0.45	0.45	0.50	0.50	0.50	0.50	0.50
10	6	0.30	0.40	0.40	0.45	0.45	0.45	0.45	0.45	0.45	0.50	0.50	0.50	0.50	0.50
	5	0.40	0.45	0.45	0.45	0.45	0.45	0.45	0.50	0.50	0.50	0.50	0.50	0.50	0.50
	4	0.50	0.45	0.45	0.45	0.50	0.50	0.50	0.50	0.50	0.50	0.50	0.50	0.50	0.50
	3	0.60	0.55	0.50	0.50	0.50	0.50	0.50	0.50	0.50	0.50	0.50	0.50	0.50	0.50
	2	0.85	0.65	0.60	0.55	0.55	0.55	0.55	0.50	0.50	0.50	0.50	0.50	0.50	0.50
	1	1.35	1.00	0.90	0.80	0.75	0.75	0.70	0.70	0.65	0.65	0.60	0.55	0.55	0.55
	11	−0.25	0.00	0.15	0.20	0.25	0.30	0.30	0.30	0.35	0.35	0.45	0.45	0.45	0.45
	10	−0.05	0.20	0.25	0.30	0.35	0.40	0.40	0.40	0.40	0.45	0.45	0.50	0.50	0.50
	9	0.10	0.30	0.35	0.40	0.40	0.40	0.45	0.45	0.45	0.45	0.50	0.50	0.50	0.50
	8	0.20	0.35	0.40	0.40	0.45	0.45	0.45	0.45	0.45	0.45	0.50	0.50	0.50	0.50
	7	0.25	0.40	0.40	0.45	0.45	0.45	0.45	0.45	0.45	0.50	0.50	0.50	0.50	0.50
11	6	0.35	0.40	0.45	0.45	0.45	0.45	0.45	0.50	0.50	0.50	0.50	0.50	0.50	0.50
	5	0.40	0.45	0.45	0.45	0.45	0.50	0.50	0.50	0.50	0.50	0.50	0.50	0.50	0.50
	4	0.50	0.50	0.50	0.50	0.50	0.50	0.50	0.50	0.50	0.50	0.50	0.50	0.50	0.50
	3	0.65	0.55	0.50	0.50	0.50	0.50	0.50	0.50	0.50	0.50	0.50	0.50	0.50	0.50
	2	0.85	0.65	0.60	0.55	0.55	0.55	0.55	0.50	0.50	0.50	0.50	0.50	0.50	0.50
	1	1.35	1.05	0.90	0.80	0.75	0.75	0.70	0.70	0.65	0.65	0.60	0.55	0.55	0.55

续表

m	k / j	0.1	0.2	0.3	0.4	0.5	0.6	0.7	0.8	0.9	1.0	2.0	3.0	4.0	5.0
	自上 1	−0.30	0.00	0.15	0.20	0.25	0.30	0.30	0.30	0.35	0.35	0.40	0.45	0.45	0.45
	2	−0.10	0.20	0.25	0.30	0.35	0.40	0.40	0.40	0.40	0.40	0.45	0.45	0.45	0.50
	3	0.05	0.25	0.35	0.40	0.40	0.40	0.45	0.45	0.45	0.45	0.45	0.50	0.50	0.50
	4	0.15	0.30	0.40	0.40	0.45	0.45	0.45	0.45	0.45	0.45	0.45	0.50	0.50	0.50
12	5	0.25	0.35	0.50	0.45	0.45	0.45	0.45	0.45	0.45	0.45	0.50	0.50	0.50	0.50
以	6	0.30	0.40	0.50	0.45	0.45	0.45	0.45	0.50	0.50	0.50	0.50	0.50	0.50	0.50
上	7	0.35	0.40	0.55	0.45	0.45	0.45	0.50	0.50	0.50	0.50	0.50	0.50	0.50	0.50
	8	0.35	0.45	0.55	0.45	0.50	0.50	0.50	0.50	0.50	0.50	0.50	0.50	0.50	0.50
	中间	0.45	0.45	0.55	0.45	0.50	0.50	0.50	0.50	0.50	0.50	0.55	0.50	0.50	0.50
	4	0.55	0.50	0.50	0.50	0.50	0.50	0.50	0.50	0.50	0.50	0.50	0.50	0.50	0.50
	3	0.65	0.55	0.50	0.50	0.50	0.50	0.50	0.50	0.50	0.50	0.50	0.50	0.50	0.50
	2	0.70	0.70	0.60	0.55	0.55	0.55	0.55	0.50	0.50	0.50	0.50	0.50	0.50	0.50
	自下 1	1.35	1.05	0.90	0.80	0.75	0.70	0.70	0.70	0.65	0.65	0.60	0.55	0.55	0.55

上下梁相对刚度变化时修正值 y_1　　表 18-17

α_1 \ k	0.1	0.2	0.3	0.4	0.5	0.6	0.7	0.8	0.9	1.0	2.0	3.0	4.0	5.0
0.4	0.55	0.40	0.30	0.25	0.20	0.15	0.15	0.15	0.05	0.05	0.05	0.05		
0.5	0.45	0.30	0.20	0.20	0.15	0.10	0.10	0.10	0.05	0.05	0.05	0.05		
0.6	0.30	0.20	0.15	0.15	0.10	0.10	0.05	0.05	0.05	0.05	0	0		
0.7	0.20	0.15	0.10	0.10	0.05	0.05	0.05	0.05	0.05	0	0	0		
0.8	0.15	0.10	0.05	0.05	0.05	0.05	0.05	0	0	0	0	0		
0.9	0.05	0.05	0.05	0.05	0	0	0	0	0	0	0	0		

上下层柱高度变化时的修正值 y_2 和 y_3　　表 18-18

α_2	k / α_3	0.1	0.2	0.3	0.4	0.5	0.6	0.7	0.8	0.9	1.0	2.0	3.0	4.0	5.0
2.0		0.25	0.15	0.15	0.10	0.10	0.10	0.10	0.10	0.05	0.05	0.05	0.05	0	0
1.8		0.20	0.15	0.10	0.10	0.10	0.05	0.05	0.05	0.05	0.05	0.05	0	0	0
1.6	0.4	0.15	0.10	0.10	0.05	0.05	0.05	0.05	0.05	0.05	0.05	0	0	0	0
1.4	0.6	0.10	0.05	0.05	0.05	0.05	0.05	0.05	0.05	0.05	0	0	0	0	0
1.2	0.8	0.05	0.05	0.05	0	0	0	0	0	0	0	0	0	0	0
1.0	1.0	0	0	0	0	0	0	0	0	0	0	0	0	0	0

续表

α_2	k / α_3	0.1	0.2	0.3	0.4	0.5	0.6	0.7	0.8	0.9	1.0	2.0	3.0	4.0	5.0
0.8	1.2	−0.05	−0.05	−0.05	0	0	0	0	0	0	0	0	0	0	0
0.6	1.4	−0.10	−0.05	−0.05	−0.05	−0.05	−0.05	−0.05	−0.05	−0.05	0	0	0	0	0
0.4	1.6	−0.15	−0.10	−0.10	−0.05	−0.05	−0.05	−0.05	−0.05	−0.05	−0.05	0	0	0	0
	1.8	−0.20	−0.15	−0.10	−0.10	−0.10	−0.05	−0.05	−0.05	−0.05	−0.05	−0.05	0	0	0
	2.0	−0.25	−0.15	−0.15	−0.10	−0.10	−0.10	−0.10	−0.10	−0.05	−0.05	−0.05	−0.05	0	0

【例题 18-5】 用D值法计算例题18-1中钢筋混凝土框架结构教学楼在水平地震作用下的内力。

【解】（1）用顶点位移法求结构基本自振周期

将各层的重力荷载代表值G_i作为水平荷载加于各楼层外，用D值法计算结构的假想顶点位移。计算过程见表18-19。

例　题　18-5　　　　表 18-19

层数	边柱（24根）				中柱（24根）				ΣD ($\times10^3$ N/mm)	V_i (kN)	δ_i (mm)	u_T (mm)
	i_c ($\times10^{10}$ N·mm)	k	α	D ($\times10^3$ N/mm)	i_c ($\times10^{10}$ N·mm)	k	α	D ($\times10^3$ N/mm)				
6	3.48	0.830	0.293	8.06	3.48	1.595	0.444	12.18	485.7	7319	15.1	371.3
5	3.76	0.769	0.278	9.67	3.76	1.476	0.425	14.78	586.8	16558	28.2	356.2
4	3.76	0.769	0.278	9.67	3.76	1.476	0.425	14.78	586.8	25625	43.7	328.0
3	3.76	0.769	0.278	9.67	3.76	1.476	0.425	14.78	586.8	34692	59.1	284.3
2	3.76	0.769	0.278	9.67	3.76	1.476	0.425	14.78	586.8	43759	74.6	225.2
1	2.71	1.066	0.511	6.64	2.71	2.048	0.629	8.19	356.0	53627	150.6	150.6

根据式（16-21），取$\psi_T=0.7$，则结构自振频率$T_1=1.7\psi_T\sqrt{u_T}=0.725\text{s}$。

（2）用底部剪力法计算水平地震作用

该结构符合底部剪力法的应用条件，采用底部剪力法进行计算。

Ⅱ类场地，设计地震分组为第一组，特征周期$T_g=0.35\text{s}$。

8度设防，基本地震加速度$0.2g$，水平地震响应系数最大值：$\alpha_{max}=0.16$

地震响应系数：$\alpha_1=\left(\dfrac{T_g}{T_1}\right)^{\nu}\eta_2\alpha_{max}=\left(\dfrac{0.35}{0.725}\right)^{0.9}\times1.0\times0.16=0.083$

结构等效总重力荷载：$G_{eq}=0.85G_E=0.85\times53627=45583\text{kN}$

结构总水平地震作用：$F_{Ek}=\alpha_1G_{eq}=3783\text{kN}$

顶部附加地震作用系数：$\delta_n=0.08T_1+0.01=0.068$

顶部附加水平地震作用：$\Delta F_n = 0.068 \times 3783 = 257.3\text{kN}$

各层的水平地震作用标准值按式（16-22）～式（16-24）计算，结果见表18-20。

各层水平地震作用与层剪力标准值 **表 18-20**

层数	H_i（m）	G_i（kN）	G_iH_i （$\times 10^3$kN·m）	F_i （kN）	层剪力 （kN）
6	23.3	7319	170.5	822.6	1079.8
5	19.4	9239	179.2	864.5	1944.4
4	15.8	9067	143.3	691.0	2635.4
3	12.2	9067	110.6	533.6	3168.9
2	8.6	9067	78.0	376.1	3545.0
1	5.0	9868	49.3	238.0	3783.0
Σ	—	53627	731.0	—	—

（3）剪力分配

根据各柱抗侧移刚度 D 所占的比例将每层的总剪力分配到各柱。计算结果见表 18-21。

柱剪力分配情况 **表 18-21**

层数	楼层剪力 （kN）	边柱 D 值 （$\times 10^3$N/mm）	中柱 D 值 （$\times 10^3$N/mm）	ΣD （$\times 10^3$N/mm）	每根边柱的剪力 （kN）	每根中柱的剪力 （kN）
6	1080	8.06	12.2	485.7	17.9	27.1
5	1944	9.67	14.8	586.8	32.0	49.0
4	2635	9.67	14.8	586.8	43.4	66.4
3	3169	9.67	14.8	586.8	52.2	79.8
2	3545	9.67	14.8	586.8	58.4	89.3
1	3783	6.64	8.2	356.0	70.6	87.0

（4）计算柱反弯点高度

查表得各层柱的反弯点高度，计算过程见表 18-22。

柱反弯点高度 **表 18-22**

楼层	柱位置	n	j	k	y_n	α_1	y_1	α_2	y_2	α_3	y_3	y
6	边	6	6	0.830	0.35	1	0	—	—	0.923	0	0.350
	中	6	6	1.595	0.38	1	0	—	—	0.923	0	0.380
5	边	6	5	0.769	0.40	1	0	1.083	0	1	0	0.400
	中	6	5	1.476	0.45	1	0	1.083	0	1	0	0.450

续表

楼层	柱位置	n	j	k	y_n	α_1	y_1	α_2	y_2	α_3	y_3	y
4	边	6	4	0.769	0.45	1	0	1	0	1	0	0.450
	中	6	4	1.476	0.474	1	0	1	0	1	0	0.474
3	边	6	3	0.769	0.45	1	0	1	0	1	0	0.450
	中	6	3	1.476	0.50	1	0	1	0	1	0	0.500
2	边	6	2	0.769	0.50	1	0	1	0	1.389	−0.047	0.453
	中	6	2	1.476	0.50	1	0	1	0	1.389	−0.025	0.475
1	边	6	1	1.066	0.647	1	0	0.72	−0.028	—	—	0.619
	中	6	1	2.048	0.598	1	0	0.72	0	—	—	0.598

（5）水平地震作用下的框架内力

根据各柱的剪力和反弯点高度，计算柱端弯矩。计算过程和结果见表18-23。

水平地震作用下的框架梁柱弯矩　　**表 18-23**

楼层	柱位置	层高 h (m)	y	柱剪力 V (kN)	M_c^t (kN·m)	M_c^b (kN·m)	i_b^l	i_b^r	M_b^l (kN·m)	M_b^r (kN·m)
6	边	3.9	0.350	17.9	45.4	24.4	—	—	—	45.4
	中	3.9	0.380	27.1	65.5	40.1	2.89	2.66	34.1	31.4
5	边	3.6	0.400	32.0	69.2	46.1	—	—	—	93.6
	中	3.6	0.450	49.0	97.0	79.4	2.89	2.66	71.4	65.7
4	边	3.6	0.450	43.4	86.0	70.3	—	—	—	132.1
	中	3.6	0.474	66.4	125.7	113.3	2.89	2.66	106.8	98.3
3	边	3.6	0.450	52.2	103.4	84.6	—	—	—	173.7
	中	3.6	0.500	79.8	143.7	143.7	2.89	2.66	133.8	123.2
2	边	3.6	0.453	58.4	115.0	95.2	—	—	—	199.5
	中	3.6	0.475	89.3	168.8	152.7	2.89	2.66	162.7	149.8
1	边	5.0	0.619	70.6	134.5	218.6	—	—	—	229.7
	中	5.0	0.598	87.0	174.9	260.2	2.89	2.66	170.6	157.0

其中，梁端剪力根据梁的弯矩计算，柱的轴力根据剪力结果进行计算。框架的内力计算结果见图18-41。用位移法求得的框架弯矩的精确计算结果示于图18-41（d），与D值法的计算结果非常接近。

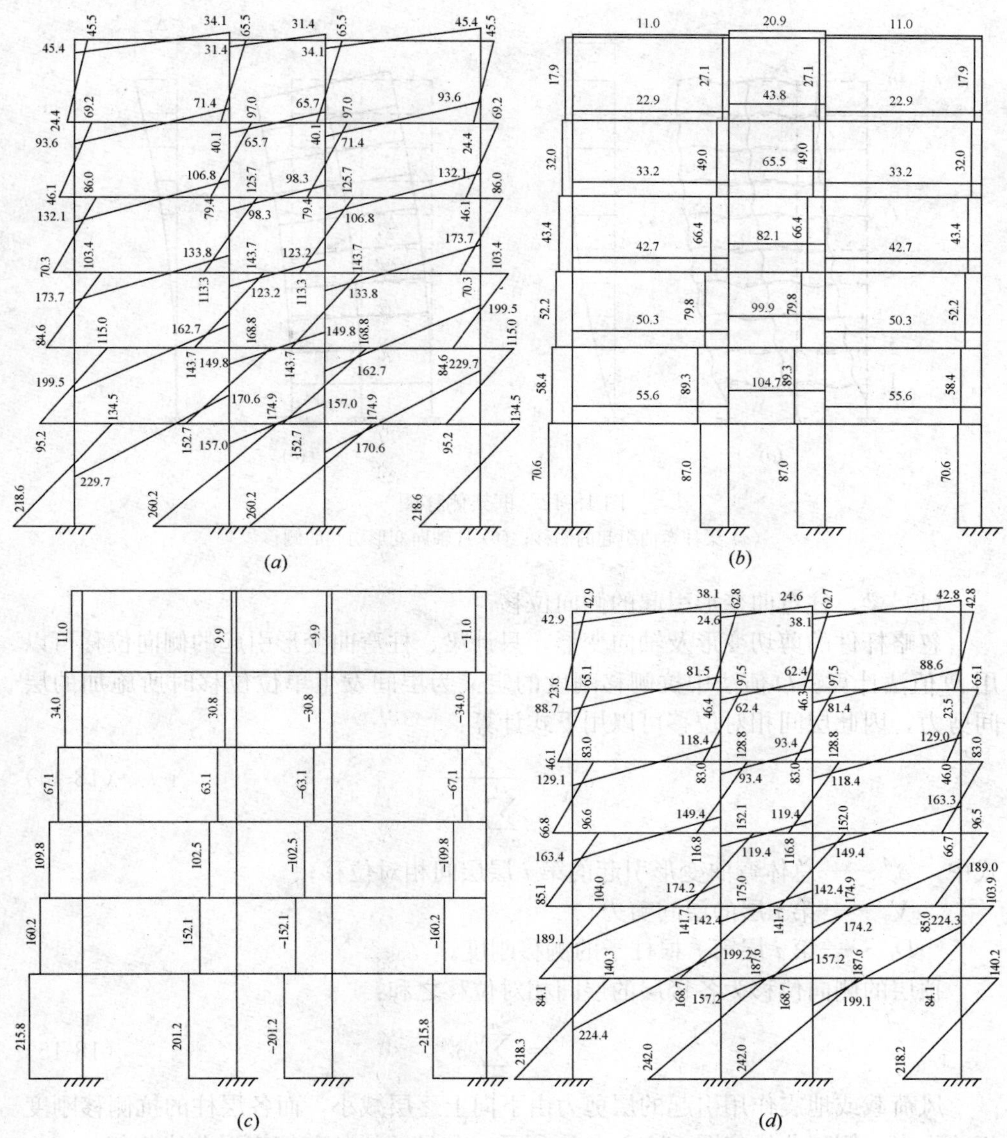

图 18-41 水平地震作用下的框架内力

(*a*) 弯矩图 (kN·m); (*b*) 剪力图 (kN); (*c*) 柱轴力图 (kN); (*d*) 精确计算的弯矩图 (kN·m)

18.5.5 水平荷载作用下框架侧移的近似计算

多、高层框架结构在水平风荷载或地震作用下的侧向变形由总体剪切变形和总体弯曲变形两部分组成。总体剪切变形由梁柱构件的弯曲变形引起，总体弯曲变形是由边柱的轴向变形引起，如图 18-42 所示。

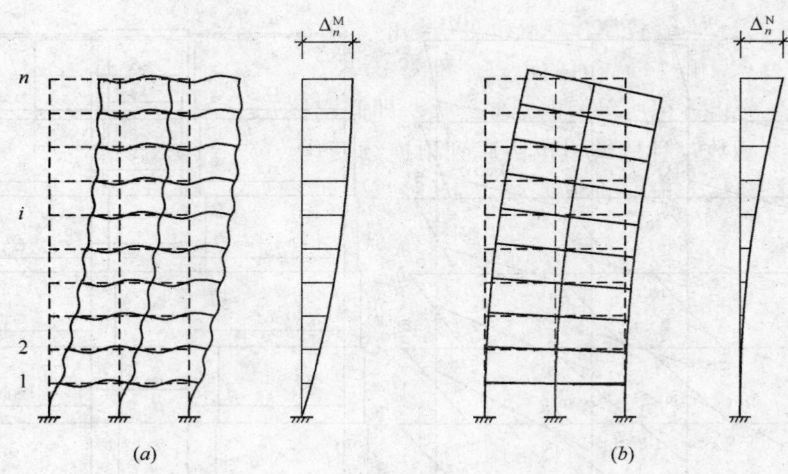

图 18-42　框架侧移图

(*a*) 梁柱弯曲引起的侧移；(*b*) 柱轴向变形引起的侧移

（1）梁、柱弯曲变形引起的侧向位移

忽略杆件的剪切变形及轴向变形，只计梁、柱弯曲变形引起的侧向位移可以用 D 值法计算。D 值法中抗侧移刚度的定义为层间发生单位位移时所施加的层间剪力，因此层间相对位移可以用下式计算：

$$\delta_i^M = \frac{V_i}{\sum_{j=1}^{m} D_{ij}} \tag{18-14}$$

式中　δ_i^M ——总体弯曲变形引起的第 i 层层间相对位移；

V_i ——第 i 层的层间剪力；

D_{ij} ——第 i 层第 j 根柱子的侧移刚度。

顶层的侧向位移为各楼层的层间相对位移之和：

$$\Delta_\mathrm{n}^\mathrm{M} = \sum_{i=1}^{n} \delta_i^\mathrm{M} \tag{18-15}$$

风荷载或地震作用引起的层剪力由下向上逐层减小，而各层柱的抗侧移刚度相差不大。侧移曲线如图 18-42（*a*）所示，与悬臂梁的剪切变形曲线相似。

（2）边柱轴向变形引起的侧向位移

对于高层框架结构，在水平荷载下框架边柱内会产生很大的轴力，轴力引起的边柱伸长与压缩会造成框架的侧移，其侧移曲线如图 18-42（*b*）所示。这种侧移曲线与悬臂杆的弯曲变形曲线相似，因此称为弯曲型的侧移变形。

通常在水平荷载下外侧柱的轴力较大，内侧柱的轴力较小。为了简化计算，假设内柱轴力为零，则外侧柱的轴力为：

$$N(z) = \pm \frac{M(z)}{B} \tag{18-16}$$

式中　M——水平荷载在计算高度处引起的弯矩；

B——两侧柱轴线间的距离，见图 18-43。

为方便分析，把所示的框架连续化，即假定柱轴力为连续函数，且柱轴力也由底到顶连续变化。根据单位荷载法，顶层的侧移为：

$$\Delta_{n}^{N}=\int_{0}^{H}\frac{\overline{N}(z)N(z)}{EA(z)}dz \tag{18-17}$$

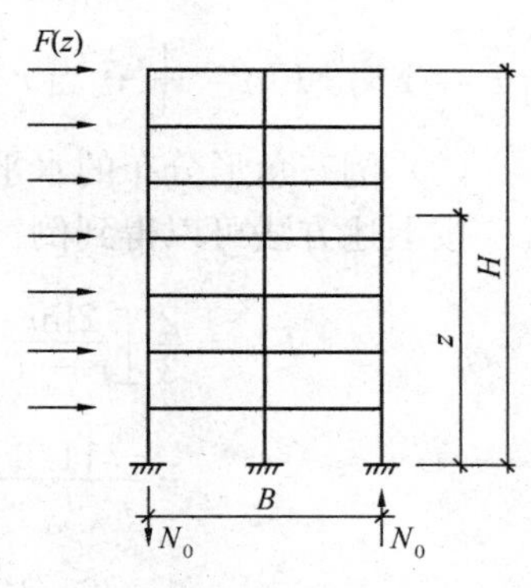

图 18-43　弯曲型侧移变形计算模型

式中　E——混凝土的弹性模量。

$A(z)$——框架边柱的截面积，并假定沿高度方向呈线形变化：

$$A(z)=A_{1}\left(1-\frac{1-r}{H}z\right) \tag{18-18}$$

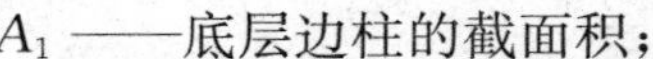

A_1——底层边柱的截面积；

r——顶层柱与底层柱截面积之比。

$\overline{N}$——顶层作用有单位水平力时边柱内的轴力：

$$\overline{N}(z)=\pm\frac{(H-z)}{B} \tag{18-19}$$

$N(z)$——实际水平荷载引起的边柱轴力，按式（18-16）计算。

将以上各式带入式（18-17），即可求得针对不同水平作用的框架顶层的最大侧移 Δ_{n}^{N}。

（1）顶部集中力作用

顶部作用有水平集中力 P 时：

$$N(z)=\frac{(H-z)}{B}P \tag{18-20}$$

将上式带入式（18-17）中积分得：

$$\Delta_{n}^{N}=\frac{V_{0}H^{3}}{EA_{1}B^{2}}F_{N} \tag{18-21}$$

式中　V_0——底部总剪力，$V_0=P$；

F_N——位移系数，对于顶部集中力作用的工况：

$$F_{N}=\frac{1-4r+3r^{2}-2r^{2}\ln r}{(1-r)^{3}} \tag{18-22}$$

当 $r=1$ 时，$F_N=\frac{2}{3}$；当 $r=0$ 时，$F_N=1$。

（2）均布水平荷载作用

将均布水平荷载作用时的轴力表达式带入式（18-17）积分可以得到此工况下的位移系数：

$$F_{N}=\frac{2-9r+18r^{2}-11r^{3}+6r^{3}\ln r}{6(1-r)^{4}} \tag{18-23}$$

当 $r=1$ 时，$F_N=\frac{1}{4}$；当 $r=0$ 时，$F_N=\frac{1}{3}$。

（3）倒三角形分布的水平荷载作用

按上述方法可以得到倒三角形分布水平荷载作用下的位移系数：

$$F_N=\frac{2}{3}\left[\frac{2\ln r}{r-1}+\frac{5(1-r+\ln r)}{(r-1)^4}+\frac{9/2-6r+3r^2/2}{(r-1)^3}\right.$$
$$+\frac{-11/6+3r-3r^2/2+r^3/3-\ln r}{(r-1)^4} \tag{18-24}$$
$$\left.+\frac{-25/12+4r-3r^2+4r^3/3-r^4/4-\ln r}{(r-1)^5}\right]$$

当 $r=1$ 时，$F_N=\frac{11}{30}$；当 $r=0$ 时，$F_N=\frac{1}{2}$。

上述各种工况下的位移系数 F_N 均已制成图表（图 18-44），计算时可以直接查用。

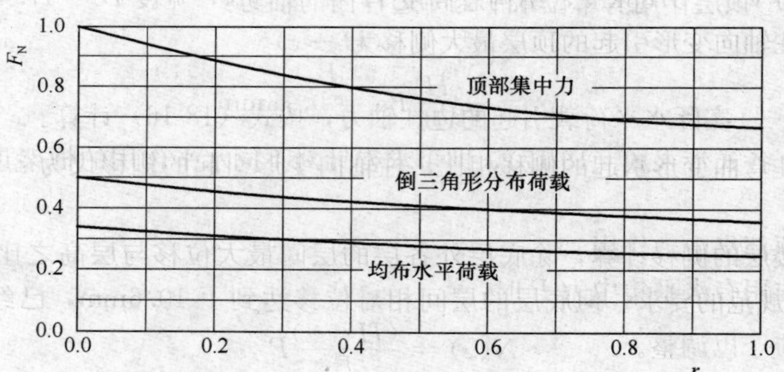

图 18-44　F_N曲线

框架的顶层最大侧移由上述两部分侧移叠加而成：

$$\Delta_n=\Delta_n^M+\Delta_n^N \tag{18-25}$$

由式（18-20）可以看出，高层建筑的高度越大，宽度越小则在水平荷载下由柱轴向变形引起的侧移越大。多层建筑的高宽比通常比较小，侧移主要由梁柱的弯曲变形引起。但对于高宽比较大的高层建筑，柱轴向变形引起的侧移有时不能忽略，否则引起的计算误差过大。

【例题 18-6】 计算例题 18-1 中钢筋混凝土框架结构教学楼在水平地震作用下的侧移值。

【解】

（1）梁、柱弯曲变形引起的侧移按 D 值法计算，计算结果见表 18-24。

梁、柱弯曲变形引起的侧移 表 18-24

楼层	层高 h_i（m）	楼层剪力 V_i（kN）	ΣD（$\times10^3$ N/mm）	δ_i^M（mm）	h_i/δ_i^M	Δ_i^M（mm）	侧移图（mm）
6	3.9	1079.8	485.7	2.2	1754	32.1	32.1
5	3.6	1944.4	586.8	3.3	1086	29.9	29.9
4	3.6	2635.4	586.8	4.5	802	26.6	26.6
3	3.6	3168.9	586.8	5.4	667	22.1	22.1
2	3.6	3545.0	586.8	6.0	596	16.7	16.7
1	5.0	3783.0	356.0	10.6	471	10.6	10.6

(2) 柱轴向变形引起的侧向位移。

各层框架柱的截面积相等，每一侧 12 根柱的总截面积 $A=12\times400\times500=2.4\times10^6\text{mm}^2$ 。柱自下而上等截面 $r=1.0$ 。查图 18-44 得 $F_N=0.36$ 。

总剪力 $V_0=3783\text{kN}$，结构总高度 $H=23.3\text{m}$，宽度 $B=17.4\text{m}$ 。

则由柱轴向变形引起的顶层最大侧移为：

$$\Delta_i^N=\frac{V_0H^3}{EAB^2}F_N=0.73\text{mm}$$

与梁柱弯曲变形引起的侧移相比，柱轴向变形引起的侧移仅为 2.3%，可以忽略。

由各楼层的侧移计算，除底层外各层的层间最大位移与层高之比均小于 1/550，满足规范的要求。但底层的层间相对位移达到了 10.6mm，已经超过了规范限值，应予以调整。

将底层柱的截面修改为 500mm×500mm，则：

边柱：$D=7.71\times10^3\text{N/mm}$

中柱：$D=9.55\times10^3\text{N/mm}$

底层 24 根柱的总侧移刚度：$\Sigma D_1=414.3\times10^3\text{N/mm}$

前面的计算表明，柱轴向变形引起的底层侧移相对于梁柱弯曲变形引起的侧移变形很小，可以忽略。因此，底层的层间相对位移 $\delta_1=\dfrac{V_1}{\Sigma D_1}=9.14\text{mm}=\dfrac{1}{547}h_1\approx\dfrac{1}{550}h_1$，满足设计要求。

18.6 框架结构的设计要求

对于多、高层钢筋混凝土房屋，应保证结构按照最不利效应组合后，在承载能力极限状态和正常使用极限状态下均能满足设计要求，即结构需要有足够的承载能力、刚度以及正常使用的性能，并在地震作用下具有一定的延性并安全可靠。

18.6.1 承载力设计要求

对于承载能力极限状态，应按照下式进行结构构件设计：

$$\gamma_0 S \leqslant R \tag{18-26}$$

式中 γ_0 ——结构的重要性系数；

R——结构构件抗力的设计值。

当有地震作用组合时，结构构件的截面抗震验算采用下式：

$$S \leqslant R/\gamma_{RE} \tag{18-27}$$

式中 γ_{RE} ——承载力抗震调整系数，按表 18-25 采用。

钢筋混凝土结构承载力抗震调整系数 表 18-25

结构构件	受力状态	γ_{RE}
梁	受 弯	0.75
轴压比小于 0.15 的柱	偏压	0.75
轴压比不小于 0.15 的柱	偏压	0.80
各类构件	受剪、偏拉	0.85

在设防烈度下结构通常都进入弹塑性工作阶段，此时的材料性能、计算模型均与静力分析的结果不同。因此，为了减少验算工作量并符合设计习惯，引入了承载力抗震调整系数 γ_{RE} 来反映结构在地震作用下的这种变化。

18.6.2 侧移变形设计要求

在正常作用条件下，多、高层房屋结构应处于弹性状态，并且具有足够的侧移刚度，避免产生过大的位移而影响结构的承载力、稳定性和使用要求。侧移过大可能使结构开裂、破坏或倾覆；引起次要结构和装修出现裂缝，使电梯轨道发生变形；使居住者产生不适感。此外，侧移过大时竖向荷载可能会产生显著的附加弯矩（P-Δ 效应），使结构内力增大。除了提高结构的刚度来减少侧移外，通过对结构体系的合理选择也可以起到很显著的作用。例如，对以抗风为主的高层建筑，减少受风面的面积即可以有效地降低结构的侧移。

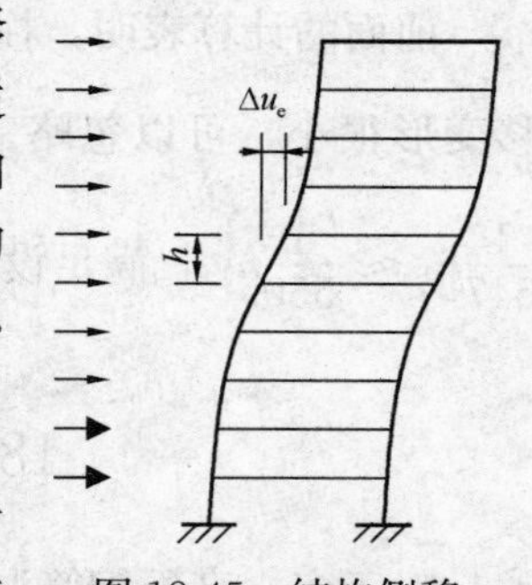

图 18-45 结构侧移及层间变形

正常使用条件下的结构在风荷载或多遇地震作用下的水平位移应按照弹性方法进行计算。如图 18-45 所示，对于高度不大于 150m 的多、高层钢筋混凝土结构，按弹性方法计算的楼层间最大位移与层高应符合下式要求：

$$\Delta u_{\mathrm{e}} \leqslant [\theta_{\mathrm{e}}] h \tag{18-28}$$

式中 Δu_{e}——风或多遇地震作用标准值产生的楼层内最大的弹性层间位移，以楼层竖向构件最大的水平位移差计算，不扣除结构整体弯曲变形，计入扭转变形的影响；

$[\theta_{\mathrm{e}}]$——弹性层间位移角限值，对于框架结构，《抗震规范》规定 $[\theta_{\mathrm{e}}]$ 不应大于 1/550；

h——计算楼层层高。

18.6.3 抗震设计要求

地震是一种短暂而偶然作用，因此在抗震设计中应当允许某些结构构件进入塑性。此时，结构刚度有所降低、变形加大，通过塑性变形能够吸收和耗散地震能量，而地震引起的惯性力则相应减小。此外，较好的延性还有利于实现对结构内力的调整。只要能够保证结构在这一阶段的承载力和良好的延性，总体上是对抗震有利的。因此抗震设计时要求结构构件满足一定的延性要求，具有这种性能的结构则称为延性结构。

所谓延性是指结构或构件屈服后强度或承载力没有明显降低时的塑性变形能力，当达到屈服强度以后，在荷载不增或微有增加的条件下，仍能维持相当的变形能力。延性可以用延性比来表示。延性比的定义为结构或构件的极限变形 Δ_{u} 与屈服变形 Δ_{y} 的比值，如图 18-46 所示。其中，变形可以用应变、曲率、转角、位移等来表示。显然，对于一个结构或构件来说，延性比越大则延性越好。

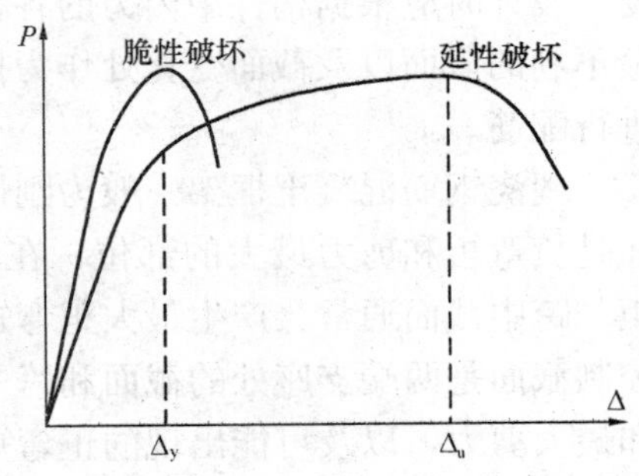

图 18-46 内力与变形关系

但是，由于影响结构延性比的因素很多，以及地震作用的不确定性，在设计中很难通过计算直接控制结构的延性比。因此，《抗震规范》根据钢筋混凝土多层及高层房屋的抗震设防类别、设防烈度、结构类型和房屋高度将其划分为四个抗震等级，并分别采用不同的抗震措施。这样既可以通过满足一定的构造措施来保证结构在地震作用下的延性，又利于做到设计简便和经济合理。一般来讲，设防烈度越高、房屋高度越大，则抗震等级愈高。对于丙类建筑的抗震等级按表 18-1 确定，其中一级抗震要求最高，四级抗震要求最低。

采用抗震等级的另一个原因是，房屋的抗震要求不仅与建筑物的重要性和地震烈度有关，还与建筑物自身的抗震能力有关。例如，剪力墙结构的抗震性能要优于框架结构，为了达到相同的抗震效果，在框架一剪力墙结构中的框架的抗震要求就可以低于纯框架结构中作为唯一抗侧力构件的框架，因此，除考虑设防烈度外，再引入抗震等级能够更全面地反映不同建筑物对抗震能力的不同要求。

18.7 荷载效应组合

在得到钢筋混凝土框架结构的内力计算结果后，需要进一步确定各个构件的配筋和构造措施，因此要求出构件各个控制截面的最不利内力。一般来说，并不是所有荷载同时作用时构件的全部截面都达到了最大的内力，而是在某些荷载作用下的内力对于构件最为不利。本节主要介绍构件的控制截面及相应的最不利内力、活荷载的布置方式、内力的塑性重分布以及如何进行荷载组合以求出最不利内力的方法，并以此作为框架梁、柱以及节点等构件的配筋依据。

18.7.1 控制截面及最不利内力

框架结构中的内力沿构件长度会发生变化，有时截面在构件某处也会发生改变。设计时应根据构件中内力的各种可能不利分布和截面的变化情况，选取内力最不利的截面以及截面变化处作为控制截面，并根据这些截面最不利的受力情况进行配筋。

现浇钢筋混凝土框架一般为刚性节点，竖向荷载作用下框架梁的两个端部截面是负弯矩和剪力最大的部位；在水平荷载作用下，框架梁端部还会产生正弯矩；跨中截面通常会产生最大正弯矩，有时也可能出现负弯矩。因此，框架梁的控制截面是两端支座处的截面和跨中截面。最不利内力包括端截面的最大负弯矩和最大剪力，以及可能出现的正弯矩；跨中截面包括最大正弯矩，以及可能出现的负弯矩。

对于框架柱，弯矩最大值在两个柱端，剪力和轴力在同一楼层中通常没有变化或变化很小。因此框架柱的控制截面为上、下两个端截面。在不同的内力组合时，同一柱截面有可能出现正弯矩或负弯矩。但考虑到框架柱一般均采用对称配筋，只需要选择正、负弯矩中绝对值最大的弯矩进行组合。框架柱控制截面的最不利内力组合包括以下几种：

(1) 最大弯矩 $|M|_{max}$ 及相应的轴力 N、剪力 V；

(2) 最大轴力 N_{max} 及相应的 M、V；

(3) 最小轴力 N_{min} 及相应的 M、V；

(4) $|M|$ 比较大（不是绝对最大），但 N 比较小或 N 比较大（不是绝对最小或绝对最大）。

框架柱属于偏压构件，可能出现大偏压破坏，也可能出现小偏压破坏。对于大偏压构件，偏心距 $e_0 = M/N$ 越大，截面需要的配筋越多。因此，有时 M 虽然不是最大，但相应的 N 比较小，此时 e_0 最大，也可能成为最不利内力。对于小偏压构件，当 N 并不是最大但相应的 M 比较大时，需要的截面配筋反而最多，从而成为最不利的内力组合。因此，在内力组合时需要考虑上述第（4）种情况，并常常成为柱控制截面配筋设计时所依据的内力组合。

柱中的剪力一般不大，按照上述组合方法得到的 V 和 N 进行斜截面抗剪验算，一般均可满足要求。但在水平力较大的情况下，框架柱也需要组合最大剪力 V_{max} 。

需要注意的是，对于不同的框架承重方案，框架柱在竖向荷载作用下，可能出现两个方向的弯矩；在风及地震作用下，也由于框架在纵、横两个方向均可能出现的水平力，在柱端也会形成两个方向的弯矩。因此，内力柱实际上最终可能属于双向偏心受压构件。

由于结构受力分析时得到的都是构件轴线处的内力，而梁端控制截面是指柱截面边缘处，柱的控制截面是指梁底或梁顶处的截面，因此应将结构内力分析的弯矩、剪力计算结果换算到梁和柱的截面边缘处，然后进行内力组合，见图18-47。

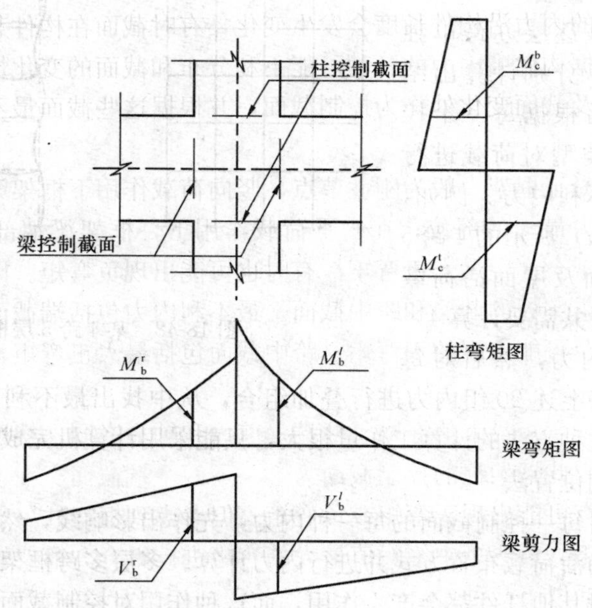

图 18-47 控制截面及设计内力

通常，梁端控制截面的内力可以按下式计算：

$$V_b = V_{b0} - q\frac{b}{2} \tag{18-29}$$

$$M_b = M_{b0} - V_b\frac{b}{2} \tag{18-30}$$

式中　V_b、M_b——梁端控制截面的剪力和弯矩；

V_{b0}、M_{b0}——内力分析得到的柱轴线处的梁端剪力和弯矩；

q——梁上作用的均布荷载；

b——柱的宽度。

18.7.2　活荷载不利布置

作用于框架结构上的竖向荷载包括永久荷载和可变荷载两部分。永久荷载是长期作用于结构上的重力荷载，在结构整个使用过程中都不发生变化，因此应根据永久荷载的实际大小和分布情况计入其对结构的全部影响。

而可变荷载的大小和作用位置是可变的，既可以单独作用于某跨，也可能同时作用于整个结构，而各种不同的活荷载布置方式和组合方式会在构件的控制截面中产生不同的内力。因此，应当根据各构件控制截面的位置及内力的种类，按活荷载的最不利布置方式计算控制截面的最不利内力。

通常，可以采用以下两种方法确定活荷载的最不利布置。

（1）逐跨布置法

先将活荷载逐层逐跨单独布置在结构上，分别计算出结构的内力，然后根据每一个控制截面的内力类型对荷载进行组合以求出最不利内力。例如，对于图18-48（a）所示的4跨5层框架，将楼面及屋面活荷载逐层逐跨布置时共需要计算4×5＝20组框架内力，然后对每一个控制截面将上述20组内力进行叠加组合，从中找出最不利内力。当楼层或跨数较多时，这种方法的计算工作量很大，只能采用计算机完成。

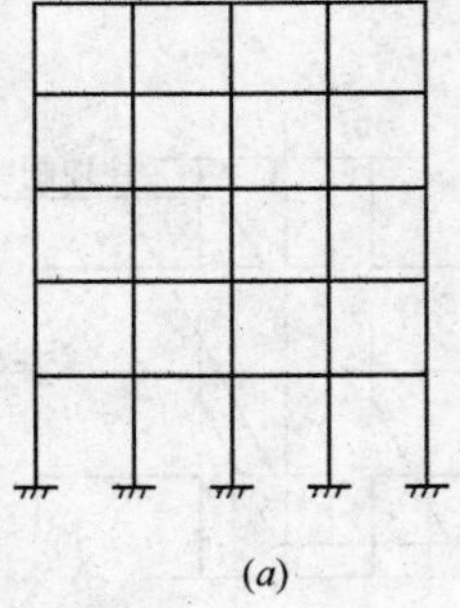

(a)

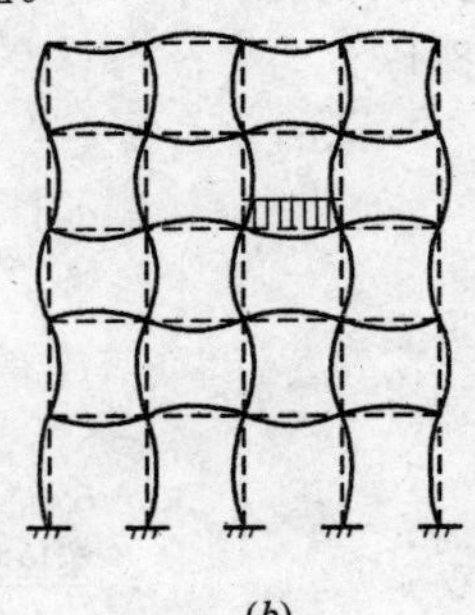

(b)

图18-48　某4跨5层框架

（2）最不利位置法

这种方法对每一控制截面的每一种内力，先作出影响线，然后根据影响线确定最不利内力的活荷载布置方式并进行内力计算。多层多跨框架中的某一跨作用有活荷载时，对其他杆件都会产生作用，而这种作用对控制截面的影响可能是有利的，也可能是不利的。图18-48（b）为框架某一跨作用活荷载后的变形曲线，图中变形的情况未按比例画出，只表示了杆件弯曲的方向。根据影响线分析原理，按最不利的方式布置活荷载时，如果要使得某跨（如AB跨）跨中产生最大正弯矩，则应在该跨布置活荷载，然后沿横向每隔一跨，沿竖向每隔一层的各跨梁上也要布置活荷载，如图18-49（a）所示。如果要使得梁AB的B端产生最不利负弯矩，则应在该跨（AB）和邻近B端的梁跨布置活荷载，并在该跨的上、下相邻两跨布置活荷载，然后隔层隔跨交叉布置，如图 18-49（*b*）所示。同样，使梁 *AB* 的 *A* 端产生最不利负弯矩，则应按图 18-49（*c*）的方式布置活荷载。

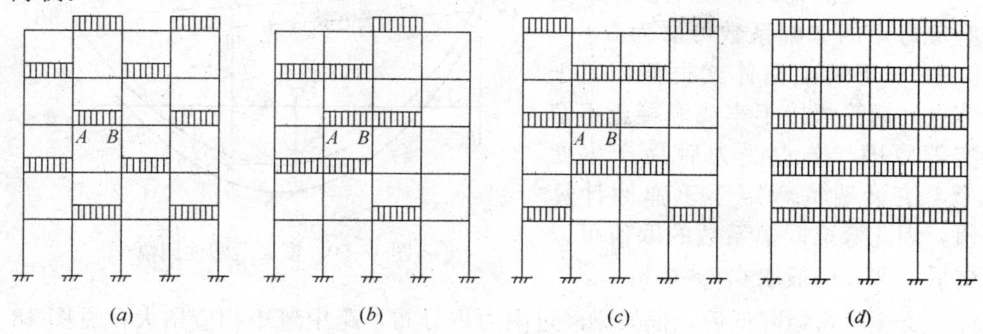

图 18-49 活荷载布置

对于框架中的其他控制截面和各种内力，都可遵循一定的规律得到相应的最不利活荷载布置。即相应于一个控制截面的一种内力，就对应有一种最不利的荷载布置方式，需要进行一次内力组合。如框架柱的四种不利内力，都需要分别进行不同的活荷载布置。对于多跨多层的房屋，采用最不利位置法进行活荷载布置的计算工作量很大，必须采用计算机完成。

在多、高层建筑中，按上述两种方法布置活荷载和进行内力组合，计算工作量很大，手算通常难以进行。考虑到一般的民用及公共多、高层建筑，竖向活荷载的标准值仅为 1.5～2.0kN/m^2，与恒载及水平作用产生的内力相比，其产生的内力所占的比例较小。因此，在实际设计中允许不考虑活荷载的不利布置，而采用与恒载相同的满布方式进行内力计算和组合，图 18-49（*d*）。与按最不利布置活载得到的内力相比，满布荷载法得到的梁端负弯矩非常接近，而梁跨中弯矩有可能偏小。为了安全起见，可以把框架梁的跨中弯矩乘以 1.1～1.2 的放大系数。计算表明，对楼面活荷载标准值不超过 5kN/m^2 的一般框架结构，满布荷载法的精度和安全度可以满足工程设计要求。但对于使用荷载很大的印刷车间、贮藏室、书库等建筑，则应该考虑活荷载的不利布置方式来计算内力，否则对结构的安全性有较大影响。

对于水平风荷载和地震作用，应当考虑正、反两个方向分别在结构中产生的内力，并在组合时取不利的值。如果结构对称，正、反两个方向的作用也相同，则只需要做一次内力计算，对反向的作用产生的内力只要改变符号。

18.7.3 内力塑性调幅

为使框架结构首先在梁端出现塑性铰，以实现抗震设计中强柱弱梁延性框架的梁铰破坏机构，同时为了便于混凝土浇筑，减少节点处负钢筋的拥挤程度，可以在梁中考虑塑性内力重分布，即对竖向荷载作用下的梁端负弯矩进行调幅，降低支座处的弯矩。

对于现浇钢筋混凝土框架，支座负弯矩的调幅系数可取为0.8～0.9。对于装配整体式框架，由于节点处钢筋焊接不牢或混凝土不密实等原因，节点受力后易产生变形，使梁端负弯矩小于弹性计算值，因此弯矩调幅系数的取值可以更低一些，一般取0.7～0.8。

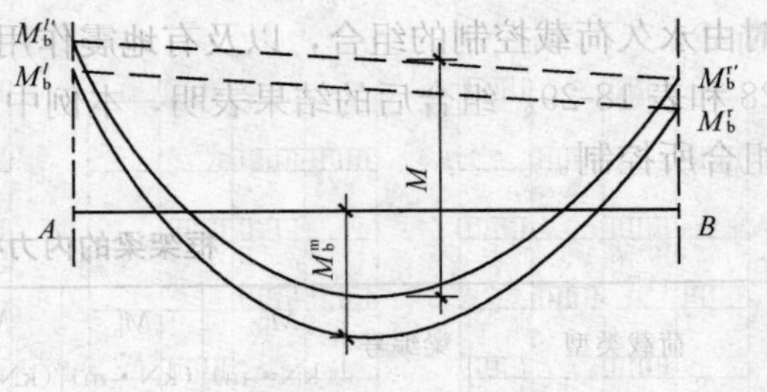

图18-50　框架梁塑性调幅

支座负弯矩降低后，框架梁经过内力重分布，跨中弯矩相应增大，见图18-50。设计时，跨中弯矩可以通过乘以1.1～1.2的增大系数得到，也可以根据平衡条件计算，并必须满足以下关系：

$$\left.\begin{aligned}\frac{1}{2}(M_b^l+M_b^r)+M_b^c\geqslant M\\ M_b^c\geqslant\frac{1}{2}M\end{aligned}\right\}\tag{18-31}$$

式中　M_b^l、M_b^r、M_b^c——分别为调整后的梁左端、右端和跨中的弯矩；

M——在竖向荷载作用下，本跨按简支梁计算的跨中弯矩。

框架梁应先根据竖向荷载作用下的弯矩进行调幅，然后与风荷载和水平地震作用产生的弯矩进行组合。

18.7.4　内　力　组　合

内力组合应根据第18.7.2节的原则进行。对于荷载的基本组合，如果不能确定结构的反应是由可变荷载，还是永久荷载控制，需要对两种情况分别计算，然后取最不利组合进行截面设计；当进行抗震设计时，通常内力组合的设计值要大于无地震作用时的设计值，但当考虑承载力抗震调整系数的影响后，此时构件配筋仍可能少于后者，因此也需要对这两种情况下的内力组合分别进行计算和比较。

【例题18-7】　对例题18-1教学楼的1、2层框架梁和框架柱进行内力组合，并求出截面控制内力。

【解】　例题18-2和例题18-5计算了结构在恒载和水平地震作用下的内力。活荷载、雪荷载以及风荷载作用下结构的内力可以采用同样的方法计算，计算过程在此省略，以下计算中直接引用内力计算结果。

表18-26和表18-28分别为1、2层梁、柱的内力标准值。表中将轴线处的内力计算结果换算到控制截面处，竖向荷载作用下的内力进行了塑性内力调幅。由于雪载对1、2层框架梁的影响很小，在梁的内力组合过程中忽略。

表18-26和表18-27分别为框架梁的内力标准值和内力组合设计值。对于梁、柱分别组合了三种情况：无地震作用时由可变荷载控制的组合，无地震作用时由永久荷载控制的组合，以及有地震作用时的组合，组合后的设计值见表18-28和表18-29。组合后的结果表明，本例中梁、柱的配筋均由地震作用时的荷载组合所控制。

框架梁的内力标准值 **表18-26**

荷载类型	梁编号	M_{b0}^{l} (kN·m)	M_{b}^{l} (kN·m)	M_{b}^{c} (kN·m)	M_{b}^{r} (kN·m)	M_{b0}^{r} (kN·m)	V_{b0} (kN)	V_{b} (kN)
恒载 ①	1	−101.0	−63.1	93.0	−72.1	−112.2	95.1	88.5
	2	−108.1	−68.8	85.9	−75.7	−116.7	95.1	88.5
	3	−28.7	−19.2	−5.5	−19.2	−28.7	22.3	18.6
	4	−25.8	−16.9	−4.9	−16.9	−25.8	22.3	18.6
活载 ②	1	−25.4	−19.3	19.7	−22.6	−28.6	25.9	24.1
	2	−27.5	−21.4	18.3	−23.1	−29.2	25.9	24.1
	3	−10.0	−7.1	−0.2	−7.1	−10.0	13.5	11.3
	4	−8.9	−6.1	−1.2	−6.1	−8.9	13.5	11.3
重力荷载 ③=①+0.5×②	1	−113.7	−72.8	102.8	−83.4	−126.5	—	100.6
	2	−121.8	−79.5	95.1	−87.2	−131.3	—	100.6
	3	−33.7	−22.8	−5.6	−22.8	−33.7	—	24.2
	4	−30.3	−20.0	−5.5	−20.0	−30.3	—	24.2
风载 ④	1	±23.5	±22.0	±1.3	±19.3	±20.8	±6.1	±6.1
	2	±17.6	±16.5	±0.7	±15.2	±16.3	±4.7	±4.7
	3	±16.4	±14.1	0.0	±14.1	±16.4	±10.9	±10.9
	4	±13.4	±11.5	0.0	±11.5	±13.4	±8.9	±8.9
地震 ⑤	1	±229.7	±215.8	0.0	±156.7	±170.6	±55.6	±55.6
	2	±199.5	±186.9	0.0	±150.1	±162.7	±50.3	±50.3
	3	±157.0	±130.8	0.0	±130.8	±157.0	±104.7	±104.7
	4	±149.8	±124.8	0.0	±124.8	±149.8	±99.9	±99.9

注：竖向荷载作用下的梁端弯矩 M_{b}^{l}、M_{b}^{r} 和跨中弯矩 M_{b}^{c} 已经进行了调幅，其中梁端负弯矩×0.8，跨中弯矩×1.2；同时，调幅后的结果满足式（18-31）的要求。

框架梁的内力组合设计值　　　　**表 18-27**

组合规则		梁编号	M_b^l (kN·m)	M_b^c (kN·m)	M_b^r (kN·m)	V_b (kN)
无地震组合	可变荷载控制 =1.2×①+1.4×② +0.6×1.4×④	1	−121.3	140.3	−134.3	144.8
		2	−126.4	129.4	−135.9	143.6
		3	−44.9	−6.8	−44.9	45.7
		4	−38.5	−7.6	−38.5	44.3
	永久荷载控制 =1.35×①+ 0.7×1.4×② +0.6×1.4×④	1	−122.6	**145.9**	−135.7	147.9
		2	−127.7	134.5	−137.6	146.8
		3	−44.8	−7.6	−44.8	43.8
		4	−38.5	−7.8	−38.5	42.3
有地震组合	=1.2×③+1.3×⑤	1	**−367.9** **193.2**	123.4	**−303.7** **103.7**	192.9
		2	−338.4 147.6	114.1	−299.8 90.5	186.1
		3	−197.4 142.7	−6.7	−197.4 142.7	165.2
		4	−186.2 138.3	−6.6	−186.2 138.3	158.9

框架柱的内力标准值　　　　**表 18-28**

荷载类型	柱编号	M_{c0}^b (kN·m)	M_c^b (kN·m)	M_c^t (kN·m)	M_{c0}^t (kN·m)	V_c (kN)	N_c (kN)
恒载 ①	A1	21.3	21.3	34.5	37.7	11.8	934.3
	A2	63.3	54.3	45.7	54.7	32.8	770.1
	B1	17.4	17.4	27.7	30.3	19.5	1100.2
	B2	53.1	45.5	38.4	46.0	27.5	909.3
活载 ②	A1	4.5	4.5	8.2	8.9	2.7	134.7
	A2	16.4	14.1	12.1	14.4	8.6	109.2
	B1	3.3	3.3	6.0	6.5	2.0	207.7
	B2	12.1	10.4	8.9	10.7	6.3	167.8
雪载 ③	A1	0.0	0.0	0.0	0.0	0.0	5.1
	A2	0.0	0.0	0.0	0.0	0.0	5.1
	B1	0.0	0.0	0.0	0.0	0.0	7.5
	B2	0.0	0.0	0.0	0.0	0.0	7.5

续表

荷载类型	柱编号	M_{c0}^{b} (kN·m)	M_{c}^{b} (kN·m)	M_{c}^{t} (kN·m)	M_{c0}^{t} (kN·m)	V_c (kN)	N_c (kN)
重力荷载 ④=①+0.5×②+0.5×③	A1	23.5	23.5	38.6	42.2	13.1	1004.2
	A2	71.5	61.3	51.7	61.9	37.1	827.2
	B1	19.0	19.0	30.7	33.6	20.5	1207.8
	B2	59.2	50.7	42.9	51.3	30.7	996.9
风载 ⑤	A1	±24.1	±24.1	±13.7	±15.9	±8.0	±18.9
	A2	±7.5	±6.1	±9.2	±10.6	±5.0	±12.8
	B1	±26.6	±26.6	±18.3	±20.9	±9.5	±15.2
	B2	±16.2	±13.7	±15.0	±17.6	±9.4	±10.4
地震 ⑥	A1	±218.6	±218.6	±115.1	±134.5	±70.6	±215.8
	A2	±95.2	±79.1	±98.9	±115.0	±58.4	±160.2
	B1	±260.2	±260.2	±151.0	±174.9	±87.0	±201.2
	B2	±152.7	±128.1	±144.2	±168.8	±89.3	±152.1

注：恒载作用下柱的轴力 N_c 中包括了柱自重及纵向连系梁传来的竖向荷载。

框架柱的内力组合设计值 **表 18-29**

	组合规则	柱编号	M_{c}^{b} (kN·m)	M_{c}^{t} (kN·m)	V_c (kN)	N_c (kN)
无地震组合	可变荷载控制 =1.2×①+1.4×②+0.6×1.4×⑤	A1	52.1	64.4	24.6	1325.6
		A2	90.0	79.5	55.6	1087.7
		B1	47.8	57.0	34.1	1623.8
		B2	80.7	71.3	49.8	1334.9
	永久荷载控制 =1.35×①+0.7×1.4×②+0.6×1.4×⑤	A1	53.4	43.0	25.3	1381.7
		A2	81.9	81.3	48.4	1140.2
		B1	49.0	58.6	36.2	1682.3
		B2	83.1	73.3	51.2	1389.5
有地震组合	=1.2×④+1.3×⑥	A1	312.4	195.9	107.6	1485.5
		A2	176.5	190.7	120.4	1200.9
		B1	361.1	233.1	137.7	1710.9
		B2	227.5	239.0	152.9	1394.1

18.8　延性框架抗震设计

18.8.1　延性框架的概念

对于钢筋混凝土框架结构，在得到各个构件控制截面的内力后，需要根据内力组合的结果进行配筋计算和构造设计，以保证结构能满足承载力的要求。本教材上册已经对钢筋混凝土基本构件的计算和构造都进行了比较详细的讲解，本章主要介绍多、高层钢筋混凝土框架结构的梁、柱、节点在地震作用下的设计方法。

在地震区，地震作用通常是结构设计的控制因素。我国是一个地震灾害比较多的国家。对国内外大量震害资料的调查表明，震害比较严重的框架主要存在以下几个问题：

（1）框架结构的抗震能力在整体上不均匀，在结构竖向或横向存在薄弱环节，使结构的整体抗震能力不能充分发挥。

（2）梁、柱的承载力与变形能力不足，一旦构件进入塑性屈服状态就发生破坏。

（3）框架节点区箍筋数量不足，造成抗剪及约束能力差，在地震作用下发生脆性破坏。

因此，抗震设计时应首先进行合理的概念设计，选择合理的结构形式和结构总体布置以适应抗震的要求；然后进行必要的抗震计算，包括地震作用计算、构件和节点的承载力及变形计算等，保证结构在地震作用下的安全性；最后要满足结构抗震所要求的各项构造要求。

根据国内外的大量研究工作，将钢筋混凝土框架设计成具有良好塑性变形能力的延性框架，能够有效地提高结构的抗震能力。延性框架既要能够控制塑性铰的出现部位，又要使塑性铰具有良好的塑性变形能力和吸收耗散地震能量的能力，从而使结构具有较大的延性而不会造成其他不利后果。试验研究和理论分析表明，实现延性框架应遵循“强柱弱梁”、“强剪弱弯”和“强节点、强锚固”等基本原则。

（1）强柱弱梁设计原则

在地震作用下，框架结构的梁、柱中都可能出现塑性铰。当梁端首先形成塑性铰时，在形成破坏机构之前成铰的数量较多，耗能部位分散。如图18-51（*a*）所示的情况，只要柱脚处不出现塑性铰，结构就不会形成机构而倒塌。如果柱端首先形成塑性铰，结构中就会出现如图18-51（*b*）所示的软弱层。此时塑性铰的数量虽然不多，但该层已经形成机构，结构处于不安全的状态。对于框架结构，框架柱的轴向压力通常较大，难以在柱端实现很高的延性。因此，延性框架应设计成强柱弱梁，在梁端先形成塑性铰，减少或推迟柱中塑性铰的出现，并使各层柱的屈服顺序错开，避免在同一层各柱的两端都出塑性铰形成软弱层。

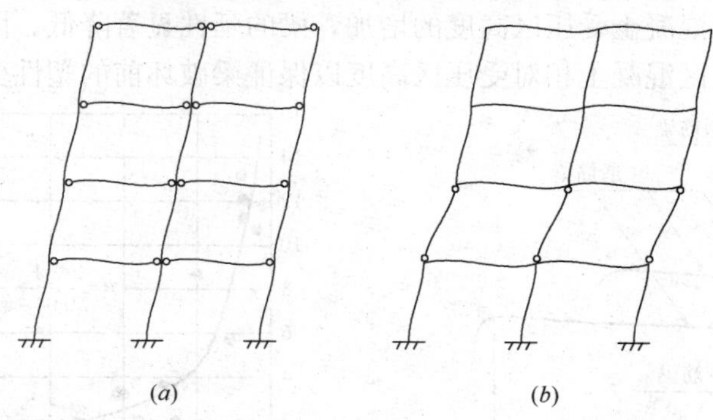

图 18-51 框架中塑性铰部位

（a）梁端塑性铰；（b）柱端塑性铰

要使梁端先于柱端出现塑性铰，应适当提高柱端截面的配筋，使柱的抗弯承载力大于梁端的抗弯承载力，即节点周围的梁柱抗弯承载力应当满足：

$$\frac{M_{cu}}{M_c} > \frac{M_{bu}}{M_b} \tag{18-32}$$

式中 M_{bu}、M_{cu} ——梁、柱的抗弯承载力；

M_b、M_c ——荷载作用下的梁端和柱端弯矩。

（2）强剪弱弯设计原则

延性框架必须保证形成塑性铰的构件在满足承载力要求的前提下具有足够的延性，防止过早出现剪切破坏。即通过配筋等构造措施，使构件的抗剪承载力大于其抗弯承载力，在地震作用下发生延性较好的弯曲破坏，避免构件发生脆性的剪切破坏。

（3）强节点、强锚固设计原则

延性框架中除了要求梁、柱构件具有足够的承载力和延性外，还要保证节点不过早发生破坏以充分发挥塑性铰的耗能作用。提高节点强度除了通过抗剪验算配置足够的箍筋外，还应保证节点区混凝土的强度和密实度，以及处理好框架梁纵筋在节点区的锚固构造。

18.8.2 框架梁的设计

在地震作用下，对于延性框架首先在框架梁的端部出现塑性铰。而钢筋混凝土梁随纵向配筋率的不同，可能发生三种不同的弯曲破坏形态，见图 18-52（a），其中少筋梁在钢筋屈服后立即拉断，而超筋梁在钢筋尚未屈服前混凝土就已经压碎而导致构件丧失承载力。这两种破坏形态都属于脆性破坏，只有适筋梁在钢筋屈服后能够形成塑性铰。

试验证明，梁端的塑性转动能力即梁的延性与混凝土受压区相对高度 $\xi = x/h_0$ 密切相关。定义梁的曲率延性比为 $\mu = \varphi_u/\varphi_y$，由图 18-52（$b$）的试验结果可以看出，随着混凝土受压区高度的增加，梁的延性显著降低。因此，需要通过控制梁端负弯矩区混凝土相对受压区高度以保证梁破坏前的塑性变形能力。

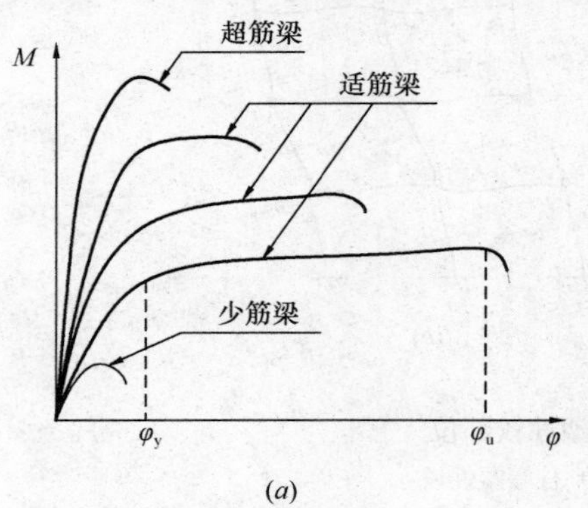

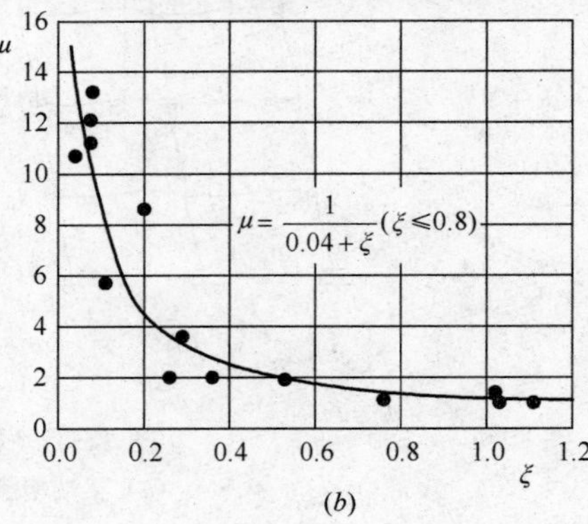

图 18-52　梁的延性比

（a）M-φ 关系；（b）μ—ξ 关系

根据极限平衡条件，混凝土受压区高度按下式计算：

$$f_c bx = f_y A_s - f'_y A'_s \tag{18-33}$$

当不考虑地震作用时，梁的抗弯承载力为：

$$M_b \leqslant f_c b\left(h_0 - \frac{x}{2}\right) + f'_y A'_s (h_0 - a'_s) \tag{18-34}$$

当考虑地震作用时，梁的抗弯承载力为：

$$M_b \leqslant \frac{1}{\gamma_{RE}}\left[f_c b\left(h_0 - \frac{x}{2}\right) + f'_y A'_s (h_0 - a'_s)\right] \tag{18-35}$$

式中　A_s、A'_s——受拉区和受压区纵向普通钢筋的截面面积；

h_0——截面有效高度；

b——混凝土梁的宽度；

a'_s——受压区纵向普通钢筋合力点至截面受压边缘的距离。

由以上各式可见，提高混凝土的强度及增加受压区钢筋都有利于减小混凝土的相对受压区高度。因此，为了保证梁端负弯矩区的延性，抗震设计时不仅要求设计成适筋梁，满足非抗震设计时梁正截面的基本要求，而且要求梁端纵向受拉钢筋的配筋率不宜大于 2.5%，并控制混凝土的受压区高度和配置受压区钢筋，即要满足条件：

$$\left.\begin{array}{lll}\text{一级抗震} & \xi \leqslant 0.25 & A'_s/A_s \geqslant 0.5 \\ \text{二、三级抗震} & \xi \leqslant 0.35 & A'_s/A_s \geqslant 0.3\end{array}\right\} \tag{18-36}$$

梁跨中截面混凝土相对受压区高度的限制则同非抗震设计时相同，即要求：

$$\left.\begin{array}{l} x \leqslant \xi_b h_0 = \dfrac{\beta_1}{1+\dfrac{f_y}{0.0033E_s}}h_0 \\ x \geqslant 2a' \end{array}\right\} \tag{18-37}$$

式中 ξ_b ——相对界限受压区高度；

E_s ——钢筋的弹性模量；

a' ——受压区全部纵向钢筋合力点至截面受压边缘的距离；

β_1 ——矩形应力图受压区高度系数，当混凝土强度等级不超过 C50 时取 0.8。

(1) 斜截面抗剪配筋

为保证框架梁在地震作用下梁端能够形成塑性铰而不会发生脆性的剪切破坏，需要将框架梁设计成强剪弱弯构件，即应使梁端的斜截面抗剪承载力高于正截面抗弯承载力。为实现这一目的，在有地震作用组合时，框架梁的剪力设计值应根据不同的抗震等级，由梁端的弯矩设计值和重力荷载，由静力平衡条件确定（图 18-53）。

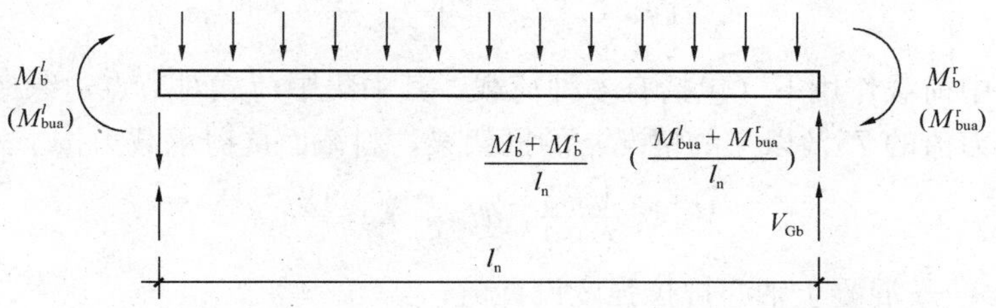

图 18-53 框架梁剪力设计值计算图

对于考虑地震作用组合的一、二、三级框架梁，梁端截面的剪力设计值按下式计算。对于四级抗震的框架梁，则可以直接按考虑地震作用的组合后的剪力计算值。

$$\left.\begin{array}{ll} \text{一级框架} & V_b = 1.3\dfrac{M_b^l + M_b^r}{l_n} + V_{Gb} \\ \text{二级框架} & V_b = 1.2\dfrac{M_b^l + M_b^r}{l_n} + V_{Gb} \\ \text{三级框架} & V_b = 1.1\dfrac{M_b^l + M_b^r}{l_n} + V_{Gb} \end{array}\right\} \tag{18-38}$$

对于一级抗震等级的框架结构和 9 度设防时的各种类型框架梁，由于抗震要求高，并考虑到梁端纵向受拉钢筋有超配的实际情况，需要按照梁端的实际正截面抗弯承载力来确定其剪力设计值：

$$V_b = 1.1\frac{M_{bua}^l + M_{bua}^r}{l_n} + V_{Gb} \tag{18-39}$$

式中　M_b^l、M_b^r——分别为梁左、右端截面逆时针或顺时针方向组合的弯矩设计值，一级框架两端弯矩均为负弯矩时，绝对值较小的弯矩应取零；

M_{bua}^l、M_{bua}^r——分别为梁左、右端截面逆时针或顺时针方向实配的正截面抗震受弯承载力所对应的弯矩值，根据实配钢筋面积（计入受压筋）和材料强度标准值确定；

V_{Gb}——梁在重力荷载代表值作用下，按简支梁分析的梁端截面剪力设计值；

l_n——梁的净跨度。

上述公式中，框架梁两端弯矩值之和（$M_b^l + M_b^r$ 或 $M_{bua}^l + M_{bua}^r$）应分别按顺时针和逆时针两个方向分别进行计算，并取各自的较大值。

一、二、三级框架梁端箍筋加密区以外的区段以及四级和非抗震框架，梁端剪力设计值取最不利组合得到的剪力。

不考虑地震组合时，钢筋混凝土梁斜截面抗剪承载力按下式计算：

$$V_b \leqslant 0.7f_t bh_0 + f_{yv}\frac{A_{sv}}{s}h_0 \tag{18-40a}$$

当集中荷载作用下（包括有多种荷载，其中集中荷载对节点边缘产生的剪力值占总剪力值的75%以上的情况）的框架梁，斜截面抗剪承载力按下式计算：

$$V_b \leqslant \frac{1.75}{\lambda+1}f_t bh_0 + f_{yv}\frac{A_{sv}}{s}h_0 \tag{18-40b}$$

式中　f_t——混凝土轴心抗拉强度设计值；

f_{yv}——箍筋抗拉强度设计值；

A_{sv}——配置在同一截面内箍筋各肢的全部截面面积；

s——沿构件长度方向的箍筋间距；

λ——计算截面的剪跨比，可取 $\lambda = a/h_0$，a 为集中荷载作用点至节点边缘的距离；当 $\lambda < 1.5$ 时，取 $\lambda = 1.5$；当 $\lambda > 3$ 时，取 $\lambda = 3$。

在反复荷载作用下，钢筋混凝土梁的斜截面抗剪承载力有所降低。因此，当有地震作用组合时，对于一般的框架梁，斜截面抗剪承载力按下式计算：

$$V_b \leqslant \frac{1}{\gamma_{RE}}\left[0.42f_t bh_0 + f_{yv}\frac{A_{sv}}{s}h_0\right] \tag{18-41a}$$

对于集中荷载作用下（包括有多种荷载，其中集中荷载对节点边缘产生的剪力值占总剪力值的75%以上的情况）的框架梁，有地震作用组合时的斜截面抗剪承载力为：

$$V_b \leqslant \frac{1}{\gamma_{RE}}\left[\frac{1.05}{\lambda+1}f_t bh_0 + f_{yv}\frac{A_{sv}}{s}h_0\right] \tag{18-41b}$$

（2）配筋构造要求

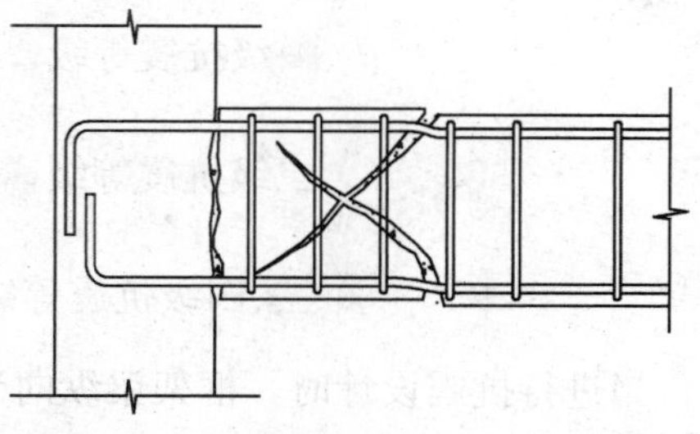

图 18-54　塑性铰区破坏模式

在竖向及侧向荷载的共同作用下，框架梁梁端的弯矩、剪力都最大。在地震作用下，梁端反复受弯，在靠近柱边的梁顶面和底面出现可能贯通的竖向裂缝和交叉的斜裂缝，并形成梁端塑性铰，如图 18-54 所示。此时，混凝土的抗剪能力逐渐降低，塑性铰区主要依靠箍筋和纵筋的销栓作用传递剪力。当箍筋数量较多时，梁端可能因竖向裂缝的开展而导致弯曲破坏；当箍筋数量不足时，则可能由于斜裂缝的迅速发展而导致剪切破坏。为做到强剪弱弯的延性框架，需在梁端塑性铰区配置加密的封闭式箍筋。加密区的箍筋能够防止纵筋的压屈，增加对梁端混凝土的约束以提高极限压应变，并阻止混凝土的开裂，从而提高了塑性铰区的转动能力和耗能能力。

框架梁加密区配筋应满足以下条件：

①由于地震作用方向的不确定性，不能采用弯起钢筋抗剪；

②箍筋加密区长度、箍筋最大间距和最小直径应满足表 18-30 的要求；

③钢箍必须做成封闭箍，末端应做成 135°弯钩，弯钩端头平直段长度不小于箍筋直径的 10 倍；

④钢箍与纵向钢筋应贴紧，混凝土浇筑密实；

⑤纵向钢筋应有效地进行锚固。

梁端箍筋加密区的长度、最大间距和最小直径　　表 18-30

抗震等级	加密区长度（采用较大值）（mm）	箍筋最大间距（采用最小值）（mm）	箍筋最小直径（mm）
一	$2h_b$，500	$h_b/4$，$6d$，100	10
二	$1.5h_b$，500	$h_b/4$，$8d$，100	8
三	$1.5h_b$，500	$h_b/4$，$8d$，150	8
四	$1.5h_b$，500	$h_b/4$，$8d$，150	6

注：d 为纵向钢筋直径，h_b为梁截面高度。

非抗震设计时，箍筋的面积配筋率 $\rho_{sv}[\rho_{sv}=A_{sv}/(bs)]$ 不应小于 $0.24f_t/f_{yv}$。

抗震设计时，非加密区的箍筋间距不宜大于加密区箍筋间距的 2 倍。沿梁全长的箍筋面积配筋率 ρ_{sv} 应满足：

$$\left.\begin{array}{ll}\text{一级抗震等级} & \rho_{sv} \geqslant 0.30\dfrac{f_t}{f_{yv}} \\ \text{二级抗震等级} & \rho_{sv} \geqslant 0.28\dfrac{f_t}{f_{yv}} \\ \text{三、四级抗震等级} & \rho_{sv} \geqslant 0.26\dfrac{f_t}{f_{yv}}\end{array}\right\} \tag{18-42}$$

当进行抗震设计时，框架梁纵向受拉钢筋的最小配筋率还不应小于表18-31规定的数值，梁顶面和底面均应有一定的钢筋贯通梁的全长，沿梁全长顶面、底面的配筋不应少于2Φ12，抗震等级为一、二级时不应少于2Φ14且分别不应少于梁顶面、底面两端纵向钢筋中较大截面面积的1/4。

梁纵向受拉钢筋最小配筋百分率 ρ_{min}（%）　　**表18-31**

抗震等级	位置	
	支座（取较大值）	跨中（取较大值）
一级	0.40和$80f_t/f_y$	0.30和$65f_t/f_y$
二级	0.30和$65f_t/f_y$	0.25和$55f_t/f_y$
三、四级	0.25和$55f_t/f_y$	0.20和$45f_t/f_y$

（3）梁最小截面尺寸

如果框架梁的截面尺寸过小将导致梁端截面的剪应力过大，对梁的延性、耗能能力及强度、刚度等均有明显的不利影响。定义梁截面上的名义剪应力V/bh与混凝土抗压强度设计值f_c的比值为剪压比。试验研究表明，当梁塑性铰区的剪压比大于0.15时，梁的强度和刚度都有明显退化，剪压比愈高则退化愈快，混凝土也破坏愈早。此时靠增加箍筋已不能有效地限制斜裂缝的发展和混凝土的压碎。因此必须按照以下两式限制截面的平均剪应力，使箍筋数量不至于太多，如不满足时可加大梁的截面尺寸或提高混凝土的强度等级。

当无地震组合时，框架梁截面应符合下列条件：

$$\left.\begin{array}{ll}\text{当 } h_w/b \leqslant 4 \text{ 时} & V \leqslant 0.25\beta_c f_c b h_0 \\ \text{当 } h_w/b \geqslant 6 \text{ 时} & V \leqslant 0.2\beta_c f_c b h_0 \\ \text{当 } 4 < h_w/b < 6 \text{ 时，按线形内插计算} & \end{array}\right\} \tag{18-43}$$

式中　β_c——混凝土强度影响系数，当混凝土强度等级不超过C50时取$\beta_c=1.0$，C80时取$\beta_c=0.8$，C50与C80之间按照线性插值采用；

h_w——截面的腹板高度，对矩形截面取有效高度h_0，对T形截面，取有效高度减去翼缘高度，对I形截面取腹板净高。

考虑地震作用的框架梁，其受剪截面应符合下列要求：

$$\begin{array}{ll} V_b \leqslant \dfrac{1}{\gamma_{RE}}(0.20\beta_c f_c b h_0) & \text{（跨高比 } l_0/h > 2.5\text{）} \\ V_b \leqslant \dfrac{1}{\gamma_{RE}}(0.15\beta_c f_c b h_0) & \text{（跨高比 } l_0/h \leqslant 2.5\text{）}\end{array} \tag{18-44}$$

式中β_c的取值同式（18-43）。

梁的跨高比对梁的延性也有较大影响。随跨高比减小，剪切变形占总变形的比重增大，梁的塑性变形能力降低。试验表明，当梁的跨高比小于 2 时，极易发生延性很差的以斜裂缝为特征的脆性破坏。因此，框架梁的净跨与截面高度的比值不宜小于 4。

18.8.3 框 架 柱 的 设 计

(1) 正截面设计

考虑地震作用组合时，框架柱按压弯构件计算其抗弯承载力并配置纵向受力钢筋。柱正截面承载力计算方法同无地震组合时相同，但应考虑抗震承载力调整系数 γ_{RE} 。

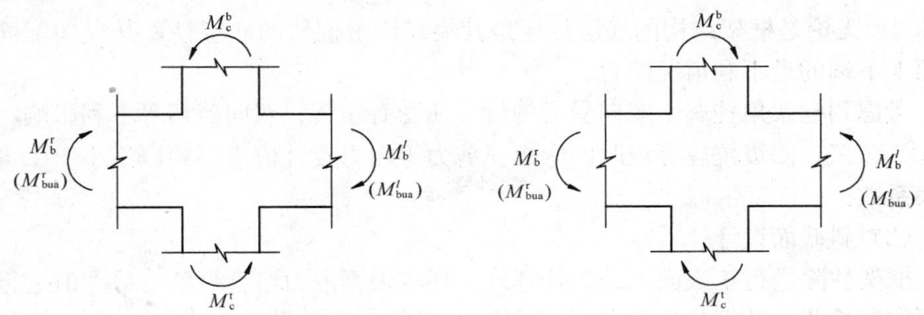

图 18-55 框架柱弯矩设计值计算图

抗震设计时，为了实现强柱弱梁的设计原则，避免或推迟框架柱中塑性铰的形成，同一节点处上、下框架柱截面弯矩设计值之和应大于左、右梁端截面弯矩之和（图 18-55）。

对于考虑地震作用组合的一、二、三、四级的框架柱，柱端组合的弯矩设计值应按下式计算：

$$\left.\begin{array}{ll}\text{一级抗震等级} & \Sigma M_c = 1.7\Sigma M_b \\ \text{二级抗震等级} & \Sigma M_c = 1.5\Sigma M_b \\ \text{三级抗震等级} & \Sigma M_c = 1.3\Sigma M_b \\ \text{四级抗震等级} & \Sigma M_c = 1.2\Sigma M \end{array}\right\} \tag{18-45}$$

对于一级抗震等级的框架结构和 9 度设防时的各类框架柱，需按照梁端的实际抗弯承载力来确定其弯矩设计值，且不应小于按式（18-45）求得的 ΣM_c：

$$\Sigma M_c = 1.2\Sigma M_{bua} \tag{18-46}$$

式中 ΣM_c——考虑地震作用组合的节点上、下柱端的弯矩设计值之和，柱端弯矩设计值的确定，在一般情况下可将式（18-45）和式（18-46）计算的弯矩之和，按上、下柱端弹性分析所得的考虑地震作用组合的弯矩比进行分配；

ΣM_{bua}——同一节点左、右梁端按顺时针和逆时针方向采用实配钢筋截面面积和材料强度标准值，且考虑承载力抗震调整系数计算的正截面抗震受弯承载力所对应的弯矩值之和的较大值；

ΣM_{b}——同一节点左、右梁端按顺时针和逆时针方向计算的两端考虑地震作用组合的弯矩设计值之和的较大值，一级抗震等级当两端弯矩均为负弯矩时绝对值较小的弯矩值应取零。

对于框架的顶层柱和轴压比小于0.15的柱，轴压比小，构件具有较大的变形能力，可直接取最不利地震作用组合下的弯矩设计值。

为了推迟框架结构底层柱下端截面出现塑性铰，当抗震等级分别为一、二、三、四级时，应将考虑地震作用组合的弯矩设计值分别乘以系数1.7、1.5、1.3和1.2。无论是框架结构的底层柱还是其他结构中框架的底层柱，其纵向配筋应按照上下端的最不利情况配置。

考虑到框架角柱属于双向受弯构件，还受有扭转、双向剪切等不利影响，在一、二、三、四级抗震等级时的弯矩、剪力等内力设计值应再乘以不小于1.1的增大系数。

（2）斜截面设计

框架柱除进行正截面承载力计算外，还应根据内力组合得到的剪力值进行斜截面抗剪承载力计算确定柱的箍筋配置，以防止脆性的剪切破坏。柱的抗剪计算，也分为有地震组合与无地震组合两种情况分别进行。

当无地震作用组合时，框架柱的斜截面抗剪承载力为：

$$V_c \leqslant \frac{1.75}{\lambda+1} f_t b h_0 + f_{yv} \frac{A_{sv}}{s} h_0 + 0.07N \tag{18-47}$$

当有地震作用组合时，框架柱的斜截面抗剪承载力为：

$$V_c \leqslant \frac{1}{\gamma_{RE}} \left[\frac{1.05}{\lambda+1} f_t b h_0 + f_{yv} \frac{A_{sv}}{s} h_0 + 0.056N \right] \tag{18-48}$$

式中 λ——框架柱的计算剪跨比，取 $\lambda = M/(Vh_0)$，对于有地震作用时，M 宜取柱上、下端考虑地震作用组合的弯矩设计值的较大值，V 取与 M 对应的剪力设计值，当 $\lambda < 1.0$ 时，取 $\lambda = 1.0$；当 $\lambda > 3.0$ 时，取 $\lambda = 3.0$；

N——与剪力设计值相对应的框架柱轴向压力设计值，当 $N > 0.3 f_c A$ 时取 $N = 0.3 f_c A$；

h_0——柱截面有效高度；

b——柱截面的宽度。

当框架柱中为拉力时，可将式（18-47）或式（18-48）右边括号内最后一项改为 $-0.2N$。

虽然在延性框架设计中应力求做到强柱弱梁，尽可能使柱处于弹性阶段，但由于地震作用的不确定性，实际上不可能绝对防止在柱中也形成塑性铰。为了保证结构的延性并具有一定的安全贮备，框架柱也要满足强剪弱弯的要求，即在柱可能出现塑性铰或可能出现剪切破坏的部位，使柱的斜截面抗剪承载力应大于柱的正截面抗弯承载力。柱的斜截面剪力设计值根据上、下柱端的设计弯矩按静力平衡条件计算，见图 18-56。

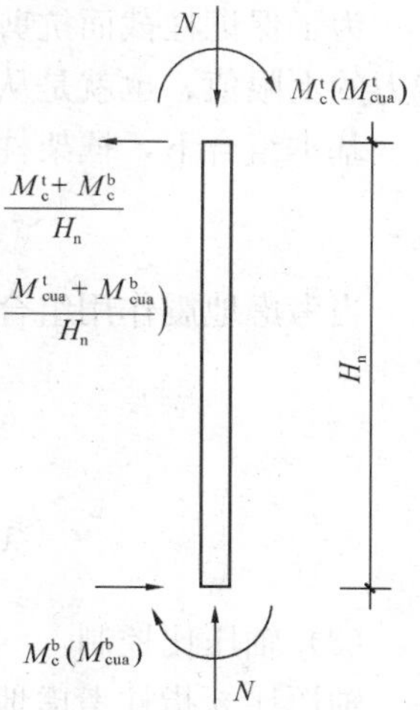

图 18-56　框架柱剪力设计值计算图

对于考虑地震作用组合的一、二、三、四级的框架柱，剪力设计值为：

$$\left.\begin{array}{ll}\text{一级抗震等级} & V_c = 1.5\dfrac{M_c^t+M_c^b}{H_n}\\ \text{二级抗震等级} & V_c = 1.3\dfrac{M_c^t+M_c^b}{H_n}\\ \text{三级抗震等级} & V_c = 1.2\dfrac{M_c^t+M_c^b}{H_n}\\ \text{四级抗震等级} & V_c = 1.1\dfrac{M_c^t+M_c^b}{H_n}\end{array}\right\} \tag{18-49}$$

对于一级抗震等级的框架结构和 9 度设防时的一级框架的框架柱，需要按照柱端的实际抗弯承载力来确定其剪力设计值，且不应小于按式（18-49）求得的 V_c：

$$V_c = 1.2\frac{M_{cua}^t+M_{cua}^b}{H_n} \tag{18-50}$$

式中　M_c^t、M_c^b——考虑地震作用组合，且经调整后的框架柱上、下端弯矩设计值；

M_{cua}^t、M_{cua}^b——框架柱上、下端按实配钢筋截面面积和材料强度标准值，且考虑承载力抗震调整系数计算的正截面抗震受弯承载力所对应的弯矩值；

H_n——柱的净高。

上面各式中框架柱两端弯矩值之和，应分别按顺时针和逆时针两个方向进行计算，并取其较大值。

剪跨比 λ 反映柱截面承受的弯矩与剪力的比值，是影响钢筋混凝土柱破坏形态的重要因素。试验研究表明，当剪跨比 $\lambda>2$ 时属于长柱，一般发生弯曲型的破坏。通过合理的构造措施，长柱一般均能满足斜截面受剪承载力大于正截面偏心受压承载力的要求，并且有一定的变形能力，但仍需要配置一定数量的箍筋。当剪跨比 $\lambda\leqslant 2$ 时属于短柱，其线刚度很大，多数将产生剪切破坏，当提高混凝土强度并配有足够的箍筋时，也可能出现具有一定延性的剪压型破坏。当剪跨比

$\lambda < 1.5$ 时属于极短柱，柱的破坏形态为脆性的剪切破坏，基本没有延性，抗震性能很差，一般应尽量避免，否则应采取措施，慎重设计。

为了保证柱截面抗剪的安全性，规范对不同剪跨比的框架柱，规定了受剪承载力的上限值，也就是从受剪的要求提出了对框架柱截面尺寸的限制条件。

基本组合下，框架柱的受剪截面应符合以下条件：

$$V_b \leqslant 0.25\beta_c f_c b h_0 \tag{18-51a}$$

当考虑地震作用组合的框架柱受剪截面应符合以下条件：

$$\left.\begin{aligned} \lambda > 2 \text{ 时}, V_c \leqslant \frac{1}{\gamma_{RE}}(0.2\beta_c f_c b h_0) \\ \lambda \leqslant 2 \text{ 时}, V_c \leqslant \frac{1}{\gamma_{RE}}(0.15\beta_c f_c b h_0) \end{aligned}\right\} \tag{18-51b}$$

(3) 轴压比控制

轴压比 n 指柱考虑地震作用组合的轴向压力设计值 N 与柱全截面面积和混凝土轴心抗压强度设计值乘积的比值，是影响钢筋混凝土柱破坏形态和延性的重要参数，定义为：

$$n = \frac{N}{A_c f_c} \tag{18-52}$$

式中　A_c——柱的截面面积。

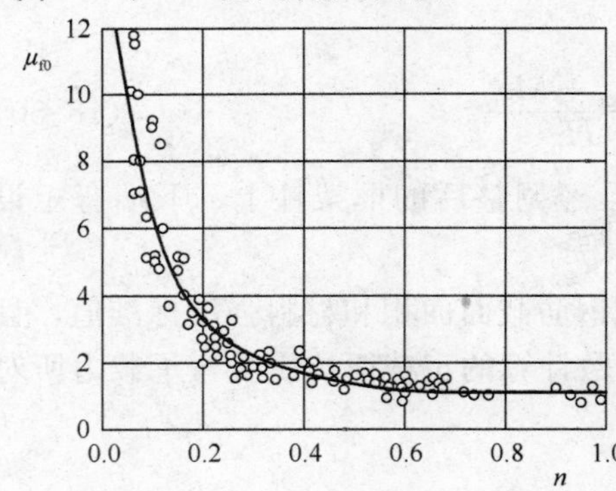

图 18-57　延性比与轴压比的关系

图 18-57 为压弯构件曲率延性比与轴压比关系的试验结果。试验表明，随着轴压比的增大，柱的极限受弯承载力提高，但延性和耗能能力都急剧降低。

轴压比实际上反映了偏心受压构件的破坏特征。当轴压比较小时，柱截面的名义受压区高度 x 也较小，构件将发生受拉钢筋首先屈服的大偏心受压破坏，具有较好的变形能力。当轴压比加大时，柱截面的受压区高度 x 也增大，压弯构件由大偏压破坏模式向小偏压破坏模式转变，延性降低。在短柱中，当轴压比过大时，柱会从剪压破坏变成脆性的剪拉破坏，基本没有延性。因此，为了保证框架结构的延性，要求框架柱尽量处于大偏心受压状态，使柱的轴压比较小。抗震规范规定，框架柱的轴压比不得超过表 18-8 的限制。表内限值适用于剪跨比大于 2、混凝土强度等级不高于 C60 的柱。当柱的剪跨比不大于 2 时，柱的轴压比限值应比表内的数值再降低 0.05。

（4）柱的配筋构造要求

加大柱截面或提高混凝土的强度等级可以减小柱的轴压比。但在高层建筑的底层，由于轴向压力很大，要限制柱的轴压比在较低的水平通常会比较困难。

试验研究和理论分析表明，箍筋对柱核心混凝土具有明显的约束作用，可有效地提高受压混凝土的极限应变值，阻止柱身斜裂缝的开展，从而大大提高柱破坏时的变形能力。因此，需要对柱的各个部位合理地配置箍筋，提高柱的延性。

框架柱箍筋的直径和间距应根据式（18-47）或式（18-48）计算，并沿柱高通长布置，以满足柱斜截面受剪的要求。同时，为了提高柱端塑性铰区的延性，柱的上、下两端箍筋应当加密。加密区的箍筋最大间距和箍筋最小直径应符合表18-32 的规定。

柱箍筋加密区箍筋的最大间距与最小直径 **表 18-32**

抗震等级	箍筋最大间距（采用较小值，mm）	箍筋最小直径（mm）
一级	纵向钢筋直径的 6 倍和 100	10
二级	纵向钢筋直径的 8 倍和 100	8
三级	纵向钢筋直径的 8 倍和 150（柱根 100）	8
四级	纵向钢筋直径的 8 倍和 150（柱根 100）	6（柱根 8）

注：底层柱的柱根系指地下室的顶面或无地下室情况的基础顶面。

柱的箍筋加密范围应按下列规定采用：

（1）柱端加密区取柱截面高度（对于圆柱取直径）、柱净高的 1/6 和 500mm 三者的最大值；

（2）对于底层柱，柱根加密区高度不小于柱净高的 1/3。当有刚性地面时，除柱端外尚应取刚性地面上下各 500mm；

（3）对于剪跨比不大于 2 的柱和因设置填充墙等形成的柱净高与柱截面高度之比不大于 4 的柱，柱的整个高度范围内箍筋均须加密；

（4）框支柱及一、二级框架的角柱均取全高。

一般来说，箍筋用量越多，对柱端混凝土的约束也越大，柱的延性越好。为增加柱端加密区箍筋对混凝土的约束作用，规范规定最小体积配筋率应满足箍筋体积配筋率的定义为：

$$\rho_v \geqslant \lambda_v \frac{f_c}{f_{yv}} \tag{18-53}$$

其中

$$\rho_v = \frac{n_1 A_{s1} l_1 + n_2 A_{s2} l_2}{A_{cor} s} \tag{18-54}$$

式中 n_1、A_{s1}、l_1——箍筋沿截面横向的根数、单根钢筋的截面面积和长度；

n_2、A_{s2}、l_2——箍筋沿截面纵向的根数、单根钢筋的截面面积与长度；

λ_v——最小配箍特征值，按表18-33采用。

柱箍筋加密区的箍筋最小配箍特征值 λ_v　　表 18-33

抗震等级	箍筋形式	轴压比								
		≤0.3	0.4	0.5	0.6	0.7	0.8	0.9	1.0	1.05
一级	普通箍、复合箍	0.10	0.11	0.13	0.15	0.17	0.20	0.23	—	—
	螺旋箍、复合或连续复合矩形螺旋箍	0.08	0.09	0.11	0.13	0.15	0.18	0.21	—	—
二级	普通箍、复合箍	0.08	0.09	0.11	0.13	0.15	0.17	0.19	0.22	0.24
	螺旋箍、复合或连续复合矩形螺旋箍	0.06	0.07	0.09	0.11	0.13	0.15	0.17	0.20	0.22
三、四级	普通箍、复合箍	0.06	0.07	0.09	0.11	0.13	0.15	0.17	0.20	0.22
	螺旋箍、复合或连续复合矩形螺旋箍	0.05	0.06	0.07	0.09	0.11	0.13	0.15	0.18	0.20

对于一、二、三、四级抗震等级的框架柱，其箍筋加密区的箍筋体积配筋率分别不应小于0.8%、0.6%、0.4%和0.4%。

在箍筋加密区之外，箍筋的体积配筋率不宜小于加密区配筋率的一半；对于一、二级抗震等级，箍筋间距不应大于10倍的纵向钢筋直径；对于三、四级抗震等级，箍筋间距不应大于15倍的纵向钢筋直径。

各种不同的箍筋形式对混凝土的约束作用是不同的。图18-58为几种常用的箍筋形式，其中普通箍筋的约束效果较差，复式箍和螺旋箍的约束效果较好。图18-59表示了各种箍筋的受力情况。普通箍筋只在四个角部区域对混凝土产生较大的约束。在直段上，由于箍筋可能发生外鼓，侧向约束刚度很小，对混凝土的影响不大。复式箍减小了箍筋的无支撑长度，由纵筋和箍筋形成了更紧密的钢筋骨架，使侧向压力下箍筋的变形减小，从而能够显著提高对混凝土的约束作用。螺旋箍筋受力均匀，对混凝土的约束效果最好，柱的延性比较普通矩形箍筋明显提高。但由于螺旋箍施工比较复杂，通常较少采用。因此，在抗震结构中，应当尽量采用复式箍的形式。

柱截面纵向钢筋屈服后，纵向钢筋配筋率对塑性铰的转动变形能力也有很大影响。试验研究表面，柱的延性随纵筋配筋率的增大而近似呈线性增大。为避免地震作用下柱过早地进入屈服阶段，并提高柱的延性和耗能能力，抗震设计时纵向钢筋的数量除了要满足上述正截面承载力验算的要求外，还要满足表18-34中最小配筋率的规定。由于角柱的受力相对于边柱和中柱更不利，往往发生更严重的震害，因此对角柱纵向钢筋最小配筋率的限制要高于中柱与边柱的限值。除了最小配筋率的限值，抗震设计时柱的纵筋还应满足：截面尺寸大于400mm的柱，纵向钢筋间距不大于200mm；柱总配筋率不大于5%；一级且剪跨比不大于

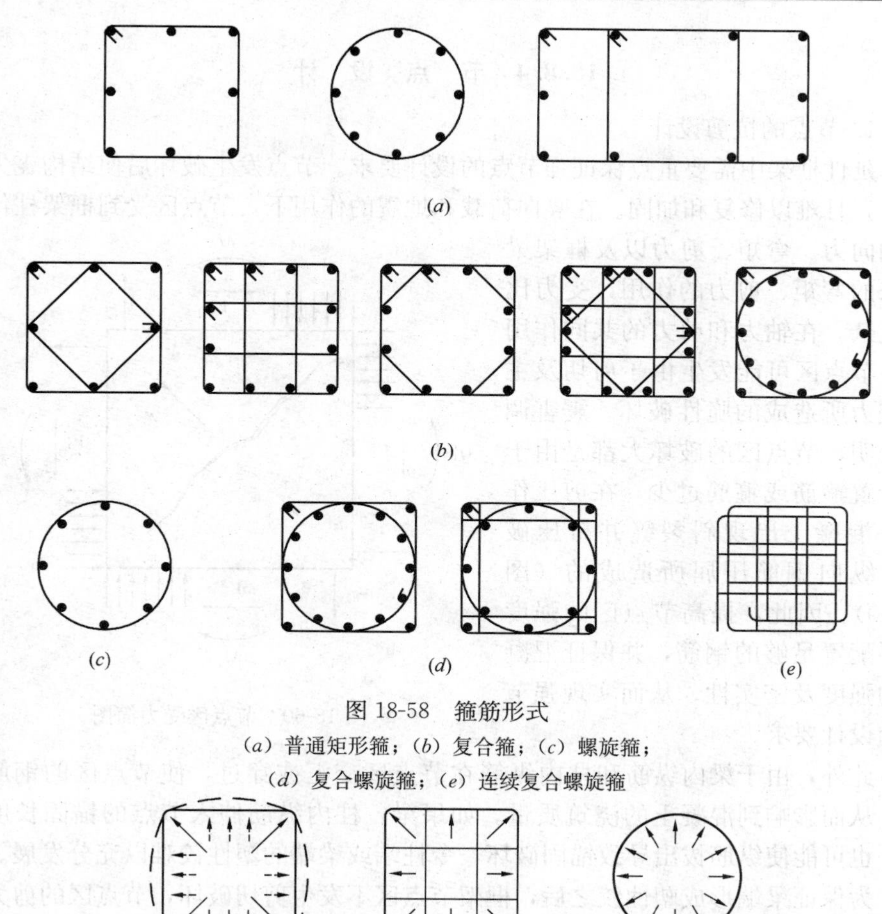

图 18-58 箍筋形式

(a) 普通矩形箍；(b) 复合箍；(c) 螺旋箍；
(d) 复合螺旋箍；(e) 连续复合螺旋箍

图 18-59 箍筋的约束作用

2 的柱，每侧纵向钢筋配筋率不大于 1.2%；边柱、角柱在地震作用组合产生小偏心受拉时，柱内纵筋总截面面积应比计算值增加 25%，柱纵向钢筋的绑扎接头应避开柱端的箍筋加密区。

柱截面纵向受力钢筋的最小总配筋百分率（%）　　表 18-34

柱类型	抗震等级				非抗震
	一级	二级	三级	四级	
框架中柱、边柱	1.0	0.8	0.7	0.6	0.5
框架角柱、框支柱	1.1	0.9	0.8	0.7	0.5

注：柱全部纵向受力钢筋最小配筋百分率，采用 335MPa 级、400MPa 级钢筋时，应分别按表中数值增加 0.1 和 0.05 采用；当混凝土强度等级高于 C60 时，表中数值应增加 0.1。

18.8.4　节 点 设 计

1. 节点的抗剪设计

延性框架中需要重点保证强节点的设计要求。节点发生破坏后使结构丧失整体性，且难以修复和加固。在竖向荷载和地震的作用下，节点区受到框架柱传来的轴向力、弯矩、剪力以及框架梁传来的弯矩、剪力的作用，受力比较复杂。在轴力和剪力的共同作用下，节点区可能发生由于剪切及主拉应力所造成的脆性破坏。震害调查表明，节点区的破坏大都是由于未设置箍筋或箍筋过少，在剪压作用下混凝土出现斜裂缝并挤压破碎、纵向钢筋压屈所造成的（图 18-60）。因此，提高节点区的强度需要配置足够的钢筋，并保证混凝土的强度及密实性，从而实现强节点的设计要求。

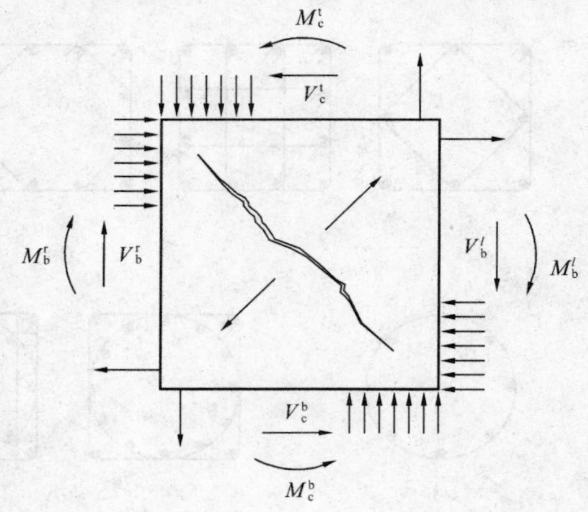

图 18-60　节点区受力简图

此外，由于梁内纵筋和柱内纵筋在节点区交汇或穿过，使节点区的钢筋过密，从而影响到混凝土的浇筑质量。如果梁、柱内纵筋伸入节点的锚固长度不足，也可能使纵筋拔出导致锚固破坏，令柱端或梁端的塑性铰难以充分发展。

为保证梁端形成塑性铰之后，框架节点区不发生剪切破坏，节点区的剪力设计值应当由梁端达到屈服时的平衡条件确定。取某中柱节点为隔离体，当梁端出现塑性铰后，如果忽略框架梁的轴力，钢筋的总拉力和混凝土的总压力都是确定的，节点受力如图 18-61 所示。

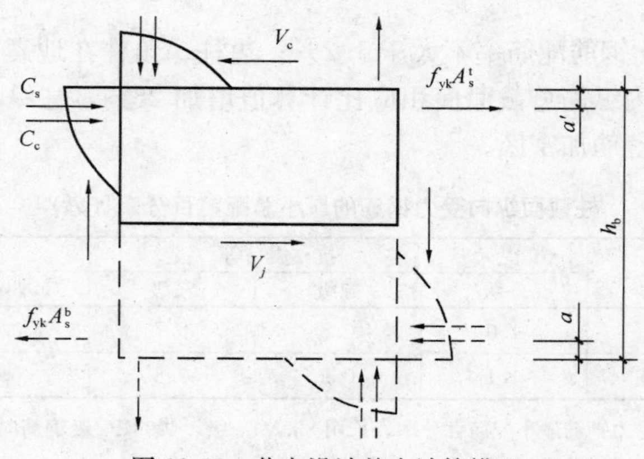

图 18-61　节点设计剪力计算模型

由节点上半部的平衡条件可得节点剪力：

$$V_j = C_s + C_c + f_{yk}A_s^t - V_c = f_{yk}A_s^b + f_{yk}A_s^t - V_c = \frac{M_b^l + M_b^r}{h_{b0} - a'_s} - V_c \tag{18-55}$$

式中 C_s、C_c——分别为梁端混凝土和上部钢筋提供的压力；

A_s^t、A_s^b——分别为梁端上部和下部的钢筋截面积；

f_{yk}——钢筋的标准强度；

M_b^l、M_b^r——考虑地震作用组合的框架节点左、右两侧的梁端弯矩设计值；

h_{b0}——梁的截面有效高度，当节点两侧梁高不相同时取平均值；

a'_s——梁纵向受压钢筋合力点至截面近边的距离；

V_c——柱的剪力。

柱的剪力可以根据梁、柱节点的弯矩平衡方程得到：

$$V_c = \frac{M_c^b + M_c^t}{H_c - h_b} \tag{18-56}$$

式中 h_b——梁的截面高度，当节点两侧梁高不相同时取平均值；

H_c——节点上柱和下柱反弯点之间的距离；

将 V_c 带入 V_j 可得梁端屈服时的节点剪力设计值。

规范中根据抗震等级和不同的节点位置，并考虑到设计剪力的提高系数，规定框架梁柱节点核心区的剪力设计值 V_j 的计算方法为：

(1) 9 度设防烈度的各类框架和一级抗震等级的框架结构，其顶层中间节点和端节点的剪力设计值按下式计算：

$$V_j = 1.15\frac{M_{bua}^l + M_{bua}^r}{h_{b0} - a'_s} \tag{18-57a}$$

式中 M_{bua}^l、M_{bua}^r——框架节点左、右两侧的梁端按实配钢筋截面面积、材料强度标准值，且考虑承载力抗震调整系数的正截面抗震受弯承载力所对应的弯矩值。

其他层中间节点和端节点的剪力设计值为：

$$V_j = 1.15\frac{M_{bua}^l + M_{bua}^r}{h_{b0} - a'_s}\left(1 - \frac{h_{b0} - a'_s}{H_c - h_b}\right) \tag{18-57b}$$

以上计算得到的值都不应小于按一级抗震设防时的剪力设计值。

(2) 对于其他情况的一级抗震等级的框架顶层中间节点和端节点：

$$V_j = 1.5\frac{M_b^l + M_b^r}{h_{b0} - a'_s} \tag{18-58a}$$

其他层中间节点和端节点：

$$V_j = 1.5\frac{M_b^l + M_b^r}{h_{b0} - a'_s}\left(1 - \frac{h_{b0} - a'_s}{H_c - h_b}\right) \tag{18-58b}$$

对于二级抗震等级的顶层中间节点和端节点：

$$V_j = 1.35\frac{M_b^l + M_b^r}{h_{b0} - a'_s} \tag{18-59a}$$

其他层中间节点和端节点：

$$V_j = 1.35\frac{M_b^l + M_b^r}{h_{b0} - a'_s}\left(1 - \frac{h_{b0} - a'_s}{H_c - h_b}\right) \tag{18-59b}$$

对于三级抗震等级的顶层中间节点和端节点：

$$V_j = 1.2\frac{M_b^l + M_b^r}{h_{b0} - a'_s} \tag{18-60a}$$

其他层中间节点和端节点：

$$V_j = 1.2\frac{M_b^l + M_b^r}{h_{b0} - a'_s}\left(1 - \frac{h_{b0} - a'_s}{H_c - h_b}\right) \tag{18-60b}$$

式中　M_{bua}^l、M_{bua}^r——框架节点左、右两侧的梁端按实配钢筋截面面积、材料强度标准值，且考虑承载力抗震调整系数的正截面抗震受弯承载力所对应的弯矩值。

节点的抗剪承载力随着配箍率的提高而提高，破坏时表现为箍筋屈服、混凝土压碎。但如节点水平截面尺寸过小而配箍率较高时，核心区混凝土的压碎将先于箍筋的屈服，节点将表现出脆性破坏的特征。因此，为了充分发挥箍筋的强度，避免核心区混凝土承受过大的斜压应力而过早压碎破坏，需要限制节点截面的最小尺寸。此外，由于垂直于框架平面与节点相交的直交梁对节点核心区具有约束作用，提高了核心区混凝土的抗剪强度，计算时可考虑其有利影响。

框架梁柱节点核心区受剪的水平截面应符合下列条件：

$$V_j \leqslant \frac{1}{\gamma_{RE}}(0.3\eta_j\beta_c f_c b_j h_j) \tag{18-61}$$

式中　h_j——框架节点核心区的截面高度，可取验算方向的柱截面高度，即 $h_j = h_c$；

b_j——框架节点核心区的截面有效验算宽度，当 $b_b \geqslant b_c/2$ 时，可取 $b_j = b_c$；当 $b_b < b_c/2$ 时，可取（$b_c + 0.5h_c$）和 b_c 三者中的最小值；此处，b_b 为验算方向梁截面宽度，b_c 为该侧柱截面宽度；

η_j——正交梁对节点的约束影响系数：当楼板为现浇、梁柱中线重合、四侧各梁截面宽度不小于该侧柱截面宽度的1/2，且正交方向梁高度不小于较高框架梁高度的3/4时，可取 $\eta_j = 1.25$；当不满足上述约束条件时，应取 $\eta_j = 1.0$。

框架梁柱节点的抗震受剪承载力，按以下各式计算：

9度设防烈度时

$$V_j \leqslant \frac{1}{\gamma_{RE}}\left[0.9\eta_j f_t b_j h_j + f_{yv}A_{svj}\frac{h_{b0} - a'_s}{s}\right] \tag{18-62}$$

其他情况时

$$V_j \leqslant \frac{1}{\gamma_{\mathrm{RE}}}\left[1.1\eta_j f_t b_j h_j + 0.05\eta_j N\frac{b_j}{b_c} + f_{yv}A_{svj}\frac{h_{b0}-a'_s}{s}\right] \tag{18-63}$$

式中 N——对应于考虑地震作用组合剪力设计值的节点上柱底部的轴向力设计值：当 N 为压力时，取轴向设计值的较小值，且当 $N > 0.5f_c b_c h_c$ 时，取 $N = 0.5f_c b_c h_c$；当 N 为拉力时，取 $N = 0$；

A_{svj}——核心区有效验算宽度范围内同一截面验算方向箍筋各肢的全部截面面积；

h_{b0}——梁截面有效高度，节点两侧梁截面高度不等时取平均值。

在满足节点受剪承载力的前提下，框架节点核心区箍筋的最大间距、最小直径可参照表 18-34 对柱端箍筋加密区的构造要求进行配置。对于一、二、三级抗震等级的框架节点核心区，其箍筋体积配筋率 ρ_v 分别不宜小于 0.6%、0.5% 和 0.4%。

2. 节点的构造要求

在水平地震的作用下，框架节点一侧的梁端纵筋受拉屈服，另一端的纵筋受压屈服。如果锚固不足，纵筋在反复荷载的作用下将产生滑移甚至拔出，使节点核心区的刚度及受剪承载力降低，并使梁端的受弯承载力及转动能力降低。因此，抗震设计时，对节点区钢筋的锚固要求比非抗震设计时更高。

抗震设计时，纵向受拉钢筋的最小锚固长度按下式确定：

$$\left.\begin{array}{ll} \text{一、二级抗震等级} & l_{aE} = 1.15 l_a \\ \text{三级抗震等级} & l_{aE} = 1.05 l_a \\ \text{四级抗震等级} & l_{aE} = 1.00 l_a \end{array}\right\} \tag{18-64}$$

式中 l_a——非抗震设计时纵向受拉钢筋的锚固长度。

现浇钢筋混凝土框架的节点通常都做成刚性节点。框架梁的上部纵向钢筋应贯穿中间节点或中间支座范围。框架柱的纵向钢筋应贯穿中间层中间节点和中间层端节点，柱纵向钢筋接头应设在节点区以外。图 18-62 是框架节点钢筋的锚固与搭接的要求。其中图 18-62（*a*）、（*b*）、（*c*）为非抗震设计时的要求，图 18-62（*d*）、（*e*）、（*f*）、（*g*）、（*h*）为抗震设计时的要求。

对于一、二级抗震等级，梁的下部纵向钢筋伸入中间节点的锚固长度不应小于 l_{aE}，且伸过中心线不应小于 $5d$，见图 18-62（*d*）（非抗震要求）。

梁内贯穿中柱的每根纵向钢筋直径，对一、二、三级抗震等级，不应大于矩形截面柱在该方向截面尺寸的 1/20，或纵向钢筋所在位置圆柱截面柱弦长的 1/20。框架中间层的端节点处，当框架梁上部纵向钢筋的水平直线段锚固长度不足时，梁上部纵向钢筋应伸至柱外边并向下弯折。弯折前的水平投影长度不应小于 $0.4l_{aE}$，弯折后的竖直投影长度取 $15d$，见图 18-62（*e*）。中间层梁端节点中下部纵向钢筋的锚固措施与上部纵向钢筋相同，但竖直段应向上弯入节点。框架顶层中间节点处，柱纵向钢筋应伸至柱顶。当直线段锚固长度不足时，纵向钢筋伸

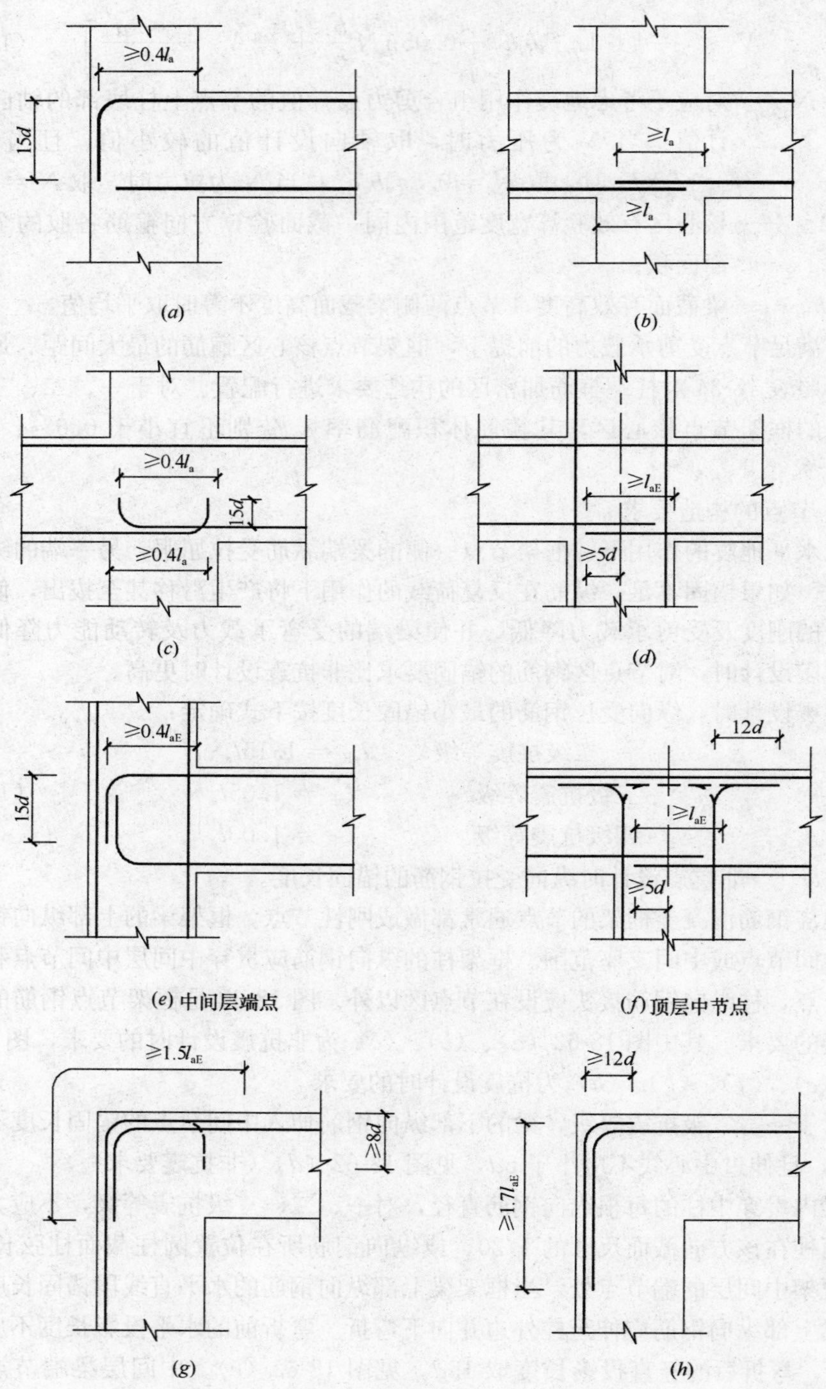

图 18-62　框架节点钢筋锚固与搭接

到柱顶后可向内弯折，弯折前的锚固段竖向投影长度不应小于 $0.5l_{aE}$，弯折后的水平投影长度取 $12d$。当楼盖为现浇混凝土，且板的混凝土强度不低于 C20、板厚不小于 80mm 时，也可向外弯折，弯折后的水平投影长度取 $12d$，见图 18-62(f)。

由于框架顶层端节点的轴力很小，受力情况与其他节点不同，因此纵向钢筋的锚固要求也不同。一种做法是将梁上部钢筋伸到节点外边，向下弯折到梁下边缘，同时将不少于外侧柱筋 65% 的柱筋伸到柱顶并水平伸入梁上边缘（图 18-62g）。采用这种做法时，节点的负弯矩塑性铰将出在柱端，同时梁筋不深入柱内，有利于施工。另一种做法是将外侧柱筋伸到柱顶，并向内水平弯折，从梁下皮算起，柱纵筋的锚固长度不小于 $1.5l_{aE}$ 且不小于 $12d$，梁上部纵筋伸到节点外边向下弯折，弯折后的竖向投影长度不小于 $15d$，与柱外侧钢筋形成足够的直线搭接长度后截断（图 18-62h）。采用这种做法时，柱顶水平纵向钢筋数量较少，便于自上向下浇筑混凝土。

为避免节点角部混凝土局部受压破坏，梁上部纵向钢筋及柱外侧纵向钢筋在顶层端节点处的弯弧半径不能太小。当钢筋直径 $d \leqslant 25$mm 时，弯弧内半径不宜小于 $6d$；当钢筋直径 $d > 25$mm 时，不宜小于 $8d$。

【例题 18-8】 设计例题 18-1 教学楼的一层框架梁、底层框架柱和一层中间框架节点。取例题 18-7 的内力组合结果。

【解】

该结构属于二级抗震要求的框架结构。

（一）一层框架梁设计

框架梁混凝土等级为 C30，$f_c = 14.3$MPa，$f_t = 1.43$MPa。

钢筋强度 $f_y = 360$MPa（HRB400 级），$f_y = 300$MPa（HPB300 级）。

边跨梁截面为 500mm×250mm，取 $a = a' = 40$，$h_{b0} = 460$mm。

中跨梁截面为 400mm×250mm，$h_{b0} = 360$mm。

（1）正截面纵向钢筋设计

①边跨跨中

跨中弯矩由无地震作用组合时的永久荷载控制：$M_b^c = 145.9$kN·m。

$$\alpha_s = \frac{M}{f_c b_b h_{b0}^2} = \frac{145.9 \times 10^6}{14.3 \times 250 \times 460^2} = 0.193 < \alpha_{s,\max} = 0.399$$

$$\gamma_s = 0.5(1 + \sqrt{1 - 2\alpha_s}) = 0.892$$

$$A_s = \frac{M}{f_y \gamma_s h_{b0}} = \frac{145.9 \times 10^6}{360 \times 0.892 \times 460} = 987.7\text{mm}^2$$

选 3 Φ 20，$A_s = 942\text{mm}^2$。

②边跨边支座

边支座弯矩由地震作用组合控制：$M_{\max} = 193.2$kN·m，$M_{\min} = -367.9$kN·m。

梁端按双筋截面设计，下部钢筋由正弯矩控制：

$$A_s=\frac{\gamma_{RE}M}{f_y(h_{b0}-a')}=\frac{0.75\times193.2\times10^6}{360\times(460-40)}=958.3\text{mm}^2,$$

取 3 Φ 20，$A_s=942\text{mm}^2$。

负弯矩作用下，受压钢筋 $A'=942\text{mm}^2$。

$$\alpha_s=\frac{\gamma_{RE}M-f_yA'_s(h_{b0}-a')}{f_cb_bh_{b0}^2}$$

$$=\frac{0.75\times367.9\times10^6-360\times942\times(460-40)}{14.3\times250\times460^2}=0.176$$

$$\xi=1-\sqrt{1-2\alpha_s}=0.196$$

$$A_s=\frac{\xi f_cb_bh_{b0}}{f_y}+A'_s=\frac{0.196\times14.3\times250\times460}{360}+942=1837\text{mm}^2$$

梁端上部钢筋选用 4 Φ 25（钢筋直径 $\leqslant h_c/20=25\text{mm}$），$A_s=1964\text{mm}^2$。

二级抗震等级时，$\xi=0.196<0.35$，$\frac{A'_s}{A_s}=\frac{942}{1964}=0.48>0.3$，满足要求。

③边跨中支座

中支座弯矩由地震作用组合控制：$M_{max}=103.7\text{kN}\cdot\text{m}$，$M_{min}=-303.7\text{kN}\cdot\text{m}$。

取下部钢筋沿梁长直通，与跨中相同为 3 Φ 20。

负弯矩作用下，受压钢筋 $A'_s=942\text{mm}^2$。

$$\alpha_s=\frac{\gamma_{RE}M-f_yA'_s(h_{b0}-a')}{f_cb_bh_{b0}^2}$$

$$=\frac{0.75\times303.7\times10^6-360\times942\times(460-40)}{14.3\times250\times460^2}=0.113$$

$$\xi=1-\sqrt{1-2\alpha_s}=0.120$$

$$A_s=\frac{\xi f_cb_bh_{b0}}{f_y}+A'_s=\frac{0.120\times14.3\times250\times460}{360}+942=1490\text{mm}^2$$

梁端上部钢筋选用 2 Φ 25＋2 Φ 18（钢筋直径 $\leqslant h_c/20=25\text{mm}$），$A_s=1491\text{mm}^2$。

二级抗震等级时，$\xi=0.120<0.35$，$\frac{A'_s}{A_s}=\frac{942}{1491}=0.632>0.3$，满足要求。

④中跨支座

中跨支座弯矩由地震作用组合控制：$M_{max}=142.7\text{kN}\cdot\text{m}$，$M_{min}=-197.4\text{kN}\cdot\text{m}$。

按双筋截面设计，下部钢筋由正弯矩控制：

$$A_s=\frac{\gamma_{RE}M}{f_y(h_{b0}-a')}=\frac{0.75\times142.7\times10^6}{360\times(360-40)}=929.0\text{mm}^2$$

取 3 Φ 20（钢筋直径 $\leqslant h_c/20=25\text{mm}$），$A_s=942\text{mm}^2$。

负弯矩作用下，受压钢筋 $A'_s = 942\text{mm}^2$ 。

$$\alpha_s = \frac{\gamma_{RE}M - f_y A'_s(h_{b0} - a')}{f_c b_b h_{b0}^2}$$

$$= \frac{0.75 \times 197.4 \times 10^6 - 360 \times 942 \times (360 - 40)}{14.3 \times 250 \times 360^2} = 0.085$$

$$\xi = 1 - \sqrt{1 - 2\alpha_s} = 0.089$$

$$A_s = \frac{\xi f_c b_b h_{b0}}{f_y} + A'_s = \frac{0.089 \times 14.3 \times 250 \times 360}{360} + 942 = 1260.9\text{mm}^2$$

梁端上部钢筋与边跨的两端上部钢筋一致，选用 2 Φ 25＋2 Φ 18，$A_s = 1491\text{mm}^2$ 。

二级抗震等级时，$\xi = 0.089 < 0.35$ ，$\dfrac{A'_s}{A_s} = \dfrac{942}{1491} = 0.632 > 0.3$ ，满足要求。

中跨长度较小，跨中上钢筋用 2 Φ 25 直通，下筋用 3 Φ 20 直通。

（2）箍筋设计

①边跨

剪力由地震荷载组合控制，组合后的剪力 $V_{b,max} = 192.9\text{kN}$ 。

二级抗震等级，考虑强剪弱弯要求，梁端剪力设计值为：

$$V_b = 1.5\frac{M_b^l + M_b^r}{l_n} + V_{Gb} = 1.5\frac{193.2 + 303.7}{6.7} + 1.2 \times 32.0 \times \frac{6.7}{2} = 239.9\text{kN}$$

框架梁截面：

$\dfrac{1}{\gamma_{RE}}(0.2\beta_c f_c b_b h_{b0}) = \dfrac{1}{0.85}(0.2 \times 1.0 \times 14.3 \times 250 \times 460) = 386.9\text{kN} > 239.9\text{kN}$ ，满足要求。

边跨箍筋加密区长度 $1.5h = 1.5 \times 500 = 750\text{mm}$ ，取为 800mm。

$$\frac{A_{sv}}{s} = \frac{\gamma_{RE}V_b - 0.42 f_t b_b h_{b0}}{f_{yv}h_{b0}}$$

$$= \frac{0.85 \times 239.9 \times 10^3 - 0.42 \times 1.43 \times 250 \times 460}{300 \times 460} = 0.977$$

根据表 18-33，取最低配箍要求配置双肢箍筋 2 Φ 8@100。

$\dfrac{A_{sv}}{s} = \dfrac{100.5}{100} = 1.005 > 0.977$ ，满足要求。

边跨非加密区，由式（18-40），最小配筋率为：

$$\rho_{sv} \geqslant 0.28\frac{f_t}{f_{yv}} = 0.28\frac{1.43}{300} = 0.13\%$$

由内力组合得到的剪力计算非加密区的箍筋：

$$\frac{A_{sv}}{s} = \frac{\gamma_{RE}V_b - 0.42 f_t b_b h_{b0}}{f_{yv}h_{b0}}$$

$$= \frac{0.85 \times 192.9 \times 10^3 - 0.42 \times 1.43 \times 250 \times 460}{300 \times 460} = 0.688$$

采用双肢箍筋2Φ8@125，则

$\frac{A_{sv}}{s}=\frac{100.5}{125}=0.804>0.688$，满足要求。

沿梁全长箍筋的配筋率 $\rho_{sv}=\frac{A_{sv}}{bs}=\frac{100.5}{250\times125}=0.32\%>0.13\%$，满足要求。

②中跨

剪力由地震荷载组合控制，组合后的剪力 $V_{b,max}=165.2kN$。

二级抗震等级，考虑强剪弱弯要求，梁端剪力设计值：

$$V_b=1.5\frac{M_b^l+M_b^r}{l_n}+V_{Gb}=1.5\frac{197.4+142.7}{2.5}+1.2\times22.3\times\frac{2.5}{2}=237.5kN$$

框架梁截面：

$\frac{1}{\gamma_{RE}}(0.2\beta_c f_c b_b h_{b0})=\frac{1}{0.85}(0.2\times1.0\times14.3\times250\times360)=302.8kN>237.5kN$，满足要求。

边跨加密区长度 $1.5h=1.5\times400=600mm$，因为中跨较短，全长均按加密区布置箍筋。

$$\frac{A_{sv}}{s}=\frac{\gamma_{RE}V_b-0.42f_t b_b h_{b0}}{f_{yv}h_{b0}}$$

$$=\frac{0.85\times237.5\times10^3-0.42\times1.43\times250\times360}{300\times360}=1.369$$

配置双肢箍筋2Φ10@100，则

$\frac{A_{sv}}{s}=\frac{157.1}{100}=1.571>1.369$，满足要求。

（二）底层框架柱B设计

框架梁混凝土等级为C40，f_c＝19.1MPa，f_t＝1.71MPa。

钢筋强度 f_y＝360MPa（HRB400级），f_v＝300MPa（HPB300级）。

底层柱B截面为500×500mm，取 $a=a'$＝45mm，h_{c0}＝455mm。

柱高度 H_c＝5000mm。

柱B的设计内力由有地震作用的组合控制：

一层柱B：$M_c^t=233.1kN\cdot m$，$M_c^b=361.1kN\cdot m$，$N=1710.9kN$，$V=137.7kN$；

二层柱B：M_c^b＝227.5kN·m，N＝1394.1kN。

（1）柱轴压比

二级抗震等级，轴压比 $\frac{N_{max}}{f_c b_c h_c}=\frac{1710.9\times10^3}{19.1\times500\times500}=0.358<0.75$，满足要求。

（2）正截面纵向钢筋设计

底层柱 B 首层节点上下柱端的总弯矩设计值为：

$$\Sigma M_c = 1.5\Sigma M_b = 1.5 \times (303.7 + 142.7)$$
$$= 669.6\text{kN}\cdot\text{m} > 233.1 + 227.5 = 460.6\text{kN}\cdot\text{m}$$

按考虑地震作用的柱组合弯矩的比例进行分配，则底层柱顶端的设计弯矩为：

$$M_c^t = 669.6 \times \frac{233.1}{460.6} = 338.9\text{kN}\cdot\text{m}$$

二层柱底端的设计弯矩为：

$$M_c^b = 669.6 \times \frac{227.5}{460.6} = 330.7\text{kN}\cdot\text{m}$$

①柱底端钢筋

根据规范要求，二级抗震等级时底层柱底端设计弯矩需扩大 1.5 倍，则设计弯矩为：

$M_c^b = 1.5 \times 361.1 = 541.6\text{kN}\cdot\text{m}$，柱顶截面的设计弯矩 $M_c^t = 338.9\text{kN}\cdot\text{m}$，底层柱的计算长度 $l_c = 1.0H_c = 5000\text{mm}$。

矩形截面的回转半径 $i_c = 0.2887h = 144.35\text{mm}$，$l_c/i_c = 5000/144.35 = 34.6$。

因 $l_c/i_c = 34.6 > 34 - 12(M_c^t/M_c^b) = 26.3$，故该柱需要考虑 P-δ 二阶效应的影响。

截面曲率修正系数 $\zeta_c = \dfrac{0.5f_cA}{N} = \dfrac{0.5 \times 19.1 \times 500^2}{1710.9 \times 10^3} = 1.395 > 1$，取 $\zeta_c = 1.0$。

$$e_0 = \frac{M}{N} = \frac{541.6 \times 10^6}{1710.9 \times 10^3} = 316.6\text{mm}, e_a = 20\text{mm}, e_i = e_0 + e_a = 336.6\text{mm}$$

$$\eta_{ns} = 1 + \frac{1}{1300(M_c^b/N + e_a)h_{c0}}\left(\frac{l_c}{h_c}\right)^2\zeta_c$$
$$= 1 + \frac{1}{1300 \times (541.6 \times 1000/1710.6 + 20)/455}\left(\frac{5000}{500}\right)^2 \times 1.0 = 1.104$$

$$C_m = 0.7 + 0.3\frac{M_c^t}{M_c^b} = 0.7 + 0.3\frac{338.9}{541.6} = 0.888$$

柱端截面的弯矩设计值 $M_c^b = \eta_{ns}C_mM_c^b = 1.104 \times 0.888 \times M_c^b = 0.980M_c^b$。因考虑 P-δ 二阶效应后的弯矩设计值小于柱端一阶弯矩值，故柱端截面的弯矩设计值直接取修正后的柱端弯矩值。

柱截面按对称配筋，$A_s' = A_s$，则

$$\xi_b = \frac{\beta_1}{1 + \dfrac{f_y}{E_s\varepsilon_{cu}}} = \frac{0.8}{1 + \dfrac{360}{2 \times 10^5 \times 0.0033}} = 0.518$$

$$\xi=\frac{\gamma_{RE}N}{f_c b_c h_{c0}}=\frac{0.8\times1710.9\times10^3}{19.1\times500\times455}=0.315<\xi_b$$

按大偏心受压设计配筋。

$$e=e_i+\frac{h_c}{2}-a=336.6+\frac{500}{2}-45=574.3\text{mm}$$

$$A_s=A'_s=\frac{Ne-\alpha_1 f_c b_c h_{c0}^2\xi(1-0.5\xi)}{f'_y(h_{c0}-a')}$$

$$=\frac{1710.9\times10^3\times574.3-1.0\times19.1\times500\times455^2\times0.315\times(1-0.5\times0.315)}{360\times(455-45)}$$

$$=3102.1\text{mm}^2$$

取柱每边配筋 4 Φ 32，$A_s=3217\text{mm}^2$，每边配筋率$\frac{3217}{500^2}=1.28\%>0.2\%$。

柱截面总配筋为 12 Φ 32，总配筋率$\frac{9651}{500^2}=3.86\%>0.8\%$，满足最小配筋率的要求。

②柱顶端钢筋

同柱底端，不用考虑 P-δ 二阶效应，$\xi=0.315<\xi_b$，按大偏心受压设计配筋。

$$e_0=\frac{338.9\times10^6}{1710.9\times10^3}=198.1\text{mm}\text{ , }e_i=e_0+e_a=218.1\text{mm}$$

$$e=e_i+\frac{h_c}{2}-a=218.1+\frac{500}{2}-45=423.1\text{mm}$$

柱截面按对称配筋，则

$$A_s=A'_s=\frac{Ne-\alpha_1 f_c b_c h_{c0}^2\xi(1-0.5\xi)}{f'_y(h_{c0}-a')}$$

$$=\frac{1710.9\times10^3\times423.1-1.0\times19.1\times500\times455^2\times0.315\times(1-0.5\times0.315)}{360\times(455-45)}$$

$$=1394.5\text{mm}^2$$

取柱每边配筋 4 Φ 25，$A_s=1521\text{mm}^2$，每边配筋率$\frac{1521}{500^2}=0.61\%>0.2\%$。

柱顶截面总配筋为 12 Φ 25，总配筋率$\frac{4563}{500^2}=1.83\%>0.8\%$，满足最小配筋率的要求。

由于该柱底截面设计弯矩较大，配筋较多，上截面配筋少，同一根柱的上下截面配筋直径不同，所有钢筋需要搭接锚固，实际施工不变，而且用钢量不低。为了简便及偏于安全，该柱上下截面采用相同的配筋方式，全部按照底截面的配筋配置该柱纵筋。

(3) 柱箍筋设计

二级抗震设防要求，按照强剪弱弯要求，剪力设计值为：

$$V_{c}=1.3\frac{M_{c}^{t}+M_{c}^{b}}{H_{n}}=1.3\times\frac{338.9+541.6}{5.0}=228.9\text{kN}$$

剪跨比 $\lambda=\frac{H_{n}}{2h_{c0}}=\frac{5}{2\times0.455}=5.49>3.0$，取 $\lambda=3.0$。

柱截面：$\frac{1}{\gamma_{RE}}(0.2\beta_{c}f_{c}b_{c}h_{c0})=\frac{1}{0.85}(0.2\times1.0\times19.1\times500\times455)=1022\text{kN}>V_{c}=228.9\text{kN}$，满足要求。

加密区箍筋为：

$$\frac{A_{sv}}{s}=\frac{\gamma_{RE}V_{c}-\frac{1.05}{\lambda+1}f_{t}b_{c}h_{c0}-0.056N}{f_{yv}h_{c0}}$$

$$=\frac{0.85\times228.9\times10^{3}-\frac{1.05}{3+1}\times1.71\times500\times455-0.056\times1710.9\times10^{3}}{300\times455}$$

$$=-0.024<0$$

按构造要求配置箍筋。

二级抗震等级，按最小配箍要求配 4Φ8@100。

轴压比为 0.358，查表 18-35，$\lambda_{v}=0.086$，$\lambda_{v}\frac{f_{c}}{f_{yv}}=0.086\frac{19.1}{300}=0.55\%$，体积配箍率 $\rho_{v}=\frac{50.3\times(8\times450+4\times220)}{450^{2}\times100}=1.11\%>0.55\%$，满足体积配箍的要求。

柱顶端箍筋加密区长度 $\frac{H_{c0}}{6}=\frac{5000}{6}=833\text{mm}$，取为 900mm。柱根加密区长度为柱净高的 1/3，取为 1600mm。

柱非加密区按构造要求配箍，取为 4Φ8@200。

(三) 一层中间框架节点设计

节点区剪力设计值：

$$V_{j}=1.35\frac{M_{b}^{l}+M_{b}^{r}}{h_{b0}-a_{s}'}\left[1-\frac{h_{b0}-a_{s}'}{H_{c}-h_{b}}\right]$$

$$=1.35\frac{303.7+142.7}{0.41-0.04}\left[1-\frac{0.41-0.04}{5-0.45}\right]=1496.3\text{kN}$$

节点核心区水平截面验算：

$\frac{1}{\gamma_{RE}}(0.3\eta_{j}\beta_{c}f_{c}b_{j}h_{j})=\frac{1}{0.85}(0.3\times1.5\times1.0\times19.1\times500\times500)=2527.9\text{kN}>V_{j}$，满足要求。

核心区箍筋：

$$\frac{A_{svj}}{s}=\frac{\gamma_{RE}V_j-1.1\eta_j f_t b_j h_j-0.05\eta_j N b_j/b_c}{f_{yv}(h_{b0}-a'_s)}$$

$$=\frac{0.85\times1496.3\times10^3-1.1\times1.5\times1.71\times500\times500-0.05\times1.5\times1394.1\times10^3}{300\times(455-45)}$$

$$=3.76$$

节点区配箍筋 4Φ10@80，$\frac{A_{svj}}{s}=\frac{4\times78.5}{80}=3.93>3.76$。

（四）施工图

一层框架梁、柱和节点配筋见图 18-63。

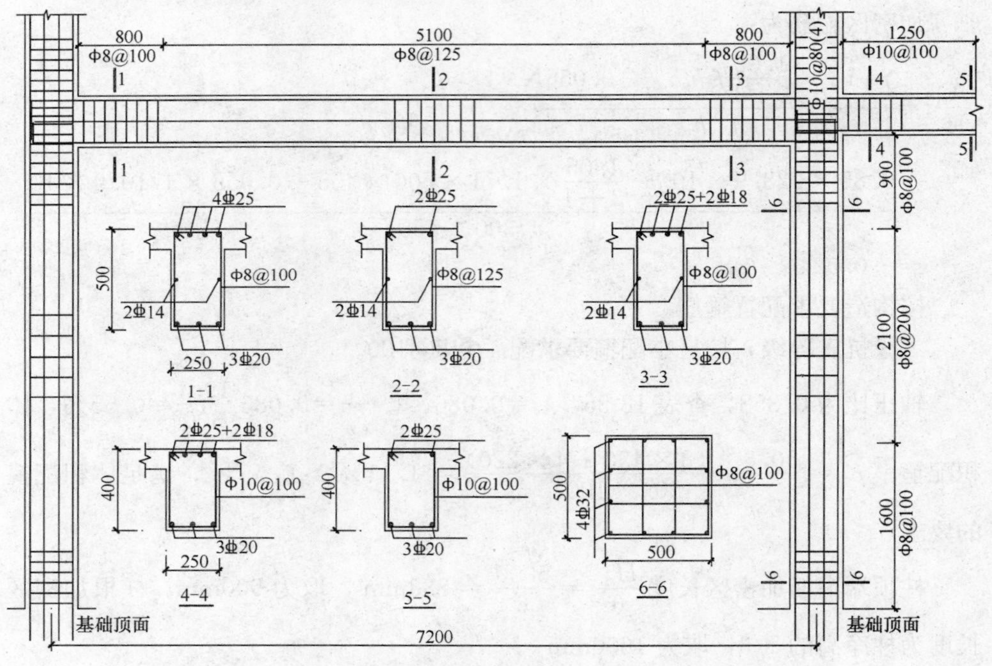

图 18-63　例题 18-8 配筋施工图

18.9　框架结构抗连续倒塌设计

18.9.1　结构连续倒塌的概念

近年来，随着工程技术水平的不断提高，建筑结构向大型化、复杂化方向发展。与此同时，对工程结构的安全性要求也不断提高。工程结构在长期使用中，可能遭遇各种偶然突发灾害事件，如爆炸、冲击、火灾等偶然作用，不可避免地会导致结构局部破坏或损伤，如果剩余结构不能有效承担结构初始破坏和损伤所引起的不平衡荷载或内力变化，剩余结构就会进一步发生破坏，这种破坏可能引发多米诺骨牌式的连锁反应，最终可能造成结构的大范围严重破坏甚至整个结构的倒塌，也就是连续性倒塌（progressive collapse）。

结构连续倒塌的定义为：由于意外事件（如燃气爆炸、车辆撞击、火灾、恐怖袭击等）导致结构局部破坏或部分子结构破坏，并引发连锁反应导致破坏向结构其他部分扩散，最终造成结构的大范围坍塌。一般来说，如果结构的最终破坏状态与初始破坏不成比例，即可称之为连续倒塌。

1968 年 5 月 16 日英国 Ronan Point 公寓连续倒塌事故，引起了工程界的广泛关注。该楼为装配式大板结构，共 22 层。第 18 层角部房间发生燃气爆炸事故，造成结构外墙板（局部竖向支撑构件）发生破坏，然而整体结构最终发生倒塌的区域远远超过爆炸直接破坏的区域，最终 18 层以上的角部结构发生全部倒塌，18 层以下的角部结构因上部结构破坏碎片的堆载和冲击作用也发生大面积倒塌，如图 18-64 所示。

图 18-64　英国 Ronan Point 公寓煤气爆炸引起的连续倒塌

2001 年 9 月 11 日，纽约世界贸易中心（WTC）双塔遭受飞机撞击，机内燃油引起楼内大火，南楼在撞击后 56 分钟开始倒塌，北楼在撞击后 102 分钟开始倒塌。这是世界上最有名的连续倒塌事故，也成为全世界对结构连续倒塌问题研究热潮的开始。

目前，世界各主要国家都颁布了结构防连续倒塌的设计方法，我国 2010 年编制的《高层建筑混凝土结构技术规程》JGJ 3—2010 和《混凝土结构设计规范》GB 50010—2010 也纳入有关抗连续倒塌的设计要求。本节简要介绍钢筋混凝土框架结构的抗连续倒塌设计概念和方法。

结构连续倒塌的一般发展过程为：

①因偶然事故结构局部出现初始破坏，并引起剩余结构中内力重分布；

②剩余结构构件无法承担初始破坏导致的重分布内力或者冲击荷载；

③引起剩余构件的连锁破坏。

当上述任一阶段的发展被有效的限制，就能够实现建筑结构的防连续倒塌目标，可使损失程度得到有效控制。因此，根据连续倒塌的各阶段的特点分别制定相应的工程对策，如图 18-65 所示。

目前各国规范的结构抗连续倒塌设计方法可以划分成四类：概念设计、拉结强度设计、拆除构件设计和关键构件设计。

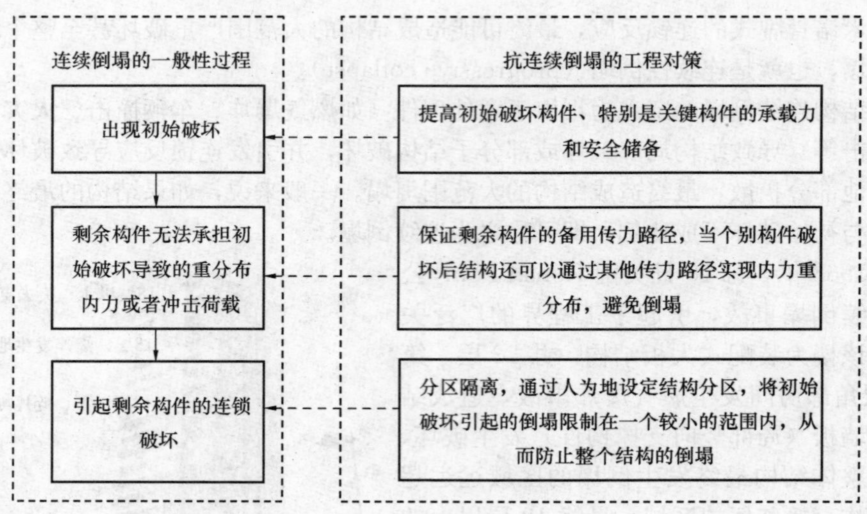

图 18-65　抗连续倒塌工程对策

18.9.2　防连续倒塌的概念设计

概念设计主要从结构体系的备用路径、整体性、延性、连接构造和关键构件的判别等方面进行结构方案和结构布置设计，避免结构中存在易导致连续倒塌的薄弱环节，具体内容包括：

（1）增加结构的冗余度，使结构体系具有足够的备用荷载传递路径；

（2）设置整体型加强构件或设置结构缝，使连续倒塌范围仅限于结构局部区域；

（3）加强结构构件的连接构造，保证结构的整体性；

（4）加强结构延性构造措施，保证剩余结构的延性；

（5）对可能出现的偶然荷载和作用有所估计，采取减小偶然荷载和作用的措施。

概念设计的缺点是难以量化，且依赖于设计人员水平和经验。尽管如此，对于一般结构，通过以上概念设计的指导，尤其是合理的结构方案和增强结构的整体性的措施尤为重要，可在一定程度上提高结构抗连续倒塌能力。

18.9.3　拉 结 强 度 设 计

拉结强度设计是对结构构件间的连接强度进行验算，使其满足一定的要求，以保证结构的整体性和备用荷载传递路径的承载能力。对于框架结构，拉结强度法的基本原则是在一根柱因偶然作用失效后，跨越该柱的框架梁具有足够的极限承载能力避免发生连续破坏，如图 18-66 所示。

拉结强度法需要对结构的不同部位进行拉结设计，包括内部拉结、周边拉

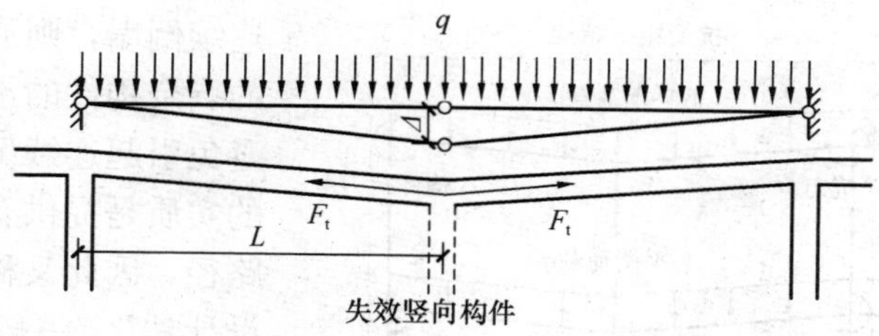

图 18-66　框架柱失效后梁的跨越能力

结、墙/柱的拉结和竖向拉结，如图 18-67 所示。拉接强度设计无需对整个结构进行受力分析，比较简便易行，但由于计算模型过于简化，其设计参数的经验性成分较多。

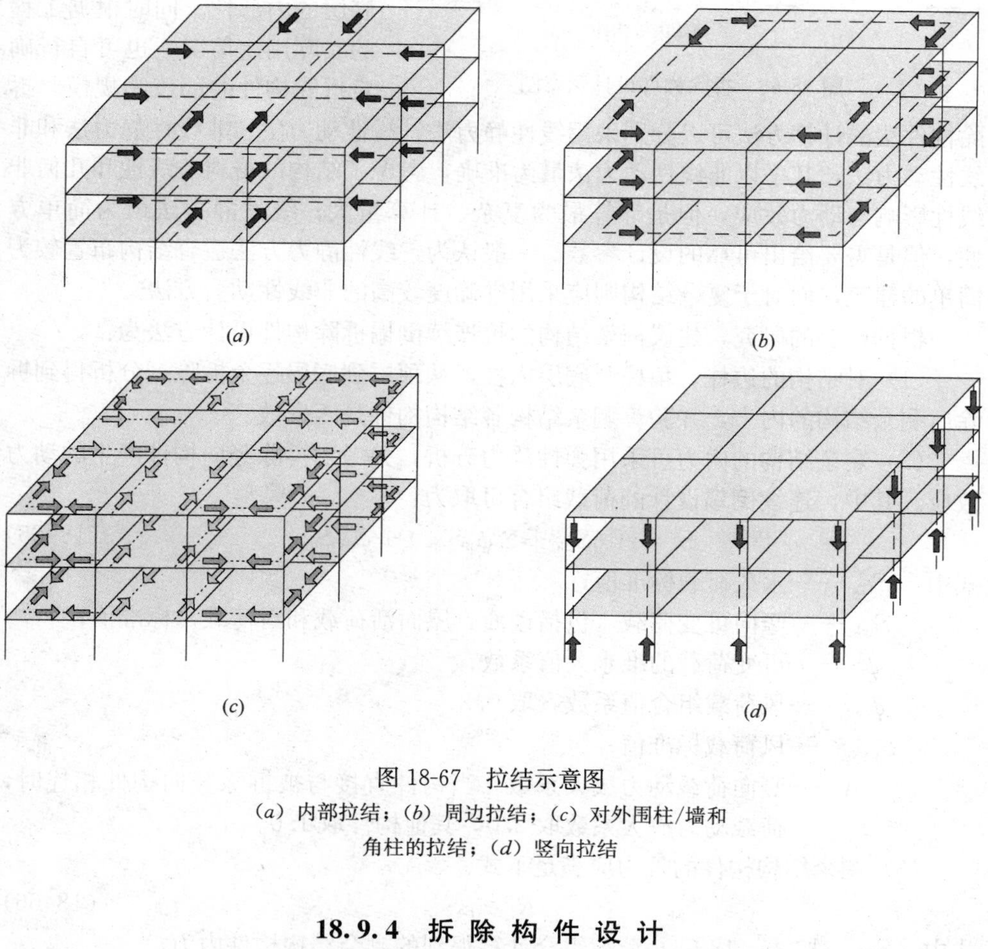

(a)　(b)

(c)　(d)

图 18-67　拉结示意图
(a) 内部拉结；(b) 周边拉结；(c) 对外围柱/墙和角柱的拉结；(d) 竖向拉结

18.9.4　拆除构件设计

拆除构件设计是将结构中的部分构件拆除模拟局部结构失效，通过分析剩余结构的力学响应，来判断结构是否会发生连续倒塌（图 18-68）。如果结构发生

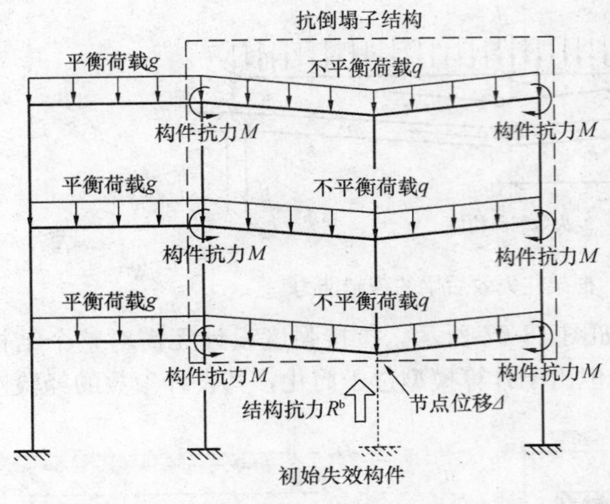

图 18-68　拆除构件设计示意图

连续倒塌，则通过增强拆除后的剩余构件的承载力或延性来避免引起连续倒塌，这种方法的实质是提供有效的备用传力路径，因此又称为“替代路径设计法”。一般情况下，每次分析对结构中易遭受偶然作用破坏部位的一个竖向承重构件进行拆除，这些竖向构件包括每层周边的中柱和角柱，以及底层的内部柱。同时根据工程的实际用途情况，也可自行确定拆除构件的部位和规模。拆除构件法的计算方法可以分别采用线性静力法、线性动力法、非线性静力法和非线性动力法，其中以非线性动力法最为准确，考虑了结构的材料非线性和几何非线性影响与动力效应，但是计算最为复杂、计算量大；线性静力法最为简单方便，但是需要给出可靠的设计参数。一般认为，线性静力方法适合结构布置较为简单的建筑，而对于复杂结构则应采用准确度较高的非线性动力方法。

根据已有的研究，建议框架结构的抗连续倒塌拆除构件设计方法为：

（1）对结构的边柱、角柱及底层内柱，从顶层到底层逐个拆除，分析得到拆除后剩余结构的内力，并验算剩余结构各结构构件是否失效。

（2）剩余结构的内力可采用弹性静力分析，并考虑拆除竖向构件产生的动力效应。其中，连续倒塌设计的荷载组合可取为：

$$S = A\ (S_{Gk} + \Sigma\, \psi_{qi} S_{qik}) + \psi_{cw} S_{qwk} \tag{18-65}$$

式中　S_{Gk}——永久荷载标准值；

S_{qik}——竖向可变荷载（包括楼面、屋面活荷载和雪荷载）标准值；

ψ_{qi}——可变荷载的准永久值系数；

ψ_{cw}——风荷载组合值系数，取 0.2；

S_{qwk}——风荷载标准值；

A——竖向荷载动力放大系数，当构件直接与被拆除竖向构件相连时，荷载动力放大系数取 2.0，其他构件取 1.0。

（3）剩余结构构件的抗力应满足下式：

$$R \geqslant \beta S \tag{18-66}$$

式中　S——按式（18-65）荷载组合计算得到的剩余结构构件内力；

R——剩余结构构件的抗力；

β——考虑框架梁塑性变形耗能的内力折减系数，框架梁两端均考虑出现塑性铰时，取 0.67，对角部和悬挑水平构件，取 1.0；当剩余结构内力采用弹塑性分析时，取 $\beta=1.0$。

18.9.5 关键构件设计

对于破坏后无法找到合适替代路径或实现替代路径代价太大的构件，可将其作为关键构件进行专门的设计与加强，使其具有抵抗意外荷载作用的能力。

18.9.6 混凝土结构防连续倒塌的配筋构造要求

防连续倒塌设计的现浇钢筋混凝土框架结构，其拉结钢筋的构造措施应符合下列规定：

(1) 周边框架梁应配置不少于 2 根连续贯通的拉结纵筋，其截面面积不应小于 1/6 支座负弯矩纵筋面积和 1/4 跨中正弯矩纵筋面积的较大者；其他框架梁应配置不少于 1 根连续贯通的拉结纵筋，其截面面积不应小于 1/10 支座负弯矩纵筋面积和 1/6 跨中正弯矩纵筋面积的较大者。

(2) 框架梁内连续贯通的拉结纵筋应置于箍筋角部，箍筋弯钩应不小于 135°。

(3) 框架梁内连续贯通的拉结纵筋应锚固于端部竖向构件内，其锚固长度应满足《混凝土结构设计规范》GB 50010 规定的受拉钢筋基本锚固长度。

(4) 楼板内宜适当配置贯通的拉结钢筋。

18.10 框架结构构件的重要性评价

国家标准《工程结构可靠性设计统一标准》GB 50153—2006 将结构定义为：能承受作用并具有适当刚度的由各连接部件有机组合而成的系统，即结构系统。

从系统角度来看，结构系统的承载力、刚度、变形能力和耗能能力，与组成结构系统的基本构件（梁、柱、墙、板等）的承载力、刚度、变形能力和耗能能力，既有联系，又不完全相同。同样，结构系统的安全性也与组成结构的基本构件的安全性有关，也不完全相同。事实上，构件的承载力、刚度、变形能力、耗能能力及其安全性等，是构成结构承载力、刚度、变形能力、耗能能力及其安全性的必要条件，但不是充分条件。合理的结构体系，会使结构系统中尽可能多的构件发挥其功能，从而使结构系统的能力足够大；而不合理的结构体系，其各个构件的能力可能并未得到充分合理的发挥。也就是说，由能力和数量相同的结构构件，按不同组成方式所形成的结构系统，其承载力、刚度、变形能力、耗能能力及其安全性可能并不相同。

目前，工程结构设计通常是针对一般正常荷载和作用下的结构构件极限状态设计，这是一种基于结构构件的结构设计，只能保证结构系统安全的基本要求，并不能反映结构中不同构件的失效或破坏对整体结构系统的影响程度。如果结构系统设计不合理，可能会因为某个或某几个构件的失效破坏而导致整个结构系统的崩溃，即倒塌破坏。爆炸、撞击、特大地震等意外偶然作用和极端灾害作用下的结构抗倒塌研究，就是属于这类问题。这类问题研究关注的是构件失效或破坏对整体结构系统的影响，即所谓结构的易损性分析或结构鲁棒性分析。因此，构件失效或破坏对整体结构系统的影响程度，即构件的重要性程度，是结构易损性或鲁棒性评价的基础。

结构构件的重要性评价不仅取决于结构系统自身的力学性能，也取决于作用荷载情况，还与结构性能的评价指标有关。就整体结构安全而言，结构性能的评价指标是指一个构件的受损或失效对整体结构的承载能力、刚度、变形能力、稳定性等的影响程度。根据评价中是否考虑荷载作用影响，结构构件重要性评价方法可分为两类：一是与荷载作用无关的评价方法，这种方法主要评价结构系统的自身属性，通常以结构系统的拓扑关系反映；二是与荷载作用相关的评价方法，这种评价方法既包含了结构系统的自身属性，也包含了结构上的荷载作用属性（荷载分布和传力路径）的影响。此外，在长期工程实践中，人们也积累了很多经验。

18.10.1　基于工程经验的构件重要性评价

根据长期工程实践经验，有以下结构构件重要性评定经验：

（1）柱和梁的重要性层次。一般工程结构始终受到重力荷载作用，柱在结构中通常起到传递重力荷载的作用，一旦柱发生破坏，则结构会发生局部或整体垮塌，因此柱通常比同层梁重要。结构抗震设计中强调“强柱弱梁”，不仅是因为梁铰机制有利于结构耗能，更重要的是因为柱铰机制更易于导致结构倒塌。

（2）柱的重要性层次。在结构抵抗竖向荷载的传力系统中，下部柱一般比上部柱重要，因为下部柱承受的竖向荷载大，拆除下部柱造成的影响区域和楼层多。在结构抵抗水平荷载的传力系统中，边柱比同层的中柱重要，因为边柱对结构抗倾覆弯矩的贡献更大。

（3）框架、剪力墙与核心筒的重要性层次。对于一般框架-核心筒结构或框架-剪力墙结构，核心筒与剪力墙是结构主要的抗侧力构件，在水平荷载作用下，剪力墙或核心筒将承担主要的水平力，因而其重要性要高于框架。

（4）节点的重要性层次。无论在何种荷载作用下，节点比与其相连的构件更重要，因为节点失效，将导致与其相连的所有构件失效，构件的各项功能也随之丧失。对于不同位置的节点，如何判断其重要性层次，主要看其所联系构件的重要性程度。节点联系的构件数量越多，联系构件的重要性程度越高，该节点就越重要。

基于工程经验的构件重要性评价能够反映一般规律，但在具体应用中缺乏定量计算，且评价结果往往取决于评价人的经验和专业水平。

构件重要性评价的基本定义是，构件对整体结构性能的影响程度。而整体结构的性能指标有多个，包括：整体结构的承载力、变形能力、刚度、稳定性、可靠度、使用空间等多个方面，若对每个指标都考虑，则评价方法将十分复杂。考虑到结构弹性分析方法的便利性和结构构件刚度与荷载分配的关联性，一般结构的构件重要性评价可采用以下考虑构件刚度和荷载作用的方法。该方法的力学原理如图 18-69 所示，并联传力路径上的两个构件，刚度大的构件分担的荷载也越大，拆除后对结构的影响也越大。基于上述思路，可以通过给定荷载下的结构弹性分析，定量计算结构各构件的荷载传递大小，由此给出构件重要性评价指标。

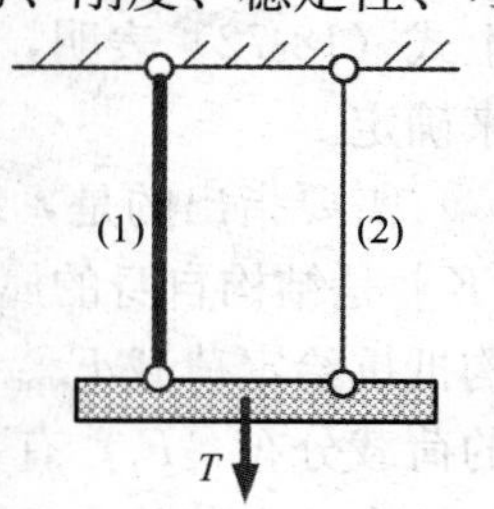

图 18-69 结构构件重要性的基本概念

18.10.2 基于结构刚度的构件重要性指标

采用线弹性分析时，对于保守结构系统，外力所做的功等于结构应变能的增量。设结构上作用的荷载向量为 $\{F\}=F_{\max}\{v\}$，其中 $F_{\max}$ 为荷载向量中的最大值，$\{v\}$ 为荷载分布向量，则结构在荷载 $\{F\}$ 作用下的变形能为：

$$U=\frac{1}{2}\{F\}^{T}\cdot\{D\}=\frac{1}{2}\{F\}^{T}[K]^{-1}\{F\}=\frac{1}{2}F_{\max}^{2}\{v\}^{T}[K]^{-1}\{v\} \tag{18-67}$$

式中 $\{D\}$ ——在荷载 $\{F\}$ 作用下结构的位移向量；

$[K]$ ——结构刚度矩阵。

刚度的一般定义为结构抵抗变形能力。对于弹性结构系统，当结构上的荷载分布确定时，结构的位移分布也是确定的。定义结构上荷载分布记为 $F_{\text{stru}}=\{F_i\}$，相应结构的位移分布记为 D_{stru}，则结构刚度 K_{stru} 可表示为：

$$K_{\text{stru}}=F_{\text{stru}}/D_{\text{stru}} \tag{18-68}$$

结构的变形能可表示为：

$$U=\frac{1}{2}F_{\text{stru}}\cdot D_{\text{stru}}=\frac{1}{2}F_{\text{stru}}^{2}\cdot\frac{1}{K_{\text{stru}}} \tag{18-69}$$

由式（18-69）与式（18-67）比较可知，结构刚度 K_{stru} 与 $\{v\}^{T}[K]^{-1}\{v\}$ 呈反比，为此定义结构刚度 K_{stru} 为：

$$K_{\text{stru}}=\frac{1}{\{v\}^{T}[K]^{-1}\{v\}} \tag{18-70}$$

则式（18-67）可写成：

$$U=\frac{1}{2}F_{\max}^{2}\frac{1}{K_{\text{stru}}} \tag{18-71}$$

这样，结构刚度 K_{stru} 可表示为：

$$K_{stru}=\frac{1}{2}F_{max}^2\frac{1}{U} \tag{18-72}$$

上式（18-72）表明，结构刚度 K_{stru} 可通过计算给定荷载分布下的结构变形能 U 来确定。

需要指出的是，结构刚度 K_{stru} 不同于结构的刚度矩阵［K］。结构刚度矩阵［K］是结构自身的属性，与作用荷载分布无关；而结构刚度 K_{stru} 是反映整体结构抵抗给定荷载 $F_{stru}=\{F_i\}$ 作用下变形能力的一个整体物理量，它既与结构上的荷载分布 $\{F_i\}$ 有关，又与结构刚度矩阵［K］有关。

在给定荷载 $F_{stru}=\{F_i\}$ 作用下，构件对结构刚度 K_{stru} 的贡献体现了该构件在结构传力中的地位，故定义：以构件损伤所导致的结构刚度 K_{stru} 的损失率作为衡量构件在结构系统中的重要性指标，其表达式为：

$$I=\frac{K_{stru,0}-K_{stru,f}}{K_{stru,0}}=1-\frac{K_{stru,f}}{K_{stru,0}} \tag{18-73}$$

其中，$K_{stru,0}$ 为完好结构的结构刚度；$K_{stru,f}$ 为某移除构件后的结构刚度。由于 $K_{stru,f}\leqslant K_{stru,0}$，因此式（18-73）的构件重要性指标 I 为 0～1。$I=0$ 表示该构件对给定荷载下的结构刚度没有影响，在结构传力路径中没有贡献，即"零杆"；而 $I=1$ 表明该构件在给定荷载下极其关键，一旦失效，结构将无法抵抗给定荷载。

进一步，将式（18-72）代入式（18-73），可得：

$$I=\frac{U'-U}{U'}=1-\frac{U}{U'} \tag{18-74}$$

其中，U 为完好结构的变形能，U' 为移除构件后的结构变形能。因此，式（18-73）基于结构刚度的构件重要性指标可用变形能的方法来计算。

18.10.3　算　例　分　析

以下通过一组不同层数和跨数的框架结构算例，说明上述构件重要性指标的评价结果。表 18-35 列出了框架结构算例的结构参数，表 18-36 列出了框架梁和框架柱的参数。

框架结构算例的结构参数　　**表 18-35**

参数 算例	层数	跨数	层高（m）	跨度（m）
frame13	1	3	3.6	5.0
frame23	2	3	3.6	5.0
frame41	4	1	3.6	5.0
frame42	4	2	3.6	5.0
frame43	4	3	3.6	5.0

梁、柱参数 表 18-36

构件 \ 参数	截面尺寸		轴向刚度	抗弯刚度
	宽（m）	高（m）	EA（N）	EI（N·m²）
梁	0.25	0.5	3.75×10^9	9.375×10^8
柱	0.4	0.4	4.80×10^9	7.68×10^8

1. 重力荷载下的构件重要性评价

楼层重力荷载取 10kN/m，顶层取 0.7kN/m，作用在所有框架梁上，计算结果见图 18-70。由图可见，在重力作用下，柱的重要性指标明显高于梁，下层柱的重要性高于上层柱，随跨数的增加，框架柱的重要性有所降低，单跨框架柱的重要性指标在 0.9 以上。分析结果符合工程经验。

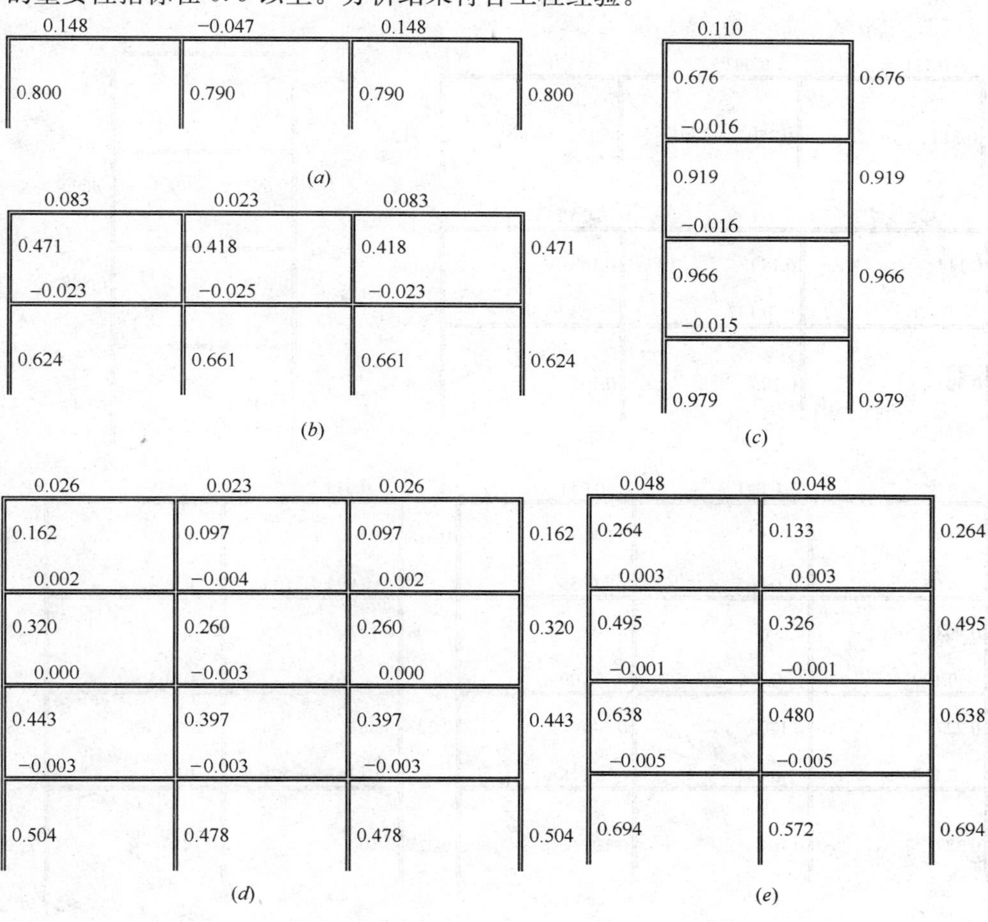

图 18-70 重力荷载作用下各框架计算结果

(a) 框架 13；(b) 框架 23；(c) 框架 41；(d) 框架 43；(e) 框架 42

2. 水平荷载下的构件重要性评价

在每个梁柱节点处施加水平倒三角分布荷载，计算结果如图18-71。在水平荷载作用下，结构中同时存在两种变形，一种是楼层剪力引起的梁柱弯曲变形，在这种情况下，中柱比边柱重要，因为中柱两端梁的约束更强；另一种是由倾覆弯矩引起的柱的拉压变形，在这种情况下，边柱则比中柱重要。因此，由图18-71计算结果可见，对于水平荷载引起的楼层倾覆弯矩较小的上部楼层，中柱比边柱重要性指标高；而在底部楼层，中柱比边柱的重要性低。一般情况下，下层框架梁比上层框架梁重要，边梁比中梁重要，框架柱总体上比框架梁重要。此外，相对于重力荷载下的情况，框架梁的重要性明显提高，因为水平荷载作用下，梁的抗弯贡献增大。上述两组算例的构件重要性评价结果与工程经验基本一致。

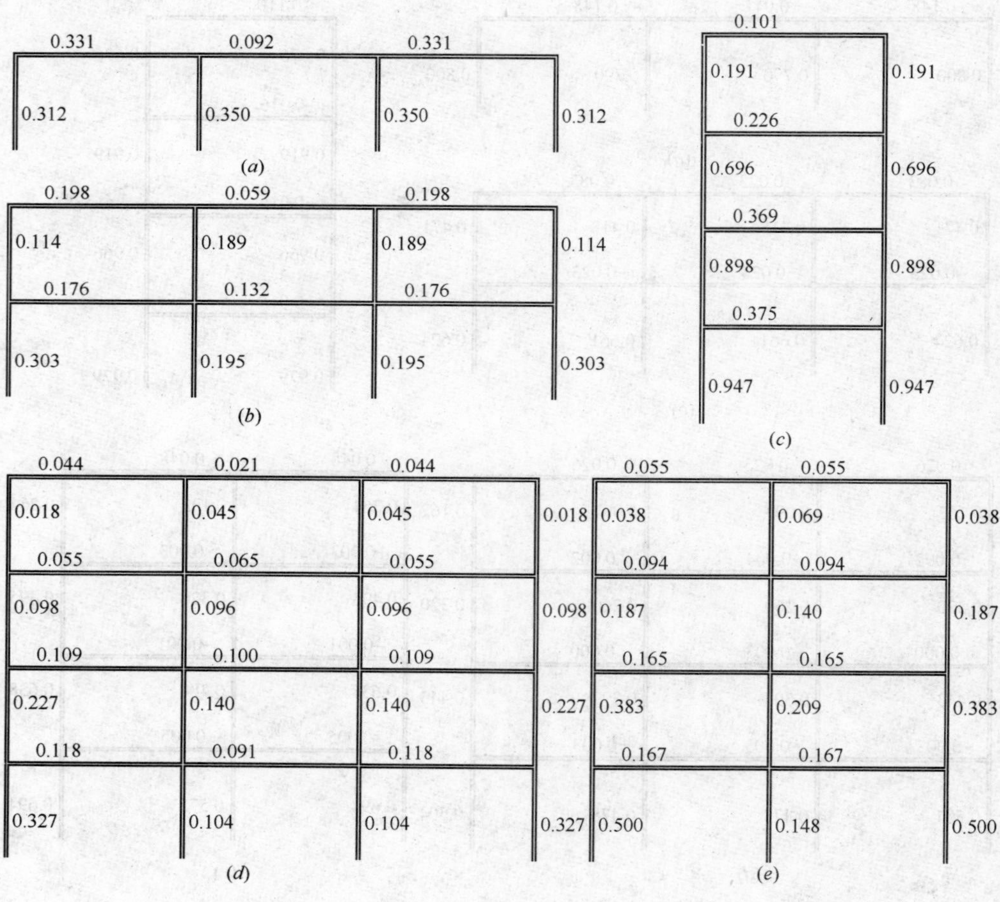

图18-71　水平荷载作用下各个框架计算结果

(a) 框架13；(b) 框架23；(c) 框架41；(d) 框架43；(e) 框架42

思 考 题

18-1 简述框架结构的受力特点。

18-2 框架结构是如何抵抗竖向荷载与水平荷载的？在竖向荷载作用下，框架有哪几种承重布置方案？各自有何特点？

18-3 为什么建筑结构中需要设缝？一般有哪几种缝，各自设置的目的有何不同？结构布置与构造上有何不同？

18-4 简述设置后浇带的目的与设置方法。

18-5 试说明为什么短柱容易剪切破坏。

18-6 用平面框架计算简图计算空间框架的先决条件是什么？对于建筑两端的平面框架，与同方向位于中部的框架相比，内力有何不同？

18-7 如何确定平面框架的计算简图？对于现浇钢筋混凝土框架，如何考虑楼板对梁刚度的影响？

18-8 分层法计算平面框架在竖向荷载作用下的内力时，采用了哪些基本假定？简述分层法的计算过程。

18-9 为什么分层法计算平面框架的内力时，会出现节点不平衡弯矩？对不平衡弯矩一般如何处理？

18-10 反弯点法计算框架内力的基本条件是什么？简述反弯点法的基本计算过程。

18-11 什么是 D 值法？与反弯点法有何不同？D 值法中是如何确定反弯点的位置的？

18-12 通常将框架结构在水平荷载作用下的侧向变形称作总体剪切变形，为什么？如何求解？

18-13 什么是框架的总体弯曲变形？形状与总体剪切变形有何不同？如何求解？什么时候必须考虑总体弯曲变形？

18-14 设计中限制框架侧移的原因是什么？什么是结构的层间位移角？钢筋混凝土框架的层间位移角限值是多少？

18-15 比较风荷载与地震作用的差异以及对结构的影响？设计中如何考虑抗风设计与抗震设计？

18-16 为什么我国抗震设计规范提出“小震弹性、中震可修、大震不倒”的设防原则？

18-17 什么是延性？如何描述延性的大小？目前我国的抗震设计中如何保证要求的延性？

18-18 在框架结构设计中，梁、柱两种构件的承载力设计分别考虑哪些控制因素？梁柱的设计控制截面分别在哪里？

18-19　何谓延性框架？如何设计才能达到延性框架的要求？

18-20　何谓“强柱弱梁、强剪弱弯、强节点、强锚固”？我国抗震设计规范中如何体现强柱弱梁、强剪弱弯、强节点、强锚固的要求？

18-21　何谓活荷载的不利布置？对于框架结构，如何确定活荷载的最不利布置？采用满布方式计算活荷载的内力时，计算结果与考虑活荷载不利位置的计算结果有何差别？

18-22　框架结构设计可否采用内力塑性调幅？如何调幅？是调整框架梁的组合后弯矩吗？为什么？

18-23　何谓塑性铰区，如何构造以保证塑性铰区的塑性转动能力与抗剪能力？

18-24　为什么要限制框架柱的轴压比？轴压比高对框架柱的抗震性能有何影响？框架柱端箍筋加密的原因是什么？

18-25　框架结构梁柱节点设计应满足什么要求？

18-26　何谓结构的连续倒塌，结构方案应如何考虑增强结构的抗连续倒塌能力？

18-27　框架结构抗连续倒塌的拉结设计法与拆除构件设计法有何异同？

18-28　请查阅结构构件重要性评价方法的有关文献。

18-29　如何根据构件的重要性设置构件的安全储备？

第19章 基 础

19.1 基 础 的 类 型

基础是将上部结构的荷载传递给地基的结构。钢筋混凝土结构的基础可采用柱下独立基础、条形基础、十字形基础、片筏基础，必要时可采用箱形基础，见图 19-1。当地基承载力或变形不能满足设计要求时，可采用桩基础。

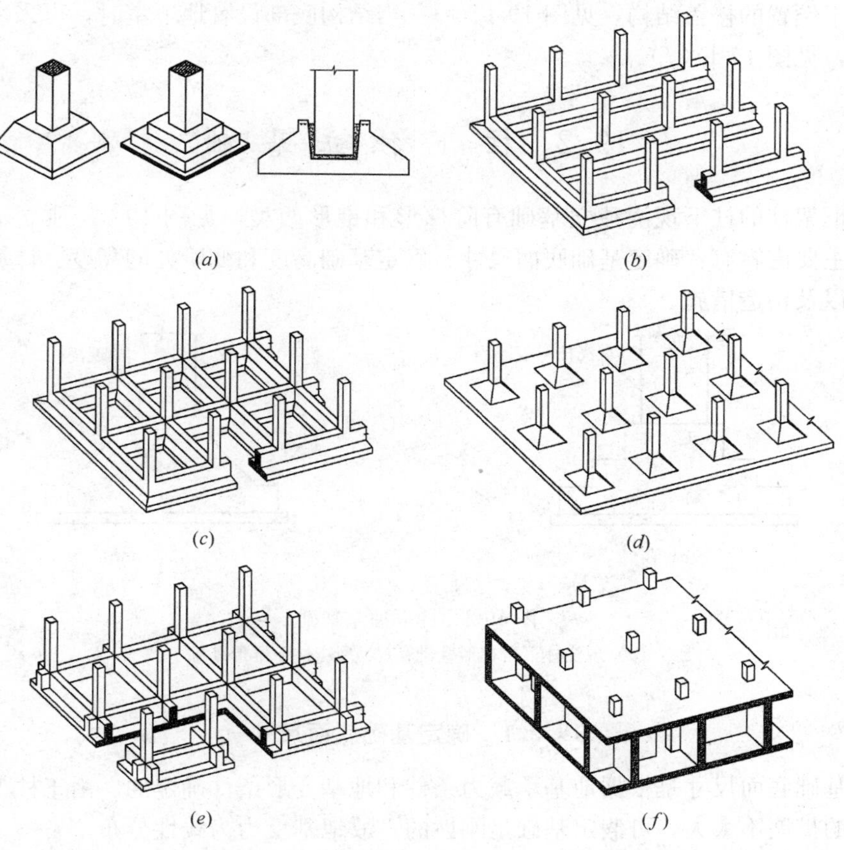

图 19-1 基础类型

(a) 柱下独立基础；(b) 条形基础；(c) 十字形基础；(d) 片筏基础；(e) 梁板式片筏基础；(f) 箱形基础

柱下独立基础是通过承台将柱底内力传递到地基，通常用于单层工业厂房柱和中低层框架结构柱的基础。柱下独立基础分为现浇式和预制式，承台的断面形式有踏步形、锥形、杯形，见图 19-1（*a*），杯口式承台用于装配式柱基础。

条形基础呈条状布置，见图 19-1（*b*），横截面一般为倒 T 形，把上部柱传来的荷载较为均匀地传递到地基。条形基础与上部结构形成整体，增强了结构的整体性，可减小不均匀沉降。条形基础可沿结构纵向布置，也可沿结构横向布置。

十字形基础是沿柱网纵横方向布置的条形基础，见图 19-1（*c*），既可扩大基底的面积，又可增强结构的整体性。

若十字形基础的底面积不能满足地基承载力或变形的要求，则可进一步增大基底面积，直至采用整块底板，称为片筏基础，见图 19-1（*d*）。当上部结构荷载较大时，为节省混凝土，可在柱网间再布置基础梁，则形成梁板式片筏基础，相当于倒置的楼盖结构，见图 19-1（*e*）。当结构底部设有地下室时，可采用箱形基础，见图 19-1（*f*）。

19.2　柱下独立基础

框架柱的柱下现浇独立基础有阶梯形和锥形两类，见图 19-2。独立基础设计的主要内容有：确定基础底面尺寸、确定基础高度和变阶处的高度、计算底板配筋以及构造措施。

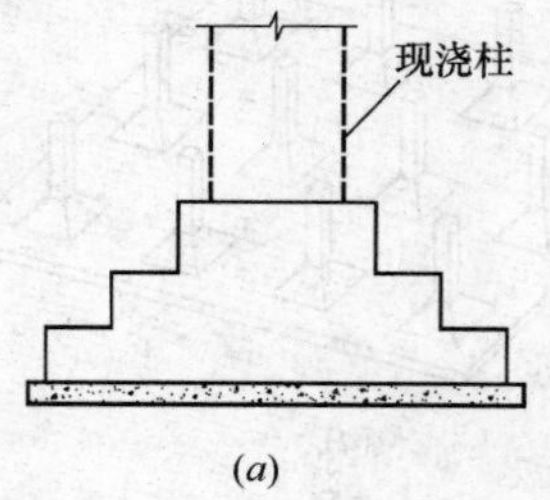

(*a*)

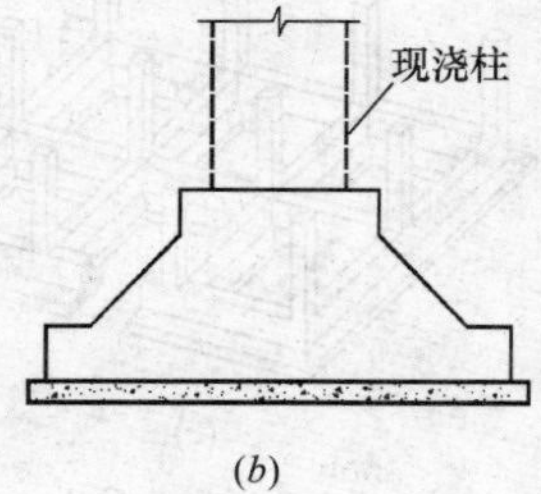

(*b*)

图 19-2　柱下独立基础

（*a*）现浇柱下阶梯形基础；（*b*）现浇柱下锥形基础

19.2.1　确定基础底面尺寸

基础底面尺寸是根据地基承载力条件和地基变形条件确定的。由于柱下独立基础的扩展不太大，可假定基础是刚性的，故地基反力为线性分布。

1. 轴心受压柱下基础

轴心受压时，地基反力为均匀分布，见图 19-3，为满足地基承载力要求，地基均布反力 p_k 应满足下式要求：

$$p_k = \frac{N_k + G_k}{A} \leqslant f_a \tag{19-1}$$

式中 N_k——相应于荷载效应标准组合时，上部结构传至基础顶面的压力值；

G_k——基础及基础上方土的重力标准值；

A——基础底面面积；

f_a——经过深度和宽度修正后的地基承载力特征值。

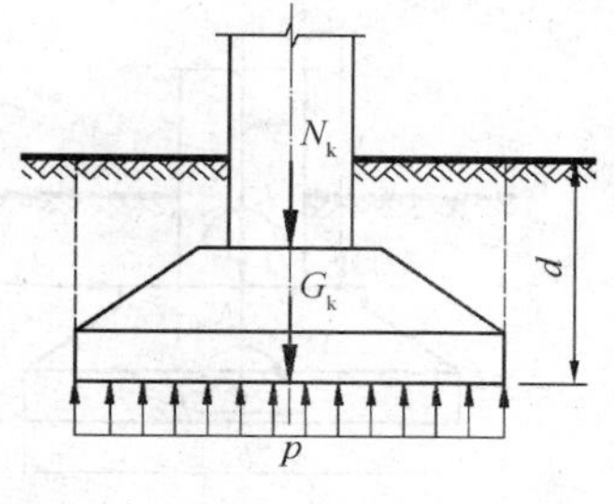

图 19-3 轴心受压基础计算简图

设基础埋深为 d，并设基础及其上土的重力密度的平均值为 γ_m（可近似取为 20kN/m^3），则 $G_k \approx \gamma_m dA$，代入式（19-1）可得：

$$A = \frac{N_k}{f_a - \gamma_m d} \tag{19-2}$$

设计时先按式（19-2）计算 A，再选定基础底面的一个边长 b，即可确定另一个边长 $l=A/b$。当采用正方形时，$b = l = \sqrt{A}$。

2. 偏心受压柱下基础

根据框架结构分析可得到柱基础顶面的轴压力标准值 N_k 和弯矩标准值 M_k，再考虑基础梁传来的竖向荷载标准值 N_{wk}，此时基础的受力如图 19-4（a）所示。假定基础底面的压力按线性分布，见图 19-4（b），则基础底面边缘的最大和最小压力可按下式计算：

$$\begin{matrix} p_{k,max} \\ p_{k,min} \end{matrix} = \frac{N_{bk} + G_k}{A} \pm \frac{M_{bk}}{W} \tag{19-3}$$

式中 M_{bk}——基础底面的弯矩标准组合值，$M_{bk} = M_k + N_{wk}e_w$；

N_{bk}——由柱和基础梁传至基础底面的轴向压力标准组合值，$N_{bk} = N_k + N_{wk}$；

N_{wk}——基础梁传来的竖向压力标准值；

e_w——基础梁中心线至基础底面形心的距离；

W——基础底面积的抵抗矩，$W = lb^2/6$。

令 $e = M_{bk}/(N_{bk} + G)$，并将 $W = lb^2/6$ 代入式（19-3）可得：

$$\begin{matrix} p_{k,max} \\ p_{k,min} \end{matrix} = \frac{N_{bk} + G_k}{bl}\left(1 \pm \frac{6e}{b}\right) \tag{19-4}$$

式中 l——垂直于力矩作用方向的基础底面边长。

由上式可知，当 $e < b/6$ 时，$p_{min} > 0$，此时地基反力的图形为梯形，见图 19-4（b）；当 $e = b/6$ 时，$p_{min} = 0$，此时地基反力的图形为三角形，见图 19-4（c）；当 $e > b/6$ 时，$p_{min} < 0$，此时基础底面积的一部分将产生拉应力，但由于基础与地基的接触面无法承受拉应力，因此拉应力区的基础底面与地基是脱离的，

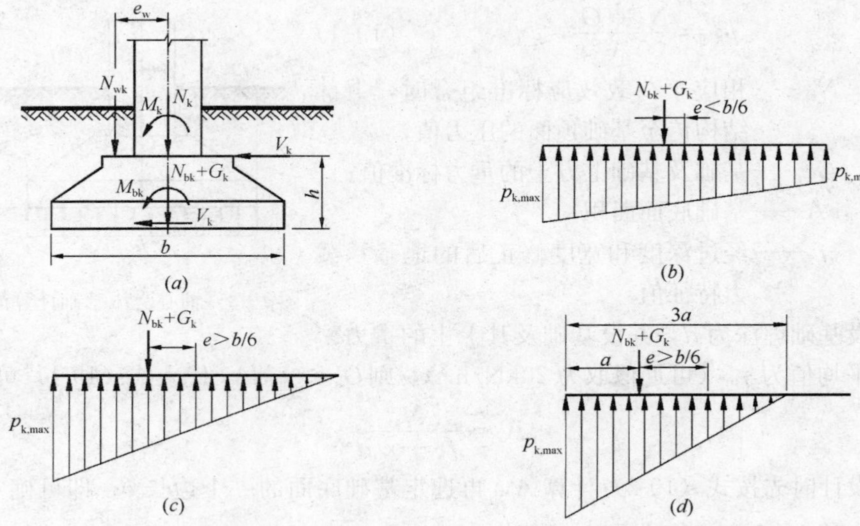

图 19-4　偏心受压基础计算简图

见图 19-4（d），故此时应按下式计算 $p_{k,max}$：

$$p_{k,max}=\frac{2(N_{bk}+G_k)}{3al} \tag{19-5}$$

$$a=\frac{b}{2}-e \tag{19-6}$$

式中　a——基础底面压力合力（$N_{bk}+G_k$）的作用点到基础底面最大受压边缘的距离。

在确定偏心受压基础底面尺寸时应符合下列要求：

$$p_k=\frac{p_{k,max}+p_{k,min}}{2}\leqslant f_a \tag{19-7a}$$

$$p_{k,max}\leqslant 1.2f_a \tag{19-7b}$$

上式中将地基承载力特征值提高 20%，是考虑 $p_{k,max}$ 仅在基础边缘局部范围出现，且 $p_{k,max}$ 中的大部分主要是由活荷载产生的，不会长时间达到 $p_{k,max}$。

在确定偏心受压基础底面尺寸时一般采用试算法，可先按轴心受压基础所需的底面积的 1.2～1.4 倍，初步确定长、短边尺寸，然后验算是否符合式（19-7）的要求，如不符合，则需调整基础尺寸，直至满足。

19.2.2　确定基础高度

当基础高度不够时，柱传给基础的荷载将导致基础发生如图 19-5（a）所示的冲切破坏，即沿柱边大致呈 45°方向的台锥截面的拉脱破坏，见图 19-5（b）的阴影和图 19-5（c）的拉脱斜面。因此，基础高度除应满足构造要求外，还应满足柱与基础交接处的抗冲切承载力要求，即必须使冲切面混凝土的冲切力 F_l 不大于冲切面的抗冲切承载力。对于阶梯形柱下独立基础，变阶处也应满足抗冲切承载力要求。

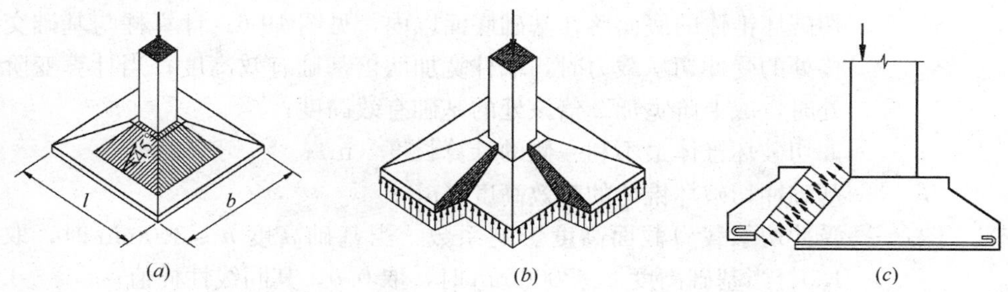

图 19-5 基础冲切破坏简图

根据《建筑地基基础设计规范》GB 50007—2011 的规定，对于柱下独立基础，在柱与基础交界处以及基础变阶处的受冲切承载力可按下式计算（图19-6）：

$$F_l \leqslant 0.7\beta_{hp} f_t a_m h_0 \tag{19-8}$$

其中

$$F_l = p_s A_l \tag{19-9}$$

$$a_m = \frac{a_t + a_b}{2} \tag{19-10}$$

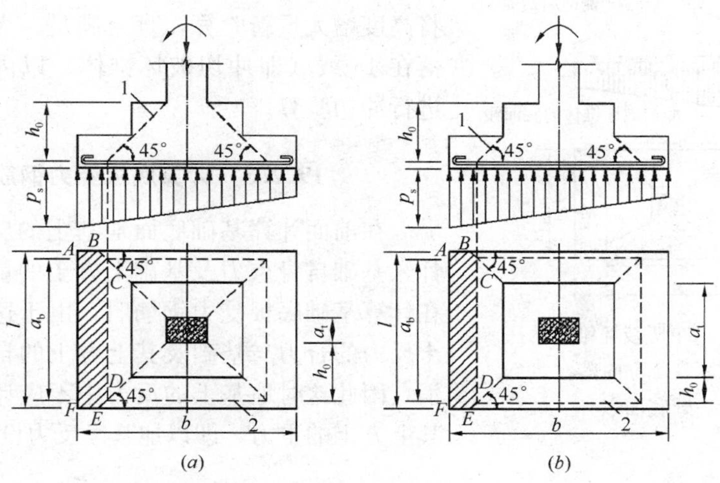

图 19-6 阶梯形基础冲切破坏承载力计算截面位置

（a）柱与基础交接处；（b）基础变阶处

1—冲切破坏锥体最不利一侧的斜截面；2—冲切破坏锥体的底面线

式中　a_t——冲切破坏锥体最不利一侧斜截面的上边长；当计算柱与基础交接处的受冲切承载力时，取柱宽；当计算基础变阶处的受冲切承载力时，取上阶宽；

a_b——冲切破坏锥体最不利一侧斜截面在基础底面范围内的下边长，当冲切破坏锥体的底面落在基础底面以内，见图19-6；计算柱与基础交接处的受冲切承载力时，取柱宽加两倍基础有效高度；当计算变阶处时，取上阶宽加2倍该处的基础有效高度；

a_m——冲切破坏锥体最不利一侧的计算长度（m）；

h_0——基础冲切破坏锥体的有效高度（m）；

β_{hp}——受冲切承载力截面高度影响系数，当基础高度 $h \leqslant 800$mm 时，取1.0；当基础高度 $h \geqslant 2000$mm 时，取0.9，其间线性插值；

f_t——混凝土轴心抗拉强度设计值；

F_l——相应于作用的基本组合时作用在 A_l 上的地基土净反力设计值（kPa）；

A_l——冲切验算时取用的部分基底面积，即图19-6中的多边形阴影面积 $ABCDEF$，或即图19-7中的阴影面积 $ABCD$；

p_s——扣除基础自重及其上重后，相应于作用的基本组合时的地基土单位面积上的净反力，对偏心受压基础可取基础边缘处最大地基土单位面积净反力。

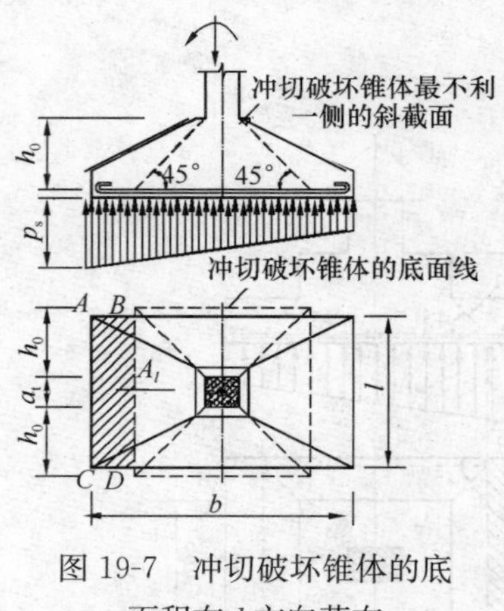

图19-7　冲切破坏锥体的底面积在 l 方向落在基础底面以外

设计时，一般先根据构造要求确定基础高度，然后按式（19-7）验算。如不满足，则需将高度增大重新验算，直至满足。当基础底面落在45°线（即冲切破坏锥体）以内时，可不进行冲切验算。

19.2.3　计算底板受力钢筋

在前面计算基础底面地基土的反力时，应计入基础自身重力及基础上方土的重力，但是在计算基础底板受力钢筋时，由于这部分地基土反力的合力与基础及其上方土的自重力相抵消，因此这时地基土的反力中不应计入基础及其上方土的重力，即以地基净反力设计值 p_s 来计算钢筋。

基础底板在地基净反力设计值作用下，在两个方向都产生向上的弯矩，故需在板底两个方向都配置受力钢筋。配筋计算的控制截面取柱与基础交接处或变阶处，计算时将其视作在柱周边（或变阶处）的四边挑出的倒置悬臂板，见图19-8。

1. 轴心受压基础

对轴心受压基础，图 19-8（a）柱底Ⅰ-Ⅰ截面处的弯矩 M_{I} 等于作用于梯形面积 $ABCD$ 形心处的基底净反力设计值 p_s 的合力与形心到柱边距离的乘积，即：

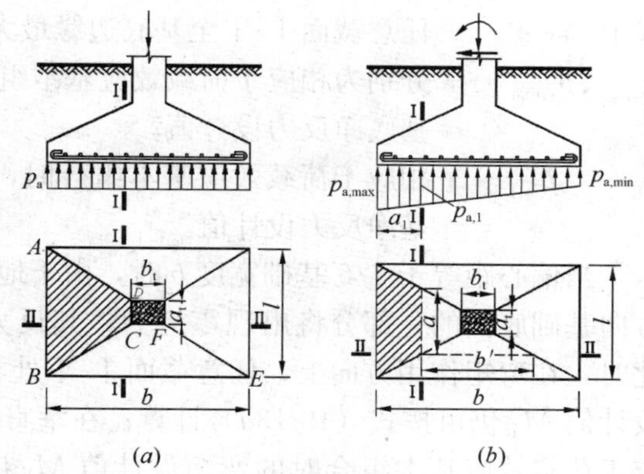

图 19-8 矩形基础底板计算简图

（a）轴心受压基础；（b）偏心受压基础

$$M_{\mathrm{I}}=\frac{1}{24}p_{\mathrm{s}}(b-b_{\mathrm{t}})^2(2l+a_{\mathrm{t}}) \tag{19-11a}$$

式中 l、b——分别为基础底面短边和长边的尺寸；

a_t、b_t——分别为柱底部的短边和长边的柱截面尺寸。

沿长边 b 方向基础板底的受拉钢筋面积可近似按下式计算：

$$A_{\mathrm{sI}}=\frac{M_{\mathrm{I}}}{0.9f_{\mathrm{y}}h_{0\mathrm{I}}} \tag{19-12a}$$

式中 $h_{0\mathrm{I}}$——截面Ⅰ-Ⅰ的有效高度，$h_{0\mathrm{I}}=h-a_{\mathrm{sI}}$，当基础下有混凝土垫层时，取 $a_{\mathrm{sI}}=70\mathrm{mm}$。

同理，沿短边 l 方向，对柱底Ⅱ-Ⅱ截面的弯矩 M_{II} 为：

$$M_{\mathrm{II}}=\frac{1}{24}p_{\mathrm{s}}(l-a_{\mathrm{t}})^2(2b+b_{\mathrm{t}}) \tag{19-11b}$$

沿短边方向的钢筋一般置于沿长边钢筋的上面，如果两个方向的钢筋直径 d 相同，则Ⅱ-Ⅱ截面的有效高度 $h_{0\mathrm{II}}=h_{0\mathrm{I}}-d$，于是沿短边方向板底的受拉钢筋面积 A_{sII} 为：

$$A_{\mathrm{sII}}=\frac{M_{\mathrm{II}}}{0.9f_{\mathrm{y}}(h_{0\mathrm{I}}-d)} \tag{19-12b}$$

2. 偏心受压基础

当偏心距小于或等于 1/6 基础宽度 b 时，见图 19-8（b），沿弯矩作用方向在任意截面Ⅰ-Ⅰ处和垂直于弯矩作用方向在任意截面Ⅱ-Ⅱ处，相应于荷载效应基本组合时的弯矩设计值 M_{I} 和 M_{II}，可分别按下式计算：

$$M_{\mathrm{I}}=\frac{1}{12}a_1^2[(2l+a')(p_{\mathrm{s,max}}+p_{\mathrm{s,I}})+(p_{\mathrm{s,max}}-p_{\mathrm{s,I}})l] \tag{19-13a}$$

$$M_{\mathrm{II}}=\frac{1}{48}(l-a')^2(2b+b')(p_{\mathrm{s,max}}+p_{\mathrm{s,min}}) \tag{19-13b}$$

式中　a_1——任意截面Ⅰ-Ⅰ至基底边缘最大反力处的距离；

$p_{s,max}$、$p_{s,min}$——分别为相应于荷载效应基本组合时，基础底面边缘的最大和最小基底净反力设计值；

$p_{s,Ⅰ}$——相应于荷载效应基本组合时，在任意截面Ⅰ-Ⅰ处的基础底面地基净反力设计值。

当偏心距等于1/6基础宽度b时，由于地基土不能承受拉力，故沿弯矩作用方向基础底面的一部分将出现零应力，其反力呈三角形，如图19-4（d）所示。此时，在弯矩作用方向上，任意截面Ⅰ-Ⅰ处相应于荷载效应基本组合时的弯矩设计值$M_Ⅰ$仍可按式（19-13a）计算；在垂直于弯矩作用方向上，任意截面处相应于荷载效应基本组合时的弯矩设计值$M_Ⅱ$应按实际应力分布计算。为简化计算，也可偏于安全地取$p_{s,min}=0$，然后按式（19-13b）计算。

需注意的是，在确定基础底面尺寸时，为与地基承载力特征值f_a相匹配，应采用内力标准值，而在确定基础高度和配筋计算时，应按基础自身的承载能力极限状态要求，采用内力设计值。此外，在确定基础高度和配筋计算时，不应计入基础自身重力及其上方土的重力，即应采用地基净反力设计值p_s。

19.2.4　构　造　要　求

轴心受压基础的底面一般采用正方形，偏心受压基础的底面采用矩形，长边沿弯矩方向，长短边之比在1.5～2.0之间，不应超过3.0。锥形基础的边缘高度不宜小于300mm，阶形基础的每阶高度可取300～500mm。混凝土不宜低于C20级，基础下采用100mm厚的C10素混凝土垫层，并伸出基础边100mm。底板受力钢筋一般采用HRB400和HRB335，直径不宜小于8mm，间距不宜大于100mm。当有垫层时，受力钢筋的保护层厚度不宜小于35mm，无垫层时不宜小于70mm。

对于现浇基础，如与柱不同时浇筑，需预留插筋。插筋在基础内的锚固长度，无抗震设防时取l_a；有抗震设防时取l_{aE}，一、二级抗震等级$l_{aE}=1.15l_a$，三级抗震等级$l_{aE}=1.05l_a$，四级抗震等级$l_{aE}=l_a$。插筋下端宜做成直钩放在基础底板钢筋上，插筋与柱的受力纵筋的连接应满足钢筋的连接要求。

19.3　条　形　基　础

条形基础既承受上部结构传来的荷载，又承受地基反力的作用，两者满足静力平衡条件，如能确定地基反力分布，则可确定条形基础的内力。由于地基反力的分布与上部结构刚度和基础刚度以及地基土的力学性质等许多因素有关，其计算比较复杂。目前，在工程设计中主要采用以下三种假定：

第一种假定：把基底反力分布视为线性分布，由静力平衡条件来确定。

第二种假定：认为地基土单位面积上所受压力与地基沉降成正比，该假定称为 Winkler 假定。

第三种假定：认为地基是半无限弹性连续体，并考虑基础与地基变形相协调。

按上述三种假定确定的条形基础地基反力分布见图 19-9。

根据以上三种地基反力假定，可导出条形基础内力计算的各种方法，目前常用的有：静定分析法、倒梁法、地基系数法、链杆法、有限差分法等，以下仅介绍前三种方法。

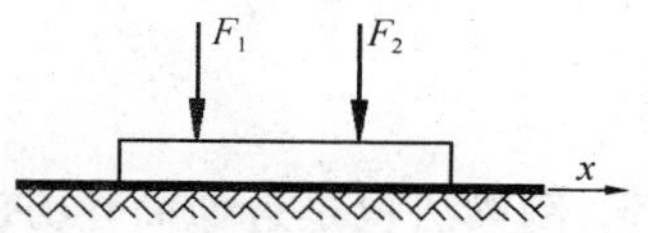

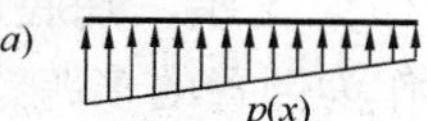

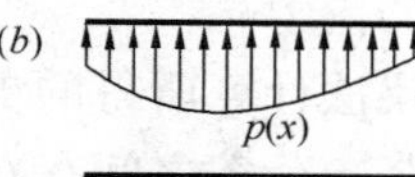

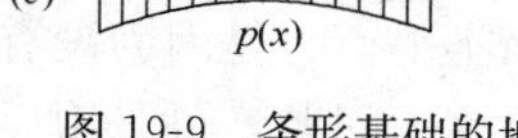

图 19-9 条形基础的地基反力分布

(a) 线性分布假定；

(b) Winkler 假定；

(c) 半无限弹性体假定

19.3.1 静 定 分 析 法

静定分析法假定地基反力为线性分布，故其基底反力可按下式计算：

$$\begin{matrix} p_{\max} \\ p_{\min} \end{matrix} = \frac{\Sigma N}{BL} \pm \frac{6\Sigma M}{BL^2} \tag{19-14}$$

式中 ΣN——各竖向荷载（不包括基础自重及覆土重）的总和（kN）；

ΣM——各外荷载对基底形心的偏心力矩的总和（kN·m）；

B、L——分别为基础底面的宽度和长度（m）。

因为基础（包括覆土）的自重不引起内力，所以式（19-14）的结果为净反力。求出净反力分布后，基础上所有的作用力都已确定，便可按静力平衡条件计算出条形基础任一截面 i 处的弯矩和剪力，见图 19-10，选取若干截面进行计算，可得基础梁的弯矩图和剪力图。

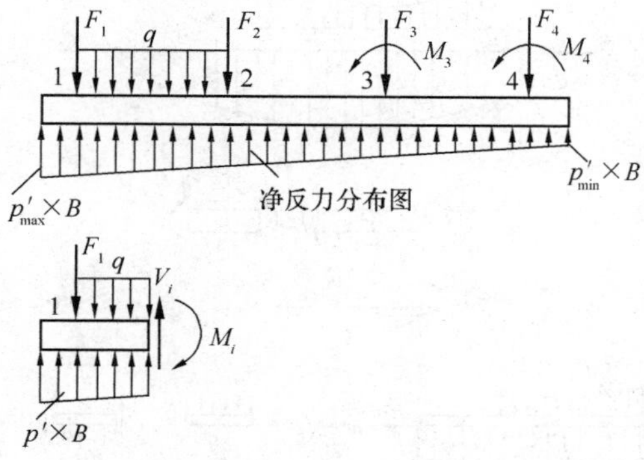

图 19-10 按静力平衡条件计算条形基础的内力

19.3.2 倒梁法

倒梁法也是近似简化方法，假定地基反力呈线性分布，见图 19-11。该方法是以柱子作为支座，基底反力作为荷载，将基础梁作为倒置的多跨连续梁来计算各控制截面的内力。

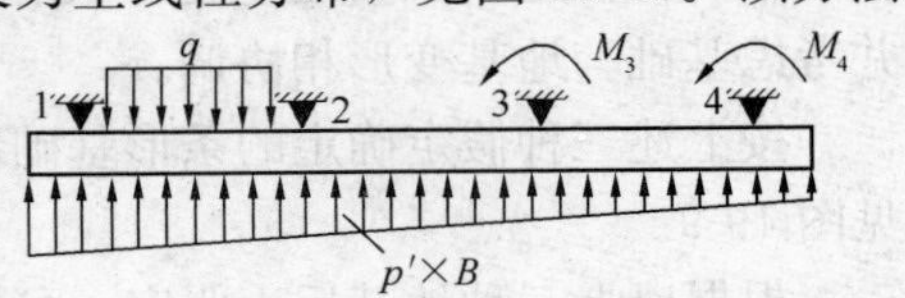

图 19-11　倒梁法计算简图

用倒梁法计算所得的支座反力与上部柱传来的竖向荷载之间存在较大的不平衡力，该不平衡力是因为没有考虑基础梁挠度变形与地基变形的协调条件引起的。为解决这一问题，可采用反力局部调整法，即将支座与柱轴力的差值均匀分布在支座两侧各 1/3 跨度范围，作为地基反力的调整值，然后再进行一次连续梁分析。如果调整后的结果仍存在较大的不平衡力，还可再次调整，使支座反力与柱轴力基本一致。

静定分析法和倒梁法的计算结果往往有较大差别。在工程设计中，可偏于安全的采用上述静定分析法和倒梁法计算结果的包络值。

一般来说，在比较均匀的地基上，上部结构刚度较大，荷载分布较均匀，基础梁高大于 1/6 柱距时，地基反力可按直线分布。如果不符合上述情况，特别是地基土的压缩性明显不均匀时，基于反力分布直线假定的计算结果可能与实际情况误差较大。

19.3.3 地基系数法

地基系数法（又称基床系数法）是捷克工程师 E. Winkler 提出的，故通常称为 Winkler 方法。该方法假定基础梁底面的基底反力与相应位置的地基沉降变形成正比，见图 19-12，即

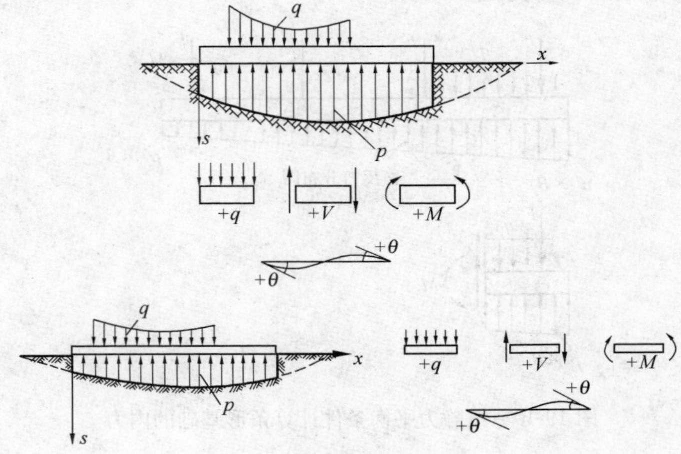

图 19-12　地基系数法计算简图

$$p = ks \tag{19-15}$$

式中 p——基础底面某点的地基反力（N/mm^2）；

k——地基系数（N/mm^3）；

s——地基的沉降变形（mm）。

根据材料力学梁的弹性挠曲线微分方程，可得基础梁的微分方程如下：

对于有线性荷载 q 的梁段：

$$EI\frac{d^4 s}{dx^4} = q - Bp \tag{19-16a}$$

对于无线性荷载 q 的梁段：

$$EI\frac{d^4 s}{dx^4} = -Bp \tag{19-16b}$$

式中 EI——条形基础梁的截面抗弯刚度；

q——上部结构传给条形基础梁的线荷载；

B——基础梁的底面宽度。

将式（19-15）代入式（19-16），可得：

有线荷载梁段：$$\frac{d^4 s}{dx^4} + \frac{kB}{EI^4} = \frac{q}{EI} \tag{19-17a}$$

无线荷载梁段：$$\frac{d^4 s}{dx^4} + \frac{kB}{EI^4} = 0 \tag{19-17b}$$

上式也可写成：

有线荷载梁段：$$\frac{d^4 s}{dx^4} + 4\lambda^4 = \frac{q}{EI} \tag{19-18a}$$

无线荷载梁段：$$\frac{d^4 s}{dx^4} + 4\lambda^4 = 0 \tag{19-18b}$$

$$\lambda = \sqrt[4]{\frac{kB}{4EI}} \tag{19-19}$$

式（19-18）称为弹性地基梁的挠曲方程，λ 称为弹性地基梁的柔度特征值。

微分方程式（19-18）的解为：

$$s = e^{\lambda x}(C_1\cos\lambda x + C_2\sin\lambda x) + e^{-\lambda x}(C_3\cos\lambda x + C_4\sin\lambda x) + C_0 \tag{19-20}$$

式中，$C_1 \sim C_4$ 为积分常数，可根据边界条件确定；C_0 为特解，由荷载条件确定。求得基础梁的挠度 s 后，由微分关系即可求得梁的截面转角 θ、弯矩 M 和剪力 V，具体参见地基与基础教材。

基于 Winkler 假定的地基系数法，地基土视为一系列互不相关的独立的弹簧。实际上，地基土具有抗剪刚度，荷载可传递扩散，在基础以外一定距离的地基土也会产生沉陷，见图 19-12 中的虚线。因此地基系数法适用于受剪承载力较低的土层，或支承在坚硬土层上或岩层不厚土层上的基础梁。

19.4 十字形基础

十字形基础交叉节点处通常是上部结构的柱，因此如果能够确定交叉节点处结构柱传来集中荷载（有时也有弯矩）在纵横两个方向基础梁上的分配，则十字形基础就可按纵横两个方向的条形基础进行计算。十字形基础节点处的荷载分配需满足两个条件：

（1）静力平衡条件，即分配给纵横两个方向基础梁上的两个力之和应等于作用在节点上的竖向荷载；

（2）变形协调条件，即纵横向基础梁在交叉点处的沉降变形应相等。

由于十字形基础按弹性理论空间问题的计算较为复杂，为简化计算，仍采用Winkler假定，并忽略基础的扭转刚度，即认为一个方向的条形基础有转角时，在另一个方向的条形基础内不引起内力，节点上两个方向的弯矩分别由相应方向上的基础梁承担。

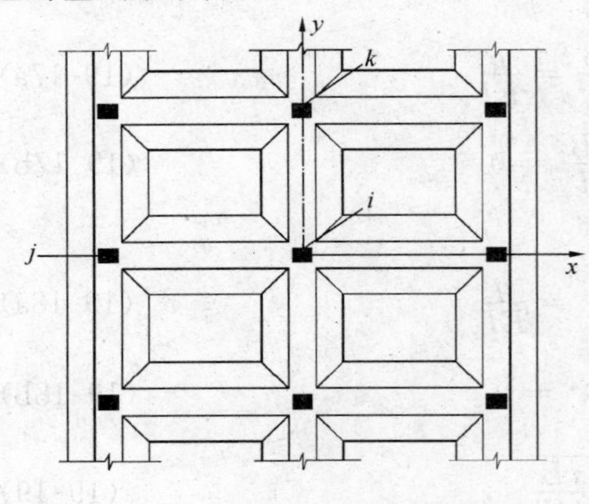

图19-13 十字形基础

图19-13所示的十字形基础，节点i上作用有集中力F_i，该集中力可分解为两个分别作用在x方向和y方向基础梁的集中力F_{ix}和F_{iy}，根据静力平衡条件有：

$$F_i = F_{ix} + F_{iy} \tag{19-21}$$

根据变形协调条件，在交叉点处x方向的梁和y方向的梁的沉降变形相等，即$s_{ix} = s_{iy}$。

当任一节点i上作用有集中力F_i、x向弯矩M_{ix}和y向弯矩M_{iy}时，上式可写成：

$$\Sigma F_{jx} s'_{ijx} + \Sigma M_{jx} s''_{ijx} = \Sigma F_{ky} s'_{iky} + \Sigma M_{ky} s''_{iky} \tag{19-22}$$

式中 F_{jx}、F_{ky}——j节点上x方向梁所承担的集中荷载和k节点上y方向梁所承担的集中荷载；

M_{jx}、M_{ky}——作用在j节点上的M_x和作用在k节点上的M_y，M_{jx}完全由x方向梁承担，M_{ky}完全由y方向梁承担，根据交叉点为铰接的假定，不存在弯矩分配的问题；

s'_{ijx}、s''_{ijx}——在x方向梁的j节点处分别作用单位集中力和单位弯矩所引起的i节点处的沉降；

s'_{iky}、s''_{iky}——在y方向梁的k节点处分别作用单位集中力和单位弯矩所引起的i节点处的沉降。

这样，当十字形基础有 n 个节点，就有 $2n$ 个未知数，即 F_{ix}、F_{iy}。这 $2n$ 个未知数虽可由式（19-21）和式（19-22）建立的 $2n$ 个方程求解，但计算工作量十分繁重。考虑到相邻荷载对地基沉降的影响随距离的增大而迅速减小，当十字形基础的节点间距较大、且各节点荷载差别又不大时，可不考虑相邻荷载的影响，这样节点荷载的分配计算可大为简化，对各类节点的具体方法如下：

1. 中柱节点

在中柱节点 i 作用的上部集中荷载 F_i（图 19-14），F_i 可分解为两个集中荷载和 F_{ix} 和 F_{iy}，分别作用在 x 方向和 y 方向的条形基础上。按节点 i 处的静力平衡和变形协调条件，把纵横两个方向的条形基础都视为无限长梁，可列出以下方程式：

$$\left.\begin{aligned} F_{ix} + F_{iy} &= F_i \\ \frac{F_{ix}}{8\lambda_x^3} EI_x &= \frac{F_{iy}}{8\lambda_y^3} EI_y \end{aligned}\right\} \tag{19-23}$$

解方程后得：

$$\left.\begin{aligned} F_{ix} &= \frac{I_x\lambda_x^3}{I_x\lambda_x^3 + I_y\lambda_y^3} F_i \\ F_{iy} &= \frac{I_y\lambda_y^3}{I_x\lambda_x^3 + I_y\lambda_y^3} F_i \end{aligned}\right\} \tag{19-24}$$

式中 λ_x、λ_y——分别为纵向（x 向）和横向（y 向）基础梁的柔度特征值，可按式（19-19）计算；

I_x、I_y——分别为纵向（x 向）和横向（y 向）基础梁的截面惯性矩。

2. 边柱节点

在节点 i 处承受集中力 F_i，如图 19-15 所示。F_i 可分解为作用于无限长梁上的 F_{ix} 和半无限长梁上的 F_{iy}。与中梁节点一样，根据静力平衡和变形协调条件可得：

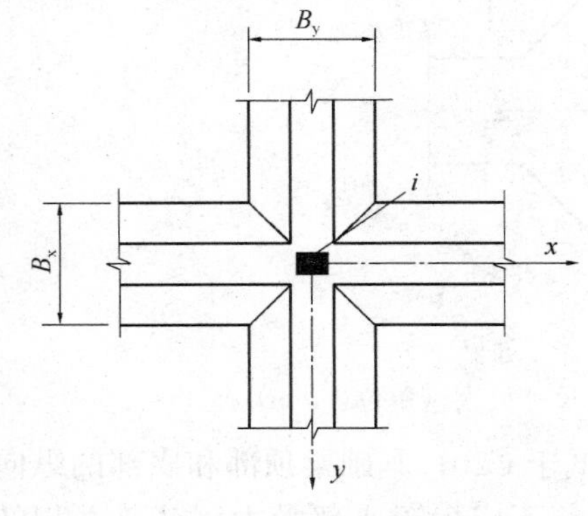

图 19-14 中柱基础

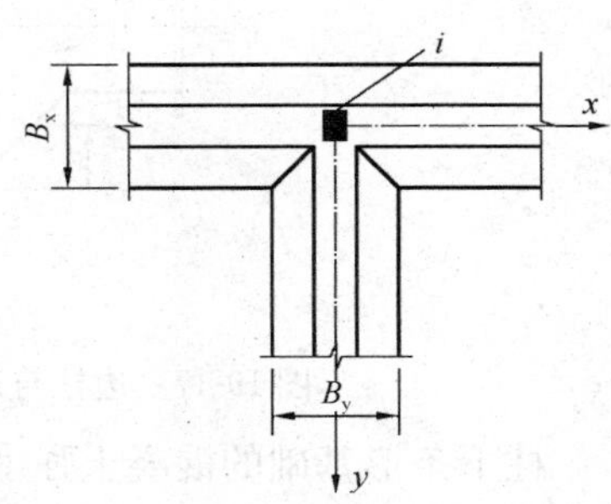

图 19-15 边柱节点

$$
\left.\begin{aligned}
F_{ix} &= \frac{4I_x\lambda_x^3}{4I_x\lambda_x^3+I_y\lambda_y^3}F_i \\
F_{iy} &= \frac{4I_y\lambda_y^3}{4I_x\lambda_x^3+I_y\lambda_y^3}F_i
\end{aligned}\right\} \tag{19-25}
$$

3. 角柱节点

在节点 i 处承受集中力 F_i，如图 19-16 所示。F_i 可分解为两个半无限长梁上的 F_{ix} 和 F_{iy}，同理可得：

$$
\left.\begin{aligned}
F_{ix} &= \frac{I_x\lambda_x^3}{I_x\lambda_x^3+I_y\lambda_y^3}F_i \\
F_{iy} &= \frac{I_y\lambda_y^3}{I_x\lambda_x^3+I_y\lambda_y^3}F_i
\end{aligned}\right\} \tag{19-26}
$$

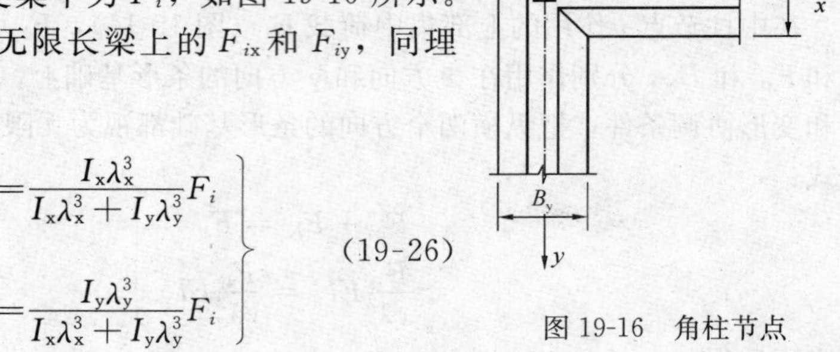

图 19-16　角柱节点

19.5　十字形基础和条形基础的构造要求

十字形基础和条形基础的横截面一般做成倒 T 形，基础梁高一般取柱距的 1/8～1/4，翼板厚度不应小于 200mm。当 $h_f \leqslant 250$mm 时，翼板可做成等厚；当 $h_f > 250$mm 时，翼板宜做成坡度小于 1∶3 的变截面。当柱荷载较大时，柱附近的基础梁剪力较大，此时可在基础梁的支座处加腋，基础梁的宽度应比上部墙或柱大些，基础梁的宽度小于柱边长时，则需在柱子与条形基础交接处将基础放大，并满足图 19-17 的要求。条形基础的两端应伸出边跨跨度的 0.25～0.3 倍。

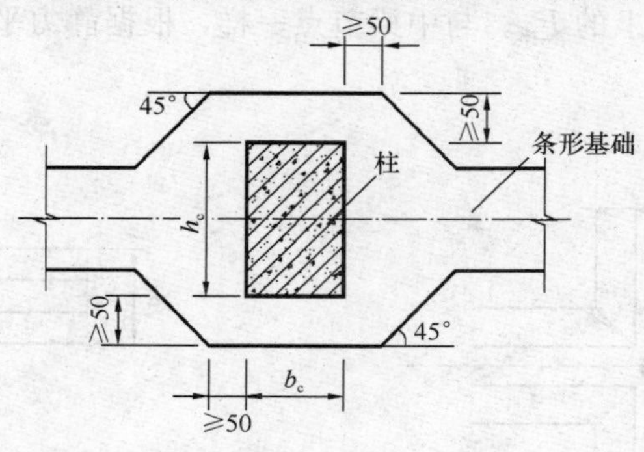

图 19-17　边柱与条形基础交接处尺寸放大（单位：mm）

柱下条形基础的混凝土强度等级，不应低于 C20；基础梁顶部和底部的纵向受力钢筋除应满足计算要求外，底部通长钢筋不应少于底部受力钢筋总面积的 1/3。肋中的受力钢筋直径不小于 8mm，间距 100～200mm。当翼板的悬伸长度

$l_f>750$mm 时，翼板的受力钢筋有一半可在距翼板（$0.5l_f-20d$）处切断。

箍筋直径不应小于 8mm。当肋宽 $b\leqslant350$mm 时用双肢箍；当肋宽 350mm$<b\leqslant800$mm 时用四肢箍；当肋宽$>$800mm 时用六肢箍。在梁的中间 0.4 倍梁跨范围内，箍筋间距可适当放大。箍筋应做成封闭式。当梁高大于 700mm 时，应在梁的侧面设置纵向构造钢筋。

19.6 片 筏 基 础

当地基土软弱不均、荷载很大时，条形基础不能满足地基承载力或变形控制要求时，可采用片筏基础。片筏基础分为平板式和梁板式，其内力计算的关键仍然是确定地基反力分布。与条形基础相似，按照不同的地基反力分布假定，片筏基础的计算方法有倒楼盖法、地基系数法、连杆法、有限差分法等。以下仅介绍倒楼盖法，其他方法可查阅地基与基础设计的教材和参考书。

1. 地基反力计算

当上部结构的刚度较大，地基为较均匀的高压缩性土层时，与条形基础的倒梁法相似，可假定地基反力在两个方向都为线性分布，并根据静力平衡条件确定。对于矩形平面的片筏基础，可按下式计算基底反力：

$$p_{\min}^{\max}=\frac{\Sigma N}{LB}\pm\frac{6\Sigma M_x}{BL^2}\pm\frac{6\Sigma M_Y}{LB^2} \tag{19-27}$$

式中 ΣN——上部结构传来的所有竖向荷载的合力；

ΣM_x——上部结构传来的荷载对基底中心在 x 方向上的偏心力矩之和；

ΣM_y——上部结构传来的荷载对基底中心在 y 方向上的偏心力矩之和；

L、B——片筏基础的长度和宽度。

为避免建筑产生较大的倾斜，并改善基础的受力状态，必要时可调整底板各边的外挑长度，使基础接近中心受压状态，这时可假定地基反力为均匀分布。

当基础底板形心与荷载合力点不重合时，偏心距 e 宜符合下式要求：

$$e\leqslant0.1W/A \tag{19-28}$$

式中 e——基底平面形心与上部结构在永久荷载与楼（屋）面变荷载准永久组合下的重力的偏心距（m）；

W——与偏心方向一致的基础底面边缘抵抗矩（m^3）；

A——基础底面的面积（m^2）。

对于压缩性地基或端承桩基的基础，可适当放宽偏心距的限制。

2. 梁板内力计算

确定基础反力后，将片筏基础视为倒置的楼盖，以柱子为支座，地基净反力为荷载，即可按一般平面楼盖计算其内力。

（1）对于平板式片筏基础，可按倒置的无梁楼盖计算基础板的内力。

(2) 对于梁板式片筏基础，当柱网接近正方形时，可按井式楼盖计算，底板按多跨连续双向板计算，纵向肋及横向肋可按多跨连续梁计算。

(3) 对于梁板式片筏基础，当柱网尺寸呈矩形，柱网单元中布置了次肋且次肋间距较小时，可按平面肋形楼盖计算。

在上述计算中，如遇到计算出的支座反力与柱轴力不等时，可根据实际情况作必要调整。

3. 构造要求

片筏基础的底板厚度可根据受冲切承载力、受剪承载力的要求确定，同时不宜小于400mm。对于梁板式筏基，基底板厚度与最大双向板格的短边净跨之比不应小于1/14。

梁板式片筏基础，次肋刚度不宜比主肋小很多。当底板挑出较大时，宜将肋梁一并挑至板边，并削去板角。

片筏基础的底板配筋构造要求与一般现浇楼盖相同，但为抵抗混凝土收缩和温度应力，在底板的上、下两面都宜布置双向的通长钢筋，每层每个方向不少于ϕ10-200，一般采用ϕ12-200或ϕ14-200。此外，在板底底面四角应放置45°斜向5ϕ12的钢筋。

思 考 题

19-1 钢筋混凝土结构的基础有哪些类型？各类基础有何特点和应用范围？

19-2 柱下独立基础的设计包括哪些内容？

19-3 柱下独立基础的底面尺寸和高度是如何确定的？

19-4 如何确定柱下独立基础的底板配筋？

19-5 如何设计圆柱的柱下独立基础？

19-6 柱下独立基础的构造措施有哪些？

19-7 何谓Winkler假定？

19-8 条形基础内力计算的静定分析法、倒梁法、地基系数法分别在什么情况下适用？计算结果有何差异？

19-9 十字形基础在节点处的荷载分配须满足什么条件？

19-10 十字形基础和条形基础的构造要求有哪些？

19-11 片筏基础的计算与肋梁楼盖的计算有何异同？

第 20 章　钢—混凝土组合梁板

钢—混凝土组合结构构件是将钢构件和混凝土构件通过一定的方式形成组合作用，使两者共同承受荷载，包括钢—混凝土组合梁板、钢骨混凝土构件和钢管混凝土柱。由于具有组合作用，组合结构构件的受力性能和承载能力往往优于钢构件和混凝土构件的简单叠加。从某种意义上说，钢筋混凝土构件是一种狭义的组合构件。另一方面，组合结构构件是一种具有冗余度的构件，当一种材料（通常是混凝土）达到破坏后，另一种材料（钢部件）仍然可以维持一定的承载能力和变形能力，以避免结构的整体垮塌。美国纽约世贸中心垮塌的原因之一就是它采用的是纯钢结构，未能经受住飞机撞击后引起的长时间火灾高温作用。

随着现代工程结构的发展，组合结构的应用越来越多，已成为与混凝土结构和钢结构并列的第三大现代工程结构形式。并且，根据实际工程结构的形式和受力状况，一种结构中可以同时采用混凝土构件、钢构件和钢－混凝土组合构件，这种结构称为混合结构。本章主要介绍钢—混凝土组合梁板，第 21 章介绍钢骨混凝土结构，第 22 章介绍钢管混凝土柱。

20.1　钢—混凝土组合梁的基本概念

采用混凝土翼板和钢梁的楼盖结构中，过去一般将梁、板分开计算，即认为板底和钢梁上翼缘界面之间无摩擦力，而仅有竖向接触力，见图 20-1（*a*）。因此，在弯矩作用下，混凝土翼板截面和钢梁截面的弯曲变形是相互独立的，接触界面之间存在相对水平滑移错动，混凝土翼板和钢梁各自有自己的中和轴，抗弯承载力也为二者抗弯承载力的简单叠加。这种梁称为非组合梁。

如果在混凝土翼板与钢梁上翼缘之间设置足够的剪力连接件，阻止混凝土翼板和钢梁之间的水平相对滑移，使两者的弯曲变形协调，则可使两者形成整体，共同承担外荷载作用，这种梁称为钢—混凝土组合梁，见图 20-1（*b*）。组合梁截面在弯矩作用下仅有一个中和轴，混凝土翼板在中和轴上部，主要承受压力，中和轴下部的钢梁主要承受拉力，因此组合梁的抗弯承载力比非组合梁大大提高，梁的抗弯刚度也得到很大提高。

钢—混凝土组合梁具有以下优点：

（1）组合梁截面中，混凝土主要受压，钢梁主要受拉，充分发挥了混凝土和

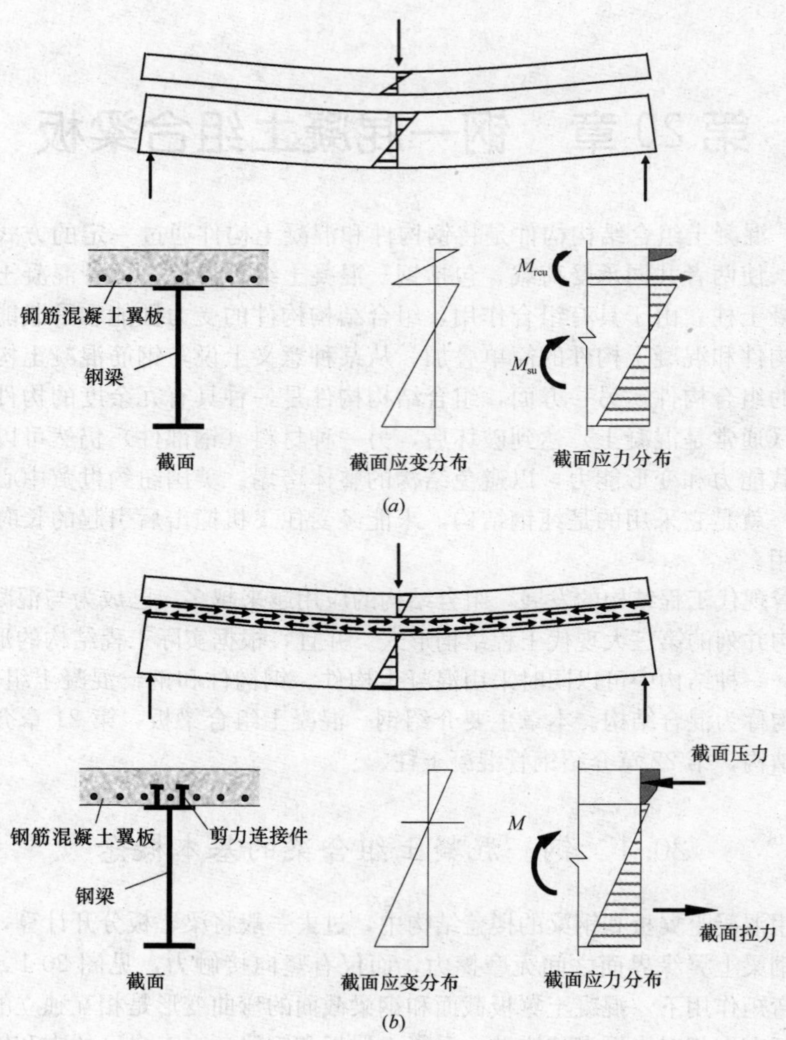

图 20-1　钢—混凝土组合梁的概念

(*a*) 非组合梁；(*b*) 钢—混凝土组合梁

钢材各自的材料特性，提高了梁的承载力。在同样承载力要求下，组合梁比非组合梁节约钢材达 15%～25%。

（2）混凝土翼板参加梁的工作，使截面高度增大，增加了梁的刚度。因此，对于同样的抗弯刚度，组合梁可比非组合梁的截面高度减小 15%～20%，故用于高层建筑时可降低楼层结构高度，不仅可节约竖向结构材料，而且可大大减小地基的荷载。

（3）组合梁具有较宽大的翼缘板，增强了钢梁的侧向刚度，防止侧向失稳。

(4) 可以利用钢梁的刚度和承载力来承担悬挂模板、混凝土翼板及施工荷载，无须设置满堂脚手架，便于加快施工速度。

(5) 与非组合梁相比，组合梁的防火性能和抗震性能增加。

(6) 在钢梁上便于焊接托架或牛腿，供支撑室内所敷设的管线，而不必像混凝土梁那样需埋设预埋件。

20.2 钢—混凝土组合梁一般规定

20.2.1 组合梁的形式

组合梁的钢梁可采用工字钢、箱形钢梁和蜂窝式梁等。工字钢梁适用于跨度小、荷载轻的组合梁（图 20-2*a*）。当荷载较大时，可在工字钢下翼缘加焊钢板条，形成不对称工字形截面（图 20-2*b*），或采用焊接拼制的不对称工字钢。带有混凝土托座的组合梁（图 20-2*c*），增加了混凝土翼板与钢梁截面的中心距，使钢梁全截面基本处于受拉区，可进一步增强组合梁的抗弯能力和刚度，同时混凝土托座也增强了组合梁的抗剪能力，而且托座可减少相邻组合梁间混凝土翼板的跨度。箱形钢梁具有较大的抗扭刚度（图 20-2*d*），常用于桥梁结构。蜂窝式梁（图 20-2*e*）是将工字钢沿腹板纵向割成锯齿形的两半（图 20-4*f*），然后错开将凸出部分对齐焊接，形成腹部有六角形开孔的蜂窝式梁。蜂窝式梁不仅节省钢材，且能使梁的承载力和刚度得到增加，同时也便于布置设备管线。

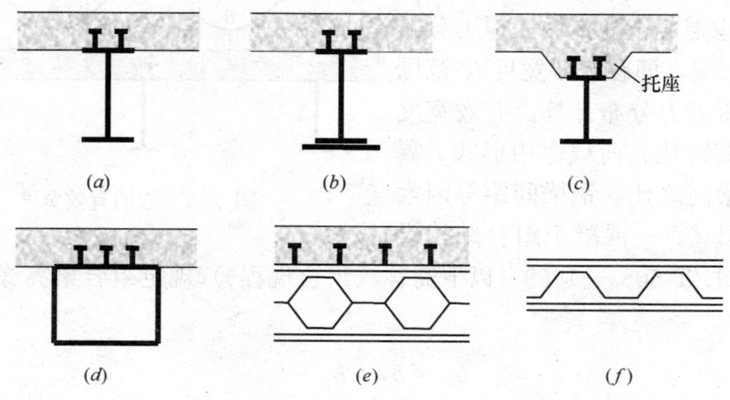

图 20-2 钢—混凝土组合梁的截面形式

组合梁中的混凝土翼板可根据施工情况，采用现浇、预制以及预制后浇叠合等，见图 20-3（*a*）～（*c*）。当采用压型钢板—混凝土组合板时（见图 20-3*d*），可利用压型钢板直接作为模板，加快施工速度。

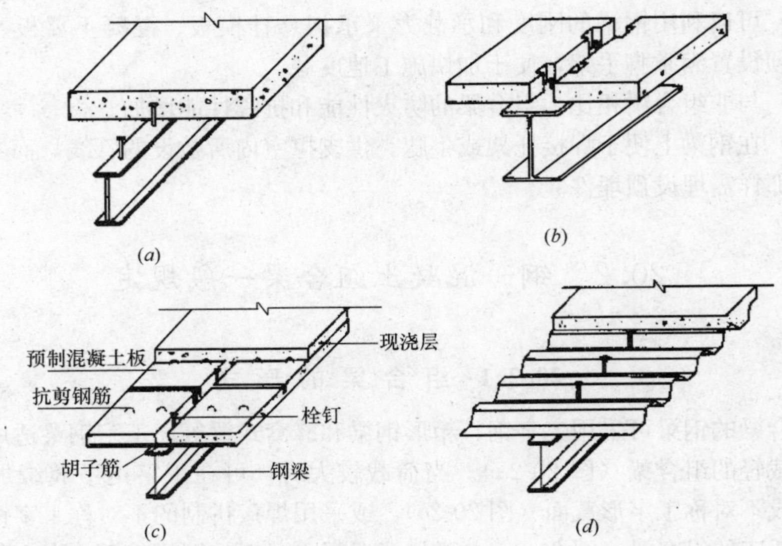

图 20-3　混凝土翼板的形式

(*a*) 现浇板；(*b*) 预制板；(*c*) 叠合板；(*d*) 压型钢板—混凝土组合板

20.2.2　混凝土翼板的有效宽度

组合梁中，混凝土翼板内的压应力主要集中于钢梁轴线附近，距钢梁轴线较远处翼板的压应力存在应力滞后（见图 20-4）。为计算简便起见，引入有效宽度 b_e 考虑混凝土翼板内压应力分布不均匀的影响，即在有效宽度 b_e 范围内按均匀压应力分布计算。有效宽度 b_e 与梁的高跨比、荷载作用形式、翼缘厚度与梁高之比、钢梁间距等因素有关。我国《钢—混凝土组合结构设计规程》DL/T 5085—1999（以下简称《组合规程》）规定组合梁翼缘板的计算宽度如下：

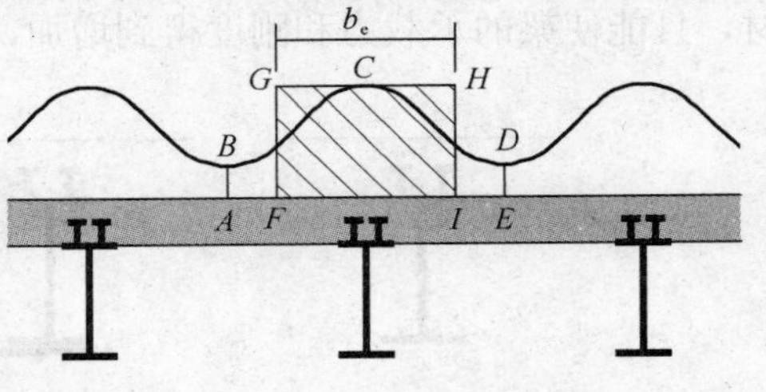

图 20-4　板的有效宽度

$$b_e = b_0 + b_1 + b_2 \tag{20-1}$$

式中　b_0——钢梁上翼缘或板托顶部宽度（见图 20-5），当板托角度 $\alpha < 45°$ 时，应按 $\alpha = 45°$ 计算板托顶部宽度；

b_1、b_2——梁外侧和内侧翼缘板的计算宽度，各取梁跨度的 1/6 和翼缘板厚 h_c 的 6 倍中的较小值，且 b_1 不应超出实际外伸宽度 S_1，b_2 不应过相邻梁板托的净距 S_0 的 1/2。

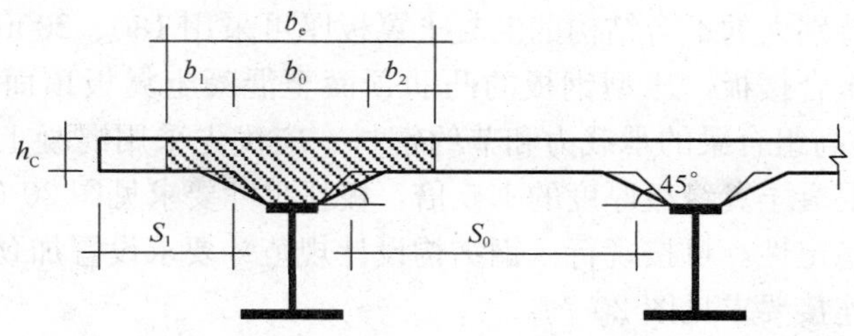

图 20-5 钢筋混凝土翼板的计算宽度

20.2.3 钢梁板材的宽厚比

当中和轴在混凝土翼板内时，钢梁位于截面的受拉区，这时钢梁不会产生局部压屈。当中和轴在钢梁腹板内时，在中和轴以上受压区内的钢梁上翼缘及钢梁腹板有可能产生局部压屈。为保证组合梁的塑性变形能力和钢梁的局部稳定性，尤其当组合梁承受负弯矩时，避免钢梁板材产生局部压屈，使组合梁的塑性受弯承载力得到充分发挥，《组合规程》对钢梁翼缘和腹板的板材宽厚比进行了规定，见表 20-1。

钢梁翼缘和腹板的板材宽厚比要求　　表 20-1

截面形式	翼　缘	腹　板
t, b, t_w, h_0	$\frac{b}{t} \leqslant 9\sqrt{\frac{235}{f_y}}$	当 $\frac{A_s f_{sy}}{Af_p} < 0.37$ 时 $\frac{h_0}{t_w} \leqslant (72-100)\frac{A_s f_{sy}}{Af}\sqrt{\frac{235}{f_y}}$
b, b_0, b, t, t_w, h_0	$\frac{b_0}{t} \leqslant 30\sqrt{\frac{235}{f_y}}$	当 $\frac{A_s f_{sy}}{Af_p} \geqslant 0.37$ 时 $\frac{h_0}{t_w} \leqslant 35\sqrt{\frac{235}{f_y}}$

注：表中 A_s——负弯矩截面中钢筋的截面面积；
f_{sy}——钢筋的强度设计值；
A——钢梁截面面积；
f_p——塑性设计时钢梁钢材的抗拉、抗压、抗弯强度设计值。

20.2.4 其 他 要 求

组合梁的高跨比一般可取（1/18～1/12）。混凝土翼缘板厚通常取截面高度的 1/3 左右，不宜超过钢梁高度的 2.5 倍，一般采用 100、120、140、160mm，对于承受荷载特别大的平台结构的混凝土翼板厚可采用180、200mm。对于压型钢板—混凝土组合楼板，压型钢板的凸肋顶面至混凝土翼板顶面的距离不小于50mm。为了提高组合梁的承载力和节约钢材，应优先采用混凝土翼板托，板托高度不宜超过混凝土翼缘板厚度的1.5倍，板托尺寸要求见图20-6。为保证组合梁腹板的局部稳定性，可按现行《钢结构设计规范》要求设置加劲肋。组合主梁与组合次梁的连接要求见图20-7。

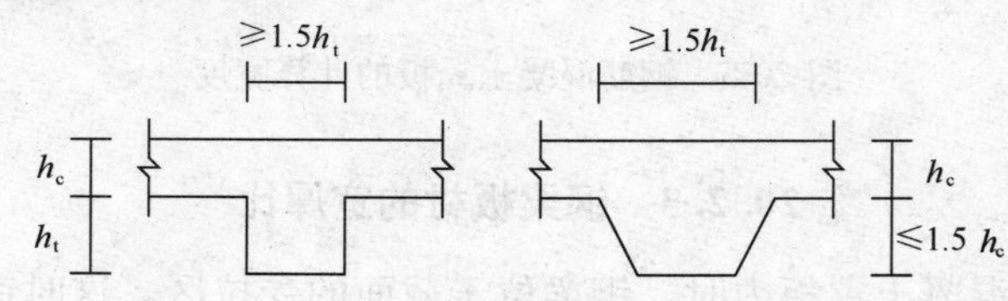

图20-6　板托尺寸要求

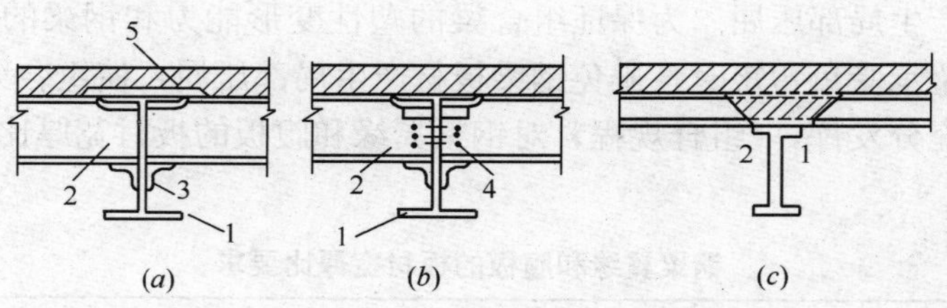

图20-7　组合主梁与组合次梁的连接

1—主钢梁；2—次钢梁；3—次钢梁托；4—螺栓；55—盖板

20.3　钢—混凝土组合梁

20.3.1　受弯性能

组合梁的受力过程分为弹性、弹塑性和塑性三个阶段，其荷载－挠度曲线见图20-8。弹性阶段是从加荷到钢梁下翼缘拉应力达到屈服强度或混凝土翼板底开裂（中和轴在混凝土翼板内时）。当钢梁下翼缘拉应力达到屈服强度后，组合梁的挠度变形显著加快，进入弹塑性阶段。此后，随着钢梁自下而上进入屈服；若中和轴在混凝土翼板内，则混凝土翼板底裂缝宽度增长加快，受压区高度减小。加

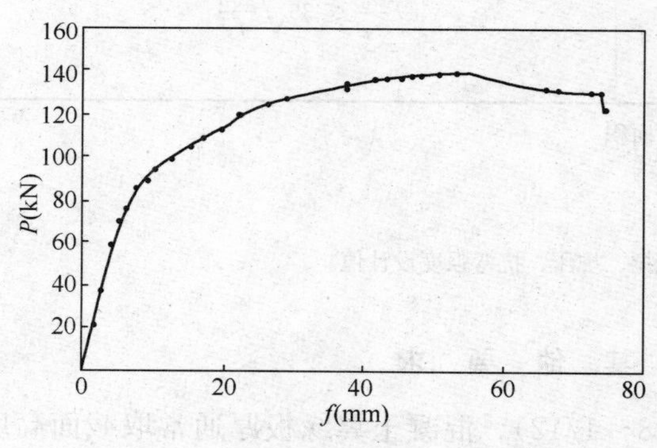

图20-8　组合梁的荷载—挠度曲线

荷到 90％破坏荷载以上时，连接件的受力显著增大，导致混凝土翼板顶面沿钢梁轴线附近出现纵向裂缝（图 20-9），混凝土翼板与钢梁的共同工作作用受到削弱。此时，钢梁的屈服范围已发展到一定的高度，受压区混凝土也产生塑性变形，挠度变形迅速增大，组合梁进入塑性阶段。从组合梁截面实测应变分布可以看到（图 20-10），在钢梁下翼缘达到屈服应变以前，截面应变分布近似符合平截面假定。

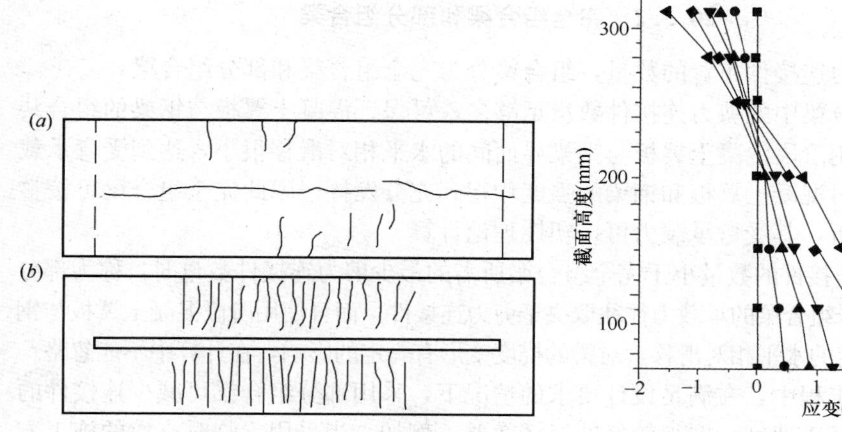

图 20-9　组合梁破坏混凝土翼板的裂缝

（*a*）板顶面裂缝；（*b*）板底面裂缝

图 20-10　组合梁截面实测应变分布

图 20-11 为跨中施加集中荷载的钢－混凝土组合梁试验实测得到的混凝土翼板与钢梁上翼缘界面之间的相对位移。试验表明，在钢梁下翼缘屈服以前，混凝土翼板与钢梁间界面的纵向水平相对滑移较小（图 20-11*a*），钢梁与混凝土翼板为整体工作。当接近破坏荷载时，由于钢梁与混凝土板界面水平相对滑移较大，连接件承受的纵向剪力产生重分布，各连接件受力趋于均匀。试验表明，尽管界面相对水平滑移对破坏阶段的变形有一定影响，但只要连接件数量足够，界面相

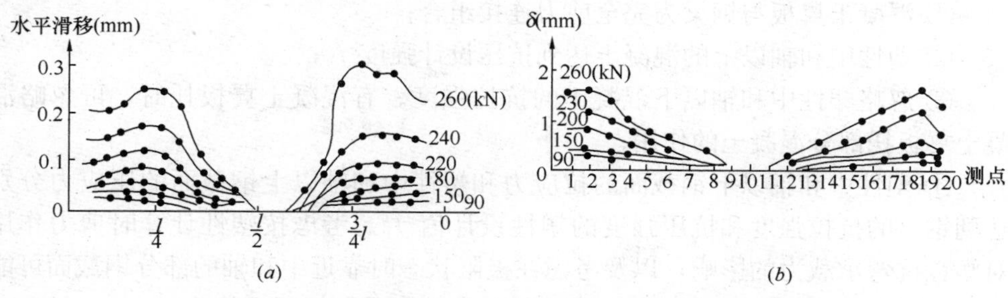

图 20-11　混凝土翼板与钢梁上翼缘界面的相对位移

（*a*）纵向水平滑移；（*b*）竖向分离位移

对水平滑移对极限荷载的影响很小。另一方面，由图 20-11（*b*）可见，混凝土翼板与钢梁界面之间还存在竖向分离的相对位移，在跨中加载点附近，竖向相对位移很小，而支座附近的竖向相对位移较大。这种界面竖向相对位移是由于混凝土翼板与钢梁的抗弯刚度不一致导致两者挠度变形不协调造成的。因此，钢梁与混凝土翼板之间的连接件除应能抵抗界面水平剪力作用外，还应能抵抗界面的这种竖向分离的作用。

20.3.2　完全组合梁和部分组合梁

根据剪力连接件布置的数量，组合梁分为完全组合梁和部分组合梁。

完全组合梁中的剪力连接件数量足够多，可保证混凝土翼板与钢梁的组合共同工作，使用阶段混凝土翼板与钢梁界面间的水平相对滑移很小，达到受弯承载力极限状态时混凝土翼板和钢梁的强度均得到充分发挥。因此完全组合梁可按整体梁进行分析，其受弯承载力可按塑性理论计算。

当剪力连接件的数量小于完全组合梁所需的最少剪力连接件数量时，称为部分组合梁。部分组合梁的承载力往往取决于剪力连接件，而且使用阶段混凝土翼板与钢梁界面有一定的水平相对滑移，对梁的挠度变形有一定的影响，在计算中不能忽略。

在实际工程中，在满足设计要求的情况下，采用部分组合梁可减少连接件的设置，加快施工速度，取得较好的经济效益。例如，当采用无临时支撑的施工方法时，混凝土翼板和钢梁的自重仅由钢梁承担，不产生组合作用，只有使用荷载在叠合面产生纵向剪力，因此从保证使用阶段混凝土翼板与钢梁共同工作的要求出发，没有必要按塑性承载力来计算设置过多的剪力连接件；又如，当组合梁截面尺寸取决于正常使用阶段的要求，而不是截面抗弯承载力时，也不需要按完全组合梁所需的剪力连接数量来设置。

20.3.3　完全组合梁的计算

1. 受弯承载力

完全组合梁的受弯承载力可根据以下假定按塑性理论计算：

① 混凝土翼板与钢梁为完全剪力连接组合；

② 塑性中和轴以上的混凝土达到抗压设计强度 f_c；

③ 忽略塑性中和轴以下混凝土的抗拉强度。有混凝土翼板托时，可忽略混凝土翼板托部分混凝土的作用；

④ 塑性中和轴以下钢截面的拉应力和塑性中和轴以上钢截面的压应力分别达到钢材的抗拉强度和抗压强度的塑性设计值 f_p。考虑按塑性计算时剪力作用对塑性抗弯承载力的影响，以及考虑在极限状态时靠近中和轴的部分钢截面可能未达到屈服强度的影响，f_p 取钢梁钢材相应强度乘以折减系数 0.9。

根据塑性中和轴的位置，组合梁的受弯承载力分以下两种情况计算：

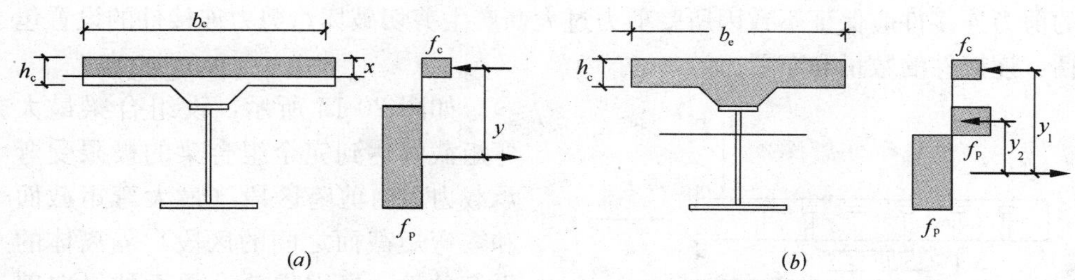

图 20-12 组合梁的受弯承载力的应力图形

(a) 塑性中和轴在混凝土翼板内时；(b) 塑性中和轴在钢梁腹板内时

(1) 塑性中和轴在混凝土翼板内时，即 $f_pA < f_c\, b_e h_c$ 时（图 20-12a）。

$$x = \frac{f_p A}{f_c b_e} \tag{20-2}$$

$$M \leqslant M_u = f_c b_e x \cdot y \tag{20-3}$$

式中 M——弯矩设计值；

A——钢梁截面面积；

x——塑性中和轴至混凝土翼板顶面的距离；

y——钢梁截面应力的合力点至混凝土受压区截面应力合力点间的距离；

b_e——混凝土翼板有效宽度；

h_c——混凝土翼缘板的计算厚度，当为普通混凝土翼板时取原厚度；当为带压型钢板的混凝土翼板时，取压型钢板顶面以上的混凝土厚度。

(2) 塑性中和轴在钢梁腹板内时，即 $f_p A > f_c\, b_e h_c$ 时（图 20-12b）。

$$A' = 0.5\left(A - \frac{f_c}{f_p} b_e h_c\right) \tag{20-4}$$

$$M \leqslant M_u = f_c b_e h_c \cdot y_1 + f_p A' \cdot y_2 \tag{20-5}$$

式中 A'——钢梁受压区截面面积；

y_1——钢梁受拉区截面应力合力点至混凝土翼板截面应力合力点间的距离；

y_2——钢梁受拉区截面应力合力点至钢梁受压区截面应力合力点间的距离。

2. 受剪承载力计算

组合梁的受剪承载力可按全部由钢梁腹板承担计算，即

$$V \leqslant V_u = t_w h_w f_{vp} \tag{20-6}$$

式中 t_w、h_w——钢梁腹板厚度和高度；

f_{vp}——钢材抗剪强度塑性设计值，取钢材抗剪强度设计值乘以折减系数 0.9。

3. 剪力连接件的数量与布置

完全组合梁在达到受弯承载力之前，钢梁与混凝土翼缘板叠合界面之间设置

的剪力连接件应保证不致因所受剪力过大而产生剪切破坏。剪力连接件的设置包括：连接件的数量和布置。

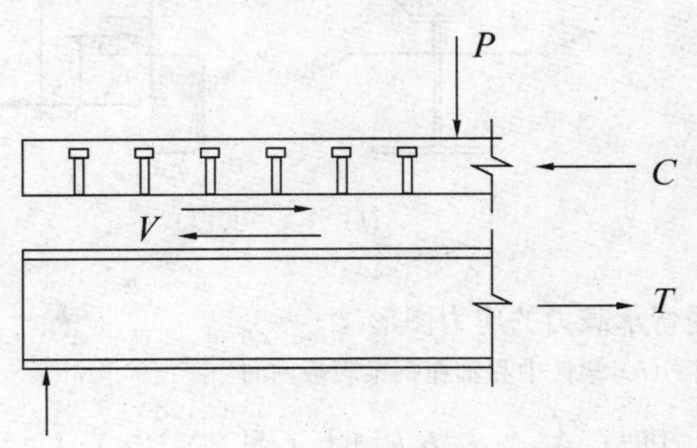

图 20-13　剪力连接件的受力

如图 20-13 所示，设组合梁最大弯矩截面达到完全组合梁的极限受弯承载力，由剪跨区段（最大弯矩截面和零弯矩截面之间的区段）隔离体的平衡条件，可求得叠合界面的纵向剪力 V，除以单个剪力连接件的抗剪承载力 N_v，可得到每个剪跨区段所需的连接件数量，即

$$n = \frac{V}{N_V} \tag{20-7}$$

式中　V——每个剪跨区内钢梁与混凝土叠合界面上的纵向剪力，当中和轴在混凝土翼板内时，取 $V = f_p A$；当中和轴在钢梁内时，取 $V = f_c b_e h_c$；剪跨区应以支座点、零弯矩点和弯矩绝对值最大点划分，见图 20-14；

N_V——单个连接件的抗剪承载力，按本章 20.4 节确定。

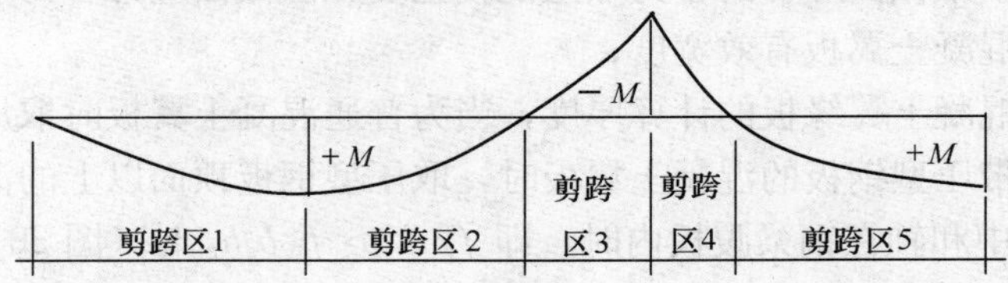

图 20-14　组合梁剪跨区的划分

根据剪力互等定理，叠合界面上纵向剪力的分布与梁的剪力图相似，理论上连接件的布置间距应根据每个连接件负担相等剪力的原则确定。但由于栓钉连接件有较大的塑性变形，连接件间可实现塑性内力重分布，因此通常可在各个剪跨区内均匀布置。当剪跨区内有较大集中荷载作用时，可将连接件总数按各剪力区段剪力图的面积比例分配，然后在各剪力区段均匀布置，见图 20-15。

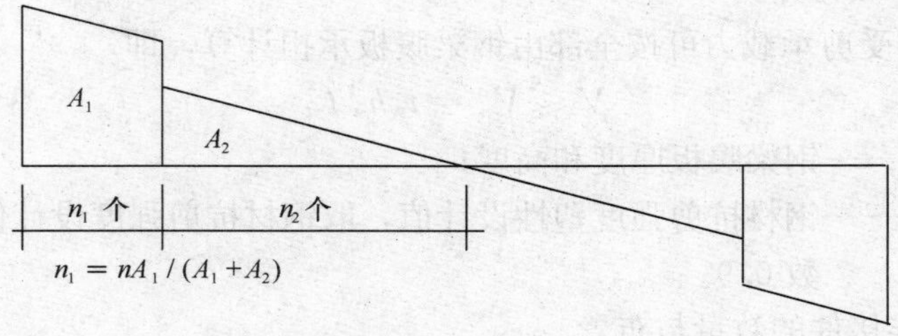

图 20-15　剪力连接件的布置

4. 变形计算

使用阶段组合梁的变形计算可按弹性理论进行。在计算组合梁截面抗弯刚度时，一般采用换算截面法，即将混凝土翼板的计算宽度除以钢与混凝土的弹性模量比 $\alpha_E = E_s/E_c$，换算成钢截面，再计算换算截面惯性矩 I_0，从而得到截面抗弯刚度 $E_s I_0$。

设钢梁截面面积为 A，绕其形心轴的惯性矩为 I，钢梁截面形心至混凝土翼板上边缘的距离为 d，混凝土翼板的计算宽度为 b_e，厚度为 h_c，则根据中和轴的位置，换算截面惯性矩的计算分以下两种情况：

（1）当 $\alpha_E A(d-h_c) < \frac{1}{2} b_e h_c^2$ 时，中和轴位于混凝土翼板内（图 20-16*a*），此时中和轴高度 x 由下式确定：

$$\alpha_E A(d-x) = \frac{1}{2} b_e x^2 \tag{20-8}$$

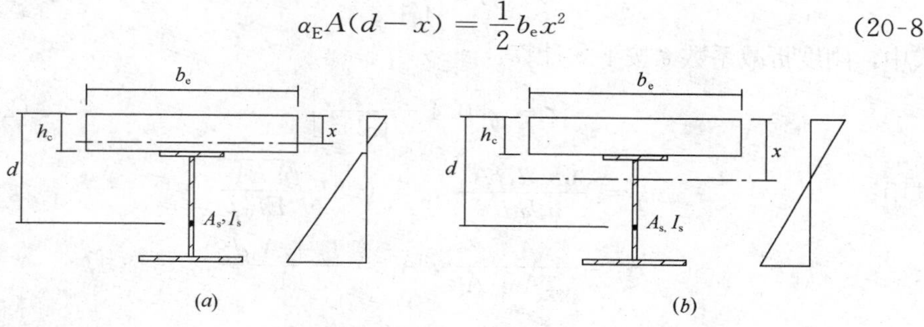

图 20-16 组合截面的特性

（*a*）中和轴在混凝土板内；（*b*）中和轴在钢梁内

不考虑受拉区混凝土的作用，换算截面的惯性矩为：

$$I_{eq} = \frac{b_e x^3}{3\alpha_E} + I + A(d-x)^2 \tag{20-9}$$

（2）当 $\alpha_E A(d-h_c) > \frac{1}{2} b_e h_c^2$ 时，中和轴位于钢梁截面内（图 20-16*b*），此时中和轴高度 x 由下式确定：

$$\alpha_E A(d-x) = b_e h_c \left(x - \frac{h_c}{2}\right)^2 \tag{20-10}$$

换算截面惯性矩为：

$$I_{eq} = \frac{b_e h_c^3}{12\alpha_E} + \frac{b_e h_c}{\alpha_E}(x-h_c)^2 + I + A(d-x)^2 \tag{20-11}$$

考虑长期荷载作用下混凝土徐变的影响，可取混凝土的长期弹性模量为短期弹性模量的 1/2，即取 $2\alpha_E$ 代替上面各式中的 α_E 来计算长期荷载下组合截面的惯性矩。

组合梁的挠度由三部分组成：

（1）施工阶段钢梁单独承担钢梁和混凝土板自重产生的挠度 f_1，此时仅按钢梁截面的抗弯刚度和施工阶段钢梁的支承边界条件计算；

（2）使用阶段组合梁承担的长期荷载产生的挠度 f_2，此时按长期荷载下组合换算截面（即将混凝土翼板的计算宽度除以 $2\alpha_E$）的抗弯刚度 E_sI_0 和使用阶段组合梁的支承边界条件计算；

（3）使用阶段组合梁承担的短期荷载产生的挠度 f_3，此时按短期荷载下组合换算截面（即将混凝土翼板的计算宽度除以 α_E）的抗弯刚度 E_sI_0 和使用阶段组合梁的支承边界条件计算。

实际工程中，理想的完全组合梁是不存在的。由于叠合界面的滑移效应，将使组合梁的挠度变形增大。试验结果表明，按换算截面方法计算的挠度比实测挠度小20%～30%。考虑叠合界面滑移效应影响的组合梁的折减刚度 B 可按下式计算：

$$B=\frac{E_sI_0}{1+\zeta} \tag{20-12}$$

式中，刚度折减系数 ζ 按下式计算：

$$\zeta=\eta\left[0.4-\frac{3}{(\alpha l)^2}\right] \tag{20-13}$$

其中，

$$\eta=\frac{36E_sd_cpA_0}{n_skhl^2},\alpha=0.81\sqrt{\frac{n_skA_1}{EI_0p}}$$

$$A_0=\frac{AA_c}{\alpha_EA+A_c},A_1=\frac{I_0+A_0d_c^2}{A_0}$$

$$I_0=I+\frac{I_{cf}}{\alpha_E}$$

式中　A——钢梁截面面积；

A_c——混凝土翼板截面面积，对压型钢板组合板翼缘，取薄弱截面的面积，且不考虑压型钢板；

I——钢梁截面惯性矩；

I_{cf}——混凝土翼板的截面惯性矩，对压型钢板组合板翼缘，取薄弱截面的面积，且不考虑压型钢板；

α_E——钢材与混凝土弹性模量比；

d_c——钢梁截面形心到混凝土翼板截面形心的距离；

h——组合梁截面高度；

p——连接件的间距；

n_s——抗剪连接件在一根梁上的列数；

l——组合梁的跨度（mm）；

k——连接件的抗剪刚度，对栓钉可取 $k=N_V$（N/mm^2）。

【例题 20-1】　某结构主梁采用钢—混凝土组合梁，跨度 8m，简支，间距 4m，钢梁采用 Q235 钢、混凝土强度等级为 C30，抗剪连接件采用 $\phi16\times70$ 栓钉。均布活荷载标准值为 $2.5kN/m^2$，均布恒载标准值为 $2.0kN/m^2$（不包括混凝土板自重）。确定该组合梁的钢梁截面，并进行组合梁的承载力和变形的设计，按照完全组合计算剪力连接件。

【解】

1. 选取截面

组合梁高：（1/18～1/12）跨度，约为 450～670mm，取 500mm。混凝土板厚约为截面高度的 1/3，取 140mm。钢梁上采用混凝土板托，高取 110mm，角度为 60°。钢梁采用 I 25b 型钢。截面尺寸如图 20-17 所示。

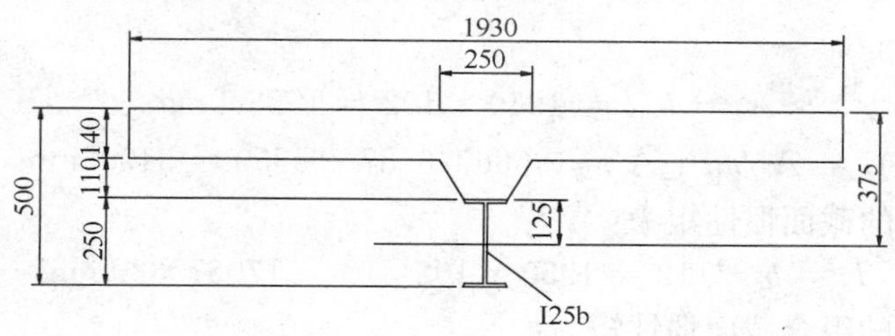

图 20-17 组合梁截面

2. 截面特征计算

（1）钢梁截面特征

钢梁截面面积为：$A=5350\text{mm}^2$

钢梁截面中和轴至钢梁顶面距离为：$y_T=125\text{mm}$

钢梁截面惯性矩为：$I=52840000\text{mm}^4$

钢梁翼缘的弹性抵抗矩为：$W_1=W_2=422700\text{mm}^3$

（2）组合截面特征计算

钢与混凝土弹性模量的比值：$\alpha_E=\dfrac{E}{E_c}=\dfrac{20.6}{3.00}=6.87$

钢筋混凝土板的计算宽度为：$b_e=6\times140+6\times140+250=1930\text{mm}$

钢筋混凝土板的截面面积为：$A_c=b_e h_d=1930\times140=270200\text{mm}^2$

换算成钢截面的组合截面面积为：

$$A_0=A_c/\alpha_E+A=270200/6.87+5350=44680\text{mm}^2$$

混凝土板截面惯性矩为：

$$I_c=b_e h_d^2/12=1930\times140^3/12=4.4133\times10^8\text{mm}^4$$

混凝土板顶面至组合截面中和轴的距离为：

假设中和轴在型钢中，即 $x>h_d$，则

$$x=\frac{\dfrac{A_c}{\alpha_E}\times\dfrac{h_d}{2}+Ay}{A_0}=\frac{\dfrac{270200}{6.87}\times\dfrac{140}{2}+5350\times375}{44680}=106\text{mm}<h_d$$

故假设不正确，中和轴在混凝土板内，需按照下式重新计算 x 值：

$$\alpha_{\rm E}A(d-x)=\frac{1}{2}b_{\rm e}x^2$$

$$x=\frac{-A+\sqrt{A^2+\dfrac{2b_{\rm e}}{\alpha_{\rm E}}\cdot A\cdot y}}{b_{\rm e}/\alpha_{\rm E}}$$

$$=\frac{-5350+\sqrt{5350^2+\dfrac{2\times1930}{6.87}\times5350\times375}}{1930/6.87}=102{\rm mm}$$

则

$$A_{\rm c}=b_{\rm e}x=1930\times102=196860{\rm mm}^2$$

$$A_0=A_{\rm c}/\alpha_{\rm E}+A=196860/6.87+5350=34005{\rm mm}^2$$

混凝土板的截面惯性矩为：

$$I_{\rm c}=b_{\rm e}x^3/12=1930\times102^3/12=170677620{\rm mm}^4$$

换算成钢的组合截面惯性矩为：

$$I_{\rm eq}=\frac{I_{\rm c}}{\alpha_{\rm E}}+\frac{A_{\rm c}}{\alpha_{\rm E}}\left(\frac{x}{2}\right)^2+I+A(y-x)^2$$

$$=\frac{170677620}{6.87}+\frac{196860}{6.87}\times\left(\frac{102}{2}\right)^2+52840000+5350\times(375-102)^2$$

$$=550945765.7{\rm mm}^4$$

3. 验算

(1) 弯矩及剪力

恒载

钢梁重：	0.42kN/m
板自重：	0.14×4×25=14kN/m
板托重：	(0.118+0.25)×0.11×0.5×25=0.506kN/m
恒载：	2.0×4=8kN/m

恒载标准值：0.42+14+0.506+8=22.926kN/m

恒载设计值：1.2×22.926=27.5112kN/m

活载

活载标准值：2.5×4=10kN/m

活载设计值：1.4×10=14kN/m

弯矩：$M=\frac{1}{8}\times(27.5112+14)\times8^2=332.1{\rm kN\cdot m}$

剪力：$V=\frac{1}{2}\times(27.5112+14)\times8=166.1{\rm kN}$

(2) 组合梁的抗弯强度

中和轴位置确定：

$$A \cdot f_p = 5350 \times 0.9 \times 215 = 1035225\text{N}$$

$$b_e \cdot h_d \cdot \alpha f_c = 1930 \times 140 \times 16.5 = 4458300\text{N}$$

即 $A \cdot f_p < b_e \cdot h_d \cdot \alpha f_c$，因此塑性中和轴在钢筋混凝土板内。

组合梁截面塑性中和轴至混凝土板顶面的距离：

$$x = \frac{A \cdot f_p}{b_e \cdot \alpha f_c} = \frac{5350 \times 0.9 \times 215}{1930 \times 16.5} = 32.5\text{mm}$$

钢梁截面应力的合力至混凝土受压区截面应力合力作用点的距离：

$$y = 375 - \frac{x}{2} = 375 - \frac{32.5}{2} = 358.7\text{mm}$$

组合梁设计承载的弯矩为：

$$M_u = b_e \cdot x \cdot \alpha f_c \cdot y = 1930 \times 32.5 \times 16.5 \times 358.7 = 371.2 \times 10^6\text{N} \cdot \text{mm}$$

$M_u = 371.2\text{kN} \cdot \text{m} > 332.1\text{kN} \cdot \text{m}$，钢梁设计满足抗弯承载力要求。

(3) 钢梁剪应力

$$V_u = h_s \cdot t_w \cdot f_{vp} = 250 \times 10 \times 0.9 \times 125 = 281250\text{N}$$

$V_u = 281.25\text{kN} > 166.1\text{kN}$，钢梁设计满足抗剪承载力要求。

(4) 连接件计算

抗剪连接件采用 $\phi16 \times 70$ 栓钉，栓钉抗剪承载力设计值为：

$$N_v^c = 0.7A_s\gamma f = 50.53\text{kN} < 0.43A_s\sqrt{E_c f_c}$$

组合梁上最大弯矩点(跨中)至邻近零弯矩点(支座)之间混凝土板与钢梁叠合面之间的纵向剪力为：

$$V = A \cdot f_p = 5350 \times 0.9 \times 215 = 1035225\text{N}$$

梁从跨中到支座处所需的剪力连接件个数为：

$$n = \frac{V}{[N_v^c]} = \frac{1035225}{50530} = 20.5$$

故半跨取 22 个剪力连接件，全梁共 44 个剪力连接件，按两列等间距布置，焊钉之间间距为 (325+21×350+325)=8000mm

(5) 挠度计算

$$A_0 = \frac{AA_c}{\alpha_E A + A_c} = \frac{5350 \times 270200}{6.87 \times 5350 + 270200} = 4709.4\text{mm}$$

$$I_0 = I + \frac{I_{cf}}{\alpha_E} = 52840000 + \frac{4.4133 \times 10^8}{6.87} = 1.17 \times 10^8\text{mm}^4$$

$$A_1 = \frac{I_0 + A_0 d_c}{A_0} = \frac{1.17 \times 10^8 + 4709.4 \times (375 - 70)^2}{4709.4} = 117868.9\text{mm}^2$$

$$\eta = \frac{36E_s d_c p A_0}{n_s k h l^2} = \frac{36 \times 20.6 \times 10^4 \times (375 - 70) \times 350 \times 4709.4}{2 \times 50530 \times 500 \times 8000^2} = 1.153$$

$$\alpha = 0.81\sqrt{\frac{n_s k A_1}{EI_0 p}} = 0.81 \times \sqrt{\frac{2 \times 50530 \times 117868.9}{20.6 \times 10^4 \times 1.17 \times 10^8 \times 350}} = 9.625 \times 10^{-4}$$

$$\xi=\eta\left[0.4-\frac{3}{(al)^2}\right]=1.153\times\left[0.4-\frac{3}{(9.625\times10^{-4}\times8000)^2}\right]=0.403$$

$$B=\frac{E_s I_{eq}}{1+\xi}=\frac{20.6\times10^4\times5.51\times10^8}{1+0.403}=8.09\times10^{13}\text{N}\cdot\text{mm}^2$$

$$f=\frac{5p_k l_0^4}{384B}=\frac{5\times(22.926+10)\times8000^4}{384\times8.09\times10^{13}}=21.7\text{mm}$$

$$[f]=\frac{l}{360}=\frac{8000}{360}=22.2\text{mm}>21.7\text{mm}$$

故组合梁的变形验算满足一般构件的受弯要求。

20.3.4 部分组合梁的计算

剪力连接件的数量少于完全组合梁所需要的数量时，称为部分组合梁。当塑性中和轴位于混凝土翼板内时，定义剪力连接程度为：

$$r=\frac{nN_V^c}{f_p A_s} \tag{20-14}$$

图 20-18 所示为部分组合梁截面抗弯承载力 M_{pu} 与剪力连接程度的关系。图中 M_u 是完全组合梁的抗弯承载力，AB 线表示钢梁的抗弯承载力，BC 段曲线为部分组合梁的抗弯承载力，CD 段曲线为完全组合梁的抗弯承载力。部分组合梁中，剪力连接件虽然可提供一定的组合作用，但因连接件数量不够，叠合界面存在较大的滑移，连接件受力较大，并最终由于连接件的剪切破坏而达到极限承载力，其极限弯矩小于完全组合梁的受弯承载力 M_u，但又大于钢梁的受弯承载力，介于钢梁和完全组合梁之间。极限弯矩 M_{pu} 随剪力连接件的数量增加而增大，当剪力连接件数量达到一定程度后，混凝土翼板压坏发生在连接件剪切破坏之前，抗弯承载力已接近完全组合梁的 M_u，即图 20-18 中 C 点后的 CD 段曲线，再增加连接件数量，抗弯承载力的提高不大。

部分组合梁的抗弯承载力 M_{pu} 与连接件数量的关系如图 20-19 中曲线 ABC

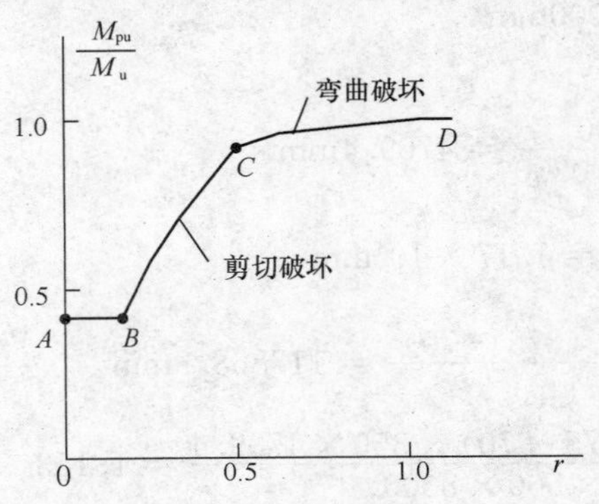

图 20-18 部分组合梁的抗弯承载力与剪力连接程度的关系

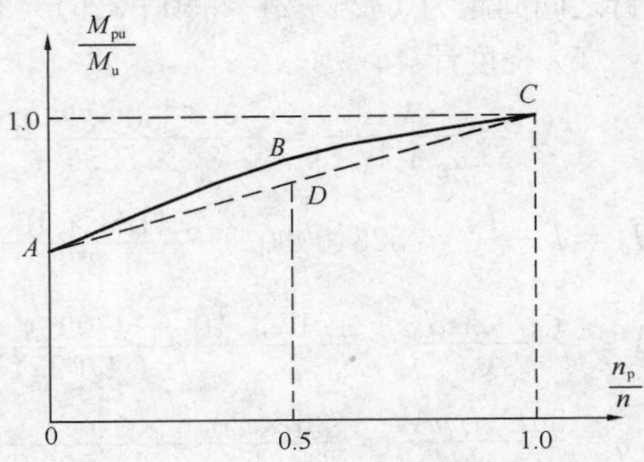

图 20-19 部分组合梁的抗弯承载力与剪力连接件数量的关系

所示，图中 M_u 为完全组合梁的受弯承载力。实用中，部分组合梁的受弯承载力可偏于安全地近似用直线 DC 来计算，即

$$M_{pu}=M_{su}+\frac{n_p}{n}(M_u-M_{su}) \tag{20-15}$$

式中 M_{pu}——部分组合梁截面的抗弯承载力；

M_{su}——钢梁截面的抗弯承载力；

n_p——部分组合梁的连接件数量；

n——完全组合梁所需的最少的连接件数量，按式(20-7)确定；

M_u——完全组合梁截面的抗弯承载力。

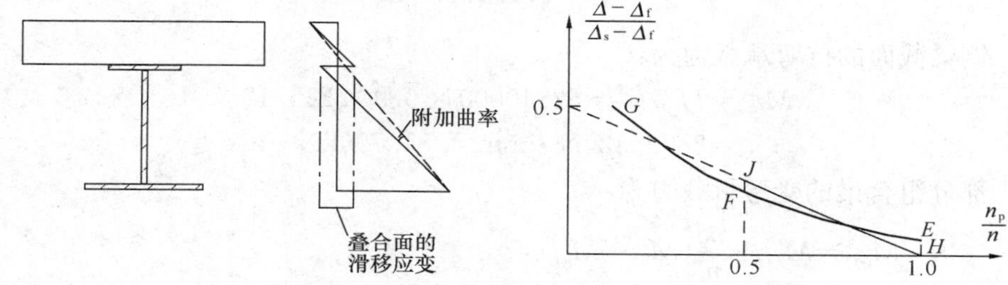

图 20-20 部分组合梁截面应变分布及附加曲率

图 20-21 部分组合梁的跨中挠度与剪力连接件数量的关系

部分组合梁由于叠合界面的滑移效应，将使组合梁截面产生附加曲率，如图 20-20 所示，这将使梁的挠度变形增大。根据研究分析，组合梁跨中挠度 Δ 与剪力连接件数量的关系如图 20-21 中曲线 EFG 所示。图中 Δ_f 为完全组合梁的挠度，Δ_s 是钢梁单独工作时的挠度。实用上，可近似用直线 HJ 代替曲线 EFG，则有，

$$\Delta=\Delta_f+\frac{1}{2}(\Delta_s-\Delta_f)\left(1-\frac{n_p}{n}\right) \tag{20-16}$$

因为挠度变形分别与各自的刚度成反比，故将上式改写成下列便于实际应用的形式：

$$\Delta=\Delta_f+\frac{1}{2}\Delta_f\left(\frac{I_0}{I_s}-1\right)\left(1-\frac{n_p}{n}\right) \tag{20-17}$$

式中 I_0——完全组合梁换算截面的惯性矩；

I_s——钢梁截面的惯性矩。

上述挠度计算，只与组合截面承担的荷载有关。在无支撑施工时，钢梁的挠度不受组合作用程度的影响。

为避免组合作用过低导致界面滑移效应过大，部分组合梁的剪力连接件的数量不得少于完全组合梁所需连接件数量的 1/2，并只限用于主要承受静力荷载及无较大集中荷载的组合梁，且跨度不应超过 20m。

【例题 20-2】 设计条件同例题 20-1，采用 36 个 $\phi16\times70$ 栓钉作为抗剪连接

件，分两排等间距布置，半跨共 18 个剪力连接件，按部分组合梁进行计算能否满足承载力及变形的要求。

1. 剪力连接程度

中和轴在混凝土板内，剪力连接程度为：

$$r = \frac{nN_v^c}{f_p A_s} = \frac{18 \times 50530}{0.9 \times 215 \times 5350} = 0.879$$

2. 承载力验算

完全组合梁的抗弯承载力为：

$$M_u = 371.2\text{kN} \cdot \text{m}$$

钢梁截面的抗弯承载力为：

$$\begin{aligned} M_{su} &= If_p/y = 52840000 \times 0.9 \times 215/125 \\ &= 81796320\text{N} \cdot \text{mm} = 81.796\text{kN} \cdot \text{m} \end{aligned}$$

部分组合梁的受弯承载力为：

$$\begin{aligned} M_{pu} &= M_{su} + \frac{n_p}{n}(M_u - M_{su}) \\ &= 81.796 + \frac{18}{20.5} \times (371.2 - 81.796) = 335.9\text{kN} \cdot \text{m} \end{aligned}$$

$M_{pu} = 335.9\text{kN} \cdot \text{m} > 332.1\text{kN} \cdot \text{m}$，承载力满足要求。

3. 变形验算

完全组合梁的挠度为：

$$\Delta = 21.7\text{mm}$$

部分组合梁的变形计算：

$$\begin{aligned} \Delta &= \Delta_f + \frac{1}{2}\Delta_f\left(\frac{I_{eq}}{I_s} - 1\right)\left(1 - \frac{n_p}{n}\right) \\ &= 21.7 + \frac{1}{2} \times 21.7 \times \left(\frac{5.51 \times 10^8}{0.5284 \times 10^8} - 1\right) \times \left(1 - \frac{18}{20.5}\right) \\ &= 34.2\text{mm} \end{aligned}$$

$$[\Delta] = \frac{l}{360} = \frac{8000}{360} = 22.2\text{mm} < 34.2\text{mm}$$

因此，部分组合梁的变形不满足一般构件的受弯要求。

20.4 剪力连接件

20.4.1 连接件的形式

为保证钢—混凝土组合梁中混凝土翼板与钢梁能有效地共同工作，沿叠合界面必须设置足够的剪力连接件。剪力连接件应做成既能抵抗水平剪切滑移又能抵抗竖向分离相对位移的形状。常用的剪力连接件有栓钉和槽钢连接件，其他还有弯筋、方钢、T形钢和马蹄形钢等，见图 20-22。连接件的布置需注意与纵向剪应力方向的关系。

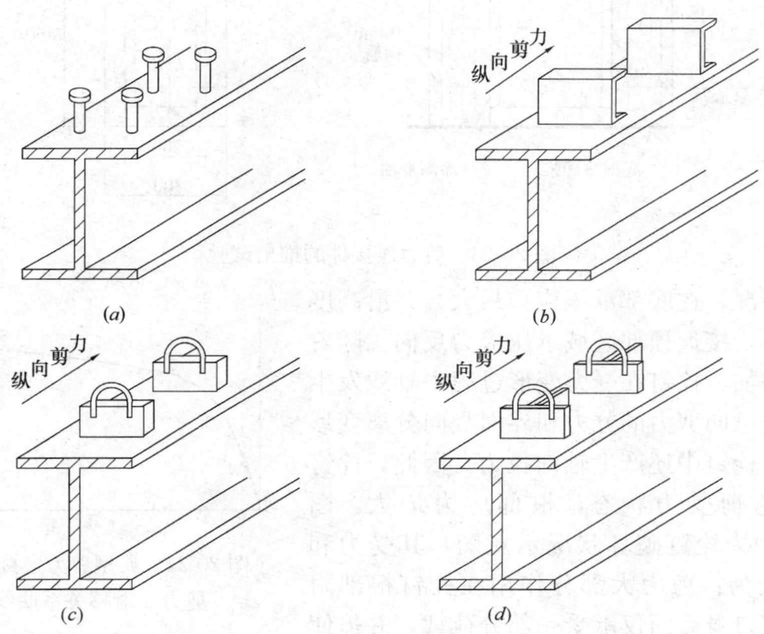

图 20-22 剪力连接件的形式

(*a*) 栓钉连接件；(*b*) 槽钢连接件；(*c*) 方钢连接件；(*d*) T形钢连接件

由于栓钉自动焊接机使用十分方便，焊接可靠，速度快，仅需几秒钟即可，且栓钉不影响混凝土翼板中的钢筋布置，各个方向具有同等的强度和刚度，因此目前工程中均大部分使用栓钉连接件。以下将主要介绍栓钉连接的受力性能和计算方法。

20.4.2 剪力连接件的受力性能

剪力连接件的剪力—滑移关系曲线（*P-S*），反映了其基本力学性能，一般采用图 20-23 所示的推出试验方法确定。图 20-24 为栓钉连接件的典型剪力一滑移关系曲线。在初始受力阶段（A 点以前），*P-S* 关系近似直线，为弹性受力阶段。当荷载增大到极限荷载的 50%左右时（*B* 点），*P-S* 关系曲线明显弯曲，滑移增加较快，连接件处于弹塑性受力阶段。接近极限荷载时，*P-S* 关系曲线趋于水平，为塑性受力阶段。

剪力连接件的受力十分复杂。图 20-25（*a*）为栓钉连接件承压应力沿高度

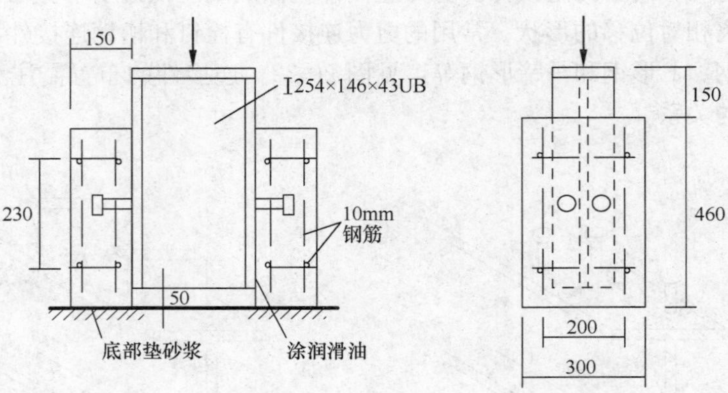

图 20-23　剪力连接件的推出试验

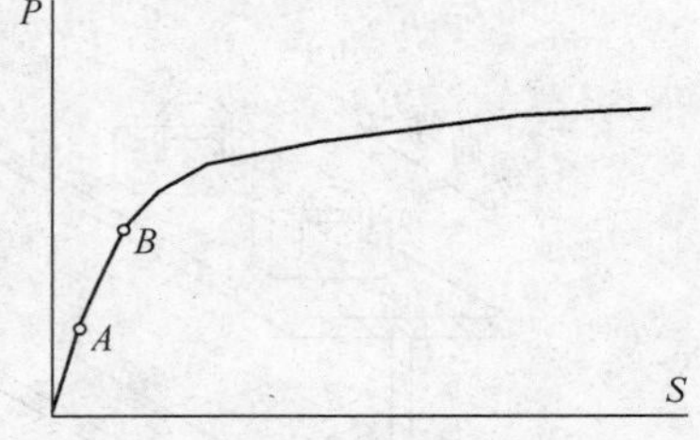

图 20-24　典型剪力连接件的剪力—滑移关系曲线

的分布情况，在底部承压应力最大，并沿高度逐渐减小，接近顶部区域承压应力反向。随着荷载的增加，栓钉在受力变形过程中轴线发生偏离，受纵向剪力的分力和界面竖向分离变形的影响，栓钉中还产生轴向拉力。因此，栓钉处于拉弯剪受力状态，根部应力最大。图 20-25 (*b*)为栓钉破坏状况示意图，其受力和破坏过程为：剪力大部分作用在栓钉根部附近，栓钉自身截面仅承受一部分荷载，并迫使栓钉上部变形而使栓钉受到弯矩和轴向拉力，一般情况下栓钉根部的混凝土强度受到较大的局部承压应力而被压坏。当连接件数量较多，且混凝土翼板厚较小时，也会发生沿钢梁轴线的劈裂破坏。

根据试验研究，影响栓钉剪力连接件受力性能和承载力的因素有：

（1）连接件的数量。连接件较多时，各连接件受力分配不均匀。受力较大的

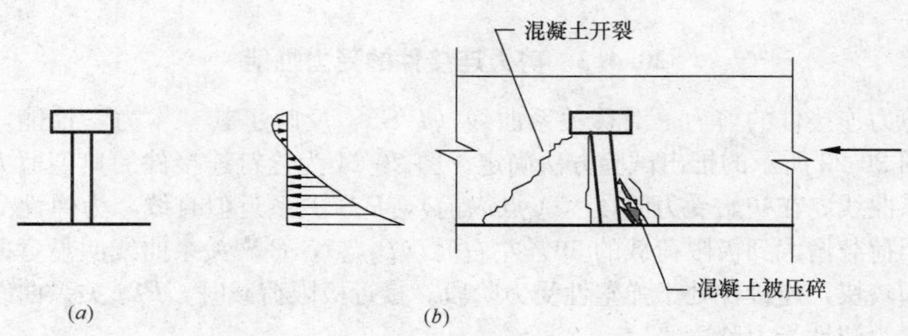

图 20-25　栓钉连接件受力及其周围混凝土翼板的破坏状态

连接件先破坏，然后其他连接件依次破坏，故单个连接件的平均承载力较低。

（2）连接件周围混凝土翼板内的平均纵向应力。

（3）混凝土翼板的厚度、宽度及强度。在带板托的组合梁中，如果连接件距自由边太近，其周围混凝土受到的侧向约束很小，将降低连接件的承载力。

（4）连接件附近混凝土翼板内配筋数量、强度及钢筋布置形式。横向钢筋可以提高混凝土翼板的局部抗压强度和劈裂破坏承载力。如配筋靠近连接件，则连接件传给混凝土的应力可通过钢筋扩散到较大面积上，从而提高承载力。

（5）连接件周围混凝土的密实度。

20.4.3 剪力连接件的承载力

如前所述，一般情况下栓钉根部的混凝土强度受到较大的局部承压应力而被压坏。试验结果表明，当混凝土强度 $f_{cu}<35\text{N/mm}^2$ 时，单根栓钉的受剪承载力不仅与栓钉截面积成正比，还与混凝土的轴心抗压强度 f_c 和弹性模量 E_c 的平方根成正比。当混凝土强度 $f_{cu}>35\text{N/mm}^2$ 时，混凝土的影响明显减弱，栓钉的最大受剪承载力取决于栓钉本身的抗剪能力。

根据试验研究结果，我国《钢结构设计规范》规定的单根栓钉受剪承载力计算公式为：

$$N_V = 0.43A_s\sqrt{E_cf_c}\text{，且 } N_V \leqslant 0.7A_sf_u \tag{20-18}$$

式中 A_s——栓钉钉杆的截面积；

f_u——栓钉钉杆的极限抗拉强度，当 $f_u>520\text{MPa}$ 时，取 $f_u=520\text{MPa}$；

E_c——混凝土的弹性模量；

f_c——混凝土的轴心抗压强度。

式（20-18）中 $0.7A_sf_u$ 表示单个栓钉本身的受剪承载力，其中栓钉的抗剪强度取其极限抗拉强度 0.7 倍，是考虑了栓钉受到周围混凝土约束的提高作用。

当组合梁翼板采用压型钢板—混凝土组合板时，由于栓钉根部周围没有混凝土的约束，且当压型钢板的肋平行于钢梁时，压型钢板的波纹形成的混凝土肋是不连续的，故应按下列情况考虑折减：

（1）当压型钢板的肋平行于钢梁时（图 20-26*a*），压型钢板平均肋宽 b_w 和肋高 h_w 之比 $b_w/h_w<1.5$，则按式（20-18）算得的栓钉抗剪承载力应乘以以下折减系数：

$$\eta = 0.6\frac{b_w}{h_w}\left(\frac{h_s-h_w}{h_w}\right)\text{，且 } \eta \leqslant 1 \tag{20-19}$$

式中 h_s——栓钉焊接后的高度，但不应大于 $h_w+75\text{mm}$。

（2）当压型钢板的肋垂直于钢梁时（图 20-26*b*），则按式（20-18）算得的栓钉的抗剪承载力应乘以下折减系数：

$$\eta = \frac{0.85}{\sqrt{n_0}} \frac{b_w}{h_w} \left(\frac{h_s - h_s}{h_s} \right), 且\ \eta \leqslant 1 \qquad (20\text{-}20)$$

式中 n_0——组合梁截面上一个肋板中配置的栓钉数量，当 $n_0 > 3$ 时，取 $n_0 = 3$。

图 20-26 采用压型钢板的组合楼层

（*a*）板肋平行于钢梁；（*b*）板肋垂直于钢梁

20.4.4 栓钉连接件的构造要求

我国栓钉连接件的公称直径有 8、10、13、16、19 及 22mm。栓钉连接件的高度 h 不应小于 $4d$（d 为栓钉钉身直径），钉头直径不小于 $1.5d$，钉头高度不小于 $0.4d$。为保证栓钉连接件的合理受力，其设置需满足下列要求：

（1）栓钉连接件应保证与钢梁焊接可靠，不得在焊接部位产生破坏。为保证焊接质量，当钢梁上翼缘受拉时，栓钉杆的直径不应大于钢梁上翼缘厚度的 1.5 倍；当钢梁上翼缘不承受拉力时，栓钉杆的直径不应大于钢梁上翼缘厚度的 2.5 倍；栓钉焊接前应进行焊接试验。

（2）栓钉顶面混凝土保护层厚度不应小于 15mm，栓钉钉头底面距板底部钢筋不得小于 30mm（见图 20-27）。

（3）栓钉沿梁跨度方向的最大间距不应大于 400mm 或 4 倍板厚，也不应小于 $5d$（d 为栓钉钉身直径），且垂直于梁跨度方向的最小间距为 $4d$，边距不得小于 35mm，且栓钉底部边缘至板托顶部的连线与钢梁顶面的夹角应小于 45°（见图 20-27）。

（4）连接件底部周围的混凝土应浇捣密实，当处于边梁位置时，板中横向钢筋应在板边与相邻连接件之间完全锚固。

（5）对于采用压型钢板的组合楼层，栓钉直径不宜大于 19mm，以保证栓钉焊穿压型钢板（板厚度在 1.6mm 以下），混凝土凸肋宽

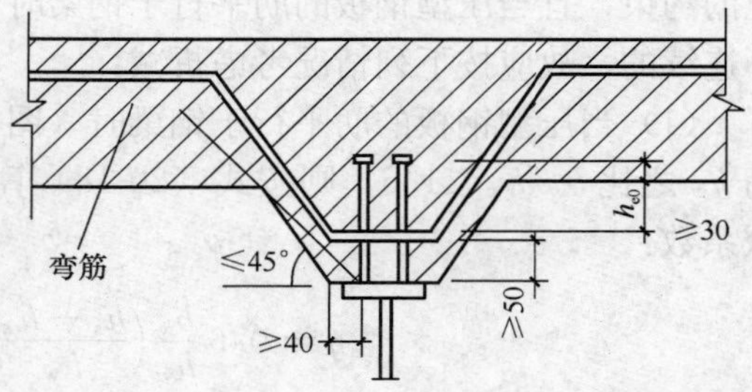

图 20-27 板托处连接件的要求

度不应小于钉杆直径的 2.5 倍，栓钉钉头底面应伸出压型钢板顶面 30mm 以上。

20.4.5 横向钢筋

组合梁叠合界面上的纵向剪力，通过剪力连接件传递到混凝土翼板，连接件周围的混凝土翼板内将也产生较大的纵向剪力，可能导致混凝土翼板沿钢梁纵向开裂（见图 20-9*a*），因此需要设置横向钢筋。混凝土翼板中的最不利纵向受剪面有两种情况（见图 20-28）：

（1）穿过整个板厚的受剪面 *a*-*a*；

（2）围绕剪力连接件周边的受剪面 *b*-*b*、*c*-*c*、*d*-*d*。

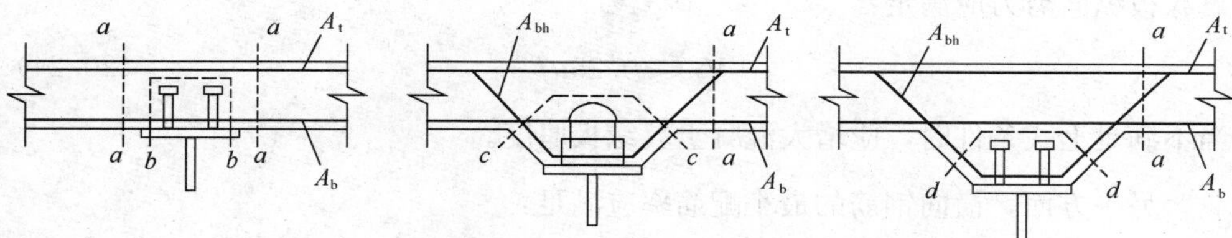

图 20-28 最不利纵向受剪面和横向钢筋

对 *a*-*a* 受剪面，单位梁长上的纵向剪力取下列两式的较大值：

$$V_l = \frac{n_r N_V}{s} \cdot \frac{b_1}{b_e} \text{ 或 } V_l = \frac{n_r N_V}{s} \cdot \frac{b_2}{b_e} \tag{20-21}$$

式中 n_r——一排连接件的个数；

s——连接件的纵向间距；

b_1、b_2——梁外侧和内侧混凝土翼板的有效宽度；

b_e——混凝土翼板的计算宽度。

对 *b*-*b*、*c*-*c*、*d*-*d* 受剪面，其承担的纵向剪力即等于连接件传递剪力，按单位梁长计算为：

$$V_l = \frac{n_r N_V}{s} \tag{20-22}$$

根据试验研究，混凝土翼缘板纵向受剪承载力可按下式计算：

$$V_l \leqslant 0.9S \cdot u + 0.7A_{s,tr} f_y \tag{20-23}$$

式中 S——单位应力 1N/mm^2；

u——受剪面的周长（mm），见图 20-28；

$A_{s,tr}$——沿组合梁单位长度上横向钢筋的计算面积，按表 20-2 计算；

f_y——横向钢筋抗拉强度设计值。

单位梁长上横向钢筋的计算面积　表 20-2

受剪面位置	$A_{s,tr}$
$a-a$	A_b+A_t
$b-b$	$2A_b$
$c-c$	$2\ (A_b+A_{bh})$
$d-d$	$2A_{bh}$

注：表中符号见图 20-28。

随横向配筋率的增加，混凝土翼缘板纵向受剪承载力相应增大。但当横向配筋率增大到一定量时，纵向受剪承载力基本不再随配筋率而增大。因此，混凝土翼缘板纵向剪力应满足：

$$V_l \leqslant 0.25uf_c \tag{20-24}$$

当不满足上式条件时，应增大混凝土翼缘板厚度。

另一方面，横向钢筋的最小配筋率应满足：

$$\frac{A_{s,tr}f_y}{u} \geqslant 0.75 \tag{20-25}$$

此外，上部横向钢筋应满足混凝土翼板受力钢筋的构造要求。底部横向钢筋的间距不应大于连接件伸出钢筋上方长度的 8 倍。

20.5　连续组合梁

20.5.1　连续组合梁的特点

采用连续组合梁可以节约钢材、降低造价、增加刚度和承载力，因此比简支组合梁具有更好的经济效益。

连续组合梁的受力性能和设计方法在以下两个方面有其特殊之处。

（1）负弯矩区的受力性能：在简支组合梁中，组合截面均承受正弯矩，钢梁主要受拉，混凝土翼缘板主要受压，材料利用合理，受弯承载力较大，且混凝土翼缘板增强了钢梁的侧向刚度，梁的稳定性很好，钢梁上翼缘受混凝土翼板的约束，其局部稳定性得到显著改善。而在连续组合梁中，中间支座附近为负弯矩区，混凝土翼缘板处于受拉状态，在正常使用荷载下会产生裂缝问题；钢梁主要处于受压区，会产生局部稳定问题；尤其是当荷载不利布置使整跨梁均为负弯矩时，还会产生整体稳定问题。负弯矩区截面的刚度和受弯承载力主要取决于混凝土翼缘板内的沿梁轴方向的钢筋（纵向钢筋）和钢梁，比受正弯矩时的承载力降低很多；在支座截面处，弯矩和剪力均为最大，界面的受弯和受剪承载力会产生交互影响，使承载力降低。

(2) 连续组合梁为超静定结构，其内力计算、塑性内力重分布及其条件，与钢筋混凝土连续梁和钢连续梁相比，有其特殊之处。

此外，连续组合梁中剪力连接件的受力性能也与简支梁的情况不同。

20.5.2 连续组合梁负弯矩区的性能及计算

试验研究表明，当组合梁负弯矩区混凝土翼缘板中的横向钢筋间距约等于剪力连接件的间距时，混凝土翼板能够把纵向剪力传递到钢梁两侧6～8倍的混凝土翼板厚范围内的纵向钢筋上。因此，连续组合梁负弯矩区混凝土翼板的有效宽度，可近似取与正弯矩区相同。在负弯矩作用下，截面刚度和受弯承载力主要取决于混凝土翼板内的纵向钢筋和钢梁，因此纵向钢筋与钢梁的强度比（$\gamma=A_s f_y/Af$）对负弯矩区的受力性能有较大影响。

试验表明，组合梁在负弯矩作用下，钢梁截面基本处于受压区，这使得受压翼缘和腹板比纯钢梁情况更容易产生局部压屈，从而可能影响截面承载力的发挥和塑性内力重分布。图20-29为无加劲组合梁截面在负弯矩作用下的塑性铰弯矩一转角关系，可见当钢梁受压翼缘和腹板板材的宽厚比满足要求时，截面可达到塑性受弯承载力M_u，且具有很好塑性变形能力。此外，纵向钢筋与钢梁的强度比$A_s f_y/Af$越大，钢梁腹板的平均压应力也相应增大，也越容易压曲，因此表20-1中对腹板的宽厚比考虑了$A_s f_y/Af$的影响。

为增强负弯矩区钢梁腹板的抗屈曲能力，可在靠近内支座区域$1.5h_s$范围内设置纵向加劲肋，如图20-30所示，并且加劲肋也提供了一部分抗弯能力，可减少下翼缘的压应力。

由以上分析知，只要负弯矩截面的钢梁受压翼缘和腹板满足允许宽厚比的要求，就可以按塑性方法计算其承载力。

图20-31 (b) 为组合梁截面达到负弯矩全塑性受弯承载力时的截面应力分布，混凝土翼板受拉开裂，板内纵向钢筋达到抗拉屈服强度设计值f_{sy}，钢梁截面的受拉区和受压区也分别达到屈服

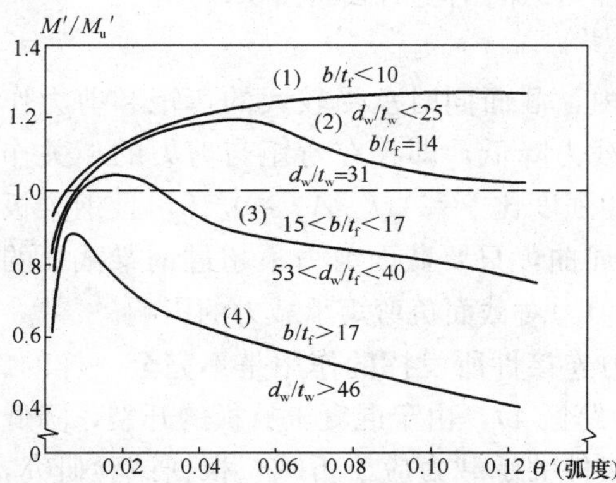

图20-29 组合梁负弯矩塑性铰弯矩—转角关系

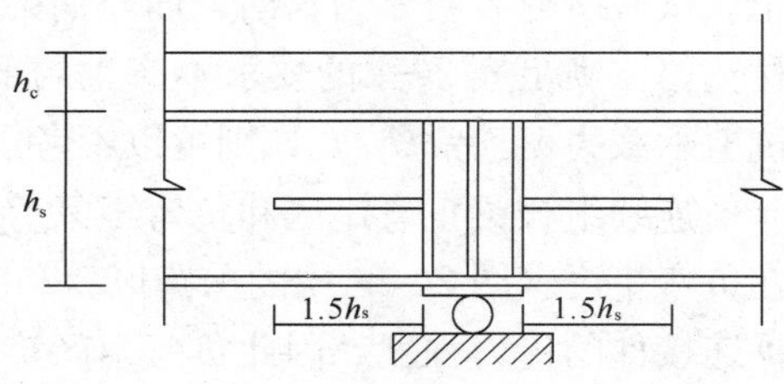

图20-30 腹板加劲肋

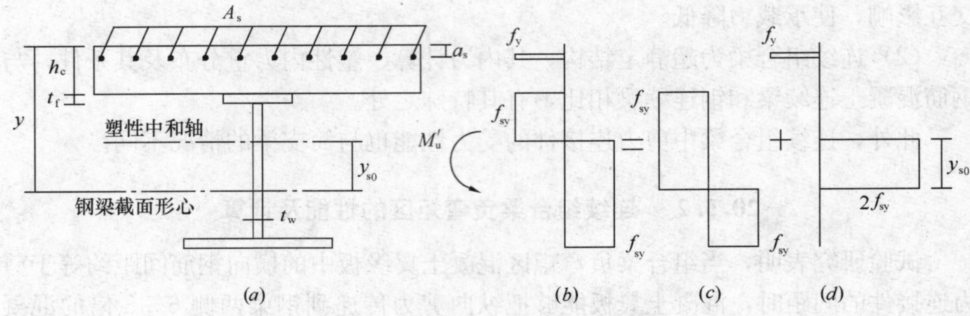

图 20-31 组合截面承受负弯矩的塑性应力分布及计算

强度设计值 f。塑性中和轴一般位于钢梁腹板内。图 20-31（b）所示应力图形可分解为图 20-31（c）和 20-31（d），图 20-31（c）为钢梁截面达到塑性受弯承载力的应力分布，图 20-31（d）表示混凝土翼板内纵向钢筋与钢梁的组合弯矩，可见纵向钢筋提高了截面的受弯承载力。由图 20-31（d）的平衡条件可得：

$$2y_{s0}t_wf = A_sf_{sy} \tag{20-26}$$

由上式可求得截面塑性中和轴到钢梁截面形心的距离 $y_{s0}=A_sf_{sy}/(2t_wf)$。如果 $y_{s0}\leqslant y-h_c-t_f$，则塑性中和轴位于钢梁腹板内，由图 20-31（$c$）和图 20-31（$d$）叠加可得截面负弯矩承载力为：

$$M'_u = M_p + A_sf_{sy}\left(y-\frac{y_{s0}}{2}-a_s\right) \tag{20-27}$$

式中 M_p——钢梁截面的塑性受弯承载力，取 $0.9W_pf$，其中 W_p 为钢梁截面的塑性抵抗矩；f_{sy}为钢材强度的设计值；

y——钢梁截面形心到混凝土翼板上边缘的距离；

a_s——纵向钢筋形心到混凝土翼板上边缘的距离；

t_f、t_w——分别为钢梁上翼缘的厚度和腹板厚度；

A_s——混凝土翼缘板有效宽度范围内纵向钢筋的截面面积；

f_{sy}——钢筋抗拉强度设计值。

在连续组合梁内支座的负弯矩区段内，截面同时承受较大的弯矩和剪力作用，当剪力较大时会导致截面的受弯承载力降低，即存在弯矩与剪力的相关作用。试验研究表明，当纵向钢筋与钢梁的强度比 $\gamma=A_sf_y/Af\geqslant 0.15$，且钢梁板材宽厚比满足表 20-1 的要求不产生局部屈曲，只要截面剪力不超过钢梁截面的抗剪承载力 $V_{su}=t_wh_wf_v$，则可以不考虑剪力对截面负弯矩承载力的影响。

连续组合梁正弯矩区和负弯矩区剪力连接件所发挥的作用是不完全一样的。在负弯矩区（图 20-14 中的剪跨区 3 和剪跨区 4），由于混凝土翼板的开裂，降低了连接件的传力程度，因此负弯矩区连接件的承载力应予折减。根据试验研究，对于连续组合梁负弯矩区剪力连接件的承载力可取正弯矩区的 90%。

20.5.3 连续组合梁的内力

1. 弹性内力计算

连续梁是超静定结构，梁中内力分布与梁本身的截面刚度有关。连续组合梁在正弯矩和负弯矩作用下的受力性能和截面刚度不同，因此整个梁不是等刚度的。

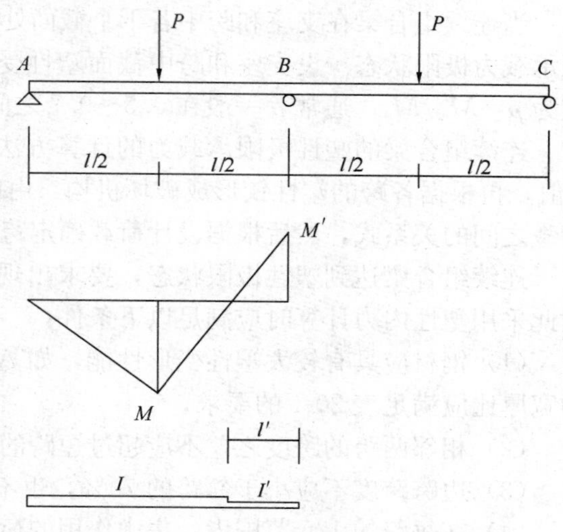

图 20-32 两跨连续组合梁的弯矩分布

以图 20-32 所示跨中作用集中荷载 P 的两跨连续组合梁为例，说明其弹性内力的计算方法。设：

$$\alpha=\frac{E_{s}I}{E_{s}I'},k=\frac{l'}{l},m=\frac{M'}{M} \tag{20-28}$$

式中 I、I'——分别为组合梁正弯矩区和负弯矩区的截面惯性矩，正弯矩区的惯性矩按换算截面计算，负弯矩区的惯性矩不计混凝土翼板的影响，只考虑混凝土翼板中的纵向钢筋和钢梁截面；

l'——负弯矩区的长度；

M、M'——分别为跨中正弯矩值和支座负弯矩值。

由弯矩图形的相似关系：

$$\frac{M}{\frac{l}{2}-l'}=\frac{M'}{l'} \tag{20-29}$$

可得：

$$k=\frac{m}{2(m+1)} \tag{20-30}$$

再由弯矩图面积除以截面刚度，对支座取矩为零的条件，可求得：

$$m=\frac{1+(1-2k)(2-k)}{2\alpha k(3-k)} \tag{20-31}$$

已知刚度比 α，由式（20-30）和式（20-31）可以解出 m 和 k，但需解三次方程。对于其他荷载作用情况的连续组合梁，按上述弹性方法计算内力更为复杂。实际计算中，可采用试算方法。为简化内力计算，也可近似取距中间支座 $0.15l$ 范围内按受负弯矩确定截面刚度，即取 $k=0.15$。

2. 塑性内力计算

弹性内力分析与组合截面承载力按塑性方法计算是不协调的。如果保证连续组合梁各个临界截面具有足够的塑性变形能力，则可以按塑性内力计算方法确定连续梁的内力分布，消除内力分析与截面计算方法上存在不协调的问题。

当连续组合梁在支座和跨中若干个截面处形成塑性铰而成为机动体系时，达到承载力极限状态。设支座和跨中截面塑性受弯承载力分别为 M'_u 和 M_u，其比值为 $\mu=M'_u/M_u$，通常 μ 一般在 0.5～0.7 之间。

连续组合梁的塑性极限承载力的计算方法与 17.3.3 节相同。一般先取一个 μ 值，再根据各跨的塑性铰形成破坏机构，由虚功原理确定截面极限弯矩与极限荷载之间的关系式，然后根据设计荷载确定跨中弯矩 M_u。

连续组合梁达到塑性极限状态，要求出现塑性铰截面具有足够的转动能力，因此采用塑性内力计算时应满足以下条件：

(1) 钢材应具有较大塑性变形性能，如 A3 钢或 16Mn 钢；钢梁腹板和翼缘的宽厚比应满足表 20-1 的要求；

(2) 相邻两跨的跨度之差不应超过短跨的 45%；

(3) 边跨跨度不应小于邻跨的 70%，也不得大于邻跨的 115%；

(4) 在每跨的 1/5 范围内，集中作用的荷载不大于该跨总荷载的 1/2，且连续梁必须承受平面内静力荷载作用，防止塑性铰位置产生出平面位移；

(5) 内力合力与外荷载保持平衡；

(6) 内力调幅不超过 25%。

20.5.4　正常使用阶段的挠度和裂缝计算

在使用荷载下，连续组合梁按弹性方法，即按变刚度梁计算其挠度变形，并应考虑施工方法（如有无采用支撑）的影响。在负弯矩区混凝土翼板会产生裂缝，其裂缝宽度可近似按钢筋混凝土轴心受拉构件计算，即

$$w_{\max} = 2.7\psi\frac{\sigma_{sk}}{E_s}\left(1.9c + 0.08\frac{d}{\rho_{te}}\right)\nu \tag{20-32}$$

$$\psi = 1.1 - 0.65\frac{f_{tk}}{\sigma_{sk}\rho_{te}} \tag{20-33}$$

混凝土翼板纵向钢筋应力 σ_{sk} 可根据使用荷载下支座截面负弯矩 M'_{sk} 由下式确定：

$$\sigma_{sk} = \frac{M'_{ss}}{I'}y_s \tag{20-34}$$

式中　I'——纵向钢筋与钢梁组合截面的惯性矩；

y_s——纵向钢筋与钢梁组合截面形心到纵向钢筋的距离。

其余符号同钢筋混凝土，最大裂缝宽度一般不应大于 0.3mm。

20.6　压型钢板—混凝土组合板

20.6.1　概　　述

压型钢板是按一定形状要求轧制的薄钢板，能承受一定荷载。压型钢板表面

通常镀锌，以防止钢板锈蚀。根据使用情况，压型钢板分为：

第一种情况：压型钢板仅作为施工浇筑混凝土楼板的模板，也称为永久性模板。这类压型钢板应能承受板面混凝土自重和施工荷载，选用时只需要满足施工阶段的承载力和变形要求即可。混凝土达到强度后，全部使用荷载由混凝土板承受，压型钢板失去作用。这种板称为非组合板，其设计计算方法及配筋构造完全同一般钢筋混凝土板，对压型钢板的叠合面无特殊要求。

第二种情况：压型钢板除在施工阶段作为模板承受浇筑混凝土的自重和施工荷载外，在使用阶段还作为混凝土板的受力钢筋或部分受力钢筋，与混凝土板共同工作承担使用荷载，这类板称为压型钢板—混凝土组合板。考虑到需要与混凝土形成组合作用共同工作，对板型有特殊要求，并且还要考虑对防火性和耐久性的要求。本节主要介绍这种组合板。

压型钢板—混凝土组合板的组合作用主要通过以下几种形式来实现(见图 20-33)：

(1) 依靠压型钢板的波纹形状（见图 20-33*a*）；

(2) 依靠压型钢板上轧制出的凹凸抗剪齿槽（见图 20-33*b*）；

(3) 依靠压型钢板上焊接的横向钢筋（见图 20-33*c*）。

为保证可靠的组合作用，在任何情况下均应在端部设置锚固件（见图 20-33*d*）。

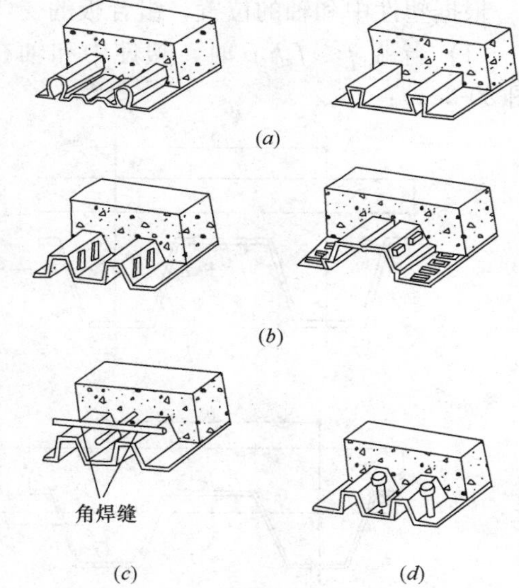

图 20-33 压型钢板—混凝土的组合形式

压型钢板—混凝土组合板具有以下优点：

(1) 压型钢板轻便，易于搬运和铺设，大大缩短安装时间，且不需拆卸，节省劳动力。

(2) 压型钢板自身具有一定的刚度和承载力，能承受施工荷载及混凝土的重量，有利于推广多层作业，大大加快施工速度。

(3) 压型钢板可作为楼板的受力钢筋，节省钢材。

(4) 压型钢板的凹槽内便于铺设电力、通信、通风、空调等管线，还能敷设保温、隔声、隔热等材料，也便于设置顶棚或吊顶。

(5) 压型钢板的运输、储存、堆放和装卸都极为方便。

20.6.2 组合板的设计

1. 受弯承载力计算

组合板需考虑施工和使用两个阶段进行设计。

在施工阶段，新浇筑混凝土硬化以前，压型钢板本身必须承担自重、混凝土自重以及施工荷载。确定混凝土翼板自重时，当跨中挠度变形大于 20mm 时，应考虑“坑凹”效应，增加混凝土的自重荷载。必要时，可考虑设置临时支撑，以减小压型钢板在施工阶段的变形，但计算中应计入临时支撑的影响。

在使用阶段，混凝土硬化以后，压型钢板与混凝土形成组合作用，共同承担恒荷载和使用活荷载。

压型钢板—混凝土组合板的受弯性能与钢筋混凝土翼板基本类似。在含钢率合适，且板厚 h 比压型钢板高度 h_s 大得多的情况下，随弯矩增大，压型钢板从受拉边开始屈服，并发展到整个 h_s 高度，然后受压边缘混凝土才达到极限压应变而压碎破坏。当钢板高度 h_s 较大时，也会出现压型钢板上部仍处于受压区的情况。为简化计算，组合板的正截面受弯承载力可按塑性方法计算，即假定截面受拉区和受压区的材料均达到各自的强度设计值，但考虑实际应力图形与塑性方法的矩形应力图形存在的差别，以及压型钢板的制造误差和没有混凝土保护层可能引起的钢板面积损失，对混凝土和钢材强度的设计值均乘以折减系数 0.8。

根据塑性中和轴的位置，组合板的受弯承载力计算如下：

(1) 当 $A_p f \leqslant f_c h_c b$ 时，塑性中和轴在压型钢板顶面以上的混凝土翼板内（图 20-34a）：

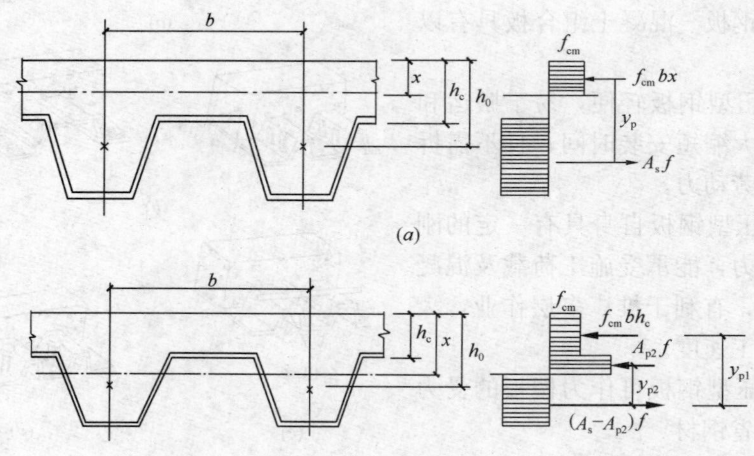

图 20-34　组合板正截面受弯承载力计算图

(a) 塑性中和轴在压型钢板顶面以上的混凝土翼板内；(b) 塑性中和轴在压型钢板内

$$M \leqslant 0.8 A_p f \left(h_0 - \frac{x}{2} \right) \tag{20-35}$$

$$x = \frac{A_p f}{f_c b} \tag{20-36}$$

式中 A_p——压型钢板一个波距内的截面面积；

f——压型钢板钢材的抗拉强度设计值；

h_0——组合板的有效高度，为压型钢板截面形心到混凝土翼板顶面的距离；

x——受压区高度，当 $x>0.55h_0$ 时，取 $x=0.55h_0$；

b——压型钢板的波距；

h_c——压型钢板顶面以上的混凝土厚度。

(2) 当 $A_p f>f_c h_c b$ 时，塑性中和轴在压型钢板内（图 20-33*b*）：

$$M\leqslant 0.8(f_c h_c b y_1+A_{pc} f y_2) \tag{20-37}$$

$$A_{pc}=0.5\left(A_p-h_c b\frac{f_c}{f}\right) \tag{20-38}$$

式中 A_{pc}——塑性中和轴以上一个波距内压型钢板的截面面积；

y_1、y_2——分别为压型钢板受拉区截面应力合力至受压区混凝土翼板截面和压型钢板截面压应力合力的距离。

2. 叠合面受剪承载力计算

为保证压型钢板和混凝土的组合作用可靠，不引起两者的相对滑移，设计中还需要对组合板叠合界面的粘结进行计算。组合板叠合界面的破坏形态可能是剪切和粘结破坏的结合，称为剪切粘结破坏，见图 20-35。这种破坏首先在加载点附近形成的主斜裂缝，使裂缝附近的粘结力丧失，然后沿叠合界面产生水平裂缝，并很快向板端发展，最终导致整个剪跨段长度上的粘结破坏，引起钢板与混凝土之间的滑移。

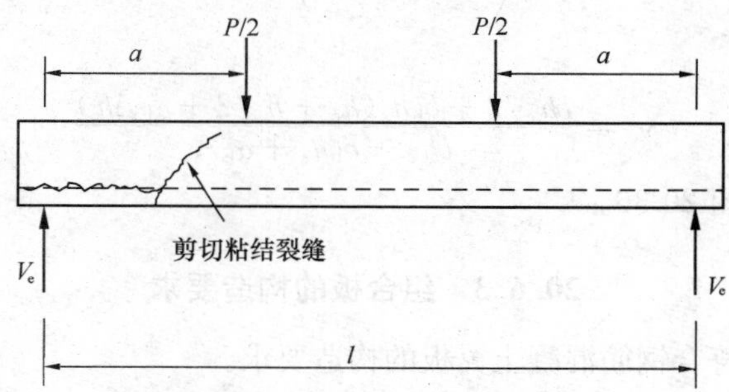

图 20-35 组合板叠合界面的剪切粘结破坏

根据试验研究剪切粘结破坏承载力的计算公式为：

$$V_u=\left(kf_t+m\frac{\rho h_0}{a}\right)bh_0 \tag{20-39}$$

式中 a——剪跨，对均布荷载可取 $a=l/4$；

ρ——含钢率，$\rho=A/bh_0$；

k、m——待定系数。

对于不同形状的压型钢板，式（20-39）中的待定系数 k 和 m 不同，需根据试验数据回归求得。我国《组合规程》取：

$$V_u = 0.7 f_t b h_0 \tag{20-40}$$

3. 变形计算

组合板的变形验算按弹性理论进行。截面惯性矩可取开裂截面惯性矩 I_c 和未开裂截面惯性矩 I_u 的平均值，即：

$$I = \frac{I_c + I_u}{2} \tag{20-41}$$

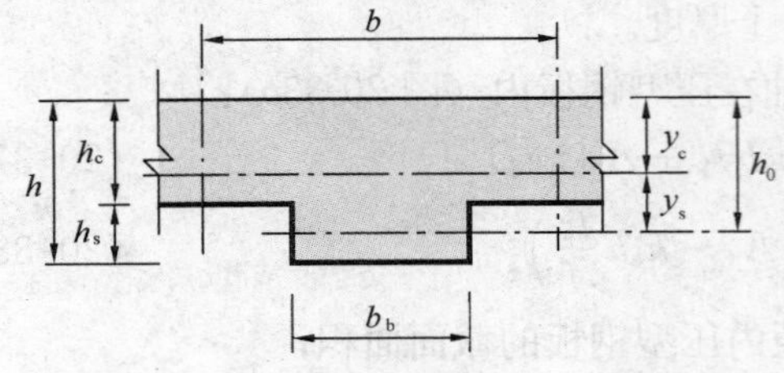

图 20-36　压型钢板组合板截面

图 20-36 为典型的压型钢板组合板截面，换算成混凝土截面后，开裂截面惯性矩为：

$$I_c = \frac{b y_c^2}{3} + \alpha_E A y_s^2 + \alpha_E I \tag{20-42}$$

式中　y_c——中和轴高度，按下式计算

$$y_c = h_0 \left[-\alpha_E \rho + \sqrt{(\alpha_E \rho)^2 + 2\alpha_E \rho} \right] \tag{20-43}$$

短期荷载下的弹性模量比取 $\alpha_E = E_s/E_c$，长期荷载下的弹性模量比取 $2E_s/E_c$。

未开裂截面的惯性矩为：

$$I_u = \frac{b h_c^3}{12} + b h_c \left(y_c - \frac{h_c}{2} \right)^2 + \frac{b_b h_s^3}{12} + b_b h_s \left(h - y_c - \frac{h_s}{2} \right)^2 + \alpha_E I + \alpha_E A y_s^2 \tag{20-44}$$

中和轴高度为：

$$y_c = \frac{b h_c^2/2 + b_b h_s (h_c + h_s/2 + \alpha_E A h)}{b h_c + b_b h_s + \alpha_E A} \tag{20-45}$$

式中有关符号见图 20-36。

20.6.3　组合板的构造要求

非组合板应符合钢筋混凝土翼板的构造要求。

组合板的总厚度 h 不应小于 90mm，压型钢板翼缘以上混凝土的厚度 h_c 不应小于 50mm。

组合板应设置分布钢筋网，其作用是承受收缩和温度应力，并可以提高火灾时的安全性，对集中荷载也可起到分布作用。分布钢筋两个方向的配筋率（$\rho_s = A_s/bh$）均不宜少于 0.002。

在有较大集中荷载区段和开洞周围应配置附加钢筋。当防火等级较高时，可配置附加纵向受拉钢筋。

为提高组合作用，在剪跨区应布置 ϕ6－150～ϕ6－300 的横向钢筋，并将钢筋焊在压型钢板的上翼缘上，每个纵肋翼板上焊缝长度不小于 50mm。

对于简支板，支座上部应配置构造负弯矩钢筋，以控制裂缝宽度。负弯矩钢筋的配筋率不少于 0.002，截断点距支承边的长度不小于 l /4，且每米不少于根。

对于连续板，在支座负弯矩区段应配置附加负弯矩钢筋。负弯矩钢筋的计算同一般钢筋混凝土翼板，但要考虑压型钢板的形状在受压区所形成的缺口。受压区钢板因受压屈曲，计算时忽略不计。

支承于钢梁上的组合板，支承长度不应小于 75mm，其中压型钢板的支承长度不应小于 50mm，见图 20-37（*a*）、（*c*）。支承于混凝土上时，支承长度不应小于 100mm，压型钢板的支承长度不应小于 75mm，见图 20-37（*b*）、（*d*）。对于支承在钢梁上的连续板或搭接板，其最小支承长度为 75mm，而支承于混凝土上时则为 100mm，见图 20-37（*e*）、（*f*）。

压型钢板与钢的连接，是采用圆柱头栓钉穿透压型钢板焊接于钢梁上。栓钉直径一般为：板跨度≤3m 时，取 13～16mm；板跨度 3～6m 时，取 16～19mm；板跨度大于 6m 时，宜取 19mm。栓钉应高出压型钢板顶面 35mm 以上。

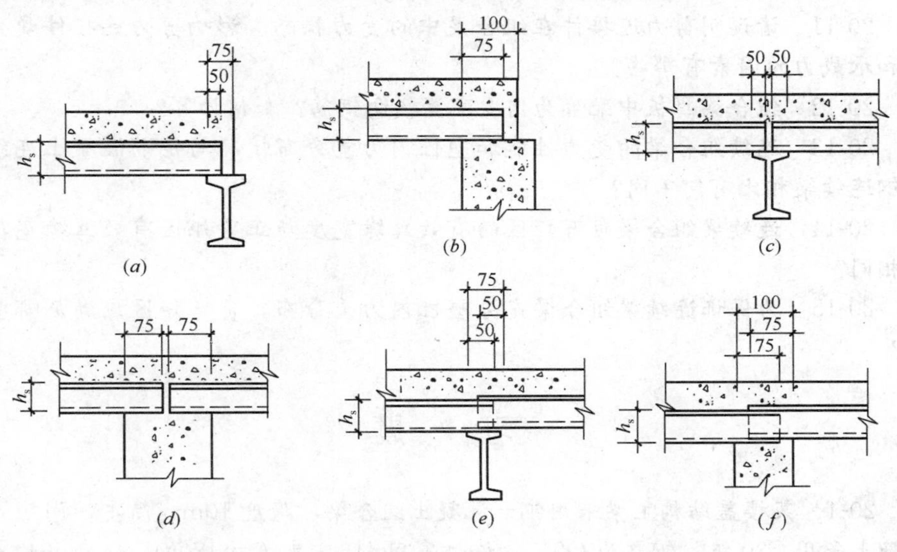

图 20-37　支承长度

思　考　题

20-1　组合梁与非组合梁有什么差别？非组合梁在工程应用中如何设计计算？

20-2　组合梁中为什么要设置剪力连接件？试说明剪力连接件在组合梁中的受力状态。

20-3　试说明钢—混凝土组合梁的受力全过程。

20-4　何谓组合梁的有效翼缘宽度？影响因素有哪些？

20-5　为什么要对组合梁中钢梁板材的宽厚比有限制要求？

20-6　完全组合梁受弯承载力计算中，钢梁的塑性强度 f_p 为何要取钢梁钢材相应强度乘以 0.9？

20-7　试通过设计算例，从承载力、挠度变形以及经济指标等方面，说明组合梁与非组合梁差别，并在同样设计条件下，比较钢筋混凝土梁和钢梁的设计结果。

20-8　如何确定完全组合梁剪力连接件的数量和布置？为什么剪力连接件通常在各剪跨区段可采用均匀布置方式？

20-9　试比较组合梁、钢梁、钢筋混凝土和预应力混凝土梁抗弯刚度的计算方法，由此说明在建立计算方法时如何考虑不同构件类型的受力特点。

20-10　何谓完全组合梁，何谓部分组合梁？完全组合梁和部分组合梁在受力性能上有何差别？在什么情况下可以采用部分组合梁？

20-11　请说明剪力连接件在组合梁中的受力状态。影响剪力连接件受力性能和承载力的因素有哪些？

20-12　组合梁翼板中配置为何要配置横向钢筋？如何计算？

20-13　连续组合梁的受力性能和塑性内力重分布情况与钢筋混凝土连续梁和钢连续梁相比有何不同？

20-14　连续梁组合梁负弯矩区的有效翼缘宽度与正弯矩区有效翼缘宽度是否相同？

20-15　为保证连续梁组合梁充分塑性内力重分布，负弯矩区应满足哪些要求？

习　题

20-1　某楼盖结构主梁采用钢—混凝土组合梁，跨度 10m，简支，间距 4m。混凝土采用 C30 级，钢梁为 Q235。栓钉采用 $\phi16$，其 $f_u=480\text{MPa}$。已知均布活荷载标准值为 2.0kN/m^2，不包括混凝土翼板自身在内的其他均布恒载标准值为 2.0kN/m^2。试确定该组合梁的钢梁截面及混凝土翼板厚度，并进行设计。设计计算应包括组合梁的承载力和变形，并按完全组合计算剪力连接件。

第21章 钢骨混凝土结构

21.1 概 述

20.1.1 钢骨混凝土结构的特点

钢骨混凝土结构是指在钢骨周围配置钢筋，并浇筑混凝土的结构，如图21-1所示。钢骨通常由钢板焊接拼制而成，也可直接采用热轧型钢，此时也称为型钢混凝土。由于钢骨自身具有刚度和承载力，在实际工程中经常利用钢骨（架）承担施工阶段的荷载，如模板和混凝土重量，因此相对普通钢筋，钢骨称为劲性钢筋，故钢骨混凝土也称为劲性钢筋混凝土。

钢骨混凝土由内部钢骨部分与外包钢筋混凝土部分形成整体，共同受力，其受力性能优于钢骨部分和钢筋混凝土部分的简单叠加。

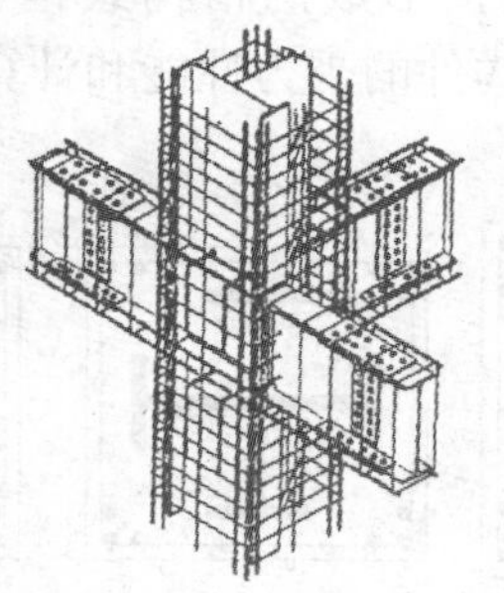
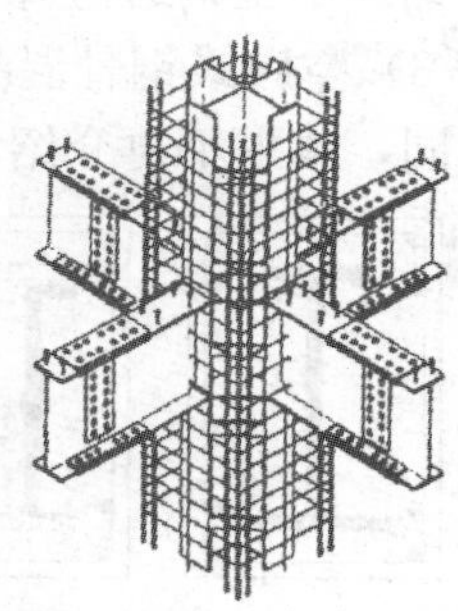
图 21-1 钢骨混凝土结构

与钢结构相比，钢骨混凝土构件的外包钢筋混凝土可以防止内部钢骨的局部屈曲，并能提高钢构件的整体刚度，使钢材的强度得以充分发挥。采用钢骨混凝土结构，一般可比纯钢结构节约钢材达50%以上。其次，钢骨混凝土结构比纯钢结构具有更大的刚度和阻尼，有利于结构变形的控制。此外，外包混凝土可提高结构的耐久性和耐火性，最初欧美国家发展钢骨混凝土结构主要就是出于对钢结构的防火和耐久性的考虑。

与钢筋混凝土结构相比，由于配置了钢骨，使构件的承载力大为提高，尤其是采用实腹式钢骨时，构件的抗剪承载力有很大提高，使结构抗震性能得到很大改善。钢骨混凝土结构在日本得到广泛的应用，就是由于它具有很好的抗震性能。此外，钢骨架本身可以承受施工阶段的荷载，并可将模板悬挂在钢骨架上，省去支撑，有利于加快施工速度，缩短施工周期。

20世纪50年代，我国曾从前苏联学习引进过劲性钢筋混凝土，后因用钢量较大而未得到应用推广，仅在一些早期电厂车间的外包钢骨混凝土厂房柱中有一些应用。20 世纪 80 年代后期，随着我国高层钢筋混凝土建筑的发展，钢骨混凝土以其承载力大、抗震性能好而逐渐受到重视，并在工程中得到较多应用。1998 年我国原冶金部编制出版了第一部《钢骨混凝土结构设计规程》YB 9082—98（以下简称《钢骨规程》)。2001 年编制出版了《型钢混凝土组合结构技术规程》JGJ 138—2001。近年来，随着高层建筑混合结构体系的发展，钢骨混凝土作为一种主要的组合构件形式而得到更多的应用。新编《高层建筑混凝土结构设计规程》JGJ 138—2002 和正在编制的《高层建筑混合结构技术规程》均纳入了钢骨混凝土结构的内容。由于《钢骨规程》的设计方法在实际应用中较为方便，本章的设计计算方法主要按该规程介绍。

21.1.2　钢骨混凝土构件和结构的形式

钢骨的形式分为实腹式和空腹式。实腹式钢骨采用由钢板或型钢焊接拼制成，或直接采用热轧型钢，钢骨断面主要有工字形、口字形、十字形（见图 21-2)。实腹式钢骨混凝土构件的抗剪承载力大，抗震性能比钢筋混凝土有显著改善，因此目前我国高层建筑结构中均采用实腹式钢骨混凝土。空腹式钢骨是采用角钢或小型钢通过缀板连接形成的格构式钢骨架，有平腹杆和斜腹杆（见图 21-3)。空腹式钢骨混凝土构件的受力性能和计算方法与普通钢筋混凝土构件基本相同，本书不再介绍。

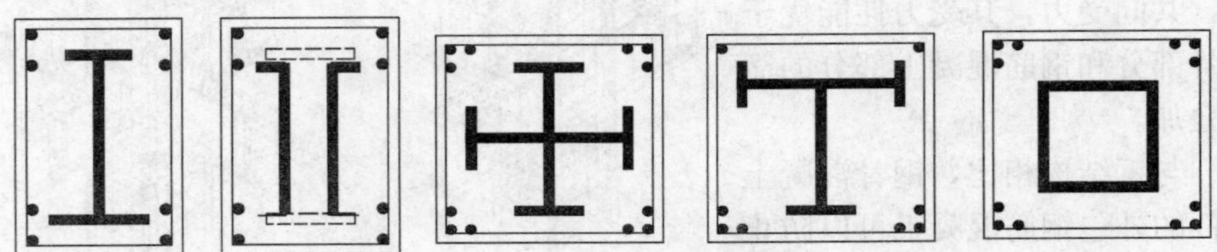

图 21-2　常用实腹式钢骨混凝土截面形式

在实际工程中，结构构件可以全部采用钢骨混凝土，形成全钢骨混凝土结构，也常与钢筋混凝土或钢结构组成混合结构，而且因为钢骨混凝土结构是介于钢结构和混凝土结构之间的一种结构形式，往往成为混合结构体系中过渡部位的不可缺少的结构形式。钢骨混凝土结构的主要应用形式如下：

（1）钢骨混凝土框架结构，即梁柱均采用钢骨混凝土构件的框架结构；

（2）钢骨混凝土框架—钢支撑结构；

（3）钢骨混凝土框架—钢骨或钢筋混凝土剪力墙（核心筒）结构；

（4）钢框架—钢骨混凝土核心筒结构；

（5）地下室或底部若干层采用钢骨混凝土结构，上部采用钢结构；

（6）地下室或底部若干层采用钢骨混凝土结构，上部采用钢筋混凝土结构；

（7）框架柱采用钢骨混凝土，梁采用钢筋混凝土或钢一混凝土组合梁；

(8) 框支剪力墙的框支柱和框支梁、转换层等其他受力较大的部位采用。

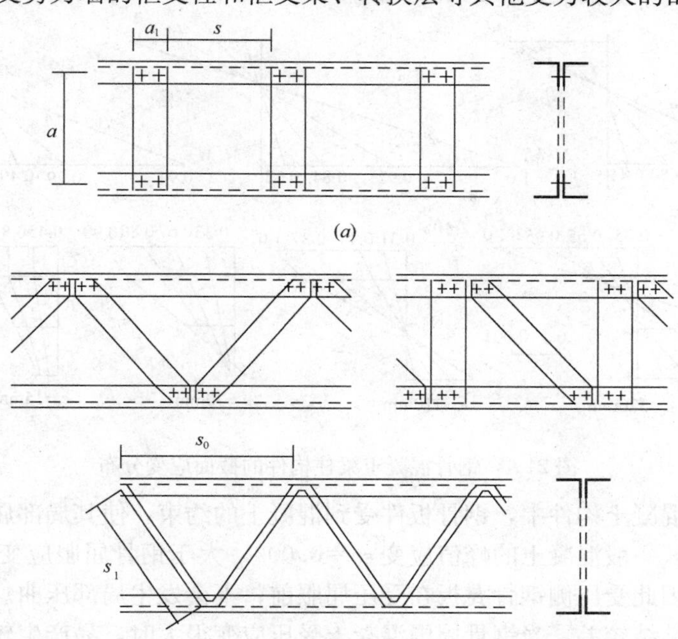

图 21-3 空腹式钢骨

(a) 格构形空腹式钢骨；(b) 桁架形空腹式钢骨

21.2 钢骨与混凝土的共同工作

与钢筋混凝土一样，对于钢骨混凝土结构，内部钢骨与外包钢筋混凝土能否共同工作，承受外荷载作用，是保证钢骨混凝土充分发挥其承载力的关键。

在钢筋混凝土结构中，钢筋的表面积与截面积之比较大，一般来说钢筋与混凝土界面之间的粘结强度可以保证两者之间的内力传递，使钢筋与混凝土变形协调，共同工作。为增强钢筋与混凝土的粘结，通常采用变形钢筋。

而在钢骨混凝土结构中，钢骨与混凝土的粘结和光面钢筋与混凝土的粘结类似，其粘结强度主要取决于胶着力。而且，钢骨的表面积与截面积之比较小，钢骨表面也较为平整，因此钢骨与混凝土的粘结强度比较低，一旦钢骨与混凝土间产生滑动，钢骨与混凝土的粘结力就几乎丧失。因此，仅依靠钢骨与混凝土的粘结强度来保证钢骨与混凝土的共同工作是不够的，需要通过合适的钢骨配置形式和配筋构造，必要时可设置剪力连接件来保证钢骨与混凝土的共同工作。

对于钢骨混凝土梁、柱构件，试验研究表明，当钢骨上翼缘处于截面受压区，且配置一定构造钢筋时，钢骨与混凝土能保持较好的共同工作，截面应变分布基本上符合平截面假定（见图 21-4）。

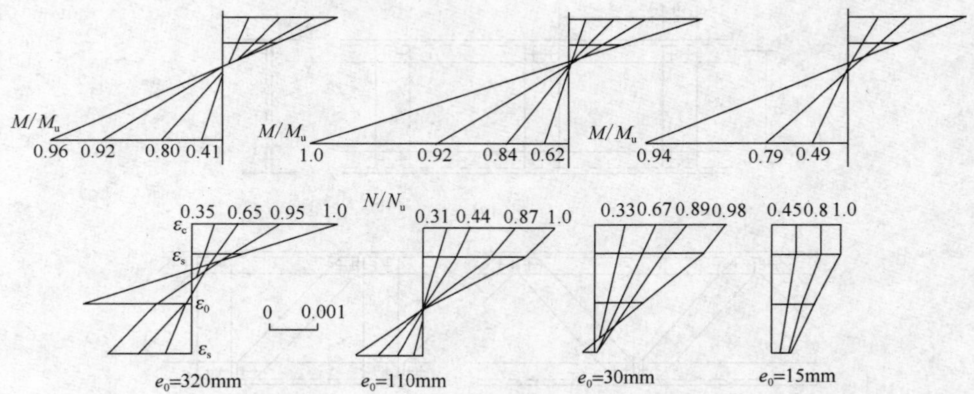

图 21-4 钢骨混凝土梁柱构件的截面应变分布

在钢骨混凝土构件中，钢骨板件受到混凝土的约束，使其局部屈曲承载力得到显著提高。一般混凝土的峰值应变 $\varepsilon_0=0.002$，大于钢骨屈服应变 $\varepsilon_{sy}=0.0015\sim0.0018$，因此受压侧钢骨翼板在受压屈服前，不会发生局部压曲。但由于混凝土与钢骨的粘结较差，当钢骨周围混凝土受压应变很大时，易产生较大范围的剥落（见图 21-5*a*），混凝土对钢骨板材的约束作用减弱，将导致钢骨板材在破坏阶段产生压曲，影响钢骨变形能力的发挥。试验结果表明，当钢骨翼缘板材宽厚比达到 40，且箍筋能充分地约束内部混凝土时，则构件变形延性系数达到 6～7 也没有产生承载力下降现象。因此，为防止外包混凝土保护层在破坏阶段的严重剥落，使钢骨与混凝土仍可继续保持共同工作，钢骨的塑性变形能力得以充分发挥，在外包混凝土中应配置必要的纵筋和箍筋（见图 21-5*b*）。

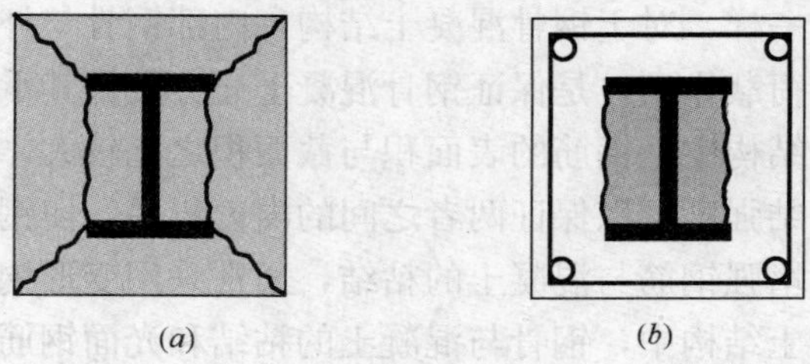

图 21-5 箍筋防止保护层混凝土剥落的作用

图 21-6 给出了无配筋、仅配箍筋以及配置箍筋和纵筋的三种钢骨混凝土梁的荷载—挠度曲线对比。由图可见，有箍筋钢骨混凝土梁承载力比无配筋钢骨混凝土梁提高约 10%，其延性也明显改善。纵筋的配置，与箍筋形成骨架，有助于进一步约束外包混凝土，而且也使承载力进一步增大。因此，为保证外包混凝土与钢骨的共同工作，必须在外包混凝土中配置必要的纵筋和箍筋。

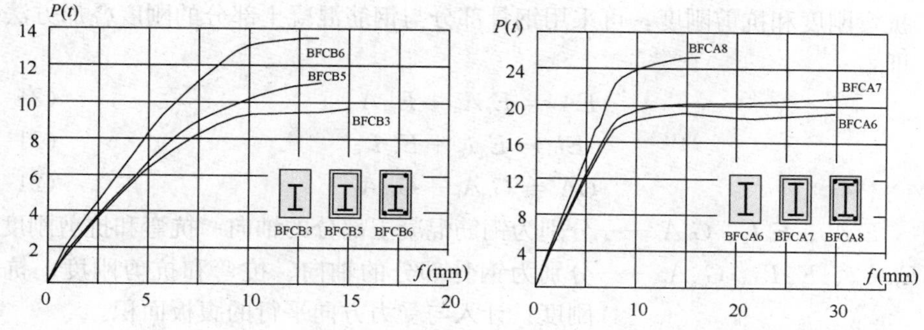

图 21-6 配置箍筋和纵筋对钢骨与外包混凝土共同工作的影响

对于剪跨比较小的框架柱，当受剪较大时，易产生剪切粘结破坏（见图 21-7），也会导致混凝土较大范围剥落，使钢骨与外包混凝土不能很好地共同工作，承载力和变形能力降低。配置足够的箍筋可以提高粘结破坏承载力。

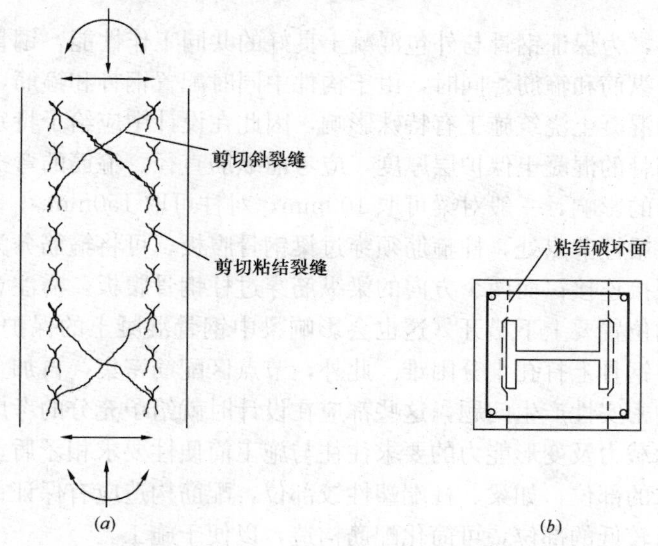

图 21-7 钢骨与混凝土界面粘结破坏

（a）剪切粘结破坏；（b）粘结破坏面

因此，钢骨截面有一部分位于截面受压区，且外包混凝土中配置必要的构造纵筋和箍筋，钢骨与混凝土可以较好地共同工作，并可使钢骨的塑性变形能力得到充分发挥。

21.3 钢骨混凝土结构的一般规定

21.3.1 计 算 刚 度

在进行结构整体内力和变形分析时，钢骨混凝土梁、柱构件截面的轴向刚度、抗弯刚度和抗剪刚度，可采用钢骨部分与钢筋混凝土部分的刚度叠加方法确定，即：

$$EA = E_c A_c + E_{ss} A_{ss} \tag{21-1}$$

$$EI = E_c I_c + E_{ss} I_{ss} \tag{21-2}$$

$$GA = G_c A_c + G_{ss} A_{ss} \tag{21-3}$$

式中　E_cA_c、E_cI_c、G_cA_c——分别为钢筋混凝土部分的轴向、抗弯和抗剪刚度；

$E_{ss}A_{ss}$、$E_{ss}I_{ss}$、$G_{ss}A_{ss}$——分别为钢骨部分的轴向、抗弯和抗剪刚度，抗剪刚度只计入与受力方向平行的腹板面积。

由于混凝土可能开裂，以及在长期荷载作用下的徐变影响，当在结构变形计算时需要考虑这些影响时，可将上述公式中的混凝土部分刚度适当降低，降低系数可取0.6～0.9。

21.3.2　一般配筋构造要求

如前所述，为保证钢骨与外包混凝土良好的共同工作性能，钢骨混凝土构件必须配置一定纵筋和箍筋。同时，由于构件中同时配置钢骨和箍筋，其配筋构造对钢骨安装和混凝土浇筑施工有特殊影响，因此在设计中应给予特别的重视。

例如，钢骨的混凝土保护层厚度，应考虑纵筋直径、箍筋的弯折半径、弯折角度及长度等的影响，一般对梁可取100mm，对柱可取150mm。

又如，在梁柱节点处，柱箍筋须穿过梁钢骨腹板，可将箍筋分为四部分分别穿，然后再焊接连接；而两个方向的梁纵筋穿过柱钢骨腹板，需注意钢骨腹板上预留贯穿孔的位置要上下错开（这也会影响梁中钢骨混凝土的保护层厚度），否则现场临时在钢骨上打孔十分困难。此外，节点区配筋密集，再加上钢骨，会使混凝土浇筑的密实性产生问题，这些都应在设计时就给予充分的考虑。

结构的承载力及变形能力的要求往往与施工简便性要求相矛盾。对于有塑性变形能力要求的部位，如梁、柱端塑性铰部位，配筋构造应有保证；而对于塑性变形能力要求较低的部位，可简化配筋构造，以便于施工。

图21-8为钢骨混凝土梁、柱构件的一般配筋构造要求。

钢骨混凝土构件中，箍筋的主要作用有以下几方面：增强钢筋混凝土部分的抗剪能力；约束箍筋内部的混凝土；防止钢筋压屈；防止钢骨的局部压屈。梁、柱构件箍筋的一般构造要求见表21-1和表21-2。

梁箍筋构造要求　　**表21-1**

抗震等级	箍筋直径	箍筋间距	加密区箍筋间距	最小配箍率
非抗震	≥8mm	≤250mm	—	0.2%
三、四级	≥8mm	≤250mm	$h_b/4$，$6d$，≤150mm	0.2%
一、二级	≥10mm	≤200mm	$h_b/4$，$6d$，≤100mm	0.25%
特一级	≥12mm	≤200mm	$h_b/4$，$6d$，≤100mm	0.3%

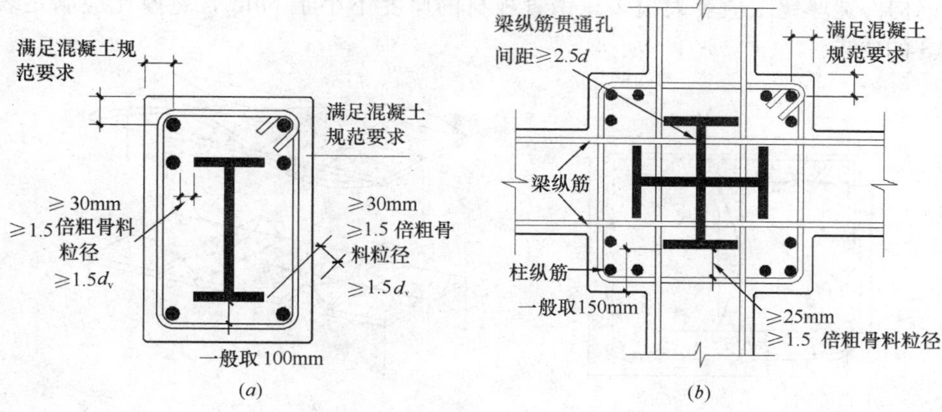

图 21-8 钢骨混凝土梁、柱构件的配筋构造要求
(*a*) 钢骨混凝土梁；(*b*) 钢骨混凝土柱

柱箍筋构造要求 **表 21-2**

抗震等级	箍筋直径	箍筋间距	加密区			
			箍筋间距	最小体积配箍率		
				轴压比		
				<0.4	>0.5	0.4～0.5
非抗震、四级	≥8mm	≤200mm	—	0.2%	0.3%	线性插值
三	≥10mm	≤200mm	8d，≤150mm	0.4%	0.5%	
一、二级	≥12mm	≤150mm	8d，≤100mm	0.6%	0.7%	
特一级	≥14mm	≤150mm	8d，≤100mm	0.8%	0.9%	

21.3.3 钢骨的配置要求

钢骨混凝土梁、柱构件中钢骨的含钢率一般要求不小于 2%，否则可按钢筋混凝土构件设计。对于一、二级抗震结构的柱中钢骨的含钢率，不应小于 4%；对于特一级抗震结构，不应小于 6%。为避免混凝土浇筑困难，钢骨的含钢率也不宜大于 15%。合理含钢率为 5%～8%。

尽管外包混凝土可显著提高钢骨板材的局部屈曲承载力，但考虑到箍筋的配置不当时，过大的钢骨板材宽厚比仍然存在局部屈曲问题（见图 21-9），使混凝土保护层剥落，影响混凝土与钢骨共同工作的效果以及钢骨塑性变形能力的发挥。为此，有必要限制钢骨板材的宽厚比。不过，即使混凝土保护层剥落后，钢骨翼缘的局部压屈也与纯钢构件有根本的不同之处，如图 21-10 所示。纯钢构件的翼缘呈现为铰接的压屈波形，而钢骨混凝土构件中由于内部混凝土的约束，翼缘呈现为固接的压屈波形。因此，钢骨混凝土构件中的钢骨板材的宽厚比限值比纯钢构件宽厚比限值要大很多。钢骨板材的厚度不小于 6mm，宽厚比应满足表 21-3 的要求。

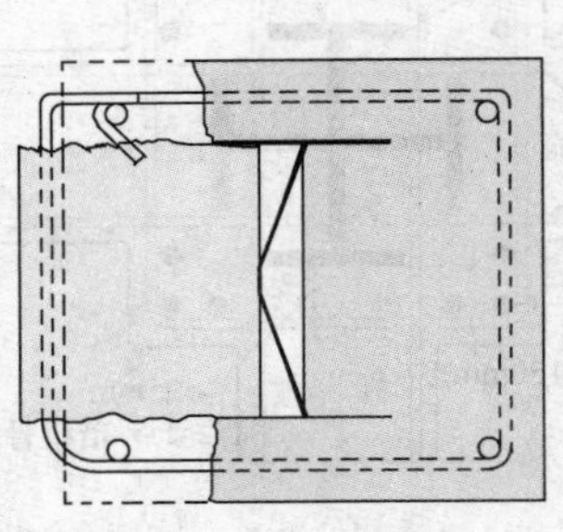

图 21-9 箍筋配置不当或约束较小时钢骨腹板的局部屈曲

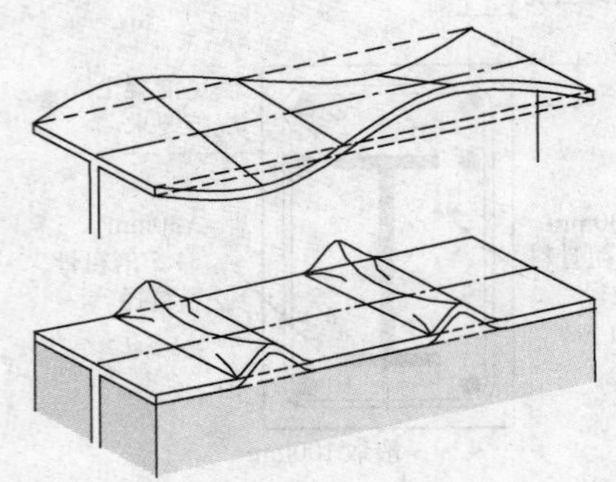

图 21-10 纯钢构件与钢骨混凝土翼缘的压屈形状

钢骨板材宽厚比的限值 **表 21-3**

钢号	b/t_f	h_w/t_w（梁）	h_w/t_w（柱）	D/t（柱）	B/t（柱）
Q235	23	107	96	72	150
Q345	19	91	81	61	109

注：表中符号见图 21-11。

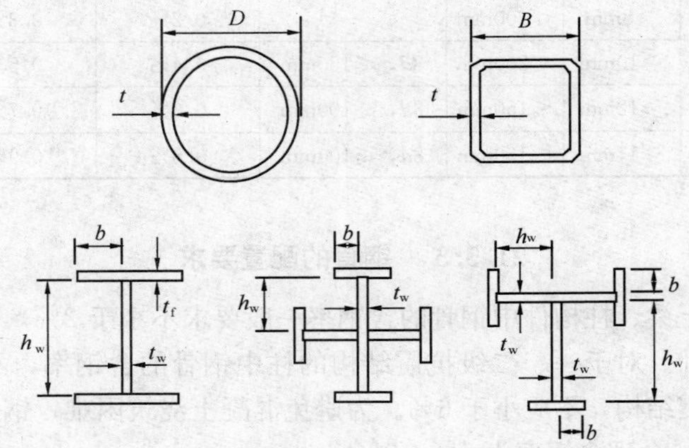

图 21-11 钢骨板材宽厚比

21.4 钢骨混凝土梁

21.4.1 受弯承载力计算

1. 受弯性能

图 21-12 所示为两点集中加载实腹式钢骨混凝土梁的荷载—挠度曲线。a 点

为受拉区混凝土开裂。开裂时钢骨截面的受力仍处于弹性阶段，且钢骨截面的抗弯刚度较大，因此梁开裂后虽然截面刚度有所降低，$P-f$ 曲线产生转折，但刚度减小的程度比一般钢筋混凝土梁要小。随着荷载增大，受拉区钢筋和钢骨受拉翼缘的应力不断发展。钢骨受拉翼缘达到屈服强度（b 点）后，抗弯刚度有较大降低，挠度变形发展加快，随钢骨的屈服深度不断向上发展，承载力仍继续有所上升。当钢骨受压翼缘达到受压屈服强度（b'点）后，钢骨截面的抗弯刚度有显著降低，承载力基本不再增加，但变形发展显著加快，直至受压区混凝土开始压坏（c 点），压区混凝土保护层剥落，承载力下降。一般钢骨混凝土构件的混凝土保护层剥落范围和程度比钢筋混凝土构件要大，但混凝土剥落仅发展到钢骨受压翼缘。由于钢骨的存在，钢骨内侧的混凝土受到钢骨的约束，因此截面钢骨核心部分的混凝土仍然可以与钢骨继续共同受力，在受压区混凝土破坏承载力降低到一定程度后，梁的钢骨及其核心混凝土仍能维持一定的残余承载力，变形可以持续发展很长一段时间（de 段），这是比钢筋混凝土梁优越之处。

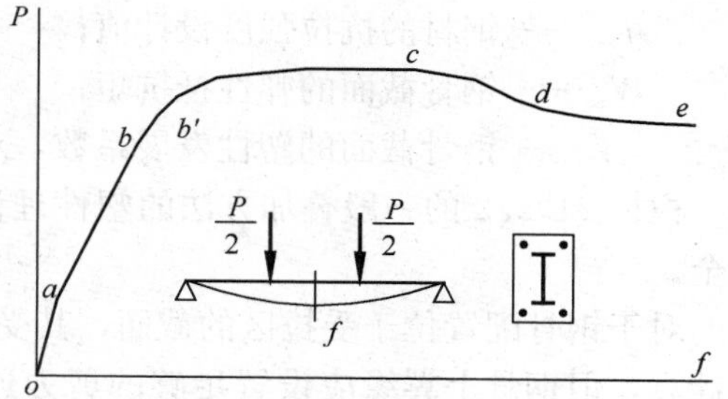

图 21-12 钢骨混凝土梁的荷载—挠度曲线

2. 受弯承载力计算

如前所述，配置了一定纵筋和箍筋的钢骨混凝土梁，钢骨与外包混凝土可较好地共同工作，截面应变分布基本符合平截面假定。因此，钢骨混凝土梁正截面受弯承载力的一般计算方法，仍可采用与钢筋混凝土构件相同的基本假定进行，截面应力分布如图 21-13 所示，受压区混凝土的压应力仍可按等效矩形应力图的方法简化计算。达到受弯承载力极限状态时，钢骨上下翼缘通常达到屈服，但钢骨腹板部分沿截面高度有应力分布，且靠近中和轴部分未达到屈服。

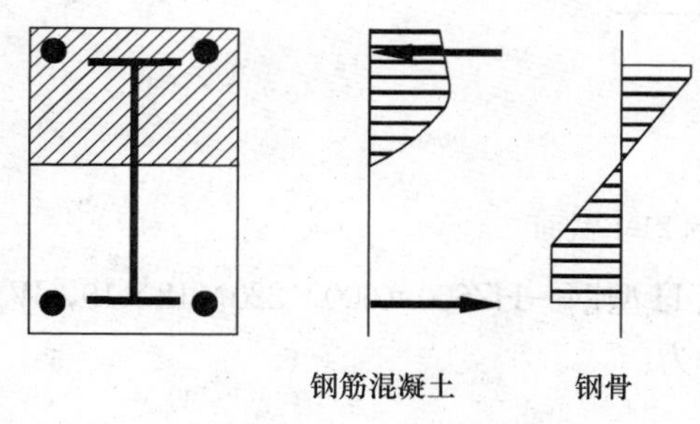

图 21-13 实腹式钢骨截面的应力分布

对于钢骨为对称配置的截面，《钢骨规程》采用以下简单叠加方法计算其受弯承载力：

$$M \leqslant M_{by}^{ss} + M_{bu}^{rc} \tag{21-4}$$

式中 M_{bu}^{rc}——钢筋混凝土部分的受弯承载力；

M_{by}^{ss}——钢骨部分的受弯承载力，按下式计算：

$$M_{by}^{ss} = \gamma_s \cdot W_{ss} \cdot f_{ssy} \tag{21-5}$$

f_{ssy}——钢材的抗拉强度设计值；

W_{ss}——钢骨截面的弹性抵抗矩；

γ_s——钢骨截面的塑性发展系数，对工字形钢骨截面可取1.05。

根据21.5.2的一般叠加方法的塑性理论，上述叠加方法的计算结果是偏于安全。

对于钢骨配置位于受拉区的截面，其受弯承载力可按钢—混凝土组合梁的方法计算，但钢骨上翼缘应设置足够的剪力连接件以保证钢骨与混凝土的共同工作。

【例题 21-1】 钢骨混凝土梁的截面尺寸为 b=450mm，h=850mm，采用C30级混凝土，钢骨采用16Mn钢，钢筋采用HRB335级钢筋，截面见图21-14，承受负弯矩设计值 M=1250kN·m作用，试计算配筋。

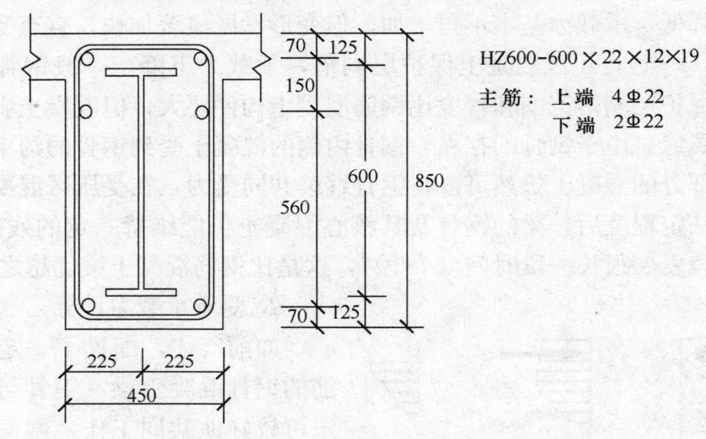

图21-14 例21-1截面

【解】 假定钢骨截面采用16Mn热轧H型钢—HZ600（600×220×12×19，W_{ss}=3069cm³），则钢骨部分的抗弯承载力 M_{by}^{ss} 为：

$$M_{by}^{ss}=\gamma_s \cdot W_{ss} \cdot f_{ssy}$$

$$=1.05\times 3069\times 10^3\times 310=999.0\times 10^6\,\mathrm{N\cdot mm}=999.0\,\mathrm{kN\cdot m}$$

钢筋混凝土部分的弯矩设计值为：

$$M_{bu}^{rc}=M-M_{by}^{ss}=1250-999.0=251.0\,\mathrm{kN\cdot m}=251.0\times 10^6\ \mathrm{N\cdot mm}$$

设采用两排钢筋，有效高度 h_0 为：

$$h_0=(2\times 630+2\times 780)/4=705\mathrm{mm}$$

$$\alpha_s=\frac{M_{bu}^{rc}}{f_c b h_0^2}=\frac{251.0\times 10^6}{14.3\times 450\times 705^2}=0.078<\alpha_{s,\max}=0.399$$

$$\gamma_s=\frac{1}{2}(1+\sqrt{1-2\alpha_s})=0.959$$

$$A_s = \frac{M_{bu}^{rc}}{f_{sy} \cdot \gamma_s h_0} = \frac{251.0 \times 10^6}{300 \times 0.959 \times 705} \approx 1237\text{mm}$$

配 4 Φ 20（$A_s = 1256\text{mm}^2$），$A_s > \rho_{min} bh = 0.15\% \times 450 \times 850 = 574\text{mm}^2$。截面配筋见图 21-14。

21.4.2 受剪承载力计算

1. 受剪性能

配置实腹式钢骨时，其腹板在梁中的受力状态与箍筋不同，钢骨腹板本身可以承担相当大的剪力，从而大大提高了梁的斜截面受剪承载力。根据实腹式钢骨混凝土梁的斜裂缝的发展过程和最终破坏时的情况，其斜截面破坏形态主要有三种类型：斜压破坏、剪压破坏和剪切粘结破坏，见图 21-15。由于配置了实腹式钢骨，不会产生斜拉破坏。

在剪跨比小于 1.0，或剪跨比在 1.0～1.5 范围且含钢率较大的情况下，一般发生斜压破坏，如图 21-15（*a*）所示，其破坏过程和破坏特征与钢筋混凝土梁的斜压破坏类似，箍筋和钢骨腹板均未屈服。试验表明，钢骨混凝土梁斜压破坏承载力的上限比钢筋混凝土梁有所提高。在剪跨比大于 1.5 且含钢率较小的情况下，一般发生剪压破坏，如图 21-15（*b*）所示，其破坏过程和破坏特征与钢筋混凝土梁的剪压破坏类似，箍筋和钢骨腹板均达到屈服。由于钢骨与混凝土的粘结强度较小，当箍筋配置不足且剪跨比较大时，随荷载增加，钢骨与混凝土间的粘结力逐渐丧失，会沿钢骨上下翼缘产生粘结破坏，使保护层混凝土产生较大范围的剥落，如图 21-15（*c*）所示，这种破坏使截面受剪的承载力有较大下降，且钢骨和箍筋的强度均未得到充分利用，故应配置足够的箍筋予以避免。

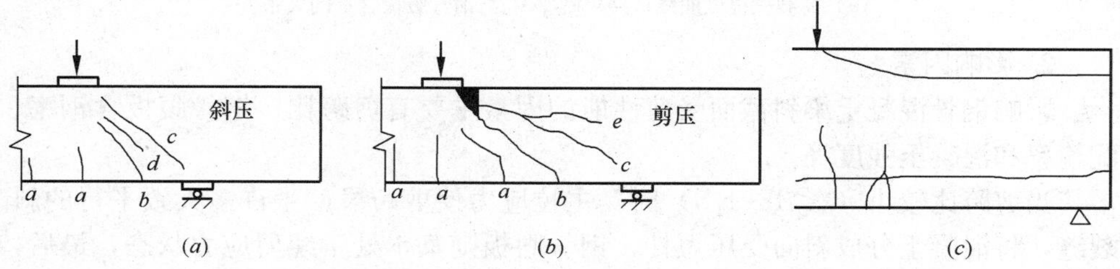

图 21-15 实腹式钢骨混凝土梁的受剪破坏形态

（*a*）斜压破坏；（*b*）剪压破坏；（*c*）剪切粘结破坏

钢骨混凝土梁与钢筋混凝土梁的受剪性能的差异主要表现在以下几个方面：

（1）在斜裂缝出现时，荷载－挠度曲线没有明显转折。这是由于实腹式钢骨具有较大的抗剪刚度，而且腹板在梁中是连续分布的，对斜裂缝的开展起着较好的抑制作用，梁的刚度不会因斜裂缝的出现而显著降低。

（2）由于钢骨腹板的抗剪能力较大，斜裂缝出现以后，梁的受剪承载力仍可增加很多。

(3) 虽然梁的最终受剪破坏是由于混凝土破坏引起的，但从钢骨腹板屈服到最大承载力之前有一个较长的过程，特别是剪压破坏的梁。而且最大承载力之后，受剪承载力的衰减要比钢筋混凝土梁缓慢得多，表现出较好的延性。这是与一般钢筋混凝土梁斜截面受剪的脆性破坏特征的最大差别。图21-16所示为钢骨腹板厚度变化对受剪承载力的影响，可见，钢骨腹板含量越大，梁的斜裂缝开裂荷载和受剪承载力越高，其中对极限荷载影响更大一些。由于极限受剪承载力与混凝土强度关系颇大，当钢骨腹板含量过大，对提高受剪承载力的作用有所减弱，甚至达到极限受剪承载力时，钢骨腹板可能并未屈服。

(4) 钢骨腹板受混凝土的约束不会发生局部屈曲，腹板的强度得以充分发挥。

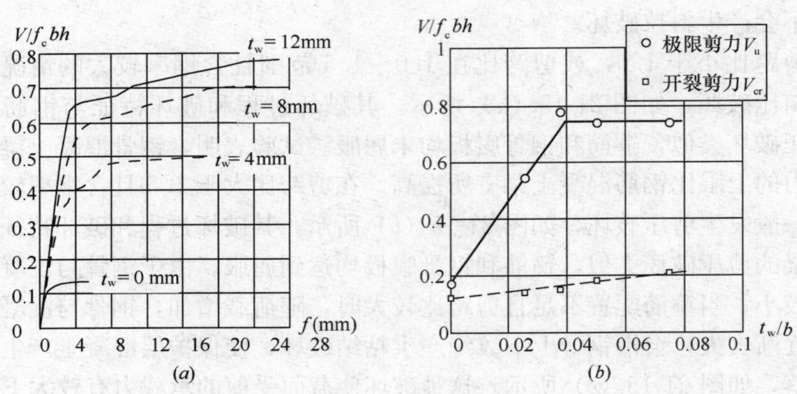

图21-16　钢骨腹板厚度受剪性能的影响

(*a*) 荷载—挠度曲线；(*b*) V_{cr}、V_u与钢骨腹板含量的关系

2. 影响因素

影响钢骨混凝土梁斜截面受剪性能的因素主要有剪跨比、钢骨腹板含钢率、配箍率和混凝土强度等。

当剪跨比较小（$\lambda<1\sim1.5$）时，主拉应力使剪跨段产生许多大致平行的斜裂缝，将混凝土分成斜向受压短柱，钢骨腹板则基本处于纯剪应力状态，最后，钢骨腹板在近似纯剪应力状态下达到屈服强度，混凝土斜压杆压坏而产生剪切斜压破坏。当剪跨比较大（$\lambda=1.5\sim2.5$）时，一方面剪跨段混凝土和钢骨腹板在弯剪应力复合作用下，斜截面受剪承载力均减小；另一方面混凝土受压区和钢骨受拉翼缘较大的正应力导致混凝土保护层与钢骨翼缘界面产生较大剪切应力，由于钢骨与混凝土界面的粘结强度较低，当混凝土保护层厚度较小，易产生水平的剪切粘结裂缝，若箍筋配置不足时，就会产生剪切粘结破坏。当剪跨比$\lambda>2.5$时，梁的承载力往往由弯曲应力起控制作用，一般发生弯曲破坏。

与钢筋混凝土梁不同，实腹式钢骨混凝土梁中钢骨腹板是连续配置的，且刚度较大。斜裂缝出现前，钢骨腹板与混凝土剪应变基本一致。斜裂缝出现后，钢骨腹板不仅承担着斜裂缝截面上混凝土释放出来的应力，同时由于混凝土部分的抗剪刚度降低，后续增加的剪力也大部分由钢骨腹板承担。此外钢骨对腹部混凝土的拉、压变形均具有较强的约束作用，因此斜裂缝出现后，梁的抗剪刚度降低并不显著。当斜裂缝充分发展，梁接近受剪极限状态时，钢骨腹板达到屈服，梁的抗剪刚度很快降低，变形迅速增长。钢骨腹板屈服后，梁仍然有较大的变形能力，极限变形远大于钢筋混凝土梁，表现出较好的延性。

3. 受剪承载力计算

根据试验研究，采用钢骨部分与钢筋混凝土部分受剪承载力叠加方法计算钢骨混凝土构件承载力是偏于安全的，且计算较为简便。因此，钢骨混凝土梁的受剪承载力可表示为：

$$V \leqslant V_{y}^{ss} + V_{u}^{rc} \tag{21-6}$$

式中 V——剪力设计值，对于抗震结构中的框架梁，尚应根据强剪弱弯要求确定，具体规定见《钢骨规程》；

V_{u}^{rc}——钢筋混凝土部分的受剪承载力；

V_{y}^{ss}——钢骨部分的受剪承载力，按下式计算：

$$V_{y}^{ss} = f_{ssv} t_{w} h_{w} \tag{21-7}$$

f_{ssv}——钢骨的受剪强度设计值；

t_{w}、h_{w}——分别为钢骨腹板的厚度和高度。

由于钢骨腹板具有一定的抗剪刚度，在受力过程中直接分配到相当一部分剪力，即使在钢骨腹板含钢率较大的情况下，仍能达到屈服强度，同时钢骨对混凝土也有一定的约束作用。因此，钢骨混凝土梁的受剪承载力上限值比普通钢筋混凝土梁要高。根据试验结果分析，当 $V/f_{c}bh_{0}$ 达到 0.45 时，钢骨腹板仍能达到屈服强度，故取钢骨混凝土梁截面限制条件为：

$$V \leqslant 0.45\beta_{c} f_{c} bh_{0} \tag{21-8}$$

但对混凝土部分的受剪承载力，仍应满足钢筋混凝土构件截面限制要求，即：

$$V_{u}^{rc} \leqslant 0.25\beta_{c} f_{c} bh_{0} \tag{21-9}$$

【例题 21-2】 某框架梁截面如图 21-17 所示，梁端剪力设计值为 V=1500kN，混凝土采用 C30 级，钢骨采用 Q235 钢，主筋采用 HRB335 级钢筋，箍筋采用 HPB300 级钢筋。根据正截面受弯承载力计算已确定了钢骨和纵筋配置，试计算配箍。

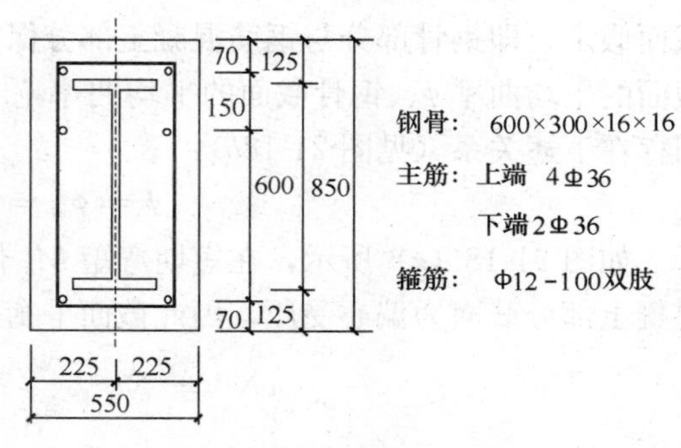

图 21-17 例题 21-2 截面

【解】

截面验算：$V \leqslant 0.45\beta_c f_c b h_0 = 0.45 \times 1.0 \times 14.3 \times 550 \times 705 = 2495.17\text{kN}$

钢骨部分的受剪承载力为：

$$V_y^{ss} = f_{ssv} t_w h_w = 16 \times 568 \times 125 = 1136\text{kN}$$

则钢筋混凝土部分的设计剪力可取：

$$V_u^{rc} = V - V_y^{ss} = 364\text{kN} \leqslant 0.25\beta_c f_c b h_0 = 1386.2\text{kN}$$

则所需配箍为：

$$\frac{A_{sv}}{s} = \frac{V_u^{rc} - 0.7 f_t b h_0}{1.25 f_{yv} h_0} = \frac{364 \times 10^3 - 0.7 \times 1.43 \times 550 \times 705}{1.25 \times 210 \times 705} < 0$$

按构造配箍即可，实际取梁端双肢ϕ8-150，跨中双肢ϕ8-250。

21.4.3　变形和裂缝

1. 使用阶段的受力性能

钢骨混凝土梁截面的弯矩－曲率关系曲线与钢筋混凝土梁基本类似，分为三个阶段。钢骨混凝土梁的开裂荷载约为破坏荷载的10%～15%，其裂缝出现、分布和开展的机理与钢筋混凝土类似。开裂后弯矩－曲率关系曲线出现转折，但因钢骨截面抗弯刚度较大，开裂时的转折不是很大，以后基本呈线性发展，直至受拉钢筋和钢骨受拉翼缘屈服。钢骨混凝土梁屈服过程较长，曲线转折不是很突然，这反映了钢骨从受拉翼缘屈服开始，逐渐向腹板发展的过程。钢骨受拉和受压翼缘均屈服后，截面抗弯刚度有显著降低，挠度变形增长加快，直至破坏。试验表明，当试件的正截面受弯承载力相同时，钢骨混凝土梁的刚度比钢筋混凝土梁的刚度有所提高。由于钢骨配置位置的关系，一般来说受拉钢筋水平处的裂缝宽度比钢骨受拉翼缘水平处的裂缝宽度大，受拉钢筋的应变是影响裂缝宽度的主要因素。

2. 刚度计算

与钢筋混凝土梁相同，在正常使用荷载下，梁是带裂缝工作的。试验表明，对于钢骨与混凝土粘结可靠的梁，在整个受力过程中，截面平均应变分布符合平截面假定，即钢骨部分与钢筋混凝土部分保持共同变形。由此可得钢骨混凝土梁截面的平均曲率ϕ、钢骨截面的平均曲率ϕ_{ss}和钢筋混凝土截面的平均曲率ϕ_{rc}之间存在下述关系（见图21-18*b*）：

$$\phi = \phi_{ss} = \phi_{rc} \tag{21-10}$$

如图21-18（*c*）所示，在短期弯矩M_k作用下，钢骨截面为偏心受拉，钢筋混凝土部分截面为偏心受压，因此截面平衡条件为：

$$\begin{cases} N^{ss} = N^{rc} \\ M_k = M_k^{rc} + M_k^{ss} + N^{ss} \cdot d_s \end{cases} \tag{21-11}$$

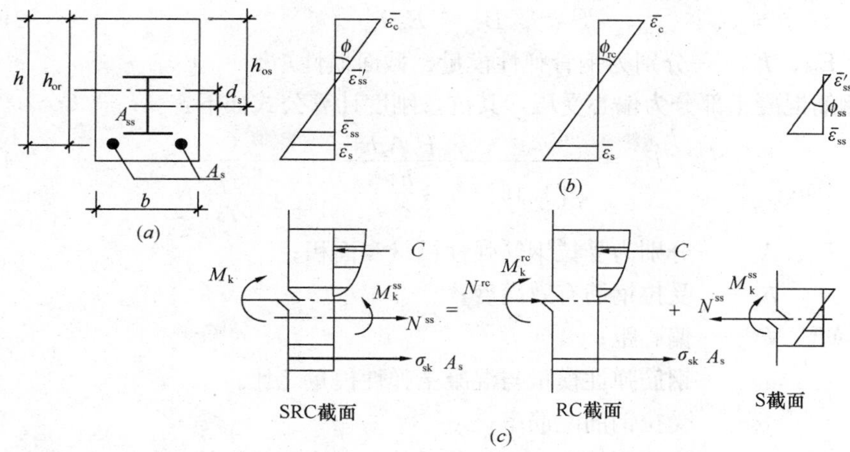

图 21-18　正常使用阶段 SRC 截面应变、应力分布
（a）截面；（b）截面应变分布；（c）截面应力分布

式中　N^{ss}——钢骨截面所受拉力；

N^{rc}——钢筋混凝土截面所受压力；

M_k、M_k^{ss}、M_k^{rc}——分别为正常使用阶段钢骨混凝土截面、钢骨截面和钢筋混凝土截面所分担的弯矩；

d_s——钢骨截面形心至截面形心的距离；

$N^{ss}\cdot d_s$——钢骨截面的拉力 N^{ss} 与钢筋混凝土截面的压力 N^{rc} 形成的组合弯矩。相应各部分弯矩，截面曲率与截面弯矩的关系为：

$$\phi=\frac{M_k}{B};\phi_{ss}=\frac{M_k^{ss}}{B_{ss}};\phi_{rc}=\frac{M_k^{rc}}{B_{rc}} \tag{21-12}$$

B、B_{ss}、B_{rc}——分别为钢骨混凝土截面、钢骨截面和钢筋混凝土截面的抗弯刚度。

设组合弯矩 $N^{ss}d_s$ 及所提供的刚度 B_N 与相应曲率 ϕ_N 也有类似上式关系，即：

$$\phi_N=\frac{N^{ss}d_s}{B_N} \tag{21-13}$$

并设 $\phi_N=\phi$，则由上述关系和弯矩平衡方程可推得：

$$B=B_{rc}+B_{ss}+B_N \tag{21-14}$$

上式表明钢骨混凝土梁的截面抗弯刚度为钢筋混凝土偏压构件刚度 B_{rc}、钢骨截面偏拉构件刚度 B_{ss}及组合刚度 B_N 之和。当钢骨截面形心与钢筋混凝土截面形心重合时，$d_s=0$，组合弯矩和刚度近似为零，此时钢骨混凝土梁的抗弯刚度可近似取为钢筋混凝土部分抗弯刚度与钢骨部分抗弯刚度的叠加。正常使用阶段各部分抗弯刚度的计算如下：

钢骨截面处于弹性状态，其抗弯刚度为：

$$B_{ss}=E_{ss}I_{ss} \tag{21-15}$$

式中　E_{ss}、I_{ss}——分别为钢骨弹性模量、截面惯性矩。

钢筋混凝土部分为偏心受压，其抗弯刚度计算公式如下：

$$B_{rc}=\frac{E_sA_sh_0^2}{\psi\left(1.15-0.4\dfrac{h_0}{e_0}\right)+\dfrac{0.2+6\alpha_E\rho_s}{1+3.5\gamma_f'}} \tag{21-16}$$

式中　E_s、A_s——分别为受拉钢筋弹性模量和面积；

h_0——受拉钢筋有效高度；

$e_0=M^{rc}/N^{rc}$——偏心距；

α_E——钢筋弹性模量与混凝土弹性模量之比；

ρ_s——受拉钢筋配筋率；

ψ——受拉钢筋应变不均匀系数，可按下式计算：

$$\psi=1.1\left(1-\frac{M_c}{M_k^{rc}}\right) \tag{21-17}$$

式中　M_c——混凝土截面的开裂弯矩，按混凝土截面计算，取 $M_c=0.235bh^2f_{tk}$。当 ψ 大于 1.0 时，取 1.0；当 ψ 小于 0.2 时，取 0.2。

由 $\phi_{ss}=\dfrac{M_k^{ss}}{B_{ss}}=\phi_N=\dfrac{N^{ss}\mathrm{d}_s}{B_N}$，组合抗弯刚度可取：

$$B_N=\frac{N_{ss}d_sE_{ss}I_{ss}}{M_{ss}} \tag{21-18}$$

对于配置对称钢骨的截面，$d_s=0$，组合刚度可近似取为 0，且 h_0/e_0 也可近似取 0，故短期抗弯刚度为：

$$B_s=B_{rc}+B_{ss}=\frac{E_sA_sh_0^2}{1.15\psi+\dfrac{0.2+6\alpha_E\rho_s}{1+3.5\gamma_f'}}+E_{ss}I_{ss} \tag{21-19}$$

以上受拉钢筋应变不均匀系数 ψ 的计算公式（21-17）中，还需要确定钢筋混凝土部分的弯矩 M_k^{rc}。分析计算表明，直至截面破坏，钢筋混凝土部分和钢骨部分的内力分配基本与截面总弯矩 M 保持线性关系，即各部分的内力分配比例基本保持常数，且对于钢骨对称配置截面，正常使用阶段弯矩分配与承载力极限状态弯矩分配的数值基本一致。因此，钢筋混凝土部分的弯矩 M_k^{rc} 可按下式确定：

$$M_k^{rc}=\frac{M_u^{rc}}{M_u^{rc}+M_y^{ss}}M_k \tag{21-20}$$

式中　M_u^{rc}、M_y^{ss}——分别为钢筋混凝土部分和钢骨部分的受弯承载力。

在长期荷载作用下，钢骨混凝土部分需考虑混凝土收缩徐变影响。相对于钢筋混凝土截面来说，截面含钢率较大，故可取长期变形增大系数 $\theta=1.6$，根据第 11 章式（11-24），可得钢骨混凝土梁考虑荷载长期作用影响的刚度计算公式如下：

$$B=\frac{M_{\mathrm{k}}^{\mathrm{rc}}}{M_{\mathrm{k}}^{\mathrm{rc}}+0.6M_{\mathrm{q}}^{\mathrm{rc}}}\cdot B_{\mathrm{rc}}+E_{\mathrm{ss}}I_{\mathrm{ss}} \tag{21-21}$$

式中 $M_{\mathrm{k}}^{\mathrm{rc}}$——按荷载效应准永久组合计算的弯矩；

$M_{\mathrm{q}}^{\mathrm{rc}}$——相应 M_{q} 作用下，混凝土截面部分所承担的弯矩，按 $M_{\mathrm{q}}^{\mathrm{rc}}=\frac{M_{\mathrm{q}}}{M_{\mathrm{k}}}M_{\mathrm{k}}^{\mathrm{rc}}$ 确定。与钢筋混凝土梁相同，可按最小刚度原则来计算梁的挠度变形。

3. 裂缝宽度计算

试验观测表明，受拉钢筋水平处的裂缝宽度普遍大于钢骨受拉翼缘水平处，因此裂缝宽度的计算是以受拉钢筋水平位置为依据。钢骨混凝土梁的裂缝开展机理与钢筋混凝土梁基本相同，但需考虑钢骨和受拉钢筋与混凝土粘结性能的差别对裂缝间距的影响。参照钢筋混凝土梁的裂缝宽度计算公式有：

$$w_{\max}=2.1\psi\frac{\sigma_{\mathrm{sk}}}{E_{\mathrm{s}}}\left(1.9c+0.08\frac{d_{\mathrm{eq}}}{\rho_{\mathrm{te}}}\right) \tag{21-22}$$

$$\sigma_{\mathrm{sk}}=\frac{M_{\mathrm{k}}^{\mathrm{rc}}}{0.87A_{\mathrm{s}}h_{\mathrm{b0}}} \tag{21-23}$$

$$d_{\mathrm{eq}}=\frac{4(A_{\mathrm{s}}+A_{\mathrm{sf}})}{\pi v_{\mathrm{s}}n_{\mathrm{s}}d_{\mathrm{s}}+0.7u_{\mathrm{sf}}} \tag{21-24}$$

式中 σ_{sk}——荷载效应标准组合下受拉钢筋的应力，其中 $M_{\mathrm{k}}^{\mathrm{rc}}$ 按式（21-20）确定；

c——受拉钢筋的保护层厚度；

d_{eq}——受拉钢筋和钢骨受拉翼缘的折算直径；

A_{sf}、u_{sf}——分别为钢骨受拉翼缘的面积和周长；

v_{s}——受拉钢筋粘结特征系数，当为带肋钢筋时，取 1.0；当为光面钢筋时，取 0.7；

n_{s}、d_{s}——分别为受拉钢筋的根数和直径；

ρ_{te}——受拉钢筋 A_{s} 和钢骨受拉翼缘 A_{sf} 的有效配筋率，$\rho_{\mathrm{te}}=\frac{A_{\mathrm{s}}+A_{\mathrm{sf}}}{0.5bh}$。

21.5 钢 骨 混 凝 土 柱

21.5.1 轴压承载力计算

1. 理想轴压短柱

理想短柱是指柱子的长度足够短，达到承载力极限状态时不产生屈曲稳定破坏，也不产生局部屈曲和扭转屈曲破坏。理想短柱在轴压荷载作用下，钢骨和混凝土的压应变相等。当荷载增加时，一般钢骨和钢筋首先达到受压屈服，荷载继续增加，由于钢材的塑性，钢骨和钢筋维持受压屈服应力不变，直至混凝土达到抗压强度，因此理想轴压短柱的极限承载力为：

$$N_0 = f_c A_c + f_{ssy} A_{ss} + f_{sy} A_s \tag{21-25}$$

式中　A_c、A_{ss}、A_s——分别为混凝土、钢骨和钢筋的面积；

f_c、f_{ssy}、f_{sy}——分别为混凝土、钢骨和钢筋的抗压强度。

上式是在理想条件下的轴心受压承载力，它代表柱子轴压承载力的上限，其计算极为简单，并具有理论意义。

2. 相对长细比

对于长细比很大的柱，承受轴心受压荷载时，其承载力可按弹性屈曲理论计算，称为欧拉荷载，即：

$$N = \frac{\pi^2 (EI)}{l^2} \tag{21-26}$$

式中　EI——柱截面的抗弯刚度，可取 $EI = E_c I_c + E_{ss} I_{ss} + E_s I_s$，其中 $E_c I_c$、$E_{ss} I_{ss}$、$E_s I_s$ 分别代表混凝土、钢骨和钢筋截面的抗弯刚度；

l——柱子的计算长度。

欧拉荷载与理想轴压短柱承载力的比值，称为柱子的稳定系数，记为 k_1，即：

$$k_1 = \frac{N}{N_0} = \frac{\pi^2 (E_c I_c + E_{ss} I_{ss} + E_s I_s)}{l^2 (f_c A_c + f_{ssy} A_{ss} + f_{sy} A_s)} \tag{21-27}$$

当 $k_1 = 1$ 时，即欧拉荷载等于理想轴压短柱承载力时，这时柱子的长度称为临界长度 l_{cr}，即：

$$l_{cr} = \pi \sqrt{\frac{E_c I_c + E_{ss} I_{ss} + E_s I_s}{f_c A_c + f_{ssy} A_{ss} + f_{sy} A_s}} \tag{21-28}$$

将临界长度 l_{cr}代入式（21-27）得：

$$k_1 = \frac{1}{(l/l_{cr})^2} = \frac{1}{\lambda^2} \tag{21-29}$$

上式表明，稳定系数 k_1 与参数 λ 的关系和柱子截面的性质无关。

由于：

$$\lambda = \frac{l}{l_{cr}} = \frac{l/r}{l_{cr}/r} \tag{21-30}$$

式中　r ——柱截面回转半径；

l/r ——柱子的长细比。

由上式可知，参数 λ 为柱子长细比与临界长细比的比值，故称 λ 为相对长细比。

3. 稳定系数

事实上，由于构件的初始缺陷和材料屈服，柱子的轴压承载力低于欧拉荷载值。对于钢柱，已经得到多条柱子曲线来确定柱子的稳定系数。对钢骨混凝土柱，引入了相对长细比 λ 后，其稳定系数可以直接借用钢柱的柱子曲线，试验结果也证实了这一理论，见图 21-19。因此，引入相对长细比后，钢骨混凝土轴心受压柱承载力的计算与轴心受压钢柱计算完全一样，即稳定系数 k_1 可直接采用钢柱的稳定系数，见表 21-4，表中 a、b、c 三类构件的截面分类见表 21-5。

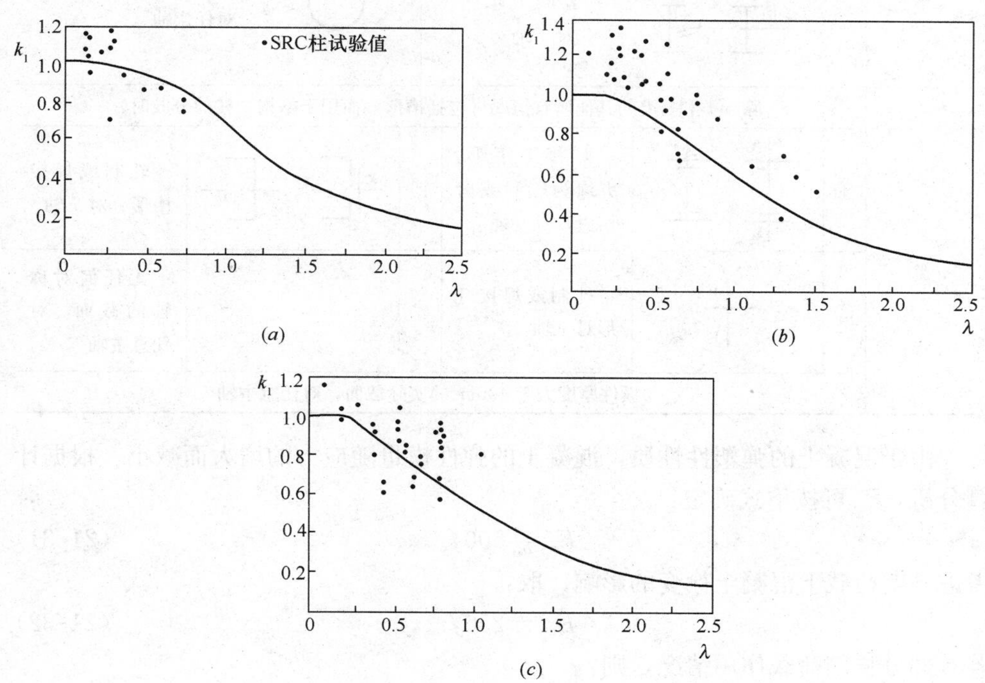

图 21-19 柱子曲线

(a) a 类构件柱子曲线与试验结果；(b) b 类构件柱子曲线与试验结果；(c) c 类构件柱子曲线与试验结果

柱子的稳定系数 k_1 **表 21-4**

λ	k_1			λ	k_1		
	a类	b类	c类		a类	b类	c类
0	1.000	1.000	1.000	1.1	0.606	0.537	0.486
0.1	1.000	1.000	1.000	1.2	0.542	0.480	0.438
0.2	1.000	1.000	1.000	1.3	0.480	0.429	0.395
0.3	0.978	0.965	0.951	1.4	0.427	0.383	0.357
0.4	0.954	0.925	0.900	1.5	0.381	0.343	0.323
0.5	0.923	0.885	0.844	1.6	0.341	0.307	0.293
0.6	0.884	0.838	0.783	1.7	0.306	0.277	0.265
0.7	0.845	0.785	0.719	1.8	0.277	0.250	0.241
0.8	0.796	0.727	0.654	1.9	0.251	0.227	0.220
0.9	0.739	0.663	0.593	2.0	0.228	0.207	0.202
1.0	0.675	0.599	0.537				

轴心受压柱截面分类　　　　表 21-5

类 别	截面形式和对应轴			
a 类	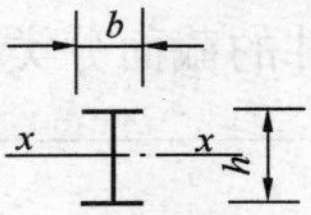	轧制工字钢，$b/h \leqslant 0.8$，对 x 轴		轧制圆管对任意轴
b 类	除 a 类和 c 类的其他所有情况（包括槽形截面用于格构式柱的分肢时）			
c 类	①	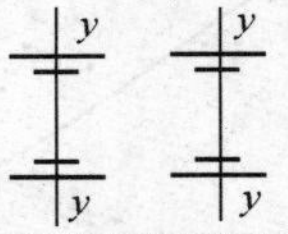 焊接工字形、翼缘为轧制或剪切边，对 y 轴	②	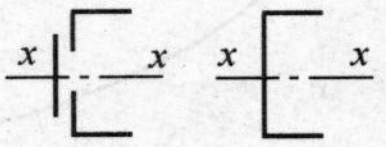 轧制或焊接槽形、对 x 轴
	③	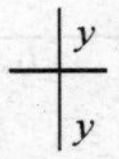 轧制或焊接 T 形对 y 轴	④	无任何对称轴的截面，对任意主轴
	⑤板件厚度大于 40mm 的实际截面，对任意主轴			

由于混凝土的弹塑性性质，混凝土的弹性模量随应力的增大而减小。根据计算分析，E_c 可按下式确定：

$$E_c = 500 f_{cu} \tag{21-31}$$

考虑长期荷载下混凝土徐变的影响，取：

$$E_c = 250 f_{cu} \tag{21-32}$$

若有部分长期荷载作用情况，则：

$$E_c = 500 f_{cu}\left(1 - 0.5\frac{N_G}{N}\right) \tag{21-33}$$

式中　f_{cu}——混凝土立方体强度；

N_G——长期轴压力；

N——轴压力设计值。

21.5.2　压弯承载力计算

图 21-20 为定值轴力下钢骨混凝土柱的弯矩—曲率关系试验曲线，图中 N_0 表示柱轴心受压承载力。$N/N_0=0$ 时，即受纯弯情况，延性相当好；在 $N/N_0=0.2$ 时，最大受弯承载力比纯弯时有所增大，最大受弯承载力后略有降低，但仍表现出较好的延性；当 N/N_0 大于 0.4 后，由于轴向压力较大，最大受弯承载力随轴压力的增大而减小，并且过最大承载力后的衰减幅度亦随之增大，延性降低。

如前所述，在配置一定构造柔性钢筋的情况下，钢骨与混凝土可较好地共同工作。因此，钢骨混凝土柱的压弯承载力可采用以平截面假定为基础的计算方

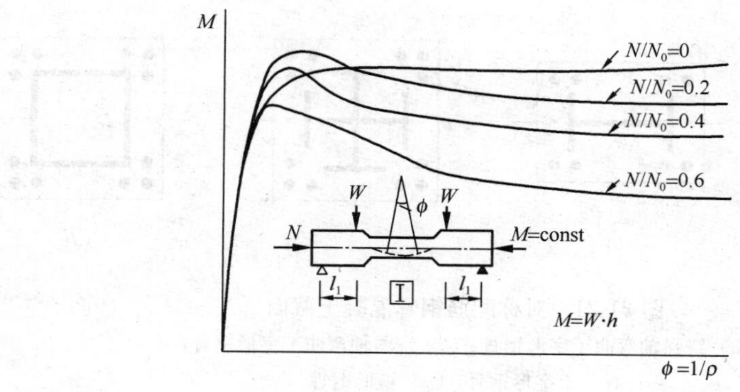

图 21-20 定值轴力下钢骨混凝土构件的弯矩—曲率关系

法，但具体计算较为复杂，仅适用于计算机计算。

实用计算方法可采用以下叠加方法。一般叠加方法的计算公式为：

$$\left.\begin{aligned} N_{\mathrm{u}} &= N_{\mathrm{y}}^{\mathrm{ss}} + N_{\mathrm{u}}^{\mathrm{rc}} \\ M_{\mathrm{u}} &= M_{\mathrm{y}}^{\mathrm{ss}} + M_{\mathrm{u}}^{\mathrm{rc}} \end{aligned}\right\} \tag{21-34}$$

式中 N_{u}、M_{u}——钢骨混凝土柱的轴力及其相应的受弯承载力；

$N_{\mathrm{y}}^{\mathrm{ss}}$、$M_{\mathrm{y}}^{\mathrm{ss}}$——钢骨部分承担的轴力及其相应的受弯承载力；

$N_{\mathrm{u}}^{\mathrm{rc}}$，$M_{\mathrm{u}}^{\mathrm{rc}}$——钢筋混凝土部分承担的轴力及其相应的受弯承载力。

利用式（21-34），钢骨混凝土柱的压弯承载力计算的一般叠加方法如下：对于给定的轴力 N 值，根据式（21-34）第一式的轴力平衡方程，任意分配钢骨部分和钢筋混凝土部分所承担的轴力，并分别求得各相应部分的受弯承载力，两部分受弯承载力之和的最大值，即为在该轴力下钢骨混凝土柱的受弯承载力。根据塑性理论下限定理，对于任意轴力的分配，其受弯承载力的计算结果总小于其真实解，因此一般叠加方法的计算结果总是偏于安全的。但上述计算过程需多次试算轴力分配，找到最大受弯承载力。由于塑性理论下限定理可以保证一般叠加方法的计算结果总是偏于安全的，因此实用计算时可采取近似方法确定轴力的分配。

对于图 21-21 所示的钢骨和钢筋为对称配置的矩形截面钢骨混凝土柱，在计算其压弯承载力时，可先设定钢骨截面，按以下简化方法确定钢骨部分承担的轴力：

$$N_{\mathrm{y}}^{\mathrm{ss}} = \frac{N - N_{\mathrm{b}}}{N_0 - N_{\mathrm{b}}} \cdot N_0^{\mathrm{ss}} \tag{21-35}$$

相应钢骨部分的受弯承载力按下式确定：

$$M_{\mathrm{y}}^{\mathrm{ss}} = \left(1 - \left|\frac{N_{\mathrm{y}}^{\mathrm{ss}}}{N_0^{\mathrm{ss}}}\right|^{\mathrm{m}}\right) M_{\mathrm{y0}}^{\mathrm{ss}} \tag{21-36}$$

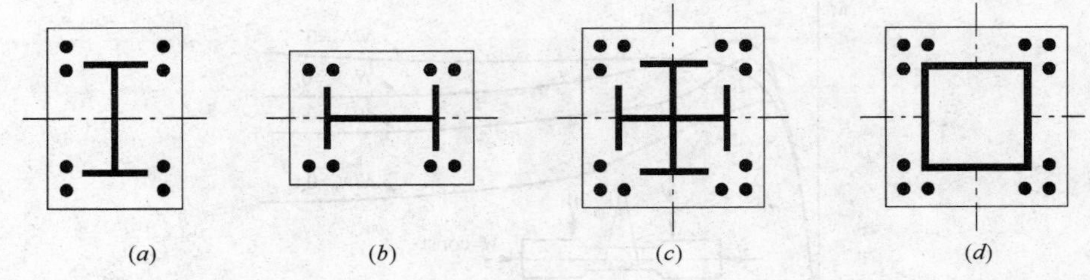

图 21-21　对称配筋钢骨混凝土截面

(a) 绕强轴弯曲工字形钢骨；(b) 绕弱轴弯曲工字形钢骨；

(c) 十字形钢骨；(d) 箱形钢骨

式中　N_b——界限破坏时的轴力，取 $N_b=0.5\alpha_1\beta_1 f_c bh$，其中参数 α_1 和 β_1 为混凝土等效矩形图形系数；

N_0^{ss}——钢骨截面的轴心受力承载力，取 $f_{ssy}A_{ss}$；

M_{y0}^{ss}——钢骨截面的受纯弯承载力，取 $\gamma_s \cdot W_{ss} \cdot f_{ssy}$，其中钢骨截面塑性发展系数 γ_s，绕强轴弯曲工字形钢骨截面取 1.05，绕弱轴弯曲工字形钢骨截面取 1.1，十字形及箱形钢骨截面取 1.05；

m——$N_y^{ss}-M_y^{ss}$ 相关曲线形状系数，按表 21-6 取值。在以上计算中，当轴力为压力时取正号，当轴力为拉力时取负号。钢骨混凝土截面中钢骨截面的 $N_y^{ss}-M_y^{ss}$ 相关曲线见图 21-22。

$N_y^{ss}-M_y^{ss}$ 相关曲线形状系数　　表 21-6

钢骨形式	绕强轴弯曲工字形钢骨	绕弱轴弯曲工字形钢骨	十字形钢骨、箱形钢骨	单轴非对称T形钢骨
$N \geqslant N_b$	1.0	1.5	1.3	1.0
$N < N_b$	1.3	3.0	2.6	2.4

确定钢骨截面承担的轴力 N_y^{ss} 及其相应的受弯承载力 M_y^{ss} 后，即可利用式 (21-34) 确定钢筋混凝土部分承担的轴力和弯矩设计值，然后按钢筋混凝土截面的压弯承载力计算方法确定截面配筋。

按上述计算方法得到的压弯承载力 $N-M$ 相关曲线与一般叠加方法和基于平截面假定的理论计算方法得到的结果对比见图 21-22，可见吻合较好且偏于安全。

21.5.3　偏心距增大系数

对于中长柱，纵向弯曲变形对柱的承载力有较大影响，在计算中应给予考虑。通常采用偏心距增大系数 η 来进行计算，即：

$$\eta=\frac{e_0+f}{e_0} \tag{21-37}$$

对两端铰接柱，跨中挠度 f 与跨中截面曲率 ϕ 之间有下面的近似关系：

$$f=\frac{1}{\pi^2}\phi l_0^2 \approx \frac{1}{10}\phi l_0^2 \tag{21-38}$$

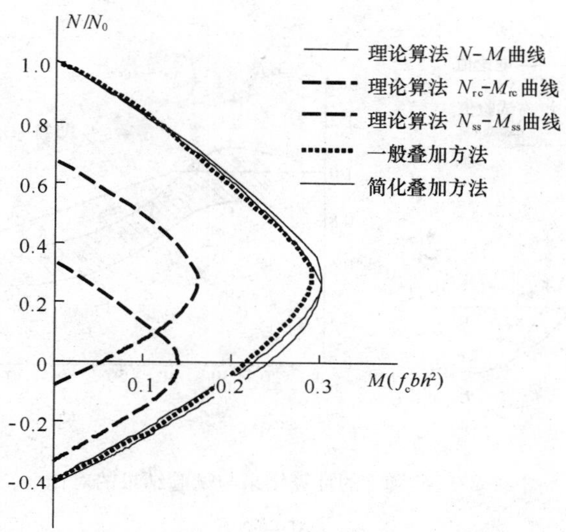

图 21-22 钢骨混凝土截面压弯承载力 $N-M$ 相关曲线

式中 ϕ——柱达到极限承载力时跨中截面曲率，与偏心距和柱的长细比有关，可表示为：

$$\phi = \phi_s \zeta \tag{21-39}$$

ϕ_s——偏压短柱达到极限承载力时的截面曲率；

ζ——相同初始偏心距中长柱跨中截面曲率 ϕ_l 与短柱截面曲率 ϕ_s 之比，即 $\zeta=\phi_l/\phi_s$。

根据试验研究结果分析，得到 ϕ_s 和 ζ 的计算公式为：

$$\phi_s = \frac{(7-6\alpha)}{h} \times 10^{-3} \tag{21-40}$$

$$\zeta = 1.3 - 0.026\frac{l_0}{h} \tag{21-41}$$

$$1.0 \geqslant \zeta \geqslant 0.7$$

图 21-23 为以上 ϕ_s 和 ζ 的计算结果与试验结果的对比。将式（21-38）～式（21-40）代入式（21-37），得到钢骨混凝土柱偏心距增大系数 η 的表达式为：

$$\eta = 1 + 1.25\frac{(7-6\alpha)}{e_i/h_c}\zeta\left(\frac{l_0}{h_c}\right)^2 \times 10^{-4} \tag{21-42}$$

式中 e_i——初始偏心距，取附加偏心距 e_a 与计算偏心距 e_0 之和，附加偏心距 e_a 按《混凝土结构设计规范》的规定取值，计算偏心距取 $e_0=\frac{M}{N}$；

α——偏心距影响系数，是考虑小偏心受压情况达到破坏极限状态时截面曲率小于界限破坏曲率的情况，根据试验结果分析，可按下式计算：

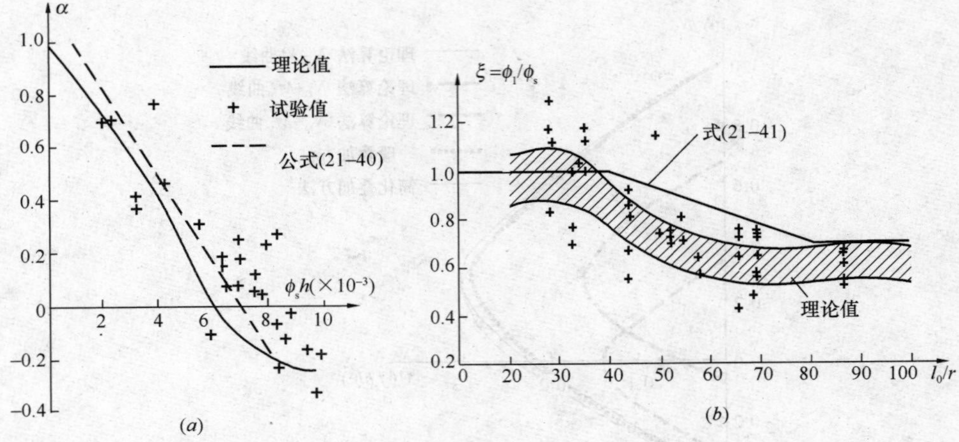

图 21-23　ϕ_s 和 ζ 的计算结果与试验结果的对比

$$\alpha = \frac{N - N_b}{N_0 - N_b} \tag{21-43}$$

【例题 21-3】　钢骨混凝土柱截面尺寸为 $b=h=800$mm（见图 21-24），承受设计轴力 $N=7000$kN 和设计弯矩 $M=1220$kN·m。采用 C40 级混凝土，钢骨采用 16Mn 钢，钢筋采用 HRB335 级钢筋。（注：为简化起见，本例题设计弯矩认为是已考虑了初始偏心距和偏心距增大系数后的弯矩值。）

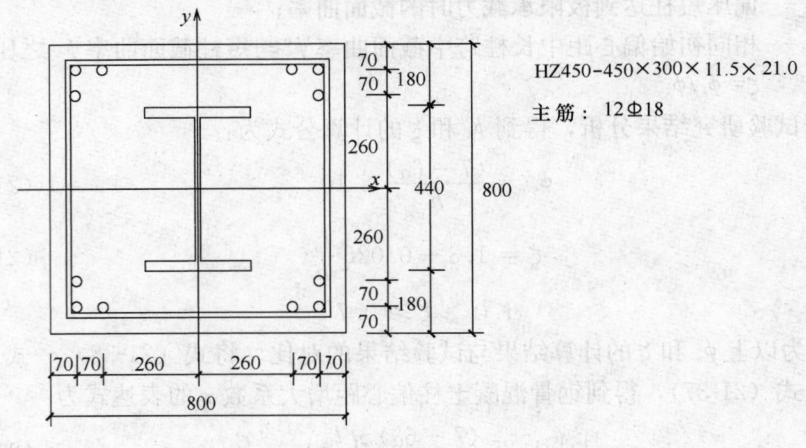

图 21-24　例题 21-3 钢骨混凝土柱截面

【解】　假定钢骨截面取 HK450a（440×300×11.5×21.0，$W_{ss}=2896\text{cm}^3$，$A_{ss}=178\text{cm}^2$）。

近似取：

$$N_0 = N_0^{ss} + N_0^{rc} = f_{ssy}A_{ss} + f_c A$$
$$=315\times17800+19.1\times800\times800=17831\text{kN}$$

界限轴力：

$$N_b = 0.5\alpha_1\beta_1 f_c bh = 0.5\times1\times0.8\times19.1\times800\times800 = 4889.6\text{kN}$$

钢骨部分承担的轴力：

$$N_y^{ss}=\frac{N-N_b}{N_0-N_b}\cdot N_0^{ss}=\frac{7000-4889.6}{17831-4889.6}\times315\times17800=914.35\text{kN}$$

相应钢骨部分的受弯承载力，因 $N>N_b$，取 $m=1.0$，则

$$M_y^{ss}=\left(1-\left|\frac{N_y^{ss}}{N_0^{ss}}\right|^m\right)M_{y0}^{ss}$$

$$=\left(1-\frac{914350}{315\times17800}\right)\times1.05\times315\times2896000=800.82\text{kN}\cdot\text{m}$$

钢筋混凝土部分承担的轴力和弯矩设计值 N^{rc} 和 M^{rc} 为：

$$N^{rc}=N-N_y^{ss}=7000-914.35=6085.65\text{kN}$$

$$M^{rc}=M-M_y^{ss}=1220-800.8=419.2\text{kN}\cdot\text{m}$$

钢筋混凝土部分的计算偏心距为：

$$e_0=\frac{M^{rc}}{N^{rc}}=\frac{419.2\times10^6}{6085.65\times10^3}=68.88\text{mm}<0.32h_0=0.32\times750=240\text{mm}$$

故为小偏心受压，采用对称配筋 $A_s=A'_s$。因 $N^{rc}<\xi_b f_c bh_0$，故按构造配筋，取 12 Φ 18，配筋率为 0.48%。该例题表明，钢骨截面承担了弯矩的主要部分，而混凝土部分承担了轴压力的主要部分，两种材料发挥了各自的优势。

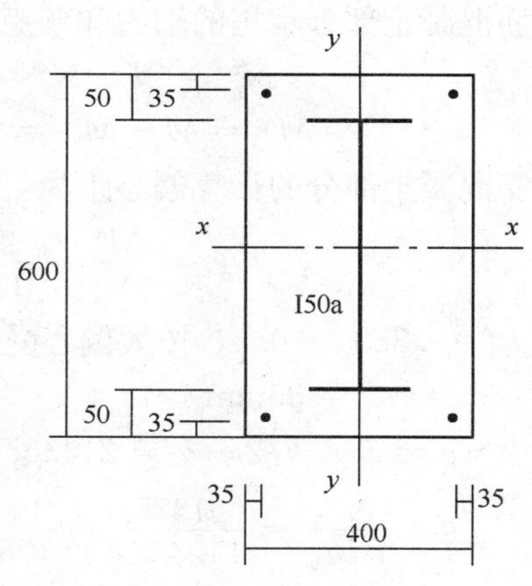

图 21-25 例题 21-4 钢骨混凝土柱截面

【例题 21-4】 钢骨混凝土柱截面尺寸如图 21-25 所示，混凝土强度等级采用 C30，钢骨采用 Q235，钢筋采用 HPB235 级。柱的计算长度 $l_0=6$m。柱承受的轴力和弯矩设计值为 $N=1500$kN，$M=630$kN·m。试计算该柱的配筋。

【解】 设钢骨采用 I50a，$A_{ss}=11900\text{mm}^2$，$W_{ss}=1858800\text{mm}^3$。

$$N_0=f_{ss}A_{ss}+f_cA_c=215\times11900+14.3\times400\times600=5990.8\text{kN}$$

界限轴力：

$$N_b = 0.5\alpha_1\beta_1 f_c bh = 0.5\times1\times0.8\times14.3\times400\times600 = 1372.8\text{kN}$$

$$\alpha=\frac{N-N_b}{N_0-N_b}=\frac{1500-1372.8}{5990.8-1372.8}=0.0275$$

$\zeta=1.3-0.026\,l_0/h=1.3-0.026\times10=1.04$，取 1.0。

计算偏心距：

$$e_0 = \frac{M}{N} = \frac{630 \times 10^6}{1500 \times 10^3} = 420\text{mm}$$

附加偏心距取 20mm，因此计算偏心距为 e_i=440mm。偏心距增大系数：

$$\eta = 1 + 1.25\,\frac{(7-6\alpha)}{e_i/h_c}\zeta\left(\frac{l_0}{h_c}\right)^2 \times 10^{-4}$$

$$= 1 + 1.25 \times \frac{7 - 6 \times 0.0275}{440/600} \times 1.0 \times 10^2 \times 10^{-4}$$

$$= 1.116$$

因此控制截面的弯矩设计值为：

$$M = 1.116 \times 630 = 703.4\text{kN} \cdot \text{m}$$

钢骨部分承担的轴力：

$$N_y^{ss} = \frac{N - N_b}{N_0 - N_b} N_0^{ss} = 124.6\text{kN}$$

钢骨部分承担的弯矩 M_y^{ss}，因 $N > N_b$，取 $m=1$，则

$$M_y^{ss} = \left(1 - \left|\frac{N_y^{ss}}{N_0^{ss}}\right|\right) M_{y0}^{ss} = 0.973 \times 419.6 = 408.3\text{kN} \cdot \text{m}$$

钢筋混凝土部分承担的轴力和弯矩设计值 N^{rc}和 M^{rc}为：

$$N^{rc} = N - N_y^{ss} = 1500 - 124.6 = 1375.4\text{kN}$$

$$M^{rc} = M - M_y^{ss} = 703.4 - 408.3 = 295.1\text{kN} \cdot \text{m}$$

钢筋混凝土部分的计算偏心距为：

$$e_i = \frac{M^{rc}}{N^{rc}} = \frac{295.1 \times 10^6}{1375.4 \times 10^3} = 214.55\text{mm}$$

$e_0/h_0 = 0.380 > 0.3$，按大偏心受压情况计算，采用对称配筋 $A_s = A'_s$，则

$$a = a' = 35\text{mm}$$

$$e = e_0 + h/2 - a = 214.55 + 600/2 - 35 = 479.55\text{mm}$$

$$\xi = \frac{N^{rc}}{f_c b h_0} = \frac{1375.4 \times 10^3}{14.3 \times 400 \times 565} = 0.426$$

$$A_s = A'_s = \frac{N^{rc} e - \xi(1 - 0.5\xi) f_c b h_0^2}{f'_{sy}(h_0 - a')}$$

$$= \frac{1375.4 \times 10^3 \times 479.55 - 0.426 \times (1 - 0.5 \times 0.426) \times 14.3 \times 400 \times 565^2}{210 \times (565 - 35)}$$

$$= 418\text{mm}^2$$

实配 2Φ18。

21.5.4　受剪承载力计算

钢骨混凝土柱的受剪破坏过程与钢筋混凝土柱存在明显的不同。钢筋混凝土柱出现斜裂缝后，斜裂缝数量较少且很快形成主斜裂缝，破坏过程较快；而实腹式钢骨混凝土柱，很难形成主斜裂缝，破坏过程较为缓慢，具有一定的延性。图

21-26 为钢骨混凝土框架柱与钢筋混凝土框架柱在反复荷载作用下受剪性能的对比。由图可见，钢骨混凝土的框架柱的滞回曲线为略呈 S 形的纺锤形，滞回环较为饱满；而钢筋混凝土框架柱的滞回曲线则具有明显的剪切捏拢特征，且最大承载力后在荷载反复作用下，承载力衰减较大。

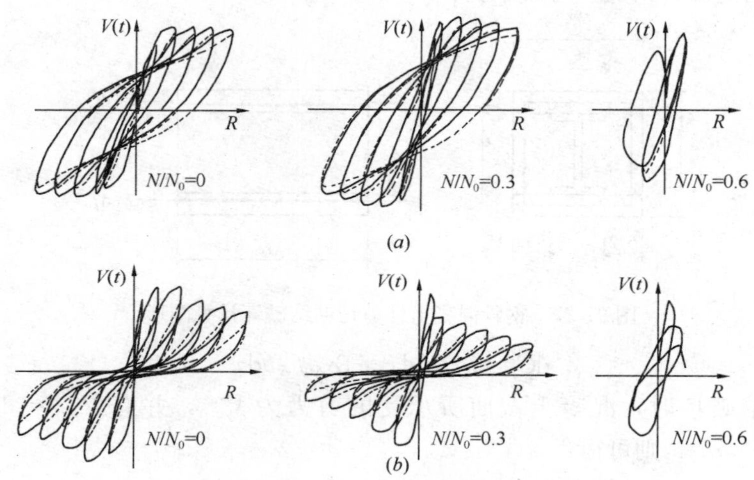

图 21-26 框架柱受剪性能对比

(a) 钢骨混凝土柱；(b) 钢筋混凝土柱

钢骨混凝土框架柱的剪切破坏形态，主要有剪切斜压破坏和剪切粘结破坏。

剪跨比小于 1.5 的框架柱，往往发生剪切斜压破坏。这种破坏形态，首先在柱表面出现许多与柱对角线方向大致相同的斜裂缝。随着荷载的增加与反复，斜裂缝进一步发展，并将混凝土沿柱对角线方向分成若干斜压小柱体。最后这些混凝土斜压小柱体被压溃而剥落，导致构件破坏。

剪跨比在 1.5～2.5 之间的框架柱较易发生剪切粘结破坏。这种破坏形态，除柱端产生斜裂缝外，沿柱全长在钢骨翼缘处还连续分布有短小的斜裂缝。这种斜裂缝是由于钢骨翼缘与保护层混凝土之间的粘结破坏所引起的，称为粘结裂缝。随着荷载的增加与反复，粘结裂缝很快贯通，导致保护层混凝土剥落，承载能力下降直至破坏。

轴压力的存在抑制了柱的斜裂缝的出现和开展，当 $N/f_c bh_0 < 0.5$ 时，随轴压力的增加，对极限受剪承载力有提高作用。轴压力对破坏形态也有一定影响。轴压力较大时，易出现剪切粘结破坏。轴压力很大时，柱的承载力将由受压破坏起控制作用。

钢骨混凝土柱产生剪切粘结破坏的机理如图 21-27 所示。从柱中取出 $\mathrm{d}x$ 段，钢骨翼缘外侧混凝土的压力差 $\mathrm{d}C$ 或钢筋的拉力差 $\mathrm{d}T$，沿柱纵向产生剪应力，导致混凝土保护层与钢骨粘结界面产生剪切粘结滑移。设混凝土截面部分承受的

弯矩为 M^{rc}，则压力差 $\mathrm{d}C$ 或拉力差 $\mathrm{d}T$ 可写成：

$$\mathrm{d}C=\mathrm{d}T=\frac{\mathrm{d}M^{rc}}{d_r} \tag{21-44}$$

图 21-27 中混凝土保护层与钢骨翼缘界面的抗剪切滑移能力，可以考虑由混凝土和箍筋两部分组成，可表示为：

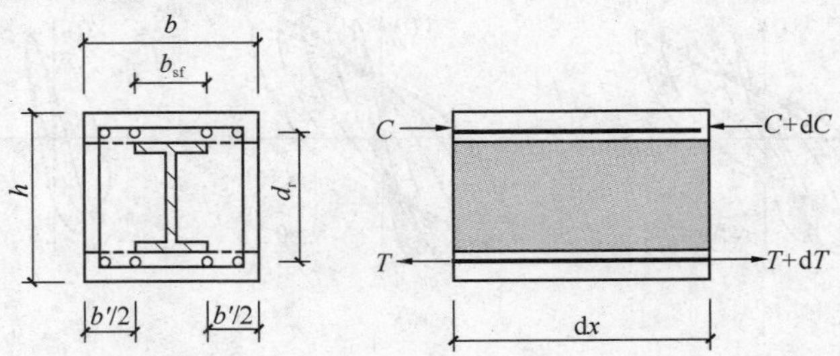

图 21-27　钢骨混凝土柱剪切粘结破坏计算图形

$$\mathrm{d}C=\alpha f_t b'\mathrm{d}x+\beta\rho_{sv}f_{yv}b\mathrm{d}x \tag{21-45}$$

设剪切粘结破坏时，混凝土截面所承受的剪力为 V_u^{rc}，并有 $V_u^{rc}=\mathrm{d}M^{rc}/\mathrm{d}x$，$\mathrm{d}M^{rc}=\mathrm{d}C\times d_r$，则可得：

$$V_u^{rc}=(\alpha f_t b'+\beta\rho_{sv}f_{yv}b)\ d_r \tag{21-46}$$

式中　b'——抗剪切滑移的有效宽度，取 $b'=b-b_{sf}$；

ρ_{sv}——配箍率；

f_{yv}——箍筋的强度；

f_t——混凝土抗拉强度；

d_r——钢筋混凝土部分压力合力点至拉力合力点的距离，可取 $d_r=h_0-a'$；

α——有效宽度 b' 部分混凝土的抗剪强度与混凝土抗拉强度 f_t 的比值系数；

β——箍筋抗剪切滑移系数。

根据试验研究结果，可偏于安全地取 $\alpha=0.01$，$\beta=1.0$。因此，当考虑剪切粘结破坏时，混凝土部分的受剪承载力可按下式计算：

$$V_u^{rc}=\left(0.01f_t\frac{b'}{b}+\rho_{sv}f_{yv}\right)(h_0-a')\ b \tag{21-47}$$

与钢骨混凝土梁一样，钢骨混凝土柱的受剪承载力，也可由钢筋混凝土和钢骨两部分的叠加进行计算，即

$$V_u=V_u^{rc}+V_y^{ss} \tag{21-48}$$

钢筋混凝土部分的受剪承载力 V_u^{rc} 可按照钢筋混凝土柱确定：

$$V_{cu}^{rc}=\frac{1.75}{\lambda+1.0}f_t b_c h_{c0}+1.0f_{yv}\frac{A_{sv}}{s}h_{c0}+0.07N_c^{rc} \tag{21-49}$$

式中　N_c^{rc}——钢筋混凝土部分承担的轴力设计值，可由前述轴力分配方法确定，当 $N_c^{rc} \geqslant 0.3 f_c A_c$ 时，取 $N_c^{rc} = 0.3 f_c A_c$；

λ——框架柱的计算剪跨比，取 $\lambda = H_n / 2h_{c0}$；当 $\lambda < 1$ 时，取 $\lambda = 1$；当 $\lambda > 3$ 时，取 $\lambda = 3$。

钢骨混凝土柱的受剪截面限制条件同钢骨混凝土梁，见式（21-8）和式（21-9）。

21.5.5　钢骨混凝土柱脚

钢骨混凝土柱脚有非埋入式和埋入式两种，见图 21-28。

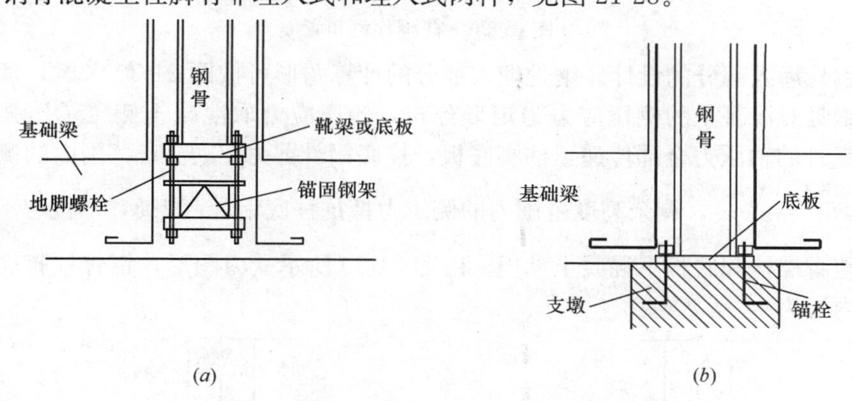

图 21-28　钢骨混凝土柱柱脚
(*a*) 非埋入式柱脚；(*b*) 埋入式柱脚

非埋入式柱脚中，钢骨的内力依靠地脚螺栓和底板传递至基础，也可以将柱脚处钢骨做成铰接，这样柱脚的内力全部由钢筋混凝土截面承担。非埋入式柱脚的钢骨传递弯矩的能力较小，抗震性能较差，一般不宜作为抗震结构首层的柱脚。但可用于有地下室的柱脚，因为此时柱脚底部的弯矩很小。

埋入式柱脚，主要依靠钢骨与混凝土间的侧压力来传递钢骨中的内力，其传递弯矩的能力大，抗震性能好。但埋入式柱脚部位柱筋、基础梁筋、箍筋以及钢骨等交错布置，施工较为复杂。

为保证钢骨与混凝土之间内力的有效传递，埋入式柱脚钢骨埋入部分和非埋入式柱脚上部首层钢骨的翼缘上应设置栓钉，如图 21-29 所示。栓钉的直径不小于 19mm，水平及竖向中心距不大于 200mm，且栓钉至钢骨板材边缘的距离不大于 100mm。

非埋入式柱脚的设计计算可将柱底钢骨视为铰接，即柱底钢骨截面不承担弯矩，仅传递轴力，而柱底弯矩全部由钢筋混凝土截面承担。

埋入式柱脚在基础顶面位置（柱底截面）的承载力按钢骨混凝土柱计算，由此确定该截面位置处钢骨承受的弯矩 M^{ss}、轴力 N^{ss} 和剪力 V^{ss}，进而按此内力值

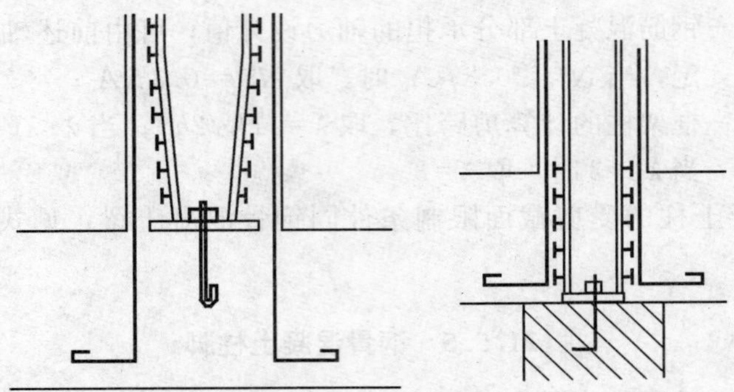

图 21-29　柱脚栓钉布置

进行钢骨埋入部分的设计。钢骨埋入部分的计算图形可按图 21-30 考虑，埋入部分的钢骨对混凝土的侧压应力为矩形分布，侧压应力取混凝土侧压承压强度为 f_B。钢骨的轴压力全部传递至柱脚底板，柱底钢骨剪力 V_{ss} 与 h_s 范围内的侧压力平衡，$h_s=\dfrac{V^{ss}}{b_{se}f_B}$，剩余高度范围内的侧压力抵抗柱底钢骨弯矩 M^{ss}，抗弯不足部分由地脚螺栓和底板下混凝土承担。由图 21-30 所示受力图形，钢骨柱脚底板截面的内力为：

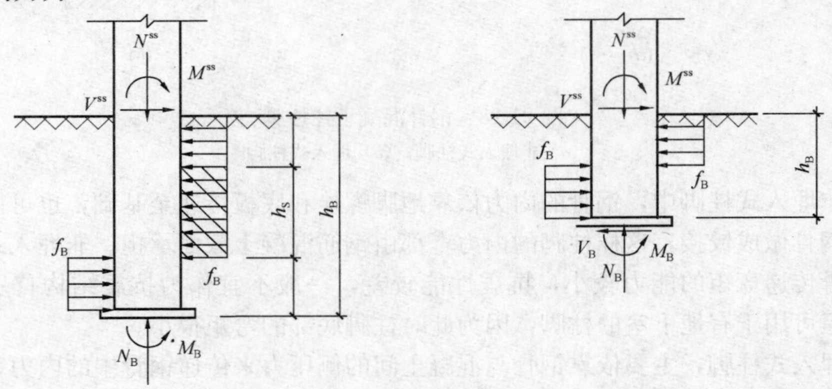

图 21-30　埋入式柱脚的内力传递

$$M_B=M^{ss}+\frac{V^{ss}h_B}{2}-\frac{b_{se}f_B}{4}\left\{h_B^2-\left(\frac{V^{ss}}{b_{se}f_B}\right)^2\right\} \tag{21-50}$$

$$N_B=N^{ss}$$

$$V_B=0$$

式中　N_B、M_B、V_B——分别为钢骨柱脚底板截面的轴力、弯矩和剪力设计值；

N^{ss}、M^{ss}、V^{ss}——分别为基础顶面钢骨部分承担的轴力、弯矩和剪力设计值；

f_B——混凝土的承压强度设计值，按下式计算，取最小值：

$$f_{\mathrm{B}}=\min\left\{\sqrt{\frac{b_{\mathrm{B}}}{b_{\mathrm{se}}}}\cdot f_{\mathrm{c}},3f_{\mathrm{ck}},\frac{A_{\mathrm{sv}}f_{\mathrm{yv}}}{b_{\mathrm{se}}s}\right\} \tag{21-51}$$

b_{B}——柱钢骨埋入部分的宽度；

A_{sv}、f_{yv}——分别为柱埋入部分同一平面内箍筋面积及箍筋抗拉强度设计值；

b_{se}—— 钢柱埋入部分的有效承压宽度，按表 21-7 和图 21-31 计算。

钢柱埋入部分的有效承压宽度 b_{se} **表 21-7**

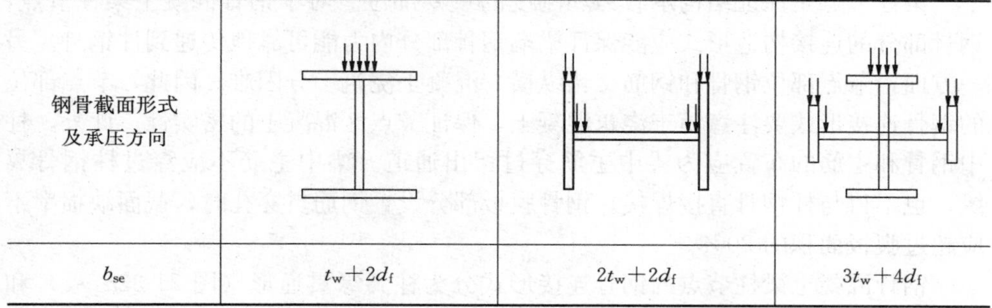

钢骨截面形式及承压方向			
b_{se}	$t_{\mathrm{w}}+2d_{\mathrm{f}}$	$2t_{\mathrm{w}}+2d_{\mathrm{f}}$	$3t_{\mathrm{w}}+4d_{\mathrm{f}}$

确定柱脚钢骨底板截面位置的弯矩 M_{B} 和轴力 N_{B} 后，底板下混凝土的承载力可将底板的锚固螺栓作为受拉钢筋，与底板下混凝土部分组成的截面，按钢筋混凝土压弯构件计算。计算时需注意锚固螺栓不能作为受压钢筋。钢骨底板的受剪承载力按下式计算：

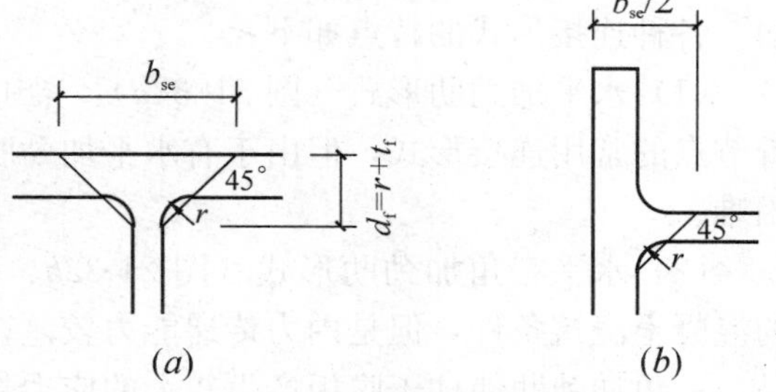

图 21-31 埋入式柱脚的有效承压宽度

(a) 翼缘表面；(b) 腹板面+翼缘侧面

$$V_{\mathrm{B}}\leqslant\mu N_{\mathrm{c}}^{\mathrm{ss}}+\Sigma\tau_{\mathrm{a}}A_{\mathrm{a}} \tag{21-52}$$

式中 μ——钢骨底板与混凝土间的摩擦系数，取 $\mu=0.4$；

A_{a}——单根锚栓的净截面面积；

τ_{a}——锚栓在有拉应力时的容许剪应力，按下式确定：

$$\tau_{\mathrm{a}}=\frac{1.4f_{\mathrm{ay}}-\sigma_{\mathrm{a}}}{1.6}\leqslant f_{\mathrm{av}} \tag{21-53}$$

f_{ay}——锚栓钢材的强度设计值；

σ_{a}——锚栓的拉应力；

f_{av}——锚栓钢材的抗剪强度设计值。

对于式（21-50）的第一式，若取 $M_{\mathrm{B}}=0$，则可求得最大埋深 $h_{\mathrm{B,max}}$ 为：

$$h_{\mathrm{B,max}}=\frac{V^{\mathrm{ss}}}{b_{\mathrm{e}}\cdot f_{\mathrm{B}}}+\sqrt{2\left(\frac{V^{\mathrm{ss}}}{b_{\mathrm{e}}\cdot f_{\mathrm{B}}}\right)^{2}+\frac{4M^{\mathrm{ss}}}{b_{\mathrm{e}}\cdot f_{\mathrm{B}}}} \tag{21-54}$$

即当钢骨埋入的深度大于 $h_{\mathrm{B,max}}$ 时，则柱脚与柱具有相同的承载力，柱脚的设计可不必进行特别的验算，此时柱脚底板和地脚螺栓则可根据构造和施工要求设置。

21.6　梁　柱　节　点

梁柱节点是保证结构承载力和刚度的重要部位。对于钢骨混凝土梁柱节点，钢骨部分的连接构造形式应能保证梁端钢骨部分内力能可靠地传递到柱钢骨。另一方面，节点部位钢骨和钢筋交错纵横，混凝土浇筑十分困难。因此，节点部位的钢骨连接形式要注意易于浇筑混凝土，保证节点区混凝土的密实性。此外，柱中钢骨和主筋的布置应为梁中主筋穿过留出通道。梁中主筋不应穿过柱钢骨翼缘，也不得与柱钢骨直接焊接。钢骨腹板部分设置钢筋贯穿孔时，截面缺损率不应超过腹板面积的 20%。

钢骨混凝土梁柱节点的钢骨连接形式分为柱翼缘贯通形（图 21-32*a*～*e*）和梁翼缘贯通形（图 21-32*f*）。采用柱翼缘贯通形时，应在梁翼缘位置设置加劲肋。各种连接形式的特点如下：

（1）水平加劲肋形式（图 21-32*a*）：梁中的内力能可靠地传递到柱中，是钢骨节点的常用连接形式，但由于有水平加劲肋的存在，使混凝土的浇筑产生一些困难。

（2）水平三角加劲肋形式（图 21-32*b*、*c*）：改善了图 21-32（*a*）连接形式的混凝土浇筑条件，但是内力传递能力较差，用于梁受力不大的情况。需注意的是，三角加劲肋使柱子腹板产生较大的应力集中，应进行有关验算。

（3）垂直加劲肋形式（图 21-32*d*、*e*）：混凝土易于浇筑，但梁钢骨翼缘的应力，要通过柱翼缘和垂直加劲肋传递，应力传递不直接，性能不如前两种形式。

（4）梁翼缘贯通形式（图 21-32*f*）：将柱翼缘切断后焊在贯通的梁翼缘上，其传力性能和水平加劲肋形式大致相同，内力传递可靠，但同样存在混凝土浇筑困难。

对于钢筋混凝土梁－钢骨混凝土柱的节点连接，可采用图 21-33 所示的两种形式。图 21-33（*a*）所示连接形式，是在与钢骨混凝土柱连接的梁端，设置一段钢梁与梁主筋搭接。钢梁的高度应不小于 0.8 倍梁高，长度应不小于梁高度的两倍，且应满足梁内主筋搭接长度要求在钢梁的上下翼缘上应设置剪力连接件，以保证混凝土部分的内力传递到钢梁。连接件的间距不小于 100mm，连接件至钢骨板材边缘的距离不小于 50mm。此外，梁内应有不少于 1/3 主筋的面积穿过

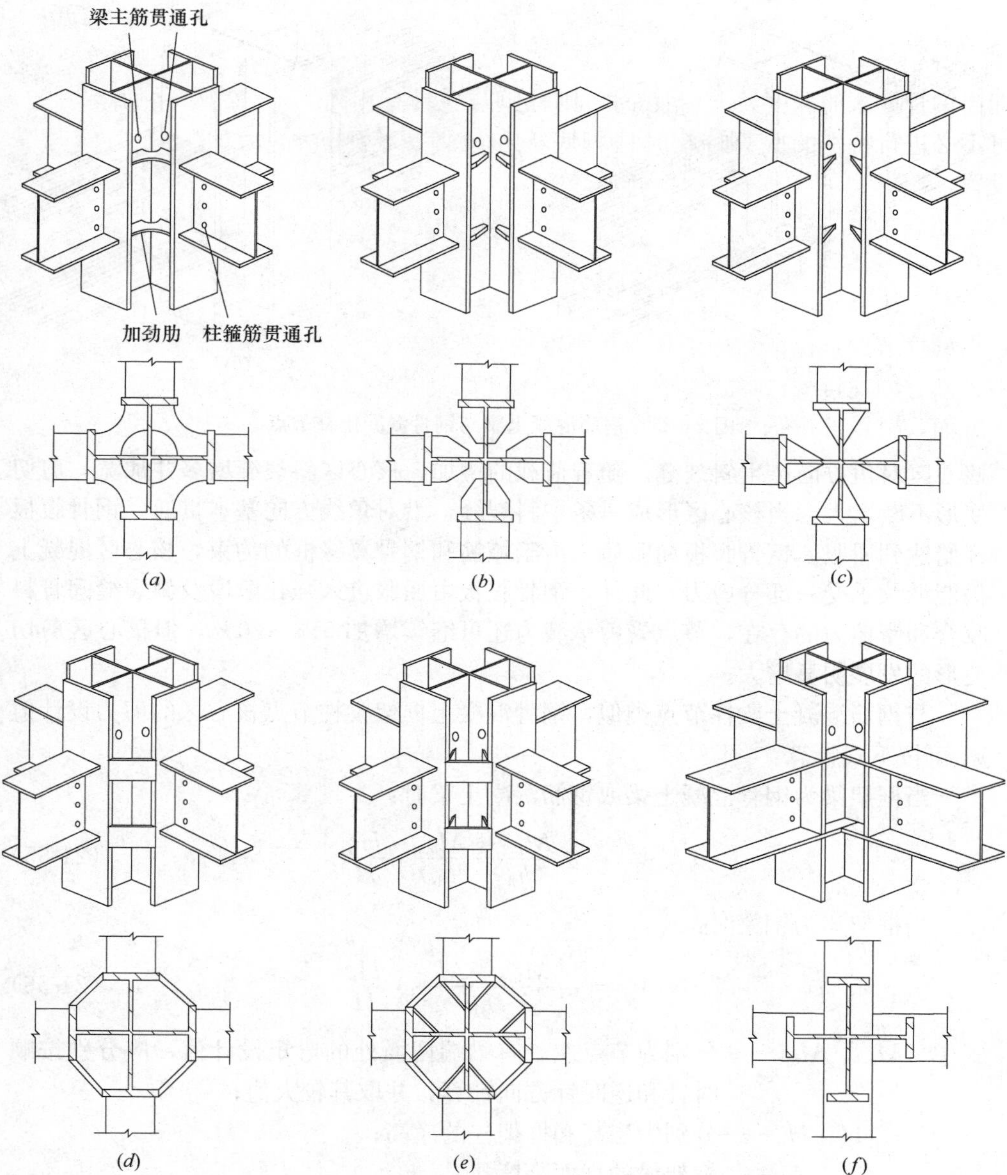

图 21-32 节点部位钢骨的连接形式

钢骨混凝土柱连续配置。

图 21-33（b）所示连接形式，梁内部分主筋穿过钢骨混凝土柱连续配置，部分主筋与柱钢骨上伸出的钢牛腿可靠焊接，钢牛腿的长度应满足焊接强度要求。

节点核心区受剪力作用。荷载较小时，节点核心区基本处于弹性阶段，钢骨腹板与混凝土的剪切变形基本一致。当主拉应力达到混凝土抗拉强度时，沿节点

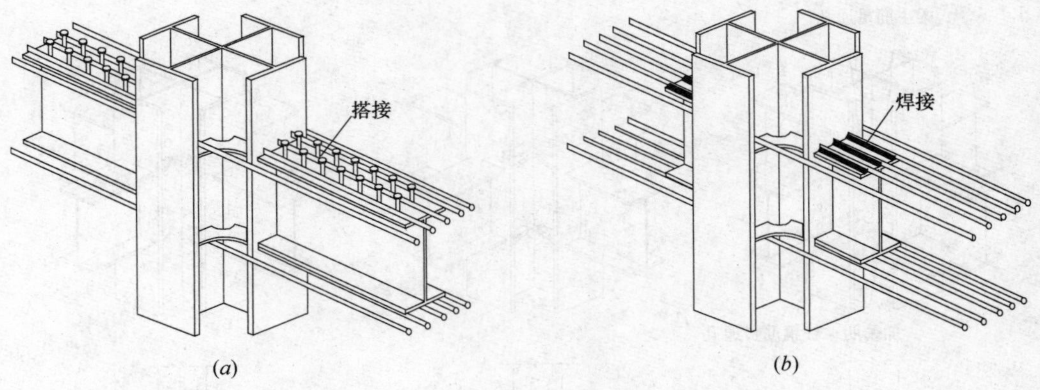

图 21-33　钢筋混凝土梁与钢骨混凝土柱节点

核心区对角方向产生斜裂缝。随着荷载的增加，核心区斜裂缝增多并加宽，剪切变形不断增大。当核心区形成一条主斜裂缝，沿对角线方向基本贯通，钢骨腹板开始达到屈服。钢骨腹板屈服后，由于箍筋和钢骨翼缘框的约束，核心区混凝土仍能继续承受一部分剪力。此外，钢骨腹板由屈服进入强化阶段及斜裂缝间骨料咬合和摩擦力的存在，节点受剪承载力还可继续增加 5%～20%，但核心区剪切变形的发展明显增大。

与钢筋混凝土梁柱节点类似，钢骨混凝土框架梁柱节点核心区的剪力设计值 V_j 可按下式计算：

当框架梁为钢骨混凝土梁或钢筋混凝土梁时：

$$V_j = \alpha_j \frac{M_{b,l} + M_{b,r}}{(h_b - 2a_b)} \cdot \frac{H_n}{H} \tag{21-55}$$

当框架梁为钢梁时：

$$V_j = \alpha_j \frac{M_{b,l} + M_{b,r}}{h_b} \cdot \frac{H_n}{H} \tag{21-56}$$

式中　$M_{b,l}$、$M_{b,r}$——分别为节点左、右梁端截面处的弯矩设计值，应分别按顺时针和逆时针方向计算，并取其较大值；

H、H_n——分别为层高和框架柱的净高；

h_b——框架梁的截面高度；

a_b——框架梁受拉主筋形心至截面受拉边缘距离。

对于抗震结构，尚应根据“强节点弱构件”的原则将节点剪力乘以超强系数 α_j。

节点核心区的受剪承载力按下式计算：

$$V_j \leqslant \frac{1}{\gamma_{RE}}\left[0.1\delta_j f_c b_j h_j + \frac{f_{yv} A_{sv}}{s} h_j + f_{ssv} t_w h_w\right] \tag{21-57}$$

式中　t_w、h_w——框架柱中与受力方向相同的钢骨腹板厚度和高度；

b_j、h_j——节点核心区受剪截面宽度和高度，b_j 的取值方法如下：当框架梁为钢骨混凝土梁或钢筋混凝土梁时，取 $b_j=(b_c+b_b)/2$；当框架梁为钢梁时，取 $b_j=b_c/2$；当框架梁与框架柱轴线有偏心距 e_0 时，在计算中取 (b_c-2e_0) 代替框架柱截面宽度 b_c；h_j 的取值为 $h_j=(h_c-2a_c)$；

δ_j——节点形式系数，对十字形节点 $\delta_J=3$，对 T 字形节点 $\delta_J=2$，对 L 字形节点 $\delta_J=1$。

为使节点内力传递合理，一般应尽量使梁中钢骨部分承担的弯矩传递给柱中钢骨，梁中钢筋混凝土部分的弯矩传递给柱中钢筋混凝土。因此，与节点连接的梁端和柱端钢骨部分及钢筋混凝土部分的各自受弯承载力，应满足下式要求：

$$0.4\leqslant\frac{\Sigma M_{cy}^{ss}}{\Sigma M_{by}^{ss}}\leqslant 2.5 \tag{21-58}$$

$$\frac{\Sigma M_{cu}^{rc}}{\Sigma M_{bu}^{rc}}\geqslant 0.4 \tag{21-59}$$

式中 ΣM_{cy}^{ss}——与节点连接的上、下端截面框架柱钢骨部分的受弯承载力之和；

ΣM_{by}^{ss}——与节点连接的左、右端截面框架梁钢骨部分的受弯承载力之和；

ΣM_{cu}^{rc}——与节点连接的上、下端截面框架柱钢筋混凝土部分的受弯承载力之和；

ΣM_{bu}^{rc}——与节点连接的左、右端截面框架梁钢筋混凝土部分的受弯承载力之和。

思 考 题

21-1 与钢筋混凝土结构和钢结构相比，钢骨混凝土结构有哪些优点？

21-2 钢骨混凝土构件中，钢骨与外包混凝土的共同工作是如何得到保证的？

21-3 钢骨混凝土构件中为何要保证钢骨板材的宽厚比？

21-4 钢骨混凝土梁的受力性能与钢筋混凝土梁有何异同？

21-5 试比较钢筋混凝土梁、钢—混凝土组合梁和钢骨混凝土梁抗弯刚度的计算方法。

21-6 钢骨混凝土梁裂缝宽度计算方法与钢筋混凝土梁的裂缝宽度计算有何异同？

21-7 何谓相对长细比？

21-8 试简述钢骨混凝土构件正截面承载力计算的叠加方法。为什么说叠加方法的计算结果是偏于安全的？钢筋混凝土正截面承载力计算是否可以采用叠加方法？

21-9 钢骨混凝土构件的受剪性能与钢筋混凝土构件有何差别？

21-10 埋入式柱脚与非埋入式柱脚的受力性能和计算方法有何差别？

21-11 钢骨混凝土梁柱节点的设计原则是什么？

习 题

21-1 某梁承受设计弯矩 1500 kN・m，混凝土采用 C30，钢骨采用 Q345，钢筋采用 HRB400 级，试分别按钢筋混凝土和钢骨混凝土进行设计。

21-2 某柱承受设计轴力 $N=6000$kN 和设计弯矩 $M=2500$kN・m，混凝土采用 C40，钢骨采用 Q345，钢筋采用 HRB400 级，试分别按钢筋混凝土和钢骨混凝土进行设计。

21-3 试分别按埋入式和非埋入式柱脚对习题 21-2 的钢骨混凝土柱柱脚进行设计。设计中取柱脚底面的设计轴力和设计弯矩同习题 21-2。

第22章 钢管混凝土柱

22.1 概 述

钢管混凝土是将封闭钢管内填满混凝土形成的组合结构构件，一般用作受压构件。钢管的截面形状有圆形、方形、矩形和多边形。方形、矩形和多边形截面钢管对改变管内核心混凝土的力学性能的作用不大，其受力性能和计算方法与钢骨混凝土柱基本类似。采用薄壁圆钢管的钢管混凝土，尤其是钢管高强混凝土，是最理想的抗压组合。本章主要介绍这种钢管混凝土柱的设计计算方法及其在工程应用中的有关问题。

钢管混凝土的基本原理有二：（1）借助钢管对混凝土的约束，使混凝土处于三向受压的状态，从而使管内混凝土有更高的抗压强度和变形能力；（2）借助钢管内的混凝土增强钢管壁的稳定性，使钢材的强度得到充分利用。

试验和理论分析均表明，轴心受压钢管混凝土短柱的承载力大于钢柱和混凝土柱承载力的简单叠加，约相当于两倍钢管的受压承载力与核心混凝土受压承载力之和，且极限变形能力比普通钢筋混凝土大几倍甚至十几倍。

结构中的受压钢柱采用钢管混凝土替代，在承载力相同的条件下，用钢量减少约50%，且焊接工作量少，刚度大，耐火性能好。若替代钢筋混凝土结构，在用钢量相近、承载力相同的条件下，截面面积减少一半，增大了使用面积，且减少了混凝土用量，相应减轻了结构的重量，减小了地震作用，降低了基础造价。

此外，钢管混凝土柱的优点还有：

（1）钢管混凝土截面为轴对称，在各个方向上的惯性矩、强度均相等，因而适用于受到地震、风载等作用方向不确定的结构。

（2）钢管可作为模板，省去支模、拆模的工序，省工省料。

（3）钢管内无钢筋骨架，浇筑混凝土非常方便，尤其适用于先进的泵送混凝土浇筑。

（4）钢管兼有纵筋和箍筋的双重作用。制作钢管比制作钢筋骨架要方便得多。

（5）有很好的施工性。工厂预制钢管在现场安装就位，施工方便，并可利用钢管搭建施工平台，节省部分支架，对减少工序、缩短工期极为有利；钢管内填充高强混凝土，可显著改善高强混凝土的脆性，充分发挥高强混凝土的强度，而梁板使用普通混凝土，浇筑混凝土时互不干扰；钢管混凝土柱可以用作基础开挖时地下室的支柱，适合逆作法施工，可大大缩短施工工期。

（6）钢管混凝土柱还耐疲劳、耐冲击，适合于桥梁结构。

（7）钢管混凝土结构的造价与钢筋混凝土结构大体相当，有较好的经济性。

当然，钢管混凝土结构也有一定的不足之处，其耐火性和耐腐蚀性都不如混凝土，但不比钢结构差。近年来，在高层建筑中出现的钢管混凝土与外包混凝土叠合柱，不仅解决了钢管混凝土结构耐火性和耐腐蚀性，还利用钢管混凝土与外包混凝土之间的施工时间差，降低了外包混凝土部分的轴压比，并提高了施工速度。此外，在梁柱节点的连接方面也有待进一步改进。

钢管混凝土的应用已有一百多年的历史。1897 年，美国人 John Lally 在圆钢管内填充混凝土，将其作为房屋建筑的承重柱，称为 Lally 柱，并获得了专利。20 世纪 30 年代，前苏联开展了钢管混凝土基本力学性能的试验研究，并建造过跨度达 101m 的公路拱桥。20 世纪 60 年代前后，前苏联、美国、日本等国家对钢管混凝土开展了大量的研究工作，并在一些厂房、多层建筑、桥梁和特种工程中得到应用。20 世纪 80 年代后期，随着高强混凝土技术和泵送混凝土技术的迅速发展，使钢管混凝土结构及其应用得到迅速发展。

我国从 1959 年开始研究钢管混凝土的基本性能和应用，1963 年成功地将钢管混凝土柱用于北京地铁车站工程。20 世纪 70 年代，又相继在冶金、造船、电力等行业的厂房和重型构架中得到应用。20 世纪 80 年代开始，我国学者开始对钢管混凝土及其构件和连接开展系统、深入的研究，编制了设计与施工规程。至今，全国已有许多幢钢管混凝土结构高层建筑和 100 多座钢管混凝土拱桥。

22.2 钢管混凝土短柱的基本性能

22.2.1 受 力 性 能

本节主要讨论薄壁钢管（径厚比 $d/t\geqslant 20$）制成的钢管混凝土短柱（$l/d\leqslant 4$）的轴心受压性能。

钢管混凝土在荷载作用下的应力状态和传力路径十分复杂，它涉及钢管与混凝土的相互作用，而加载状况又影响到钢管与混凝土的相互作用。一般情况下是钢管与核心混凝土同时承担荷载。更多的情况则是钢管先于核心混凝土承受压应力。例如，空钢管骨架在浇灌混凝土以前即受到施工安装荷载所引起的压应力；混凝土干缩会使钢管端头高出混凝土端面；在荷载长期作用下，因混凝土徐变而在钢管和核心混凝土之间产生内力重分布，使钢管的纵向压力增大。为直接有效利用钢管对混凝土的约束作用，工程应用中也有将荷载仅施加于核心混凝土上，钢管不直接承担纵向压力的情况，此时钢管犹如螺旋箍筋一样。

上述复杂多变的应力路径，可以归纳为三种加载状态，见图 22-1。

A 式加载：荷载直接加在核心混凝土上，钢管不直接承受纵向荷载；

B 式加载：试件端面平齐，荷载同时加在钢管及核心混凝土上；

C 式加载：试件的钢管先单独承受纵向荷载，直到钢管被压缩到与核心混凝土齐平后（注意，应限制钢管应力仍在弹性范围以内），再与核心混凝土共同承担荷载。

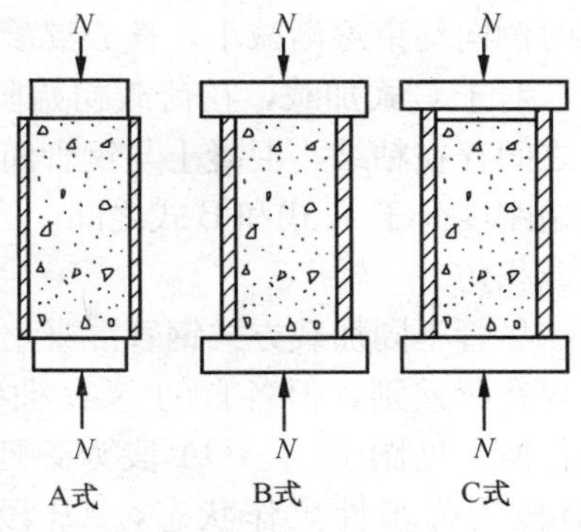

图 22-1 钢骨混凝土的加载方式

试验结果表明，以上三种不同方式对钢管混凝土的荷载—纵向受压变形曲线（见图 22-2）的初期阶段有一定影响，但对极限承载力几乎没有影响。

对于 A 式加载情况，在初始荷载阶段，压力主要由混凝土承担，但因钢管与混凝土之间存在粘结，混凝土与钢管间可传递应力，使钢管受到一定的压应力，但数值不大。当荷载继续增加，混凝土内部开始出现微裂缝而向外膨胀，钢管受到环向拉力。同时，钢管与混凝土之间的粘结虽逐渐破坏，但摩阻力还存在，因而钢管中还有一定的纵向应力。随着荷载增大，钢管中主要为环向应力，核心混凝土受到钢管的环向压力作用而处于三向应力状态，混凝土的轴向抗压强度得到很大提高。直到钢管环向应力达屈服极限，环向变形迅速增大，混凝土失去侧向约束而被压坏。

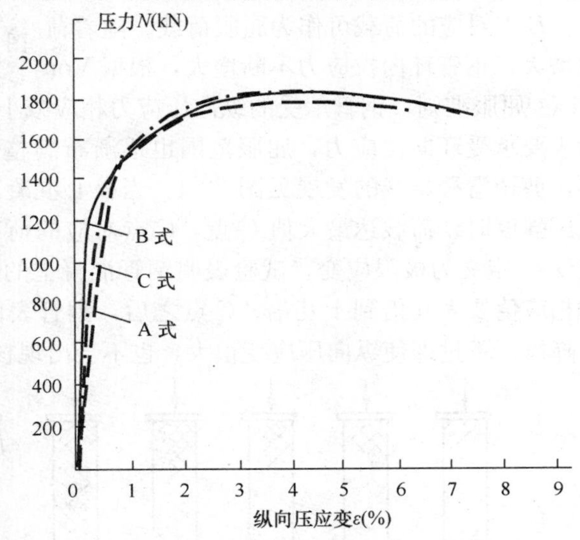

图 22-2 加载方式对 N-ε 曲线的影响

对于 B 式加载，在荷载初始阶段，钢管与混凝土共同受压，初始刚度大于 A 式，但因混凝土的横向泊松比小于钢的泊松比，故核心混凝土与钢管之间不会发生挤压。随着荷载增加，混凝土内部产生微裂缝，体积向侧向膨胀，使钢管产生环向应力。从此开始，其应力状态与 A 式加载相仿，钢管处于纵向、环向的拉—压双向应力状态，以环向拉应力为主，核心混凝土则处于三向压力状态。当钢管达屈服时，应力发生重分布，钢管承担压力末变而混凝土的承压力加大，同时侧向约束逐渐减小，核心混凝土达到受压极限时钢管混凝土即告破坏。

对于 C 式加载，在荷载初始阶段，主要是钢管承受压力，但因钢管与混凝土之间存在粘结，混凝土与钢管间可传递应力，使混凝土也受到一定的压应力，初始刚度介于 A 式和 B 式之间。当钢管与混凝土共同受压后，应力状态与 B 式加载相仿。

尽管不同加载方式钢管混凝土的初期受力过程有所差别，但各自的 N-ε_c 曲线的形式基本相似，见图 22-3。OA 段为弹性工作状态，AB 段为弹塑性工作状态，AB 段略有弯曲，但 OAB 段基本上呈直线。当荷载达 B 点后钢管在纵向压力和环向拉力作用下局部开始屈服，其表面出现剪切滑移斜线，或开始有铁皮剥落，但一般此时混凝土尚未达到其抗压强度。B 点对应的荷载可作为屈服荷载。随着荷载增大，钢管环向拉应力不断增大，根据 Von Mises 屈服准则，钢管承受的纵向压应力相应减小，从主要承受纵向压应力转变为主要承受环向拉应力，屈服范围也逐渐布满整个管壁，剪切滑移斜线显著增多，剪切滑移斜线的发展见图 22-4。当核心混凝土达到三向约束状态下的极限抗压强度时，荷载达最大值 C 点，C 点对应的荷载为极限荷载，与 C 点对应的应变 ε_0 定义为极限应变。试验表明钢管混凝土的极限应变值比普通钢筋混凝土的相应值要大几倍到十几倍。C 点之后，钢管表面局部凸曲皱折，N-ε_c 曲线呈下降段，不过即使纵向压应变很大，也不会出现核心混凝土被压碎的现象。

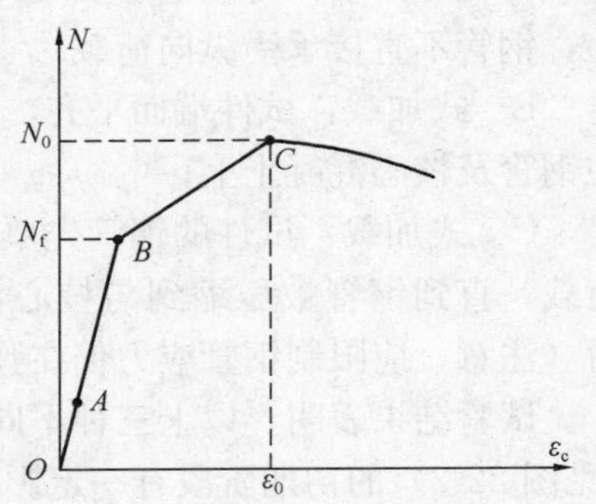

图 22-3　薄壁钢管混凝土的 N-ε_c 曲线

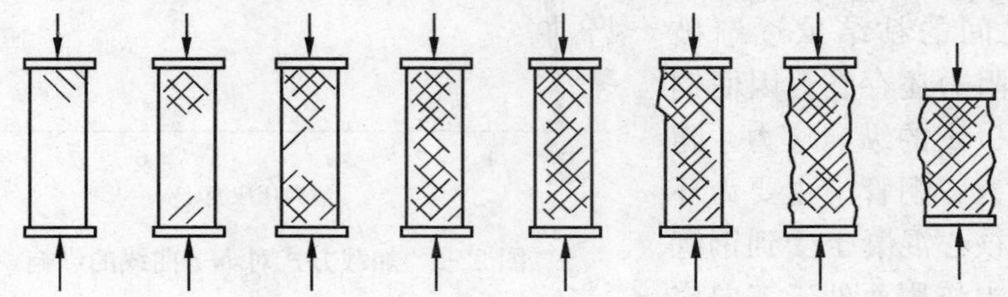

图 22-4　剪切滑移线的发展

22.2.2　极限承载力分析

由以上试验分析可知，尽管加载条件及传力路径有所不同，但钢管在达到屈服而开始塑性变形以后，各种不同加载方式下钢管与混凝土的应力状态趋于相同，即钢管处于纵压一环拉的应力状态，混凝土处于三向受压状态，且不同加载方式的极限承载力基本一致。以下对钢管混凝土轴心受压短柱的极限承载力进行分析。

图 22-5 为钢管混凝土轴心受压短柱达到承载力极限状态时的受力图形。在以下分析中假定：

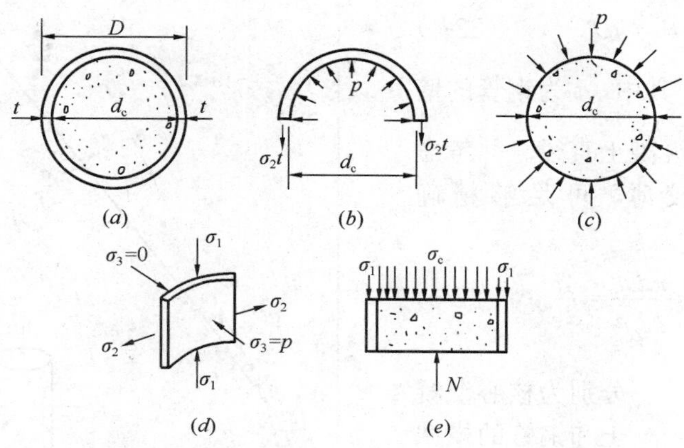

图 22-5　短柱各部件受力分析图

(1) 结构变形很小，可以不考虑受力过程中几何尺寸的变化；

(2) 结构在材料破坏前不会失稳（短柱）；

(3) 荷载为单调递增；

(4) 钢材及混凝土达屈服后为理想塑性的，即既不强化，也不软化，保持屈服应力不变；

(5) 对于薄壁钢管混凝土短柱，在极限状态下，钢管所受的径向应力 σ_3 比钢管平面内应力小得多，因此可以把钢管的应力状态简化为纵向受压和环向受拉的双向应力状态，并认为沿管的壁厚均匀分布。

对钢材采用 Von Mises 屈服条件，即：

$$\sigma_1^2 + \sigma_1\sigma_2 + \sigma_2^2 = f_y^2 \tag{22-1}$$

式中　f_y——钢材在单轴应力下的屈服下限。

对约束核心混凝土的抗压强度，采用下列关系式：

$$\sigma_c = f_c\left[1 + 1.5\sqrt{\frac{p}{f_c}} + 2\,\frac{p}{f_c}\right] \tag{22-2}$$

式中　f_c——混凝土的单轴抗压强度；

p——混凝土受到的侧向压应力；

σ_c——有侧压力时混凝土的抗压强度。

式 (22-2) 与试验结果的对比见图 22-6，可见若采用箍筋约束混凝土抗压强度的 $\frac{\sigma_c}{f_c} = 1 + 4.1\frac{p}{f_c}$ 关系，则对于钢管混凝土约束应力较大的情况，略偏于不安全。

达到极限承载力状态时，轴向力平衡方程为：

$$N_0 = \sigma_c A_c + \sigma_1 A_a \quad (22\text{-}3)$$

由环向力平衡方程：

$$2\sigma_2 t = p d_c \quad (22\text{-}4)$$

得 $\sigma_2 = p\dfrac{d_c}{2t}$，其中，$t$ 为钢管的壁厚；d_c 为核心混凝土直径。并考虑到钢管管壁较薄，可足够精确地取：

$$\frac{A_a}{A_c} = \frac{\pi d_c t}{\frac{\pi}{4}d_c^2} = \frac{4t}{d_c} \quad (22\text{-}5)$$

式中　A_c、A_a——分别为核心混凝土和钢管的横截面面积。

因此，有：

$$\sigma_2 = \frac{1}{2} p \frac{A_c}{A_a} \quad (22\text{-}6)$$

代入式（21-1）解得：

$$\sigma_1 = \sqrt{f_y^2 - 3p^2\left(\frac{A_c}{A_a}\right)^2} - p\frac{A_c}{A_a} \quad (22\text{-}7)$$

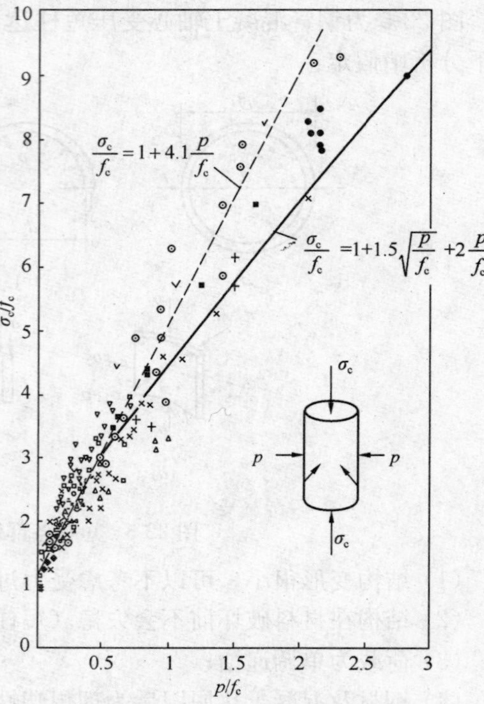

图 22-6　三向受压下的混凝土强度

或写成：

$$\sigma_1 = \left[\sqrt{1 - \frac{3}{\theta^2}\left(\frac{p}{f_c}\right)^2} - \frac{1}{\theta}\frac{p}{f_c}\right] f_y \quad (22\text{-}8)$$

式中　$\theta = \dfrac{f_a A_a}{f_c A_c}$，称为套箍系数。

将以上式（22-2）的 σ_c 和式（22-8）的 σ_1 代入式（22-3）的轴力平衡方程，可得：

$$\begin{aligned} N_0 &= f_c A_c\left[1 + 1.5\sqrt{\frac{p}{f_c}} + 2\frac{p}{f_c}\right] + f_y A_a\left[\sqrt{1 - \frac{3}{\theta^2}\left(\frac{p}{f_c}\right)^2} - \frac{1}{\theta}\frac{p}{f_c}\right] \\ &= f_c A_c\left[1 + 1.5\sqrt{\frac{p}{f_c}} + \frac{p}{f_c} + \theta\sqrt{1 - \frac{3}{\theta^2}\left(\frac{p}{f_c}\right)^2}\right] \end{aligned} \quad (22\text{-}9)$$

由上式可见，极限荷载是侧压力 p 的函数。由极值条件 $dN/dp = 0$，可求得极限荷载 N_0，N_0 的具体表达式较为复杂，经简化处理后得到：

$$N_0 = A_c f_c (1 + \sqrt{\theta} + 1.1\theta) \quad (22\text{-}10)$$

当 θ 小于 1.0 时，上式还可进一步简化为：

$$N_0 = A_c f_c (1 + 2\theta) \quad (22\text{-}11)$$

上式与箍筋约束混凝土柱的轴心受压承载力一致。

对于钢管高强混凝土，试验表明，在套箍系数较小时，随混凝土强度的提高，侧压力对高强混凝土的约束效果较普通混凝土有所降低。《高强混凝土结构技术规程》CECS104：99 统一将钢管混凝土轴心受压短柱的承载力设计表达为：

$\theta \leqslant [\theta]$ 时： $N_0 = A_c f_c(1+\alpha\theta)$ (22-12a)

$\theta > [\theta]$ 时： $N_0 = A_c f_c(1+\sqrt{\theta}+\theta)$ (22-12b)

式中 $[\theta]$——套箍指标界限值，按表 22-1 取值，$[\theta] = 1/(\alpha-1)^2$；

α——与混凝土强度等级有关的系数，按表 22-1 取值。

系数 α、$[\theta]$ 取值表 **表 22-1**

混凝土等级	≤C50	C55	C60	C65	C70	C75	C80
α	2.00	1.95	1.90	1.85	1.80	1.75	1.70
$[\theta]$	1.00	1.00	1.23	1.38	1.56	1.78	2.04

22.3 钢管混凝土柱的承载力计算

22.3.1 轴心受压中长柱

由于柱的初始缺陷、荷载作用点的偶然偏心、材料不均匀性等因素的影响，随着长细比的增大，侧向挠曲将对柱的承载力产生不可忽略的影响，柱的承载力将小于前述短柱的承载力 N_0，其降低程度与柱的长细比有关，这即是所谓柱子的稳定问题。

对于长细比较大的“长柱”，达到失稳破坏时，柱子的材料尚处于弹性范围，此时可按弹性稳定的欧拉公式来确定其稳定承载力。但对于介于长柱和短柱之间的“中长柱”，其破坏既不是由于弹性失稳，又不是由于材料强度达到极限，属于非弹性失稳，其稳定承载力的计算理论十分困难，尤其是对于混凝土这样的非线弹性材料。同时，影响柱子侧向挠曲的初始缺陷、偶然偏心、材料的不均匀性以及柱端支承的实际条件与理想条件的差异等因素也难以精确确定。因此，实用中一般均直接根据大量的试验结果，研究中长柱的轴压承载力随长细比的增长而降低的规律，其计算公式可表示为：

$$N_u = \phi_l N_0 \tag{22-13}$$

式中 N_0——轴压短柱的极限承载能力；

ϕ_l——稳定系数，即长细比对承载力的降低系数。

根据试验结果统计分析，钢管混凝土中长柱的稳定系数为：

$$\phi_l = 1 - 0.115\sqrt{L_0/D - 4} \tag{22-14}$$

式中　L_0——柱的计算长度；

D——钢管混凝土柱的外直径。

上述公式的试验依据见图 22-7。

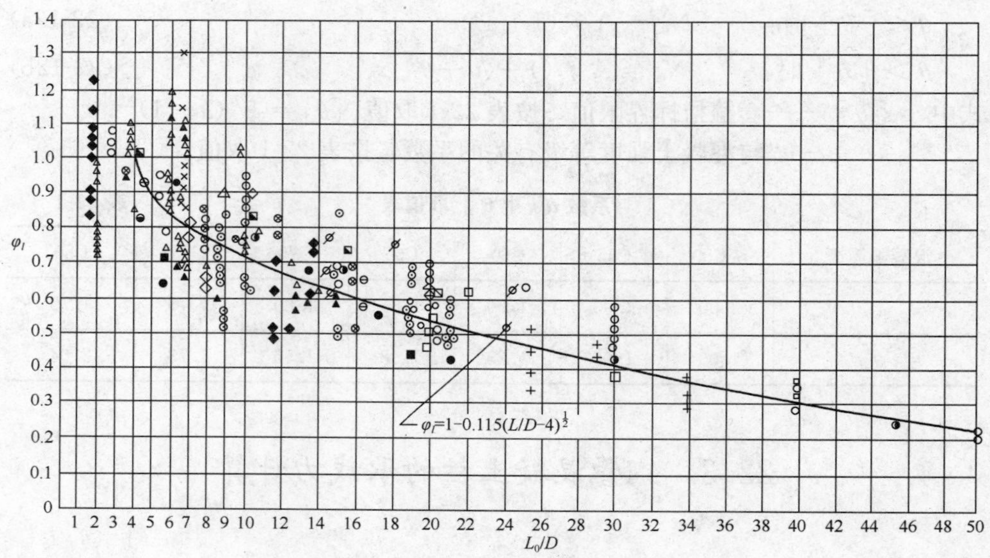

图 22-7　长细比对钢管混凝土柱轴压承载力的影响

22.3.2　偏心受压柱

对于钢管混凝土偏心受压短柱，其压弯承载力的计算在理论上仍然可以按基于平截面假定的方法进行。但该理论在应用时存在钢管约束混凝土的受压应力—应变关系难以准确给出和钢管应力状态难以确定的问题。因为在不同偏心下，受压区的形状不同，约束程度也不同，而钢管的环向应力又与约束情况有关。同时，在实际工程中为充分发挥钢管混凝土的特点，应尽量将钢管混凝土柱用于小偏心受压情况。因此，偏心受压钢管混凝土柱的承载力计算方法采取另外一个思路。

尽管很难用基于平截面假定的理论来确定钢管混凝土偏心受压短柱的承载力，但其极限轴力和弯矩之间的相关关系仍然与钢筋混凝土柱具有相同的特点，如图 22-8 所示。对于小偏心受压可偏于安全的近似用直线段 AB 表示，对于大偏心受压可用曲线 BC 表示。AB 直线可用下列方程表示：

$$\frac{N_u}{N_0} + a\frac{N_u}{M_0} = 1 \tag{22-15}$$

式中　a——待定系数，由试验结果确定；

M_0——钢管混凝土纯弯时的极限弯矩，可表示为$M_0 = bN_0 r_c$，b为小于1的常数，由纯弯试验结果统计得 $b=0.4$，r_c 为核心混凝土的半径。

又有 $M_u = N_u e_0$，于是式（22-15）可改写为：

$$\frac{N_u}{N_0}\left(1+\frac{a}{b}\,\frac{e_0}{r_c}\right)=1 \quad (22\text{-}16)$$

记 $\phi_e = N_u/N_0$，称为偏心距影响系数，则有：

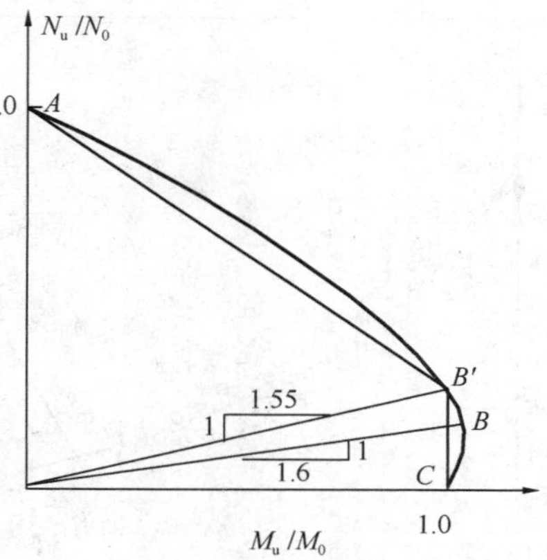

图 22-8 N-M 相关曲线

$$\phi_e = \frac{1}{1+c\,\dfrac{e_0}{r_c}} \quad (22\text{-}17)$$

其中，$c=a/b$。根据试验结果回归统计，得到 $c=1.85$，因此有：

$$\phi_e = \frac{1}{1+1.85\,\dfrac{e_0}{r_c}} \quad (22\text{-}18)$$

又因 $b=0.4$，故有 $a=0.74$。另一方面，根据试验研究，钢管混凝土的大小偏心界限 B 点的偏心率近似为 $e_0/r_c = 1.6$，即 $M_B = 1.6N_B r_c$，且 B 点在 AB 直线上，于是由

$$\frac{N_B}{N_0}+0.74\,\frac{1.6N_B r_c}{0.4N_0 r_c}=1 \quad (22\text{-}19)$$

可求得 $N_B/N_0 = 0.24$，相应 $M_B/M_0 = 1.01$。由此可见，大偏心受压 BC 曲线段的弯矩值很接近纯弯情况，也即 BC 段曲线可近似用直线段 $B'C$ 表示，B'点为过 C 点的竖直线与 AB 直线的交点。$B'C$ 直线段的方程为：

$$\frac{M_B}{M_0}=1 \quad (22\text{-}20)$$

代入式（22-15），可得 B' 点的 $N_{B'}/N_0 = 0.26$，相应 B'点的偏心率近似为 $e_0/r_c = 1.55$。因此，对于大偏心受压情况，偏心距影响系数为：

$$\phi_e = \frac{N_u}{N_0} = \frac{M_u/e_0}{M_0/0.4r_c} = \frac{0.4}{e_0/r_c} \quad (22\text{-}21)$$

对于偏心受压中长柱，综合前述稳定系数 ϕ_l 和偏心距影响系数 ϕ_e，承载力计算公式为：

$$N_u = \phi_l \phi_e N_0 \quad (22\text{-}22)$$

上式计算结果与试验结果的对比见图 22-9，图中竖轴为 $\phi_e = N_u/\phi_l N_0$。

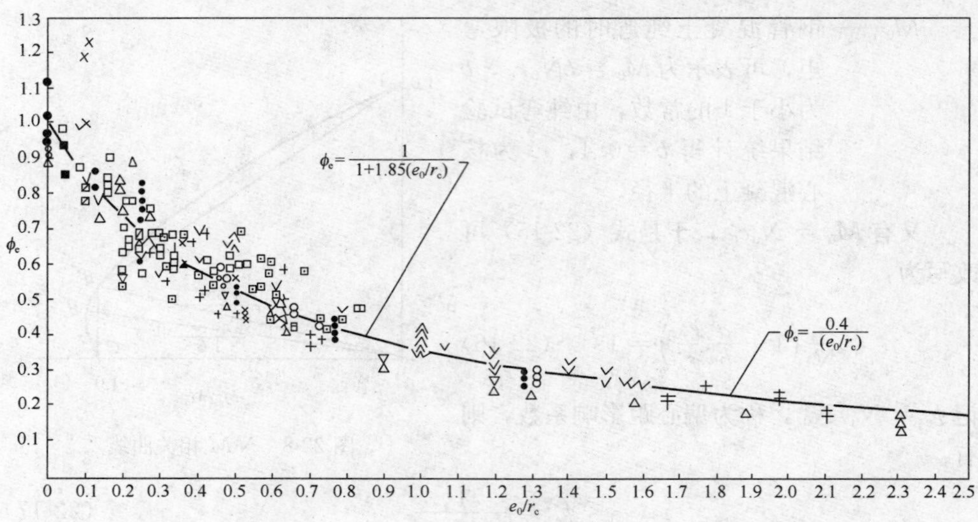

图 22-9　偏心距影响系数 ϕ_e

22.3.3　弯矩分布影响

前面讨论的是两端铰接且承受相同弯矩的标准柱（图 22-10*a*）。对于两端弯矩不等的非标准柱（图 22-10*b*），可根据柱中最大弯矩相等的原则，将其等效为标准柱，见图 22-10（*c*）。柱的等效计算长度 L_e 按下式计算：

$$L_e=kL \tag{22-23}$$

式中　L——柱的实际长度；

　　　k——考虑柱身弯矩分布梯度影响的等效长度系数。

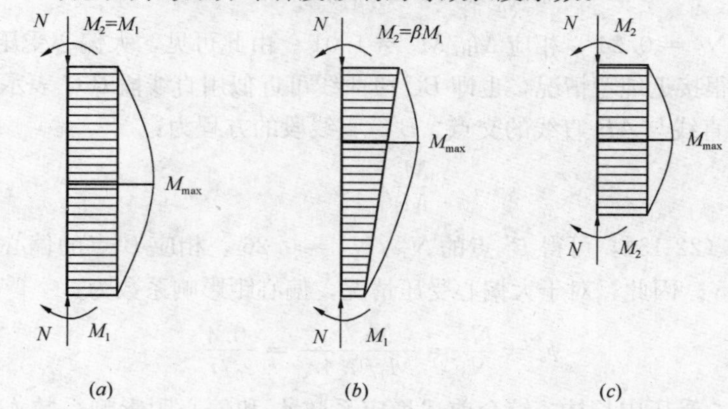

图 22-10　等效标准柱

（*a*）标准柱；（*b*）非标准柱；（*c*）等效标准柱

记柱端弯矩较小者为 M_1，柱端弯矩较大者为 M_2，β 为柱两端弯矩设计值中较小者与较大者的比值，即：

$$\beta=\frac{M_1}{M_2} \tag{22-24}$$

当 $\beta=1$ 时（图 22-11a），为标准柱，$k=1$。根据试验研究，当 $\beta=0$ 时（图 22-11c），即三角形弯矩分布，$k=0.5$；当 $\beta=-1$ 时（图 22-11e），即反对称三角形弯矩分布，$k=0.4$。对于一般情况下的非标准柱，k 值在上述三种典型情况之间用平滑曲线进行内插，得以下经验公式：

$$k=0.5+0.3\beta+0.2\beta^2 \tag{22-25}$$

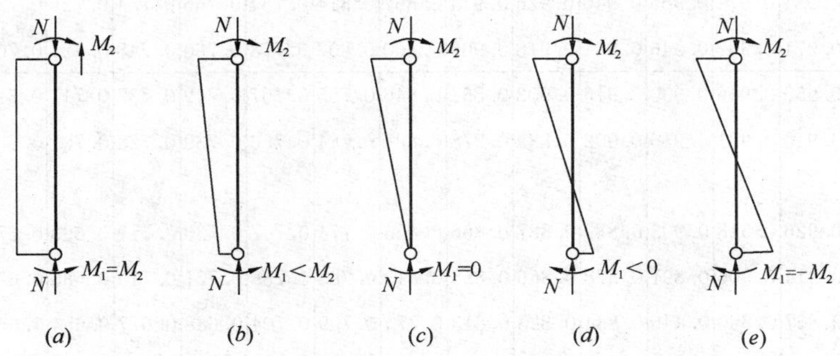

图 22-11 柱端弯矩比值 β 的情况

(a) $\beta=1$；(b) $0<\beta<1$；(c) $\beta=0$；(d) $0>\beta>-1$；(e) $\beta=-1$

以上讨论的是上下端无相对侧向位移的柱，对于有侧移框架柱（图 22-12），由于侧移引起的附加弯矩（P-Δ 效应）不同于无侧移情况。根据试验研究，有侧移框架的等效长度系数 k 按下式确定：

$$k=1-0.625e_0/r_c \tag{22-26}$$

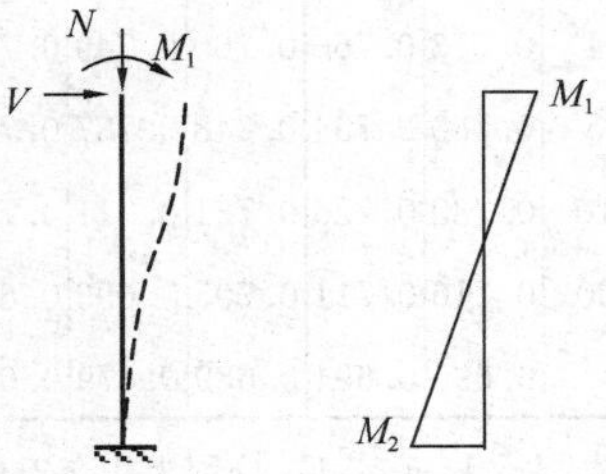

式中 e_0——柱底弯矩较大截面的偏心距。

式（22-26）计算时，当 $k<0.5$ 时，取 0.5。

图 22-12 有侧移框架柱

无侧移框架指结构中有支撑框架、剪力墙等结构单元，且其抗侧刚度不小于框架抗侧刚度的 5 倍者；有侧移框架指纯框架，或上述剪力墙等结构单元的抗侧刚度小于框架抗侧刚度的 5 倍者。

22.3.4 两端支座约束影响

以上讨论的是两端为铰接的或一端固接的独立柱。实际工程中，特别是框架结构中，柱两端往往受到横梁的约束。考虑柱端约束对柱承载力的影响，可近似采用“计算长度”方法将两端约束柱转化为两端铰接独立柱来处理，也即取：

$$L_0=\mu L \tag{22-27}$$

式中 L_0——等效铰接独立柱计算长度；

L——框架柱的长度；

μ——考虑柱端约束条件的计算长度系数，对无侧移框架柱，按表22-2确定；对有侧移框架柱，按表22-3确定。

无侧移框架柱的计算长度系数 μ **表22-2**

K_2	K_1														
	0	0.05	0.1	0.2	0.3	0.4	0.5	1	2	3	4	5	10	20	∞
0	1.000	0.990	0.981	0.964	0.949	0.935	0.922	0.875	0.820	0.791	0.773	0.760	0.732	0.706	0.699
0.05	0.990	0.981	0.971	0.955	0.940	0.926	0.914	0.867	0.814	0.784	0.766	0.754	0.726	0.711	0.694
0.1	0.981	0.971	0.962	0.946	0.931	0.918	0.906	0.860	0.807	0.778	0.760	0.748	0.721	0.705	0.689
0.2	0.964	0.955	0.946	0.930	0.916	0.903	0.891	0.846	0.795	0.767	0.749	0.737	0.711	0.696	0.679
0.3	0.949	0.940	0.931	0.916	0.902	0.889	0.878	0.834	0.784	0.756	0.739	0.728	0.701	0.687	0.671
0.4	0.935	0.926	0.918	0.903	0.889	0.887	0.866	0.823	0.774	0.747	0.730	0.719	0.693	0.678	0.663
0.5	0.922	0.914	0.906	0.891	0.878	0.866	0.855	0.813	0.765	0.738	0.721	0.710	0.685	0.671	0.656
1	0.875	0.867	0.860	0.846	0.834	0.823	0.813	0.774	0.729	0.704	0.688	0.677	0.654	0.640	0.626
2	0.820	0.814	0.807	0.795	0.784	0.774	0.765	0.729	0.686	0.663	0.648	0.638	0.615	0.603	0.590
3	0.791	0.784	0.778	0.767	0.756	0.747	0.738	0.704	0.663	0.640	0.625	0.616	0.593	0.581	0.568
4	0.773	0.766	0.760	0.749	0.739	0.730	0.721	0.688	0.648	0.625	0.611	0.601	0.580	0.568	0.556
5	0.760	0.754	0.748	0.737	0.728	0.719	0.700	0.677	0.638	0.616	0.601	0.592	0.570	0.558	0.546
10	0.732	0.726	0.721	0.711	0.701	0.693	0.685	0.654	0.615	0.593	0.580	0.570	0.549	0.537	0.524
20	0.716	0.711	0.705	0.696	0.687	0.678	0.671	0.640	0.603	0.581	0.568	0.558	0.537	0.525	0.512
∞	0.699	0.694	0.689	0.679	0.671	0.663	0.656	0.626	0.590	0.568	0.555	0.546	0.524	0.512	0.500

注：1. K_1、K_2 分别为相交于柱上、下端的横梁线刚度之和与柱线刚度之和的比值；

2. 当横梁与柱铰接时，取横梁线刚度为零；

3. 对底层柱，当柱与基础铰接时，取 $K_2=0$；当柱与柱基础刚接时，取 $K_2=\infty$。

有侧移框架柱的计算长度系数 μ **表22-3**

K_2	K_1														
	0	0.05	0.1	0.2	0.3	0.4	0.5	1	2	3	4	5	10	20	∞
0	∞	6.02	4.46	3.42	3.01	2.78	2.64	2.33	2.17	2.11	2.08	2.07	2.03	2.02	2.00
0.05	6.02	4.16	3.47	2.86	2.58	2.42	2.31	2.07	1.91	0.90	1.87	1.86	1.83	1.82	1.80
0.1	4.46	3.47	3.01	2.56	2.33	2.20	2.11	1.90	1.79	1.75	1.73	1.72	1.70	1.63	1.67
0.2	3.42	2.86	2.56	2.23	2.05	1.94	1.87	1.70	1.60	1.57	1.55	1.54	1.52	1.51	1.50
0.3	3.01	2.58	2.33	2.05	1.90	1.80	1.74	1.58	1.49	1.46	1.45	1.44	1.42	1.41	1.40

续表

K_2	K_1														
	0	0.05	0.1	0.2	0.3	0.4	0.5	1	2	3	4	5	10	20	∞
0.4	2.78	2.42	2.20	1.94	1.80	1.71	1.65	1.50	1.42	1.39	1.37	1.37	1.35	1.34	1.33
0.5	2.64	2.31	2.11	1.87	1.74	1.65	1.59	1.45	1.37	2.34	1.32	1.32	1.30	1.29	1.23
1	2.33	2.07	1.90	1.70	0.58	1.50	1.45	1.32	1.24	1.21	1.20	1.19	1.17	1.17	1.16
2	2.17	1.94	1.79	1.60	1.49	1.42	1.37	1.24	2.16	1.14	1.12	1.12	1.10	1.09	1.08
3	2.11	1.90	1.75	1.57	1.46	1.39	1.34	1.21	1.14	1.11	1.10	0.09	1.07	1.06	1.06
4	2.08	1.87	1.73	1.55	1.45	1.37	1.32	1.20	1.12	1.10	1.08	1.08	1.06	1.05	1.04
5	2.07	0.86	1.72	1.54	1.44	1.37	1.32	1.19	1.12	1.09	1.08	1.07	1.05	1.04	1.03
10	2.03	1.83	1.70	1.52	1.42	1.35	1.30	1.17	1.10	1.07	1.06	1.05	1.03	1.03	1.02
20	2.02	1.82	1.68	1.51	1.41	1.34	1.29	1.17	1.09	1.06	1.05	1.04	1.03	1.02	1.01
∞	2.00	1.80	1.67	1.50	1.40	1.33	1.28	1.16	1.08	1.06	1.04	1.03	1.02	1.01	1.00

注 1. K_1、K_2 分别为相交于柱上、下端的横梁线刚度之和与柱线刚度之和的比值；

2. 当横梁与柱铰接时，取横梁线刚度为零；

3. 对底层柱，当柱与基础铰接时，取 $K_2=0$；当柱与柱基础刚接时，取 $K_2=\infty$。

22.3.5 设计计算方法

综合以上分析结果，钢管混凝土柱的受压承载力计算公式为：

$$N_u=\phi_l\phi_e N_0 \tag{22-28}$$

式中 N_0——钢管混凝土轴向受压短柱的承载力设计值，按式（22-12）确定；

ϕ_l——考虑长细比影响的承载力折减系数，按式（22-14）确定；

ϕ_e——考虑偏心影响的承载力折减系数，按式（22-18）或式（22-21）确定。

在计算长细比影响系数时，柱子的计算长度取：

$$L_0=\mu kL \tag{22-29}$$

式中 L——柱子的实际长度；

μ——柱端约束影响系数；

k——柱内弯矩分布影响系数。

考虑到在各种荷载组合中，当侧向力或弯矩梯度消失时，柱子将转变为中心受压柱，为避免这种情况下的轴心承载力可能低于有侧向力或有弯矩梯度的情况，在计算中应满足：

$$\phi_l\phi_e=\phi_0 \tag{22-30}$$

式中 ϕ_0——按轴心受压柱（$k=1$）计算的 ϕ_l 值。

【例题 22-1】 已知：一钢管混凝土轴心受压短柱，钢管为 $\phi273\times8$mm（HPB235），$f_s=210\text{N/mm}^2$，混凝土强度等级为 C30，$f_c=14.3\text{N/mm}^2$。柱两端铰支，柱长 $l=5$m。求：该受压柱的承载力设计值。

【解】（1）先计算基本参数

钢管截面积：$A_a=\dfrac{\pi}{4}(273^2-257^2)=6660\ \text{mm}^2$

核心混凝土截面积：$A_c=\dfrac{\pi}{4}\times257^2=51874\ \text{mm}^2$

套箍指标：$\theta=\dfrac{A_af_s}{A_cf_c}=\dfrac{6660\times210}{51874\times14.3}=1.885$

（2）相应短柱承载力设计值

$$\begin{aligned}N_0&=A_cf_c(1+\sqrt{\theta}+1.1\theta)\\&=51874\times14.3\times(1+\sqrt{1.885}+1.1\times1.885)\\&=3298370\text{N}=3298\text{kN}\end{aligned}$$

（3）计算长柱承载力设计值

两端铰支，无弯矩，取 $\mu=1$，$k=1$。

计算长度：$l_0=\mu kl=1\times1\times5=5\text{m}$

$l_0/d=5/0.273=18.31>4$

长细比影响系数：$\phi_l=1-0.115\sqrt{18.31-4}=0.565$

无偏心，$\phi_e=1$

故承载力设计值：$N_u=\phi_l\phi_eN_0=3298\times0.565\times1=1863\text{kN}$

【例题 22-2】 两端铰支的钢管混凝土柱，基本几何尺寸、材料强度与例题 22-1 相同，但有偏心距 $e_0=100$mm。

求：该柱的承载力设计值

【解】 核心混凝土横截面半径：

$r_c=257/2=128.5\text{mm}$

$e_0/r_c=100/128.5=0.778<1.55$，为小偏心。

偏心影响系数：

$$\begin{aligned}\varphi_e&=1/(1+1.85e_0/r_c)\\&=1/(1+1.85\times0.778)\\&=0.410\end{aligned}$$

上例已求出：　$\varphi_l=0.565$

由此可得：$N_u=\varphi_l\varphi_eN_0=3298\times0.565\times0.410=764.0\text{kN}$

【例题 22-3】 已知：无侧移框架柱，钢管为 $\phi800\times12$mm（HPB235），内填 C40 混凝土，柱子长度 8.9m。由柱子梁柱刚度比可查得系数 $\mu=0.9$。轴向力设计值为 $N=15000$kN，柱上端弯矩 $M_1=-125\text{kN}\cdot\text{m}$，下端弯矩 $M_2=500\text{kN}\cdot\text{m}$，弯矩沿柱为直线分布，柱上有一反弯点。验算该柱承载力是否满足。

【解】（1）基本参数

$$A_a = \frac{\pi}{4}(800^2 - 776^2) = 29706 \text{ mm}^2$$

$$A_c = \frac{\pi}{4} \times 776^2 = 472948 \text{ mm}^2$$

C40， $f_c = 19.1\text{N/mm}^2$；HPB235 钢， $f_s = 210\text{N/mm}^2$。

（2）计算短柱轴心受压承载力

套箍指标：

$$\theta = \frac{A_a f_s}{A_c f_c} = \frac{29706 \times 210}{471948 \times 19.1} = 0.6920 < 1$$

$$N_0 = A_c f_c(1 + 2\theta)$$
$$= 472948 \times 19.1 \times (1 + 2 \times 0.6920)$$
$$= 21535403\text{N} = 21535\text{kN}$$

（3）计算偏心矩影响系数 φ_e

$$e_0 = M_2/N = 500/15000 = 0.033$$
$$e_0/r_c = 0.033/(0.4 - 0.012) = 0.085$$
$$\varphi_e = 1/(1 + 1.85e_0/r_c) = 1/(1 + 1.85 \times 0.085) = 0.864$$

（4）计算长细比影响系数

$$\beta = M_1/M_2 = -125/500 = -0.25$$
$$k = 0.5 + 0.3\beta + 0.2\beta^2 = 0.5 + 0.3 \times (-0.25) + 0.2 \times (-0.25)^2 = 0.4375$$

柱子计算长度： $l_0 = \mu k l = 0.9 \times 0.4375 \times 8.9 = 3.5\text{m}$

$$l_0/d = 3.5/0.8 = 4.375 > 4$$

长细比影响系数：$\varphi_l = 1 - 0.115\sqrt{4.375 - 4} = 0.930$

$$\varphi_l\varphi_e = 0.930 \times 0.864 = 0.804$$

（5）检验限制条件

按轴心受压，$k=1$，则

$$l_0 = \mu k l = 0.9 \times 1 \times 8.9 = 8.01\text{m}$$
$$l_0/d = 8.01/0.8 = 10.01 > 4$$
$$\varphi_l = 1 - 0.115\sqrt{10.01 - 4} = 0.718 < \varphi_l\varphi_e = 0.804$$

取 $\varphi_l\varphi_e = \varphi_0 = 0.718$。

（6）承载力计算

$$N_u = \varphi_l\varphi_e N_0$$
$$= 0.718 \times 21535 = 15462\text{kN} > 15000\text{kN}$$

故柱子承载力满足要求。

22.3.6　钢管混凝土柱的一般规定和要求

钢管的钢材通常采用Q235等级B、C、D的碳素结构钢及Q345等级B、C、D、E的低合金高强度结构钢。钢管可采用直焊缝焊接管、螺旋形缝焊接管和无缝钢管。焊接必须采用对接焊缝，实际结构中，焊缝受拉，按一级焊缝保证质量，焊缝强度不低于管材的强度。

为了充分发挥钢管混凝土柱的优势，钢管内的混凝土强度等级不宜低于C50。

钢管混凝土柱还应满足以下要求：

(1) 钢管壁厚不宜小于8mm。

(2) 为了防止钢管壁局部失稳，钢管的外径与壁厚的比值D/t不大于90 $(235/f_{ay})$；D/t也不小于20。f_{ay}为管材的屈服强度，Q235级钢取235MPa，Q345级钢取345MPa。钢管普通混凝土柱的D/t可以取70左右；钢管高强混凝土柱的D/t可以取40左右。

(3) 为了保证钢管混凝土柱有足够大的轴向承载力和延性，应保证钢管对核心混凝土的约束作用。用套箍指标θ作为度量约束程度的参数，θ不小于0.5，也不宜大于3。

(4) 钢管混凝土柱的优势是轴向受压承载力高，一般为小偏心受压构件，因此柱的长度和直径之比L/D和轴压力的偏心程度应有限制。长径比L/D不大于20；轴压力偏心距e_0与核心混凝土半径r_c之比e_0/r_c不大于1.0。

钢管混凝土柱的防火，可以采用在柱的外表面固定钢丝网、包覆厚度为50mm的水泥石灰砂浆或混凝土保护层的方法。

22.4　钢管混凝土柱与梁的连接节点

根据钢管混凝土的受力特点，它主要用于结构中的柱，而其与梁的连接节点形式就成为钢管混凝土结构应用的关键。

钢管混凝土柱与梁的连接，需要解决剪力传递和弯矩传递。剪力传递包括：钢管外剪力传递，即将梁端的剪力传递至钢管；钢管内剪力传递，即将钢管壁承受的剪力传递至核心混凝土。弯矩传递是指将梁端弯矩传递至钢管混凝土柱。

根据梁的情况，钢管混凝土柱与梁的连接包括：(1) 与钢梁的连接；(2) 与钢筋混凝土梁的连接，其中与钢筋混凝土梁的连接较为复杂，连接形式也较多。

22.4.1　与钢梁的连接

钢梁与钢管混凝土柱的连接，可采用图22-13的构造。通过钢梁的腹板与焊接于钢管上腹板的对接焊缝，实现梁端剪力的传递；梁端弯矩的传递采用环绕柱的加强环与钢梁上下翼缘板坡口全熔透焊接实现。加强环应做成全封闭的满环（图 22-14）。加强环板的最小宽度，应根据其抗拉能力不小于梁翼缘板抗拉能力的 0.7 倍。当钢管柱直径较大时，加强环也可设在钢管内侧，作抗剪连接件。内加强环与钢管壁之间采用坡口全熔透焊。

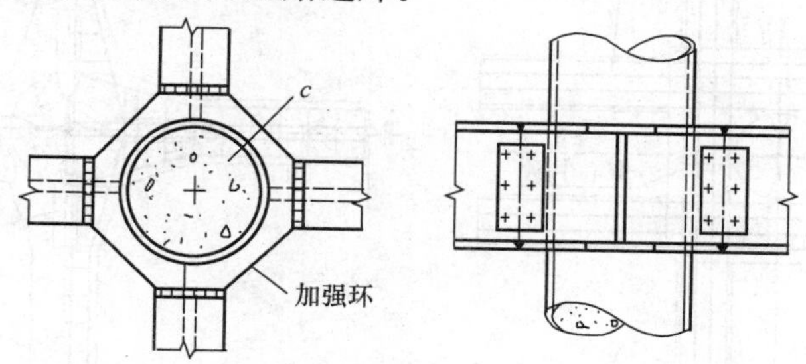

图 22-13　钢梁与钢管连接构造

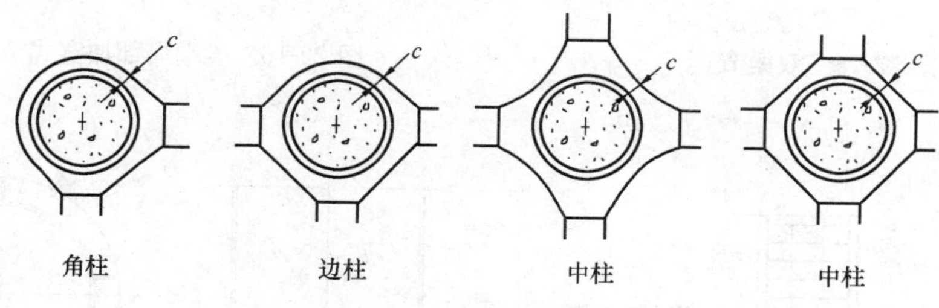

图 22-14　外加强环形式

22.4.2　与混凝土梁的连接

(1) 双梁式节点（图 22-15）：围绕钢管做一个“井”字形钢筋混凝土梁，以梁的纵筋传递梁端弯矩，以焊接穿心牛腿抗剪。这种方式钢筋不用穿越钢管也不用打弯，连接方便；楼板实际跨度减小，配筋较省。

(2) 梁端局部加宽式节点（图 22-16）：将梁端局部加宽，采用焊接暗牛腿传递梁端剪力，靠贯穿或绕过钢管混凝土柱的梁纵筋承受梁端弯矩引起的拉力，由柱体直接承受弯矩引起的压力。该节点传力途径明确，连接刚度大，现场焊接量较少。但由于钢筋必须绕过钢管，当钢管混凝土柱断面较大或梁每排钢筋根数较多时，不如双梁构造方便，且弯绕困难，钢筋如若穿越钢管，其制作与安装复杂繁琐，加工费用也较大。

(3) 对穿暗牛腿式节点（图 22-17）：采用“井”字形对穿暗牛腿承受弯矩和剪力，梁纵筋直接焊在暗牛腿上，节点连接刚度较大，但现场焊接工作量大，焊接质量要求高，且牛腿需要穿心。

(4) 穿心钢筋暗牛腿式节点（图 22-18）：现浇钢筋混凝土梁纵筋与穿心钢筋

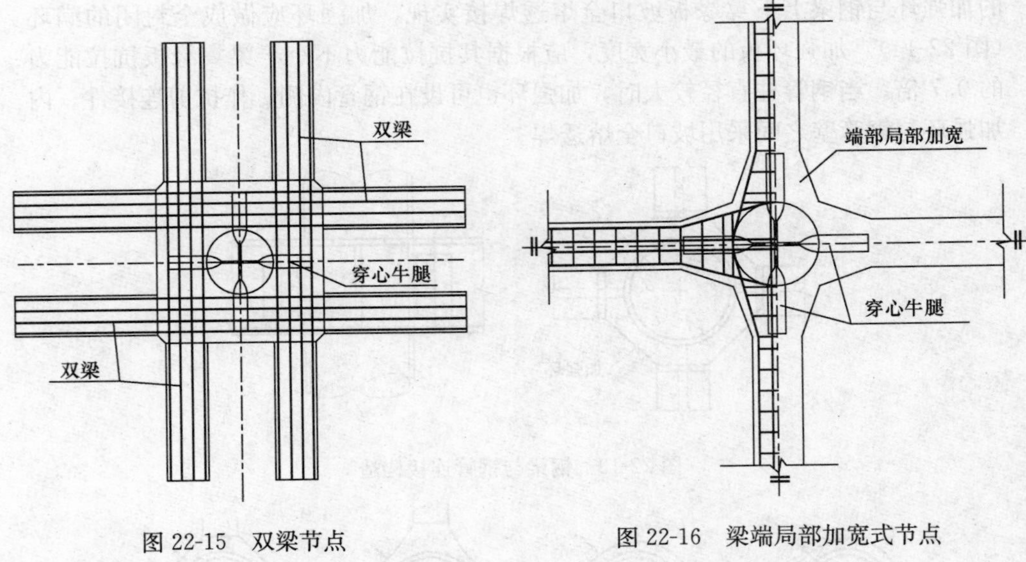

图 22-15　双梁节点

图 22-16　梁端局部加宽式节点

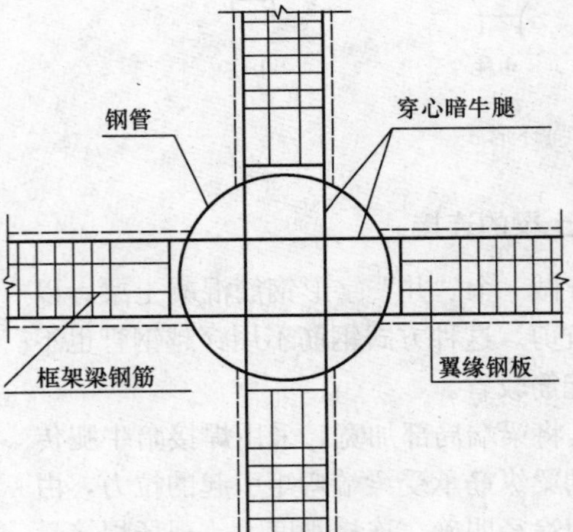

图 22-17　对穿暗牛腿式节点

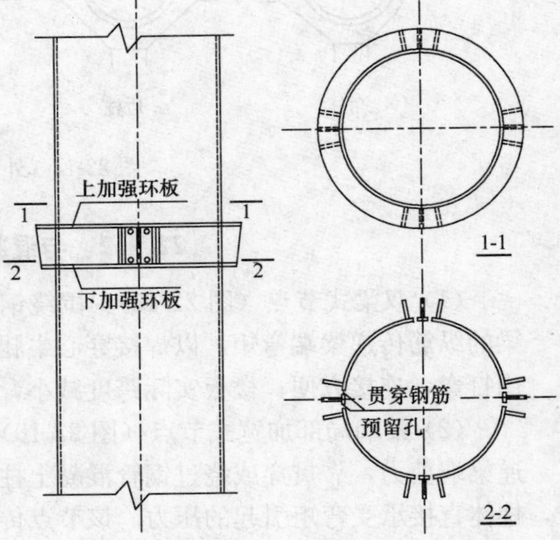

图 22-18　穿心钢筋暗牛腿式节点

焊接以传递弯矩，焊在钢管外表面上的不穿心钢牛腿承受剪力。钢筋需要穿心，对钢管有削弱，为保证开孔后节点的整体性，在钢筋穿过的孔洞处设上下加强环，用钢量增大。此外，现场焊接工作量大，预留孔的位置和现场就位要求非常精确，施工难度较大。

（5）劲性暗牛腿环梁组合节点（图 22-19）：框架梁的上、下钢筋不穿越钢管壁，而是直接焊于钢牛腿的上、下钢板上，当无法全部施焊时，可将部分上下钢筋锚入绕钢管混凝土柱设置的钢筋混凝土环梁中。东南大学建筑设计院在南京招商局国际金融中心工程中采用了这种节点形式。

(6) 钢筋混凝土环梁连接节点（图 22-20）：该节点利用现浇钢筋混凝土环梁围绕钢管，与钢管紧密箍抱，框架梁的纵向钢筋锚固在环梁内，不与钢管混凝土柱直接连接，借助环梁平衡柱两侧框架梁端弯矩，如果柱两侧存在不平衡弯矩，则通过环梁对柱的箍抱作用将不平衡传递给钢管混凝土柱；在环梁中部和底部钢管外表面贴焊一道或两道环形钢筋，称为抗剪环，通过环梁内侧混凝土与抗剪环之间的局部承压作用，将竖向剪力由环梁传递到抗剪环上，并通过抗剪环与钢管

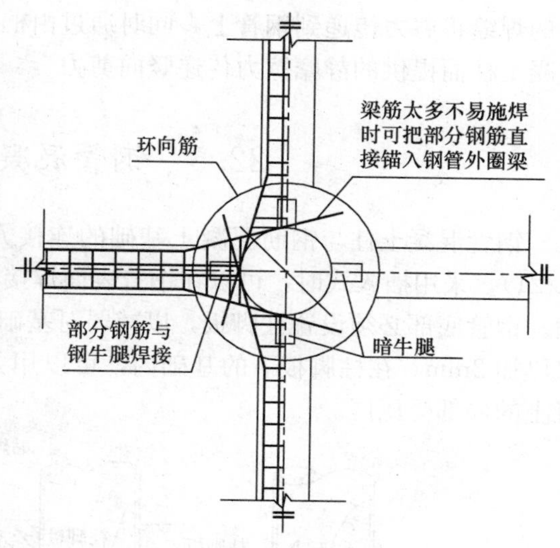

图 22-19 暗牛腿—环梁组合节点

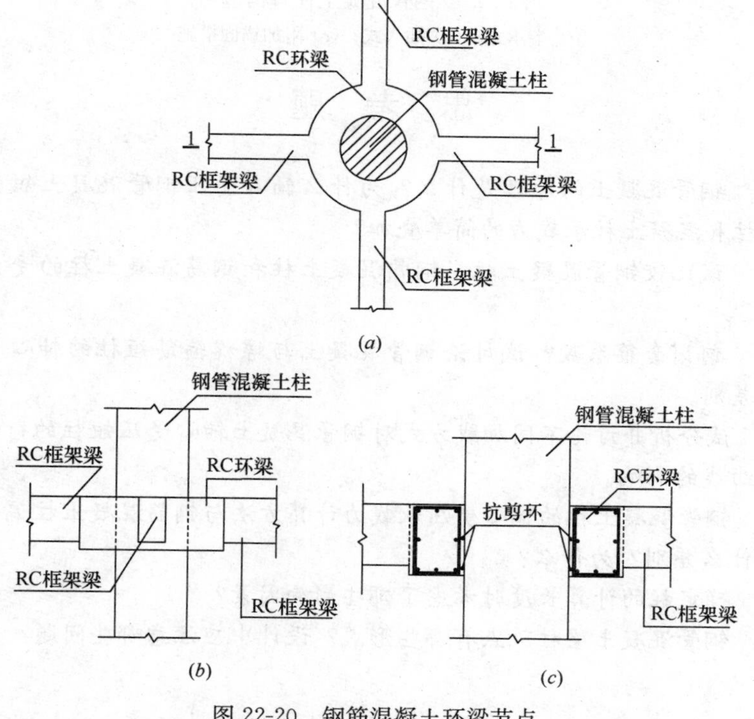

图 22-20 钢筋混凝土环梁节点

(a) 节点构造平面图；(b) 节点构造侧面图；(c) 1-1 剖面图

间的焊缝将剪力传递到钢管上，同时通过由框架梁端弯矩引起环梁局部挤压钢管混凝土柱而提供的静摩擦力传递竖向剪力

22.5 钢管混凝土柱脚

钢管混凝土柱与钢筋混凝土基础的连接方式可以采用端承式或插入式（图 22-21），采用插入式时，可以在钢管表面焊接栓钉或贴焊钢筋环等加强钢管的锚固。钢管底部必须设置柱脚板，以减弱对基础的压强，柱脚板的厚度可取为钢管壁厚加 2mm。在柱脚板下的基础内，可以用方格钢筋网和螺旋箍筋加强基础混凝土的局部受压区。

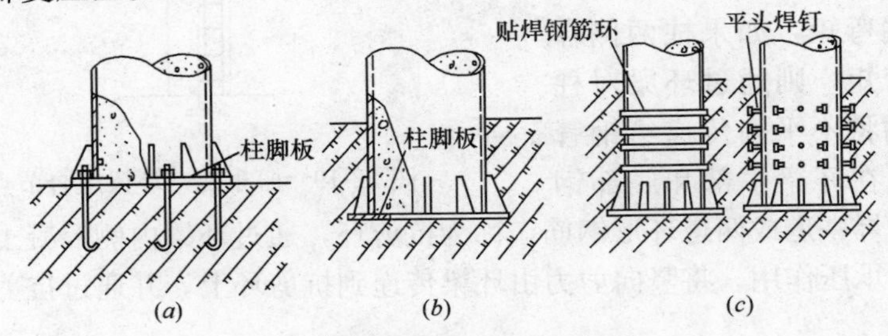

图 22-21 钢管混凝土柱脚构造

（a）端承式；（b）插入式；（c）附加锚固措施

思 考 题

22-1 钢管混凝土的原理是什么？为什么轴心受压钢管混凝土短柱的承载力大于钢柱和混凝土柱承载力的简单叠加？

22-2 试比较钢管混凝土柱、钢骨混凝土柱和钢筋混凝土柱的受力性能及计算方法。

22-3 何谓套箍系数？试讨论钢管混凝土与螺旋箍筋短柱的轴心受压极限承载力的差别。

22-4 试分析并讨论不同加载方式对钢管混凝土轴心受压短柱的荷载—纵向受压变形曲线的影响。

22-5 钢管混凝土柱的偏心受压承载力计算方法与钢筋混凝土柱偏心受压计算方法有什么差别？为什么？

22-6 确定柱的计算长度时考虑了哪些影响因素？

22-7 钢管混凝土梁柱节点有哪些形式？设计中应注意哪些问题？

习　题

22-1　两端铰接钢管混凝土柱，柱长 5m，钢管直径 300m，壁厚 8mm，Q345 钢材，C40 级混凝土，试计算其轴压承载力。

22-2　同习题 22-1，但两端轴压力偏心距为 100mm，试计算其轴压承载力。

22-3　同习题 22-1，但两端轴压力偏心距为 100mm，且偏心方向相反，试计算其轴压承载力。

附录1　部分常用材料和构件的自重表

部分常用材料和构件的自重表　　**附表 1-1**

名　称	自　重	备　注
(一)砖及砌块 kN/m^3		
普通砖	18.0	240mm×115mm×53mm(684 块/m^3)
普通砖	19.0	机器制
缸砖	21.0～21.5	230mm×110mm×65mm(609 块/m^3)
红缸砖	20.4	
耐火砖	19.0～22.0	230mm×110mm×65mm(609 块/m^3)
耐酸瓷砖	23.0～25.0	230mm×113mm×65mm(590 块/m^3)
灰砂砖	18.0	砂：白灰＝92：8
煤渣砖	17.0～18.5	
矿渣砖	18.5	硬矿渣：烟灰：石灰＝75：15：10
焦渣砖	12.0～14.0	
烟灰砖	14.0～15.0	炉渣：电石渣：烟灰＝30：40：30
黏土坯	12.0～15.0	
锯末砖	9.0	
焦渣空心砖	10.0	290mm×290mm×140mm(85 块/m^3)
水泥空心砖	9.8	290mm×290mm×140mm(85 块/m^3)
水泥空心砖	10.3	300mm×250mm×110mm(121 块/m^3)
水泥空心砖	9.6	300mm×250mm×160mm(83 块/m^3)
蒸压粉煤灰砖	14.0～16.0	干重度
陶粒空心砌块	5.0	长 600mm、400mm，宽 150mm、250mm，高 250mm、200mm
	6.0	390mm×290mm×190mm
粉煤灰轻渣空心砌块	7.0～8.0	390mm × 190mm × 190mm，390mm × 240mm ×190mm
蒸压粉煤灰加气混凝土砌块	5.5	
混凝土空心小砌块	11.8	390mm×190mm×190mm
碎砖	12.0	堆置

续表

名　称	自　重	备　注
水泥花砖	19.8	200mm×200mm×24mm(1042块/m^3)
瓷面砖	17.8	150mm×150mm×8mm(5556块/m^3)
陶瓷马赛克	0.12kN/m^2	厚5mm
(二)石灰、水泥、灰浆及混凝土(kN/m^3)		
生石灰块	11.0	堆置，$\varphi=30°$
生石灰粉	12.0	堆置，$\varphi=35°$
熟石灰膏	13.5	
石灰砂浆、混合砂浆	17.0	
水泥石灰焦渣砂浆	14.0	
石灰炉渣	10.0～12.0	
水泥炉渣	12.0～14.0	
石灰焦渣砂浆	13.0	
灰土	17.5	石灰：土＝3：7，夯实
稻草石灰泥	16.0	
纸筋石灰泥	16.0	
石灰锯末	3.4	石灰：锯末＝1：3
石灰三合土	17.5	石灰、砂子、卵石
水泥	12.5	轻质松散，$\varphi=20°$
水泥	14.5	散装，$\varphi=30°$
水泥	16.0	袋装压实，$\varphi=40°$
矿渣水泥	14.5	
水泥砂浆	20.0	
水泥蛭石砂浆	5.0～8.0	
石棉水泥浆	19.0	
膨胀珍珠岩砂浆	7.0～15.0	
石膏砂浆	12.0	
碎砖混凝土	18.5	
素混凝土	22.0～24.0	振捣或不振捣
矿渣混凝土	20.0	
焦渣混凝土	16.0～17.0	承重用
焦渣混凝土	10.0～14.0	填充用
铁屑混凝土	28.0～65.0	

续表

名 称	自 重	备 注
浮石混凝土	9.0～14.0	
沥青混凝土	20.0	
无砂大孔性混凝土	16.0～19.0	
泡沫混凝土	4.0～6.0	
加气混凝土	5.5～7.5	单块
石灰粉煤灰加气混凝土	6.0～6.5	
钢筋混凝土	24.0～25.0	
碎砖钢筋混凝土	20.0	
钢丝网水泥	25.0	用于承重结构
水玻璃耐酸混凝土	20.0～23.5	
粉煤灰陶砾混凝土	19.5	
(三)隔墙与墙面(kN/m^2)		
双面抹灰板条隔墙	0.90	每面抹灰厚16～24mm，龙骨在内
单面抹灰板条隔墙	0.50	灰厚16～24mm，龙骨在内
C形轻钢龙骨隔墙	0.27	两层12mm纸面石膏板，无保温层
	0.32	两层12mm纸面石膏板，中填岩棉保温板50mm
	0.38	三层12mm纸面石膏板，无保温层
	0.43	三层12mm纸面石膏板，中填岩棉保温板50mm
	0.49	四层12mm纸面石膏板，无保温层
	0.54	四层12mm纸面石膏板，中填岩棉保温板50mm
贴瓷砖墙面	0.50	包括水泥砂浆打底，共厚25mm
水泥粉刷墙面	0.36	20mm厚，水泥粗砂
水磨石墙面	0.55	25mm厚，包括打底
水刷石墙面	0.50	25mm厚，包括打底
石灰粗砂粉刷	0.34	20mm厚
剁假石墙面	0.50	25mm厚，包括打底
外墙拉毛墙面	0.70	包括25mm水泥砂浆打底
(四)屋架、门窗(kN/m^2)		
木屋架	$0.07+0.007l$	按屋面水平投影面积计算，跨度l以m计算
钢屋架	$0.12+0.011l$	无天窗，包括支撑，按屋面水平投影面积计算，跨度l以m计
木框玻璃窗	0.20～0.30	
钢框玻璃窗	0.40～0.45	

续表

名　　称	自　重	备　　注
木门	0.10～0.20	
钢铁门	0.40～0.45	
(五)屋顶(kN/m^2)		
黏土平瓦屋面	0.55	按实际面积计算，下同
水泥平瓦屋面	0.50～0.55	
小青瓦屋面	0.90～1.10	
冷摊瓦屋面	0.50	
石板瓦屋面	0.46	厚6.3mm
石板瓦屋面	0.71	厚9.5mm
石板瓦屋面	0.96	厚12.1mm
麦秸泥灰顶	0.16	以10mm厚计
石棉板瓦	0.18	仅瓦自重
波形石棉瓦	0.20	1820mm×725mm×8mm
镀锌薄钢板	0.05	24号
瓦楞铁	0.05	26号
彩色钢板波形瓦	0.12～0.13	0.6mm厚彩色钢板
拱形彩色钢板屋面	0.30	包括保温及灯具重0.15kN/m^2
有机玻璃屋面	0.06	厚1.0mm
玻璃屋顶	0.30	9.5mm夹丝玻璃，框架自重在内
玻璃砖顶	0.65	框架自重在内
油毡防水层(包括改性沥青防水卷材)	0.05	一层油毡刷油两遍
	0.25～0.30	四层做法，一毡二油上铺小石子
	0.30～0.35	六层做法，二毡三油上铺小石子
	0.35～0.40	八层做法，三毡四油上铺小石子
捷罗克防水层	0.10	厚8mm
屋顶天窗	0.35～0.40	9.5mm夹丝玻璃，框架自重在内
(六)顶棚(kN/m^2)		
钢丝网抹灰吊顶	0.45	
麻刀灰板条顶棚	0.45	吊木在内，平均灰厚20mm
砂子灰板条顶棚	0.55	吊木在内，平均灰厚25mm
苇箔抹灰顶棚	0.48	吊木龙骨在内
松木板顶棚	0.25	吊木在内
三夹板顶棚	0.18	吊木在内

续表

名　称	自　重	备　注
马粪纸顶棚	0.15	吊木及盖缝条在内
木丝板吊顶棚	0.26	厚25mm，吊木及盖缝条在内
木丝板吊顶棚	0.29	厚30mm，吊木及盖缝条在内
隔声纸板顶棚	0.17	厚10mm，吊木及盖缝条在内
隔声纸板顶棚	0.18	厚13mm，吊木及盖缝条在内
隔声纸板顶棚	0.20	厚20mm，吊木及盖缝条在内
V形轻钢龙骨吊顶	0.12	一层9mm纸面石膏板，无保温层
	0.17	一层9mm纸面石膏板，有厚50mm的岩棉板保温层
	0.20	二层9mm纸面石膏板，无保温层
	0.25	二层9mm纸面石膏板，有厚50mm的岩棉板保温层
V形轻钢龙骨及铝合金龙骨吊顶	0.10～0.12	一层矿棉吸声板厚15mm，无保温层
顶棚上铺焦渣锯末绝缘层	0.20	厚50mm焦渣、锯末按1∶5混合
(七)地面(kN/m^2)		
地板格栅	0.20	仅格栅自重
硬木地板	0.20	厚25mm，剪刀撑、钉子等自重在内，不包括格栅自重
松木地板	0.18	
小瓷砖地面	0.55	包括水泥粗砂打底
水泥花砖地面	0.60	砖厚25mm，包括水泥粗砂打底
水磨石地面	0.65	10mm面层，20mm水泥砂浆打底
油地毡	0.02～0.03	油地纸，地板表面用
木块地面	0.70	加防腐油膏铺砌厚76mm
菱苦土地面	0.28	厚20mm
铸铁地面	4.00～5.00	60mm碎石垫层，60mm面层
缸砖地面	1.7～2.1	60mm砂垫层，53mm面层，平铺
缸砖地面	3.30	60mm碎石垫层，115mm面层，侧铺
黑砖地面	1.50	砂垫层，平铺

附录 2 民用建筑楼面均布活荷载

民用建筑楼面均布活荷载标准值及其组合值、频遇值和准永久值系数

附表 2-1

<table>
<tr><th>项次</th><th colspan="3">类别</th><th>标准值（kN/m²）</th><th>组合值系数 ψ_c</th><th>频遇值系数 ψ_f</th><th>准永久值系数 ψ_q</th></tr>
<tr><td rowspan="2">1</td><td colspan="3">（1）住宅、宿舍、旅馆、办公楼、医院病房、托儿所、幼儿园</td><td>2.0</td><td>0.7</td><td>0.5</td><td>0.4</td></tr>
<tr><td colspan="3">（2）试验室、阅览室、会议室、医院门诊室</td><td>2.0</td><td>0.7</td><td>0.6</td><td>0.5</td></tr>
<tr><td>2</td><td colspan="3">教室、食堂、餐厅、一般资料档案室</td><td>2.5</td><td>0.7</td><td>0.6</td><td>0.5</td></tr>
<tr><td rowspan="2">3</td><td colspan="3">（1）礼堂、剧场、影院、有固定座位的看台</td><td>3.0</td><td>0.7</td><td>0.5</td><td>0.3</td></tr>
<tr><td colspan="3">（2）公共洗衣房</td><td>3.0</td><td>0.7</td><td>0.6</td><td>0.5</td></tr>
<tr><td rowspan="2">4</td><td colspan="3">（1）商店、展览厅、车站、港口、机场大厅及其旅客等候室</td><td>3.5</td><td>0.7</td><td>0.6</td><td>0.5</td></tr>
<tr><td colspan="3">（2）无固定座位的看台</td><td>3.5</td><td>0.7</td><td>0.5</td><td>0.3</td></tr>
<tr><td rowspan="2">5</td><td colspan="3">（1）健身房、演出舞台</td><td>4.0</td><td>0.7</td><td>0.6</td><td>0.5</td></tr>
<tr><td colspan="3">（2）运动场、舞厅</td><td>4.0</td><td>0.7</td><td>0.6</td><td>0.3</td></tr>
<tr><td rowspan="2">6</td><td colspan="3">（1）书库、档案库、贮藏室</td><td>5.0</td><td>0.9</td><td>0.9</td><td>0.8</td></tr>
<tr><td colspan="3">（2）密集柜书库</td><td>12.0</td><td>0.9</td><td>0.9</td><td>0.8</td></tr>
<tr><td>7</td><td colspan="3">通风机房、电梯机房</td><td>7.0</td><td>0.9</td><td>0.9</td><td>0.8</td></tr>
<tr><td rowspan="4">8</td><td rowspan="4">汽车通道及客车停车库</td><td rowspan="2">（1）单向板楼盖（板跨不小于2m）和双向板楼盖（板跨不小于3m×3m）</td><td>客车</td><td>4.0</td><td>0.7</td><td>0.7</td><td>0.6</td></tr>
<tr><td>消防车</td><td>35.0</td><td>0.7</td><td>0.5</td><td>0.0</td></tr>
<tr><td rowspan="2">（2）双向板楼盖（板跨不小于6m×6m）和无梁楼盖（柱网不小于6m×6m）</td><td>客车</td><td>2.5</td><td>0.7</td><td>0.7</td><td>0.6</td></tr>
<tr><td>消防车</td><td>20.0</td><td>0.7</td><td>0.5</td><td>0.0</td></tr>
<tr><td rowspan="2">9</td><td rowspan="2">厨房</td><td colspan="2">（1）餐厅</td><td>4.0</td><td>0.7</td><td>0.7</td><td>0.7</td></tr>
<tr><td colspan="2">（2）其他</td><td>2.0</td><td>0.7</td><td>0.6</td><td>0.5</td></tr>
</table>

续表

<table>
<tr><th>项次</th><th colspan="2">类别</th><th>标准值 (kN/m²)</th><th>组合值系数 ψ_c</th><th>频遇值系数 ψ_f</th><th>准永久值系数 ψ_q</th></tr>
<tr><td>10</td><td colspan="2">浴室、卫生间、盥洗室</td><td>2.5</td><td>0.7</td><td>0.6</td><td>0.5</td></tr>
<tr><td rowspan="3">11</td><td rowspan="3">走廊、门厅</td><td>(1) 宿舍、旅馆、医院病房、托儿所、幼儿园、住宅</td><td>2.0</td><td>0.7</td><td>0.5</td><td>0.4</td></tr>
<tr><td>(2) 办公楼、餐厅、医院门诊部</td><td>2.5</td><td>0.7</td><td>0.6</td><td>0.5</td></tr>
<tr><td>(3) 教学楼及其他可能出现人员密集的情况</td><td>3.5</td><td>0.7</td><td>0.5</td><td>0.3</td></tr>
<tr><td rowspan="2">12</td><td rowspan="2">楼梯</td><td>(1) 多层住宅</td><td>2.0</td><td>0.7</td><td>0.5</td><td>0.4</td></tr>
<tr><td>(2) 其他</td><td>3.5</td><td>0.7</td><td>0.5</td><td>0.3</td></tr>
<tr><td rowspan="2">13</td><td rowspan="2">阳台</td><td>(1) 可能出现人员密集的情况</td><td>3.5</td><td>0.7</td><td>0.6</td><td>0.5</td></tr>
<tr><td>(2) 其他</td><td>2.5</td><td>0.7</td><td>0.6</td><td>0.5</td></tr>
</table>

注：1. 本表所给各项活荷载适用于一般使用条件，当使用荷载较大、情况特殊或有专门要求时，应按实际情况采用；

2. 第 6 项书库活荷载，当书架高度大于 2m 时，书库活荷载尚应按每米书架高度不小于 2.5kN/m^{2}确定；

3. 第 8 项中的客车活荷载仅适用于停放载人少于 9 人的客车；消防车活荷载适用于满载总重为 300kN 的大型车辆；当不符合本表的要求时，应将车轮的局部荷载按结构效应的等效原则，换算为等效均布荷载；

4. 第 8 项消防车活荷载，当双向板楼盖板跨介于 3m×3m～6m×6m 之间时，应按跨度线性插值确定；

5. 第 12 项楼梯活荷载，对预制楼梯踏步平板，尚应按 1.5kN 集中荷载验算；

6. 本表各项荷载不包括隔墙自重和二次装修荷载；对固定隔墙的自重应按永久荷载考虑，当隔墙位置可灵活自由布置时，非固定隔墙的自重应取不小于 1/3 的每延米长墙重（kN/m）作为楼面活荷载的附加值（kN/m^2）计入，且附加值不应小于 1.0kN/m^2。

附录3 连续梁弹性内力计算表

连续梁弹性内力计算表　　附表3-1

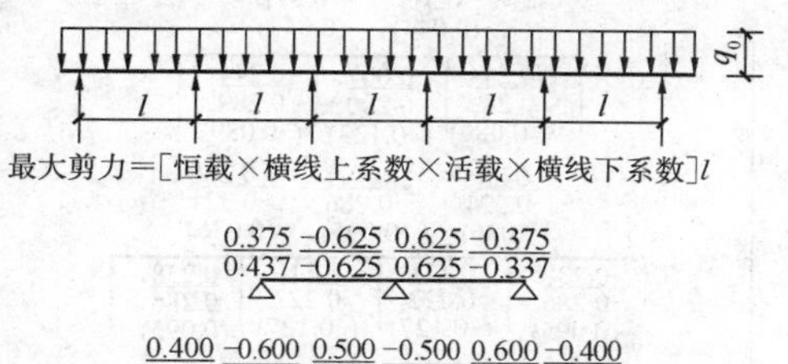

最大剪力＝[恒载×横线上系数×活载×横线下系数]l

$\frac{0.375}{0.437}$ $\frac{-0.625}{-0.625}$ $\frac{0.625}{0.625}$ $\frac{-0.375}{-0.337}$

$\frac{0.400}{0.450}$ $\frac{-0.600}{-0.617}$ $\frac{0.500}{0.583}$ $\frac{-0.500}{-0.583}$ $\frac{0.600}{0.617}$ $\frac{-0.400}{-0.450}$

$\frac{0.393}{0.446}$ $\frac{-0.607}{-0.620}$ $\frac{0.536}{0.603}$ $\frac{-0.464}{-0.571}$ $\frac{0.464}{0.571}$ $\frac{-0.536}{-0.603}$ $\frac{0.607}{0.620}$ $\frac{-0.393}{-0.446}$

$\frac{0.395}{0.447}$ $\frac{-0.606}{-0.620}$ $\frac{0.526}{0.598}$ $\frac{-0.474}{-0.576}$ $\frac{0.500}{0.591}$ $\frac{-0.500}{-0.591}$ $\frac{0.474}{0.576}$ $\frac{-0.526}{-0.598}$ $\frac{0.606}{0.620}$ $\frac{-0.395}{-0.447}$

符合规定如下：弯矩正是使梁下侧纤维受拉如图（+M　+M）所示。

剪力正是使挠曲杆件另一端顺时针转如图（+V）所示。

最大弯矩＝[恒载×横线上系数＋活载×横线下系数]l^2
最小弯矩＝[恒载×横线上系数＋活载×括号内系数]l^2

$\frac{-0.125}{-0.125}$ (0.000)

$\frac{-0.070}{-0.096}$ (−0.032)　$\frac{-0.070}{-0.096}$ (−0.032)

$\frac{-0.100}{-0.117}$ (+0.017)　$\frac{-0.100}{-0.117}$ (+0.017)

$\frac{0.080}{0.101}$ (−0.025)　$\frac{0.025}{0.075}$ (−0.050)　$\frac{0.080}{0.101}$ (−0.025)

$\frac{-0.107}{-0.121}$ (0.013)　$\frac{-0.071}{-0.107}$ (0.036)　$\frac{-0.107}{-0.121}$ (0.013)

$\frac{0.077}{0.100}$ (−0.023)　$\frac{0.036}{0.081}$ (−0.045)　$\frac{0.036}{0.081}$ (−0.045)　$\frac{0.077}{0.100}$ (−0.023)

$\frac{-0.105}{-0.119}$ (0.014)　$\frac{-0.079}{-0.111}$ (0.032)　$\frac{-0.079}{-0.111}$ (0.032)　$\frac{-0.105}{-0.119}$ (0.014)

$\frac{0.0781}{0.1000}$ (−0.0263)　$\frac{0.0331}{0.0787}$ (−0.0461)　$\frac{0.0462}{0.0855}$ (−0.0395)　$\frac{0.0331}{0.0787}$ (−0.0461)　$\frac{0.0781}{0.1000}$ (−0.0263)

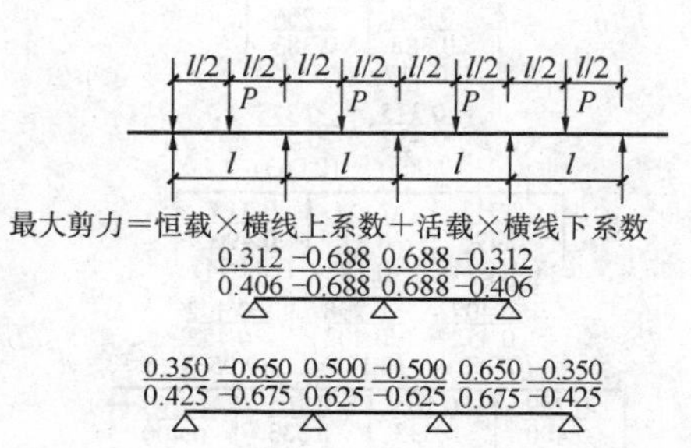

最大剪力＝恒载×横线上系数＋活载×横线下系数

$\frac{0.312}{0.406}$ $\frac{-0.688}{-0.688}$ $\frac{0.688}{0.688}$ $\frac{-0.312}{-0.406}$

$\frac{0.350}{0.425}$ $\frac{-0.650}{-0.675}$ $\frac{0.500}{0.625}$ $\frac{-0.500}{-0.625}$ $\frac{0.650}{0.675}$ $\frac{-0.350}{-0.425}$

$\frac{0.339}{0.420}$ $\frac{-0.661}{-0.681}$ $\frac{0.553}{0.654}$ $\frac{-0.446}{-0.607}$ $\frac{0.446}{0.607}$ $\frac{-0.553}{-0.654}$ $\frac{0.661}{0.681}$ $\frac{-0.339}{-0.420}$

$\frac{0.342}{0.421}$ $\frac{-0.653}{-0.679}$ $\frac{0.540}{0.647}$ $\frac{-0.460}{-0.617}$ $\frac{0.500}{0.637}$ $\frac{-0.500}{-0.637}$ $\frac{0.460}{0.617}$ $\frac{-0.540}{-0.647}$ $\frac{0.653}{0.679}$ $\frac{-0.342}{-0.421}$

最大弯矩＝[恒载×横线上系数＋活载×横线下系数]l
最小弯矩＝[恒载×横线上系数＋活载×括号内系数]l

$\frac{-0.188}{-0.188}$ (0.000)

$\frac{0.156}{0.203}$ (−0.047)　$\frac{0.156}{0.203}$ (−0.047)

$\frac{-0.150}{-0.175}$ (0.025)　$\frac{-0.150}{-0.175}$ (0.025)

$\frac{0.175}{0.213}$ (−0.038)　$\frac{0.100}{0.175}$ (−0.075)　$\frac{0.175}{0.213}$ (−0.038)

$\frac{-0.161}{-0.131}$ (0.020)　$\frac{-0.107}{-0.161}$ (0.054)　$\frac{-0.161}{-0.131}$ (0.020)

$\frac{0.169}{0.210}$ (−0.040)　$\frac{0.116}{0.183}$ (−0.067)　$\frac{0.116}{0.183}$ (−0.067)　$\frac{0.169}{0.210}$ (−0.040)

$\frac{-0.158}{-0.179}$ (0.022)　$\frac{-0.118}{-0.167}$ (0.048)　$\frac{-0.118}{-0.167}$ (0.048)　$\frac{-0.158}{-0.179}$ (0.022)

$\frac{0.171}{0.211}$ (−0.039)　$\frac{0.112}{0.181}$ (−0.069)　$\frac{0.132}{0.191}$ (−0.059)　$\frac{0.112}{0.181}$ (−0.069)　$\frac{0.171}{0.211}$ (−0.039)

续表

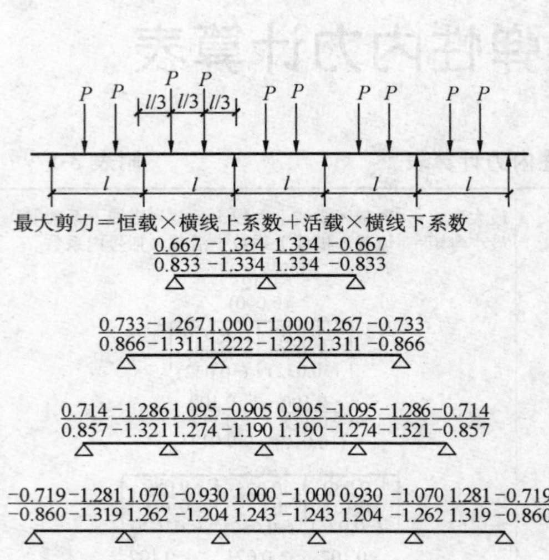

最大弯矩＝[恒载×横线上系数＋活载×横线下系数]l
最小弯矩＝[恒载×横线上系数＋活载×括号内系数]l

−0.333
−0.333
(0.000)

0.222 0.222
0.278 0.278
(−0.111) (−0.111)

−0.267 −0.267
−0.311 −0.311
(0.044) (0.044)

0.244 0.067 0.244
0.289 0.200 0.289
(−0.089) (−0.133) (−0.089)

−0.286 −0.191 −0.286
−0.321 −0.286 −0.321
(0.036) (0.095) (0.036)

0.238 0.111 0.111 0.238
0.286 0.222 0.222 0.286
(0.095) (−0.127) (−0.127) (0.095)

−0.281 −0.211 −0.211 −0.281
−0.319 −0.297 −0.297 −0.319
(0.038) (0.086) (0.086) (0.038)

0.240 0.100 0.122 0.100 0.240
0.287 0.216 0.228 0.216 0.287
(−0.094) (−0.129) (−0.105) (−0.129) (−0.094)

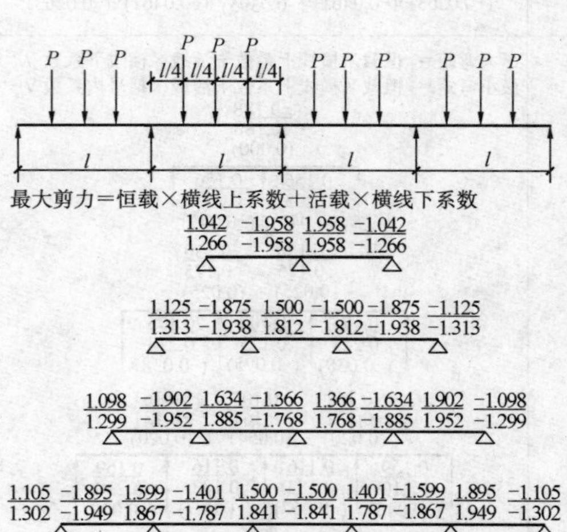

最大弯矩＝[恒载×横线上系数＋活载×横线下系数]l
最小弯矩＝[恒载×横线上系数＋活载×括号内系数]l

−0.469
−0.459
(0.000)

0.266 0.266
0.383 0.383
(−0.117) (−0.117)

−0.375 −0.375
−0.437 −0.437
(0.063) (0.063)

0.313 0.125 0.313
0.496 −0.313 0.496
(−0.094) (−0.188) (−0.094)

−0.402 −0.268 −0.402
−0.452 −0.402 −0.452
(0.050) (0.134) (0.050)

0.299 0.165 0.165 0.299
0.400 0.333 0.333 0.400
(−0.100) (−0.167) (−0.167) (−0.100)

−0.395 −0.296 −0.296 −0.395
−0.449 −0.417 −0.417 −0.449
(0.053) (0.121) (0.121) (0.053)

0.302 0.155 0.204 0.155 0.302
0.401 0.327 0.352 0.327 0.401
(−0.099) (−0.173) (−0.148) (−0.173) (−0.099)

续表

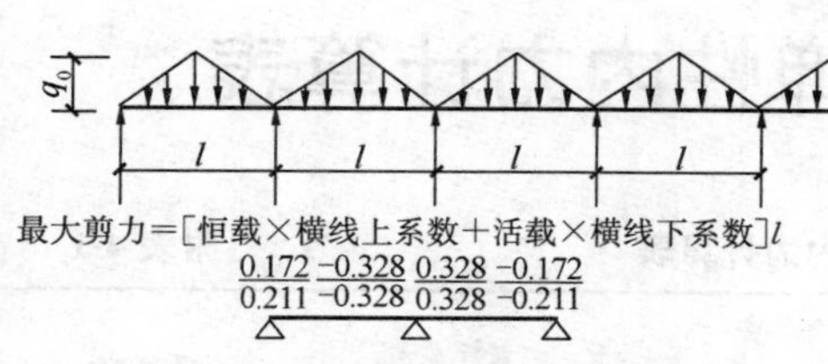

最大剪力＝[恒载×横线上系数＋活载×横线下系数]l

0.172 −0.328 0.328 −0.172
0.211 −0.328 0.328 −0.211

−0.188 −0.313 0.250 −0.250 −0.313 −0.188
−0.220 −0.323 0.303 −0.303 −0.323 −0.220

0.183 −0.317 0.273 −0.228 0.228 −0.273 0.317 −0.183
0.217 −0.326 0.314 −0.295 0.295 −0.314 0.326 −0.217

0.185 −0.316 0.266 −0.234 0.250 −0.250 0.234 −0.266 0.316 −0.185
0.217 −0.325 0.311 −0.298 0.307 −0.307 0.298 −0.311 0.325 −0.217

最大弯矩＝[恒载×横线上系数＋活载×横线下系数]l^2

最小弯矩＝[恒载×横线上系数＋活载×括号内系数]l^2

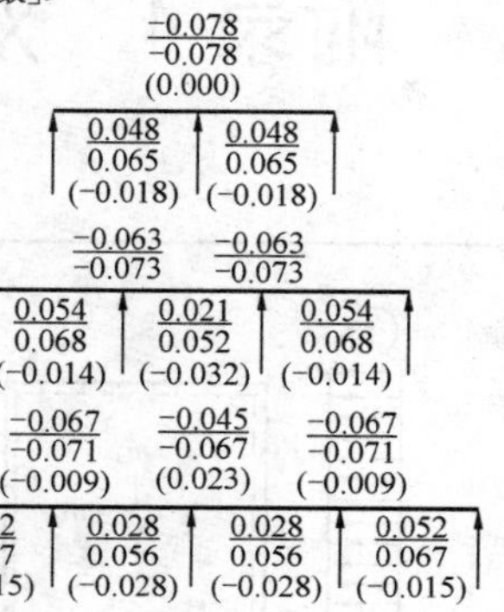

−0.078
−0.078
(0.000)

0.048 0.048
0.065 0.065
(−0.018) (−0.018)

−0.063 −0.063
−0.073 −0.073

0.054 0.021 0.054
0.068 0.052 0.068
(−0.014) (−0.032) (−0.014)

−0.067 −0.045 −0.067
−0.071 −0.067 −0.071
(−0.009) (0.023) (−0.009)

0.052 0.028 0.028 0.052
0.067 0.056 0.056 0.067
(−0.015) (−0.028) (−0.028) (−0.015)

−0.066 −0.050 −0.050 −0.066
−0.075 −0.070 −0.070 −0.075
(0.009) (0.020) (0.020) (0.009)

0.053 0.026 0.034 0.026 0.053
0.068 0.055 0.059 0.055 0.068
(−0.015) (−0.029) (−0.025) (−0.029) (−0.015)

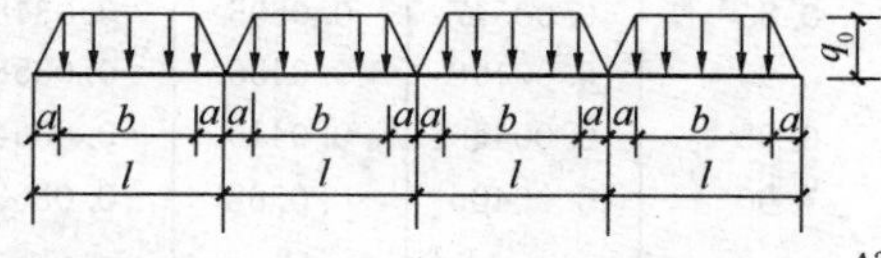

最大剪力＝[恒载×横线上系数＋活载×横线下系数]$\frac{A^2}{l}$＋[恒载＋活载]C

0.375 −0.625 0.625 −0.375
0.437 −0.625 0.625 −0.437

0.400 −0.600 0.500 −0.500 0.600 −0.400
0.450 −0.617 0.583 −0.583 0.617 −0.450

0.393 −0.607 0.536 −0.464 0.464 −0.536 0.607 −0.393
0.446 −0.620 0.603 −0.571 0.571 −0.603 0.620 −0.446

0.395 −0.606 0.526 −0.474 0.500 −0.500 0.474 −0.526 0.606 −0.395
0.447 −0.620 0.598 −0.576 0.591 −0.591 0.576 −0.598 0.620 −0.447

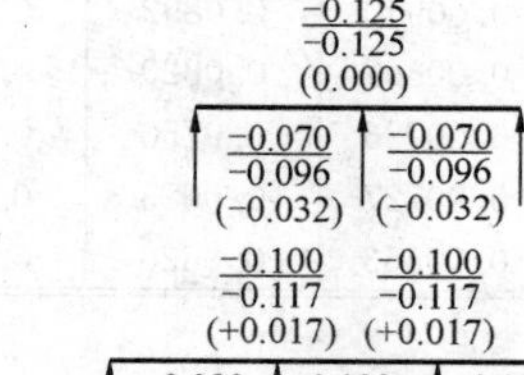

−0.125
−0.125
(0.000)

−0.070 −0.070
−0.096 −0.096
(−0.032) (−0.032)

−0.100 −0.100
−0.117 −0.117
(+0.017) (+0.017)

0.080 0.028 0.080
0.101 0.075 0.101
(−0.025) (−0.050) (−0.025)

−0.107 −0.071 −0.107
−0.121 −0.107 −0.121
(−0.013) (−0.036) (−0.013)

0.077 0.036 0.036 0.077
0.100 0.081 0.081 0.100
(−0.023) (−0.045) (−0.045) (−0.023)

−0.105 −0.079 −0.079 −0.105
−0.119 −0.111 −0.111 −0.119
(0.014) (0.032) (0.032) (0.014)

0.0781 0.0331 0.0462 0.0331 0.0781
0.1000 0.0787 0.0855 0.0787 0.1000
(−0.0263) (−0.0461) (−0.0395) (−0.0461) (−0.0263)

支座最大弯矩＝[恒载×横线上系数＋活载×横线下系数]A^2

支座最小弯矩＝[恒载×横线上系数＋活载×括号内系数]A^2

跨中最大弯矩＝[恒载×横线上系数＋活载×横线下系数]A^2＋[恒载＋活载]B^2

跨中最小弯矩＝[恒载×横线上系数＋活载×括号内系数]A^2＋恒载×B^2

注：计算支座左边的剪力，C值取负值；支座右边的剪力，C值取正值。

式中：$A^2=\frac{l^3-2a^2l+a^3}{l}$

$B^2=\frac{2a^2l-3a^3}{24l}$

$C=\pm\frac{2a^2l-al^2-a^3}{2l^2}$

附录 4　双向板弹性内力计算表

双向板弹性内力计算表　　**附表 4-1**

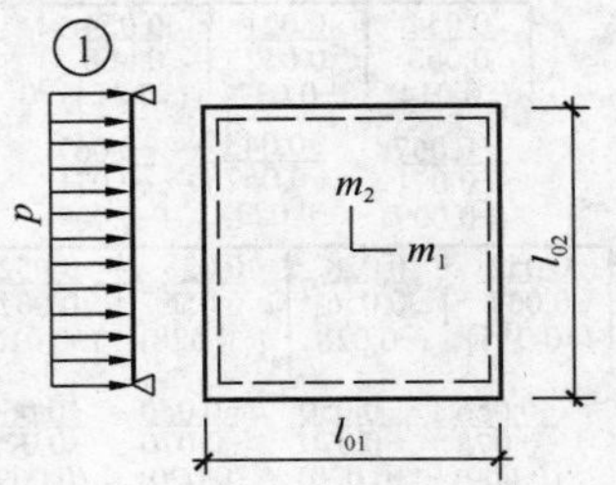

挠度=表中系数×$\frac{pl_{01}^4}{B_C}$

$\nu=0$，弯矩=表中系数×pl_{01}^2

这里 $l_{01}<l_{02}$

l_{01}/l_{02}	f	m_1	m_2	l_{01}/l_{02}	f	m_1	m_2
0.50	0.01013	0.0965	0.0174	0.80	0.00603	0.0561	0.0334
0.55	0.00940	0.0892	0.0210	0.85	0.00547	0.0506	0.0348
0.60	0.00867	0.0820	0.0242	0.90	0.00496	0.0456	0.0358
0.65	0.00796	0.0750	0.0271	0.95	0.00449	0.0410	0.0364
0.70	0.00727	0.0683	0.0296	1.00	0.00406	0.0368	0.0368
0.75	0.00663	0.0620	0.0317				

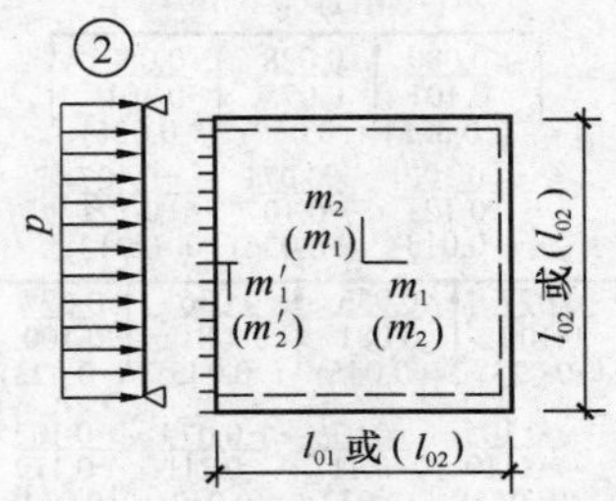

挠度=表中系数×$\frac{pl_{01}^4}{B_C}$（或×$\frac{p(l_{01})^4}{B_C}$）

$\nu=0$，弯矩=表中系数×pl_{01}^2［或×$p(l_{01})^2$］

这里 $l_{01}<l_{02}$，$(l_{01})<(l_{02})$

l_{01}/l_{02}	$(l_{01})/(l_{02})$	f	f_{max}	m_1	m_{1max}	m_2	m_{2max}	m_1'或(m_2')
0.50		0.00488	0.00504	0.0583	0.0646	0.0060	0.0063	−0.1212
0.55		0.00471	0.00492	0.0563	0.0618	0.0081	0.0087	−0.1187
0.60		0.00453	0.00472	0.0539	0.0589	0.0104	0.0111	−0.1158
0.65		0.00432	0.00448	0.0513	0.0559	0.0126	0.0133	−0.1124
0.70		0.00410	0.00422	0.0485	0.0529	0.0148	0.0154	−0.1087
0.75		0.00388	0.00399	0.0457	0.0496	0.0168	0.0174	−0.1048
0.80		0.00365	0.00376	0.0428	0.0463	0.0187	0.0193	−0.1007
0.85		0.00343	0.00352	0.0400	0.0431	0.0204	0.0211	−0.0965
0.90		0.00321	0.00329	0.0372	0.0400	0.0219	0.0226	−0.0922
0.95		0.00299	0.00306	0.0345	0.0369	0.0232	0.0239	−0.0880

续表

l_{01}/l_{02}	$(l_{01})/(l_{02})$	f	f_{max}	m_1	m_{1max}	m_2	m_{2max}	m'_1或(m'_2)
1.00	1.00	0.00279	0.00285	0.0319	0.0340	0.0243	0.0249	−0.0839
	0.95	0.00316	0.00324	0.0324	0.0345	0.0280	0.0287	−0.0882
	0.90	0.00360	0.00368	0.0328	0.0347	0.0322	0.0330	−0.0926
	0.85	0.00409	0.00417	0.0329	0.0347	0.0370	0.0378	−0.0970
	0.80	0.00464	0.00473	0.0326	0.0343	0.0424	0.0433	−0.1014
	0.75	0.00526	0.00536	0.0319	0.0335	0.0485	0.0494	−0.1056
	0.70	0.00595	0.00605	0.0308	0.0323	0.0553	0.0562	−0.1096
	0.65	0.00670	0.00680	0.0291	0.0306	0.0627	0.0637	−0.1133
	0.60	0.00752	0.00762	0.0268	0.0289	0.0707	0.0717	−0.1166
	0.55	0.00838	0.00848	0.0239	0.0271	0.0792	0.0801	−0.1193
	0.50	0.00927	0.00935	0.0205	0.0249	0.0880	0.0888	−0.1215

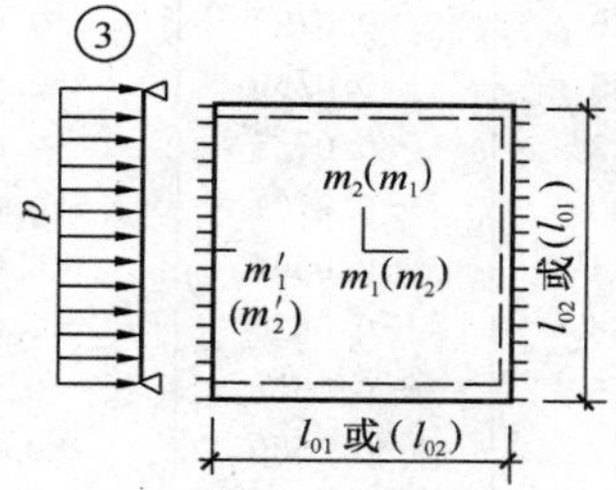

挠度＝表中系数×$\frac{pl_{01}^4}{B_C}$（或×$\frac{p(l_{01})^4}{B_C}$）

$\nu=0$，弯矩＝表中系数×pl_{01}^2[或×$p(l_{01})^2$]

这里 $l_{01}<l_{02}$，$(l_{01})<(l_{02})$

l_{01}/l_{02}	$(l_{01})/(l_{02})$	f	m_1	m_2	m'_1或(m'_2)
0.50		0.00261	0.0416	0.0017	−0.0843
0.55		0.00259	0.0410	0.0028	−0.0840
0.60		0.00255	0.0402	0.0042	−0.0834
0.65		0.00250	0.0392	0.0057	−0.0826
0.70		0.00243	0.0379	0.0072	−0.0814
0.75		0.00236	0.0366	0.0088	−0.0799
0.80		0.00228	0.0351	0.0103	−0.0782
0.85		0.00220	0.0335	0.0118	−0.0763
0.90		0.00211	0.0319	0.0133	−0.0743
0.95		0.00201	0.0302	0.0146	−0.0721
1.00	1.00	0.00192	0.0285	0.0158	−0.0698
	0.95	0.00223	0.0296	0.0189	−0.0746
	0.90	0.00260	0.0306	0.0224	−0.0797
	0.85	0.00303	0.0314	0.0266	−0.0850
	0.80	0.00354	0.0319	0.0316	−0.0904
	0.75	0.00413	0.0321	0.0374	−0.0959
	0.70	0.00482	0.0318	0.0441	−0.1013
	0.65	0.00560	0.0308	0.0518	−0.1066
	0.60	0.00647	0.0292	0.0604	−0.1114
	0.55	0.00743	0.0267	0.0698	−0.1156
	0.50	0.00844	0.0234	0.0798	−0.1191

续表

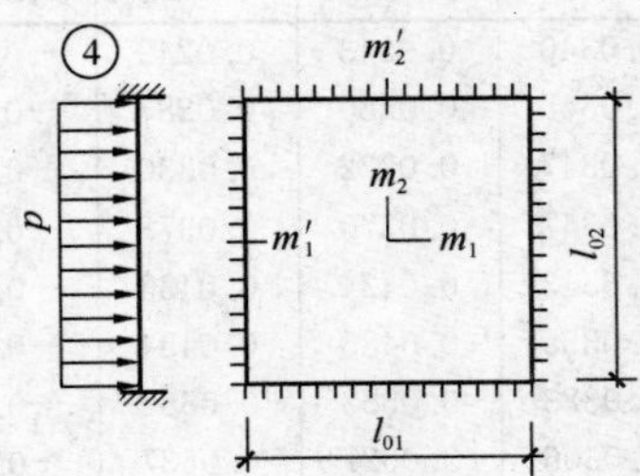

挠度=表中系数×$\frac{pl_{01}^4}{B_C}$

$\nu=0$，弯矩=表中系数×pl_{01}^2

这里 $l_{01}<l_{02}$

l_{01}/l_{02}	f	m_1	m_2	m'_1	m'_2
0.50	0.00253	0.0400	0.0038	−0.0829	−0.0570
0.55	0.00246	0.0385	0.0056	−0.0814	−0.0571
0.60	0.00236	0.0367	0.0076	−0.0793	−0.0571
0.65	0.00224	0.0345	0.0095	−0.0766	−0.0571
0.70	0.00211	0.0321	0.0113	−0.0735	−0.0569
0.75	0.00197	0.0296	0.0130	−0.0701	−0.0565
0.80	0.00182	0.0271	0.0144	−0.0664	−0.0559
0.85	0.00168	0.0246	0.0156	−0.0626	−0.0551
0.90	0.00153	0.0221	0.0165	−0.0588	−0.0541
0.95	0.00140	0.0198	0.0172	−0.0550	−0.0528
1.00	0.00127	0.0176	0.0176	−0.0513	−0.0513

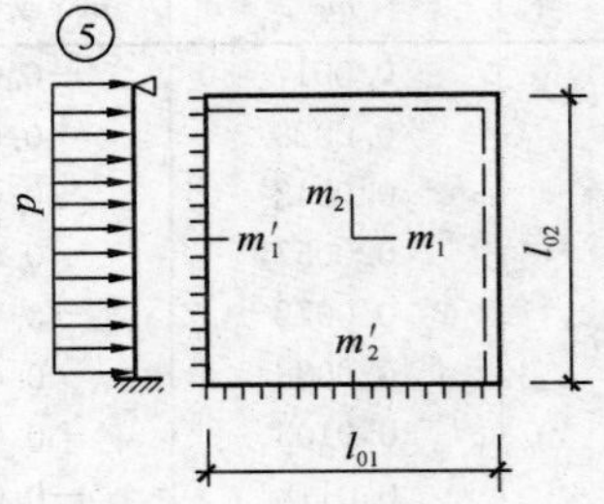

挠度=表中系数×$\frac{pl_{01}^4}{B_C}$

$\nu=0$，弯矩=表中系数×pl_{01}^2

这里 $l_{01}<l_{02}$

l_{01}/l_{02}	f	f_{max}	m_1	m_{1max}	m_2	m_{2max}	m'_1	m'_2
0.50	0.00468	0.00471	0.0559	0.0562	0.0079	0.0135	−0.1179	−0.0786
0.55	0.00445	0.00454	0.0529	0.0530	0.0104	0.0153	−0.1140	−0.0785
0.60	0.00419	0.00429	0.0496	0.0498	0.0129	0.0169	−0.1095	−0.0782
0.65	0.00391	0.00399	0.0461	0.0465	0.0151	0.0183	−0.1045	−0.0777
0.70	0.00363	0.00368	0.0426	0.0432	0.0172	0.0195	−0.0992	−0.0770
0.75	0.00335	0.00340	0.0390	0.0396	0.0189	0.0206	−0.0938	−0.0760
0.80	0.00308	0.00313	0.0356	0.0361	0.0204	0.0218	−0.0883	−0.0748
0.85	0.00281	0.00286	0.0322	0.0328	0.0215	0.0229	−0.0829	−0.0733
0.90	0.00256	0.00261	0.0291	0.0297	0.0224	0.0238	−0.0776	−0.0716
0.95	0.00232	0.00237	0.0261	0.0267	0.0230	0.0244	−0.0726	−0.0698
1.00	0.00210	0.00215	0.0234	0.0240	0.0234	0.0249	−0.0677	−0.0677

续表

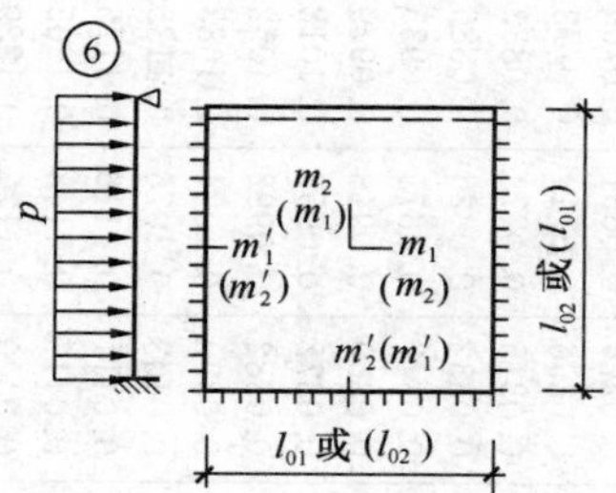

挠度 = 表中系数 × pl_{01}^4[或 × $p(l_{01})^4$]

$\nu = 0$，弯矩 = 表中系数 × pl_{01}^2[或 × $p(l_{01})^2$]

这里 $l_{01} < l_{02}$，$(l_{01}) < (l_{02})$

l_{01}/l_{02}	$(l_{01})/(l_{02})$	f	f_{max}	m_1	m_{1max}	m_2	m_{2max}	m_1'	m_2'
0.50		0.00257	0.00258	0.0408	0.0409	0.0028	0.0089	−0.0836	−0.0569
0.55		0.00252	0.00255	0.0398	0.0399	0.0042	0.0093	−0.0827	−0.0570
0.60		0.00245	0.00249	0.0384	0.0386	0.0059	0.0105	−0.0814	−0.0571
0.65		0.00237	0.00240	0.0368	0.0371	0.0076	0.0116	−0.0796	−0.0572
0.70		0.00227	0.00229	0.0350	0.0354	0.0093	0.0127	−0.0774	−0.0572
0.75		0.00216	0.00219	0.0331	0.0335	0.0109	0.0137	−0.0750	−0.0572
0.80		0.00205	0.00208	0.0310	0.0314	0.0124	0.0147	−0.0722	−0.0570
0.85		0.00193	0.00196	0.0289	0.0293	0.0138	0.0155	−0.0693	−0.0567
0.90		0.00181	0.00184	0.0268	0.0273	0.0159	0.0163	−0.0663	−0.0563
0.95		0.00169	0.00172	0.0247	0.0252	0.0160	0.0172	−0.0631	−0.0558
1.00	1.00	0.00157	0.00160	0.0227	0.0231	0.0168	0.0180	−0.0600	−0.0550
	0.95	0.00178	0.00182	0.0229	0.0234	0.0194	0.0207	−0.0629	−0.0599
	0.90	0.00201	0.00206	0.0228	0.0234	0.0223	0.0238	−0.0656	−0.0653
	0.85	0.00227	0.00233	0.0225	0.0231	0.0255	0.0273	−0.0683	−0.0711
	0.80	0.00256	0.00262	0.0219	0.0224	0.0290	0.0311	−0.0707	−0.0772
	0.75	0.00286	0.00294	0.0208	0.0214	0.0329	0.0354	−0.0729	−0.0837
	0.70	0.00319	0.00327	0.0194	0.0200	0.0370	0.0400	−0.0748	−0.0903
	0.65	0.00352	0.00365	0.0175	0.0182	0.0412	0.0446	−0.0762	−0.0970
	0.60	0.00386	0.00403	0.0153	0.0160	0.0454	0.0493	−0.0773	−0.1033
	0.55	0.00419	0.00437	0.0127	0.0133	0.0496	0.0541	−0.0780	−0.1093
	0.50	0.00449	0.00463	0.0099	0.0103	0.0534	0.0588	−0.0784	−0.1146

续表

⑦

挠度=表中系数×$\frac{pl_{01}^4}{B_C}$

弯矩=表中系数×pl_{01}^2

l_{02}/l_{01}	f			f_{01}			m_1			m_2			m_{01}		
	$\nu=0$	$\nu=\frac{1}{6}$	$\nu=0.3$	$\nu=0$	$\nu=\frac{1}{6}$	$\nu=0.3$	$\nu=0$	$\nu=\frac{1}{6}$	$\nu=0.3$	$\nu=0$	$\nu=\frac{1}{6}$	$\nu=0.3$	$\nu=0$	$\nu=\frac{1}{6}$	$\nu=0.3$
0.30	0.00133	0.00152	0.00173	0.00248	0.00289	0.00336	0.0114	0.0145	0.0170	0.0101	0.0103	0.0104	0.0219	0.0250	0.0273
0.35	0.00177	0.00199	0.00223	0.00322	0.00372	0.00431	0.0155	0.0192	0.0222	0.0127	0.0131	0.0134	0.0289	0.0327	0.0355
0.40	0.00225	0.00248	0.00276	0.00399	0.00458	0.00526	0.0199	0.0242	0.0276	0.0152	0.0159	0.0165	0.0363	0.0407	0.0439
0.45	0.00275	0.00299	0.00329	0.00476	0.00542	0.00620	0.0247	0.0294	0.0331	0.0174	0.0186	0.0195	0.0438	0.0487	0.0522
0.50	0.00327	0.00351	0.00381	0.00552	0.00624	0.00709	0.0296	0.0346	0.0385	0.0192	0.0210	0.0223	0.0512	0.0564	0.0602
0.55	0.00379	0.00402	0.00432	0.00625	0.00703	0.00794	0.0316	0.0397	0.0437	0.0207	0.0231	0.0250	0.0583	0.0639	0.0677
0.60	0.00430	0.00452	0.00481	0.00694	0.00776	0.00373	0.0395	0.0447	0.0488	0.0218	0.0250	0.0274	0.0651	0.0709	0.0747
0.65	0.00481	0.00501	0.00528	0.00759	0.00843	0.00945	0.0444	0.0495	0.0536	0.0226	0.0266	0.0296	0.0714	0.0773	0.0812
0.70	0.00529	0.00547	0.00573	0.00818	0.00905	0.01011	0.0491	0.0542	0.0581	0.0230	0.0279	0.0315	0.0773	0.0833	0.0871
0.75	0.00576	0.00592	0.00615	0.00872	0.00962	0.01071	0.0537	0.0585	0.0624	0.0232	0.0289	0.0332	0.0826	0.0886	0.0924
0.80	0.00621	0.00634	0.00655	0.00922	0.01013	0.01124	0.0580	0.0626	0.0663	0.0232	0.0298	0.0347	0.0875	0.0935	0.0972
0.85	0.00663	0.00674	0.00693	0.00966	0.01058	0.01172	0.0622	0.0665	0.0701	0.0230	0.0304	0.0360	0.0918	0.0979	0.1015
0.90	0.00703	0.00711	0.00728	0.01006	0.01099	0.01214	0.0660	0.0702	0.0736	0.0227	0.0309	0.0372	0.0957	0.1018	0.1053
0.95	0.00740	0.00747	0.00762	0.01041	0.01135	0.01252	0.0697	0.0736	0.0768	0.0222	0.0313	0.0382	0.0992	0.1052	0.1087
1.00	0.00775	0.00780	0.00793	0.01073	0.01167	0.01285	0.0732	0.0768	0.0799	0.0217	0.0315	0.0390	0.1024	0.1083	0.1117
1.10	0.00839	0.00841	0.00850	0.01125	0.01221	0.01341	0.0794	0.0826	0.0853	0.0204	0.0317	0.0403	0.1076	0.1135	0.1167
1.20	0.00895	0.00894	0.00901	0.01166	0.01262	0.01383	0.0849	0.0877	0.0901	0.0190	0.0315	0.0411	0.1116	0.1175	0.1205
1.30	0.00944	0.00941	0.00946	0.01198	0.01294	0.01416	0.0897	0.0922	0.0943	0.0175	0.0312	0.0417	0.1148	0.1205	0.1235
1.40	0.00987	0.00983	0.00986	0.01223	0.01319	0.01442	0.0940	0.0961	0.0980	0.0161	0.0307	0.0420	0.1172	0.1229	0.1258
1.50	0.01025	0.01020	0.01022	0.01242	0.01338	0.01461	0.0977	0.0995	0.1012	0.0147	0.0301	0.0421	0.1190	0.1247	0.1275
1.75	0.01101	0.01095	0.01095	0.01272	0.01368	0.01492	0.1051	0.1065	0.1077	0.0115	0.0286	0.0420	0.1220	0.1276	0.1302
2.00	0.01156	0.01151	0.01150	0.01287	0.01383	0.01507	0.1106	0.1115	0.1125	0.0088	0.0271	0.0414	0.1235	0.1291	0.1316

续表

⑧

挠度=表中系数$\times \frac{pl_{01}^4}{B_C}$

弯矩=表中系数$\times pl_{01}^2$

l_{01}/l_{02}	f			f_{01}			m_2'			m_1			m_2			m_{01}		
	$\nu=0$	$\nu=\frac{1}{6}$	$\nu=0.3$	$\nu=0$	$\nu=\frac{1}{6}$	$\nu=0.3$	$\nu=0$	$\nu=\frac{1}{6}$	$\nu=0.3$	$\nu=0$	$\nu=\frac{1}{6}$	$\nu=0.3$	$\nu=0$	$\nu=\frac{1}{6}$	$\nu=0.3$	$\nu=0$	$\nu=\frac{1}{6}$	$\nu=0.3$
0.30	0.00027	0.00029	0.00030	0.00071	0.00077	0.00082	−0.0371	−0.0388	−0.0403	0.0016	0.0007	−0.0004	−0.0052	−0.0060	−0.0068	0.0050	0.0052	0.0051
0.35	0.00045	0.00048	0.00051	0.00114	0.00125	0.00135	−0.0468	−0.0489	−0.0511	0.0030	0.0022	0.0012	−0.0048	−0.0058	−0.0069	0.0088	0.0093	0.0094
0.40	0.00068	0.00072	0.00077	0.00166	0.00184	0.00202	−0.0562	−0.0588	−0.0615	0.0050	0.0045	0.0035	−0.0037	−0.0048	−0.0060	0.0136	0.0147	0.0151
0.45	0.00096	0.00102	0.00109	0.00227	0.00252	0.00279	−0.0651	−0.0680	−0.0711	0.0075	0.0073	0.0067	−0.0020	−0.0031	−0.0043	0.0193	0.0210	0.0218
0.50	0.00128	0.00136	0.00145	0.00293	0.00327	0.00364	−0.0735	−0.0764	−0.0797	0.0104	0.0108	0.0105	−0.0001	−0.0008	−0.0019	0.0257	0.0280	0.0293
0.55	0.00164	0.00174	0.00185	0.00363	0.00406	0.00453	−0.0811	−0.0839	−0.0783	0.0138	0.0146	0.0147	0.0021	0.0018	0.0010	0.0326	0.0355	0.0372
0.60	0.00203	0.00214	0.00227	0.00435	0.00486	0.00544	−0.0879	−0.0905	−0.0938	0.0175	0.0188	0.0193	0.0044	0.0045	0.0042	0.0396	0.0431	0.0453
0.65	0.00245	0.00256	0.00271	0.00507	0.00566	0.00633	−0.0939	−0.0962	−0.0992	0.0214	0.0232	0.0241	0.0066	0.0074	0.0076	0.0467	0.0508	0.0532
0.70	0.00288	0.00300	0.00315	0.00578	0.00644	0.00720	−0.0992	−0.1011	−0.1038	0.0256	0.0277	0.0290	0.0087	0.0102	0.0110	0.0536	0.0582	0.0610
0.75	0.00332	0.00344	0.00359	0.00646	0.00718	0.00801	−0.1037	−0.1052	−0.1076	0.0299	0.0323	0.0339	0.0107	0.0129	0.0143	0.0603	0.0652	0.0683
0.80	0.00377	0.00388	0.00403	0.00711	0.00787	0.00878	−0.1076	−0.1087	−0.1107	0.0342	0.0368	0.0387	0.0124	0.0154	0.0175	0.0667	0.0719	0.0751
0.85	0.00421	0.00431	0.00446	0.00772	0.00852	0.00948	−0.1108	−0.1116	−0.1133	0.0384	0.0413	0.0433	0.0138	0.0177	0.0204	0.0727	0.0781	0.0815
0.90	0.00465	0.00474	0.00488	0.00828	0.00912	0.01013	−0.1135	−0.1140	0.1153	0.0427	0.0456	0.0478	0.0151	0.0198	0.0232	0.0782	0.0838	0.0872
0.95	0.00507	0.00515	0.00528	0.00879	0.00966	0.01071	−0.1158	−0.1160	−0.1170	0.0468	0.0499	0.0522	0.0161	0.0217	0.0257	0.0833	0.0890	0.0925
1.00	0.00549	0.00555	0.00567	0.00927	0.01015	0.01124	−0.1176	−0.1176	−0.1184	0.0509	0.0539	0.0563	0.0169	0.0233	0.0280	0.0879	0.0938	0.0972
1.10	0.00627	0.00630	0.00640	0.01008	0.01099	0.01213	−0.1203	−0.1200	−0.1204	0.0585	0.0615	0.0640	0.0179	0.0259	0.0318	0.0959	0.1018	0.1052
1.20	0.00698	0.00699	0.00707	0.01073	0.01167	0.01283	−0.1221	−0.1216	−0.1218	0.0655	0.00684	0.0708	0.0183	0.0277	0.0349	0.1024	0.1083	0.1115
1.30	0.00763	0.00762	0.00768	0.01125	0.01220	0.01339	−0.1232	−0.1227	−0.1227	0.0719	0.0746	0.0770	0.0182	0.0289	0.0372	0.1075	0.1134	0.1165
1.40	0.00822	0.00820	0.00823	0.01166	0.01261	0.01382	−0.1239	−0.1234	−0.1233	0.0777	0.0802	0.0824	0.0177	0.0297	0.0389	0.1115	0.1173	0.1204
1.50	0.00875	0.00871	0.00873	0.01198	0.01293	0.01415	−0.1243	−0.1239	−0.1237	0.0828	0.0852	0.0873	0.0170	0.0300	0.0401	0.1147	0.1204	0.1233
1.75	0.00984	0.00979	0.00979	0.01249	0.01345	0.01468	−0.1248	−0.1245	−0.1244	0.0936	0.0955	0.0972	0.0146	0.0298	0.0417	0.1197	0.1254	0.01281
2.00	0.01066	0.01062	0.01061	0.01275	0.01371	0.01495	−0.1250	−0.1248	−0.1247	0.1017	0.1033	0.1047	0.0120	0.0288	0.0420	0.1223	0.1279	0.1305

续表

⑨

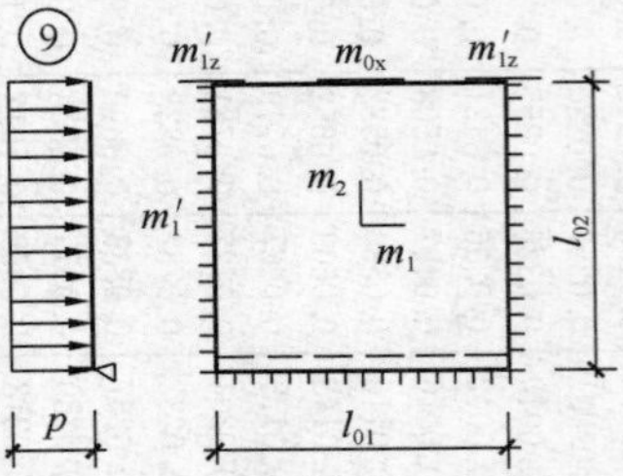

挠度=表中系数×$\frac{pl_{01}^4}{B_C}$

弯矩=表中系数×pl_{01}^2

l_{02}/l_{01}	f			f_{01}			m'_{1z}		
	ν=0	ν=1/6	ν=0.3	ν=0	ν=1/6	ν=0.3	ν=0	ν=1/6	ν=0.3
0.30	0.00080	0.00087	0.00094	0.00146	0.00162	0.00180	−0.0821	−0.0643	−0.0447
0.35	0.00098	0.00104	0.00111	0.00172	0.00189	0.00208	−0.0879	−0.0673	−0.0450
0.40	0.00114	0.00120	0.00126	0.00194	0.00212	0.00232	−0.0917	−0.0688	−0.0446
0.45	0.00130	0.00134	0.00139	0.00212	0.00230	0.00250	−0.0938	−0.0694	−0.0437
0.50	0.00144	0.00147	0.00151	0.00227	0.00244	0.00264	−0.0948	−0.0692	−0.0426
0.55	0.00156	0.00158	0.00162	0.00238	0.00255	0.00275	−0.0949	−0.0686	−0.0413
0.60	0.00168	0.00169	0.00171	0.00247	0.00264	0.00283	−0.0944	−0.0677	−0.0401
0.65	0.0178	0.00178	0.00180	0.00253	0.00270	0.00289	−0.0936	−0.0667	−0.0389
0.70	0.00187	0.00187	0.00188	0.00257	0.00274	0.00293	−0.0926	−0.0656	−0.0379
0.75	0.00196	0.00195	0.00196	0.00260	0.00276	0.00295	−0.0915	−0.0646	−0.0370
0.80	0.00203	0.00202	0.00203	0.00262	0.00278	0.00297	−0.0904	−0.0637	−0.0363
0.85	0.00210	0.00209	0.00209	0.00264	0.00279	0.00298	−0.0893	−0.0629	0.0358
0.90	0.00216	0.00215	0.00215	0.00264	0.00280	0.00298	−0.0883	−0.0622	−0.0354
0.95	0.00222	0.00220	0.00220	0.00225	0.00280	0.00298	−0.0875	−0.0606	−0.0351
1.00	0.00227	0.00225	0.00225	0.00265	0.00280	0.00298	−0.0867	−0.0612	−0.0350
1.10	0.00235	0.00234	0.00233	0.00264	0.00279	0.00297	−0.0855	−0.0607	−0.0315
1.20	0.00242	0.00240	0.00239	0.00263	0.00278	0.00295	−0.0846	−0.0605	−0.0356
1.30	0.00247	0.00246	0.00245	0.00262	0.00277	0.00294	−0.0841	−0.0606	−0.0363
1.40	0.00251	0.00250	0.00249	0.00262	0.00276	0.00294	−0.0837	−0.0608	−0.0371
1.50	0.00254	0.00253	0.00252	0.00261	0.00276	0.00293	−0.0835	−0.0612	−0.0380
1.75	0.00259	0.00258	0.00258	0.00261	0.00275	0.00292	−0.0833	−0.0624	−0.0405
2.00	0.00261	0.00260	0.00260	0.00260	0.00275	0.00292	−0.0833	−0.0637	−0.0430

l_{02}/l_{01}	m_1			m_2			m_{01}			m'_1		
	ν=0	ν=1/6	ν=0.3	ν=0	ν=1/6	ν=0.3	ν=0	ν=1/6	ν=0.3	ν=0	ν=1/6	ν=0.3
0.30	0.0106	0.0127	0.0143	0.0080	0.0084	0.0087	0.0193	0.0211	0.0223	−0.0349	−0.0372	−0.0396
0.35	0.0135	0.0157	0.0174	0.0093	0.0100	0.0106	0.0237	0.0256	0.0267	−0.0402	−0.0421	−0.0443
0.40	0.0162	0.0185	0.0201	0.0103	0.0114	0.0122	0.0276	0.0295	0.0306	−0.0451	−0.0467	−0.0485
0.45	0.0188	0.0210	0.0226	0.0109	0.0125	0.0136	0.0309	0.0328	0.0338	−0.0496	−0.0508	−0.0522
0.50	0.0211	0.0232	0.0248	0.0113	0.0133	0.0148	0.0337	0.0355	0.0363	−0.0537	−0.0546	−0.0556
0.55	0.0232	0.0252	0.0267	0.0115	0.0139	0.0157	0.0359	0.0376	0.0383	−0.0575	−0.0579	−0.0587
0.60	0.0251	0.0270	0.0284	0.0114	0.0143	0.0165	0.0376	0.0393	0.0399	−0.0608	−0.0610	−0.0615

续表

l_{02}/l_{01}	m_1			m_2			m_{01}			m'_1		
	$\nu=0$	$\nu=1/6$	$\nu=0.3$	$\nu=0$	$\nu=1/6$	$\nu=0.3$	$\nu=0$	$\nu=1/6$	$\nu=0.3$	$\nu=0$	$\nu=1/6$	$\nu=0.3$
0.65	0.0268	0.0286	0.0299	0.0112	0.0146	0.0170	0.0389	0.0406	0.0411	−0.0637	−0.0637	−0.0640
0.70	0.0284	0.0301	0.0313	0.0109	0.0146	0.0174	0.0399	0.0415	0.0420	−0.0663	−0.0662	−0.0663
0.75	0.0298	0.0314	0.0325	0.0105	0.0146	0.0177	0.0407	0.0422	0.0426	−0.0687	0.0684	−0.0684
0.80	0.0311	0.0326	0.0336	0.0100	0.0145	0.0178	0.0412	0.0427	0.0431	−0.0707	−0.0704	−0.0703
0.85	0.0323	0.0336	0.0346	0.0095	0.0142	0.0178	0.0416	0.0431	0.0434	−0.0725	−0.0721	−0.0720
0.90	0.0333	0.0346	0.0355	0.0089	0.0140	0.0178	0.0418	0.0433	0.0436	−0.0741	−0.0737	−0.0735
0.95	0.0343	0.0354	0.0363	0.0084	0.0136	0.0177	0.0420	0.0434	0.0437	−0.0755	−0.0751	−0.0748
1.00	0.0352	0.0362	0.0370	0.0078	0.0133	0.0175	0.0421	0.0435	0.0437	−0.0767	−0.0763	−0.0760
1.10	0.0367	0.0375	0.0382	0.0067	0.0125	0.0171	0.0421	0.0435	0.0437	−0.0787	−0.0783	−0.0781
1.20	0.0379	0.0386	0.0392	0.0056	0.0118	0.0166	0.0421	0.0434	0.0436	−0.0802	−0.0799	−0.0797
1.30	0.0389	0.0394	0.0399	0.0047	0.0110	0.0160	0.0420	0.0433	0.0436	−0.0813	−0.0811	−0.0809
1.40	0.0396	0.0401	0.0405	0.0038	0.0104	0.0155	0.0419	0.0433	0.0435	−0.0822	−0.0820	−0.0819
1.50	0.0402	0.0406	0.0409	0.0031	0.0098	0.0150	0.0418	0.0432	0.0434	−0.0828	−0.0826	−0.0825
1.75	0.0412	0.0414	0.0415	0.0017	0.0086	0.0141	0.0417	0.0431	0.0433	−0.0836	−0.0836	−0.0835
2.00	0.0416	0.0417	0.0418	0.0009	0.0078	0.0134	0.0417	0.0431	0.0433	−0.0838	−0.0839	−0.0839

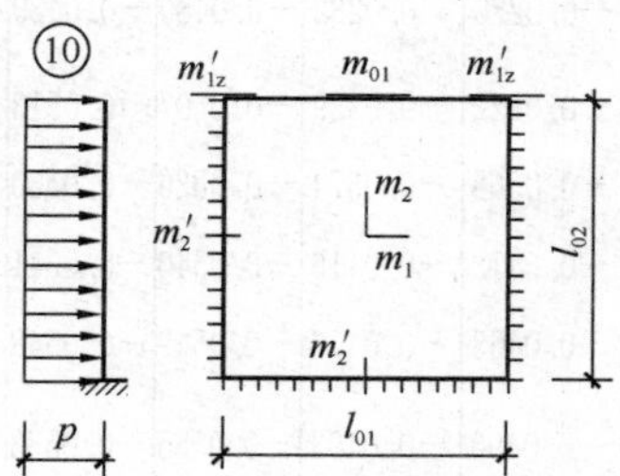

挠度＝表中系数×$\frac{pl_{01}^4}{B_C}$

弯矩＝表中系数×pl_{01}^2

l_{02}/l_{01}	f			f_{01}			m'_{1z}			m_{01}		
	$\nu=0$	$\nu=1/6$	$\nu=0.3$	$\nu=0$	$\nu=1/6$	$\nu=0.3$	$\nu=0$	$\nu=1/6$	$\nu=0.3$	$\nu=0$	$\nu=1/6$	$\nu=0.3$
0.30	0.00023	0.00024	0.00026	0.00059	0.00064	0.00068	−0.0436	−0.0345	−0.0250	0.0065	0.0068	0.0069
0.35	0.00036	0.00037	0.00039	0.00087	0.00094	0.00102	−0.0552	−0.0432	−0.0304	0.0106	0.0112	0.0115
0.40	0.00050	0.00052	0.00054	0.00115	0.00125	0.00136	−0.0655	−0.0506	−0.0347	0.0150	0.0160	0.0164
0.45	0.00064	0.00067	0.00069	0.00143	0.00155	0.00168	−0.0739	−0.0564	−0.0378	0.0194	0.0207	0.0213
0.50	0.00079	0.00081	0.00084	0.00167	0.00181	0.00197	−0.0804	−0.0607	−0.0398	0.0236	0.0250	0.0257
0.55	0.00093	0.00095	0.00098	0.00189	0.00204	0.00221	−0.0851	−0.0635	−0.0408	0.0272	0.0288	0.0295
0.60	0.00107	0.00109	0.00111	0.00207	0.00222	0.00240	−0.0883	−0.0652	−0.0411	0.0304	0.0320	0.00327
0.65	0.00120	0.00121	0.00123	0.00221	0.00237	0.00256	−0.0902	−0.0661	−0.0409	−0.0330	0.0347	0.0353
0.70	0.00133	0.00133	0.00135	0.00233	0.00249	0.00268	−0.0911	−0.0663	−0.0404	0.0352	0.0368	0.0374
0.75	0.00144	0.00144	0.00145	0.00241	0.00258	0.00277	−0.0914	−0.0661	−0.0398	0.0369	0.0385	0.0391
0.80	0.00155	0.00155	0.00155	0.00248	0.00264	0.00283	−0.0912	−0.0656	−0.0391	0.0383	0.0399	0.0404
0.85	0.00165	0.00164	0.00165	0.00253	0.00269	0.00288	−0.0907	−0.0651	−0.0385	0.0394	0.0409	0.0414
0.90	0.00174	0.00173	0.00173	0.00257	0.00273	0.00291	−0.0901	−0.0644	−0.0379	0.0402	0.0417	0.0421
0.95	0.00183	0.00182	0.00191	0.00260	0.00275	0.00294	−0.0893	−0.0638	−0.0374	0.0408	0.0422	0.0426

续表

l_{02}/l_{01}	f			f_{01}			m'_{1z}			m_{01}		
	$\nu=0$	$\nu=1/6$	$\nu=0.3$	$\nu=0$	$\nu=1/6$	$\nu=0.3$	$\nu=0$	$\nu=1/6$	$\nu=0.3$	$\nu=0$	$\nu=1/6$	$\nu=0.3$
1.00	0.00191	0.00189	0.00189	0.00261	0.00277	0.00295	−0.0886	−0.0632	−0.0371	0.0412	0.0427	0.0430
1.10	0.00204	0.00203	0.00203	0.00263	0.00278	0.00296	−0.0871	−0.0623	−0.0366	0.0417	0.0431	0.0434
1.20	0.00216	0.00215	0.00214	0.00263	0.00278	0.00296	−0.0859	−0.0617	−0.0366	0.0419	0.0433	0.0436
1.30	0.00226	0.00225	0.00224	0.00263	0.00278	0.00295	−0.0850	−0.0614	−0.0370	0.0420	0.0434	0.0436
1.40	0.00234	0.00233	0.00232	0.00263	0.00277	0.00295	−0.0844	−0.0614	−0.0376	0.0420	0.0433	0.0436
1.50	0.00240	0.00239	0.00238	0.00262	0.00276	0.00294	−0.0839	−0.0616	−0.0383	0.0419	0.0433	0.0435
1.75	0.00251	0.00250	0.00250	0.00261	0.00275	0.00293	−0.0834	−0.0625	−0.0406	0.0418	0.0431	0.0434
2.00	0.00257	0.00256	0.00256	0.00261	0.00275	0.00292	−0.0833	−0.0637	−0.0430	0.0417	0.0431	0.0433

l_{02}/l_{01}	m_1			m_2			m'_1			m'_2		
	$\nu=0$	$\nu=1/6$	$\nu=0.3$	$\nu=0$	$\nu=1/6$	$\nu=0.3$	$\nu=0$	$\nu=1/6$	$\nu=0.3$	$\nu=0$	$\nu=1/6$	$\nu=0.3$
0.30	0.0024	0.0018	0.0012	−0.0034	−0.0039	−0.0045	−0.0131	−0.0135	−0.0139	−0.0332	−0.0344	−0.0356
0.35	0.0042	0.0039	0.0034	−0.0022	−0.0026	−0.0031	−0.0174	−0.0179	−0.0185	−0.0394	−0.0406	−0.0420
0.40	0.0063	0.0063	0.0061	−0.0006	−0.0008	−0.0012	−0.0220	−0.0237	−0.0233	−0.0443	−0.0454	−0.0468
0.45	0.0086	0.0090	0.0090	0.0011	0.0014	0.0012	−0.0269	−0.0275	−0.0282	−0.0480	−0.0489	−0.0500
0.50	0.0110	0.0116	0.0119	0.0028	0.0034	0.0037	−0.0317	−0.0322	−0.0329	−0.0507	−0.0513	−0.0522
0.55	0.0133	0.0142	0.0147	0.0044	0.0054	0.0060	−0.0364	−0.0368	−0.0374	−0.0526	−0.0530	−0.0535
0.60	0.0155	0.0166	0.0172	0.0057	0.0072	0.0082	−0.0409	−0.0412	−0.0416	−0.0540	−0.0541	−0.0544
0.65	0.0177	0.0188	0.0196	0.0068	0.0087	0.0101	−0.0451	−0.0453	−0.0456	−0.0549	−0.0548	−0.0549
0.70	0.0197	0.0209	0.0218	0.0077	0.0100	0.0117	−0.0490	−0.0490	−0.0493	−0.0556	−0.0533	−0.0553
0.75	0.0215	0.0228	0.0238	0.0083	0.0111	0.0131	−0.0526	−0.0526	−0.0527	−0.0560	−0.0557	−0.0556
0.80	0.0233	0.0246	0.0256	0.0087	0.0119	0.0142	−0.0560	−0.0558	−0.0558	−0.0563	−0.0560	−0.0558
0.85	0.0249	0.0262	0.0272	0.0090	0.0125	0.0151	−0.0590	−0.0588	−0.0587	−0.0565	−0.0562	−0.0559
0.90	0.0264	0.0277	0.0287	0.0090	0.0129	0.0158	−0.0617	−0.0615	−0.0613	−0.0566	−0.0563	−0.0561
0.95	0.0278	0.0291	0.0301	0.0090	0.0132	0.0164	−0.0642	−0.0639	−0.0638	−0.0567	−0.0564	−0.0562
1.00	0.0292	0.0304	0.0314	0.0089	0.0133	0.0167	−0.0665	−0.0662	−0.0660	−0.0568	−0.0565	−0.0563
1.10	0.0315	0.0327	0.0336	0.0083	0.0133	0.0172	−0.0704	−0.0701	−0.0699	−0.0568	−0.0566	−0.0565
1.20	0.0335	0.0345	0.0354	0.0076	0.0130	0.0172	−0.0735	−0.0732	−0.0730	−0.0569	−0.0567	−0.0566
1.30	0.0352	0.0361	0.0368	0.0067	0.0125	0.0170	−0.0760	−0.0758	−0.0756	−0.0569	−0.0568	−0.0567
1.40	0.0366	0.0374	0.0380	0.0059	0.0119	0.0167	−0.0780	−0.0778	−0.0777	−0.0569	−0.0568	−0.0568
1.50	0.0377	0.0384	0.0390	0.0051	0.0113	0.0163	−0.0795	−0.0794	−0.0793	−0.0659	−0.0569	−0.0568
1.75	0.0397	0.0402	0.0405	0.0032	0.0099	0.0152	−0.0820	−0.0819	−0.0819	−0.0569	−0.0569	−0.0569
2.00	0.0408	0.0411	0.0413	0.0019	0.0087	0.0142	−0.0831	−0.0832	−0.0832	−0.0569	−0.0569	−0.0569

附录5 井式梁内力计算表

单跨周边简支 **附表 5-1**

均布荷载(1)

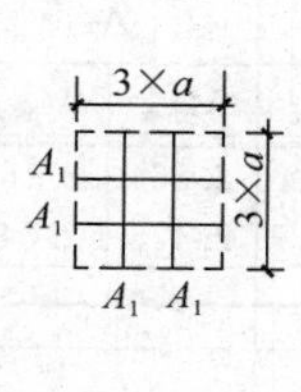

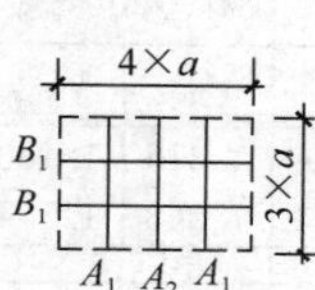

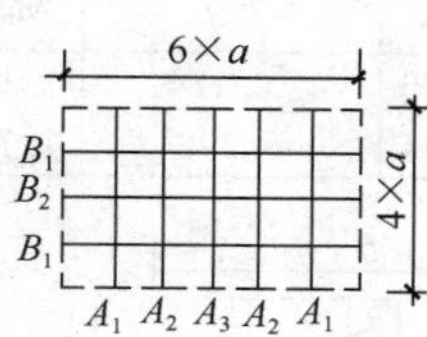

$\frac{I_t}{I}$	A_1			A_1		A_2		B_1		A_2	A_1		A_2		B_1		A_2
	M_{max}	V_{max}	f_{max}	M_{max}	V_{max}	M_{max}	V_{max}	M_{max}	V_{max}	f_{max}	M_{max}	V_{max}	M_{max}	V_{max}	M_{max}	V_{max}	f_{max}
0.0	0.500	0.750	0.417	0.654	0.904	0.908	1.158	0.438	0.642	0.757	0.665	0.915	1.021	1.271	0.314	0.564	0.851
0.8	0.500	0.750	0.382	0.635	0.885	0.862	1.112	0.434	0.684	0.684	0.652	0.902	0.968	1.218	0.380	0.630	0.781

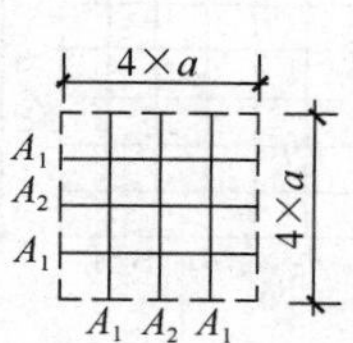

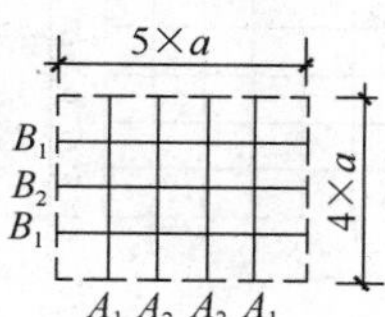

$\frac{I_t}{I}$	A_1		A_2		A_2	A_1		A_2		B_1		B_2		A_2
	M_{max}	V_{max}	M_{max}	V_{max}	f_{max}	M_{max}	V_{max}	M_{max}	V_{max}	M_{max}	V_{max}	M_{max}	V_{max}	f_{max}
0.0	0.828	0.914	1.172	1.172	1.898	1.020	1.049	1.637	1.498	0.706	0.814	1.000	1.029	2.612
0.8	0.715	0.919	1.004	1.163	1.643	0.889	1.031	1.407	1.434	0.636	0.866	0.896	1.090	2.262

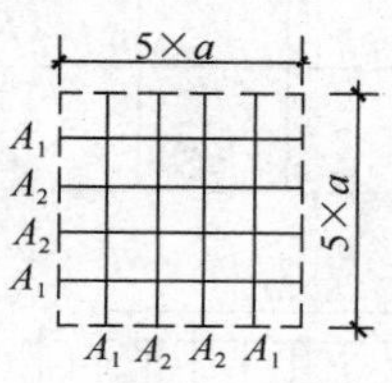

$\frac{I_t}{I}$	A_1		A_2		A_2	A_1		A_2		A_3		B_1		B_2		A_3
	M_{max}	V_{max}	M_{max}	V_{max}	f_{max}	M_{max}	V_{max}	M_{max}	V_{max}	M_{max}	V_{max}	M_{max}	V_{max}	M_{max}	V_{max}	f_{max}
0.0	1.064	1.032	1.718	1.468	4.368	1.057	1.076	1.789	1.604	2.040	1.779	0.549	0.727	0.776	0.907	3.229
0.8	0.926	1.044	1.479	1.457	3.682	0.945	1.060	1.572	1.532	1.784	1.680	0.562	0.812	0.763	1.013	2.840

续表

均布荷载(2)

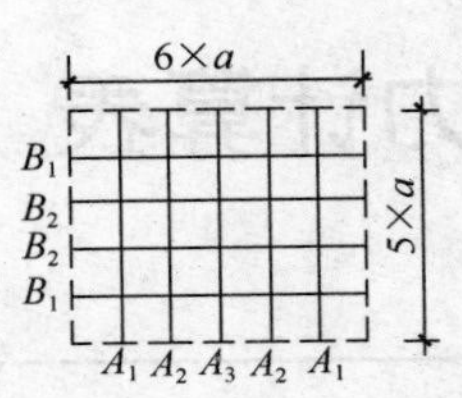

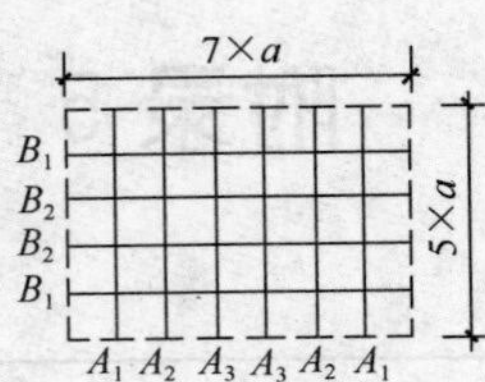

$\frac{I_t}{I}$	A_1		A_2		A_3		A_1		A_2		A_3	
	M_{max}	V_{max}	M_{max}	V_{max}	M_{max}	V_{max}	M_{max}	V_{max}	M_{max}	V_{max}	M_{max}	V_{max}
0.0	1.257	1.151	2.158	1.737	2.480	1.934	1.316	1.188	2.331	1.844	2.864	2.168
0.8	1.095	1.139	1.852	1.672	2.117	1.844	1.168	1.174	2.032	1.765	2.475	2.042
$\frac{I_t}{I}$	B_1		B_2		A_3		B_1		B_2		A_3	
	M_{max}	V_{max}	M_{max}	V_{max}	f_{max}		M_{max}	V_{max}	M_{max}	V_{max}	f_{max}	
0.0	0.991	0.944	1.608	1.325	6.231		0.808	0.861	1.311	1.169	7.169	
0.8	0.846	1.002	1.352	1.290	5.248		0.748	0.954	1.196	1.314	6.137	

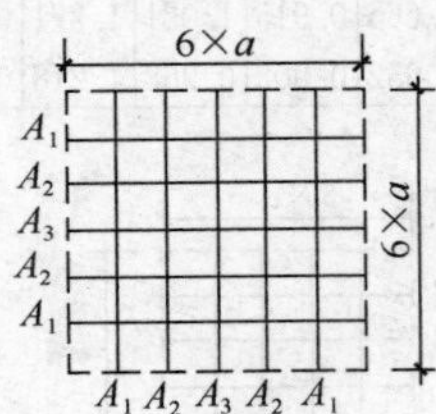

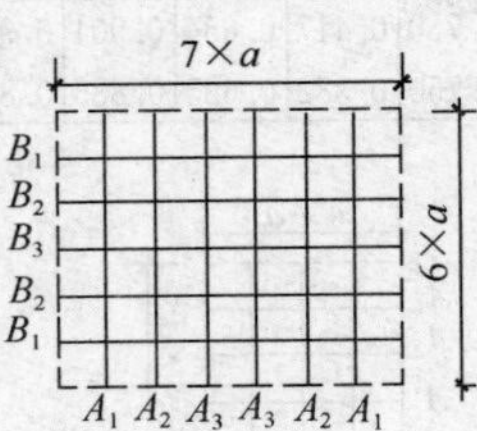

$\frac{I_t}{I}$	A_1		A_2		A_1		A_2		A_3		B_1	
	M_{max}	V_{max}	M_{max}	V_{max}	M_{max}	V_{max}	M_{max}	V_{max}	M_{max}	V_{max}	M_{max}	V_{max}
0.0	1.355	1.124	2.350	1.688	1.567	1.230	2.816	1.919	3.501	2.262	1.243	1.048
0.8	1.112	1.143	1.914	1.680	1.299	1.226	2.312	1.860	2.859	2.162	1.039	1.110
$\frac{I_t}{I}$	A_3		A_3		B_2		B_3				A_3	
	M_{max}	V_{max}	f_{max}		M_{max}	V_{max}	M_{max}	V_{max}			f_{max}	
0.0	2.714	1.876	10.174		2.157	1.555	2.493	1.722			12.96	
0.8	2.204	1.854	8.392		1.794	1.624	2.069	1.789			10.72	

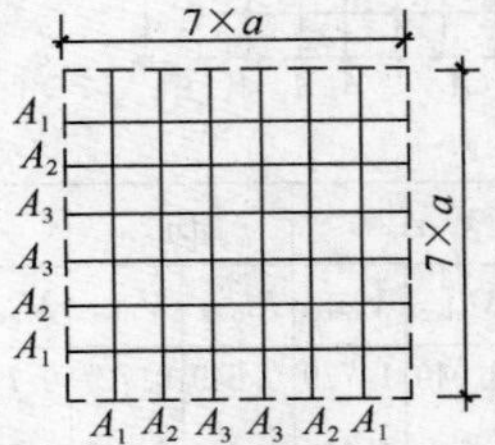

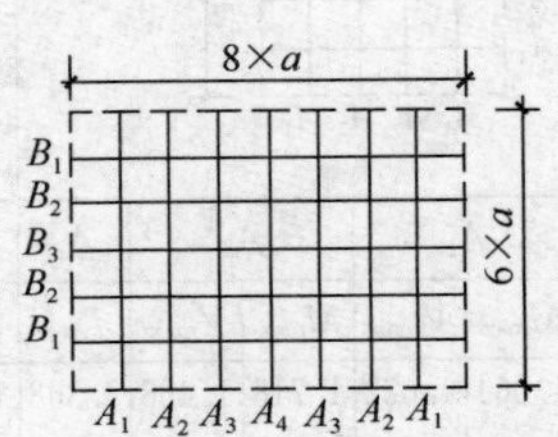

续表

均布荷载(3)

$\frac{I_t}{I}$	A_1		A_2		A_1		A_2		A_3		A_4	
	M_{max}	V_{max}	M_{max}	V_{max}	M_{max}	V_{max}	M_{max}	V_{max}	M_{max}	V_{max}	M_{max}	V_{max}
0.0	1.587	1.200	2.860	1.862	1.651	1.273	3.028	2.026	3.920	2.469	4.226	2.616
0.8	1.311	1.226	2.344	1.861	1.397	1.264	2.534	1.949	3.258	2.332	3.504	2.456
$\frac{I_t}{I}$	A_3		A_3		B_1		B_2		B_3		A_4	
	M_{max}	V_{max}	f_{max}		M_{max}	V_{max}	M_{max}	V_{max}	M_{max}	V_{max}	f_{max}	
0.0	3.565	2.188	18.17		1.079	0.970	1.875	1.421	2.168	1.567	15.53	
0.8	2.909	2.163	14.80		0.935	1.069	1.595	1.554	1.840	1.708	13.00	

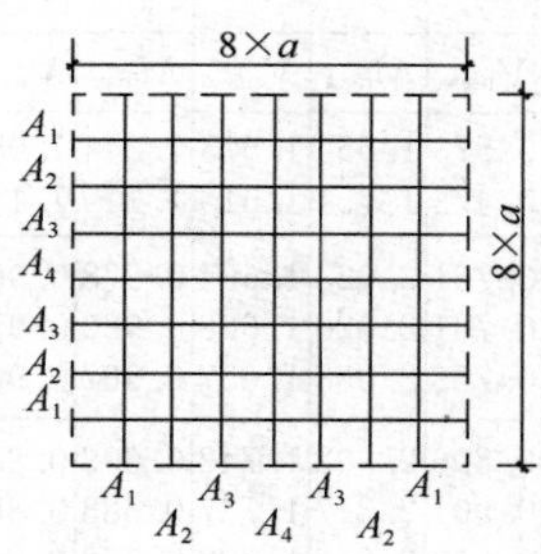

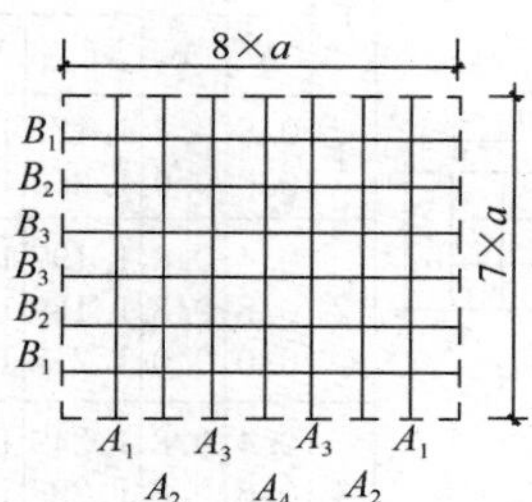

$\frac{I_t}{I}$	A_1		A_2		A_3		A_1		A_2		A_3		A_4	
	M_{max}	V_{max}	M_{max}	V_{max}	M_{max}	V_{max}	M_{max}	V_{max}	M_{max}	V_{max}	M_{max}	V_{max}	M_{max}	V_{max}
0.0	1.861	1.264	3.442	2.006	4.502	2.440	1.801	1.295	3.319	2.065	4.320	2.519	4.669	2.669
0.8	1.491	1.298	2.743	2.013	3.572	2.416	1.495	1.299	2.730	2.015	3.532	2.420	3.807	2.551
$\frac{I_t}{I}$	A_4				A_4		B_1		B_2		B_3		A_4	
	M_{max}	V_{max}			f_{max}		M_{max}	V_{max}	M_{max}	V_{max}	M_{max}	V_{max}	f_{max}	
0.0	4.875	2.582			32.79		1.516	1.133	2.740	1.741	3.423	2.037	23.53	
0.8	3.861	2.547			20.41		1.233	1.199	2.207	1.813	2.741	2.104	19.19	

均布荷载(4)

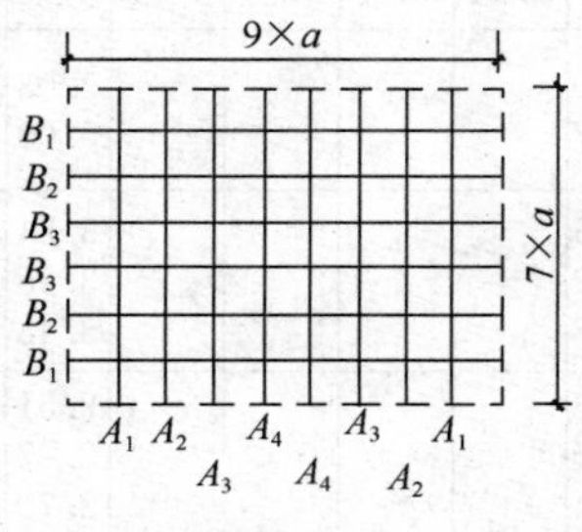

$\frac{I_t}{I}$	A_1		A_2		A_3		A_4	
	M_{max}	V_{max}	M_{max}	V_{max}	M_{max}	V_{max}	M_{max}	V_{max}
0.0	1.903	1.341	3.554	2.170	4.749	2.709	5.369	2.976
0.8	1.603	1.338	2.965	2.101	3.933	2.572	4.429	2.798
$\frac{I_t}{I}$	B_1		B_2		B_3		B_4	
	M_{max}	V_{max}	M_{max}	V_{max}	M_{max}	V_{max}	f_{max}	
0.0	1.341	1.062	2.423	1.614	3.027	1.879	26.94	
0.8	1.125	1.164	2.015	1.751	2.502	2.027	22.23	

单跨四角柱　　　　**附表 5-2**

均布荷载(1)

图	$\frac{I_b}{I_r}$	$\frac{I_t}{I}$ b	r	A_1 M_{max}	A_1 V_{max}	A_2 M_{max}	A_2 V_{max}							A_2 f_{max}	A_1 f
3×a; 3×a; A_1 A_2 A_2 A_1	1	0.8	0.8	0.925	1.125	0.617	0.750							1.25	0.74
		0.0	0.0	1.000	1.125	0.500	.0750							1.25	0.83
	2	0.4	0.8	1.000	1.125	0.500	0.750							0.83	0.42
		0.8	0.8	1.000	1.125	0.500	0.750							0.83	0.42
		0.0	0.0	1.000	1.125	0.500	0.750							0.83	0.42
	4	0.4	0.8	1.091	1.125	0.431	0.750							0.57	0.23
		0.8	0.8	1.108	1.125	0.410	0.750							0.55	0.23
		0.0	0.0	1.000	1.125	0.500	0.750							0.63	0.21

图	$\frac{I_b}{I_r}$	$\frac{I_t}{I}$ b	r	A_1 M_{max}	A_1 V_{max}	A_2 M_{max}	A_2 V_{max}	A_3 M_{max}	A_3 V_{max}	B_1 M_{max}	B_1 V_{max}	B_2 M_{max}	B_2 V_{max}	B_2 f_{max}	B_1 f
4×a; 3×a; B_1 B_2 B_2 B_1; A_1 A_2 A_3 A_2 A_1	1	0.8	0.8	1.172	1.425	0.657	0.788	0.483	0.573	1.656	1.575	1.344	1.050	3.04	2.63
		0.0	0.0	1.360	1.475	0.529	0.779	0.222	0.472	1.751	1.515	1.249	1.110	3.03	2.85
	2	0.4	0.8	1.197	1.336	0.547	0.784	0.528	0.761	2.023	1.664	0.978	0.961	2.04	1.60
		0.8	0.8	1.189	1.334	0.551	0.785	0.534	0.761	2.020	1.666	0.980	0.959	2.05	1.60
		0.0	0.0	1.218	1.343	0.531	0.781	0.502	0.752	2.033	1.657	0.967	0.968	2.03	1.61
	4	0.4	0.8	1.249	1.258	0.493	0.794	0.569	0.896	2.302	1.742	0.698	0.883	1.36	0.91
		0.8	0.8	1.283	1.263	0.469	0.787	0.539	0.901	2.317	1.737	0.683	0.888	1.34	0.92
		0.0	0.0	1.093	1.218	0.567	0.817	0.680	0.930	2.247	1.782	0.753	0.843	1.45	0.38

图	$\frac{I_b}{I_r}$	$\frac{I_t}{I}$ b	r	A_1 M_{max}	A_1 V_{max}	A_2 M_{max}	A_2 V_{max}	A_3 M_{max}	A_3 V_{max}	B_1 M_{max}	B_1 V_{max}	B_2 M_{max}	B_2 V_{max}	B_2 f_{max}	B_1 f
5×a; 3×a; B_1 B_2 B_2 B_1; A_1 A_2 A_3 A_3 A_2 A_1	1	0.8	0.8	1.428	1.726	0.739	0.863	0.428	0.531	2.402	2.024	2.135	1.351	6.36	6.00
		0.0	0.0	1.704	1.829	0.650	0.900	0.146	0.396	2.443	1.921	2.058	1.454	6.40	6.27
	2	0.4	0.8	1.395	1.550	0.588	0.817	0.534	0.758	3.035	2.200	1.472	1.175	4.24	3.79
		0.8	0.8	1.375	1.546	0.594	0.821	0.545	0.759	3.031	2.204	1.475	1.171	4.24	3.79
		0.0	0.0	1.446	1.571	0.567	0.817	0.488	0.738	3.042	2.179	1.458	1.196	4.22	3.82
	4	0.4	0.8	1.382	1.388	0.522	0.808	0.622	0.928	3.540	2.362	0.972	1.013	2.71	2.21
		0.8	0.8	1.427	1.397	0.502	0.798	0.593	0.930	3.549	2.353	0.962	1.022	2.69	2.22
		0.0	0.0	1.208	1.333	0.575	0.825	0.717	0.967	3.508	2.417	0.992	0.958	2.78	2.18

图	$\frac{I_b}{I_r}$	$\frac{I_t}{I}$ b	r	A_1 M_{max}	A_1 V_{max}	A_2 M_{max}	A_2 V_{max}	A_3 M_{max}	A_3 V_{max}	M_{max}	V_{max}	M_{max}	V_{max}	A_3 f_{max}	A_1 f
4×a; 4×a; A_1 A_2 A_3 A_2 A_1	1	0.8	0.8	2.023	2.000	1.405	1.090	1.144	0.820					5.03	3.19
		0.0	0.0	2.379	2.000	1.243	1.121	0.757	0.757					5.00	3.86
	2	0.4	0.8	2.405	2.000	1.081	1.018	1.029	0.965					3.54	1.90
		0.8	0.8	2.388	2.000	1.091	1.019	1.043	0.962					3.55	1.89
		0.0	0.0	2.479	2.000	1.042	1.021	0.958	0.958					3.48	1.97
	4	0.4	0.9	2.692	2.000	0.846	0.969	0.925	1.063					2.51	1.07
		0.8	0.8	2.726	2.000	0.825	0.965	0.898	1.071					2.47	1.09
		0.0	0.0	2.532	2.000	0.937	0.968	1.064	1.064					2.70	1.00

续表

均布荷载(2)

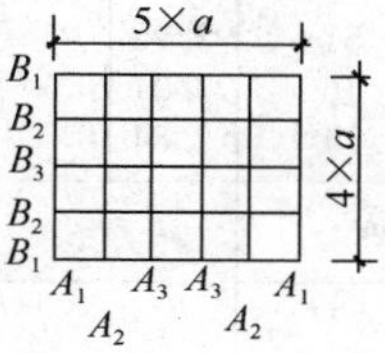

5×a grid: 4×a; B_1, B_2, B_3, B_2, B_1; A_1, A_2, A_3, A_3, A_2, A_1

$\frac{I_b}{I_r}$	$\frac{I_t}{I}$		A_1		A_2		A_3		B_1		B_2	
	b	r	M_{max}	V_{max}	M_{max}	V_{max}	M_{max}	V_{max}	M_{max}	V_{max}	M_{max}	V_{max}
1	0.8	0.8	2.436	2.447	1.548	1.191	1.016	0.738	2.355	2.533	2.233	1.402
	0.0	0.0	3.100	2.545	1.453	1.266	0.448	0.565	3.145	2.455	2.059	1.490
2	0.4	0.8	2.791	2.345	1.172	1.073	1.037	0.956	3.591	2.655	1.642	1.256
	0.8	0.8	2.751	2.340	1.187	1.079	1.063	0.956	3.569	2.660	1.652	1.255
	0.0	0.0	2.975	2.375	1.123	1.078	0.902	0.921	3.669	2.625	1.589	1.278
4	0.4	0.8	3.011	2.234	0.935	1.011	1.054	1.130	4.212	2.766	1.185	1.130
	0.8	0.8	3.063	2.240	0.914	1.002	1.024	1.134	4.236	2.760	1.169	1.130
	0.0	0.0	2.780	2.193	1.014	1.022	1.207	1.161	4.093	2.807	1.241	1.105

$\frac{I_b}{I_r}$	$\frac{I_t}{I}$		B_3		B_3	B_1
	b	r	M_{max}	V_{max}	f_{max}	f
1	0.8	0.8	1.995	1.089	8.70	7.05
	0.0	0.0	1.593	1.110	8.78	8.10
2.	0.4	0.8	1.580	1.179	6.13	4.48
	0.8	0.8	1.597	1.170	6.15	4.44
	0.0	0.0	1.485	1.197	6.04	4.61
4	0.4	0.8	1.245	1.208	4.28	2.63
	0.8	0.8	1.224	1.220	4.23	2.65
	0.0	0.0	1.332	1.174	4.46	2.55

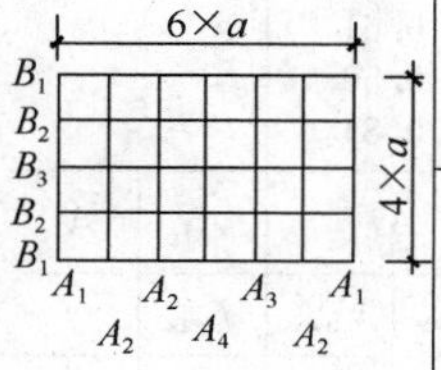

6×a grid: 4×a; B_1, B_2, B_3, B_2, B_1; A_1, A_2, A_2, A_4, A_3, A_2, A_1

$\frac{I_b}{I_r}$	$\frac{I_t}{I}$		A_1		A_2		A_3		A_4	
	b	r	M_{max}	V_{max}	M_{max}	V_{max}	M_{max}	V_{max}	M_{max}	V_{max}
1	0.8	0.8	2.868	2.893	1.748	1.322	1.003	0.734	0.763	0.600
	0.0	0.0	3.780	3.064	1.780	1.484	0.438	0.556	0.041	0.291
2	0.4	0.8	3.187	2.696	1.272	1.137	1.052	0.961	0.979	0.915
	0.8	0.8	3.118	2.684	1.287	1.145	1.086	0.962	1.019	0.918
	0.0	0.0	3.482	2.760	1.236	1.156	0.893	0.914	0.778	0.839
4	0.4	0.8	3.306	2.465	0.994	1.040	1.119	1.153	1.162	1.184
	0.8	0.8	3.365	2.475	0.978	1.029	1.092	1.153	1.131	1.186
	0.0	0.0	3.061	2.408	1.047	1.045	1.240	1.183	1.305	1.127

$\frac{I_b}{I_r}$	$\frac{I_t}{I}$		B_1		B_2		B_3		B_3	B_1
	b	r	M_{max}	V_{max}	M_{max}	V_{max}	M_{max}	V_{max}	f_{max}	f
1	0.8	0.8	3.947	3.107	3.438	1.716	3.230	1.355	16.03	14.75
	0.0	0.0	4.158	2.936	3.346	1.848	2.993	1.432	16.18	16.13
2	0.4	0.8	5.296	3.304	2.491	1.497	2.427	1.398	11.32	9.76
	0.8	0.8	5.279	3.316	2.500	1.493	2.442	1.381	11.35	9.70
	0.0	0.0	5.367	3.240	2.454	1.539	2.357	1.443	11.20	9.96
4	0.4	0.8	6.434	3.535	1.698	1.288	1.736	1.353	7.71	5.89
	0.8	0.8	6.450	3.525	1.688	1.292	1.723	1.367	7.67	5.91
	0.0	0.0	6.377	3.592	1.730	1.255	1.787	1.306	7.88	5.81

续表

均布荷载(3)

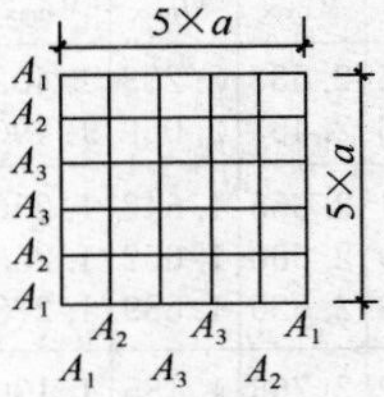

$\frac{I_b}{I_r}$	$\frac{I_t}{I}$ b	r	A_1 M_{max}	A_1 V_{max}	A_2 M_{max}	A_2 V_{max}	A_3 M_{max}	A_3 V_{max}	A_3 f_{max}	A_1 f
1	0.8	0.8	3.385	3.125	2.402	1.512	1.849	0.988	12.82	8.27
	0.0	0.0	4.114	3.125	2.273	1.636	1.114	0.864	13.20	10.54
2	0.4	0.8	4.151	3.125	1.783	1.331	1.610	1.169	9.16	5.16
	0.8	0.8	4.095	3.125	1.799	1.337	1.644	1.163	9.19	5.03
	0.0	0.0	4.398	3.125	1.705	1.352	1.398	1.148	8.99	5.53
4	0.4	0.8	4.760	3.125	1.333	1.201	1.429	1.299	6.51	2.98
	0.8	0.8	4.799	3.125	1.316	1.195	1.403	1.305	6.46	3.01
	0.0	0.0	4.553	3.125	1.394	1.197	1.553	1.303	6.74	2.84

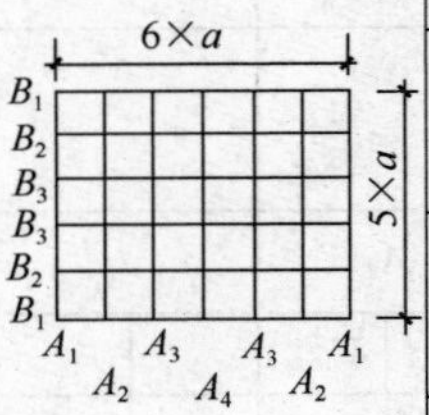

$\frac{I_b}{I_r}$	$\frac{I_t}{I}$ b	r	A_1 M_{max}	A_1 V_{max}	A_2 M_{max}	A_2 V_{max}	A_3 M_{max}	A_3 V_{max}	A_4 M_{max}	A_4 V_{max}
1	0.8	0.8	3.964	3.712	2.654	1.666	1.808	0.968	1.510	0.808
	0.0	0.0	5.162	3.838	2.715	1.894	0.955	0.783	0.335	0.468
2	0.4	0.8	4.733	3.610	1.932	1.416	1.635	1.172	1.530	1.107
	0.8	0.8	4.631	3.601	1.948	1.427	1.683	1.170	1.587	1.105
	0.0	0.0	5.199	3.669	1.871	1.454	1.349	1.120	1.163	1.016
4	0.4	0.8	5.250	3.470	1.441	1.253	1.541	1.343	1.576	1.368
	0.8	0.8	5.297	3.475	1.427	1.245	1.517	1.345	1.550	1.372
	0.0	0.0	5.010	3.441	1.485	1.253	1.651	1.360	1.710	1.394

$\frac{I_b}{I_r}$	$\frac{I_t}{I}$ b	r	B_1 M_{max}	B_1 V_{max}	B_2 M_{max}	B_2 V_{max}	B_3 M_{max}	B_3 V_{max}	B_3 f_{max}
1	0.8	0.8	4.545	3.788	3.637	1.839	3.069	1.248	20.68
	0.0	0.0	5.288	3.662	3.552	2.014	2.410	1.199	21.28
2	0.4	0.8	6.051	3.890	2.701	1.592	2.498	1.393	14.96
	0.8	0.8	5.998	3.900	2.718	1.597	2.534	1.379	15.00
	0.0	0.0	6.343	3.831	2.628	1.638	2.280	1.406	14.69
4	0.4	0.8	7.319	4.030	1.932	1.385	1.999	1.460	10.61
	0.8	0.8	7.347	4.025	1.922	1.383	1.982	1.467	10.56
	0.0	0.0	7.188	4.059	1.975	1.372	2.087	1.444	10.84

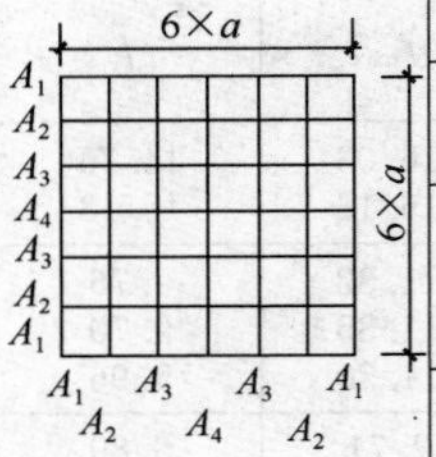

$\frac{I_b}{I_r}$	$\frac{I_t}{I}$ b	r	A_1 M_{max}	A_1 V_{max}	A_2 M_{max}	A_2 V_{max}	A_3 M_{max}	A_3 V_{max}	A_4 M_{max}	A_4 V_{max}	A_4 f_{max}	A_1 f
1	0.8	0.8	5.235	4.500	3.945	2.005	2.999	1.221	2.643	1.049	29.05	19.41
	0.0	0.0	6.716	4.500	4.085	2.288	2.057	1.083	1.285	0.758	30.04	25.75
2	0.4	0.8	6.841	4.500	2.915	1.694	2.542	1.397	2.404	1.319	21.38	12.59
	0.8	0.8	6.734	4.500	2.933	1.707	2.598	1.388	2.471	1.310	21.45	12.33
	0.0	0.0	7.493	4.500	2.856	1.757	2.185	1.368	1.934	1.251	20.87	13.93
4	0.4	0.8	8.105	4.500	2.113	1.460	2.180	1.521	2.205	1.538	15.50	7.43
	0.8	0.8	8.137	4.500	2.105	1.456	2.165	1.524	2.188	1.542	15.46	7.47
	0.0	0.0	7.942	4.500	2.144	1.455	2.262	1.523	2.305	1.544	15.74	7.26

续表

均布荷载(4)

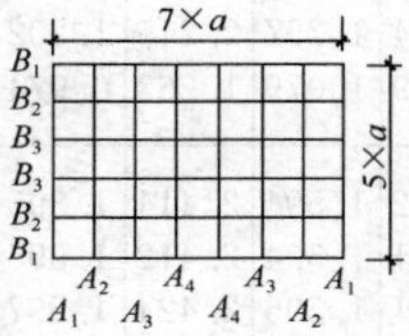

7×a；5×a
B_1 B_2 B_3 B_3 B_2 B_1
A_1 A_2 A_3 A_4 A_4 A_3 A_2 A_1

$\frac{I_b}{I_r}$	$\frac{I_t}{I}$		A_1		A_2		A_3		A_4	
	b	r	M_{max}	V_{max}	M_{max}	V_{max}	M_{max}	V_{max}	M_{max}	V_{max}
1	0.8	0.8	4.565	4.300	2.965	1.845	1.872	0.998	1.320	0.733
	0.0	0.0	6.153	4.521	3.261	2.207	1.083	0.844	0.004	0.303
2	0.4	0.8	5.330	4.100	2.097	1.510	1.685	1.192	1.472	1.073
	0.8	0.8	5.180	4.081	2.108	1.525	1.738	1.192	1.545	1.078
	0.0	0.0	6.008	4.217	2.083	1.581	1.383	1.137	1.026	0.940
4	0.4	0.8	5.717	3.815	1.530	1.297	1.613	1.368	1.656	1.395
	0.8	0.8	5.761	3.822	1.521	1.290	1.596	1.367	1.635	1.396
	0.0	0.0	6.504	3.779	1.552	1.295	1.687	1.381	1.757	1.421

$\frac{I_b}{I_r}$	$\frac{I_t}{I}$		B_1		B_2		B_3		B_3	B_1
	b	r	M_{max}	V_{max}	M_{max}	V_{max}	M_{max}	V_{max}	f_{max}	f
1	0.8	0.8	5.787	4.450	4.914	2.169	4.420	1.506	32.49	29.19
	0.0	0.0	6.303	4.228	4.831	2.390	3.867	1.507	33.52	33.46
2	0.4	0.8	7.948	4.650	3.647	1.855	3.454	1.620	23.61	19.93
	0.8	0.8	7.899	4.669	3.660	1.858	3.485	1.598	23.65	19.75
	0.0	0.0	8.176	4.533	3.576	1.925	3.249	1.667	23.34	20.77
4	0.4	0.8	9.894	4.935	2.537	1.569	2.579	1.622	16.47	12.36
	0.8	0.8	9.909	4.928	2.531	1.568	2.569	1.629	16.43	12.38
	0.0	0.0	9.820	4.971	2.558	1.553	2.623	1.600	16.63	12.24

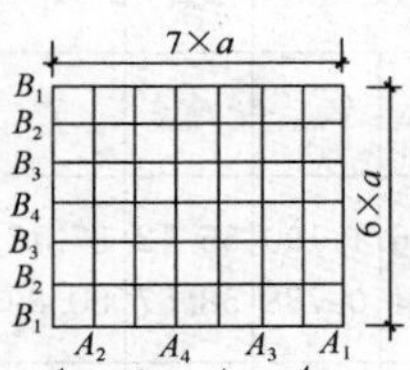

7×a；6×a
B_1 B_2 B_3 B_4 B_3 B_2 B_1
A_1 A_2 A_3 A_4 A_4 A_3 A_2 A_1

$\frac{I_b}{I_r}$	$\frac{I_t}{I}$		A_1		A_2		A_3		A_4		B_1	
	b	r	M_{max}	V_{max}	M_{max}	V_{max}	M_{max}	V_{max}	M_{max}	V_{max}	M_{max}	V_{max}
1	0.8	0.8	5.984	5.224	4.350	2.205	3.064	1.244	2.354	0.952	0.575	5.276
	0.0	0.0	8.213	5.368	4.867	2.650	2.108	1.099	0.562	0.508	7.783	5.132
2	0.4	0.8	7.669	5.125	3.154	1.809	2.613	1.418	2.315	1.273	8.923	5.375
	0.8	0.8	7.497	5.112	3.166	1.828	2.680	1.414	2.408	1.271	8.813	5.388
	0.0	0.0	8.739	5.211	3.167	1.911	2.192	1.370	1.652	1.134	9.551	5.289
4	0.4	0.8	8.847	4.965	2.264	1.525	2.308	1.561	2.332	1.575	10.983	5.535
	0.8	0.8	8.870	4.967	2.260	1.521	2.299	1.561	2.321	1.576	10.997	5.533
	0.0	0.0	8.724	4.954	2.277	1.522	2.354	1.565	2.396	1.584	10.905	5.546

$\frac{I_b}{I_r}$	$\frac{I_t}{I}$		B_2		B_3		B_4		B_4	B_1
	b	r	M_{max}	V_{max}	M_{max}	V_{max}	M_{max}	V_{max}	f_{max}	f
1	0.8	0.8	5.247	2.348	4.354	1.479	4.017	1.295	41.62	32.93
	0.0	0.0	5.365	2.683	3.423	1.400	2.680	1.070	43.48	41.54
2	0.4	0.8	3.920	1.975	3.539	1.630	3.397	1.541	30.84	22.33
	0.8	0.8	3.934	1.988	3.592	1.613	3.463	1.523	30.91	21.97
	0.0	0.0	3.851	2.065	3.153	1.639	2.891	1.515	30.27	24.28
4	0.4	0.8	2.788	1.665	2.820	1.697	2.833	1.706	22.26	13.72
	0.8	0.8	2.784	1.664	2.813	1.699	2.824	1.709	22.24	13.75
	0.0	0.0	2.801	1.660	2.856	1.693	2.877	1.703	22.41	13.62

续表

均布荷载(5)

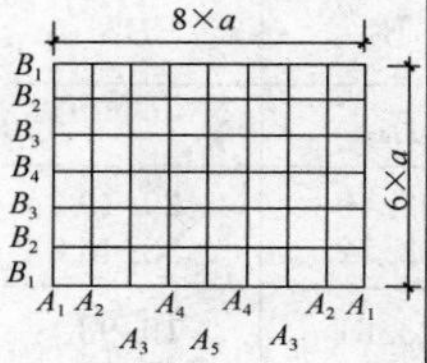

8×a，6×a；B_1 B_2 B_3 B_4 B_3 B_2 B_1；A_1 A_2 A_3 A_4 A_5 A_4 A_3 A_2 A_1

$\frac{I_b}{I_r}$	$\frac{I_t}{I}$		A_1		A_2		A_3		A_4		A_5	
	b	r	M_{max}	V_{max}	M_{max}	V_{max}	M_{max}	V_{max}	M_{max}	V_{max}	M_{max}	V_{max}
1	0.8	0.8	6.763	5.947	4.819	2.427	3.239	1.304	2.232	0.917	1.897	0.812
	0.0	0.0	9.629	6.206	5.746	3.050	2.456	1.221	0.346	0.426	−0.354	0.197
2	0.4	0.8	8.524	5.755	3.418	1.936	2.721	1.458	2.275	1.254	2.126	1.195
	0.8	0.8	8.283	5.730	3.418	1.958	2.793	1.454	2.384	1.257	2.246	1.202
	0.0	0.0	9.990	5.925	3.537	2.090	2.314	1.420	1.529	1.079	1.263	0.974
4	0.4	0.8	9.572	5.432	2.401	1.586	2.408	1.591	2.412	1.594	2.414	1.595
	0.8	0.8	9.576	5.432	2.401	1.586	2.407	1.591	2.411	1.594	2.412	1.595
	0.0	0.0	9.551	5.429	2.402	1.586	2.414	1.592	2.421	1.596	2.424	1.597

$\frac{I_b}{I_r}$	$\frac{I_t}{I}$		B_1		B_2		B_3		B_4		B_4	B_1
	b	r	M_{max}	V_{max}	M_{max}	V_{max}	M_{max}	V_{max}	M_{max}	V_{max}	f_{max}	f
1	0.8	0.8	8.076	6.053	6.932	2.695	6.102	1.734	5.786	1.536	61.83	54.70
	0.0	0.0	9.163	5.794	7.051	3.083	5.404	1.898	4.767	1.596	64.33	65.37
2	0.4	0.8	11.530	6.245	5.246	2.257	4.865	1.865	4.722	1.767	46.22	38.36
	0.8	0.8	11.442	6.270	5.257	2.270	4.912	1.840	4.781	1.739	46.29	37.86
	0.0	0.0	12.115	6.075	5.196	2.374	4.543	1.911	4.295	1.779	45.57	40.90
4	0.4	0.8	14.758	6.568	3.695	1.870	3.699	1.874	3.700	1.875	33.14	24.29
	0.8	0.8	14.759	6.568	3.694	1.870	3.698	1.875	3.699	1.876	33.13	24.29
	0.0	0.0	14.749	6.571	3.696	1.869	3.703	1.873	3.705	1.874	33.16	24.27

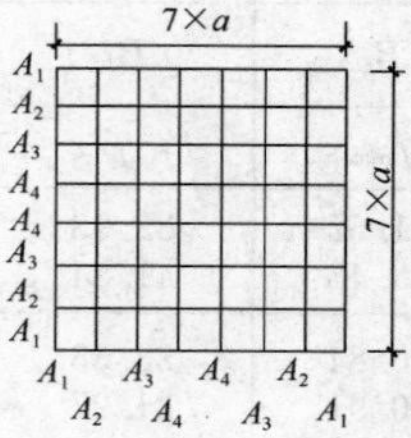

7×a，7×a；A_1 A_2 A_3 A_4 A_4 A_3 A_2 A_1；A_1 A_2 A_3 A_4 A_4 A_3 A_2 A_1

$\frac{I_b}{I_r}$	$\frac{I_t}{I}$		A_1		A_2		A_3		A_4		A_4	A_1
	b	r	M_{max}	V_{max}	M_{max}	V_{max}	M_{max}	V_{max}	M_{max}	V_{max}	f_{max}	f
1	0.8	0.8	7.453	6.125	5.695	2.561	4.411	1.499	3.686	1.190	55.12	37.12
	0.0	0.0	9.718	6.125	6.250	3.071	3.349	1.392	1.684	0.788	58.57	50.89
2	0.4	0.8	9.957	6.125	4.217	2.107	3.634	1.654	3.307	1.489	41.21	24.87
	0.8	0.8	9.766	6.125	4.224	2.129	3.703	1.643	3.406	1.479	41.27	24.27
	0.0	0.0	11.140	6.125	4.227	2.239	3.127	1.633	2.506	1.378	40.54	28.29
4	0.4	0.8	12.000	6.125	3.000	1.750	3.000	1.750	3.000	1.750	30.00	15.00
	0.8	0.8	12.000	6.125	3.000	1.750	3.000	1.750	3.000	1.750	30.00	15.00
	0.0	0.0	12.000	6.125	3.000	1.750	3.000	1.750	3.000	1.750	30.00	15.00

续表

均布荷载(6)

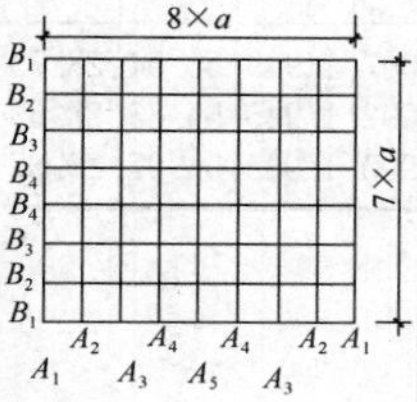

8×a, 7×a

$\frac{I_b}{I_r}$	$\frac{I_t}{I}$ b	r	A_1 M_{max}	A_1 V_{max}	A_2 M_{max}	A_2 V_{max}	A_3 M_{max}	A_3 V_{max}	A_4 M_{max}	A_4 V_{max}	A_5 M_{max}	A_5 V_{max}
1	0.8	0.8	8.390	6.982	6.236	2.803	4.598	1.558	3.509	1.142	3.133	1.032
	0.0	0.0	11.613	7.138	7.362	3.526	3.672	1.492	1.191	0.643	0.329	0.410
2	0.4	0.8	11.039	6.890	4.547	2.252	3.769	1.697	3.254	1.464	3.075	1.396
	0.8	0.8	10.758	6.875	4.540	2.281	3.845	1.688	3.377	1.459	3.214	1.395
	0.0	0.0	12.832	7.000	4.703	2.448	3.239	1.674	2.265	1.291	1.926	1.174
4	0.4	0.8	12.997	6.715	3.194	1.830	3.148	1.793	3.117	1.776	3.106	1.771
	0.8	0.8	12.967	6.713	3.197	1.834	3.156	1.793	3.128	1.775	3.118	1.770
	0.0	0.0	13.151	6.727	3.188	1.835	3.103	1.791	3.046	1.767	3.027	1.760

$\frac{I_b}{I_r}$	$\frac{I_t}{I}$ b	r	B_1 M_{max}	B_1 V_{max}	B_2 M_{max}	B_2 V_{max}	B_3 M_{max}	B_3 V_{max}	B_4 M_{max}	B_4 V_{max}	B_4 f_{max}	B_1 f
1	0.8	0.8	9.019	7.018	7.422	2.922	6.149	1.757	5.413	1.429	76.36	60.91
	0.0	0.0	11.252	6.862	7.990	3.492	5.206	1.855	3.556	1.078	81.11	79.53
2	0.4	0.8	12.754	7.110	5.611	2.405	4.995	1.896	5.643	1.714	57.68	42.42
	0.8	0.8	12.584	7.125	5.617	2.430	5.062	1.876	4.741	1.694	57.74	41.60
	0.0	0.0	14.017	7.000	5.639	2.567	4.501	1.913	3.845	1.646	56.83	47.29
4	0.4	0.8	16.134	7.285	3.988	1.974	3.950	1.940	3.929	1.927	42.09	26.56
	0.8	0.8	15.115	7.287	3.991	1.976	3.958	1.938	3.938	1.924	42.13	26.52
	0.0	0.0	16.240	7.273	3.978	1.980	3.911	1.944	3.873	1.928	41.89	26.76

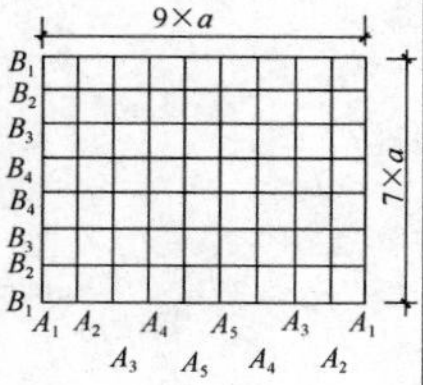

9×a, 7×a

$\frac{I_b}{I_r}$	$\frac{I_t}{I}$ b	r	A_1 M_{max}	A_1 V_{max}	A_2 M_{max}	A_2 V_{max}	A_3 M_{max}	A_3 V_{max}	A_4 M_{max}	A_4 V_{max}	A_5 M_{max}	A_5 V_{max}
1	0.8	0.8	9.359	7.839	6.845	3.064	4.889	1.643	3.484	1.137	2.773	0.943
	0.0	0.0	13.412	8.121	8.550	4.008	4.260	1.666	1.171	0.624	0.389	0.207
2	0.4	0.8	12.153	7.659	4.908	2.409	3.949	1.757	3.259	1.462	2.906	1.338
	0.8	0.8	11.781	7.630	4.881	2.441	4.023	1.748	3.395	1.461	3.072	1.346
	0.0	0.0	14.523	7.877	5.241	2.680	3.476	1.759	2.206	1.265	1.557	1.044
4	0.4	0.8	13.988	7.309	3.381	1.909	3.279	1.833	3.205	1.795	3.167	1.779
	0.8	0.8	13.915	7.302	3.384	1.918	3.296	1.833	3.229	1.794	3.194	1.778
	0.0	0.0	14.351	7.348	3.380	1.922	3.199	1.830	3.069	1.775	3.002	1.750

$\frac{I_b}{I_r}$	$\frac{I_t}{I}$ b	r	B_1 M_{max}	B_1 V_{max}	B_2 M_{max}	B_2 V_{max}	B_3 M_{max}	B_3 V_{max}	B_4 M_{max}	B_4 V_{max}	B_4 f_{max}	B_1 f
1	0.8	0.8	10.757	7.911	9.159	3.288	7.991	2.013	7.318	1.663	105.10	91.32
	0.0	0.0	12.542	7.629	9.630	3.922	7.151	2.356	5.684	1.675	111.69	113.34
2	0.4	0.8	15.582	8.091	7.019	2.704	6.427	2.139	6.090	1.941	79.94	65.48
	0.8	0.8	15.424	8.120	7.021	2.731	6.485	2.112	6.177	1.912	79.96	64.47
	0.0	0.0	16.670	7.873	7.036	2.896	5.959	2.193	5.338	1.914	79.26	71.46
4	0.4	0.8	20.244	8.442	4.980	2.197	4.915	2.131	4.878	2.106	58.04	42.19
	0.8	0.8	20.211	8.448	4.984	2.201	4.926	2.127	4.893	2.099	58.11	42.10
	0.0	0.0	20.408	8.402	4.963	2.212	4.849	2.145	4.784	2.116	57.63	42.62

续表

均布荷载(7)

	$\frac{I_b}{I}$	$\frac{I_t}{I}$		A_1		A_2		A_3		A_4		A_5		A_5	A_1
		b	r	M_{max}	V_{max}	M_{max}	V_{max}	M_{max}	V_{max}	M_{max}	V_{max}	M_{max}	V_{max}	f_{max}	f
8×a 8×a A_1 A_2 A_3 A_4 A_5 A_4 A_3 A_2 A_1	1	0.8	0.8	10.061	8.000	8.037	3.177	6.346	1.815	5.179	1.377	4.763	1.263	98.61	67.73
		0.0	0.8	13.606	8.000	9.304	3.980	5.465	1.775	2.748	0.906	1.764	0.678	105.41	95.29
	2	0.4	0.8	14.055	8.000	6.017	2.565	5.163	1.943	4.581	1.685	4.375	1.612	75.26	46.71
		0.8	0.8	13.784	8.000	6.008	2.600	5.241	1.927	4.710	1.672	4.521	1.602	75.32	45.48
		0.0	0.0	16.158	8.000	6.222	2.798	4.597	1.949	3.477	1.543	3.078	1.422	74.06	54.46
	4	0.4	0.8	17.466	8.000	4.255	2.072	4.157	1.994	4.091	1.959	4.067	1.949	55.54	28.75
		0.8	0.8	17.408	8.000	4.260	2.080	4.174	1.993	4.114	1.956	4.092	1.945	55.63	28.63
		0.0	0.0	17.801	8.000	4.243	2.085	4.065	1.997	3.943	1.950	3.900	1.935	54.97	29.37

附录6 主要符号表

主要符号表

英文字母

符号	意义
	A
A	截面面积
A'	钢梁受压区截面面积
A_a	单根锚栓的净截面面积或钢管的横截面面积
A_c	柱截面面积
	(核心区)混凝土或混凝土翼板截面面积
A_p	压型钢板一个波距内的截面面积
A_{pc}	塑性中和轴以上的一个波距内压型钢板的截面面积
A_s	受拉区纵向普通钢筋的截面面积
	栓钉钉杆的截面积
A'_s	受压区纵向普通钢筋的截面面积
A_s^t、A_s^b	梁端上部和下部的钢筋截面积
A_{sb}	附加吊筋截面面积
A_{sbu}	与呈45°冲切破坏锥体斜截面相交的全部弯起钢筋截面积
A_{sf}	钢骨受拉翼缘的面积
A_{ss}	钢骨截面面积
$A_{s.tr}$	沿组合梁单位长度上横向钢筋的计算面积
A_{sv}	配置在同一截面内各肢箍筋的全部截面面积
A_{svj}	核心区有效验算宽度范围内同一截面验算方向箍筋各肢的全部截面面积
A_{svu}	与呈45°冲切破坏锥体斜截面相交的全部箍筋截面积
A_{sv1}	单肢箍筋的截面面积
A_{sx}	沿短向单位板宽内的纵向配筋
A_{sy}	沿长向单位板宽内的纵向配筋

a 受拉全部纵向钢筋合力点至截面受拉边缘的距离剪跨
a' 受压区全部纵向钢筋合力点至截面受压边缘的距离
a_s 纵向钢筋形心到混凝土翼板上边缘的距离
a'_s 受压区纵向普通钢筋合力点至截面受压边缘的距离

B

B 建筑物的宽度
框架两侧柱轴线间的距离
组合梁的折减刚度
钢骨混凝土截面的抗弯刚度
B_N 组合刚度
B_{rc} 钢筋混凝土截面抗弯刚度
B_s 短期抗弯刚度
B_{ss} 钢骨截面抗弯刚度
b 板、梁、支、柱座宽
压型钢板的波距
b' 抗剪切滑移的有效宽度
b_0 钢梁上翼缘或板托顶部宽度
b_1 b_2 密肋梁截面上、下肋宽
梁外侧和内侧翼缘板的有效(计算)宽度
b_B 柱钢骨埋入部分的宽度
b_b 梁截面宽度
b_c 柱截面宽度
b_e 翼缘板有效(计算)宽度
b_j 框架节点核心区的截面有效验算宽度
b_{se} 钢柱埋入部分的有效承压宽度
b_w 压型钢板平均肋宽

C

C 混凝土强度等级
结构或结构构件达到正常使用要求的规定限值
无梁楼盖板支座负弯矩塑性铰线与相邻柱轴线距离
C_s C_c 梁端混凝土和上部钢筋提供的压力
C_x C_y 无梁楼盖板支座负弯矩塑性铰线与相邻柱轴线距离
c 受拉钢筋的保护层厚度
圆形柱帽直径或矩形柱帽边长

D

D	抗侧移刚度
	钢管混凝土柱外直径
D_{ij}	第 i 层第 j 根柱的侧移刚度
d	钢筋直径或栓钉钉身直径
	组合梁钢梁截面形心至混凝土翼板上边缘距离
d_c	钢梁截面形心到混凝土翼板截面形心的距离
	核心混凝土直径
d_{eq}	受拉钢筋和钢骨受拉翼缘的折算直径
d_{ij}	第 i 层中第 j 根柱子的抗侧移刚度
d_r	钢筋混凝土部分压力合力点至拉力合力点的距离
d_s	受拉钢筋的直径
	钢骨截面形心至截面形心的距离

E

E	弹性模量
E_c	混凝土弹性模量
E_s	钢筋弹性模量
E_{ss}	钢骨弹性模量
EI	截面抗弯刚度
E_cA_c　E_cI_c	钢筋混凝土部分的轴向、抗弯刚度
E_sI_0	短期荷载下组合梁换算截面抗弯刚度
E_sI_{l0}	长期荷载下组合梁换算截面抗弯刚度
E_sI_s	钢筋截面抗弯刚度
$E_{ss}A_{ss}$　$E_{ss}I_{ss}$	钢骨部分的轴向、抗弯刚度
e_0	计算偏心距
e_a	附加偏心距
e_i	初始偏心距

F

F	水平地震作用力
	次梁传递的集中力
F_{Ek}	结构总水平地震作用标准值
F_{Evk}	结构总竖向地震作用标准值
F_i	质点 i 的水平地震作用标准值

F_{ji}	j 振型 i 质点的水平地震作用标准值
F_l	冲切荷载设计值
F_{lu}	楼板受冲切承载力设计值
F_{vi}	质点 i 的竖向地震作用标准值
f	挠度
	钢材的抗拉强度设计值
$[f]$	挠度变形限值
f_1	施工阶段钢梁单独承担钢梁和混凝土板自重产生的挠度
f_2	使用阶段组合梁承担的长期荷载产生的挠度
f_3	使用阶段组合梁承担的短期荷载产生的挠度
f_{av}	锚栓钢材的抗剪强度设计值
f_{ay}	锚栓或钢管钢材的强度设计值
f_B	混凝土侧压承压强度
f_c	混凝土轴心抗压强度设计值
f_{cu}	混凝土立方体抗压强度设计值
f_p	塑性设计时钢梁钢材的抗拉、抗压、抗弯强度设计值
f_{sy}	钢筋抗拉(压)强度设计值
f_{ssv}	钢骨的受剪强度设计值
f_{ssy}	钢材的抗拉(压)强度设计值
f_t	混凝土轴心抗拉强度设计值
f_{tk}	混凝土轴心抗拉强度标准值
f_u	栓钉杆的极限抗拉强度
f_{vp}	钢材抗剪强度塑性设计值
f_y	普通钢筋抗拉强度设计值
f'_y	普通钢筋抗压强度设计值
f_{yk}	钢筋强度标准值
f_{yv}	箍筋的强度设计值

G

G	体系质点重量
G_{eq}	结构等效总重力荷载
G_k	永久荷载标准值
G_i	集中于质点 i 的重力荷载代表值
	第 i 层的重力荷载代表值
G_cA_c	钢筋混凝土部分的抗剪刚度
$G_{ss}A_{ss}$	钢骨部分抗剪刚度

g	重力加速度
	均布恒荷载设计值
g'	折算恒荷载

H

H	房屋总高度或层高
H_c	节点上柱和下柱反弯之间的距离
H_i	质点 i 的计算高度
H_n	柱的净高
h	板厚
	梁或组合梁截面高度
	计算楼层层高
h_0	截面有效高度
$h_{01}h_{0x}$	板短跨方向截面有效高度
$h_{02}h_{0y}$	板长跨方向截面有效高度
h_b	梁截面高度
h_{b0}	梁截面有效高度
$h_{B,max}$	钢骨最大埋深
h_c	柱截面高度
	混凝土翼缘板的计算厚度或压型钢板顶面以上的混凝土厚度
h_{fv}	翼缘板厚
h_i	第 i 层的层高
h_j	框架节点核心区的截面验算高度
h_s	栓钉焊接后的高度
h_w	腹板高度
	压型钢板平均肋高

I

I	截面惯性矩
	组合梁正弯矩区截面惯性矩
I'	组合梁负弯矩区截面惯性矩
	纵向钢筋与钢梁组合截面的惯性矩
I_b	梁截面惯性矩
I_c	开裂截面惯性矩
I_{cf}	混凝土翼板的截面惯性矩
$I_0 I_{eq}$	换算截面惯性矩

I_r	现浇框架梁按矩形截面梁计算得到的截面惯性矩
I_s	钢梁截面的惯性矩
I_{ss}	钢骨截面惯性矩
I_u	未开裂截面惯性矩
i	线刚度
i_b	梁的线刚度
i_b^l、i_b^r	节点左、右两根梁的线刚度
i_c	柱的线刚度
i_{cij}	第 i 层第 j 根柱子的线刚度

J

K

$\mathbf{k}$	刚度矩阵
k	梁柱的线刚度比
	连接件的抗剪刚度
	柱内弯矩分布影响系数
k_1	柱子的稳定系数

L

L	井式梁跨度或柱的实际长度
L_0	柱的计算长度
L_e	柱的等效计算长度
L_p	塑性铰转动区域的长度
L_y	跨中附近超过屈服弯矩区域的长度
l	梁、板或组合梁的跨度
	柱的计算长度
l'	负弯矩区的长度
l_0	计算跨度或净跨
l_{01}	板的短跨计算跨度
l_{02}	板的长跨计算跨度
l_1　l_2	箍筋沿截面横向和纵向的钢筋长度
l_a	非抗震设计时纵向受拉钢筋的锚固长度
l_{aE}	抗震设计时纵向受拉钢筋的锚固长度
l_{cr}	临界长度
l_n	净跨

l_x	板短跨方向跨度
l_y	板长跨方向跨度
l/r	柱的长细比

M

M	弯矩设计值
M'	支座负弯矩值
M^{ss}	钢骨部分所承受的弯矩
M_0	按简支梁计算的跨中弯矩
M_1	跨中弯矩
M_{1u}	跨中极限弯矩
M_{1y}	跨中屈服弯矩
M_{Au}	A 支座的设计弯矩
M_B	中间支座弯矩
	钢骨柱脚底板截面弯矩设计值
M_{Be}	按弹性理论计算得到的 B 支座弯矩
M_{Bu}	中间 B 支座极限弯矩
	调幅后 B 支座的设计弯矩
M_{By}	中间支座屈服弯矩
M_b	支座边缘截面的弯矩设计值
	梁端控制截面弯矩设计值
M_b^c	调整后的梁跨中的弯矩
M_b^l M_b^r	节点或梁端左、右两根梁的梁端弯矩
M_{b0}	内力分析得到的柱轴线处梁端弯矩
M_{bu}	梁的抗弯承载力
$M_{bu}^{rc}M_{by}^{ss}$	钢筋混凝土部分和钢骨部分的受弯承载力
M_{bua}^l M_{bua}^r	节点或梁左、右端截面逆时针或顺时针方向实配的正截面抗震受弯承载力
M_c	柱端控制截面弯矩
	混凝土截面的开裂弯矩
M_{cr}	开裂弯矩
M_{cu}	柱的抗弯承载力
M_c^u M_c^d	节点上、下两根柱的柱端弯矩
M_c^t M_c^b	框架柱上、下端弯矩设计值
$M_{cua}^t M_{cua}^b$	框架柱上、下端按实配钢筋截面面积和材料强度标准值，且考虑承载力抗震调整系数计算的正截面抗震受弯承载力

$M_{ij}^{b}M_{ij}^{t}$	第 i 层第 j 根柱子的底端、顶端弯矩
M_{k}	正常使用阶段钢骨混凝土截面的弯矩
M_{k}^{rc} M_{k}^{ss}	正常使用阶段钢骨截面和钢筋混凝土截面所分担的弯矩
M_{p}	钢梁截面的塑性受弯承载力
M_{pu}	部分组合梁截面抗弯承载力
M_{q}	按荷载效应准永久组合计算的弯矩
M_{q}^{rc}	相应 M_{q} 作用下，混凝土截面部分所承担的弯矩
M'_{sk}	使用荷载下支座截面负弯矩
M_{su}	钢梁截面的抗弯承载力
M_{u}	完全组合梁截面塑性抗弯承载力或钢骨混凝土柱受弯承载力
M'_{u}	支座截面塑性受弯承载力
M_{u}^{rc}	钢筋混凝土部分的受弯承载力
M_{x}	板短跨方向跨中总极限弯矩
$M'_{x}M''_{x}$	板短跨方向支座处总极限弯矩
$M_{x,max}$	板短跨方向跨中最大弯矩
M_{y}	板长跨方向跨中总极限弯矩
$M'_{y}M''_{y}$	板长跨方向支座处总极限弯矩
M_{y}^{ss}	钢骨部分的受弯承载力
M_{y0}^{ss}	钢骨截面的受纯弯承载力
$M_{y,max}$	板长跨方向跨中最大弯矩
$\boldsymbol{m}$	质量矩阵
m	体系质点质量
	附加箍筋个数
	单位板宽弯矩
m_{x}	板短跨方向跨中单位板宽弯矩
$m'_{x}m''_{x}$	板短跨方向支座处单位板宽弯矩
m_{x0}	板短跨方向支座处单位板宽弯矩
m_{x1}	板短跨方向跨中单位板宽最大弯矩
m_{y}	板长跨方向跨中单位板宽弯矩
$m'_{y}m''_{y}$	板长跨方向支座处单位板宽弯矩
m_{y0}	板长跨方向支座处单位板宽弯矩
m_{y1}	板长跨方向跨中单位板宽最大弯矩

N

N	房屋地面以上部分的层数
	轴力设计值

N^{rc}	钢筋混凝土截面所受轴力
N^{ss}	钢骨截面所受轴力
N_0	柱轴心受压承载力
	轴压短柱的极限承载能力
N_0^{ss}	钢骨截面的轴心受力承载力
N_B	钢骨柱脚底板截面的轴力设计值
N_b	界限破坏时的轴力
N_G	长期轴压力
N_u	柱轴压承载力或钢骨混凝土柱的轴力
N_u^{rc}	钢筋混凝土部分承担的轴力
N_v	柱轴向力设计值
	单个连接件的抗剪承载力
N_v^c	栓钉抗剪承载力设计值
N_y^{ss}	钢骨部分轴向承载力
n	板长跨与短跨长度比
	轴压比
	完全组合梁所需的最少的连接件数量
n_0	组合梁截面上一个肋板中配置的栓钉数量
$n_1 n_2$	箍筋沿截面横向和纵向的钢筋根数
n_p	部分组合梁的连接件数量
n_r	一排连接件的个数
n_s	抗剪连接件在一根梁上的列数
	受拉钢筋的根数

P

P	集中荷载
P_u	极限荷载或极限承载力
p	混凝土受到的侧向压应力

Q

Q_c	可变荷载的组合值
Q_f	可变荷载的频遇值
Q_k	可变荷载标准值
Q_q	可变荷载的准永久值
q	均布活荷载设计值
q'	折算活荷载

R

R	结构构件抗力设计值
r	顶层柱与底层柱截面积之比
	剪力连接程度
	柱截面回转半径
r_c	核心混凝土的半径

S

S_j	j 振型水平地震作用标准值的效应
S	荷载效应组合设计值
	单位应力 1N/mm^2
S_0	相邻梁板托的净距
S_1	翼缘板实际外伸宽度
S_a	地震引起体系质点的最大绝对加速度
S_{Ek}	水平地震作用标准值的效应
S_{GE}	重力荷载代表值的效应
S_{Ehk}	水平地震作用标准值的效应
S_{Evk}	竖向地震作用标准值的效应
S_{Gk}	按永久荷载标准值 G_k 计算的荷载效应值
S_{Qik}	按可变荷载标准值 Q_{ik} 计算的荷载效应值
S_{wk}	风荷载标准值的效应
s	沿构件长度方向的箍筋间距
	连接件的纵向间距
s_0	基本雪压
s_k	雪荷载标准值

T

T、T_1	结构自振周期、基本自振周期
T_g	结构物所在场地的特征周期
t	翼缘厚度或钢管壁厚
t_f	上翼缘的厚度
t_w	腹板厚度

U

U	内功

u　受剪面的周长
u_i　第 i 层的假想水平位移
u_m　冲切破坏锥体临界截面周长
u_{sf}　钢骨受拉翼缘的周长
u_T　计算结构基本自振周期用的顶点假想位移

V

V　剪力设计值
　钢梁与混凝土叠合界面上的纵向剪力
V^{ss}　钢骨部分所受剪力
V_0　按简支梁计算的支座中心处的剪力设计值,并取绝对值
　框架底部总剪力
V_B　钢骨柱脚底板截面剪力设计值
V_b　梁端控制截面剪力
　梁斜截面抗剪承载力
V_{b0}　内力分析得到的柱轴线处梁端剪力
V_c　柱斜截面抗剪承载力
　柱的剪力
V_{Gb}　梁在重力荷载代表值作用下,按简支梁分析的梁端截面剪力设计值
V_{Hi}　第 i 层以上结构所承担的所有水平力
V_i　第 i 层的层间剪力
V_{ij}　第 i 层中第 j 根柱子所承受的水平剪力
V_j　节点剪力设计值
V_l　混凝土翼缘板纵向受剪承载力
V_{sv}　钢梁截面抗剪承载力
V_u^{rc}　钢筋混凝土部分的受剪承载力
V_y^{ss}　钢骨部分的受剪承载力
$\mathbf{v}$　位移向量
$\ddot{\mathbf{v}}$　加速度向量
$\hat{\mathbf{v}}$　振动体系的形状

W

W　外功
W_{ss}　钢骨截面的弹性抵抗矩
w_0　基本风压

w_k 风荷载标准值
w_{max} 裂缝宽度

X

X_{ji} j 振型 i 质点的水平相对位移
x 混凝土受压区高度
塑性中和轴至混凝土翼板顶面的距离
中和轴高度
$|\ddot{x}_g|_{max}$ 地震动峰值加速度

Y

y 反弯点高度
钢梁截面应力的合力点至混凝土受压区截面应力合力点间的距离
钢梁截面形心到混凝土翼板上边缘的距离
y_1 上、下梁线刚度变化时对反弯点高度比的修正值；
钢梁受拉区截面应力合力点至混凝土翼板截面应力合力点间的距离；
压型钢板受拉区截面应力合力至受压区混凝土翼板截面压应力合力的距离
y_2 上、下层层高变化时对反弯点高度比的修正值；
钢梁受拉区截面应力合力点至钢梁受压区截面应力合力点间的距离；
压型钢板受拉区截面应力合力至压型钢板截面压应力合力的距离
y_3 上、下层层高变化时对反弯点高度比的修正值
y_n 标准反弯点高度比
y_s 纵向钢筋与钢梁组合截面形心到纵向钢筋的距离
y_{s0} 截面塑性中和轴到钢梁截面形心的距离

Z

希腊字母

α

α 地面粗糙度指数

	地震影响系数
	考虑塑性内力重分布的弯矩系数
	吊筋与梁轴线夹角
	板长短跨跨中单位板宽极限弯矩之比
	弯起钢筋与板底面的夹角
	柱刚度修正系数
	偏心距影响系数
	有效宽度部分混凝土抗剪强度与混凝土抗拉强度比值系数
α_1	相应于结构基本自振周期的水平地震影响系数值
	混凝土等效矩形图形系数
α_E	钢与混凝土的弹性模量比
α_j	相应于 j 振型自振周期的地震影响系数
α_{max}	阻尼比 $\xi=0.05$ 时水平地震影响系数最大值
α_n	建筑物外围第 n 个表面的法线与风作用方向的夹角
α_s	板柱结构中柱类型影响系数
α_{vmax}	竖向地震影响系数的最大值

β

β	考虑塑性内力重分布的剪力系数
	板长跨(或短跨)支座处与跨中单位板宽极限弯矩之比
	柱两端弯矩设计值中较小者与较大者的比值
β_1	矩形应力图受压区高度系数
β_c	混凝土强度影响系数
β_{gz}	高度 z 处的阵风系数
β_h	楼板厚度影响系数
β_s	冲切荷载作用面积为矩形时的长边与短边尺寸的比值
β_z	高度 z 处的风振系数

γ

γ	反应谱曲线下降段衰减指数
	混凝土翼板内纵向钢筋与钢梁的强度比
γ_0	结构重要性系数
γ_{Eh}	水平地震作用分项系数
γ_{Ev}	竖向地震作用分项系数
γ_G	永久荷载的分项系数
γ_j	j 振型的参与系数

γ_{Qi} 第 i 个可变荷载的分项系数
γ_{RE} 承载力抗震调整系数
γ_s 内力臂系数
钢骨截面的塑性发展系数
γ_w 风荷载分项系数

δ

δ 虚位移
δ_i 第 i 层的层间相对位移
δ_i^M 总体弯曲变形引起的第 i 层层间相对位移；
δ_J 节点形式系数
δ_n 顶部附加地震作用系数

Δ

Δ 组合梁跨中挠度
$[\Delta]$ 变形限值
Δ_f 完全组合梁的挠度
Δ_n Δ_n^M Δ_n^N 框架顶层最大侧移
Δ_s 钢梁单独工作时的挠度
Δ_u 极限变形
Δ_y 屈服变形
ΔF_n 顶部附加水平地震作用
ΔP 荷载增量
Δu_e 风荷载或地震荷载作用下楼层间最大相对位移

ε

ε_0 混凝土的峰值应变
ε_{sy} 钢骨屈服应变

ζ

ζ 阻尼比
刚度折减系数
相同初始偏心距中长柱跨中截面曲率与短柱截面曲率之比

η

η 栓钉抗剪承载力折减系数

	偏心距增大系数
η_1	反应谱曲线倾斜段下降斜率调整指数
	冲切荷载作用面积形状影响系数
η_2	地震影响系数最大值 α_{max} 的调整系数
	临界截面周长与板截面有效高度之比的影响系数

$\boldsymbol{\theta}$

θ	相位角
	转角（虚转角）
	套箍系数
$[\theta]$	套箍指标界限值
$[\theta_e]$	弹性层间位移角限值
θ_u	塑性铰的极限转动能力

$\boldsymbol{\kappa}$

κ	反映不同地面粗糙度的系数

$\boldsymbol{\lambda}$

λ	弯矩调幅系数
	剪跨比
	相对长细比
λ_v	最小配箍特征值

$\boldsymbol{\mu}$

μ	延性系数
	钢骨底板与混凝土间的摩擦系数
μ_r	屋面积雪分布系数
μ_s	风载体型系数
μ_{sn}	建筑物外围第 n 个表面的风载体型系数
μ_z	风压高度变化系数

$\boldsymbol{\nu}$

ν	脉动影响系数
ν_s	受拉钢筋粘结特征系数

$\boldsymbol{\xi}$

ξ	脉动增大系数

	相对受压区高度
ξ_b	界限相对受压区高度

ρ

ρ	空气密度
	含钢率
ρ_{min}	最小配筋率
ρ_{max}	最大配筋率
ρ_s	受拉钢筋配筋率
ρ_{sv}	配箍率
ρ_{te}	有效配筋率
ρ_v	箍筋体积配筋率

σ

σ_a	锚栓的拉应力
σ_c	有侧压力时混凝土的抗压强度
σ_{sk}	混凝土翼板纵向钢筋应力
	荷载效应标准组合下受拉钢筋的应力

Σ

ΣM_{bua}	同一节点左、右梁端按顺时针或逆时针方向采用实配钢筋截面面积和材料强度标准值，且考虑承载力抗震调整系数计算的正截面抗震受弯承载力之和的较大值
ΣM_b	同一节点左、右梁端按顺时针和逆时针方向计算的两端考虑地震作用组合的弯矩设计值之和的较大值
ΣM_{bu}^{rc}	与节点连接的左、右端截面框架梁钢筋混凝土部分的受弯承载力之和
ΣM_{by}^{ss}	与节点连接的左、右端截面框架梁钢骨部分的受弯承载力之和
ΣM_c	考虑地震作用组合的节点上、下柱端的弯矩设计值之和
ΣM_{cu}^{rc}	与节点连接的上、下端截面框架柱钢筋混凝土部分的受弯承载力之和
ΣM_{cy}^{ss}	与节点连接的上、下端截面框架柱钢骨部分的受弯承载力之和

τ

τ_a	锚栓在有拉应力时的容许剪应力

ϕ

ϕ	截面曲率
ϕ_e	考虑偏心影响的承载力折减系数
ϕ_l	中长柱跨中截面曲率
	考虑长细比影响的承载力折减系数（稳定系数）
ϕ_{rc}	钢筋混凝土截面平均曲率
ϕ_s	偏压短柱达到极限承载力时的截面曲率
ϕ_{ss}	钢骨截面平均曲率
ϕ_u	截面极限曲率
ϕ_y	截面屈服曲率

φ

φ_z	结构振型系数

ψ

ψ	受拉钢筋应变不均匀系数
ψ_c	可变荷载组合值系数
ψ_{ci}	可变荷载 Q_i 的组合值系数
ψ_f	可变荷载频遇值系数
ψ_{f1}	可变荷载 Q_1 的频遇值系数
ψ_q	可变荷载准永久值系数
ψ_{qi}	可变荷载 Q_i 的准永久值系数
ψ_T	考虑非承重墙刚度对结构自振周期影响的折减系数
	考虑填充墙影响后的基本周期缩短系数
ψ_w	风荷载组合值系数

参 考 文 献

[1] 林同炎，S.D. 斯多台斯伯利 著. 高立人，方鄂华，钱稼茹译. 结构概念和体系. 第二版. 北京：中国建筑工业出版社，1999.

[2] C. 阿诺德，R. 里塞曼. 何广麟，何广汉译. 建筑体型与抗震设计. 北京：中国建筑工业出版社，1987.

[3] A. H. 尼尔逊 著. 过镇海等译. 混凝土结构设计(第12版). 北京：中国建筑工业出版社，2003.

[4] 罗福午，方鄂华，叶知满 编著. 混凝土结构及砌体结构(下册). 第二版. 北京：中国建筑工业出版社，2003.

[5] 罗福午，张惠英，杨军 编著. 建筑结构概念设计及案例. 北京：清华大学出版社，2003.

[6] 钱稼茹，赵作周，叶列平 编著. 高层建筑结构设计. 第二版. 北京：中国建筑工业出版社，2012.

[7] 东南大学，天津大学，同济大学合编. 混凝土结构(中册). 第五版. 北京：中国建筑工业出版社，2012.

[8] 中华人民共和国国家标准. 建筑结构荷载规范 GB 50009—2012. 北京：中国建筑工业出版社，2012.

[9] 中华人民共和国国家标准. 混凝土结构设计规范 GB 50010—2010. 中国建筑工业出版社，2010.

[10] 中华人民共和国国家标准. 建筑抗震设计规范 GB 50011—2010. 北京：中国建筑工业出版社，2010.

[11] 中华人民共和国黑色冶金行业标准. 钢骨混凝土结构设计规程 YB 9082—2006. 北京：冶金工业出版社，2006.